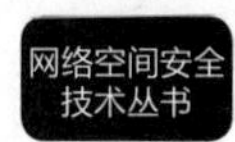

Linux 网络安全精要

Linux Essentials for Cybersecurity

[美] 威廉·罗斯韦尔 丹尼斯·金赛 著
(William "Bo" Rothwell) (Denise Kinsey)

王跃东 王云午 译

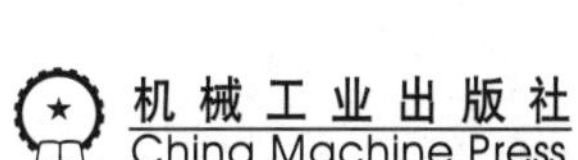

图书在版编目（CIP）数据

Linux 网络安全精要 /（美）威廉·罗斯韦尔，（美）丹尼斯·金赛著；王跃东，王云午译．—北京：机械工业出版社，2020.9
（网络空间安全技术丛书）
书名原文：Linux Essentials for Cybersecurity

ISBN 978-7-111-66475-8

I. L… II. ① 威… ② 丹… ③ 王… ④ 王… III. Linux 操作系统 - 安全技术 IV. TP316.85

中国版本图书馆 CIP 数据核字（2020）第 168074 号

本书版权登记号：图字 01-2018-8485

Linux 网络安全精要

出版发行：机械工业出版社（北京市西城区百万庄大街 22 号 邮政编码：100037）

责任编辑：李美莹　　责任校对：李秋荣

印　刷：北京瑞德印刷有限公司　　版　次：2020 年 9 月第 1 版第 1 次印刷

开　本：186mm × 240mm 1/16　　印　张：40.25

书　号：ISBN 978-7-111-66475-8　　定　价：149.00 元

客服电话：（010）88361066 88379833 68326294　　投稿热线：（010）88379604

华章网站：www.hzbook.com　　读者信箱：hzit@hzbook.com

译者序

本书对 Linux 系统进行了全面的讲解，从最基础的安装操作系统开始，涵盖了 Linux 系统使用的方方面面。近几年，随着国内互联网和云计算的爆发式发展，Linux 系统得到了广泛的应用，同时也出现了很多关于 Linux 操作系统使用相关的著作。与其他相关图书相比，本书的不同之处在于从安全的角度出发，在讲解每个知识点的时候，都会提醒读者要关注安全，几乎每章都有"安全提醒"部分，对容易出现的安全问题给出提示。针对比较难理解或容易混淆的知识点，作者设计了"对话学习"环节，通过模拟两个人对话的方式，对常见的问题进行解答，以加强读者对该知识点的理解和运用。

本书的两位作者在 Linux 安全方面有着丰富的经验。我使用 Linux 系统也超过了 10 年，曾满分通过 RHCE（红帽认证系统工程师）认证考试，自认为对 Linux 系统还比较熟悉。但在翻译本书的过程中，也经常会有"哇，还有这种操作?!"的感慨，相信读者在阅读本书时，也会有同样的感慨。

本书由王跃东和王云午共同翻译，其中第一～四部分由王云午翻译，其他部分由王跃东翻译。全书最后由王跃东进行统稿。

由于工作关系，我平时也会经常查阅各种英文文档。但与自己阅读英文文档不同的是，翻译是更耗费精力和更需要责任心的工作。尽管在翻译过程中力求用专业的术语进行描述，但限于自身的水平和经验，难免会有不足或不妥之处，还望各位读者不吝指正。

最后，特别感谢朋友汤永全的推荐，让我有这个机会参与本书的翻译。感谢家人的鼓励和支持，感谢 ThoughtWorks 公司的平台和技术氛围，感谢机械工业出版社华章公司关敏编辑和李美莹编辑为本书出版所做的工作。

王跃东

前　言

Linux 如今在 IT 市场上占据了主导地位，但在 1991 年刚为人所知时，它还只是一个因为作者的“个人爱好”而开发出来的软件。虽然从技术角度来讲，Linux 指的是一个具体的软件（也就是内核），但大多数人在提及 Linux 时指的都是一个由许多软件包组合在一起构成的健壮的操作系统。

纵观整个 IT 产业，Linux 得到了广泛的运用，且由于具有安全性、低成本及可扩展性，常被作为通用平台的替代品。Linux 操作系统运行在各种服务器上，包括邮件服务器和 Web 服务器。此外，Linux 作为软件开发平台更是受到程序员的青睐。

和所有其他操作系统一样，网络安全（cybersecurity）也是 Linux 系统使用者的痛点。由于 Linux 系统上运行着各式各样的软件，还存在不同版本的 Linux（我们称之为发行版），网络安全涉及系统的使用者和管理者，非常复杂。

遗憾的是，在关于 Linux 的书籍或课程里经常忽略网络安全这个部分。通常情况下，这些书籍和课程只是关注如何使用 Linux，而网络安全则被认为是后续才需要考虑的事情，或者是具备丰富经验的“老司机”才能学懂的高级课题。之所以这样，可能是因为这些书籍和课程的作者认为网络安全是很难学习的部分，但研究 Linux 而又忽略安全本身就是一个巨大的错误。

为什么说网络安全是学习 Linux 的重要组成部分？原因之一是，Linux 是一个真正的多用户系统，这意味着即使是普通用户（最终用户）也需要懂得如何保护自己数据的安全，以防止他人窃取。

另外一个原因是，大多数 Linux 系统都运行着许多网络服务，这些服务通常都直接暴露到因特网上。在我们加固自己的个人 Linux 系统或整个公司的 Linux 服务器的时候，需要意识到全世界有无数双眼睛在盯着我们，想要窥探我们的数据。

本书的目标是让你掌握一个 Linux 专业人士应该具备的技能，所采用的方法也是典型的从零开始学起，但用了独特的方法来时刻关注安全。在本书中，你会找到安全问题的参考资料。整本书都会讨论安全性，并将重点放在创建安全策略上。

Linux 是一个很广泛的话题，不可能在一本书里把它全部讲完，Linux 安全亦是如此。我们已经尽可能详细地讲述，但我们还是鼓励你在本书引入的话题上独自探索，以取得更大的进步。

让我们开始 Linux 网络安全之旅吧！

本书的读者对象

或许回答“这本书不适合谁阅读”这个问题会更容易些，Linux 的发行版被形形色色的用户所采用，包括：

- 软件开发人员
- 数据库管理员
- 网站管理员
- 安全管理员
- 系统管理员
- 系统恢复专家
- “大数据”工程师
- 黑客
- 政府部门
- 手机用户和研发人员（Android 是 Linux 的一个发行版）
- 芯片厂商（许多芯片上有嵌入式 Linux）
- 数字取证专家
- 教育工作者

上面列的这些甚至都不完整，Linux 无处不在！ Android 手机使用 Linux 操作系统，无数的 Web 服务器和邮件服务器运行在 Linux 系统上，许多网络设备上也运行着嵌入式 Linux 系统，例如路由器和防火墙。

本书适合那些想要更好地使用 Linux 系统，想让他们所使用的 Linux 系统尽可能安全的读者阅读。

本书的组织结构

第 1 章深入讲解 Linux 各相关组件的基本信息，你会学习 Linux 操作系统的不同组件，以及什么是发行版，还会学习如何安装 Linux 操作系统。

第 2 章涵盖在 Linux 环境下需要用到的一些基础命令。

第 3 章介绍在 Linux 下获取更多帮助信息的方法，包括操作系统自带的文档，以及一些重要的网页资源。

第 4 章重点关注文本文件的编辑工具。编辑文本文件是一项非常重要的 Linux 任务，因为大多数配置文件都保存在文本文件里。

第 5 章回顾如何处理 Linux 系统中可能会出现的错误，详细介绍如何在 Linux 环境中排除系统问题。

第 6 章主要是对用户组账户的管理，包括增加、修改和删除组，要特别注意系统组（或特殊组）以及理解主组和附属组之间的区别。

第 7 章涵盖与用户账户相关的内容，如何创建和保护账户，以及如何给用户提供账户安全防护方面的最佳安全实践。

第 8 章讲述如何运用在第 6 章和第 7 章所学到的知识制订账户安全策略。

第 9 章主要介绍如何利用 Linux 权限来保护文件，深入探讨很多高级主题，例如特殊权限、umask、访问控制列表（ACL）以及文件属性等。

第 10 章涵盖与本地存储设备相关的概念，包括如何创建分区和文件系统，以及文件系统的一些基本功能。

第 11 章涵盖本地存储设备管理的高级功能，包括如何使用 autofs，以及如何创建加密文件系统。你还会了解逻辑卷——逻辑卷是本地存储设备管理的另一种方式。

第 12 章讨论如何使存储设备在网络上可用，还会讨论文件系统共享技术，例如 NFS、Samba 和 iSCSI。

第 13 章讲述如何运用第 9～12 章所学的知识制订存储安全策略。

第 14 章介绍两组工具，可以让我们在将来的某个时间自动运行进程。crontab 系统允许用户以固定的间隔来执行程序，例如一个月或者两周。at 系统为用户提供了在将来特定时间执行某个程序的方法。

第 15 章介绍将 BASH 命令放进文件中来创建更复杂的命令集合的基础知识。脚本用于存储以后可能需要用到的指令。

第 16 章介绍普通用户和系统管理员都会自动化的一些日常任务。重点是安全性，但也会演示其他自动化任务，特别是那些与前几章讨论的主题相关的任务。

第 17 章讲述如何运用第 14～16 章所学的知识制订自动化安全策略。

第 18 章涵盖配置和保护网络连接时所需要了解的基础知识。

第 19 章包含配置系统以连接到网络的过程。

第 20 章涵盖配置几个网络工具的过程，包括 DNS、DHCP 和邮件服务器。

第 21 章涵盖配置几个网络工具的过程，包括 Apache Web 服务器和 Squid。

第 22 章探讨如何通过网络登录远程系统。

第 23 章讲述如何运用第 18～22 章所学的知识制订网络安全策略。

第 24 章包括如何启动、查看和控制进程。

第 25 章包括如何查看系统日志，以及如何配置系统来创建自定义的日志条目。

第 26 章包含如何在基于 Red Hat 的发行版本（例如 Fedora 和 CentOS）上管理软件包。

第 27 章包含如何在基于 Debian 的发行版本（例如 Ubuntu）上管理软件包。

第 28 章介绍系统引导的过程和相关工具的使用。

第 29 章讲述如何运用第 26～28 章所学的知识制订软件包管理安全策略。

第 30 章介绍黑客用来收集系统信息的技术。通过学习这些技术，你应该能够制订出更好的安全计划。

第 31 章探讨如何配置防火墙软件来保护系统免受网络攻击。

第 32 章介绍一些用来判断是否有人成功地危害了你的系统安全的一些工具和技术。

第 33 章涵盖一些其他的 Linux 安全特性，包括 fail2ban 服务、虚拟专用网（VPN）和文件加密。

致　　谢

感谢每一位为这本书的成功出版付出过直接努力的人：

- 丹尼斯，我的合著者，感谢她极具价值的洞察力，感谢她处理我创作过程中的混乱。
- 玛丽·贝思，感谢她信任我让我再写一本书。
- 埃莉诺和曼蒂，感谢你们让我坚持不懈（温柔地提醒），感谢你们的辛勤工作和奉献精神。
- 凯西和安德鲁，他们的出色反馈证明了四个大脑比两个好。
- 巴特·里德，感谢他不辞辛苦地审阅每一个单词、句子、图、表格和标点符号。
- 培生集团（Pearson）与这本书有关的所有人。

我一直觉得自己是幸运的，因为我有很强的技术能力，并能把我的知识传授给别人。这让我成了一名 IT 企业讲师和课件开发者，至今已有 25 年。正是我的教学经验使我能够写出这样一本书。所以，我也要感谢以下这些人：

- 所有听我讲了无数小时的学生（我不知道你们是怎么做到的）。我教会他们让大脑保持清醒。他们教会了我耐心，让我明白每个人都需要从某处开始。谢谢他们让我成为他们旅途中的一部分。
- 我所观察到的所有优秀教师。这样的教师非常多，不可能全部列在这里。我之所以是一个很好的“知识推动者”，是因为我从他们身上学到了很多。
- 最后，我无法表达我对像 Linus Torvalds 这样的人的感激之情。如果没有像他这样的先驱者（他是众多先驱者之一），许多我们现在认为理所当然的技术将不复存在。这些人给了我们学习工具的机会，我们可以用这些工具做出更多伟大的发明。我希望你不要把 Linux 仅仅看作一个操作系统，而应该把它看作一个积木——允许你和其他人一起创造出更令人惊艳的东西。

——威廉·罗斯韦尔（William “Bo” Rothwell）

2018 年 5 月

感谢所有使本书成为现实的人——从玛丽·贝思和培生教育的每一个人，到技术编辑，感谢他们的细致评审。

同时，感谢许多网络安全方面的优秀人才，他们自由地分享知识并提供帮助（从虚拟网络的设计到课程的设计)，其中包括参加信息系统安全教育座谈会（CISSE）的人，以及系统安全与信息安全中心（CSSIA）和国家网络监控中心的许多优秀人士。这些组织提供的资源非常棒，对于任何想要建立网络安全项目的人来说都是一个很好的起点。

最后，我要感谢我的同事 W. 艾尔特 · 康克林（W. "Art" Conklin）和 R. 克里斯 · 布朗克（R. "Chris" Bronk）。感谢他们在学术界的指导和对研究的建议。

——丹尼斯 · 金赛（Denise Kinsey）

关于作者

威廉·罗斯韦尔（William“Bo”Rothwell） 在14岁这个易受外界影响的年龄，威廉·罗斯韦尔与TRS-80微型计算机系统（也被亲切地称为“Trash 80”）相遇了。他的家长犯了一个错误，让他与TRS-80单独待在一起，不久之后，他就把TRS-80拆了，并开办了他的第一堂计算机课，向他的朋友们展示这个“计算机”的工作原理。

从这次经历开始，他对理解计算机的工作原理并与他人分享这些知识的热情使他在IT培训方面获得了一份有价值的工作。他的经验包括Linux、Unix以及Perl、Python、Tcl和BASH等编程语言。他是IT培训组织One Course Source的创始人和总裁。

丹尼斯·金赛（Denise Kinsey） 博士，思科CISSP，休斯敦大学的助理教授。在20世纪90年代末担任Unix管理员（HP-UX）时，她意识到操作系统的强大功能和灵活性。这促使她在家里安装了不同风格的Linux，并在Linux上开设了几门学术课程。她在网络安全方面有着深厚的背景，致力于与客户和学生分享并实施最佳实践。

关于技术审稿人

凯西·博伊尔斯（Casey Boyles）在很小的时候就对计算机产生了浓厚的兴趣，他在IT领域工作超过25年，起初是从事分布式应用程序和数据库开发，后来转向了技术培训和课程开发，特别关注互联网应用全栈开发、数据库架构和系统安全。凯西通常把时间花在远足、拳击或者抽着雪茄"阅读和写作"上。

安德鲁·赫德（Andrew Hurd）是南新罕布什尔大学网络安全技术项目的推动者。安德鲁负责课程开发和网络竞赛团队。他拥有计算机科学和数学双学士学位、数学教学硕士学位和信息科学博士学位，专攻信息保障和在线学习。他是Cengage出版的*CompTIA Security + Guide to Network Security Fundamentals, Lab Manual*的作者，担任高校教授17年以上。

目录

第八部分 安全任务

1991 年，芬兰赫尔辛基大学的学生林纳斯·本纳第克特·托瓦兹（Linus Benedict Torvalds）在使用一个叫作 Minix 的操作系统。Minix（名称来源于“mini-Unix”）是设计用于教学的一个类 Unix 的操作系统。虽然林纳斯喜欢 Minix 的许多功能，但他发现其还是有很多不完善的地方。1991 年 8 月 25 日，他在网上发表了下面这个帖子：

“所有 Minix 的使用者，大家好。我正在为使用 386 或 486 处理器的计算机开发一款（免费）操作系统（只是一个业余爱好，不会像是 GNU 那样庞大或专业）。从 4 月开始酝酿，现在开始着手准备。我想要收到大家喜欢或不喜欢 Minix 系统的所有反馈，因为我开发的这个操作系统与 Minix 很像（具有相同的文件系统设计（由于一些现实的原因）以及一些其他方面）。”

这个“只是业余爱好”的项目最后变成了 Linux 的起源。从那之后，林纳斯的项目已经成长为现代 IT 生态中的关键组成部分。它已经成为世界上数以百万计的服务器使用的强大的操作系统。实际上，我们已经很难离开 Linux，因为它在支撑着大量的移动电话（安卓是基于 Linux 的）的使用，大量的 Web 服务器、邮件服务器，以及因特网上的其他服务器都选择 Linux 作为其操作系统。

第一部分

Linux 基础

第一部分将介绍一些重要的 Linux 主题：

- 第 1 章深入讲解 Linux 各相关组件的基本信息，你会学习 Linux 操作系统的不同组件，以及什么是发行版，还会学习如何安装 Linux 操作系统。
- 第 2 章涵盖在 Linux 环境下需要用到的一些基础命令。
- 第 3 章介绍在 Linux 下获取更多帮助信息的方法，包括操作系统自带的文档以及一些重要的网页资源。
- 第 4 章重点关注文本文件的编辑工具。编辑文本文件是一项非常重要的 Linux 任务，因为大多数配置文件都是保存在文本文件里。
- 第 5 章回顾如何处理 Linux 系统中可能会出现的错误。本章会详细介绍如何在 Linux 环境中排除系统问题。

第 1 章

Linux 发行版及其核心组件

在开始学习 Linux 所有的特性和功能之前，本章将帮助你对包括核心组件在内的 Linux 操作系统建立一个确切的认识。在第 1 章中，你将学习关于 Linux 的一些重要的概念，将理解什么是 Linux 发行版以及如何选择最适合自己的 Linux 发行版，还将学习在物理服务器和虚拟服务器上安装 Linux 系统的过程。

学习完本章并完成课后练习，你将具备以下能力：

- 能区分 Linux 的不同组成部分。
- 了解组成 Linux 操作系统的核心组件。
- 能区分不同的 Linux 发行版。
- 掌握安装 Linux 操作系统的步骤。

1.1 Linux 介绍

就像微软公司的 Windows 一样，Linux 也是一个操作系统，但是这样定义 Linux 有点太过于简单化了。从技术角度来看，Linux 其实是一个叫作内核（kernel）的软件，而内核其实是操作系统的运行中心。

只有内核自己是不能提供完整的操作系统功能的。实际上，把不同的组件组合在一起才构成了 IT 界所谓的 Linux 操作系统，如图 1-1 所示。

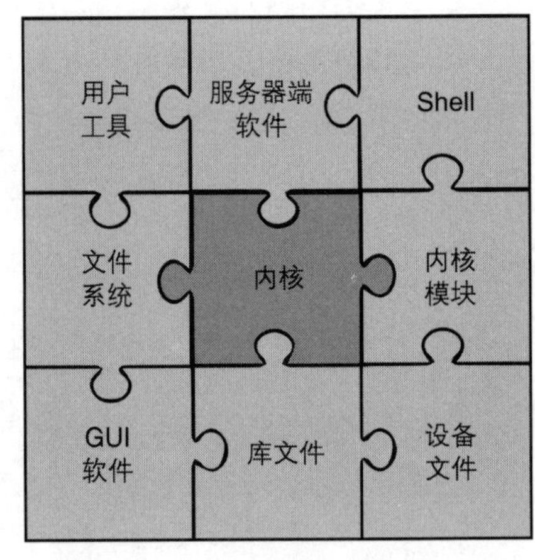

图 1-1　Linux 操作系统组件

必须着重指出的是，不是所有在图 1-1 中列出的组件都是 Linux 系统常用的组件。例如，GUI（图形界面）就很少用。实际上，在 Linux 服务器上，因为需要占用额外的磁盘空间并消耗更多的 CPU 及内存（RAM），所以很少安装 GUI。而且，安装它也会带来安全隐患。

安全提醒

你可能疑惑为什么 GUI 会带来安全隐患。实际上，任何软件单元都会带来安全隐患，因为它成为又一个可以被攻击的点。在搭建 Linux 服务器时，一定要确保只安装那些需要的软件。

图 1-1 里面的 Linux 操作系统的组成部分如下所述：

- **用户工具**：指提供给用户使用的软件。Linux 拥有多达几千个能在命令行或者图形界面下运行的软件，大部分软件都将在本书中介绍。
- **服务器端软件**：指操作系统用来提供某些功能或通过网络对外提供某种服务的软件。常见的例子有文件共享服务、网站服务和邮件服务等。
- **Shell**：为了通过命令行与 Linux 系统内核交互，你需要运行 Shell 程序。本章稍后将讨论在 Linux 系统中几种可用的 Shell。
- **文件系统**：在操作系统中，文件和目录（或者说文件夹）存储在一个特定的结构中，这个结构叫作文件系统。Linux 中有几种可用的文件系统。这部分的详细内容将在第 10 章和第 11 章中进行介绍。
- **内核**：内核是操作系统的核心控制部分，它负责与硬件交互来实现操作系统的核心功能。
- **内核模块**：内核模块可以为内核提供更多的功能。你可能听过 Linux 内核是一个模块化的内核。作为一个模块化的内核，Linux 内核倾向于具有更多的扩展性，更安全以及更少的功能集中（换句话说，它是轻量级的）。
- **GUI 软件**：GUI 软件为 Linux 操作系统提供窗口式的交互界面。和基于命令行的 Shell 一样，GUI 也有很多种不同的选择，本章在后面会详细讨论 GUI。
- **库文件**：它是某个软件用来完成特定任务而依赖的软件合集。虽然库文件是 Linux 操作系统一个重要的部分，但它不是本书的关注点。
- **设备文件**：在 Linux 系统中，一切皆是文件，包括硬件设备。操作系统使用设备文件与硬件通信，例如磁盘、键盘、网卡等。

1.2　Linux 发行版

组成 Linux 操作系统的软件是非常多元化并且可变的，而且绝大部分的软件许可是开源的，这意味着使用这些软件是免费的。正是因为具有这些特点（灵活可变并且是开源的），使得 Linux 衍生出了大量的发行版。

Linux 发行版（或者简写为 distro）是 Linux 操作系统的一个特定的定制版。每个发行版与其他的发行版的通用特性是一样的，例如内核、用户工具和其他一些（通用）组件。发行版之间的不同之处在于它们的总体目标或目的。例如，下面列出了几种常见的发行版类型：

- **商业版**：一个出于商业目的来设计的发行版。通常这些发行版都附有绑定的服务条款。所以虽然操作系统本身是免费的，但是附带的服务还是按年计费的。为了让产品更加安全稳定，商业版本一般具有更缓慢的更新周期（3～5年）。典型的商业发行版的例子包括 Red Hat Enterprise Linux 或者 SUSE。
- **桌面或非专业版**：这些发行版主要是给那些不想用 Mac OS 或者 Windows 的个人用户提供的 Linux 操作系统。一般这些发行版只有社区的技术支持，但是版本更新速度非常快（3～6个月），所以系统的最新特性一般都具备。典型的桌面发行版的例子有 Fedora、Linux Mint 和 Ubuntu（虽然 Ubuntu 也有一个面向商业用户的版本）。
- **安全增强版**：一些发行版是专门针对安全性来设计的。这些 Linux 发行版本身具有额外的安全特性，或者提供了可以用来增强其他系统安全性的工具。典型的例子有 Kali Linux 和 Alpine Linux。
- **体验版**：一般如果要使用一个操作系统，你需要先在硬件上安装它。通过使用体验版，系统可以直接从 CD-ROM、DVD 或者 U 盘等移动介质启动。体验版的好处是可以在不对服务器的硬盘做任何改动的情况下对一个 Linux 发行版进行测试。而且，一些体验版附带了可以修复磁盘上已安装的操作系统漏洞（包括 Windows 系统漏洞）的工具。典型的体验版例子有 Manjaro Linux 和 Antegros。一些流行的桌面版（例如 Fedora 和 Linux Mint）也都有体验版。

安全提醒

商业版 Linux 一般来说比家用版更具有安全性。这是因为商业版 Linux 一般在公司或政府部门中用来承载关键业务，所以商业版 Linux 的服务商通常把操作系统的安全性看作一个关键点。

需要重点指出的是，以上只是 Linux 发行版中的很少一部分。还有很多面向教育、年轻的自学者、初学者、游戏、年长的计算机使用者等目的设计的发行版。有一个非常好的网站 https://distrowatch.com，在上面可以了解更多可用的 Linux 发行版，还可以搜索和下载各种不同的 Linux 发行版所需的软件。

1.2.1 Shell

Shell 是一个使得用户可以提交命令给系统的接口。如果你使用过微软的 Windows 系统，应该使用过该系统提供的命令行环境：DOS。和 DOS 类似，Linux 的 Shell 也给用户提供了一个命令行接口（CLI）。

CLI 命令行有不少优点。它比图形界面具有更多更强大的功能。部分原因是开发命令行程序比开发图形程序要容易，还有就是一些命令行程序要比图形程序出现得早。

Linux 有几种可用的 Shell。操作系统上有什么 Shell 可用取决于你安装了哪些软件。每个 Shell 都有与其他 Shell 不同的特性、函数及语法，但是它们本质上都具有相同的功能。

虽然 Linux 上有各种不同的 Shell 可用，但是最流行的 Shell 是 BASH Shell。BASH Shell 是从以前的 Bourne Shell（BASH 代表 Bourne Again SHell）发展而来的。由于它特别流行，因此，本书将主要讨论 BASH Shell。

1.2.2 GUI 软件

在安装 Linux 操作系统时，可以选择登录系统后是只想通过命令行来交互还是安装一个 GUI。GUI（图形界面）软件可以让你通过鼠标和键盘来与系统交互，就像你在操作微软的 Windows 系统一样。

对于个人在笔记本计算机或者台式计算机上使用来讲，使用 GUI 是一个好的选择。使用 GUI 环境的便利通常要大于 GUI 软件所带来的不利。一般来说，GUI 软件很可能是系统资源的占用大户，消耗大量的 CPU 时间和内存。因此，如果系统资源要给服务器上的关键业务保留的话，一般不会在服务器上安装 GUI 软件。

安全提醒

可以认为每次向操作系统中添加软件的时候，都在添加潜在的安全风险。每个应用软件都应该被正确地做安全加固，尤其是对于那些可以为用户访问系统提供入口的软件更为重要。

基于 GUI 的软件就是一个典型的具有潜在安全风险的例子。用户可以通过 GUI 环境登录，为黑客提供了又一种可以用来攻破系统的漏洞。基于此原因，系统管理员一般不在核心服务器上安装 GUI 软件。

和 Shell 一样，GUI 软件选择也有很多。许多 Linux 发行版有默认的 GUI，但是你始终可以选择安装其他不同的 GUI。常用的 GUI 软件列表包括 GNOME、KDE、XFCE、LXDE、Unity、MATE 和 Cinnamon。

GUI 不是本书的主要组成部分。所以，建议读者尝试不同的 GUI 然后选择一个最能满足自己要求的。

1.3 安装 Linux

在安装 Linux 之前，应该先明确以下几个问题：

- 选择哪个 Linux 发行版？像我们之前提到的，你有非常多的选择。
- 应该选择哪种安装方式？你有两种选择，可以在本机上直接安装或者也可以在虚拟机上安装。
- 如果在本机上安装，硬件支持吗？在这个问题上，你也许该避免使用新的硬件，尤其是新的笔记本计算机，因为有些笔记本计算机的硬件可能不支持 Linux。
- 如果在虚拟机上安装 Linux，本机有足够的资源支持宿主操作系统和虚拟操作系统吗？一般说具体点就是本机上面有多大的内存。大多数情况下，要安装虚拟机，本机上面至少要有 8GB 的内存。

1.3.1　选哪个发行版

你也许会问自己，“选择一个发行版会有多难？有多少发行版呢？”对于第二个问题的简单回答是：非常多。在任何时候，都有将近 250 个可用的 Linux 发行版。但是，别被这个数字吓住。虽然存在大量的 Linux 发行版，但是它们中的大部分是非常生僻的，只适合于某些特定的场景。当你学习 Linux 时，不应该考虑这些类型的 Linux 发行版。

对话学习——选择 Linux 发行版

Gary：嗨，Julia。

Julia：你看起来很郁闷。怎么了，Gary？

Gary：我在尝试为我们的新服务器选择一个 Linux 版本，但是我感觉我彻底被击败了。

Julia：噢，我知道那种感觉，以前出现过好多次。好吧，让我们看看能不能缩小一下范围。你觉得这个系统有可能需要专业的技术支持吗？

Gary：估计不会……不过，不包括从你那获得的帮助。

Julia：我感觉我的信箱里马上要有更多的邮件了。好吧，这并没有缩小多少的范围。如果你说“是”，我就要推荐一个商业发行版，像 Red Hat Enterprise Linux 或者 SUSE。

Gary：我想挑选一个更流行的 Linux 发行版，因为我感觉它们有更多的社区支持。

Julia：好主意。根据 distrowatch.com，现在有好几个社区支持的发行版有最新的下载，包括 Mint、Debian、Ubuntu 和 Fedora。

Gary：我听过这些，但是在 distrowatch.com 还列出了其他一些我从未听说过的发行版。

Julia：有时你会发现另外一些发行版有些特性对你很有用。你还有多久就要部署新的服务器了？

Gary：最后期限还有两周。

Julia：好的，那我推荐你在 distrowatch.com 网站上再多研究一下，选择三到四个候选的发行版，然后在虚拟机上安装它们。在这些虚拟机上同时运行你将安装在服务器上的软件，然后花一些时间对它们做一个详细的测试。同时花一些时间浏览社区的支持页面，问问自己对这些（内容）是不是感觉有用。

Gary：是个不错的办法。

Julia：还有一点，要准备不止一个解决方案。可能有几个 Linux 发行版会满足你的要求。你的目标是首先排除那些不符合你的要求的版本，然后在其余中选出最符合你的要求的。祝你好运！

有少数几个 Linux 发行版是非常流行的，并且占据了全世界大部分的 Linux 装机量。但是，对这几个发行版逐个彻底讨论其利弊已经超出了本书的范围。出于学习 Linux 的目的，作者推荐你安装以下一个或多个 Linux 发行版：

- Red Hat Enterprise Linux（RHEL）、Fedora、CentOS：这些发行版被称为基于 Red Hat 的发行版，因为它们都共享 Red Hat Linux 发行版的一组通用的基础代码。虽然还有许多其他发行版共享这些代码，但是这几个是其中最流行的。注意 Fedora 和 CentOS 是完全免费的，而 RHEL 是基于订阅的发行版。在本书中讨论基于 Red Hat 的发行版的时候，我们选择 Fedora。
- Linux Mint、Ubuntu、Debian：这些发行版被称为基于 Debian 的发行版，因为它们都共享 Debian Linux 发行版的一组通用的基础代码。还有许多其他发行版共享这些代码，但是这几个是其中最流行的。在本书中讨论基于 Debian 的发行版的时候，我们选择 Ubuntu。
- Kali：这是一个基于安全性的 Linux 发行版，将在本书的几个章节中使用到。原因是这个发行版可以作为一个发现你当前系统环境安全漏洞的工具来使用。

1.3.2 本机还是虚拟机

如果你有一台可用的旧计算机，你当然可以用它来直接安装 Linux（这被叫作裸机或者本机安装）。但是，有可能你想测试几个发行版，虚拟机安装可能是更好的选择。

一个虚拟机就是一个服务器的操作系统，看起来像是本机安装的，但是它实际上是与宿主操作系统共享硬件的。（其实有一种虚拟化的方法来让虚拟机的系统知道是安装在虚拟机上面的，但是这超出了本书的范围，对于学习 Linux 来讲也没必要知道。）宿主操作系统可以是 Linux，但是也可以是 Mac OS 或者微软 Windows。

为了创建虚拟机，你需要一个叫作 hypervisor 的产品。hypervisor 是一个可以给虚拟机提供虚拟硬件的软件。这包括虚拟的硬盘、虚拟的网络接口、虚拟的 CPU 和其他通常能在物理系统上找到的硬件。有几种不同的 hypervisor 软件，包括 VMware、Microsoft Hyper-V、Citrix XenServer 和 Oracle VirtualBox。你也可以使用公有云平台的虚拟化环境，这样都不用在本地系统上安装任何软件了。AWS（亚马逊云服务）就是一个不错的公有云平台。

安全提醒

在安全行业中，围绕虚拟机部署是否比裸机部署更安全有很多争论。由于要考虑的因素太多，这个问题目前没有一个简单的答案。例如，虽然虚拟机提供了一定程度的抽象化使得黑客比较难意识到虚拟化环境的存在，但虚拟机也导致了另外一些软件组件需要适当地进行安全配置。

一般来说，安全性不是公司采用虚拟机的主要原因（提高硬件使用率通常才是主要原因）。但是，如果你选择在你的环境里使用虚拟机，应仔细考虑虚拟机带来的安全影响，并将其纳入你的安全策略中。出于学习 Linux 的目的，我们将选用 Oracle VirtualBox。该软件是免费的而且在多个平台上都能良好运行，包括微软 Windows（很有可能你已经在自己的机器上安装了这个操作系统）。Oracle VirtualBox 可以从 https://www.virtualbox.org 下载。安装过程也非常简单，只要接受默认参数或者阅读安装手册即可（https://www.virtualbox.org/wiki/Download#manual）。

安装完 Oracle VirtualBox，并创建几个虚拟机以后，Oracle VirtualBox 虚拟机管理器的界面看起来如图 1-2 所示。

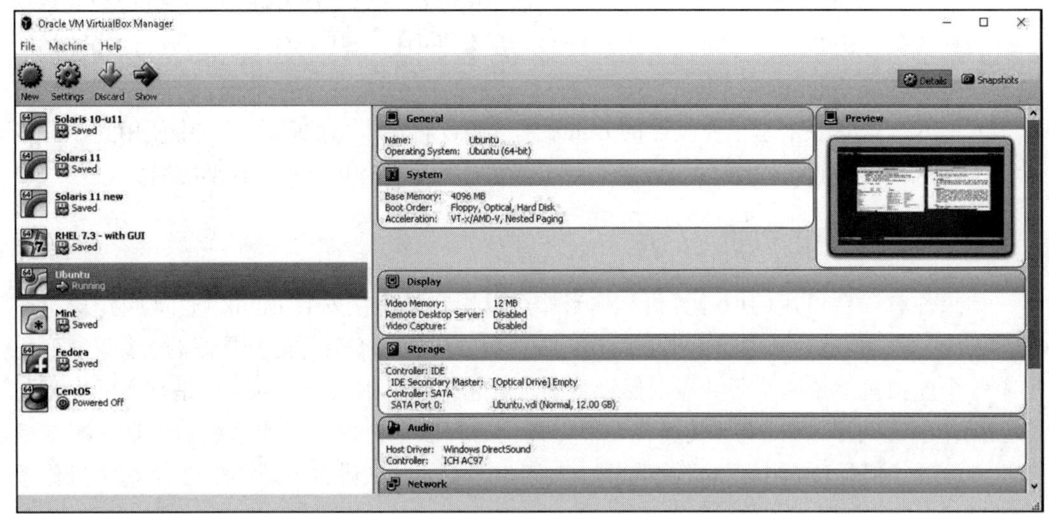

图 1-2　Oracle VirtualBox 虚拟机管理器

1.3.3　安装一个发行版

如果使用 Oracle VirtualBox，安装一个 Linux 发行版的第一步就是添加一台新“机器”，这可以通过在 Oracle VirtualBox 虚拟机管理器中执行以下步骤来完成：

1. 单击“机器”(Machine）菜单然后单击“新建”(New)。

2. 给虚拟机起一个名称，例如，在名称框中输入 Fedora。注意虚拟机的类型和版本的选择框会自动变动，类型应为 Linux。确认你下载的安装介质的类型是 32 位还是 64 位的操作系统（一般这个信息就包括在介质的名称里面）。当前大部分版本都是 64 位的。

3. 用滚动条来设置虚拟机的内存大小或者在 MB 选择框中手动输入内存的值。一般完整安装的 Linux 要流畅运行需要 4196MB（大概 4GB）的内存。

选择“现在创建一个虚拟磁盘”(Create a virtual hard disk now）选项。

4. 单击“创建”(Create）按钮。

5. 在下一个对话框，将选择虚拟磁盘的大小，默认的大小应该是 8GB，这用于完整安装可能有点小。推荐的最小值为 12GB。

6. 将“磁盘文件类型”(Hard disk file type) 设置为 VDI (虚拟磁盘)。进入“存储在物理硬盘上”(Storage on physical hard disk) 的界面后，选择“固定大小”(Fixed Size)。

7. 单击“创建”(Create) 按钮。

过一会 (几分钟) 后，你将看到新虚拟机出现在了 Oracle VirtualBox 虚拟机管理器左侧的列表中。在继续下一步之前，确认安装介质的存放位置 (你下载的 Linux 发行版的 *.iso 文件)。

要开始安装，单击刚才新建的虚拟机然后单击“开始”(Start) 按钮。请参照图 1-3。

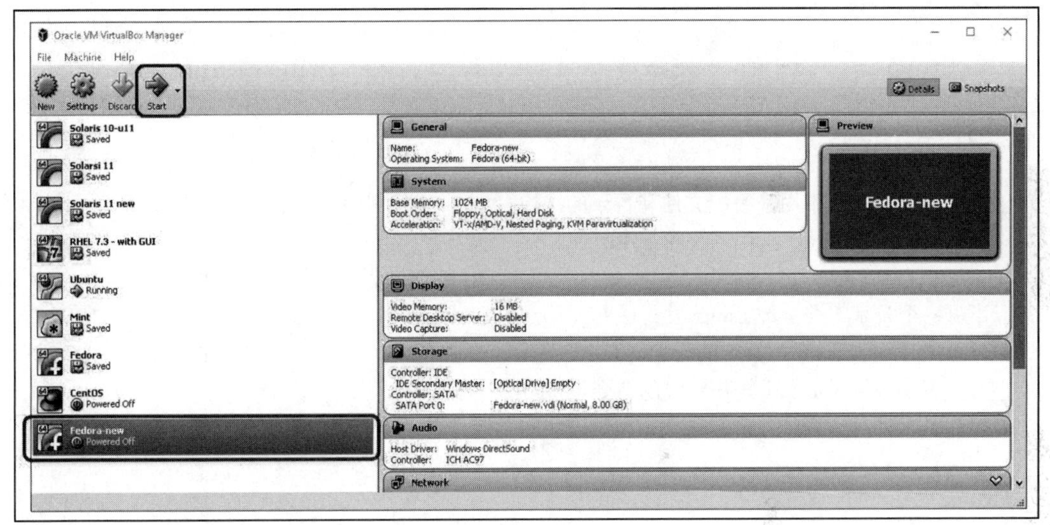

图 1-3 开始安装系统

在下一个窗口出现后，需要选择安装介质。在“选择启动磁盘”(Select Start-up Disk) 对话框中，单击那个看起来像文件夹的小图标，带有一个“向上箭头”。打开的文件夹里包括了安装介质，选择它，然后单击“打开”(Open) 按钮。返回对话框后，单击“开始”(Start) 按钮。

一旦安装开始，看到的选项和提示就完全取决于你安装的 Linux 发行版，当新版本发布的时候，这些也可能会改变。由于安装过程非常灵活，我们推荐你跟着该 Linux 发行版的发布组织提供的安装手册来进行。

虽然没有提供具体的安装步骤，但有以下几个建议：

- **按默认值来做**。一般默认选项对于初始化安装非常有效。请记住，以后总是可以重新安装操作系统。
- **不要担心具体的软件**。有一个选项可能是让你选择安装哪些软件。再次选择默认即可。以后也可以添加更多的软件，你将在第七部分学习这些内容。

- **不要忘记密码**。安装过程会提示你给 root 用户及普通用户设置一个密码。在生产系统上，应该确保设置一个不容易被破解的密码。不过，在这些测试系统上，选择一个容易记忆的密码也没有太大的安全问题。如果忘记了密码，第 28 章介绍了如何恢复密码（也可以重装 Linux 操作系统）。

1.4 总结

在学习完本章后，你应该对 Linux 操作系统的主要组件有了一个很好的了解。也应该了解了什么是 Linux 发行版，对于在安装 Linux 系统之前应该确认的问题也有了答案。

1.4.1 重要术语

内核、Shell、文件系统、内核模块、库、发行版、CLI、GUI、虚拟机

1.4.2 复习题

1. ______是操作系统中用来组织文件和目录的结构。
2. 以下哪一个不是 Linux 操作系统的常用组件？
   A. 内核　B. 库　C. 磁盘驱动器　D. Shell
3. 以下哪一个是基于安全的 Linux 发行版？
   A. Fedora　B. CentOS　C. Debian　D. Kali
4. ______程序提供对 Linux 操作系统的命令行接口。
5. ______是一个操作系统，看起来像是本机安装的，但是它实际上与宿主操作系统共享硬件。

第 2 章

使用命令行

Linux 有一个非常有魅力的特性，那就是有大量的命令行工具。在 Linux 中有多达几千个命令，每个都被设计用来完成特定的任务。拥有如此多的命令为 Linux 提供了非常大的灵活性，但是这也使得学习 Linux 的过程令人略感吃力。

本章的目的是为读者介绍更多重要的命令行工具。你将学习用来管理文件和目录的命令，包括如何查看、复制和删除文件，还将学到 Shell 中一个非常强大的叫作正则表达式的功能，可以使用模式匹配来查看和改变文件。本章还介绍了一些常用的文件压缩工具，例如 tar 和 gzip 工具。

学习完本章并完成课后练习，你将具备以下能力：

- 管理文件和目录。
- 使用 Shell 的一些特性，例如 Shell 变量。
- 利用 Shell 的历史命令特性来重复执行之前的命令。
- 会使用正则表达式，并且知道如何与 find、grep 和 sed 命令一起使用。
- 使用文件压缩工具。

2.1 文件管理

Linux 操作系统包含大量的文件和目录，Linux 上的主要操作就是管理文件。在本节，你将学习一些管理文件的基础命令。

2.1.1 Linux 文件系统

很可能你已经对微软的 Windows 很熟悉了。这个操作系统把不同的设备设置为不同的分区来使用。例如，主硬盘驱动器一般被设置为 C 盘。其他的驱动器，例如 CD-ROM 驱动器、DVD 驱动器、额外的硬盘驱动器以及可移动存储设备（U 盘等）被设置为 D 盘和 E 盘等。即使是网络驱动器，在微软的 Windows 中通常也被配置了一个驱动器标签。

在 Linux 中，使用（存储设备）的方法不同。每一个存储的位置，包括远程驱动器和可移动介质，都可以在被称作是根的顶级目录下访问。根目录一般用一个单斜杠（/）来标记。图 2-1 是一小部分 Linux 文件系统的例子（一个完整的 Linux 文件系统至少包括几百个目录）。

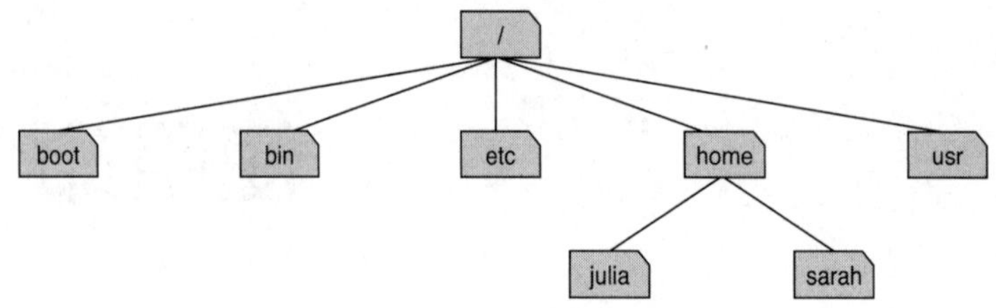

图 2-1　部分 Linux 文件系统的图形表示

参照图 2-1，boot、bin、etc、home 和 usr 目录可以看作是在根目录之下。julia 和 sarah 被看作是在 home 目录下面。通常用术语子目录和二级子目录来描述某个目录下面的其他目录。用术语父目录来描述包含子目录的目录。所以，home 目录是包含 julia 子目录的父目录。

为了描述一个目录的位置，一个完整的路径通常包括从此目录到根目录的所有路径。例如，julia 目录可以用路径 /home/julia 来描述。在这个路径上，第一个出现的是“/”用来表示根目录，后续的“/”都是用来分隔此路径上的其他目录。

你可能想知道在这些不同的目录里分别存储着什么。这是个好问题，但是在你刚开始学习 Linux 操作系统的这个时间点，这也是个不好回答的问题。所以虽然下面给出了答案，还是应该提醒读者现在没必要对此担心——随着你更深入地学习 Linux，这些目录就会变得更有意义。

文件系统层次标准（Filesystem Hierarchy Standard，FHS）是一个文件和目录在 Unix 和 Linux 操作系统上面应该如何存储的定义。表 2-1 提供了一些比较重要的目录的摘要。

表 2-1　FHS 目录标准

路　径	描述 / 内容	路　径	描述 / 内容
/	根或者顶级目录	/mnt	临时的挂载路径
/bin	重要的二进制可执行程序	/opt	可选择安装的软件包
/boot	与系统启动有关的文件	/proc	与系统内核及进程有关的信息（这是一个虚拟的文件系统，并不存在于磁盘的文件系统中）
/etc	系统的配置文件	/root	root 用户的家目录
/home	普通用户的家目录	/sbin	重要系统的二进制可执行程序
/lib	重要的系统库	/tmp	临时文件的存放路径
/media	可移动介质的挂载路径	/usr	一个有许多子目录的路径，里面包含了二进制可执行文件、库文件以及文档

（续）

路 径	描述 / 内容	路 径	描述 / 内容
/usr/bin	不太重要的二进制可执行文件	/var	经常变化的数据（大小经常在变）
/usr/lib	/usr/bin 中的可执行文件的库	/var/mail	邮件的日志
/usr/sbin	不太重要的系统二进制可执行程序	/var/log	缓存池数据（比如打印池）
/usr/share	与系统相对独立的一些数据	/var/tmp	临时文件

2.1.2 执行命令

执行 Shell 命令的标准方式是在命令提示符下键入命令后按下回车键。下面有个例子：

```
[student@localhost rc0.d]$ pwd
/etc/rc0.d
```

命令也接受选项和参数：

- 选项是一个可以改变命令结果的预定义的值。选项会如何改变命令的结果与具体的命令有关。
- 一般选项都是一个单字符前面跟着一个连字符“ -”，例如 -a、-g 和 -z。通常，这些单字符的选项可以被组合在一起（例如，-agz）。一些新的命令也接受“单词”选项，例如 --long 或者 --time。单词类的选项前面是有两个连字符“--”。
- 参数是一个附加的信息，例如文件名或者用户名，用来确定进行哪个特定的操作。参数的类型是受限于命令本身的。例如，从文件系统中删除一个文件的命令将接受一个文件名作为参数，然而从操作系统中删除一个用户的命令将接受一个用户名作为参数。
- 和选项不同，参数不是以单个（或多个）连字符开始。

为了执行多个命令，可以将每个命令用分号隔开，然后在最后一个命令被输入后按下回车。下面是一个例子：

```
[student@localhost ~]$ pwd ; date ; ls
/home/student
Fri Dec  2 00:25:03 PST 2016
book   Desktop   Downloads Music    Public Templates
class  Documents hello.pl  Pictures rpm    Videos
```

2.1.3 pwd 命令

pwd（输出当前目录）命令显示了 Shell 当前的目录：

```
[student@localhost rc0.d]$ pwd
/etc/rc0.d
```

2.1.4　cd 命令

为了把 Shell 从当前的目录移动到另一个目录，使用 cd（改变目录）命令。cd 命令接受唯一的参数：目标目录的路径。例如，为了移动到 /etc 目录，可以执行以下命令：

```
[student@localhost ~]$ cd /etc
[student@localhost etc]$
```

cd 命令是那种“没有消息就是好消息”的命令。如果命令成功，没有任何输出显示（但是，注意提示符已经改变）。如果命令失败，将显示错误，如下所示：

```
[student@localhost ~]$ cd /etc
bash: cd: nodir: No such file or directory
[student@localhost ~]$
```

安全提醒

基于安全性的原因，用户不能用 cd 命令进入所有的目录。这一点将在第 9 章中详细介绍。

当你为此命令提供的参数是从根目录开始时，它被看作是绝对路径。当你提供的路径表示是从一个固定的位置（从根目录）开始时，它就被认为是相对路径。例如，你键入以下命令：

```
cd /etc/skel
```

你也可以给出基于你当前目录的访问路径。例如，你已经在 /etc 目录里面，而你想进入下级的 skel 目录，你可以执行 cd skel 命令。在这个例子中，skel 目录必须直接在 etc 目录的下面。这种进入目录的方式叫作使用相对路径方式。

其实细想一下，你在过去已经多次使用这种方法给别人指出方向。例如，假设你有一个朋友在拉斯维加斯，你想给他指明去你在圣地亚哥的家的方向。你不会从你朋友的家开始指示这个方向，而是从一个你俩都熟悉的确定的地方开始（一般是某条高速公路）。但是，如果这个朋友现在就在你家，他想去附近的商店，你会从你家开始给他指路，而不是从之前那个确定的地方。

在 Linux 中，对于像 cd 这样的命令，一些特殊的字符也可以用来表示目录：

- 两个点号（..）的字符表示当前目录的上一级目录。所以，如果当前目录是 /etc/skel，命令 cd .. 将改变当前目录至 /etc 目录。
- 一个点号（.）表示当前目录。这对于 cd 命令来说不是十分有用，但是对于其他命令，当你想表示“我所在的当前目录”的时候这就很方便。
- 波形号字符（~）表示用户的家目录。每个用户都有一个家目录（一般是 /home/username）用来存放他们自己的文件。cd ~ 命令将使你转到自己的家目录。

2.1.5 ls 命令

ls 命令用来列出目录中的文件。默认为列出当前目录中的文件，如下例所示：

```
[student@localhost ~]$ ls
Desktop   Downloads  Pictures  Templates
Documents Music      Public    Videos
```

和 cd 命令类似，参数可以使用绝对路径或相对路径来列出其他目录中的文件。

ls 命令有许多选项。表 2-2 显示了一些重要的选项。

表 2-2 ls 命令的选项

选 项	描 述
-a	列出所有文件，包括隐藏的文件
-d	列出目录名，但是不列出目录的内容
-F	在文件名后面追加一个字符来代表文件的类型，例如包括 *（可执行文件），/（目录）以及 @（软链接文件）
-h	当与 -l 选项一起使用时，以方便人阅读的格式来显示文件大小
-l	以长列表显示文件（参考本表之后的例子）
-r	将文件的显示顺序逆序显示
-S	按文件大小排序
-t	按文件修改时间排序（最近修改的文件最靠前显示）

可能出现的错误 在 Linux 中，命令、选项、参数以及所有其他的输入都区分大小写。这意味着如果你尝试执行命令 ls -L 而不是 ls -l，将得到不同的结果（或者出错提示）。

ls -l 命令的输出结果，每个文件占一行，如图 2-2 所示。

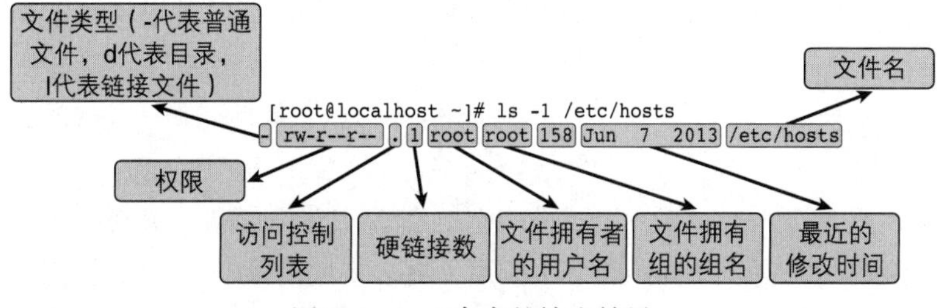

图 2-2 ls -l 命令的输出结果

2.1.6 文件名匹配

文件名匹配符（也叫作通配符）是在命令行中用来代表一个或多个文件名字符的特殊字符。支持的通配符如下所示。

通配符	说 明
*	匹配文件名中零个或多个字符
?	匹配文件名中任意单个字符
[ ]	匹配文件名中的单个字符，只要这个字符在 [ ] 里

下面这个例子显示所有当前目录下以字母 D 开头的文件：

```
[student@localhost ~]$ ls -d D*
Desktop   Documents   Downloads
```

下一个例子显示所有当前目录下文件名为五个字符的文件：

```
[student@localhost ~]$ ls -d ?????
Music
```

2.1.7 file 命令

file 命令将输出文件内容的类型。以下命令给出了几个例子：

```
[student@localhost ~]$ file /etc/hosts
/etc/hosts: ASCII text
[student@localhost ~]$ file /usr/bin/ls
/usr/bin/ls: ELF 64-bit LSB executable, x86-64, version 1 (SYSV),
dynamically linked (uses shared libs), for GNU/Linux 2.6.32,
BuildID[sha1]=aa7ff68f13de25936a098016243ce57c3c982e06, stripped
[student@localhost ~]$ file /usr/share/doc/pam-1.1.8/html/sag-author.html
/usr/share/doc/pam-1.1.8/html/sag-author.html: HTML document,
UTF-8 Unicode text, with very long lines
```

为什么要使用 file 命令（来判断文件的类型）？本章下面的几个命令只能用来处理文本文件，例如之前命令中的 /etc/hosts 文件。非文本文件是不可以用 less、tail 和 head 命令来显示的。

2.1.8 less 命令

less 命令用来显示内容非常多的文本文件，但是显示一页后会暂停。键盘上按某些键可以使得用户滚动浏览整个文档。表 2-3 标注了更多有用的滚动（页面的）键。

表 2-3 less 命令用来滚动页面的键

滚动页面的键	描 述
h	显示帮助界面（介绍 less 命令可用来滚动页面的键）
空格	当前页面前进一页

（续）

滚动页面的键	描　述
b	当前页面后退一页
回车	当前页面向下移动一行；下箭头键也可以实现此操作
上箭头	当前页面向上移动一行
/*term*	在文档中搜索 *term* 的内容（这里可以使用正则表达式或者简单文本）
q	退出文档浏览并回到 Shell

注意 你也可以用 more 命令来浏览文档。它使用了许多与 less 命令相同的滚动页面的键，但特性较少。

2.1.9 head 命令

head 命令显示了文本文件的头部内容，默认显示文件的前十行。使用 -n 选项来显示与默认不同的行数：

```
[student@localhost ~]$ head -n 3 /etc/group
root:x:0:
bin:x:1:student
daemon:x:2:
```

安全提醒

特意选择 /etc/group 文件来做示例。该文件用来存储系统中用户组的信息，将在第 6 章中详细介绍。在本例中使用此文件可以让你开始习惯于查看系统文件，即使现在这些文件的内容你还不是很清楚。

2.1.10 tail 命令

tail 命令显示文本文件的尾部内容，默认显示文件的最后十行。使用 -n 选项来显示与默认不同的行数：

```
[student@localhost ~]$ tail -n 3 /etc/group
slocate:x:21:
tss:x:59:
tcpdump:x:72:
```

tail 命令所包括的重要选项如表 2-4 所示。

表 2-4 tail 命令的选项

选 项	描 述
-f	显示文件最后面的内容并且“跟踪”文件的最新变化。这在系统管理员想要动态地浏览正在被写入的日志文件的时候很有用
-n +x	显示从第 x 行开始到文件末尾的内容。例如，命令 tail -n +25 将会显示文件的第 25 行到文件末尾的内容

2.1.11 mkdir 命令

mkdir 命令用于创建目录。

例如：

```
mkdir test
```

mkdir 命令所包括的重要选项如表 2-5 所示。

表 2-5 mkdir 命令的选项

选 项	描 述
-p	若有需要则创建父目录。例如，如果有的目录不存在的话，mkdir -p /home/bob/data/january 将会创建该路径上的所有目录
-v	显示创建的每个目录的信息。-v 选项在 Linux 中经常代表“详细”（verbose）。这些详细信息包括命令所采取的操作

2.1.12 cp 命令

cp 命令用于复制文件或目录。这个命令的语法是：

```
cp [options] file|directory destination
```

file|directory 表示要复制的文件或目录。参数 ***destination*** 是代表想要复制文件或目录到哪里。以下例子将会复制文件 /etc/hosts 到当前目录：

```
[student@localhost ~]$ cp /etc/hosts .
```

注意，必须给出复制文件的目标目录。

cp 命令所包括的重要选项如表 2-6 所示。

表 2-6 cp 命令的选项

选 项	描 述
-i	如果复制会导致覆盖已经存在的文件，则会提示确认是否进行覆盖
-n	从不覆盖已经存在的文件
-r	复制整个目录结构（r 代表递归）
-v	详细模式（也就是说，描述在复制文件及目录时发生的操作）

2.1.13　mv 命令

mv 命令将移动或重命名一个文件。

例如：

```
mv /tmp/myfile ~
```

mv 命令所包括的重要选项如表 2-7 所示。

表 2-7　mv 命令的选项

选　项	描　　述
-i	如果移动文件会导致覆盖已经存在的文件，则会提示确认是否进行覆盖
-n	从不覆盖已经存在的文件
-v	详细模式（也就是说，描述在移动文件及目录时发生的操作）

2.1.14　rm 命令

rm 命令用来移除（删除）文件或目录。

例如：

```
rm file.txt
```

rm 命令所包括的重要选项如表 2-8 所示。

表 2-8　rm 命令的选项

选　项	描　　述
-i	删除文件之前会提示确认是否删除
-r	删除整个目录结构（r 代表递归）
-v	详细模式（也就是说，描述在删除文件及目录时发生的操作）

2.1.15　rmdir 命令

rmdir 命令用于移除（删除）空目录。如果目录不是空的，则此命令将失败（用 rm -r 来删除一个目录以及目录内的文件）。

例如：

```
rmdir data
```

2.1.16　touch 命令

touch 命令有两个功能：创建一个空文件及更新一个已存在文件的访问和修改时间戳。

为了创建一个文件或者更新一个已存在文件的时间戳，使用如下的语法：

```
touch filename
```

touch 命令所包括的重要选项如表 2-9 所示。

表 2-9　touch 命令的选项

选　项	描　述
-a	只改变文件的访问时间戳，不改变文件的修改时间戳
-d *date*	设置文件的时间戳为特定的时间（例如，touch -d "2018-01-01 14:00:00"）
-m	只改变文件的修改时间戳，不改变文件的访问时间戳
-r *file*	使用 file 文件的时间戳作为参考值去设置指定文件的时间戳（例如，touch -r /etc/hosts/etc/passwd）

安全提醒

touch 命令用来更新重要文件的时间戳使得在系统自动备份时包含此文件非常有效。你将在第 10 章中学到更多关于系统备份的知识。

2.2　Shell 特性

BASH Shell 提供了非常多的特性来个性化你的工作环境。本节将专注于介绍这些特性。

2.2.1　Shell 变量

Shell 变量用于在 Shell 内保存信息。这些信息用于改变 Shell 本身的环境或者内部命令的操作。表 2-10 是一些常用的 Shell 变量。

表 2-10　Shell 变量

变量名	描　述	变量名	描　述
HOME	当前用户的家目录	PATH	搜索命令的路径
ID	当前用户的 ID	PS1	主提示符
LOGNAME	当前会话中登录用户的用户名	PWD	显示工作（当前）目录
OLDPWD	上一个目录的路径（在上一个 cd 命令之前）		

注意　除了上表列出的变量之外，还有很多其他的 Shell 变量。关于 PATH 和 PS1 变量的更多细节稍后将在本章讲述。

echo

echo 命令用来显示信息。一般用来显示变量的值。

例如：

```
[student@localhost ~]$ echo $HISTSIZE
1000
```

echo 命令仅有几个选项。最有用的选项是 -n，在输出的时候不会进行换行。一些特殊字符串可以在 echo 命令中包含并在参数内部使用。例如，命令 echo -e“hello\nthere”将会输出如下内容：

```
hello
there
```

表 2-11 描述了在 echo 命令中有用的字符串。

表 2-11　echo 命令中的字符串

字符串	描　述	字符串	描　述
\a	终端提示铃音	\t	制表符
\n	换行符	\\	一个反斜杠字符（前面的用于转义）

安全提醒

echo 命令可以在尝试调试程序或脚本时提供有价值的调试信息，因为用户可以在程序运行时，在不同的时间点在终端输出提示，提示用户已经成功到达程序的不同阶段。

set

set 命令在不带参数执行时将显示（当前用户环境的）所有 Shell 变量和值。为了查看所有的 Shell 变量，使用 set 命令，输出如下：

```
[student@localhost ~ 95]$ set | head -n 5
ABRT_DEBUG_LOG=/dev/null
AGE=25
BASH=/bin/bash
BASHOPTS=checkwinsize:cmdhist:expand_aliases:extglob:extquote:force_fignore:
histappend:interactive_comments:progcomp:promptvars:sourcepath
BASH_ALIASES=()
```

注意　上述命令的后半部分“| head -n 5”的作用是把 set 命令的输出内容给 head 命令作为输入而且只显示前五行。这个过程叫作重定向，此部分内容将在本章的后面详细介绍。前面的例子这么写是因为 set 命令如果全部输出的话最终将占用好几页的内容。

set 命令也可以用来改变 Shell 的行为。例如，使用一个当前未赋值的变量一般会导致显示一个空字符或者无输出。在执行命令 set -u 后，使用未定义的变量时，将会引起报错：

```
[student@localhost ~]$ echo $NOPE

[student@localhost ~]$ set -u
[student@localhost ~]$ echo $NOPE
bash: NOPE: unbound variable
```

表 2-12 显示 set 命令其他有用的选项。

表 2-12 set 命令的选项

选 项	描 述
-b	当一个后台任务被终止时，立刻向当前 Shell 报告。一个后台任务就是一个在后台运行的程序（参考第 22 章了解更多细节）。使用 +b（默认选项）让此报告在下一次主提示符显示之前报告
-n	读取脚本中的命令但不会执行这些命令的 Shell 编程特性，在检查脚本语法错误时很有用
-u	当使用未定义变量的时候给出错误信息提示
-C	当使用重定向操作时不允许覆盖已经存在的文件，例如 ***cmd > file***。请参照本章之后关于此功能的介绍了解更多细节

unset

使用 unset 命令从 Shell 环境中移除一个变量（例如 unset VAR）。

PS1 变量

PS1 变量定义了终端主提示符，通常使用特定的字符串（\u 代表当前用户名，\h 代表主机名，\w 代表当前目录）。这里有一个例子：

```
[student@localhost ~]$ echo $PS1
[\u@\h \W]\$
```

注意，变量在定义的时候是没有 $ 符号的，但是在被引用的时候要有 $ 符号：

```
[student@localhost ~]$ PS1="[\u@\h \W \!]\$ "
[student@localhost ~ 93]$ echo $PS1
[\u@\h \W \!]$
```

PATH 变量

大部分的命令可以在简单的键入后按回车键即可：

```
[student@localhost ~]# date
Thu Dec  1 18:48:26 PST 2016
```

这些命令（在系统中的位置）是利用 PATH 变量来找到的。这个变量包含一个用冒号分隔的目录列表：

```
[student@localhost ~]$ echo $PATH
/usr/local/bin:/usr/local/sbin:/usr/bin:/usr/sbin:/bin:/sbin:
/home/student/.local/bin:/home/student/bin
```

BASH Shell 将按照这些“预定义的路径”顺序进行搜索。所以，当上面那个 date 命令执行后，BASH Shell 首先查找 /usr/local/bin 路径。如果 date 命令在此目录中，它就被执行；否则，检查下一个在 PATH 变量中的目录。如果在这些目录中没有查找到命令，将显示一个错误：

```
[student@localhost ~]$ xeyes
bash: xeyes: command not found...
```

安全提醒

在某些情况下如果没有找到命令，你将看到如下的提示信息：

```
Install package 'xorg-x11-apps' to provide command 'xeyes'? [N/y]
```

这是当你尝试执行的命令在系统中完全找不到的时候的结果，但是你可以通过安装软件包来运行它。当用户在使用家用版或者非商业版的 Linux 时，这可能是一个很有用的特性，但是如果你在使用生产服务器的话，在安装任何软件的时候你都应该三思而后行。

为了执行一个不在预定义的路径上的命令，使用如下所示的完整路径名的方式：

```
[student@localhost ~]$ /usr/xbin/xeyes
```

要把目录添加到 PATH 变量中，使用如下的语法：

```
[student@localhost ~]$ PATH="$PATH:/path/to/add"
```

等号右边的值（“$PATH:/path/to/add”）首先将返回当前 PATH 变量的值，然后在此基础上扩展一个冒号和一个新的目录。所以，如果 PATH 变量被设置为 /usr/bin:/bin，而且执行了命令 PATH=“$PATH:/opt”，结果将把 PATH 变量的值变成 /usr/bin:/bin:/opt。

安全提醒

添加“.”(当前目录）到 PATH 目录中将带来一定的风险。例如，假设你偶然将 ls 命令错误地输入为 sl，这有可能被别人利用来在普通的目录下创建一个名为 sl 的脚本或程序，(例如，/tmp 目录就是一个通常所有用户都可以创建文件的地方)。如果你设置了“.”在 PATH 变量中，你可能最终将执行这个伪造的 sl“命令”并将你的用户或者操作系统置为危险的境地（要看黑客在这个脚本中设置了什么命令)。

环境变量

当一个变量刚被创建时，仅在创建它的 Shell 中是可用的。当其他的命令在这个 Shell 中运行的时候，该变量并没有传递给其他的命令。

为了传递变量和它们的值到其他命令中，使用 export 命令把本地变量转换成为一个环境变量，例如：

```
[student@localhost ~]$ echo $NAME
Sarah
[student@localhost ~]$ export NAME
```

如果变量不存在，则 export 命令将直接创建一个环境变量：

```
[student@localhost ~]$ export AGE=25
```

当一个本地变量被转换为环境变量，所有的子进程（命令或通过脚本运行的程序）将拥有此变量的设定值。这在你想通过修改一个关键变量的值来改变一个程序的操作时很有用。

例如，crontab -e 命令可以编辑 crontab 文件（一个允许你设定在将来的某个时间运行程序的文件，详细介绍参见第 14 章）。为了选择 crontab 命令将使用的编辑器，创建并输出 EDITOR 变量：export EDITOR=gedit。

本地变量与环境变量的图形化示例，请参见图 2-3。

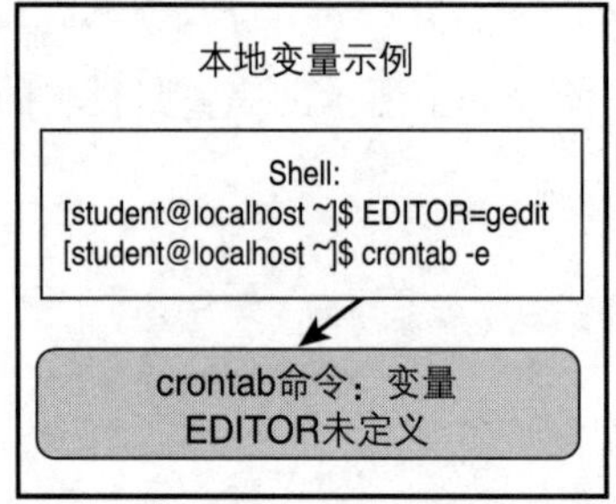

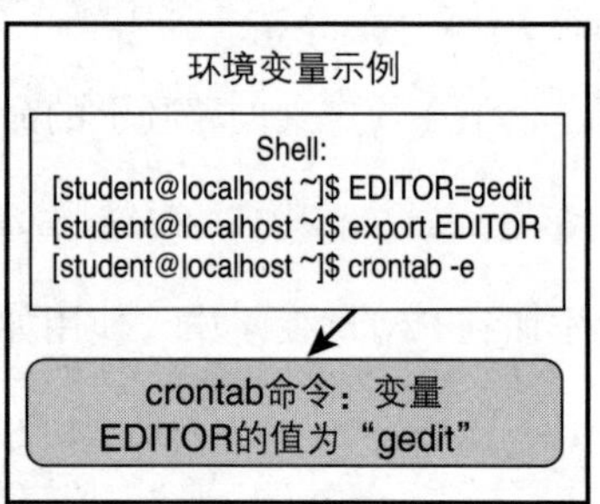

图 2-3　本地变量与环境变量

export 命令也能用来显示所有的环境变量，例如：

```
export -p
```

env

env 命令显示当前 Shell 的环境变量。env 命令执行时本地变量将不会显示。env 命令的另一个用处是在执行命令时临时设置一个变量。

例如，TZ 变量用来在 Shell 环境中设置时区。有时你可能会为了某个特定的命令需要把时区临时设置为一个与默认不同的值，就如 date 命令中显示的那样。

```
[student@localhost ~]# echo $TZ

[student@localhost ~]# date
Thu Dec  1 18:48:26 PST 2016
[student@localhost ~]# env TZ=MST7MDT date
Thu Dec  1 19:48:31 MST 2016
[student@localhost ~]# echo $TZ

[student@localhost ~]#
```

为了在执行命令时取消变量的值，使用 --unset =VAR 选项（例如，env --unset =TZ date）。

2.2.2 Shell 的初始化文件

当用户登录系统时，会启动一个 login Shell。用户登录后启动的 Shell，被称为 non-login Shell。这两种情况下都会使用初始化文件来设置 Shell 环境，要执行哪些初始化文件取决于 Shell 是 login Shell 还是 non-login Shell。

图 2-4 显示了当用户登录系统时候会执行哪些初始化文件。

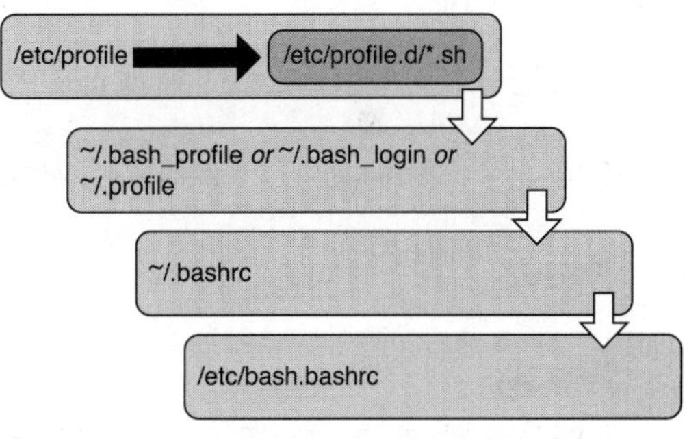

图 2-4 用户登录系统时所执行的初始化文件

以下是对图 2-4 的解释：

- 用户登录系统后执行的第一个初始化文件是 /etc/profile 文件。在绝大多数 Linux 平台，这个脚本的内容包括执行 /etc/profile.d 目录下所有以“.sh”结尾的初始化文件。/etc/profile 文件的用途是作为系统管理员放置代码的地方（一般是登录消息及环境变量定义），这些代码将在 BASH Shell 用户每次登录时执行。
- 当 /etc/profile 文件被执行以后，login Shell 会去用户的家目录下查找一个叫作 ~/.bash_profile 的文件。如果找到了这个文件，login Shell 将执行此文件中的命令。否则，login Shell 将查找一个叫作 ~/.bash_login 的文件。如果找到了这个文件，login Shell 将执行此文件中的命令；否则 login Shell 将查找一个叫作 ~/.profile 的文件并执行此文件中的命令。这些文件的用途是作为用户可以放置代码的地方（通常是环境变量定义），这些代码将在该用户每次登录时执行。
- 下一个执行的初始化文件是 ~/.bashrc 脚本。此文件的用途是作为每个用户可以放置代码的地方（通常是别名定义），这些代码将在用户每次打开新 Shell 时执行。
- 下一个执行的初始化文件是 /etc/bash.bashrc 脚本。此文件的用途是作为系统管理员放置代码的地方（通常是别名定义），这些代码将在用户每次打开新 Shell 时执行。

图 2-5 演示了当用户打开一个新的子进程时哪些文件会被执行。

以下是对图 2-5 的解释：

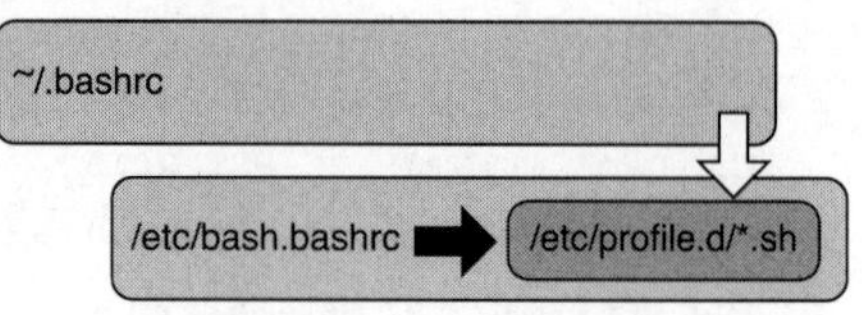

图 2-5　当用户启动一个 non-login Shell 时所执行的初始化文件

- 当用户启动一个 non-login Shell 时，第一个执行的初始化文件是 ~/.bashrc 脚本。此文件的用途是作为每个用户可以放置代码的地方（通常是别名定义），这些代码将在用户每次打开新 Shell 时执行。
- 下一个执行的初始化文件是 /etc/bash.bashrc 脚本。在绝大多数 Linux 平台，这个脚本的内容包括执行 /etc/profile.d 目录下所有以“.sh”结尾的初始化文件。此文件的用途是作为系统管理员放置代码的地方（通常是别名定义），这些代码将在用户每次打开新 Shell 时执行。

2.2.3　别名

别名是一个用单个“命令”来执行一组命令的 Shell 特性。以下是如何创建别名：

```
[student @localhost ~]$ alias copy="cp"
```

以下是如何使用别名：

```
[student @localhost ~]$ ls
file.txt
[student @localhost ~]$ copy /etc/hosts .
[student @localhost ~]$ ls
file.txt  hosts
```

为了显示所有的别名，不带任何参数执行 alias 命令即可。为了撤销别名，使用例 2-1 中所示的 unalias 命令。

例 2-1　使用 unalias 命令撤销别名

```
[student @localhost ~]$ alias
alias copy='cp'
alias egrep='egrep --color=auto'
alias fgrep='fgrep --color=auto'
alias grep='grep --color=auto'
alias l='ls -CF'
alias la='ls -A'
alias ll='ls -alF'
[student @localhost ~]$ unalias copy
[student @localhost ~]$ alias
alias egrep='egrep --color=auto'
```

```
alias fgrep='fgrep --color=auto'
alias grep='grep --color=auto'
alias l='ls -CF'
alias la='ls -A'
alias ll='ls -alF'
```

2.2.4　历史命令

每一个 Shell 在内存里保留了之前执行的命令记录列表。这个列表可以通过执行 history 命令来查看。

history 命令显示了历史命令列表的内容。此命令的输出结果有可能量非常大，所以通常指定一个数字参数来限制显示的历史命令个数。例如，以下的 history 命令列出了历史命令列表中最后五个命令：

```
[student@localhost ~]$ history 5
   83  ls
   84  pwd
   85  cat /etc/passwd
   86  clear
   87  history 5
```

表 2-13 显示了 history 命令一些有用的选项。

表 2-13　history 命令的选项

选　项	描　　述
-c	清除当前 BASH Shell 中的历史命令列表
-r	读取用于保存历史命令的文件的内容（参考本章“.bash_history 文件”内容）
-w	将当前 BASH Shell 中的命令历史列表写入到历史命令文件中

如果想执行历史命令列表中的一个命令，输入 ! 后面紧跟着你想执行的命令。例如，想要执行第 84 个命令（之前的例子里面的 pwd 命令），输入如下内容：

```
[student@localhost ~]$ !84
pwd
/home/student
```

表 2-14 列出了一些执行之前的命令的其他技巧。

表 2-14　执行之前的命令的技巧

技　　巧	描　　述
!!	执行命令历史列表中的上一个命令

（续）

技　巧	描　述
!-n	执行命令历史列表中倒数第 *n* 个命令（例如，!-2）
!*string*	执行命令历史列表中的上一个以此字符串开头的命令（例如 !ls）
!?*string*	执行命令历史列表中的上一个在任意位置包含此字符串的命令（例如 !?/etc）
^str1^str2	执行上一个命令，但是用 str2 替换掉 str1

以下是一个用 ^str1^str2 方法来执行的例子（用字符串 str2 来代替之前命令中的 str1）：

```
[student@localhost ~]$ ls /usr/shara/dict
ls: cannot access /usr/shara/dict: No such file or directory
[student@localhost ~]$ ^ra^re
ls /usr/share/dict
linux.words  words
```

历史变量

一些变量可以影响历史命令列表信息是如何存储的，其中一些变量如表 2-15 所示。

表 2-15　可以影响历史命令列表存储的变量

变　量	描　述
HISTIGNORE	一个以冒号分隔的匹配模板列表，代表哪些命令不会进入命令历史列表中。例如，以下的设置代表 cd、pwd、clear 命令将不会进入命令历史列表中： HISTIGNORE="cd*:pwd;clear"
HISTSIZE	设置一个数字，代表历史命令列表中能显示的最大命令数目
HISTCONTROL	限制历史命令列表中所能存储的命令行数。这可以通过以下方法来设置： • ignorespace：任何之前带有空格的执行命令不会进入命令历史列表 • ignoredups：重复的命令在命令历史列表中只记录一次 • ignoreboth：包含 ignorespace 和 ignoredups 两个选项的设置 • erasedups：下一次写入历史命令列表时也会移除当前历史命令列表中所有重复的记录

.bash_history 文件

当用户退出系统时，当前的历史命令列表会自动写入用户的 .bash_history 文件。这个文件一般存放在用户的家目录（~/.bash_history）中，但是文件名和位置可以通过 HISTFILE 变量来改变。

在 .bash_history 文件中储存多少行取决于 HISTFILESIZE 变量的值。

安全提醒

任何 Linux 系统在没有使用登录界面和密码保护锁屏的安全措施的情况下启用 history 命令都会带来安全风险，这会使得任意有访问系统权限的用户都可以通过简单地输入 history 命令，读取或者复制 history 命令的输出结果到文件，以便之后利用。为了避免上面这种情况发生，可以总是使用一个密码保护的屏保来做一个短期的非活动提示。清除历史记录或者使用 HISTIGNORE 变量来避免记录登录信息是更进一步的安全措施，可以避免他人在过去的命令中找到身份认证信息。

2.2.5　输入和输出重定向

每个命令都可以发送两个输出流（标准输出和标准错误输出）并且可以接受一个数据流（标准输入）。在文档中，这些术语也可以像下面这样描述：

- 标准输出 = stdout 或 STDOUT
- 标准错误输出 = stderr 或 STDERR
- 标准输入 = stdin 或 STDIN

默认情况下，标准输出和标准错误输出被发送到终端窗口，标准输入则是来自于键盘输入。在某些情况下，你会想要改变这些位置，这就要用到一个叫作重定向的方法。

表 2-16 描述了进行重定向的操作方法。

表 2-16　重定向的方法

方　法	描　述	方　法	描　述
cmd < file	用指定的文件内容来替代标准输入	cmd &> file	将标准输出及标准错误输出同时输出到指定文件
cmd > file	将标准输出输出到指定文件	cmd1 | cmd2	将 cmd1 命令的标准输出作为 cmd2 命令的标准输入
cmd 2> file	将标准错误输出输出到指定文件		

下面这个例子，cal 命令的输出结果被发送到一个叫作 month 的文件中：

```
[student@localhost ~]$ cal > month
```

通常会把标准输出和标准错误输出的内容重定向到不同的文件中，如下面的例子所示：

```
[student@localhost ~]$ find /etc -name "*.cfg" -exec file {} \;
> output 2> error
```

重定向标准输入是很少见的，因为大部分命令一般会接受一个文件名作为参数。但是可以执行字符转换的 tr 命令需要重定向标准输入：

```
[student@localhost ~]$ cat /etc/hostname
localhost
[student@localhost ~]$ tr 'a-z' 'A-Z' < /etc/hostname
LOCALHOST
```

管道符

用管道符（之所以这么叫是因为 | 字符被称为是“管道”）将一个命令的输出发送到另外一个命令使得命令行功能更加强大。例如，以下的命令把 ls 命令的标准输出发送至 grep 命令来过滤出在 4 月 16 日被改变的文件。

```
[student@localhost ~]$ ls -l /etc | grep "Apr 16"
-rw-r--r-- 1 root      321 Apr 16  2018 blkid.conf
drwxr-xr-x 2 root root    4096 Apr 16  2018 fstab.d
```

在例 2-2 中，名为 copyright 的文件的 41 至 50 行被显示。

例 2-2 copyright 文件的 41 至 50 行

```
[student@localhost ~]$ head -50 copyright | tail
    b) If you have received a modified Vim that was distributed as
       mentioned under a) you are allowed to further distribute it
       unmodified, as mentioned at I). If you make additional changes
       the text under a) applies to those changes.
    c) Provide all the changes, including source code, with every
       copy of the modified Vim you distribute. This may be done in
       the form of a context diff. You can choose what license to use
       for new code you add. The changes and their license must not
       restrict others from making their own changes to the official
       version of Vim.
    d) When you have a modified Vim which includes changes as
       mentioned
```

还能添加更多的命令，如例 2-3 中所示，把 tail 命令的输出发送到 nl 命令（可以给输出的行数添加数字编号）。

例 2-3 tail 命令的输出结果被发送给 nl 命令

```
[student@localhost ~]$ head -50 copyright | tail | nl
   1  b) If you have received a modified Vim that was distributed as
   2     mentioned under a) you are allowed to further distribute it
   3     unmodified, as mentioned at I). If you make additional changes
   4     the text under a) applies to those changes.
   5  c) Provide all the changes, including source code, with every
   6     copy of the modified Vim you distribute. This may be done in
   7     the form of a context diff. You can choose what license to use
   8     for new code you add. The changes and their license must not
   9     restrict others from making their own changes to the official
  10     version of Vim.
  11  d) When you have a modified Vim which includes changes as
  12     mentioned
```

注意，命令执行顺序的不同会产生不同的结果。在例 2-3 中，copyright 文件的前 40 行被发送至 tail 命令，然后这 40 行的最后 10 行被发送给 nl 命令来进行数字编号。请注意如例 2-4 所示，如果是 nl 命令先执行的话，输出结果是不同的。

例 2-4　先执行 nl 命令

```
[student@localhost ~]$ nl copyright | head -50 | tail
  36  b) If you have received a modified Vim that was distributed as
  37     mentioned under a) you are allowed to further distribute it
  38     unmodified, as mentioned at I). If you make additional changes
  39     the text under a) applies to those changes.
  40  c) Provide all the changes, including source code, with every
  41     copy of the modified Vim you distribute. This may be done in
  42     the form of a context diff. You can choose what license to use
  43     for new code you add. The changes and their license must not
  44     restrict others from making their own changes to the official
  45     version of Vim.
  46  d) When you have a modified Vim which includes changes as
  47     mentioned
```

子命令

将命令放到 $( ) 字符中，获取该命令的输出并将其用作另一个命令的参数。在下例中，date 和 pwd 命令的输出作为参数被传递给了 echo 命令：

```
[student@localhost ~]$ echo "Today is $(date) and you are in the $(pwd) directory"
Today is Tue Jan 10 12:42:02 UTC 2018 and you are in the /home/student directory
```

2.3　高级命令

在之前我们提到过，在 Linux 系统中有成千上万的命令。本节我们介绍的命令是一些你可能会经常使用的高级命令。

2.3.1　find 命令

find 命令将用不同的规则在文件系统中搜索文件及目录，以下是 find 命令的格式：

```
find [options] starting_point criteria action
```

starting_point 代表从哪个目录开始搜索，***criteria*** 代表搜索什么，***action*** 代表对结果如何操作。

表 2-17 中的选项可用来调整 find 命令的行为。

表 2-17　find 命令的选项

选　项	描　述
-maxdepth *n*	限制每次搜索子目录的深度。例如，find -maxdepth 3 将会限制搜索深度为三层子目录
-mount	防止搜索作为挂载点使用的目录。当你从 / 目录开始搜索时，这很有用。挂载点是用来访问本地或者基于网络的文件系统的。它们将在第 10 章中详细介绍
-regextype *type*	当搜索中使用正则表达式（RE）时，此选项指定了使用的正则表达式的类型，该类型可以为 emacs（默认）、posix-awk、posix-basic、posix-egrep 或者 posix-extended。注意，关于正则表达式的内容将在 2.3.2 节详细介绍

大多数条件选项都允许你设定一个数值作为参数。数字前面可以跟一个“-”或者“+”来表示“小于”或者是“大于”。例如，使用“+5”表示大于 5。表 2-18 列出了一些重要的条件选项。

表 2-18　条件选项

选　项	描　述
-amin ***n***	基于访问时间匹配文件。例如，-amin -3 将会匹配过去三分钟之内被访问过的文件
-group ***name***	匹配属组是 ***name*** 的文件
-name ***pattern***	匹配文件名为 ***pattern*** 的文件或者目录，***pattern*** 可以是一个正则表达式。注意，关于正则表达式的内容将在 2.3.2 节详细介绍
-mmin ***n***	基于修改时间匹配文件。例如，-mmin -3 将会匹配过去三分钟之内被修改过的文件
-nogroup	匹配没有有效属组的文件
-nouser	匹配没有有效属主的文件
-size ***n***	基于文件大小匹配文件。值 ***n*** 前面可以跟一个 +（大于）或者 -（小于）后面还可以跟一个修改的单位：c 代表字节，k 代表千字节，M 代表兆字节，G 代表千兆字节
-type ***fstype***	匹配文件类型为 ***fstype*** 的文件。***fstype*** 为 d 时代表目录，p 代表命名管道，f 代表普通文件，还有其他字符可以表示更多的高级文件类型
-user ***username***	匹配文件属主是 ***username*** 的所有文件（例如，find /home -user bob）

一旦文件被找到，就可以同时对文件进行操作。表 2-19 列出了一些重要的操作选项。

表 2-19　操作选项

选　项	描　述
-delete	删除所有匹配到的文件（例如，find /tmp -name "*.tmp" -delete）
-exec ***command***	在每个匹配到的文件上执行某个命令（参考此表后面的例子）
-ls	列出每个匹配到的文件的细节
-ok	在每个匹配到的文件上执行某个命令，但是在每次执行之前都会提醒用户。提示是需要回答 yes/no 这样的问题来决定用户是否想要执行此命令
-print	输出每个匹配到的文件的文件名，这是默认的操作

下面是 -exec 选项的一个例子：

```
[root@localhost ~]# find /etc -name "*.cfg" -exec file {} \;
/etc/grub2.cfg: symbolic link to '../boot/grub2/grub.cfg'
/etc/enscript.cfg: ASCII text
/etc/python/cert-verification.cfg: ASCII text
```

这个 \; 是用来拼接命令的。例如，在上面的例子里，find 命令查找到的文件被执行的操作是 file /etc/grub2.cfg；file /etc/enscript.cfg；file /etc/python/certverification.cfg。在 ; 之前的 \ 的用来转义 ; 符号在 BASH Shell 中本来的意义，使得 ; 字符可以被当作一个普通的参数传递给 find 命令。

{} 字符用来表示在 find 命令中匹配到的文件名。这个字符可以在 find 命令中使用多次，如下例所示把匹配到的所有文件进行复制：

```
find /etc -name "*.cfg" -exec cp {} /tmp/{}.bak \;
```

安全提醒

使用 find 命令可以用来帮助确定哪些文件最近被访问过，或者在系统故障之前被访问过的文件。这些文件（或者之前输入的命令）很有可能和系统故障有一定的关系（例如一些损坏的文件、丢失的系统权限或者写入某个文件的错误信息）。

另外，使用 -nogroup 或者 -nouser 选项可以帮助我们找到有可能是由黑客植入系统的文件或者由于系统或者软件升级导致的无效文件，调查下这些文件，然后就可以删除了。

2.3.2　正则表达式

术语 regex 代表正则表达式（RE），是指用来匹配其他字符的一个或者多个字符。例如，在支持正则表达式的工具里面，点字符“.”可以匹配任何类型的单个字符，而 [a-z] 可以匹配任意单个小写字符。

有两种类型的正则表达式：基础正则表达式和扩展正则表达式。基础正则表达式是原生的而扩展正则表达式是新增的。支持正则表达式的软件一般都默认支持基础正则表达式并且有一些选项或者特性来支持扩展正则表达式。虽然很多文档说基础正则表达式已经过时了，但是绝大部分现代软件依旧在使用它们。

表 2-20 描述了基础正则表达式的一般用法。

表 2-20　基础正则表达式

RE 规则	描　述
^	匹配一行的开始
$	匹配一行的结束
*	匹配 0 或多个字符

（续）

RE 规则	描 述
.	匹配单个字符
[]	以中括号为范围匹配一串字符，一串字符（[abc]）或者字符范围（[a-c]）都是可以的
[^]	以中括号为范围匹配不在此范围内的字符，一串字符（[^abc]）或者字符范围（[^a-c]）都是可以的
\	对于正则表达式中的特殊字符进行转义，例如，模式 \.* 将会匹配字符“.*”

表 2-21 描述了扩展正则表达式的一般用法。

表 2-21 扩展正则表达式

RE 规则	描 述	RE 规则	描 述
()	一组在一起构成正则表达式的字符串，例如，(abc)	{X,}	匹配其之前的字符或者表达式至少 X 次
X | Y	匹配 X 或者 Y	{X,Y}	匹配其之前的字符或者表达式 X 次到 Y 次
+	匹配其之前的字符或者表达式一次或者多次	?	之前的字符或者表达式为可选
{X}	匹配其之前的字符或者表达式 X 次		

find 命令支持 -regexp 选项，可以利用正则表达式来对文件名进行模式匹配。

例如，以下的命令查找所有在文件名中有“chpasswd”字符并且在“chpasswd”之后有字符“8”的文件：

```
[student@localhost ~]$ find / -regex ".*chpasswd.*8.*" 2> /dev/null
/usr/share/man/zh_CN/man8/chpasswd.8.gz
/usr/share/man/ja/man8/chpasswd.8.gz
/usr/share/man/zh_TW/man8/chpasswd.8.gz
/usr/share/man/ru/man8/chpasswd.8.gz
/usr/share/man/de/man8/chpasswd.8.gz
/usr/share/man/fr/man8/chpasswd.8.gz
/usr/share/man/man8/chpasswd.8.gz
/usr/share/man/it/man8/chpasswd.8.gz
```

2.3.3 grep 命令

可以使用 grep 命令在文件中逐行查找包含指定模式的行。grep 命令默认在找到匹配的模式以后显示整行。

例如：

```
[student@localhost ~]$ grep "the" /etc/rsyslog.conf
# To enable high precision timestamps, comment out the following line.
# Set the default permissions for all log files.
```

注意 上例中搜索文件时使用的是基础正则表达式。

表 2-22 描述了 grep 命令的重要选项。

表 2-22 grep 命令的选项

选 项	描 述
-c	显示匹配到行的数目而不是显示匹配到的每行的明细
--color	匹配到的文本显示为不同的颜色
-E	在基本正则表达式的基础上使用扩展正则表达式
-f	固定模式中字符串的属性，将模式中的字符全部看作普通的字符串，而不是正则表达式字符
-e	在 grep 命令中使用多个模式匹配（例如，grep -e pattern1 -e ***pattern2 file***）
-f ***file***	使用文件 ***file*** 里保存的模式
-i	忽略大小写
-l	显示匹配到的文件名而不是显示文件中能匹配到的每一行。这在搜索多个文件的时候很有用（例如，grep "the" /etc/*）
-n	在显示的每一行之前显示行号
-r	递归地搜索一个目录结构。这里的术语递归的意思是“遍历所有的子目录”
-v	反向匹配，即返回所有不包含模式的行
-w	只匹配完整的单词。例如，命令 grep "the" file 将会匹配单词 the，即使匹配范围中有更大范围的单词，如 then 或 there，但是命令 grep -w "the" file 将只匹配 the 这种单独的单词

例如，要根据文件内容搜索文件系统，可以使用 grep 命令的 -r 选项：

```
[student@localhost ~]$ grep -r ":[0-9][0-9]:games:" /etc 2> /dev/null
/etc/passwd:games:x:5:60:games:/usr/games:/usr/sbin/nologin
```

2.3.4 sed 命令

sed 命令用于在非交互模式下修改文件。与大多数编辑器（如第 4 章讨论的 vi 编辑器）不同的是，sed 命令可以自动进行更改，而大多数编辑器需要人工交互来执行对文件的修改。

在下面的例子中，sed 命令将用“myhost”来取代 /etc/hosts 文件中的“localhost”：

```
[student@localhost ~]$ cat /etc/hosts
127.0.0.1 localhost
[student@localhost ~]$ sed 's/localhost/myhost/' /etc/hosts
127.0.0.1 myhost
```

sed 命令默认对文件的每一行只修改第一个匹配到的项。为了让每行所有匹配到的项都被替换，使用 /g 选项来改变规则，如下例所示：

```
[student@localhost ~]$ sed 's/0/X/' /etc/hosts
127.X.0.1 localhost
[student@localhost ~]$ sed 's/0/X/g' /etc/hosts
127.X.X.1 localhost
```

注意查找的模式可以是一个正则表达式（默认只是基础正则表达式，使用 -r 选项来包含扩展正则表达式）。

sed 命令默认不会改变文件本身，我们可以用重定向的办法把命令的输出重定向到其他文件，例如：

```
[student@localhost ~]$ sed 's/0/X/' /etc/hosts > myhosts
```

表 2-23 描述了 sed 命令的重要操作。

表 2-23　sed 命令的操作

操　作	描　　述
s/	用新给出的值替代所有匹配到的字符或者表达式
d	删除。例如，sed '/enemy/d' filename 命令将会删除任何包含“enemy”的行
a\	在匹配到的行之后插入数据（例如，sed '/localhost/a\add/' /etc/hosts）。此例子将会在 /etc/hosts 文件里匹配 localhost 的行后插入新的行，新行的内容是 add
i\	在匹配到的行之前插入数据

表 2-24 描述了 sed 命令的重要选项。

表 2-24　sed 命令的选项

选　项	描　　述
-f *file*	对某个文件使用 sed 命令
-i	在原文件的基础上编辑此文件。当心，这将会用修改后的文件替换掉原文件
-r	在基础正则表达式的基础上使用扩展正则表达式

2.3.5　压缩命令

现代操作系统的一个常见任务是将多个文件打包为单个文件并压缩。这样可以在一个小容量的设备上存储文件，更容易从网络上下载文件或者打包文件后便于通过电子邮件来传输。本节主要讨论一些比较常见的合并和压缩文件的 Linux 实用程序。

tar 命令

tar 命令的意思，代表着*磁带归档*（tape archive），一般用来打包多个文件为单个文件。为了创建一个名为 sample.tar 的 tar 文件，执行以下命令。

```
tar -cf sample.tar files_to_merge
```

列出 .tar 文件的内容：

```
tar -tf sample.tar
```

提取 .tar 文件的内容：

```
tar -xf sample.tar
```

表 2-25 包含了 tar 命令的重要选项。

表 2-25 tar 命令的选项

选 项	描 述	选 项	描 述
-c	创建一个 .tar 文件	-d	比较 .tar 文件与目录中文件的不同
-t	列出一个 .tar 文件的内容	-u	更新，只向存在的 .tar 文件中追加新文件
-x	提取一个 .tar 文件的内容	-j	使用 bzip2 工具压缩或解压缩一个 .tar 文件
-f	指定 .tar 文件的名称	-J	使用 xz 工具压缩或解压缩一个 .tar 文件
-v	输出详细信息（输出命令操作的更多细节）	-z	使用 gzip 工具压缩或解压缩一个 .tar 文件
-A	追加新文件到已经存在的 .tar 文件中		

gzip 命令

使用 gzip 命令来压缩文件：

```
[student@localhost ~]$ ls -lh juju
-rwxr-xr-x 1 vagrant vagrant 109M Jan 10 09:20 juju
[student@localhost ~]$ gzip juju
[student@localhost ~]$ ls -lh juju.gz
-rwxr-xr-x 1 vagrant vagrant 17M Jan 10 09:20 juju.gz
```

注意，gzip 命令会用压缩后变小的文件来替换原始文件。

表 2-26 包含了 gzip 命令的重要选项。

表 2-26 gzip 命令的选项

选 项	描 述
-c	将命令输出内容写到 STDOUT 且不替代原文件。可使用重定向将输出的内容导向到一个新的文件（例如，gzip -c juju > juju.gz）。这在保持原文件不变的同时创建一个压缩文件时很有用
-d	解压缩文件（你也可以使用 gunzip 命令）
-r	递归：当给定的参数是目录时，用来压缩目录（及其子目录）中的所有文件。注意这不会将这些文件合并到一起而是会创建多个压缩文件
-v	详细信息：显示压缩进度的百分比

gunzip 命令

使用 gunzip 命令解压缩 gzip 压缩的文件：

```
[student@localhost ~]$ ls -lh juju.gz
-rwxr-xr-x 1 vagrant vagrant 17M Jan 10 09:20 juju.gz
[student@localhost ~]$ gunzip juju
[student@localhost ~]$ ls -lh juju
-rwxr-xr-x 1 vagrant vagrant 109M Jan 10 09:20 juju
```

bzip2 命令

使用 bzip2 命令压缩文件：

```
[student@localhost ~]$ ls -lh juju
-rwxr-xr-x 1 vagrant vagrant 109M Jan 10 09:20 juju
[student@localhost ~]$ bzip2 juju
[student@localhost ~]$ ls -lh juju.bz2
-rwxr-xr-x 1 vagrant vagrant 14M Jan 10 09:20 juju.bz2
```

注意 bzip2 命令会用压缩后的文件替换原始文件。

表 2-27 包含了 bzip2 命令的重要选项。

表 2-27 bzip2 命令的选项

选 项	描 述
-c	将命令输出内容写到 STDOUT 且不替代原文件。可使用重定向将输出的内容导入一个新的文件（例如，bzip2 -c juju > juju.bz）
-d	解压缩文件（你也可以使用 bunzip2 命令）
-v	详细信息：显示压缩进度的百分比

xz 命令

使用 xz 命令来压缩文件：

```
[student@localhost ~]$ ls -lh juju
-rwxr-xr-x 1 vagrant vagrant 109M Jan 10 09:20 juju
[student@localhost ~]$ xz juju
[student@localhost ~]$ ls -lh juju.xz
-rwxr-xr-x 1 vagrant vagrant 11M Jan 10 09:20 juju.xz
```

表 2-28 包含了 xz 命令的重要选项。

表 2-28 xz 命令的选项

选 项	描 述
-c	将命令输出内容写到 STDOUT 且不替代原文件。可使用重定向将输出的内容导入一个新的文件（例如，xz -c juju > juju.xz）

（续）

选 项	描 述
-d	解压缩文件（你也可以使用 unxz 命令）
-l	列出已经存在的压缩文件的信息（例如，xz -l juju.xz）
-v	详细信息：显示压缩进度的百分比

gzip、xz、bzip2 命令非常的相似。它们之间最大的不同是用来压缩文件的实现技术。gzip 命令使用 Lempel-Ziv（LZ77）编码方式，然而 bzip2 命令使用 Burrows-Wheeler（BWT）分组分类的文件压缩算法和哈夫曼编码。xz 命令使用 LZMA 和 LZMA2 的压缩方式。

2.4 总结

本章关注那些所有 Linux 使用者都应该要知道的重要命令。这些命令可以让你查看 Linux 操作系统状态、处理文件和目录，以及执行一些终端用户的高级操作。为了更进一步地学习安全性和高级系统管理主题，以上部分是必须要掌握的。

2.4.1 重要术语

当前目录、根目录、父目录、下级目录、子目录、文件系统、文件系统层次标准、选项、参数、绝对路径、相对路径、文件匹配、通配符、变量、局部变量、环境变量、login Shell、non-login Shell、初始化文件、别名、重定向、管道、子命令、正则表达式

2.4.2 复习题

1. ______命令用于删除目录以及目录中的所有文件。

2. 以下哪一个是有效的路径类型？（选择所有正确的选项）

   A. absolute　　B. full　　C. complete　　D. relative

3. 以下哪一个代表当前目录？

   A. .　　B. ..　　C. -　　D. ~

4. ______选项将会使 ls 命令显示文件的权限。

5. ______命令将会告诉你文件所包含内容的类型。

第 3 章

获 取 帮 助

刚开始学习 Linux 时，这个操作系统看起来非常庞大。数以千计的命令和特性等着你去使用……如果你知道如何去使用它们的话。实际上，学习如何操作 Linux 将是对你的一次挑战。幸运的是，你不用全都记住。

Linux 拥有强大的帮助系统。在你记不住那些重要的选项、设置和参数值的时候，几乎所有的命令、特性，配置文件和服务都会有足够的文档供你查询。在本章中，你将学习如何使用这些文档。

学习完本章并完成课后练习，你将具备以下能力：

- 使用特定的命令行选项来查找命令的信息。
- 通过使用 man page 或 info page 来获得关于命令、特性或者配置文件的帮助。
- 使用系统上的其他文档来解决问题。

3.1 man page

为了获取命令和配置文件的更多额外信息，可以使用 man page（man 是 manual 即 “手册” 的缩写）。例如，想要学习更多 ls 命令的知识，执行 man ls。

在浏览 man page 的时候，可以用键盘上的键来定位浏览。表 3-1 列出了更多有用的 man page 浏览命令。

表 3-1 浏览命令

移动命令	描　述
h	用来显示帮助界面（帮助界面的移动命令的摘要）
空格	当前页面前进一页
b	当前页面后退一页
回车	当前页面向下移动一行，向下箭头键也可以实现此操作
向上箭头	当前页面向上移动一行
/term	在文档中搜索 term 的内容（这里可以使用正则表达式或者简单文本）
q	退出文档浏览并回到 Shell

3.1.1 man page 组件

每一个 man page 都被分成了许多不同的组件。图 3-1 展示了 ls 命令的 man page 的一些组件。

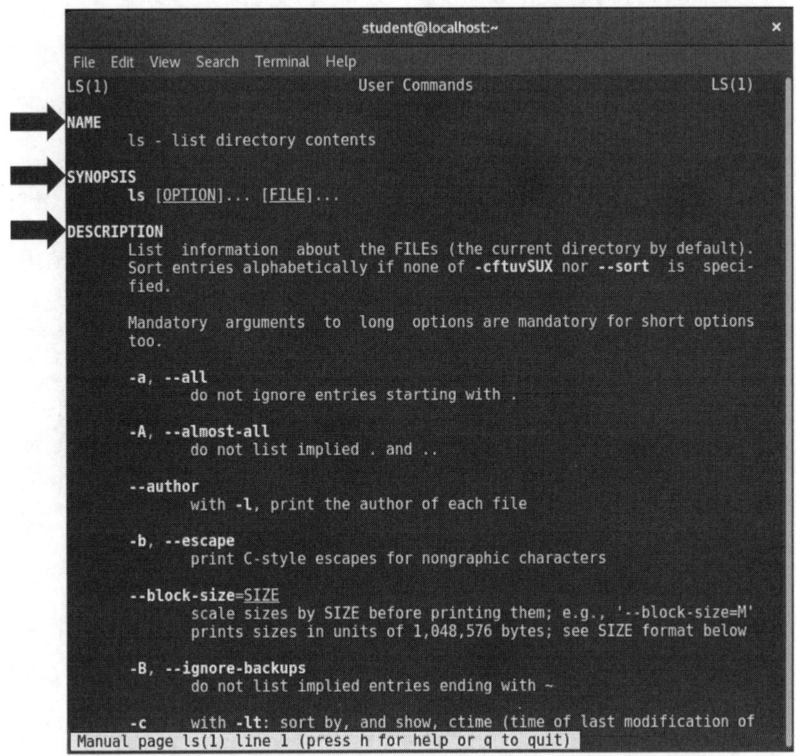

图 3-1 ls 命令的 man page 组件

表 3-2 描述了大多数常用的组件。

表 3-2 man page 的通用组件

组 件	描 述	组 件	描 述
NAME	命令的名称	REPORTING BUGS	命令的问题信息发送处
SYNOPSIS	命令的简要介绍	SEE ALSO	关于此帮助页面的其他命令或者文档
DESCRIPTION	命令的细节描述，包括它的选项	EXAMPLES	命令操作的例子
AUTHOR	命令的作者		

3.1.2 man page 的分类

因为 man page 的内容数量巨大（还记得吗，Linux 中有数以千计的命令、工具和配置文件），它们被分成名为“section”的类别。在某些情况下，这个分类将被作为参数的一部分。例如，命令 man passwd（passwd 命令的 man page）将产生与命令 man 5 passwd（/etc/passwd 文件的 man page）不同的帮助页面。

当你在浏览 man page 的时候，如图 3-2 所示，此分类的编号将显示在屏幕的左上角。

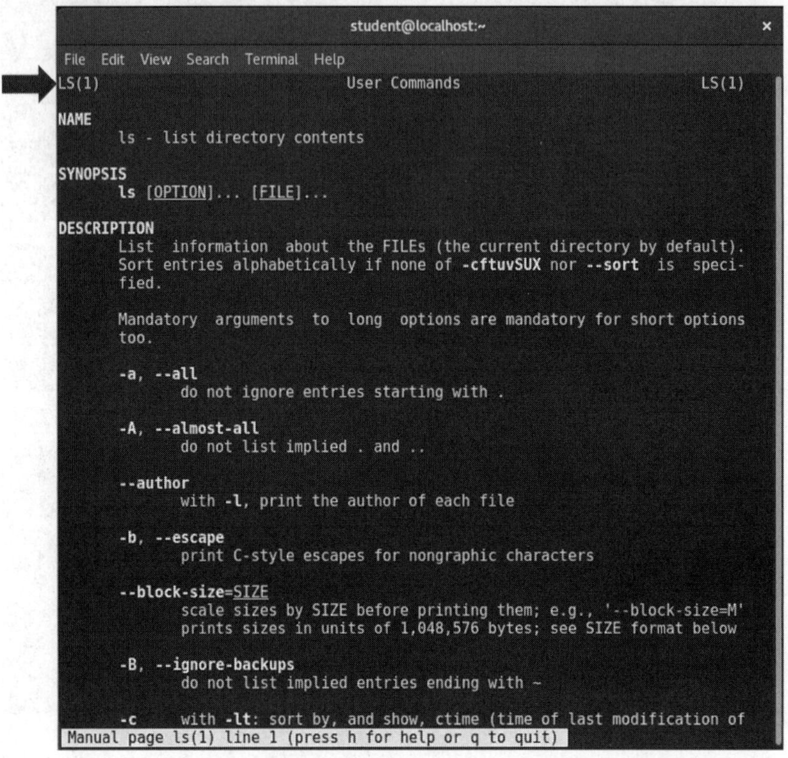

图 3-2　ls 命令的 man page 分类

主要的分类类型在表 3-3 中列出。

表 3-3　ls 命令 man page 的主要分类

类别	描述	类别	描述
1	可执行的命令以及 Shell 命令	6	游戏
2	系统调用	7	杂项
3	系统库调用	8	系统管理员的基本命令
4	特殊文件（即 /dev 目录中的设备文件）	9	内核相关的内容
5	文件格式		

你可能好奇如何才能知道特定的 man page 分类名。可以使用 man -f 命令来获得如下信息。

```
[student@onecoursesource.com ~]$ man -f passwd
passwd (1)           - change user password
passwd (1ssl)        - compute password hashes
passwd (5)           - the password file
```

注意　man -f 命令与 whatis 命令是相同的：

```
[student@onecoursesource.com ~]$ whatis passwd
passwd (1)           - change user password
passwd (1ssl)        - compute password hashes
passwd (5)           - the password file
```

man -f 命令将列出一个命令或者配置文件的 man page 中所有存在的分类。如果不知道命令或者配置文件的确切名称，你可以使用 man 命令的 -k 选项然后如例 3-1 中所示让此命令像关键字一样被搜索。

例 3-1　man -k 命令

```
student@onecoursesource.com:~$ man -k password | head -n 5
chage (1)            - change user password expiry information
chgpasswd (8)        - update group passwords in batch mode
chpasswd (8)         - update passwords in batch mode
cpgr (8)             - copy with locking the given file to the password ...
cppw (8)             - copy with locking the given file to the password ...
```

注意　man -k 命令与 apropos 命令是相同的。

在某些情况下你使用 man -f 或者 man -k 命令后可能无法得到回应。例如，可能会得到如下的结果：

```
[student@onecoursesource.com ~]$ man -k passwd
passwd: nothing appropriate.
```

这可能是因为保存 man page 列表及描述的数据库没有建立或者更新。为了建立此数据库，请如例 3-2 中所示，通过 root 用户来运行 mandb 命令。

例 3-2　mandb 命令

```
root@onecoursesource.com:~# mandb
Purging old database entries in /usr/share/man...
Processing manual pages under /usr/share/man...
…
Processing manual pages under /usr/share/man/pt_BR...
Processing manual pages under /usr/local/man...
0 man subdirectories contained newer manual pages.
```

```
456 manual pages were added.
0 stray cats were added.
7 old database entries were purged.
```

3.1.3　man page 的存储位置

在某些情况下，man page 可能不在标准的存储位置。当安装第三方软件并且软件开发人员选择将 man page 放置在非常用路径时，可能会发生这种情况。

在这些情况下，你应该给 man page 指定一个替代的位置。为了给 man page 指定一个代替的位置，可以使用 -M 选项：

```
[student@onecoursesource.com ~]$ man -M /opt/man testcmd
```

或者，可以设置 MANPATH 变量：

```
[student@ onecoursesource.com ~]$ MANPATH=/opt/man
[student@ onecoursesource.com ~]$ man testcmd
```

> **注意**　上述命令纯粹只是个演示，在你的系统上并不会生效。除非你在 /opt/man 目录下有一个叫作 testcmd 的 man page。

3.2　命令的 help 选项

某些命令支持提供一些基础帮助的选项。在大部分情况下，如例 3-3 中所示，可使用 --help 选项查看帮助。

例 3-3　输入 date --help 命令后输出的前几行

```
student@onecoursesource.com:~$ date --help | head -n 3
Usage: date [OPTION]... [+FORMAT]
  or:  date [-u|--utc|--universal] [MMDDhhmm[[CC]YY][.ss]]
Display the current time in the given FORMAT, or set the system date.
```

这些输出非常有用，可以在不通读命令的 man page 的情况下提醒你命令的选项和用法。

> **注意**　少部分命令会使用 -h 而不是 --help 来显示基础的帮助信息。

3.3　help 命令

help 命令只对 Shell 内置的命令提供帮助信息，因为这些命令没有单独的 man page。例如，你可能希望 cd 命令有 man page，因为它是一个有效的命令，但是因为它是一个 Shell 内置的命令，它并没有单独的 man page，如下所示：

```
student@localhost:~$ man cd
No manual entry for cd
```

可以通过运行 help cd 命令来浏览 cd 命令的帮助手册。

有用的提示：不需要尝试去记忆哪些命令是 Shell 内置的命令。当你尝试浏览一个帮助手册时收到“No manual entry ...”提示，用 help 命令即可。或者，你可以像例 3-4 那样通过运行 help -s 命令来获得所有的 Shell 内置命令的列表。

例 3-4　help –s 命令的最后 10 行输出

```
student@onecoursesource.com:~$ help -s | tail
export [-fn] [name[=va>  typeset [-aAfFgilrtux>
 false                    ulimit [-SHabcdefilmn>
 fc [-e ename] [-lnr] [>  umask [-p] [-S] [mode>
 fg [job_spec]            unalias [-a] name [na>
 for NAME [in WORDS ...>  unset [-f] [-v] [-n] >
 for (( exp1; exp2; exp>  until COMMANDS; do CO>
 function name { COMMAN>  variables - Names and>
 getopts optstring name>  wait [-n] [id ...]
 hash [-lr] [-p pathnam>  while COMMANDS; do CO>
 help [-dms] [pattern .>  { COMMANDS ; }
```

3.4　info 命令

几乎所有的命令和配置文件都有 man page，因为 man page 是存储这些内容的技术。有些命令有新的 info page。与 man page 只是有一个简单的文本内容不同，info page 更像是阅读一个拥有众多超链接结构的网站。

例如，输入 info ls 命令并且用箭头移动到“*Menu:”部分，你将看到一个如图 3-3 所示的内容列表：

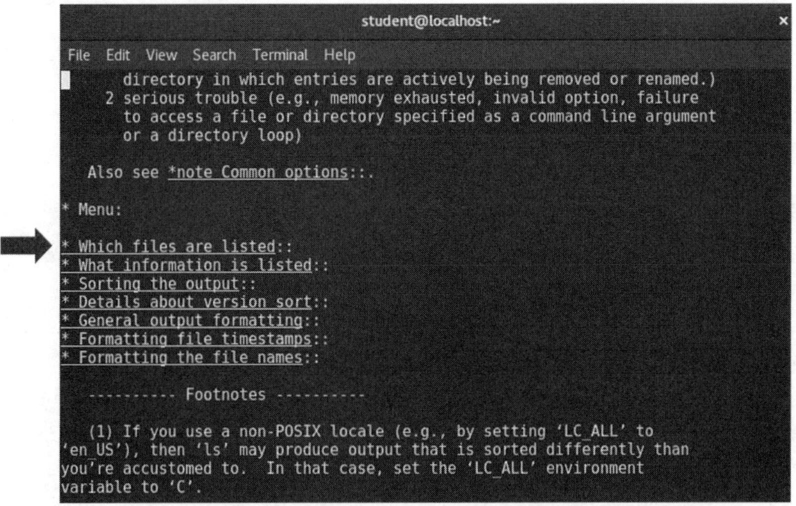

图 3-3　ls 命令 info page 中的超链接

如果你移动鼠标到“ *Sorting the output::”行并按下回车，将会进入另一个页面，该页面里描述了如何对 ls 命令的输出进行排序。当你已经移动到一个子节点（例如，“10.1.3 格式化输出”），想要回到上一级节点，请按 u 键（u 表示 up）。

表 3-4 描述了 info 命令的其他用来移动的命令。

表 3-4 info 命令的移动命令

命　令	描　述
n	移动到下一个节点（例如，如果你在 10.2.3 节，此命令将会让你移动到 10.2.4 节）
p	移动到前一个节点（例如，如果你在 10.2.3 节，此命令将会让你移动到 10.2.2 节）
u	移动到父节点
l	移动到最近的节点（上一个所在的节点）
b	移动到当前节点的开始位置（当前屏幕的顶部）
t	移动到所有节点的顶部（显示最顶部的表的内容）
q	退出 info 命令

你可能想知道为什么既有 man page 又有 info page，到底应该选择哪个呢？以下是关于这个问题的一些答案：

- man page 已经存在了很长的一段时间（在 20 世纪 70 年代早期，Unix 刚诞生的年代）。虽然可能不是那么容易阅读，但它们为开发者提供了一个提供文档的标准方式。
- info page 更友好，但是也要求开发者做更多的工作。
- 通常一个命令会拥有 man page 但是并没有 info page。在这种情况下，info 命令将显示 man page。
- info page 通常阅读起来像是辅导教材，man page 阅读起来更像是一个文档。
- man page 也有它的优势，它比 info page 更容易打印。
- 总的来说，两者都很灵活，选你喜欢的一种即可。

3.5 /usr/share/doc 目录

更多的文档还可以在 /usr/share/doc 目录中找到。在这个目录下能找到什么文档取决于系统里安装了什么软件。例 3-5 提供了一个典型的输出。

例 3-5 /usr/share/doc 目录的典型内容

```
student@onecoursesource.com:~$ ls /usr/share/doc
aufs-tools          libstdc++-5-dev
cgroupfs-mount      libxml2
gcc-5-base          libxml2-dev
icu-devtools        libxslt1.1
libexpat1-dev       libxslt1-dev
```

```
libffi6             linux-headers-4.4.0-51
libffi-dev          linux-headers-4.4.0-51-generic
libicu55            lxc-docker-1.9.1
libicu-dev          python-apt
libpython2.7        unzip
libpython2.7-dev    zip
libpython-dev
```

/usr/share/doc 目录的内容是一组子目录，这些子目录里包含特定软件包的附加文档。例 3-5 包括了一个叫作 zip 的子目录。这个目录包含了 zip 软件包的帮助文档，如下所示：

```
student@onecoursesource.com$ ls /usr/share/doc/zip
changelog.Debian.gz  copyright  WHATSNEW
changelog.gz         TODO
```

这些文档的子目录内容没有做预定义，软件供应商可自行决定要添加什么内容。通常你会找到版权通知、变更日志（历来对软件所做的改动）、描述软件包及其他有用信息的 README 文件。

3.6 因特网资源

一个非常好的资源就是你正在使用的 Linux 发行版的网站。所有主要的 Linux 发行版都在其网站上以指导手册的形式提供很多文档。例如，图 3-4 展示了部分 Red Hat Enterprise Linux 网站所提供的手册指南（https://access.redhat.com/documentation/en-us/red_hat_enterprise_linux）。

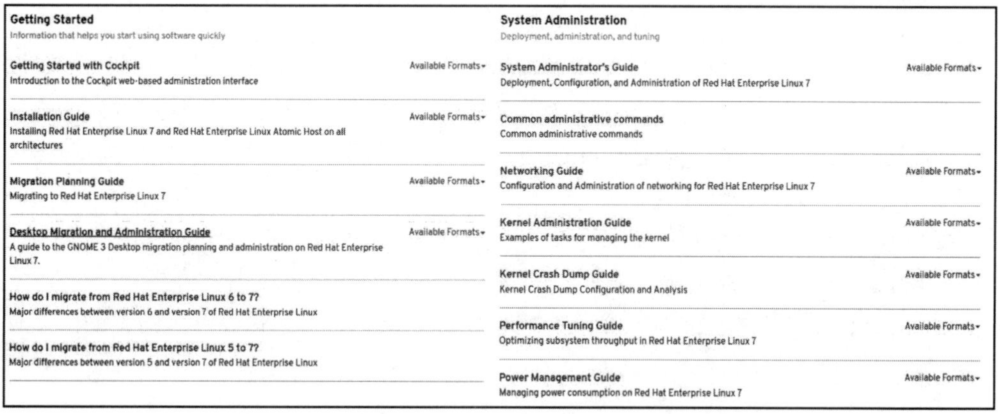

图 3-4 Red Hat Enterprise Linux 网站所提供的帮助文档

除了 Linux 发行版本身提供的文档之外，你还应该参考 Linux 的一些开源项目所提供的文档。这些项目通常都有一些文档，可以为你提供一些额外的信息或用户指南。

例如，在第2章中所提到的gzip工具。它是GNU软件基金会的众多项目之一。它在网站 https://www.gnu.org/software/gzip/manual/gzip.html 上提供了一个非常好的用户手册。

因为有太多这样的项目，所以不太可能提供一个完整的文档页面的列表。一般来说，命令对应的man page或者info page将提供一个URL，但是你也可以通过简单的因特网搜索来找到这些网址。

有许多网站以博客、新闻、论坛的形式致力于贡献Linux帮助文档。因其数量太多无法在本书中一一列出，不过以下列出了一些被认为是最有用的：

- The Linux Documentation Project：http://www.tldp.org/. 注意此网站的部分内容已经过时，但是高级Bash Shell脚本指南是此网站中的精髓。
- Linux Today：www.linuxtoday.com。
- Linux Forums：http://www.linuxforums.org。

安全提醒

作者无意对在因特网上用谷歌等搜索引擎查找资源的行为进行诋毁。但是，这样做的前提是你已经掌握了在因特网上搜索的技能。应该做出警告的是，你可能也已经知道，在因特网上搜索到的东西不完全是正确的，所以当你在因特网上查找资源时应该总是尝试多找几个信息来源。使用不良的信息来源可能会带来安全风险并对你的工作带来坏处。

对话学习——我该从哪开始?

Gary：嗨，Julia。我有一点困惑，你能给我一些建议吗?

Julia：当然，Gary。很乐意帮助你。

Gary：我刚学会了在一些非常好的地方找到关于Linux的有用信息，但是我现在不知道该从哪里学起。

Julia：啊，是的，信息量太大了或者说你能获取的信息源头太多了。

Gary：而且我觉得所有的选择都不错!

Julia：哈，其实不都是。好吧，假设你已经了解了一个命令并且你记不住某个选项是如何起作用的，我建议你加上--help选项来运行此命令或者查看命令的man page。

Gary：听起来是个好主意。

Julia：如果你对这个命令一无所知，那么info page可能更好，因为它更容易阅读。

Gary：明白了。

Julia：如果某个特定的发行版有自己的特殊功能，我将去该发行版的帮助网站查找这个特殊功能。

Gary：好的，还有其他建议吗?

Julia：当其他办法都不奏效的时候，论坛是一个很好的提问的地方。当然了，你随时都可以来问我!

Gary：谢谢，Julia!

3.7 总结

当学习像 Linux 这样庞大的操作系统的时候，知道去哪里寻求帮助是非常重要的。在本章中，你学到了对于一个特定的命令如何使用命令选项来查看帮助信息。你也学到了如何使用 man page 和 info page 来查看命令与配置文件的具体信息细节。最后你还学习了如何在 /usr/share/doc 目录中查找帮助信息。

3.7.1 重要术语

man page、info page

3.7.2 复习题

1. ______字符可以在浏览 man page 时用来在文档中查找一个特定的项目。
2. man page 的哪个类别是用于文件格式的？
   A. 1　　B. 3　　C. 5　　D. 7
3. 下列选项中的哪个将显示匹配一个关键字的 man page 列表？
   A. man -keyword　　B. man -k　　C. whereis　　D. whatis
4. ______命令将提供 Shell 内置命令的信息。
5. ______键将可以使你在浏览 info page 时移动到前一个节点。

第4章

编辑文件

对于投入整章篇幅来讲编辑文件，你可能感到很困惑。这么做的原因是Linux操作系统由几百个文本文件配置而成，用户和用户组、系统服务、工具软件还有其他大量的功能都依靠文本文件来存储重要的信息。

第2章中介绍了几个重要文件的例子，包括/etc/profile及~/.bashrc等环境初始化文件。这些环境初始化文件是当用户登录系统后或者打开一个新的Shell进程时用来改变Shell运行环境的。这些文件都是文本文件而且在某些时候需要手动编辑才能满足需求。

在本章，你将学会如何使用文本编辑器。本章的重点是vi和vim编辑器，但是也会介绍其他的编辑器。

学习完本章并完成课后练习，你将具备以下能力：

- 使用vi编辑器编辑文本文件。
- 熟悉其他的文本编辑器，例如Emacs、joe和gedit。

4.1 vi编辑器

在Linux的前身，Unix的早期，用户通常坐在键盘前，然后做好准备来编辑某个程序。她看着打印机（对，是打印机而不是显示器）思考执行什么命令。在20世纪70年代早期显示器是很罕见的，即使有人拥有显示器，也是用来做程序输出显示而不是用来做交互编辑文件的。

不仅如此，用户还使用简单的基于命令的文本编辑器，例如ed编辑器。通过这个编辑器用户可以执行例如列出文件内容（意味着打印文件的内容）、更改文件的特定字符，或者保存某个文件的内容。当然，所有的这些在今天看起来都显得非常的累赘。用户看不到她在编辑什么，只能假设那些命令都执行成功了（或者她可以把文件打印出来确认）。

当显示器普及以后，ed编辑器就变成了一个看起来很笨拙的编辑文本文件的方式。在20世纪70年代中期，一个叫作vi（单词visual的简称）的文本编辑器被引入到Unix中。它相对于ed编辑器是一个非常大的提升，因为你可以确切地看到你的文件，并且当你编辑文件时可以在文件中四处移动。

vi 编辑器现在是 Linux 和 Unix 操作系统的标准文本编辑器。虽然它可能不像其他的编辑器对用户那么友好，它有以下几个重要的优点：

- vi 编辑器（或者 vim，vim 是 vi 编辑器的升级版）在每一个 Linux 发行版上都有。这意味着如果你知道如何用 vi 编辑器来编辑文件，你就可以随意编辑文件，不用总是去考虑使用的是哪个发行版。
- 因为 vi 编辑器只是一个命令行的编辑器，它不需要一个 GUI。这对于很多没有安装 GUI 的 Linux 服务器其实很重要，因为在这些服务器上你并不能使用基于图形的文本编辑器。
- 一旦你学会使用 vi 编辑器，你将发现它是一个高效的编辑器，相对于其他编辑器你可以快速地编辑文件。这是因为 vi 编辑器的所有命令都很简短并且都是基于键盘的，所以你不会浪费时间把你的双手从键盘上移开去操作鼠标。
- vi 编辑器非常稳定，在过去 40 年也没有怎么变化过。你可以将一个在 20 世纪 70 年代使用 vi 编辑器的人冷冻起来，在今天把她解冻，她还是可以使用现在的 vi 编辑器来编辑文件。当然在 20 世纪 70 年代后 vi 编辑器增加过新的特性，但是它的核心功能没有变过，这使得你（或者对于 70 年代被冷冻起来的人）可以在你的整个职业生涯使用 vi 编辑器而不用重新学习它的新版本。

想要使用 vi 编辑器编辑一个新文件，你可以直接输入 vi 命令或者输入 vi ***filename*** 即可。

4.1.1　vim 是什么

vim 在 1991 年作为 vi 编辑器的复制品发行。vim 编辑器与 vi 编辑器有同样的基本功能，但是 vim 有一些额外的功能。有些功能对于软件开发者来说很有用。

有可能你的 Linux 发行版只有 vi 编辑器。许多 Linux 发行版既有 vi 又有 vim 编辑器。在一些 Linux 发行版上，vi 命令其实是 vim 编辑器的一个链接。

有一个简单的方法可以让你知道你在使用的是 vi 编辑器还是 vim 编辑器。请看图 4-1 中的文本支持了解更多。

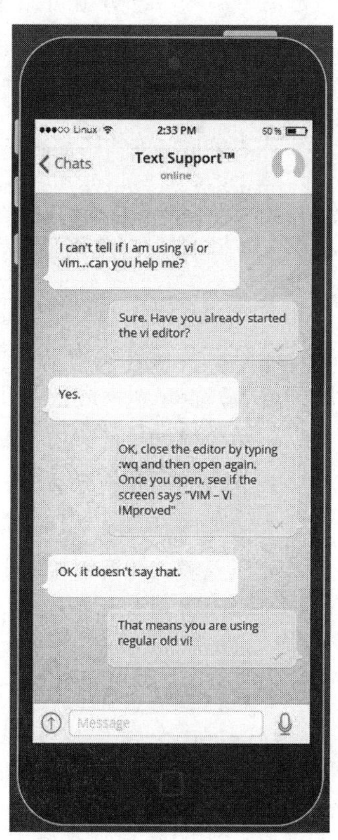

图 4-1　文本支持：哪个模式？

> **注意**　除非特别提及，本章所举例的命令将在 vi 编辑器及 vim 编辑器环境下都有效。任何只在 vim 编辑器环境才有效的都将被特别指出。

安全提醒

如果你在编辑文件时犯错的话，直接修改系统文件可能会给操作系统带来风险。基于此原因，一些实用工具被设计成以安全的方式编辑此类文件。

例如，在第 6 章以及第 7 章中，你将学习用户及用户组。这些账户的信息被储存在可以直接修改的文本格式的系统文件中（例如 /etc/passwd）。但是，使用命令例如 useradd 和 usermod 修改用户账户或者用 groupadd 和 groupmod 修改用户的所属组是安全的。这些工具在修改系统文件之前会执行错误检查操作，并且它们也经常备份系统文件之前的版本。

4.1.2　vi 基础命令

想要成为一名 vi 的精通者需要大量的练习，但是想要高效地编辑文件只需要熟悉 vi 大量命令中的一部分就可以了。

这在编辑大文件时很有用。所有的 Linux 发行版都会有 /etc/services 文件，此文件长度一般都在几千行。你可以先把这个文件复制到家目录下，然后你可以用 vi 来编辑这个副本：

```
[student@onecoursesource.com ~]$ cp /etc/services .
[student@onecoursesource.com ~]$ vi services
```

4.1.3　使用 vi 的基础模式

因为 vi 被设计成只使用键盘操作，由于键盘上面的一些特殊键有时是用来执行命令的，而有时却需要作为字符插入文档中，这就需要解决这个问题。为了允许这类键（在不同的场景）能起到不同的作用，vi 拥有三个操作模式。

- **命令模式**：此模式为默认模式。当你打开 vi 时，你就被置于命令模式。在这个模式下，你所执行的命令可以在文件内任意地移动光标，删除文本内容，或者复制粘贴文本内容。
- **插入模式（编辑模式）**：当你处于插入模式的时候，任何你输入的键都将作为新的文本内容出现在你的文档内。当然你完成添加新的文本内容时，你可以通过按 <ESC> 键回到默认模式（命令模式）。查看 4.1.4 节来了解如何进入插入模式的细节。
- **尾行模式**：尾行模式也叫作 ex 模式，允许你执行更多复杂的操作，例如保存当前文件内容到重命名后的文件。要从命令模式进入尾行模式，请按 <:> 键。在尾行模式下当你输入命令并回车后，命令被执行然后你就会回到命令模式。在某些情况下，你可能需要按 <ESC> 键来进入命令模式。本章之后的部分将详细探讨尾行模式的细节。

注意　你不能从插入模式进入到尾行模式，反之亦然。为了进入插入模式或者尾行模式，你必须首先在命令模式。按 <ESC> 键就可以进入命令模式。

图 4-2 图形化地表示了 vi 三种模式之间的关系。

4.1.4　进入插入模式

当你第一次打开 vi 编辑器，将置于命令模式。这个模式是设计用来执行命令的，例如在文本行之间移动、复制文本以及删除文本。

在命令模式中，你不能在文件中插入新的文字，因为键盘上面的所有键都作为命令来执行了。想要插入新的文字，你可以使用 s 命令从命令模式进入插入模式。进入插入模式的命令还包括以下几种。

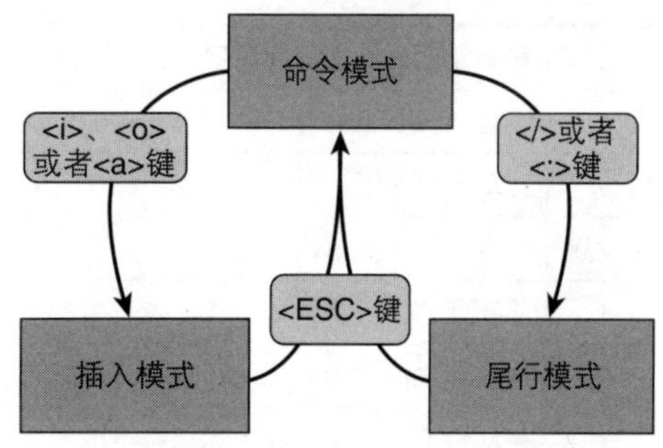

图 4-2　vi 编辑器的三种模式

i	新的文本将会出现在光标所在的位置	A	新的文本将会出现在行尾
a	新的文本将会出现在光标之后的位置	o	在光标所在的行下面新建一行，新的文本将会出现在新行
I	新的文本将会出现在行首	O	在光标所在的行上面新建一行，新的文本将会出现在新行

图 4-3 图形化地表示了这些 vi 命令是如何工作的。

如果你正在使用标准 vi 编辑器，那么"--INSERT--"默认不会出现在屏幕的底部。为了启用这一功能，请在命令模式下输入以下命令：

```
:set showmode
```

当你想要返回命令模式时，只要按 <ESC> 键就可以了。这个键通常在文档里写作 <ESC>。如果你回到了命令模式，"--INSERT--"应该出现在你的屏幕的底部。

4.1.5　移动命令

当你处于命令模式时，你可以用键盘上的很多键在文件中移动光标。通常你会以字符为单位向左或者向右来移动光标，或者上下移动。光标可以用键盘上的箭头键来移动，或者如图 4-4 所示用 <h>、<j>、<k> 和 <l> 键来实现。

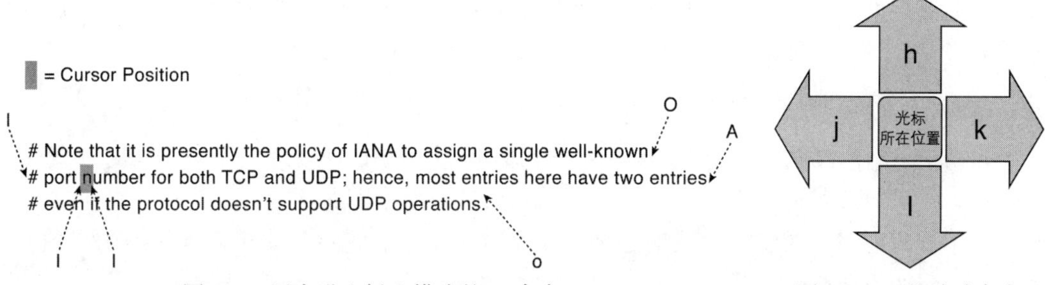

图 4-3　用来进入插入模式的 vi 命令

图 4-4　vi 的移动命令

如下表所示，还有很多其他可以用来移动光标的命令。

$	移动光标至当前行的最后一列（字符）	}	向前移动一段
0	移动光标至当前行的第一列（字符）	{	向后移动一段
w	移动光标至下一个单词或者下一个标点的开头	H	移动到屏幕的顶部
W	向后移动一个单词并且跨过空格	M	移动到屏幕的中部
b	移动到之前一个单词或者标点符号的开头	L	移动到屏幕的底部
B	移动到之前一个单词的开头，忽略标点	[[	移动到文档的开始
e	移动到下一个单词或者标点符号的末尾	]]	移动到文档的末尾
E	移动到下一个单词的末尾，忽略标点符号	G	移动到文档的末尾（与]] 一样）
)	向前移动一句	*x*G	移动到第 *x* 行（你也可以使用操作 :*x*）
(	向后移动一句		

注意，这些只是一部分的移动命令。花一些时间练习下这些移动命令，然后创建一个“备忘单”，在里面记录下在编辑文件时你觉得最有用的命令。把这个备忘单以文本文件的方式保存在你的 Linux 系统上，这样在学习其他有用的命令时就可以向其中添加更多的命令。你也可以访问 Vi lovers 网站（http://thomer.com/vi/vi.html），并且可以在 Vi pages/manual/tutorials 版块下载参考手册。

4.1.6　次数修饰符

在以前的内容中，你已经了解到当你处于命令模式时你可以通过输入一个数字后面跟一个大写的 G 来跳转到一个特定的行。例如，命令 7G 将使你跳转到文件的第七行。

在命令前面放一个数字表示一个次数修饰符。可以在许多的命令之前使用。以下是一些例子。

3w	向前移动三个单词
5i	插入某部分五次
4(	向后移动四句

你也可以在删除、复制、粘贴命令前使用次数修饰符。通常在命令模式下你想执行同一个命令多次的话，你就可以在使用该命令的时候同时使用次数修饰符。

你正在尝试这些命令吗？

回想我们建议你复制 /etc/services 文件到你的家目录以便于练习 vi 命令。记住，如果你卡在了插入模式，只要按 <ESC> 键就可以返回命令模式。

不要担心当你的编辑完成时会使得该文件不可用。它只是一个用来练习的文件，你将学到如何来修正错误。

4.1.7　撤销操作

你可以通过在命令模式下输入字母 u 来撤销对于文件的任何改变。在标准 vi 编辑器中，你只可以撤销单次操作，实际上，命令 u 可以作为撤回或重做的键。

如果你在使用 vim 编辑器，你可以撤销多个操作。你可以一直按着字母 u 然后之前的操作都会被撤销。你可以通过使用 ^r 命令（通过 <Ctrl + r> 键）来执行一个重做，就是把通过 u 命令已经撤销的命令再重做一次。

对话学习——快速地清除错误

Gary：嗨，Julia。我真的被难住了。我想我在进入 vi 的插入模式之前输入了一个数字，当我按下 <ESC> 键返回命令模式时，我的文件中出现了大量重复的文字！

Julia：好吧，其实有几个办法可以解决这个问题。如果你在命令模式中按下 u 键，将撤销最后一次操作。

Gary：但是，那将丢失我全部的操作。

Julia：是的，而且我猜你不想把那些内容重新再输入一遍吧？

Gary：绝对不会！

Julia：好吧，这意味着第二个办法也没有用。

Gary：第二个办法是什么？

Julia：退出而不保存任何操作。让我们再试另一个方法。把你的文件浏览一遍，让我知道文件里重复了什么内容。

Gary：好的，让我来看看，对了，看起来是有相同的五页在不停地重复。

Julia：好的，你能找到这五页内容第一次结束的地方吗？然后移动至第二块这五页内容的第一行。

Gary：好的，我移动光标到那行了。

Julia：非常好，现在输入 dG，删除当前行至文件末尾的内容。

Gary：哦，好的，生效了。

Julia：非常好。之前的两个方法你可以先记住，总有一天你会用得上的。

Gary：好的，Julia。你帮我节省了很多工作时间。

Julia：有问题随时来找我，Gary。

假设你在打开文件以后改变了大量内容而且你想放弃它们。这种情况下，你可能想退出而不保存此文件并重新打开它。要退出而不保存此文件，输入 :q! 命令。本章后面将介绍此命令及其他退出 vi 编辑器的方法。

4.1.8　复制、删除和粘贴

以下是常用的复制命令总结。请记住，这些命令应该在命令模式下执行。

yw	复制单词。实际上是复制单词的当前字符直到该单词的末尾（包括标点符号）以及该单词之后的空格。所以，如果你的光标位于字符串“this is fun”的 h 处，yw 命令将会复制“his　”至内存中
yy	复制当前行
y$	从当前字符复制到行的末尾
yG	从当前行复制到文档的末尾

你可能有点困惑，为什么要用 y 键？因为复制文本到内存缓冲区的操作在过去被叫作“yanking”。

以下是常用的用来删除的命令的总结。请记住，这些命令应该在命令模式下执行。

dw	删除单词。实际上是删除单词的当前字符直到该单词的末尾（包括标点符号）以及该单词之后的空格。所以，如果你的光标位于字符串“this is fun”的 h 处，dw 命令将会删除“his”，导致余下的字符串为“tis fun”
dd	删除当前行
d$	删除当前字符至行尾
dG	从当前行删除到文档的末尾
x	删除光标所在位置的当前字符（作用与 <Delete> 键类似）
X	删除光标所在位置的前一个字符（作用类似于 <Backspace> 键）

粘贴命令有一点复杂，因为命令的结果如何，取决于你复制了什么内容。例如，假设你复制了一个单词到内存中。在这种情况下，下表介绍了粘贴命令会起到什么效果。

p	将复制的内容粘贴到光标前
P	将复制的内容粘贴到光标后

如果你复制了整行（或者多行）到内存中，结果会有所不同。

p	将复制的内容粘贴到光标下面一行
P	将复制的内容粘贴到光标上面一行

如果你想知道剪切命令怎么用，请阅读图 4-5 中的文本在线支持对话的内容。

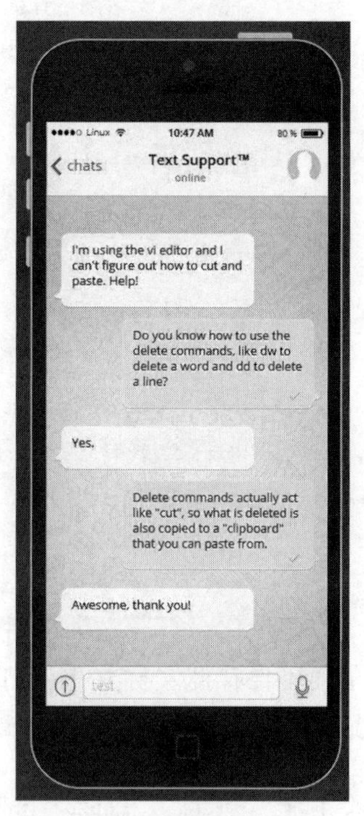

图 4-5　文本支持——如何在 vi 编辑器中剪切文本

4.1.9　文本查找

查找文本对于使用 vi 编辑器的软件开发者来说是一个重要的任务，因为通常代码在执行出错的地方会产生很多的报错信息。你可以通过以下方法中的一种来查找文本信息。

- 当你处于命令模式下时，输入“/”键你可以看到这个字符会出现在终端屏幕的左下角。然后你可以输入你想要搜索的内容然后按下回车，vi 编辑器将在文件中向下搜索你请求搜索的内容。
- 当你处于命令模式下时，输入“?”键你可以看到这个字符会出现在终端屏幕的左下角。然后你可以输入你想要搜索的内容然后按下回车，vi 编辑器将在文件中向上搜索你请求搜索的内容。

假设你的搜索没有匹配到你要查找的内容。你可以使用 n 命令来查找下一个匹配。n 命令将从你上次使用 / 搜索的地方开始向下搜索，并从你上次使用? 搜索的地方向上搜索。

如果你搜索了“/one”并且发现到你需要按下字母“n”多次来查找你搜索的内容。在不耐烦地多次按下“n”之后，你发现你错过了你要匹配的那些内容。为了反向搜索，使用 N 命令。当你向下搜索时，N 键将反向的向上搜索文档。当你向上搜索时，N 键将反向的向下搜索文档。

区分大小写

就如你在 Linux 系统中的所有操作一样，搜索操作也区分大小写。换句话说，如果你搜索“/the”是不会匹配到以下这行文件内容的：

The end is near。

4.1.10　查找和替换

为了查找文本并且替换文本内容，使用以下的格式：

```
:x,ys/pattern/replace/
```

命令中 x 和 y 的值表示你在文档中要替换内容的行号。例如，只在文件前 10 行进行查找和替换，使用以下的语法：

```
:1,10s/I/we/
```

你可以使用 $ 字符来表示文档的最后一行：

```
:300,$s/I/we/
```

因此，要对整个文档执行替换，请使用以下语法：

```
:1,$s/I/we/
```

默认情况下，只有每行第一个被匹配到的字符会被替换。假设你要搜索并替换的行是如下的内容：

```
The dog ate the dog food from the dog bowl
```

如果我们对上面这行执行命令 :/s/dog/cat/，则会得到如下结果。

```
The cat ate the dog food from the dog bowl
```

为了将此行所有匹配到的项都替换，在上面的搜索命令的最后添加一个 g 字符：

```
:s/dog/cat/g
```

你可以把字符 g 理解为“全部获得”(get them all)。实际上它代表全局。

搜索和替换区分大小写。假设你在搜索和替换的行是以下的内容：

```
The Dog ate the dog food from the dog bowl
```

如果我们对上面这行执行命令 :/s/dog/cat/，则会得到如下结果：

```
The Dog ate the cat food from the dog bowl
```

替换的结果是匹配到了第二个“ dog”，因为第一个 Dog 有大写字母 D。如果想要执行一个区分大小写的查找替换操作，在查找命令的最后加一个字符 i 即可：

```
:s/dog/cat/i
```

4.1.11　保存和退出

在前一节，你学到了输入 : 字符来执行查找并替换的操作。在尾行模式我们可以执行复杂的命令，为了向 ex 编辑器致敬，尾行模式也叫作 ex 模式。字符 : 将使得你的光标移动到屏幕的底部并且随后会显示出你所输入的命令。

在这个模式下你还可以对文件进行保存并退出的操作：

```
:wq
```

注意　你应该在退出前保存，所以你不应该执行命令 :qw，这将会使得 vi 编辑器尝试先退出再保存[⊖]。

安全提醒

通过 root 账户登录的用户习惯使用 :wq! 来保存并退出 vi 编辑器。这在某些需要 root 账户直接编辑系统文件，但是 root 用户当前却没有改写此文件的权限的场合是必要的。跟在 :wq 后面的字符 ! 将强制把更改写入文件，通过临时将文件权限更改为可写，保存更改，然后再将文件权限设置回原来的权限的方式实现。(请参考第 9 章来获得关于文件权限的更多细节)。

不幸的是，:wq! 变成了很多系统管理员的坏习惯。通过默认使用这个保存退出的方法，你最终有可能不小心改变了系统的关键文件，这种对文件的潜在改变有可能导致操作系统无法正常运行或者造成系统漏洞。为了避免养成这种坏习惯，请默认使用 :wq 来退出 vi 编辑器并且只有在仔细考虑并确定确实需要这么做的时候才使用 :wq!。

⊖ vim 会提示 :qw 不是编辑器命令。——译者注你可能还想继续工作，只是保存更改的结果则使用：

```
:w
```

你也可以把文件另存为其他文件，但是这么做可能会有一个小问题。比如你想要把名为 services 的文件更改后所得到的内容保存到一个名为 myservices 的新文件中。请执行以下命令：

```
:s myservices
```

对源文件内容的改变将被保存到新文件，但是任何新的改动都将默认地保存到原来的 services 文件。大部分现代编辑器会把当前默认文档切换为最近保存的文档，但是 vi 编辑器不会这么做。想要查看你当前的文件，输入 ^G（<Ctrl + g>）。

所以，如果你想编辑新的文件，你应该退出 vi 编辑器后然后编辑新文件。

如果你对文件做了修改，然后尝试不保存就退出（:q），你将收到如下的报错信息：

```
E37: No write since last change (add ! to override)
```

为了强制退出（退出并不保存），执行以下命令：

```
:q!
```

4.1.12　vi 知识扩展

虽然我们已经介绍了很多的 vi 命令，其实我们还依然停留在表面。vi 编辑器是一个拥有几百个命令的强大工具。而且，它提供了非常多的高级特性，例如语法高亮、创建宏、同时编辑多个文件等。

vim 编辑器有一些很有用的内置文档，但是你需要自行安装这个软件包才能访问。如何安装软件将在第 26 章和第 27 章中详细介绍。现在，你只要用 root 用户登录系统并且执行以下命令：

- 在 Red Hat、Fedora 和 CentOS 发行版中，执行 yum install vim-enhanced。
- 在 Debian、Ubuntu 和 Mint 发行版中，执行 apt-get install vim-enhanced。

> **注意**　在 Ubuntu 和 Mint 发行版中，你可以以系统安装时创建的普通用户身份登录，然后运行 sudo apt-get install vim-enhanced 命令。

如果 vim-enhanced 软件包已经安装，可以在 vim 编辑器中执行命令 :help，然后你将会看到一个帮助文档。如图 4-6 所示。

可以使用方向键（或者 h、j、k 和 i）浏览文档。往下大概二十行，你将看到一些如图 4-7 所示的一些子主题。

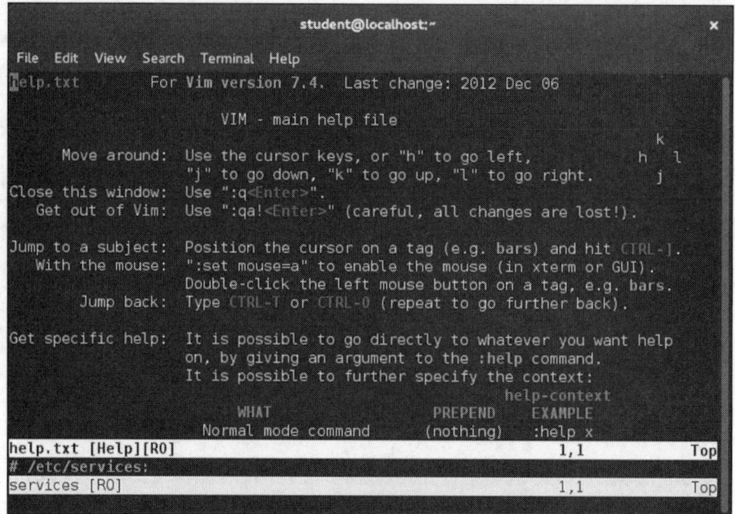

图 4-6　vim 帮助文档图示

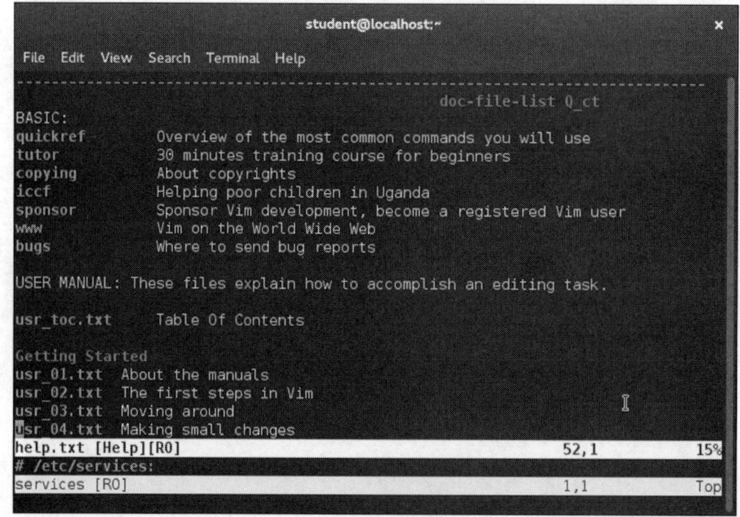

图 4-7　vim 的帮助主题

每一个子主题，例如 quickref 或者 usr_01.txt，都是一个独立的主题。想要浏览这些主题，首先要输入 :q 命令退出当前的帮助手册，然后输入以下命令，命令中的 ***topic*** 用你想要查看的子主题的全名代替：

```
:help topic
```

例如，想要查看关于“语法高亮”的帮助，输入以下命令：

```
:help usr_06.txt
```

4.2 其他编辑器

在 Linux 中还有大量的编辑器可以使用。这部分的核心是让你了解到这些编辑器，而不是教你如何使用每个编辑器。要注意可能不是每个编辑器都会在你的发行版上安装。你想使用这些额外的编辑器可能需要自己来安装相应的软件包。

4.2.1 Emacs

类似 vi 编辑器，Emacs 也是在 20 世纪 70 年代开发的。喜欢 Emacs 的 Linux 用户会赞扬它的易用性以及个性化定制特性。如果你在图形化终端运行 Emacs（只要运行 emacs 命令即可），如图 4-8 所示你将打开一个基于图形化的 Emacs 程序。如你所见，图形化的版本相对于命令行版本带有额外的菜单，可以用键盘选择执行。

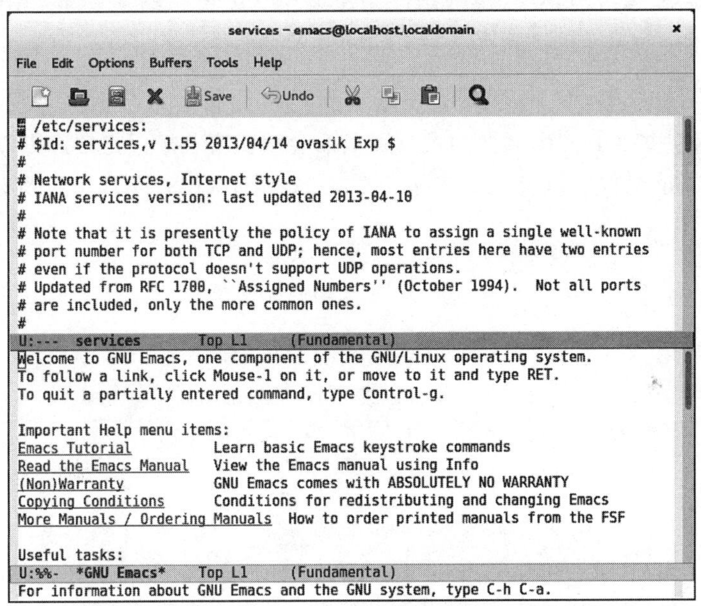

图 4-8 图形化的 Emacs

如果你只是在命令行环境下执行 Emacs 编辑器，编辑器将会如图 4-9 所示。

> **图形化的 VIM？** 如果你安装了 vim-X11 软件包，你将可以运行基于图形化的 vim 编辑器。只要运行 gvim 或者 vim -g 就可以。

4.2.2 gedit 和 kwrite

这些编辑器是完全图形化的编辑器。如果你经常使用 Windows 上的记事本，那你将发现这些编辑器真的非常简单（虽然有时候会有些限制）。

```
student@localhost:/home/student
File Edit Options Buffers Tools Help
# /etc/services:
# $Id: services,v 1.55 2013/04/14 ovasik Exp $
#
# Network services, Internet style
# IANA services version: last updated 2013-04-10
#
# Note that it is presently the policy of IANA to assign a single well-known
# port number for both TCP and UDP; hence, most entries here have two entries
# even if the protocol doesn't support UDP operations.
# Updated from RFC 1700, ``Assigned Numbers'' (October 1994).  Not all ports
# are included, only the more common ones.
#
# The latest IANA port assignments can be gotten from
#       http://www.iana.org/assignments/port-numbers
# The Well Known Ports are those from 0 through 1023.
# The Registered Ports are those from 1024 through 49151
# The Dynamic and/or Private Ports are those from 49152 through 65535
#
# Each line describes one service, and is of the form:
#
# service-name  port/protocol  [aliases ...]   [# comment]

tcpmux          1/tcp                           # TCP port service multiplexer
tcpmux          1/udp                           # TCP port service multiplexer
rje             5/tcp                           # Remote Job Entry
-UUU:----F1  services       Top L1     (Fundamental) ----------------------------
For information about GNU Emacs and the GNU system, type C-h C-a.
```

图 4-9　文本界面的 Emacs

gedit 编辑器在那些使用 GNOME 图形桌面的发行版上面会默认安装。kwrite（或者 KATE）在那些使用 KDE 图形桌面的发行版上面会默认安装。但是，你可以很轻松地在使用 KDE 桌面的 Linux 发行版上面安装 gedit，或者在使用 GNOME 桌面的 Linux 发行版上面安装 kwrite。

4.2.3　nano 和 joe

vi 和 Emacs 编辑器非常强大。在某些情况下，你可能希望在命令行环境下使用一个简单的编辑器。但是 gedit 和 kwrite 编辑器只能工作在图形环境下。

nano 和 joe 编辑器对编辑文本文件提供了一个非常简单的界面。它们是只可在命令行环境下使用的编辑器，所以也不需要图形环境。图 4-10 是一个 nano 编辑器的例子。

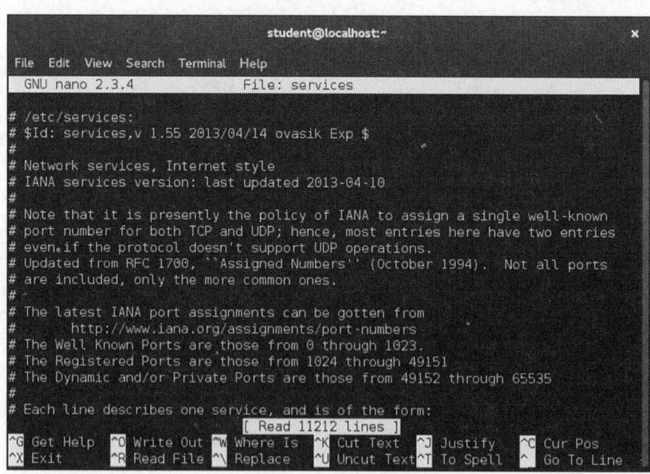

图 4-10　nano 编辑器

4.2.4 lime 和 bluefish

lime 和 bluefish 编辑器通过提供一些工具和特性将文本文件的编辑过程提升到一个新的层次，这些工具和特性实际上是为帮助开发人员创建代码而设计的，包括语法高亮、代码自动补全（通过单击按钮）以及代码自动格式化（比如自动对代码缩进）。

如果你在 Linux 上做一名职业开发者，你应该开始学习这些工具（或者许多其他类似的工具）。图 4-11 是一个 bluefish 编辑器的例子。

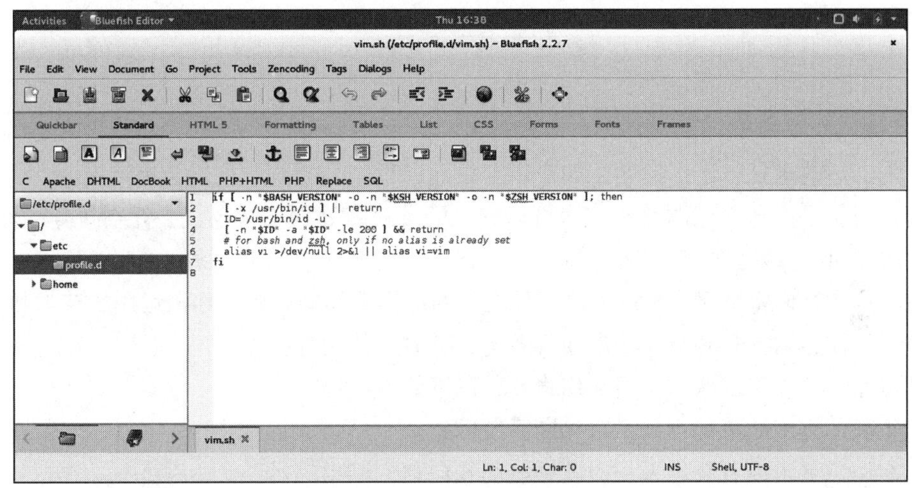

图 4-11 bluefish 编辑器

4.3 总结

由于 Linux 操作系统中有大量的文本文件，懂得如何编辑这些文件是非常重要的。在本章中，你学习了各种编辑文件的技术，包括 vi 编辑器、Emacs、gedit 和 kwrite。

4.3.1 重要术语

vi 模式

4.3.2 复习题

1. 使用 vi 编辑器时，______模式允许你执行复杂的操作。

2. 以下哪个命令模式的命令不会让你进入插入模式？

A. a B. e C. i D. 0

3. 为了使用重复次数修饰符，在 vi 命令之前输入______。

A. 字母 B. 空格 C. 数字 D. 特殊字符

4. 在 vi 编辑器中______命令将复制整行。

5. 在 vi 编辑器中______命令将允许你在当前的位置向下搜索文本内容。

第 5 章

故 障 处 理

首先，坏消息是：出了问题，如命令会失败、程序会崩溃、配置会出错。

而好消息是：这些问题是有技术可以修复的。故障处理不是仅仅去凭空猜测。你应该在发生故障时采取特定的步骤来定位问题，并且确定最佳的解决方案。

在本章中，你将学习当系统无法按你期望的那样工作的时候，你该运用的技术和步骤。你还将学习作为系统管理员向用户通告系统问题时所使用的技术。

学习完本章并完成课后练习，你将具备以下能力：

- 正确的运用故障处理技术来诊断系统问题。
- 在用户登入或者登出系统时就系统问题向他们做出提示。

5.1 故障排除的科学

虽然故障处理看起来像是那些懂得秘密代码的人才知道的神秘技术，其实它更多是那些可以成功解决问题的人拥有的知识。这种知识不仅仅局限于 Linux，你可以把这里学到的方法用来解决其他操作系统的故障或者其他信息领域的问题，甚至生活中你能遇见的其他问题。

首先，以下是排除问题的一般步骤：

1. 收集与问题相关的所有信息。这是一个非常重要的步骤，因为我们会试图快速地解决问题而不是要彻底地研究它们。想快速解决的思路却很容易导致错误的结论，并且由此会把问题进一步复杂化。

2. 确定哪些是最可能导致故障的原因。再次确定故障原因，这可以避免犯上面那样类似的错误。认真地对其他可能导致故障的原因做个思考，并且对最可能的原因做一个有根据的推测。

3. 在采取任何行动之前，把你计划用来解决问题的操作记录下来。这可能是这一过程中最常被忽视的一步，但却是至关重要的一步。如果你将计划采取的操作记录下来，那么就可以更容易地撤销没有正确工作的任何操作。这一步还应该包括在修改之前备份关键文件。

4. 仅仅执行被记录下来的操作来解决问题。注意重点词“仅仅”。不要在解决问题的半途中忽然改变思路。如果你确认你的方案是无效的，将你的方案回退到最初（从此时间点开始撤销之前所做的操作）并且重新制订一个执行计划。

5. 确认问题是否被妥善解决。这个问题看起来不值一提，但是你将发现通常你觉得问题解决了，但是过段时间你会发现其实问题并没有真正解决。这在你给别人解决问题的时候很常见，比如经常发生在你作为一名系统管理员去尝试为其他用户解决问题时。

6. 如果问题没有解决，使用前面步骤3的思路来回退系统状态到你开始动手解决问题之前的状态。然后再回退到步骤2并且重做步骤2～5。

7. 如果问题解决了，确认你做完操作以后是否还有其他的问题。这是一个通常被忽视的步骤。例如，你可能修改了一个用户账户对某个目录提供特定的访问权限，但是这个修改导致了这个用户之前具有的访问某个目录的权限没有了。你显然不能检查所有的东西，但是可以在进行下一步之前自我思考一下“这个方案可能会造成什么问题？”

8. 使用一种在将来很容易查询的技术把创建的文档保存下来，包括那些未能把问题解决的操作。我们发现一些问题会一次又一次地出现，而我们的大脑就是不善于记住我们之前努力寻找的解决方案。为自己或公司创建一个故障排除日志或手册，以便将来更容易地解决问题。此外，请记住，你的解决方案也可能会导致更多的问题，这些问题可能直到将来某个时候才会浮出水面。把你所做的事情记录下来，可以让你以后的生活变得更容易。

9. 考虑一下你还能做些什么来防止这个问题在将来再次发生。保持积极主动的态度，因为它可以节省你的时间、提高效率，还可以让你（或其他人）远离未来的大麻烦。

步骤1：收集故障信息

为了弄清楚如何收集信息，考虑如下场景。假设你尝试用cp命令复制一个文件，如在第2章中所描述：

```
student@onecoursesource:~$ cp /etc/hosts
cp: missing destination file operand after '/etc/hosts'
Try 'cp --help' for more information.
```

上面的命令很明显失败了，而且你也可以很快确定原因。然而，这只是一个你遇到问题的时候如何收集信息的例子。一种方法是在你执行命令后，去阅读命令失败后输出的错误信息：cp:missing destination file operand after '/etc/hosts'。

你也可以尝试以下方法获得更多信息：

```
student@onecoursesource:~$ cp --help
Usage: cp [OPTION]... [-T] SOURCE DEST
  or:  cp [OPTION]... SOURCE... DIRECTORY
  or:  cp [OPTION]... -t DIRECTORY SOURCE...
Copy SOURCE to DEST, or multiple SOURCE(s) to DIRECTORY.
```

```
Mandatory arguments to long options are mandatory for short options too.
  -a, --archive                  same as -dR --preserve=all
…
```

长度所限，我们缩短了这个 cp --help 命令的输出，但是重要的是这个命令提供了很多有用的信息。但是，如果这不是全部足够的信息又怎么办呢？也许你可以尝试对该文件用其他命令：

```
student@onecoursesource:~$ ls /etc/hosts
/etc/hosts
```

虽然这和前一个例子的情况不一样，但新出现的错误可能会让你找到解决问题的方法。

当你通读完本书，你将获得更多工具来添加到你的故障处理工具箱中。准备好给命令和技术做一个备忘录，这会让你在做故障处理时更轻松。

步骤 2：确定最可能的原因

在此步骤中，如果故障原因不明确，你可以考虑使用其他资源指引你找到正确的方向，如下所列：

- 阅读文档，例如 man page 和 info page
- 咨询一下同事的意见
- 联系你的系统管理员寻求建议
- 在 Linux 论坛网站里查找你的问题，就像在第 3 章中所述的那样
- 如图 5-1 中所示，利用你收集到的信息在因特网上查找相关资料

注意 如果你计划寻求同事或者系统管理员的帮助，请准备好你在步骤 1 中收集到的所有信息，以便他们能够理解问题及其上下文。去找系统管理员或 IT 支持人员，说“我不能复制文件”并不能提供足够的信息来帮助解决问题。你收集的细节越多，问题解决得越快。

步骤 3：记录下你要做的操作

当然，许多问题都不需要详细的文档记录，但是随着你学习了更复杂的 Linux 主题后，你将发现解决方案本身会变得更加复杂。从现在起就开始养成记录故障处理操作的习惯，因为越往后想要养成这样的习惯将会更难。

在计划如何文档化的步骤时，请考虑以下几点：

- 怎样才能使步骤更简单？
- 如何确保文件易于检索和参考？（扔掉那些记录文档是一个坏主意。）

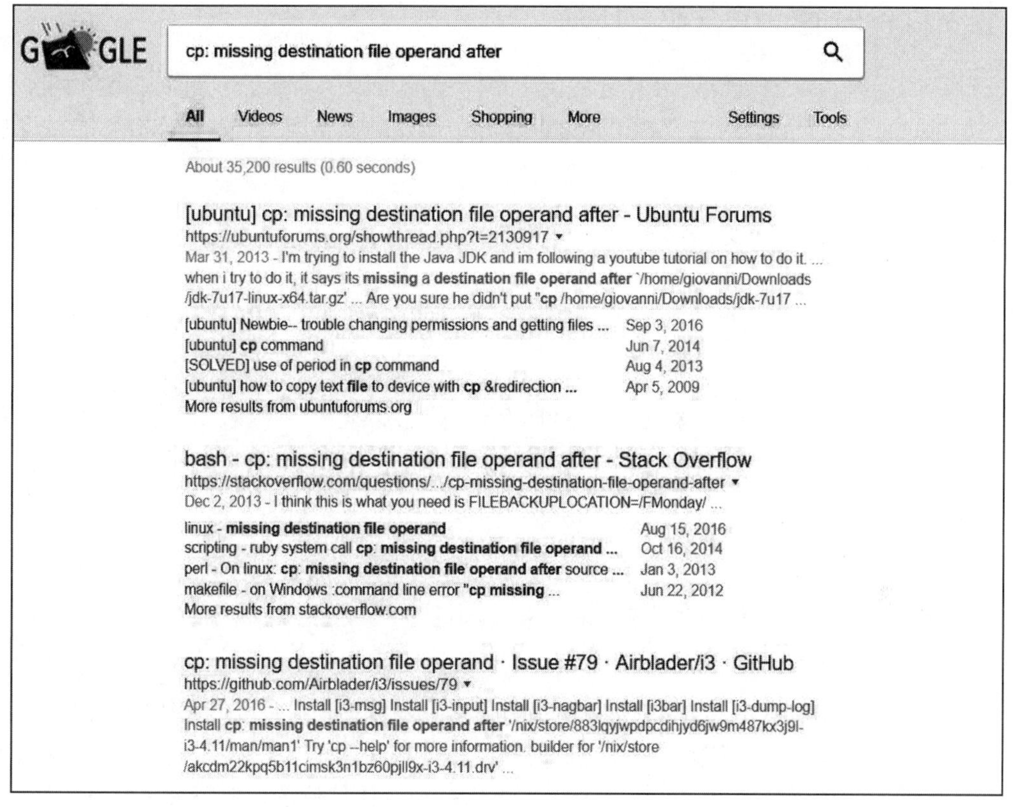

图 5-1　利用因特网查找资料

- 有哪些工具可用？可以考虑如 Google Docs 和 Dropbox 这样的文件共享工具。对于一个组织，可以考虑采用专门为跟踪问题而设计的工具，比如 Bugzilla（https://www.bugzilla.org）。

步骤 4：执行操作

这看起来可能是一个简单的步骤，但是有些细节你应该要重视起来。第一，不要盲目地去做操作来解决问题。例如，假设你有十个步骤要执行，做完每一步以后都应停顿一下并做个总结。做总结时问自己以下几个问题：

- 操作都正确执行了吗？
- 我打错字了吗？
- 得到我期望的结果了吗？
- 还有什么不顺利的吗？

以上这几步应该不会在你的处理过程中属于一个较长且复杂的耗心思的过程，只要做一个简短的检查就可以保证你的处理过程在正确的轨道上。

步骤 5 和 6：问题解决了吗

确认问题是否解决可能是大部分案例中最简单的步骤了。你的问题依然存在吗？记住，如果问题依然存在，你需要撤销你之前步骤中所做的操作因为这些操作有可能在将来使你对情况产生误判，甚至可能产生更多的问题。

步骤 7：还有其他问题存在吗

在某些情况下，这个步骤不是必需的。我们来回忆一下之前的例子：

```
student@onecoursesource:~$ cp /etc/hosts
cp: missing destination file operand after '/etc/hosts'
Try 'cp --help' for more information.
```

这个问题的原因是 cp 命令要求给出 2 个参数——用来复制的文件名以及将文件复制到何处：

```
student@onecoursesource:~$ cp /etc/hosts /tmp
student@onecoursesource:~$
```

这个办法看起来不太会导致任何的问题（当然，除非你把文件复制到了错误的目录）。但是，当问题和解决办法都变得很复杂的时候，你应该花更多时间来保证你的解决办法不会导致其他的问题。在本书的开头部分很难给出一个具体的例子，但请考虑以下的场景：很多年前，当本书的作者之一还是一名年轻的系统管理员时，一名用户向他求助说自己无法登录系统了。这名系统管理员快速地判断出这个问题是由用户的某个配置文件导致的（确切地讲是 /etc/shadow 文件，此文件即将在本书的第 7 章中介绍）。对此文件的某个修改解决了这个问题。但是，这个短暂的修复操作却带来了意想不到的后果，其他所有的用户都无法登录系统了。这个快速的故障处理导致了一个更大的问题，而且更糟糕的是，这名年轻草率的管理员没有把他所做的操作记录下来，所以其他管理员对此故障的原因一无所知。

步骤 8：保存操作文档

此步骤与之前介绍过的步骤 3 非常相似。

步骤 9：防止未来可能发生的问题

同样的问题很可能发生多次，很可能会发生在多人身上。一个防止可能发生问题的办法是提醒其他人。这一般是系统管理员的工作，因为系统管理员既可以发送信息（通过邮件、文本等方式）又可以在用户登录时显示提示信息。这是本章下一个主题的重点。

5.2 通知用户

确保用户及时了解网络或系统中的更改非常重要。Linux 有几种自动通知用户此类信息的方法。

5.2.1 登录前和登录后的消息

在你的工作环境中可能有几百个系统，因此很难告诉每个用户这些有用的信息。比如每个系统的用途、每个系统所使用的发行版以及用户他应该使用什么系统。通过创建出现在登录过程之前或之后的通知消息，就可以逐个系统地向用户提供这类信息。

仔细考虑你要显示什么信息。信息太多的话可能会导致用户只阅读一小部分，太少的话可能你又没有提供足够的信息。

/etc/issue 文件

假设某天你要使用你的网站服务器，它是一个没有 GUI 系统。你坐在服务器前，然后看到了如图 5-2 中那个熟悉的登录界面。

这时你可能在想为什么在登录提示符前会提示系统的名称以及内核的版本，或者更重要的是你在想如何改变这些提示信息。

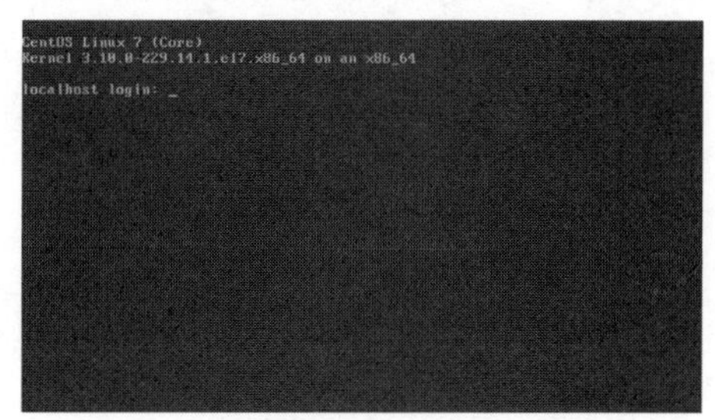

图 5-2　标准的命令行登录界面

你看到的这些信息来自 /etc/issue 文件：

```
[root@onecoursesource ~]# more /etc/issue
\S
Kernel \r on an \m
```

估计你已经猜到了，\S、\r、\m 在显示在登录界面之前可能已经被转义成了某些值。表 5-1 中列出了你可以在此文件中设置的一些特殊值。

表 5-1　/etc/issue 文件中可用的特殊值

值	含　义
\b	显示连接速度的波特率。如果你通过串口连接，这可能是很有用的信息
\d	使用此值显示当前日期
\s	显示系统名称
\S	与 \s 类似，\S 从 /etc/os-release 文件中读取系统名称。此值提供了关于系统名称 \s 选项无法提供的一些弹性的功能
\l	插入 TTY 设备的名称。每一个登录的命令行都会被关联到 /dev 目录中的设备名上。对于本地登录，一般是使用类似于 /dev/tty1 和 /dev/tty2 的名称
\m	显示 uname -m 命令的值（系统架构）

（续）

值	含　义
\n	显示系统的节点名（也叫作主机名）(与命令 uname -n 的输出结果相同）
\o	显示网络信息服务（Network Information Service，NIS）的域名（与 uname -d 命令的输出相同）。NIS 是一个可以为客户端提供网络账户信息的服务
\r	显示操作系统的版本数字（与 uname -r 命令的输出相同）
\t	显示当前时间
\u	显示在 /etc/issue 文件被输出到屏幕时登录到系统中的用户的数目
\U	与 \u 类似
\v	显示操作系统的版本

注意这些值实际是被一个叫作 agetty 的进程使用的。agetty 命令就是用来提供登录提示符的。

/etc/issue 文件还可以被用来提供其他额外的信息，例如发给系统用户的警告信息。注意在下例中对 /etc/issue 文件作出的改变，改变后对应的效果见图 5-3。

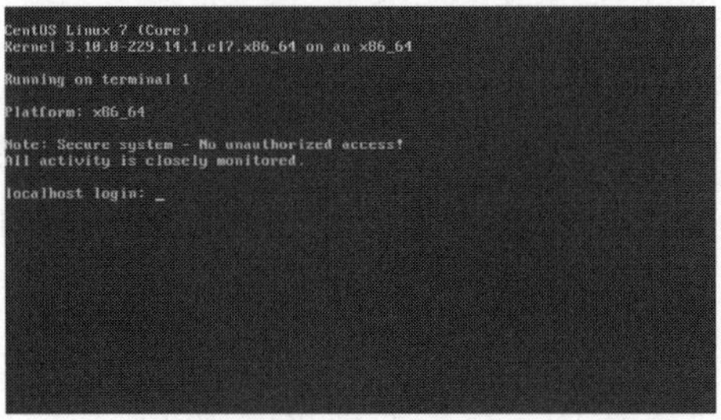

图 5-3　定制命令行登录界面

```
[root@onecoursesource ~]# more /etc/issue
\S
Kernel \r on an \m

Running on terminal \1

Platform: \m

Note: Secure system - No unauthorized access!  All activity is closely monitored
```

为了测试 /etc/issue 文件的改变，你需要能通过命令行来登录系统。有很大的可能你是通过 GUI 来登录你的测试系统的，这时你可以通过按住键盘上的 <Ctrl + Alt> 键不放然后按一下 F2 键（或者 F3、F4 等别的键），从 GUI 切换到命令行来登录。

想要看到 /etc/issue 文件的变化，可以通过命令行登录后退出。在登录界面出现的时候新的 /etc/issue 文件的内容将会被显示出来。

想要返回 GUI 的话，使用 <Ctrl + Alt + F1> 或者 <Ctrl + Alt + F7>（其中的一个会起作用）。

一般来说 <Ctrl + Alt + F2> 到 <Ctrl + Alt + F5> 是命令行登录界面，F1 或者 F7 一般是 GUI 登录界面（另外一个不是 GUI 登录界面的一般是命令行）⊖。

⊖　不同的 Linux 发行版会有所不同。——译者注

/etc/issue.net 文件

/etc/issue 文件只是用户通过命令行在本地登录的时候显示的。如果用户从远程登录，可以通过在 /etc/issue.net 文件中的设置显示信息。这个文件本来是用于当用户通过 telnet 登录的时候显示信息的，但是 telnet 太不安全了，已经被更加安全的 SSH 服务给代替了。

但是你要知道，SSH 服务器默认是不显示 /etc/issue.net 文件内容的。为了让此文件的内容在 SSH 连接开始的时候就显示，应该修改 /etc/sshd/ssh_config 文件中的 Banner 设置。它的默认设置如下：

```
[root@onecoursesource ~]# grep Banner /etc/ssh/sshd_config
#Banner none
```

通过做以下的修改就可以在 SSH 连接时显示 /etc/issue.net 文件的内容（记得在修改此文件后重启 sshd 进程，sshd 进程在第 28 章中有介绍）：

```
[root@onecoursesource ~]# grep Banner /etc/ssh/sshd_config
Banner /etc/issue.net
```

/etc/issue.net 文件的内容与 /etc/issue 文件非常类似：

```
[root@onecoursesource ~]# more /etc/issue.net
\S
Kernel \r on an \m
```

这些特殊的字符在使用 telnet 连接时工作得非常好（除了 \S，它会显示出来）：

```
[root@onecoursesource ~]# telnet onecoursesource
Trying ::1...
Connected to onecoursesource .
Escape character is '^]'.

Kernel 3.10.0-229.14.1.el7.x86_64 on an x86_64
onecoursesource  login:
```

但是，这些特殊字符对于 SSH 服务器来说没有特殊的意义：

```
[root@onecoursesource ~]# ssh onecoursesource
\S
Kernel \r on an \m
root@onecoursesource 's password:
```

除非你确实允许用 telnet 连接，否则你很可能想改变 /etc/issue.net 文件，让它不包括任何特殊的字符。如果你既允许 telnet 连接又允许 SSH 连接，则应该保持 /etc/issue.net 文件中的特殊字符不变，同时更改 /etc/sshd/ssh_config 文件中的 Banner 设置到另外的路径。

```
[root@onecoursesource ~]# grep Banner /etc/ssh/sshd_config
Banner /etc/ssh.banner
```

安全提醒

其实在实际应用中，在远程连接前提示系统信息真不是一个好主意。正在恶意探测你的系统的人可能利用这些信息来获取非授权的权限。

例如，假设你的横幅（banner）包括你的系统内核或者发行版信息。一些正在试图获取你系统非授权访问的人可能就会利用这些内核版本或者发行版的漏洞来攻击你。

问问你自己有没有特别的原因在登录前提供这些信息，如果没有很好的理由则不要显示这些信息。

有些管理员配置了很严厉的警告信息来试图吓跑那些不怀好意的人。这些警告有可能适得其反，因为这好像是在说："这个系统里有些不错的好东西"，而不是向那些潜在的坏家伙们发出了警告信息。

提示系统是专有的并且包含机密信息通常就足够了。出于安全角度考虑，你也可以不允许 telnet 连接。因为所有的 telnet 数据都是明文发送的，包括用户名和密码。

其他登录前消息

管理员们通常用 /etc/issue 文件和 /etc/issue.net 文件显示登录信息。这些文件通常是用来在用户通过控制台命令行、远程 telnet 或者 SSH 远程连接（如果正确配置了的话）时显示登录信息的。但是，还有其他途径可以访问系统，例如通过 FTP（File Transfer Protocol，文件传输协议）或者从 GUI 登录：

- FTP：这个和你的 FTP 服务器配置有关系。很多 Linux 发行版使用 vsftpd 服务器，它的配置文件是 /etc/vsftpd/vsftpd.conf 文件。你可以更改 ftpd_banner 配置项设置欢迎信息（只需要设置为一个值：ftpd_banner=<*insert_message_here*>）或者通过设置 banner_file 配置项为某个文件，然后在文件里面写好欢迎信息就可以了。
- GUI（gdm）：如果你使用 GDM（Gnome Display Manager）作为 GUI 登录界面管理器，那你可以修改 /etc/gdm/custom.conf 文件（基于 Red Hat 的系统）或者修改 /etc/gdm/gdm.conf-custom 文件（基于 Debian 的系统）。对于基于 Red Hat 的系统，需要在 [daemon] 段增加一行 Greeter=/usr/libexec/gdmlogin。对于所有发行版，都需要搜索 [greeter] 段后更改以下设置：

```
DefaultWelcome=false
Welcome=Message for local users
RemoteWelcome=Message for remote login users
```

> **注意**　其他的 GUI 显示管理器（也被称为登录管理器）与 GDM 的配置方法类似。不过找到配置文件并且正确的配置它可能稍微有点麻烦。一般这种都叫作 banner 或者 greeter，你可以利用这两个关键字在 man page 中搜索一下。

/etc/motd 文件

本章的大部分技术内容都是讨论如何在登录之前显示信息。但是，当一个用户正常的登录进系统以后，你可能也想显示一个不同的信息。这可以通过编辑 /etc/motd 文件来完成（motd 是“message of the day”的缩写）。

以下内容对你应该在 /etc/motd 文件中设置的内容给出了一些建议。

- **一个友好的欢迎信息**：可以让用户知道你对他们的到来感到很高兴。说真的，你不知道有多少普通用户，尤其是新手，对登录到 Linux 机器感到害怕。给他们提供一些友好的建议，提供一些有益的帮助（比如技术支持或者桌面帮助信息）可以让他们感到不是那么孤单。
- **一个“千万不要”的警告信息**：好吧，我们知道这听起来与之前的建议是相反的。但是，在你运行关键任务的服务器上，你不会一直想微笑并且好说话的。让用户确切地知道此服务器正在被严密的监控着，让用户知道如果他们不遵守规矩，后果会很严重。
- **服务器将要做的变动**：如果你计划下周四把服务器停机后做维护，请在 /etc/motd 文件中做一个提示。如果下周你将在服务器上添加新的软件，请在 /etc/motd 文件中明确给出提示。
- **服务器的用途**：如果这是你的网站服务器，为什么不在用户登录进来的时候说清楚？用户应该知道他们正在哪种服务器上操作，或者登录了什么样的服务器，而 /etc/motd 文件是一个绝好的用来描述这些的地方。你可以想象一下，当用户被问到“你为什么要在那个系统上运行这个 CPU 密集型的应用？”时，系统管理员听到过多少次“噢，我不知道那是我们的邮件服务器！”之类的回答。

这些只是关于你可以在 /etc/motd 文件中放置什么内容的一些想法。你可以将许多其他有用的信息放在 /etc/motd 文件中传递给用户。（注意：/etc/motd 文件在大多数发行版中默认为空。）

要查看 /etc/motd 文件的示例，先来看一下以下命令的输出，然后看看图 5-4 中所显示的输出内容。

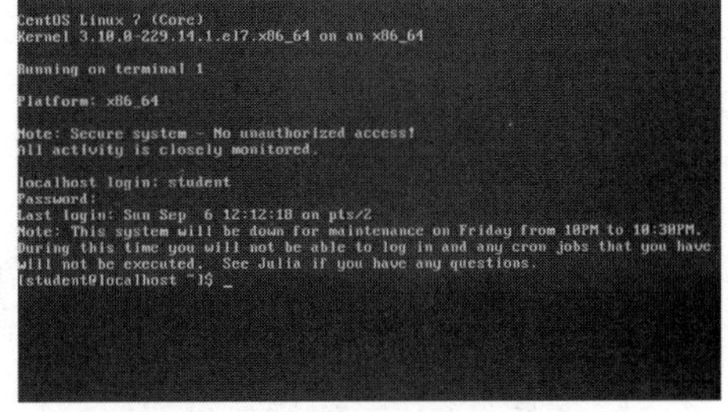

图 5-4　定制化的登录界面内容

```
[root@onecoursesource ssh]# more /etc/motd
Note: This system will be down for maintenance on Friday from 10PM to 10:30PM.
During this time you will not be able to log in and any cron jobs that you
have will not be executed. See Julia if you have any questions.
```

5.2.2　广播消息

/etc/issue 文件、/etc/issue.net 文件以及 /etc/motd 文件在用户登录时提示信息是非常好用的。但是如果现在你的系统上登录了 10 个用户，你需要给他们所有人发送一个紧急信息呢？本节主要介绍如何给当前正在系统中登录的用户发送消息。

wall 命令

有时候你需要给所有当前已登录系统的用户发消息。wall 命令让你可以给所有用户的终端上发广播消息。一个 wall 命令的例子如下所示：

```
[root@onecoursesource ~]# wall shutting down in five minutes
Broadcast message from root@onecoursesource (pts/3) (Sun Oct 25 12:44:33 2019):

shutting down in five minutes
```

注意　wall 命令发的消息不能超过 20 行。

为了避免在广播信息的顶部显示横幅，可在执行 wall 命令时跟上 -n 参数。横幅的内容如下所示：

```
Broadcast message from root@onecoursesource (pts/3) (Sun Oct 25 12:44:33 2019):
```

在很多发行版中，普通用户也能执行 wall 命令。在某些情况下这会让人觉得很吵：

```
[student@onecoursesource ~]$ wall today is my birthday!
Broadcast message from student@onecoursesource (pts/3) (Sun Oct 25 12:52:36 2019):

today is my birthday!
```

所有的用户都可以使用 wall 命令是因为它是一个设置了 SGID 的程序。SGID 是一种权限设置，将在第 9 章中详细介绍。以下命令输出中的“s”字符表示这是一个 SGID 的程序：

```
[root@onecoursesource ~]# ls -l /usr/bin/wall
-r-xr-sr-x. 1 root tty 15344 Jun  9  2019 /usr/bin/wall
```

所有的终端设备（/dev/tty1、/dev/tty2、/dev/pts/0 等）都属于 tty 用户组。tty 用户组拥有访问这些文件的权限，所以当 tty 用户组运行 wall 命令时，它可以直接写信息到终端设备里。为了不让普通用户有权限通过 wall 命令发送消息，只要取消 SGID 权限即可：

```
[root@onecoursesource ~]# ls -l /usr/bin/wall
-r-xr-sr-x. 1 root tty 15344 Jun  9  2019 /usr/bin/wall
[root@onecoursesource ~]# chmod g-s /usr/bin/wall
[root@onecoursesource ~]# ls -l /usr/bin/wall
```

```
-r-xr-xr-x. 1 root tty 15344 Jun  9  2019 /usr/bin/wall
[root@onecoursesource ~]# su - student
Last login: Sun Oct 25 12:51:36 PDT 2018 on pts/3
[student@onecoursesource  ~]$ wall today is my birthday!
```

普通用户不会看到任何错误消息，但是 wall 命令没有向任何用户账户发送消息。

用户可以禁用发送到特定终端的 wall 消息。这有可能是你正在编辑文件、阅读帮助手册或者正在执行一些关键的操作。wall 命令的消息不会搞乱你的工作，但是当你在编辑文件的时候忽然一堆文字出现在屏幕上确实会让你感到很困惑。(参见图 5-5 中的例子)

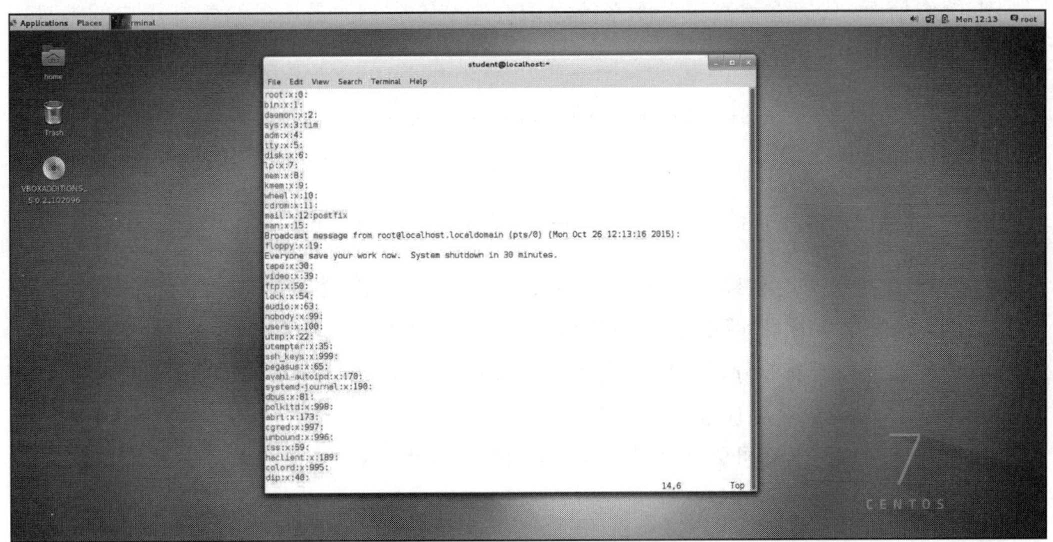

图 5-5　令人厌烦的 wall 消息

为了在特定的终端上面忽视掉 wall 消息，通过执行以下命令设置你的 mesg 值为“no”：

```
[root@onecoursesource ~]# mesg n
[root@onecoursesource ~]# mesg
is n
```

之后的任何时候都可以把这个值改回“yes”。一定要记得这么做，否则强制关机或者重启的信息就有可能被错过：

```
[root@onecoursesource ~]# mesg y
[root@onecoursesource ~]# mesg
is y
```

shutdown 命令

如果你想给用户传递的信息是你现在要关闭系统，那么你可以考虑使用 shutdown 命令。shutdown 命令的语法如下所示：

```
shutdown [OPTIONS...] [TIME] [WALL...]
```

[WALL...] 选项代表你想要发送给每个人的广播消息。当然，你有可能想给用户留点时间保存他们的工作并且退出系统，那么可以使用 [TIME] 选项定义在你真正关闭系统之前要等待多久：

```
shutdown +5 "system shutdown
```

上例中值 +5 代表在你真正关闭系统之前会等待 5 分钟。最后发给所有用户的消息内容应该是类似下面这样：

```
Broadcast message from root@onecoursesource (Sun 2019-02-11 13:20:09 PDT):

shutting down
The system is going down for power-off at Sun 2019-02-1113:25:09 PDT!
```

这个消息将定期连续地在屏幕上显示（还有 5 分钟关闭系统，还有 3 分钟关闭系统等）。如果你发送关闭消息更早一些（例如，shutdown +60），用户依然可以登录到系统。但是在系统关闭前 5 分钟，用户就无法登录了，因为 shutdown 命令在此时创建 /run/nologin 文件，此文件将会阻止用户登录系统。

作为系统管理员，你可以在系统等待关闭时用 shutdown -c 命令取消它：

```
[student@onecoursesource ~]$ shutdown -c

Broadcast message from root@onecoursesource (Sun 2019-02-1113:23:32 PDT):

The system shutdown has been cancelled at 2019-02-1113:24:32 PDT!
```

下面是 shutdown 命令其他一些有用的选项。

- -r：重启而不是关机。
- -h：停止系统（也许和关闭的效果一样，这取决于 Linux 发行版）。
- -k：不是真的关机，只是发送一个 wall 消息来通知将要关机。

5.3 总结

本章的主要目的是介绍在 Linux 发行版上如何处理可能会发生的故障的技术。你还学习了如何在用户登录时或登录后向他们发送消息，以便向他们提供系统相关的重要信息。

复习题

1. 在尝试本地命令行登录之前，将显示 /etc/______文件的内容。
2. 在尝试 telnet 登录之前，将显示 /etc/______文件的内容。
3. 登录成功之后，将显示 /etc/______文件的内容。
4. ______命令将给所有当前登录在系统中的用户发送消息。

   A. wall　　B. mesg　　C. send　　D. shutdown
5. shudown 命令的______选项可以用来取消关机操作。

用户和组账户在系统安全性方面的重要性怎么强调都不为过。如果有人可以使用用户账户登录系统，即使是普通用户，也可以为这个人发起进一步的攻击提供立足点。保护组和用户账户首先要了解这些账户的用途。

第二部分

用户和用户组

在第二部分中，你将学习以下内容：

- 第 6 章专注于对组账户的管理，包括增加、修改和删除组，其中要特别注意系统组（或特殊组）以及理解主组和附属组之间的区别。
- 第 7 章涵盖与用户账户相关的内容，如何创建和保护账户，以及如何给用户提供账户安全防护方面的最佳安全实践。
- 第 8 章讲述如何运用在第 6 章和第 7 章所学到的知识制订账户安全策略。

第 6 章

管理用户组账户

因为 Linux 是一个多用户的操作系统，安全加固通常是基于账户的。每位用户都被授予了一个用户账户（参见第 7 章），而且每个用户账户都是一个或多个用户组账户的成员。

用户组是用来给组内成员账户提供权限或者应用限制的。这些访问权限或限制可以应用于文件、目录或者其他操作系统特性。通过用户组，你可以轻松地对多个用户账户设置安全权限。

在本章中，你将学到很多关于用户组的概念。你还将学到如何创建、修改以及删除用户组。

学习完本章并完成课后练习，你将获得以下能力：

- 理解 Linux 用户组的概念。
- 管理用户组，包括创建、修改，以及删除用户组。
- 了解被称为用户私有组（User Private Group，UPG）的安全特性。
- 学会如何创建组管理员。

6.1 用户组的用途

每个有权限访问 Linux 系统的人都被提供了一个用户账户。这个用户账户提供了一些不同的特性，包括用户名称和密码。而且，每个人都是一个或多个用户组账户的成员。

作为一个用户组的成员，允许用户以特定的权限访问系统资源。例如文件、目录或者系统中运行的进程（程序）。这个组成员也可以用来对访问系统资源做限制，因为一些 Linux 的安全功能利用用户组来对安全性做加固限制。这些安全功能将在本书之后的章节中介绍。

6.1.1 主组与附属组

每个用户都至少是一个用户组的成员。第一优先级的用户组被称作是用户的主组。在此之外的用户属于的其他任何用户组都被称作是用户的附属组。

可以用 id 或者 groups 命令显示组成员：

```
student@onecoursesource:~$ id
uid=1002(student) gid=1002(student)
groups=1002(student),60(games),1001(ocs)
student@onecoursesource:~$ groups
student games ocs
```

表 6-1 描述了 id 命令的输出。

表 6-1　id 命令的输出

值	描　述
uid=1002(student)	当前用户的用户 ID 和用户名
gid=1002(student)	当前用户的主组 ID 和组名
groups=1002(student),60(games),1001(ocs)	当前用户的附属组 ID 和组名

groups 命令的输出包括当前用户作为成员的每一个组，其中主组总是被列在第一个。

安全提醒

id 和 groups 命令默认是显示当前用户的信息。这两个命令都接受一个用户名作为参数：

```
student@onecoursesource:~$ id root
uid=0(root) gid=0(root) groups=0(root)
student@onecoursesource:~$ groups root
root : root
```

主组和附属组之间最重要的区别是当一个用户在创建新文件的时候附带的组成员关系。每个文件都属于一个用户 ID 和组 ID。当用户创建一个文件时，用户的主组权限就会用来赋予文件的组属性：

```
student@onecoursesource:~$ groups
student games ocs
student@onecoursesource:~$ touch sample.txt
student@onecoursesource:~$ ls -l sample.txt
-rw-rw-r-- 1 student student 0 Sep 15 11:39 sample.txt
```

当文件被创建以后，用户可以通过 chgrp 命令将文件的组权限更改为其他组：

```
student@onecoursesource:~$ ls -l sample.txt
-rw-rw-r-- 1 student student 0 Sep 15 11:39 sample.txt
student@onecoursesource:~$ chgrp games sample.txt
student@onecoursesource:~$ ls -l sample.txt
-rw-rw-r-- 1 student games 0 Sep 15 11:39 sample.txt
```

可能出现的错误　虽然用户可以更改他们自己创建的文件属组到一个他们是组成员的组中，但他们不能改变其他用户文件的属组，因为这会带来一定的风险。以下的命令显示了当一个用户尝试改变其他用户文件的属组时会出现的报错信息：

```
student@onecoursesource:~$ ls -l /etc/hosts
-rw-r--r-- 2 root root 199 Sep 15 11:24 /etc/hosts
student@onecoursesource:~$ chgrp games /etc/hosts
chgrp: changing group of '/etc/hosts': Operation not permitted
```

另一个潜在的问题在于当用户尝试改变他自己文件的属组到此用户并不属于的组时，类似的错误也会出现：

```
student@onecoursesource:~$ ls -l sample.txt
-rw-rw-r-- 1 student games 0 Sep 15 11:39 sample.txt
student@onecoursesource:~$ id
uid=1002(student) gid=1002(student)
groups=1002(student),60(games),1001(ocs)
student@onecoursesource:~$ chgrp users sample.txt
chgrp: changing group of 'sample.txt': Operation not permitted
```

用户可以临时将他们的主组改变为其他组，但是这依赖于 /etc/group 文件中的安全性配置，后面将会介绍。

6.1.2　/etc/group 文件

用户组信息存储于以下几个文件中：

- /etc/passwd 文件中保存了用户账户的相关信息，包括每个用户的主组关系信息。这个文件的详细内容将在第 7 章讨论，本章只讨论与用户组相关的部分，用户的主组关系在这个文件里是用 GID 保存的，如下例所示：

```
student@onecoursesource:~$ grep student /etc/passwd
student:x:1002:1002::/home/student:
```

- /etc/group 文件中保存了每个用户组的信息，包括组名、组 ID（GID）和附属用户关系。
- /etc/gshadow 文件中保存了用户组的其他信息，包括用户组的管理员和密码。关于此文件的详细内容将在 6.1.5 节中讨论。

例 6-1 展示了标准的 /etc/group 文件的部分内容。

例 6-1　/etc/group 文件

```
student@onecoursesource:~$ head /etc/group
root:x:0:
daemon:x:1:
```

```
bin:x:2:
sys:x:3:
adm:x:4:syslog,bo
tty:x:5:
disk:x:6:
lp:x:7:
mail:x:8:
news:x:9:
```

安全提醒

如例 6-1 所示，普通用户（不是系统管理员）可以浏览 /etc/group 文件。这里提示读者需要防止对系统的未授权访问，因为即使是普通用户也可以通过浏览 /etc/group 文件获得系统的有用信息。管理员应该注意不要更改 /etc/group 文件的权限，因为这些更改将导致一些程序不能正常运行。

记住，这在操作系统中并不少见，在其他操作系统（包括 Unix、Mac OS 和微软的 Windows）中，普通用户都可以看到基本的组信息。

/etc/group 文件中的每一行都描述了一个用户组。每行按数据不同分为几个字段，字段之间用冒号（:）做分隔符。表 6-2 中的例子描述了行 adm:x:4:syslog,bo 中不同字段的意义。

表 6-2　/etc/group 文件的字段

字　段	描　　述
adm	用户组名。在当前系统中用户组名必须是唯一的以避免在文件权限上会带来的问题
x	密码的占位符。组密码通常存放在 /etc/group 文件中，但是出于安全目的已经被移到 /etc/gshadow 文件中。这是因为 /etc/group 文件可以被所有的用户浏览，但是 /etc/gshadow 文件只可以被 root 用户浏览。关于组密码的细节将会在 6.1.5 节中讨论
4	这是一个代表组 ID（GID）的数字。在当前系统中用户组 ID 必须是唯一的以避免在文件权限上会带来的问题
syslog,bo	这是组成员的列表。想要添加某个用户到用户组作为附属成员，管理员需要添加用户名到此字段。这一般可以通过 usermod 或者 gpasswd 命令实现（参考 6.2.4 节和 6.2.5 节）

安全提醒

通常 /etc/group 文件不是手动修改的。管理员利用命令，如 groupadd、groupdel、groupmod 改变 /etc/group 文件的内容。然而，实际上 /etc/group 文件是可以手动修改的，但这可能会导致一些错误。为了看到 /etc/group 文件中是否有任何错误，请用 root 用户登录后执行 grpck 命令。

6.1.3　特殊的用户组

标准的 Linux 系统将会有很多默认的用户组账户。这些默认的用户组账户一般 GID 值都是在 1000 以下，这使得管理员很容易就识别出这些用户组账户是特殊的。

此外，如果向系统添加新软件，可能会添加更多的组，因为软件供应商会同时使用用户账户和组账户来对该软件的一部分文件做访问控制。

关心安全性的管理员应该会关注到这些特殊的用户组账户，因为这些账户可能带来安全特性也可能带来安全威胁。表 6-3 标注了一些比较重要的特殊用户组账户（介绍每个特殊的用户组超出了本书的范围）。

表 6-3　特殊的用户组账户

用户组	描　述
root	此用户组账户是为系统管理员保留的。不要添加普通用户到此用户组中，因为这将给普通用户提供对系统文件过高的访问权限
adm	此用户组中的成员一般具有访问与系统监控相关的文件（例如日志文件）的权限。有权限查看这些文件的内容可以比普通用户更多地了解系统状态信息
lp	这是操作系统用来提供特殊文件访问权限的多个用户组（包括 tty、mail 和 cdrom）中的一个。一般普通用户不会加入此用户组中，因为这些用户组一般被叫作进程的后台程序所使用
sudo	此用户组一般和 sudo 命令结合使用。sudo 命令将在第 7 章中详细讨论
staff	Unix 系统中一个默认的用户组，但是在现代的 Linux 发行版中很少使用
users	一个默认的用户组，但是在现代的 Linux 发行版中很少使用
operators	传统上是在 Unix 系统中用来给那些有要求提高自己权限来执行特定系统任务的用户使用的。此用户组在现代的 Linux 发行版中很少使用

安全提醒

作为一名管理员，你应该清楚每个用户组的用途。花一定的时间来研究一下在你的 /etc/group 文件中的用户组列表，并且仔细考虑一下在特定的用户组中添加新用户带来的影响。另外，如果添加新的软件到系统中，也要再查看一下 /etc/group 文件的内容来判断是否有新的用户组被添加。如果一个新的用户组被添加，则要搞清楚添加这些新用户组的目的。

6.1.4　用户私有组

通常当一个用户账户被创建时，也会创建那个用户的用户组。这么做是为了解决在 Linux 早期时，系统管理员会按照惯例添加所有的用户到一个用户组中（一般是“users”用户组或者“staff”用户组）的问题。

这样的做法导致了有时候用户会被赋予访问他们本不该拥有权限访问的文件的情况。通过将每个用户都置于同一个用户组，每个用户创建的新文件都属于此用户组，这意味着此系统中的所有用户都可以通过此用户组的权限来访问所有的文件，或者用户必须要记住把每个新创建文件的组权限删除掉。图 6-1 显示了这个方案产生的问题（文件 file1.txt 展示了安全风险，文件 files2.txt 展示了用户何时想起来移除所有关于此用户组的权限）。

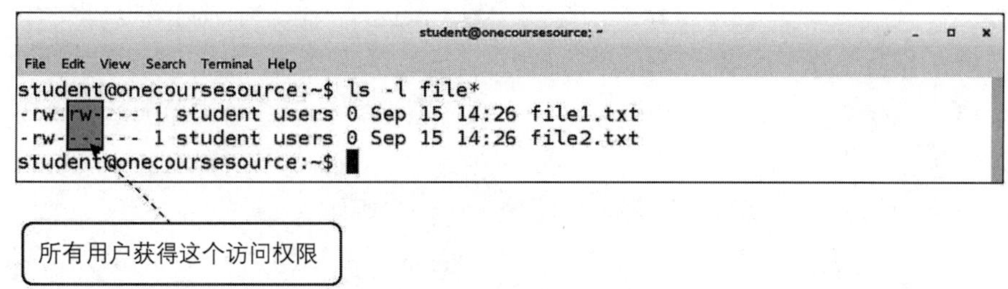

图 6-1　所有用户都在一个用户组中的情况

为每个用户创建的用户组称为用户私有组（User Private Group，UPG），其中每个用户都有自己的组作为其私有组，这意味着用户能够访问所有其他用户的文件的安全风险得到了控制。

遗憾的是，如果系统管理员不能正确处理组成员关系，这种方法也会带来安全风险。UPG 本质上使用户的主组毫无价值（至少在默认情况下是这样），因为该用户是这个私有组的唯一成员。如果用户不是其他组的成员，那么为了让特定用户能访问某个文件，通常会使用 other 权限。这最终使系统上的每个人都可以访问该文件，而这正是 UPG 的设计初衷所要避免的问题。图 6-2 显示了此种设计会带来的问题。

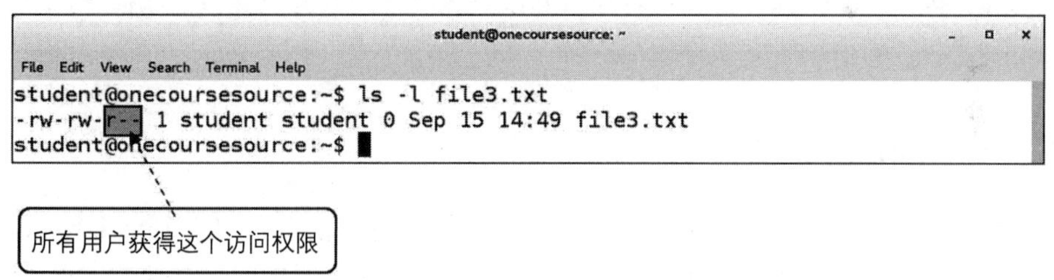

图 6-2　UPG 可能带来的问题

UPG 确实提供了一种解决方案，但只是部分解决方案。系统管理员还必须执行以下一项或者多项的安全策略：

- 把用户加入其他的组中，这样使得在一起工作的人们可以轻松地共享文件。
- 一个培训所有用户正确使用文件权限的计划。第 9 章中将详细讨论此内容。
- 管理员应该考虑放开用户添加新的账户到他们的私有组中的权限。6.1.5 节将详细讨论这一内容。
- 一个培训用户如何使用访问控制列表（Access Control List，ACL）的计划。ACL 是给指定的用户或用户组分配权限的一种方法，这部分内容将在第 9 章中详细讨论。

对话学习——规划用户组

Gary：嗨，Julia，你有空吗，我想听听你的想法？

Julia：有啊，你有什么需求？

Gary：我在尝试制订一个在我们公司创建 Linux 用户组的计划，但是我实在是不知道从哪里开始才好。

Julia：一般创建 Linux 用户组是使用组权限来实现让用户与其他人之间共享文件的权限。例如，公司里的每个部门都应该有自己的用户组。

Gary：就这样吗？就只是给每个部门建一个用户组？

Julia：不，还有很多其他的因素要考虑。例如，两个不同部门之间的人需要共享文件。如果他们在不同的用户组，这就是个难题了。如果他们在同一个项目组工作，那么这就意味着可以给这个特定的项目建一个用户组。

Gary：好的，所以为每个部门创建一个用户组，再为需要共享文件的项目组建用户组，还有其他的吗？

Julia：一个项目组即使不包括不同部门的人，你也可以给它建一个用户组。这样，就不是与部门中的每个人共享这些文件，而是只有部门中的少数几个人可以访问这些文件。

Gary：还有别的创建用户组的原因吗？

Julia：你还可能会在创建用户组的时候考虑个人的职务头衔。公司通常给经理、工程师和经销商建立不同的用户组。

Gary：不错，非常好。这对于我如何开始工作给了非常好的建议。谢谢你的帮忙！

Julia：欢迎随时咨询！

6.1.5 /etc/gshadow 文件

/etc/group 文件里有用户组账户的一些信息，但是更多信息可以在 /etc/gshadow 文件中找到。/etc/gshadow 文件只可以被 root 用户查看，因为很多重要信息储存在此文件中。

例 6-2 显示了 /etc/gshadow 文件的部分内容。

例 6-2 /etc/gshadow 文件

```
root@onecoursesource:~# head /etc/gshadow
root:*::
daemon:*::
bin:*::
sys:*::
adm:*:student:syslog,bo,student
tty:*::
disk:*::
```

```
lp:*::
mail:*::
news:*::
```

/etc/gshadow 文件中的每一行描述一个用户组。每一行都通过冒号分隔符分成了若干字段。表 6-4 以 adm:*:student:syslog,bo,student 这行为例描述了每个字段的意义。

表 6-4　/etc/gshadow 文件的不同字段

字　段	描　述
adm	用户组名称。此处的用户组名称是与 /etc/group 文件中的一一对应的
*	用户组密码。如果值为“*”或者“!”意味着没有设置有效的密码。此密码与 newgrp 命令一起使用，并由 gpasswd 命令设置。有关此密码的更多信息，请参见此表下面的讨论
student	用户组的管理员。用户组的管理员可以从用户组中添加或者移除用户。请参阅 6.2.5 节
syslog,bo,student	这是用户组的成员列表。这部分内容应该与 /etc/group 文件的字段相对应

/etc/gshadow 文件里 password 字段的目的就是允许用户用 newgrp 命令临时改变他的主用户组。默认情况下，用户组内的任意用户都可以切换他的主用户组：

```
student@onecoursesource:~$ groups
student adm games ocs
student@onecoursesource:~$ newgrp games
student@onecoursesource:~$ groups
games adm ocs student
```

用户除非知道那个组的密码，否则不能将他的主用户组切换为他不属于的组。组密码是由管理员使用 gpasswd 设置的：

```
root@onecoursesource:~# gpasswd staff
Changing the password for group staff
New Password:
Re-enter new password:
root@onecoursesource:~# grep staff /etc/gshadow
staff:$6$iv.gICgaA$iWGw611b/ZqKhu4WnMfA9qpNQvAQcljBFGuB1iXdWBhMWqgr2yQn7hn6Nu8BTrtErn734
  wLDhWzS6tNtJmkV/::
```

只要用户组设置了密码，非组内的用户就可以通过运行 newgrp 命令，并在提示输入密码时输入用户组的密码来切换自己的主用户组：

```
student@onecoursesource:~$ groups
student adm games ocs
student@onecoursesource:~$ newgrp staff
Password:
student@onecoursesource:~$ groups
staff adm games ocs student
```

虽然你可以用组密码的方式设置用户的主用户组，但是细想一下：如果你想允许一个用户切换到新的主用户组，为什么不添加此用户到用户组中？基于此逻辑，用户组的密码在 Linux 系统中用的不是非常多。

查看图 6-3 以获取更多信息。

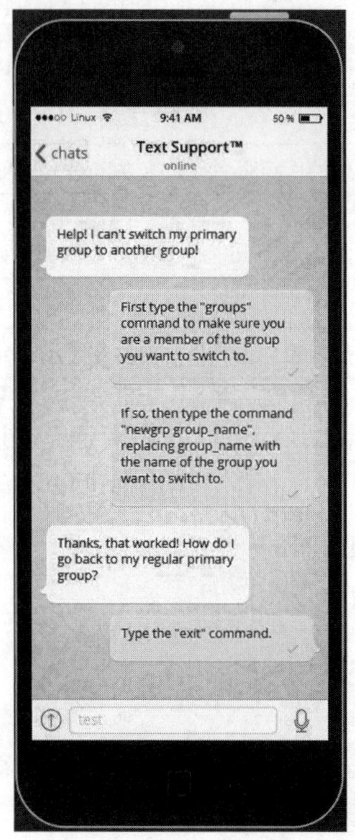

图 6-3 文本支持——改变主用户组

6.2 管理用户组

管理用户组的步骤包括创建新的用户组、修改已有的用户组和删除用户组。这些操作需要 root 账户的权限。

用户组的管理还包括向用户组中添加用户或者移除用户。一般来说，进行这些操作也需要 root 账户权限，但是如果创建了组管理员，那么该组的管理员也可以进行这些操作。

6.2.1 创建用户组

创建用户组可以使用 groupadd 命令，如下所示：

```
root@onecoursesource:~# groupadd -g 5000 payroll
root@onecoursesource:~# tail -1 /etc/group
payroll:x:5000:
```

注意　-g 选项是用来指定用户组的 GID。如果没有使用 -g 选项，则使用下一个可用的大于 1000 的 GID（在某些操作系统中，可能是下一个可用的大于 500 的 GID）。最优的选择是使用 -g 选项并且设置一个较高的值（5000 或以上）以便于此 GID 不会与用户的私有组的 GID 冲突。

可能出现的错误　在创建用户组的时候，必须使用系统中未被使用的 GID 和用户组名，否则系统会报错：

```
root@onecoursesource:~# groupadd -g 4000 payroll
groupadd: group 'payroll' already exists
root@onecoursesource:~# groupadd -g 5000 test
groupadd: GID '5000' already exists
```

6.2.2　修改用户组

管理员对用户组做出的最常见的修改，除了添加和移除组成员外，就是更改用户组的名称。导致这样的原因通常是最初的用户组名称描述得不够充分，所以重新修改一个具体的名称会更好。

要更改用户组的名称，使用 groupmod 命令并且加上 -n 选项，如下所示：

```
root@onecoursesource:~# tail -1 /etc/group
payroll:x:5000:
root@onecoursesource:~# groupmod -n payables payroll
root@onecoursesource:~# tail -1 /etc/group
payables:x:5000:
```

6.2.3　删除用户组

删除用户组可以通过 groupdel 命令完成。但是，在删除用户组之前，管理员应当搜索整个操作系统确认所有属于这个用户组的文件，并且把这些文件的组权限改成另外一个用户组。如果不做这一步的话，那么属于这个用户组的文件的组权限将只是 GID，用户组权限就没有价值了。下面是一个例子：

```
root@onecoursesource:~# ls -l /tmp/example
-rw-r--r-- 1 root payables 0 Sep 15 16:07 /tmp/example
root@onecoursesource:~# groupdel payables
root@onecoursesource:~# ls -l /tmp/example
-rw-r--r-- 1 root 5000 0 Sep 15 16:07 /tmp/example
```

查看图 6-4 来获取如何通过文件属组来查找文件的帮助信息。

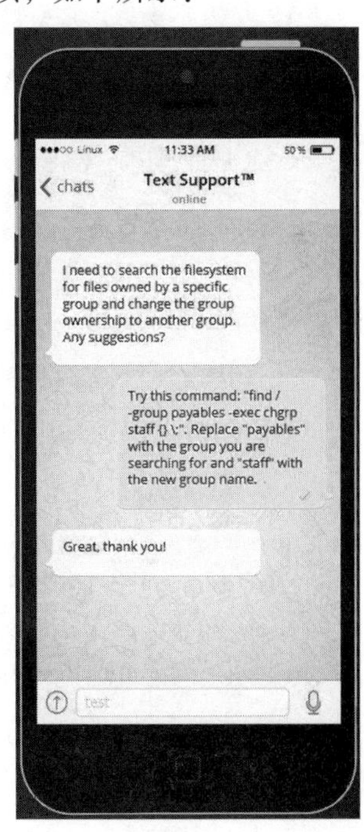

图 6-4　文本支持——如何通过文件的属组查找文件并改变文件的属组

6.2.4　将用户添加到组

使用 usermod 命令并且带 -G 选项可以用来把用户添加到用户组中。但是，需要注意 -G 选项默认会把用户的其他附属组全部覆盖掉，如下所示：

```
root@onecoursesource:~# id student
uid=1002(student) gid=1002(student)
groups=1002(student),60(games),1001(ocs)
root@onecoursesource:~# usermod -G adm student
root@onecoursesource:~# id student
uid=1002(student) gid=1002(student) groups=1002(student),4(adm)
```

想要添加用户到某个用户组中，同时保持用户当前的附属组不变，可以把 -a 选项与 -G 选项结合起来使用：

```
root@onecoursesource:~# id student
uid=1002(student) gid=1002(student)
groups=1002(student),60(games),1001(ocs)
root@onecoursesource:~# usermod -G adm -a student
root@onecoursesource:~# id student
uid=1002(student) gid=1002(student)
groups=1002(student),4(adm),60(games),1001(ocs)
```

安全提醒

除非确实有需求，否则不要把用户随意加入用户组中，这会使得用户增加一些不必要的访问权限。

6.2.5　组管理员

默认情况下，可以从用户组中添加或者移除用户的人只有以 root 身份登录的用户。想要允许某个用户可以管理用户组，需要使用 gpasswd 命令带上 -A 选项来添加他们为组管理员：

```
root@onecoursesource:~# grep games /etc/gshadow
games:::student
root@onecoursesource:~# gpasswd -A student games
root@onecoursesource:~# grep games /etc/gshadow
games::student:student
```

现在 student 用户可以用 gpasswd 命令带上 -a 选项来添加用户到 games 用户组中：

```
student@onecoursesource:~$ gpasswd -a bo games
Adding user bo to group games
student@onecoursesource:~$ grep games /etc/group
games:x:60:student,bo
```

使用 gpasswd 命令带上 -d 选项，student 用户可以从 games 用户组中移除用户：

```
student@onecoursesource:~$ grep games /etc/group
games:x:60:student,bo
student@onecoursesource:~$ gpasswd -d bo games
Removing user bo from group games
student@onecoursesource:~$ grep games /etc/group
games:x:60:student
```

注意 组管理员只可以使用 gpasswd 命令来管理那些他们是组管理员的组。组管理员也不能使用 groupadd、groupmod 和 groupdel 命令。

6.3 总结

Linux 操作系统利用用户组账户控制对系统核心组件的访问，例如文件和目录。在本章中，你学到了如何管理这些用户组账户，不仅包括如何创建、更改和删除用户组账户，还包括如何使用特殊的用户组功能，如用户私有组以及组管理员。

6.3.1 重要术语

用户组、主用户组、附属用户组、UID、用户 ID、GID、组 ID、特殊用户组、UPG、用户私有组

6.3.2 复习题

1. 每个用户都至少是______组的成员。
2. 下面哪个命令将显示用户 nick 所属的组？
   A. id　B. groupinfo　C. info groups　D. groups
3. 下面哪个文件是用来存储用户组信息的？
   A. /etc/groupinfo　B. /etc/shadow　C. /etc/groups　D. /etc/gshadow
4. 特殊的用户组一般是 GID 的值低于______的用户组。
5. 如果系统采用 UPG，那么用户名为 jake 的用户的用户组名应该为______。

第 7 章

管理用户账户

因为 Linux 是一个多用户的操作系统，系统的安全性一般是基于账户的。每个用户都被提供了一个系统账户以便用其访问系统。

作为一名系统管理员，懂得创建和管理系统账户是非常重要的。考虑到安全性的因素，你应该知道用户的账户对于系统来说是最大的潜在威胁。

在本章中，你将学到更多关于用户账户的内容，你也将学会如何创建、修改、加密以及删除用户账户。

学习完本章并完成课后练习，你将具备以下能力：

- 理解 Linux 用户账户的概念。
- 管理账户，包括创建、修改和删除。
- 理解基于网络的用户账户。
- 使用 su 和 sudo 获取系统访问特权。
- 使用 PAM 限制用户账户。

7.1 用户账户的重要性

用户账户在 Linux 操作系统中扮演着重要的角色，包括如下内容：

- **授予系统访问权**：用户账户给用户提供了一个登录到系统并获取系统有限访问权限的方法。
- **保护文件及目录安全**：每个文件（目录）都属于某个用户账户。文件的所有者账户可以通过文件权限访问该文件。
- **保护进程安全**：每个运行中的进程（程序）都属于某个用户账户。此用户账户有权限停止或者修改这些运行中的进程，而其他用户则没有这个权限。
- **额外的权限**：系统管理员可以赋予用户账户特殊的权限，这包括其他用户没有的运行特定进程以及执行特定系统操作的权限。
- **额外的认证**：某些软件要求使用用户账户做验证。这意味着运行此软件时，需要使用用户账户以及密码（或者其他认证方式）。

7.1.1 用户账户信息

本地用户的账户数据存储在几个不同的文件中：

- /etc/passwd：最主要的账户信息。
- /etc/shadow：用户的密码以及相关信息。
- /etc/group：组账户信息，同时也包括与用户账户相关的信息。关于此文件的详细信息可在第 6 章“管理用户组账户”中找到。
- /etc/gshadow：组账户信息，同时也包括与用户账户相关的信息。关于此文件的详细信息可在第 6 章中找到。

注意这些文件只是用来存储本地用户信息的。用户账户也可以由网络服务器提供，这样可以允许同一用户用相同的用户名和密码登录不同的服务器。基于网络的用户账户将在本章后面的部分做详细介绍。

7.1.2 /etc/passwd 文件

/etc/passwd 文件包含用户账户的基本信息。尽管文件的名字看起来容易望文生义，但这个文件其实不包括任何和用户密码有关的信息。

例 7-1 显示了一个标准的 /etc/passwd 文件的部分内容。

例 7-1 /etc/passwd 文件

```
student@onecoursesource:~$ head /etc/passwd
root:x:0:0:root:/root:/bin/bash
daemon:x:1:1:daemon:/usr/sbin:/usr/sbin/nologin
bin:x:2:2:bin:/bin:/usr/sbin/nologin
sys:x:3:3:sys:/dev:/usr/sbin/nologin
sync:x:4:65534:sync:/bin:/bin/sync
games:x:5:60:games:/usr/games:/usr/sbin/nologin
man:x:6:12:man:/var/cache/man:/usr/sbin/nologin
lp:x:7:7:lp:/var/spool/lpd:/usr/sbin/nologin
mail:x:8:8:mail:/var/mail:/usr/sbin/nologin
news:x:9:9:news:/var/spool/news:/usr/sbin/nologin
```

安全提醒

如例 7-1 所示，普通用户（不是管理员）可以浏览 /etc/passwd 文件。因为即使是普通用户都可以通过浏览 /etc/passwd 文件获取系统中有用的信息，这里有必要提示防止对系统非授权的访问。要记住，普通用户也可以查看基本的用户账户信息是很常见的，在其他系统如 Unix、Mac OS 以及微软 Windows 中也是如此。

注意管理员不应该改变 /etc/passwd 文件的权限，因为这样做将会导致一些程序不能正常的运行。

/etc/passwd 文件中的每一行都描述了一个账户。每行按数据的不同，用冒号作为分隔符划分为不同的字段。表 7-1 用行 root:x:0:0:root:/root:/bin/bash 作为例子描述了这些字段。

表 7-1　/etc/passwd 文件的字段

字　段	描　　述
root	用户名。在当前系统中用户名必须是唯一的以避免在文件权限上会带来的问题
x	密码占位符。用户的密码曾经存放在 /etc/passwd 文件中，但是出于安全目的已经被移动到 /etc/shadow 文件中。这是因为 /etc/passwd 文件可以被所有的用户查看，但是 /etc/shadow 文件只能被 root 用户查看。关于用户密码的细节将在 7.1.4 节讨论
0	这个数字代表用户 ID（UID），在当前系统中 UID 必须是唯一的以避免在文件权限上会带来的问题
0	这个数字代表用户的主用户组的 ID（GID），回想下第 6 章中的内容，用户可以是多个用户组的成员，但是主用户组是用来设置新创建的文件和目录的组权限的
root	这是一个注释字段，一般被叫作 GECOS（General Electric Comprehensive Operating System）字段。在绝大多数系统中，管理员会使用此字段存储用户账户所有者的姓名，但是也可以包括其他有用的信息，例如电话号码和办公室地址。GECOS 字段使用特定的命令修改和查看（请参阅 7.2.3 节）
/root	这是用户的家目录。一般来说此目录是 /home 目录下的一个子目录（例如，/home/bob），但是 root 用户有特殊的家目录 /root
/bin/bash	这是用户的登录 Shell。/bin/bash 表示用户通过本地命令行或者远程网络登录系统后，系统会提供一个标准的 BASH Shell。其他常用值包括： • /usr/sbin/nologin ⊖：用于守护进程账户（系统使用的账户，不打算给普通用户用来登录使用） • /bin/false：有时也用于守护进程账户 • /bin/tcsh：用于使用 TCSH 的账户（T Shell 是 C Shell 的增强版本） • /bin/dash：用于使用 DASH 的账户（DASH，Debian Almquist Shell） • /bin/rbash：用于受限制的 Shell 账户（有关详细信息，请参阅 7.2.5 节）

安全提醒

通常不会手动修改 /etc/passwd 文件。管理员通常是利用如 useradd、userdel 以及 usermod 命令改变 /etc/passwd 文件的内容。但是，管理员也可以选择手动修改 /etc/passwd 文件的内容，但是这可能会导致该文件发生错误。想要查看 /etc/passwd 文件中是否存在错误，请以 root 用户登录后运行 pwck 命令。

7.1.3　特殊用户

一个标准的 Linux 系统有许多默认的用户账户。这些默认的用户账户的 UID 值一般都在 1000 以下，这使得系统管理员可以很容易就分辨出这些是特殊的账户。

⊖ 在某些发行版上，是 /sbin/nologin。——译者注这些默认账户中的其中一些账户通常被叫作“守护进程账户”，因为它们是被用来运行守护进程的。守护进程就是在后台运行并且完成特定的系统任务的程序。

其他默认的账户可能也会给操作系统提供某些功能。例如，nobody 账户就是用来给通过 NFS（Network File System，网络文件系统）共享的文件授权的账户。

此外，如果你在系统中安装新的软件，由于软件的发行商利用用户和用户组对软件包里的文件进行访问控制，可能会在系统中添加额外的用户。

关注于安全性的管理员应该对默认的用户账户很了解，因为这些账户可能提供一定的安全功能也有可能带来安全威胁。表 7-2 重点介绍了特别重要的特殊用户账户（介绍所有的默认用户已经超出了本书的范围）。

表 7-2　默认的用户账户

用　户	描　　述
root	系统管理员的账户。需要重点提示的是此账户之所以特殊是因为其 UID 为 0。任何 UID 为 0 的账户都是具有所有权限的系统管理员账户。安全提醒，当执行审计时，请查找任何 UID 为 0 的用户，因为这是一种常见的黑客技术
syslog	系统日志守护进程使用此账户访问文件
lp	这是操作系统用来运行后台进程（又称为守护进程）的众多用户之一（其他还包括 mysql、mail、postfix 和 dovecot 等）
bind	该用户由提供 DNS（Domain Name System，域名系统）功能的软件使用

安全提醒

作为一名系统管理员，你应该清楚地知道每个用户的用途。应该花费一定的时间仔细了解你的 /etc/passwd 文件中的用户列表，并且仔细思考每个用户会对系统造成的影响。相应的，在添加新的软件到系统中以后，再次查看 /etc/passwd 文件的内容判断是否添加了新的用户账户。如果有添加新的用户账户，仔细研究一下添加这些新用户的目的。

7.1.4　/etc/shadow 文件

/etc/passwd 文件包含了用户账户的一些信息，但是并不包括账户的密码。有趣的是，这些密码数据存储在 /etc/shadow 文件中。此文件只对 root 用户可见，这也就是密码这种更敏感的信息会存储在 /etc/shadow 文件中的原因。

例 7-2 显示了标准的 /etc/shadow 文件的一部分。

例 7-2　/etc/shadow 文件

```
root@onecoursesource:~# head /etc/shadow
root:$6$5rU9Z/H5$sZM3MRyHS24SR/ySv80ViqIrzfhh.p1EWfOic7NzA2zvSjquFKi
➥PgIVJy8/ba.X/mEQ9DUwtQQb2zdSPsEwb8.:17320:0:99999:7:::
daemon:*:16484:0:99999:7:::
```

```
bin:*:16484:0:99999:7:::
sys:*:16484:0:99999:7:::
sync:*:16484:0:99999:7:::
games:*:16484:0:99999:7:::
man:*:16484:0:99999:7:::
lp:*:16484:0:99999:7:::
mail:*:16484:0:99999:7:::
news:*:16484:0:99999:7:::
```

/etc/shadow 文件中每一行都描述了一个用户账户的密码信息。每行按数据的不同，用冒号作为分隔符划分为不同的字段。表 7-3 用行 news:*:16484:0:999999:7::: 作为例子描述了这些字段。

表 7-3　/etc/shadow 文件的字段

字　段	描　述
news	**用户名**：这与 /etc/passwd 文件中的用户名是一一对应的
*	**用户密码**：* 或者 ! 意味着没有设置有效的密码。注意例 7-2 中 root 账户的这个字段的值（一个非常长的字符集合）是一个加密密码的例子。加密的密码是利用单向散列算法生成的，这意味着无法对加密后的密码进行反向解密。当用户登录时，他们在登录过程中输入的密码被加密后，用来与 /etc/shadow 文件中的这个字段进行比对，如果匹配成功，用户就可以登录。安全提醒：如果此字段的值完全留空，则该用户可以在提示输入密码时通过简单地按回车键就能登录[⊖]。这会带来相当大的安全风险，所以当你审计系统时，务必查找没有设置密码的账户
16484	**密码最后修改的日期**：此数值代表从 1970 年 1 月 1 日到用户的密码最近一次被修改日期之间的天数。1970 年 1 月 1 日被称为 Unix 的纪元（时间的开始），因为那是 Unix 发布的时间。这个数值用来与此行中其他的字段一起使用，以实现简单的密码过期功能。有关更多信息，请参见下面两个字段
0	**两次修改密码之间间隔的最小天数**：此数字代表在一个用户更改过密码之后想要再次更改密码之前必须经过多少天。例如，如果此字段的值被设置为 5，那么用户必须等待 5 天才能再次更改账户密码。由于下一个字段的功能需求，这个字段的值是必需的
99999	**两次修改密码之间间隔的最大天数**：此字段代表最多经过多少天之后用户就必须更改密码。例如，如果设置为 60，则用户必须每 60 天就修改一次密码。前一个字段的值可用于防止用户在被迫更改密码后立即将密码更改回原来的值
7	**提前多少天警告用户密码即将过期**：如果用户没有在前一个字段指定的时间范围内更改密码，账户会被锁定。如果想要对用户发出警告，则需要使用此字段。此数字代表当用户登录到系统之后，提前多少天对他们发出密码将要过期的警告，提醒他们在账户被锁定之前修改密码
[此例中未设置]	**密码过期多少天后禁用此用户**：假设用户忽略了警告并且在密码最大有效期之前没有修改密码，账户会被锁定，而且想要解锁账户的话，用户需要联系系统管理员。但是如果设置了这个字段，则会提供一个宽限期，用户在此期间（在达到最大的密码有效期后的几天）还可以登录系统，但会要求用户在登录过程中更改账户密码

⊖ 准确地说，是通过控制台登录时，输入用户名后就能直接登录。但通过 SSH 是无法登录的。——译者注

（续）

字　段	描　述
[此例中未设置]	**账户过期日期**：这个值代表从 1970 年 1 月 1 日开始到账户的过期时间之间的天数。当到达过期时间后，账户的密码就会被锁定。这个字段在给外包员工账户或者临时在公司中参与特定项目组的个人账户设置过期时间是很有用
[此例中未设置]	**未使用的字段**：当前没有使用最后一个字段，但是预留给将来使用

/etc/shadow 文件具有密码过期的特性，包括密码最短有效期、密码最长有效期、密码过期多少天后禁用此用户和其他特性，这可能会使得 Linux 初学者感到很困惑。图 7-1 中所展示的例子可以用来更好的理解 /etc/shadow 文件中各个字段。

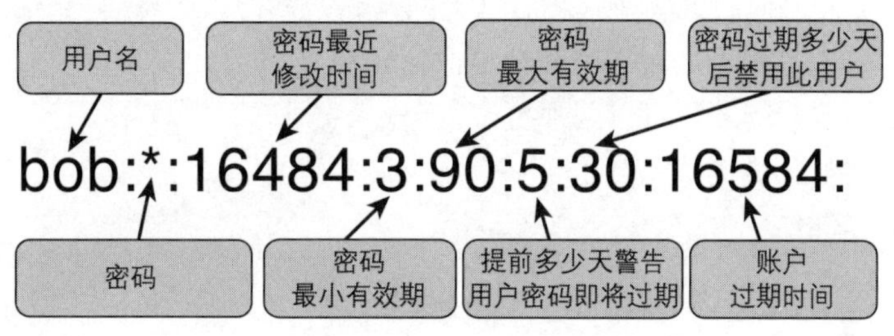

图 7-1　/etc/shadow 文件中的各个字段

通过图 7-1 所示示例中的字段的值，我们可以确定关于 bob 用户账户的如下信息：

- 它现在的密码是被锁定的（* 代表锁定）[⊖]。
- 账户密码上次更改的时间是从 1970 年 1 月 1 日开始后的第 16 484 天。注意，我们将在本章中介绍一些工具，用于将标准日期转换为纪元日期。
- 此账户每 90 天必须更改一次密码而且必须保持新密码最少三天不变。
- 如果账户密码必须在 5 天之内更改，用户将在登录时收到警告信息。
- 如果此账户的密码超过最大密码有效周期 90 天，还会有一个 30 天的宽限期。在这 30 天之内，用户依然可以在登录过程中更改账户的密码。
- 在 1970 年 1 月 1 日之后的第 16 584 天后此账户将过期（被锁定）。

对话学习——理解密码有效期

Gary：Hi，Julia。我被一些关于用户密码的东西难住了。

Julia：怎么了，Gary？

Gary：我有个用户尝试更改他的密码，但是他不断收到奇怪的错误信息。

Julia：他是用 passwd 命令修改他的密码的吗？

Gary：是的。

⊖ 确切地说，应该是未设置有效的密码。——译者注

Julia：他得到什么错误信息啦？

Gary：你必须等待一段时间后再修改你的密码。

Julia：啊，我想他最近可能修改过他的密码，并且现在又在尝试再次把密码改成别的？

Gary：对啊。昨天这个命令还是有效的，今天他再用就报错啦。

Julia：好吧，你可以看一下 /etc/shadow 文件，尤其是包含了这个用户的数据的那行。看看那行的第四个字段，值是多少呢？

Gary：10。

Julia：这意味着此用户在更改密码后必须等待 10 天才能再次修改密码。这可以防止用户在被系统强迫他们更改新密码后马上把密码改回原来的密码。

Gary：但是如果他真的现在就需要更改密码呢？

Julia：没问题，管理员可以帮他更改密码。

Gary：非常好，谢谢你的帮忙！

Julia：不客气！

7.2 管理用户

管理用户的过程包括创建新用户、更改已有的用户以及删除用户。这些操作需要 root 账户的权限。

7.2.1 创建用户

利用 useradd 命令创建一个新的用户：

```
root@onecoursesource:~# useradd timmy
root@onecoursesource:~# tail -1 /etc/passwd
timmy:x:1003:1003::/home/timmy:
root@onecoursesource:~# tail -1 /etc/shadow
timmy:!:17456:0:99999:7:::
```

以下是一些关于 useradd 命令的重要注意事项：

- -u 选项可以用来给用户分配 UID。如果 -u 选项被忽略，则下一个超过 1000 的可用 UID 则会被分配给用户（在某些系统中，是下一个超过 500 的可用 UID）。
- 要注意虽然在 /etc/passwd 文件中此用户的家目录被设置为 /home/timmy，但是此目录默认不会被创建。要想创建此目录，在使用 useradd 命令时必须带上 -m 选项。你也可以把创建家目录设置为默认，查看本章之后的小节了解更多细节。
- 新创建的用户默认是锁定的（也就是说 /etc/shadow 文件中该用户的行的第二个字段是叹号）。请在用户创建后使用 passwd 命令设置账户密码。

表 7-4 描述了 useradd 命令的其他有用的选项。

表 7-4 useradd 的有用选项

选 项	描 述
-c	设置 /etc/passwd 文件中的注释字段
-d	指定用户的家目录，而不是用默认的 /home/username
-e	设置账户的过期日期，使用格式 YYYY-MM-DD 作为参数（例如，-e 2020-12-31）
-f	设置 /etc/shadow 文件中密码过期多少天后禁用此用户的字段
-g	设置用户的主组。注意在使用用户私有组（UPG）的系统上，这会覆盖 UPG 的功能。UPG 的相关细节请参阅第 6 章
-G	设置用户的附属组。使用逗号分开每个组（例如，-G game,staff,bin）
-k	指定框架目录（skeleton directory），更多详细信息，请参阅本章后面的小节
-D	显示或者设置默认值。更多细节请参阅本章后面的小节
-p	指定用户的密码。注意，由于安全问题，不应该使用此选项。它通常不能正确加密密码。此外，该命令本身包含纯文本形式的密码，在输入时可能会被其他人从屏幕上看到，当这个进程执行时也可能会被其他人通过查看正在执行的进程而看到，又或者通过查看 root 用户历史命令列表而看到
-s	指定用户的登录 Shell（例如，-s /bin/tcsh）
-u	指定用户的 UID

可能出现的错误 当创建用户时，你必须使用当前未被使用的 UID 和用户名，否则，你将收到像下例这样的错误：

```
root@onecoursesource:~# useradd -u 1002 bob
useradd: UID 1002 is not unique
root@onecoursesource:~# useradd nick
useradd: user 'nick' already exists
```

设置账户密码

当创建好用户账户以后，你需要为用户设置密码。这可以使用 passwd 命令完成：

```
root@onecoursesource:~# tail -1 /etc/shadow
timmy:!:17456:0:99999:7:::
root@onecoursesource:~# passwd timmy
Enter new UNIX password:
Retype new UNIX password:
passwd: password updated successfully
root@onecoursesource:~# tail -1 /etc/shadow
timmy:$6$29m4A.mk$WK/qVgQeJPrUn8qvVqnrbS2m9OCa2A0fx0N3keWM1BsZ9Ft
➥vfFtfMMREeX22Hp9wYYUZ.0DXSLmIIJQuarFGv0:17456:0:99999:7:::
```

使用默认值

在创建用户时你可以通过设置选项指定用户的属性，但是如果你不使用这些选项，一般都会使用默认值。可以在执行 useradd 命令时使用 -D 选项查看部分默认值：

```
root@onecoursesource:~# useradd -D
GROUP=100
HOME=/home
INACTIVE=-1
EXPIRE=
SHELL=/bin/sh
SKEL=/etc/skel
CREATE_MAIL_SPOOL=no
```

某些默认值并不完全准确。例如，GROUP=100 的意思其实是，默认把用户的主组设置为 GID 为 100 的组，但是大部分现代 Linux 发行版都会使用用户私有组，所以这个值其实不会被使用。但是，其中的一些值是会使用到的，例如 EXPIRE，它表示默认的账户过期日期。

这些设置可以通过编辑 /etc/default/useradd 文件中的对应值改变。还有几个默认值可以通过浏览和修改 /etc/logins.def 文件设置。例如，例 7-3 显示了和密码过期策略相关的设置。

例 7-3 默认密码过期策略

```
root@onecoursesource:~# grep PASS /etc/login.defs
#     PASS_MAX_DAYS    Maximum number of days a password may be used.
#     PASS_MIN_DAYS    Minimum number of days allowed between password changes.
#     PASS_WARN_AGE    Number of days warning given before a password expires.
PASS_MAX_DAYS    99999
PASS_MIN_DAYS    0
PASS_WARN_AGE    7
#PASS_CHANGE_TRIES
#PASS_ALWAYS_WARN
#PASS_MIN_LEN
#PASS_MAX_LEN
# NO_PASSWORD_CONSOLE
```

使用 Skel 目录

创建用户账户只是这个过程的一部分。在许多情况下，将特定的默认文件放在用户的家目录中对用户是有益的，这可以通过使用 Skel 目录实现。

当使用 Skel 目录时，指定目录下的全部内容将会被复制到新用户的家目录中。如例 7-4 中所示，文件被复制过去，并自动将文件的拥有者设置为新用户。

例 7-4 属于新用户的文件

```
root@onecoursesource:~# ls -lA /etc/skel
total 12
-rw-r--r--   1 root root   220 Apr  8  2014 .bash_logout
-rw-r--r--   1 root root  3637 Apr  8  2014 .bashrc
-rw-r--r--   1 root root   675 Apr  8  2014 .profile
root@onecoursesource:~# useradd -m -k /etc/skel steve
root@onecoursesource:~# ls -lA /home/steve
total 12
-rw-r--r-- 1 steve steve  220 Apr  8  2014 .bash_logout
-rw-r--r-- 1 steve steve 3637 Apr  8  2014 .bashrc
-rw-r--r-- 1 steve steve  675 Apr  8  2014 .profile
```

不同类型的用户可以使用不同的目录。例如，你可以创建一个名为 /etc/skel_eng 的目录，目录里的 .bashrc 文件保存的是给软件工程师使用的别名；再创建一个名为 /etc/skel_sales 的目录，目录里的 .bashrc 文件保存的是给销售工程师使用的别名。在创建软件工程师账户时，使用 -k /etc/skel_eng 选项；而在创建销售工程师账户时，则使用 -k /etc/skel_sales 选项。

注意 如果不使用 -k 选项，useradd 命令会自动将 /etc/skel 目录的内容复制到新用户的家目录中。

7.2.2 修改用户

作为管理员，你可以通过 usermod 命令修改用户账户，并且使用与 useradd 命令相同的选项。例如，如果你想要改变用户名，使用 usermod 命令加上 -c 选项即可：

```
root@onecoursesource:~# grep timmy /etc/passwd
timmy:x:1003:1003::/home/timmy:
root@onecoursesource:~# usermod -c "Timmy Smith" timmy
root@onecoursesource:~# grep timmy /etc/passwd
timmy:x:1003:1003:Timmy Smith:/home/timmy:
```

usermod 命令可用于更改 /etc/shadow 文件中的账户过期日期和密码过期多少天后禁用此用户字段，而 chage 命令可以使用如下所示的选项来更改其他字段。

-m	更改两次修改密码之间间隔的最小天数	-I	更改密码过期多少天后禁用此用户
-M	更改两次修改密码之间间隔的最大天数	-E	更改账户过期日期（格式是 YYYY-MM-DD）
-d	更改密码最后修改的日期（格式是 YYYY-MM-DD）	-W	更改提前多少天警告用户密码即将过期

7.2.3 管理 GECOS

回想一下本章前面提到的 /etc/passwd 文件中的注释字段，通常称为 GECOS。虽然在现代的 Linux 操作系统中不常用，但还是有一个特性允许普通用户修改 /etc/passwd 文件的注释字段，至少可以修改他们自己的账户。默认情况下，用户可以使用 chfn 命令更改注释字段，如例 7-5 所示：

例 7-5 chfn 命令

```
student@onecoursesource:~$ chfn
Password:
Changing the user information for student
Enter the new value, or press ENTER for the default
    Full Name:
    Room Number []: 101
    Work Phone []: 999
    Home Phone []: 1-555-555-5555
student@onecoursesource:~$ grep student /etc/passwd
student:x:1002:1002:,101,999,1-555-555-5555:/home/student:
```

一些普通用户喜欢这个功能的原因是这些注释可以很容易地利用 finger 命令显示：

```
student@onecoursesource:~$ finger student
Login: student                          Name:
Directory: /home/student                      Shell: /bin/sh
Office: 101, 999             Home Phone: 1-555-555-5555
Never logged in.
No mail.
No Plan.
```

但是，因为这个功能为普通用户提供了修改 /etc/passwd 文件的能力，所以也会导致一定的风险。退一步说，普通用户应该只能修改注释部分，但是很有可能由于 chfn 程序带来安全漏洞最后导致被黑客利用，所以你可能会考虑关闭此功能，一个简单方法就是改变 chfn 命令的文件权限：

```
root@onecoursesource:~# ls -l /usr/bin/chfn
-rwsr-xr-x 1 root root 46424 Feb 16  2014 /usr/bin/chfn
root@onecoursesource:~# chmod u-s /usr/bin/chfn
root@onecoursesource:~# ls -l /usr/bin/chfn
-rwxr-xr-x 1 root root 46424 Feb 16  2014 /usr/bin/chfn
```

这样修改后，再执行 chfn 命令时就会报错：

```
student@onecoursesource:~$ chfn
Password:
```

```
Changing the user information for student
Enter the new value, or press ENTER for the default
    Full Name:
    Room Number [101]: 222
    Work Phone [999]: 222
    Home Phone [1-555-555-5555]: 222
Cannot change ID to root.
```

注意　权限及 chmod 命令将会在第 8 章中详细介绍。

7.2.4　删除用户

删除用户账户可以通过执行 userdel 命令完成。但是，在你删除一个用户之前，你需要确定以下事项：你是只想从 /etc/passwd 文件和 /etc/shadow 文件中删除此用户，还是你还要删除此用户的家目录以及邮箱呢？

在某些情况下，保留用户账户的家目录在用户想要重置其账户时很有用。包含内部邮件信息的邮箱可能在审计或者其他相关原因时是很有用的。

若想要删除用户账户的同时保留用户账户的家目录及邮箱，使用 userdel 命令不带任何参数即可：

```
root@onecoursesource:~# userdel steve
```

若想要同时删除用户账户、家目录及邮箱，在使用 userdel 命令时加上 -r 选项即可。

7.2.5　Shell 受限账户

在某些情况下，需要为特定用户提供非常有限的系统访问权限。假设你有一个访客用户只需要非常有限的权限就可以（例如，在维修硬件的时候需要在网络上进行测试）。或者，你已经有一个基于 kiosk 的系统，只想让用户执行非常具体的任务，比如预订租车或者查看课程表。

在这些情况下，你应该考虑创建一个受限制的 Linux 账户。这种账户可以使用 BASH Shell，但是有很多限制，包括以下内容：

- 用户不能用 cd 命令改变他们的所在目录。
- 用户不能改变以下的变量：SHELL、PATH、ENV 和 BASH_ENV。
- 用户不能运行任何以 / 字符开头的路径名命令（例如 /bin/bash）。
- 用户不能重定向输出到某个文件。

还可以在 rbash 的 man page 中找到其他的限制。不管怎样，重点是受限制的 Shell 账户能做的操作非常有限，只能访问内置命令和通过 PATH 变量可用的命令。

想要创建一个受限制的 Linux 账户，使用 useradd 命令并带上 -s 选项同时加上 /bin/rbash 参数：

```
root@onecoursesource:~# useradd -m -s /bin/rbash limited
```

接下来，修改账户配置使其能执行的命令有限。例如，如果你只想让用户运行 /bin 目录下的命令，在用户的 .bashrc 文件的末尾添加如下内容：

```
PATH=/bin
```

这也可以设置为复制了特定命令的目录，而不是整个 /bin 目录。用户一旦登录，他们可以执行的命令就已经被限制了。例如，ls 命令在 /bin 目录中，那这个命令就可以执行。但是，vi 命令是在 /usr/bin 目录中，不在 /bin 目录中，所以执行就会失败：

```
limited@onecoursesource:~$ ls
limited@onecoursesource:~$ vi
-rbash: /usr/lib/command-not-found: restricted: cannot specify
➥'/' in command names
```

安全提醒

对受限账户进行微调以提供刚刚好的访问权限，这需要不断实践以及经验。一般推荐的是，开始只给用户执行部分命令的权限，然后逐渐增加。

7.3 网络用户账户

在书中的此章节对基于网络的账户进行全面讨论还为时过早。关于网络基础以及提供网络账户服务的主题还没有做介绍。所以本章讨论的这部分内容更多是基础理论，后面的几章，主要是第 19 章将详细介绍这部分内容。

用户使用网络账户去登录不同的系统，需要在用户想要登录的系统和提供登录信息的服务器之间建立客户机 - 服务器的关系。Linux 平台上有几种不同的登录服务器，包括下面这些：

- **LDAP（Lightweight Directory Access Protocol，轻量级目录访问协议）**：LDAP 服务器可以提供用户和组账户数据，以及 LDAP 管理员定义的其他数据。它是 Linux 发行版上常用的网络账户服务器。
- **NIS（Network Information Service，网络信息服务）**：虽然不像 LDAP 那么灵活，NIS 的优势是配置和管理更加简单。但是，由于它的安全问题，关注安全的管理员一般不会使用 NIS。
- **活动目录以及 Samba**：活动目录是一个微软的产品而 Samba 是基于 Linux 的一个服务，它允许用户通过活动目录登录到 Linux 系统。由于活动目录的更改没有考虑 Linux 的系统结构，这会导致这种配置可能相当复杂。

当系统可以通过服务器使用网络账户时，本地账户依然是可用的。但是，考虑到这样有可能会有冲突，有一个办法可以判断先使用的是哪种账户，就是通过 /etc/nsswitch.

conf 文件中的设置，该文件是本地服务 NSS（Name Service Switch，名称服务开关）的配置文件。例如，下面的 /etc/nsswitch.conf 文件的配置指出了当一个用户想要登录的时候先去本地数据文件（/etc/passwd、/etc/shadow 以及 /etc/group）中查找：

```
passwd:         files ldap
group:          files ldap
shadow:         files ldap
```

如果账户的信息在本地文件中无法找到时，将会使用 LDAP 服务器。关于网络账户的更多细节将在第 19 章讨论网络服务的时候详细阐述。

7.4　使用 su 和 sudo

作为一名系统管理员，你经常会想用特定的用户登录后测试该用户。不幸的是，即使系统管理员也不知道普通用户的密码是什么。但是，root 用户可以切换（su）至其他的普通用户，如下所示：

```
root@onecoursesource:~# id
uid=0(root) gid=0(root) groups=0(root)
root@onecoursesource:~# su - student
student@onecoursesource:~$ id
uid=1002(student) gid=1002(student)
➥groups=1002(student),4(adm),60(games),1001(ocs)
```

su 命令了打开一个新的 Shell 并且同时身份也切换到新的用户（在此例中为 student）。想要回到原来的用户，使用 exit 命令退出此 Shell，如下所示：

```
student@onecoursesource:~$ id
uid=1002(student) gid=1002(student)
➥groups=1002(student),4(adm),60(games),1001(ocs)
student@onecoursesource:~$ exit
logout
root@onecoursesource:~# id
uid=0(root) gid=0(root) groups=0(root)
```

- 选项在 su 命令中有特殊的含义。这个选项允许你切换到其他用户就好像该用户直接登录一样。这会在新的 Shell 打开之前执行该用户所有的初始化文件。一般这是我们期待的结果，但是如果由于某种原因不想执行那些初始化文件，那么在 su 命令中省略 - 即可。

root 用户不是唯一可以使用 su 命令的用户，但是是唯一一个可以不用知道想切换的用户的密码就可以用 su 命令切换到该用户的账户。例如，你以普通用户的身份登录后，你想要以 root 用户的身份执行命令，你可以用 su 命令切换到 root 用户，但是会提示你输入 root 用户的密码，如下所示：

```
student@onecoursesource:~$ su - root
Password:
root@onecoursesource:~#
```

安全提醒

以 root 用户登录系统执行操作是一个坏习惯。这样做得越多，你的系统越是容易被攻击。例如，假设你每天都以 root 用户登录系统，然后有一天去喝杯咖啡休息了一下，这个用 root 用户登录的终端就这么暴露着。所以可以看出，更好的办法是以普通用户登录，然后在专门需要管理员权限来执行操作时候以 su 命令切换身份。而且，操作一完成就应该马上退出这个具有特权的 Shell。

在某些情况下，你可能会允许一些用户能以管理员身份执行特定的任务。这就是 sudo 命令的作用了。通过 sudo 命令，被授权的用户可以以管理员身份执行某些特定的命令，如例 7-6 所示：

例 7-6　使用 sudo 命令

```
student@onecoursesource:~$ apt-get install joe
E: Could not open lock file /var/lib/dpkg/lock - open (13:Permission denied)
E: Unable to lock the administration directory (/var/lib/dpkg/), are you root?
student@onecoursesource:~$ sudo apt-get install joe
[sudo] password for student:
Reading package lists... Done
Building dependency tree
Reading state information... Done
The following NEW packages will be installed:
  joe
0 upgraded, 1 newly installed, 0 to remove and 575 not upgraded.
Need to get 351 kB of archives.
After this operation, 1,345 kB of additional disk space will be used.
Get:1 http://us.archive.ubuntu.com/ubuntu/ trusty/universe joe amd64 3.7-2.3ubuntu1
➥[351 kB]
Fetched 351 kB in 0s (418 kB/s)
Selecting previously unselected package joe. (Reading database ... 172002 files and
➥directories currently installed.)
Preparing to unpack .../joe_3.7-2.3ubuntu1_amd64.deb ...
Unpacking joe (3.7-2.3ubuntu1) ...
Processing triggers for man-db (2.6.7.1-1ubuntu1) ...
Setting up joe (3.7-2.3ubuntu1) ...
update-alternatives: using /usr/bin/joe to provide /usr/bin/editor (editor) in auto mode
student@onecoursesource:~$
```

注意在例 7-6 中，student 用户开始是无法运行 apt-get 命令的。此命令用于在系统上安装软件，需要管理员权限才能运行。sudo 命令可以用来临时提升 student 用户的权限，允许其以 root 用户来执行 apt-get 命令。

注意例 7-6 中被高亮标注的 student 用户被要求输入密码的部分。这里要求输入的密码是 student 用户的密码，而不是 root 用户的密码。如果之前已经设置好了 sudo 命令有执行此命令的权限的话，student 用户不需要知道 root 用户的密码。

此权限是在 /etc/sudoers 文件中设置的。要给 student 用户设置权限，需要在这个文件中加入如下所示的配置：

```
root@onecoursesource:~# grep student /etc/sudoers
student ALL=/usr/bin/apt-get
```

这一行的格式是：***account_name SYSTEM=command***。***account_name*** 和 ***command*** 都不用解释也知道意思了，而 ***SYSTEM*** 这一项需要做出说明。一般要使此行配置生效的话，***SYSTEM*** 的值应该为操作系统的主机名。在本例中，这个值应该设置为 “onecoursesource”，因为这是当前系统的主机名。但是，如果要将这个 /etc/sudoers 文件复制到另一个系统上，还必须要更新该文件。这里 ALL 的意思是，无论在哪个系统上，这行都有效。

要注意的是，不应该直接手动修改 /etc/sudoers 文件，而是应该通过 visudo 命令编辑。这个命令会执行基本的语法检查，并且当文件有错误时将给出错误信息：

```
>>> /etc/sudoers: syntax error near line 22 <<<
What now?
Options are: ?
  (e)dit sudoers file again
  e(x)it without saving changes to sudoers file
  (Q)uit and save changes to sudoers file (DANGER!)

What now? x
root@onecoursesource:~#
```

还应该注意，只有 root 用户才可以编辑 /etc/sudoers 文件。

安全提醒

对 sudo 命令的完整讨论已经超出了本书的范畴。这是一个有着非常多配置项以及功能的强大工具。你可以考虑通过浏览 sudo 以及 visudo 命令的相关文档（man page 和 info page）还有 /etc/sudoers 文件研究这个主题。

最重要的是，只在必要的时候才给用户提供 sudo 权限。太多的权限很可能导致更多的风险。

7.5　限制用户账户

有几种方法可以用来限制用户账户，包括文件权限以及 SELinux。这些内容将在后面的章节讨论，但是现在有必要介绍一种方法：PAM（Pluggable Authentication Module，可插拔认证模块）。

PAM 是一个可以让管理员给用户做出许多限制的强大的工具。例如：

- PAM 可以根据时间或者日期限制用户登录系统。
- PAM 可以在用户登录后限制其对系统资源的使用，包括限制用户可以创建多少进程以及用户的进程一共可以使用多少内存。
- PAM 可以应用于特定的登录命令。这允许用户在本地登录和在远程登录时使用不同的规则。
- PAM 可以针对特定的登录事件生成一些额外的日志。

上述列表只是 PAM 可以提供的功能中的一小部分。PAM 是许多库文件的集合，这些库文件会被认证软件所调用，例如本地命令行登录程序，SSH（Secure Shell）以及 FTP（文件传输协议）。本质上说，每次在用户需要做认证的时候，就可以使用 PAM 库对用户进行认证。

PAM 有一个主要的配置文件（/etc/pam.conf），但是很少使用。相反，每个认证软件程序都在 /etc/pam.d 目录下有独立的配置文件。

例 7-7　/etc/pam.d 目录

```
root@onecoursesource:~# ls /etc/pam.d
accountsservice                  cups-daemon                login
atd                              dovecot                    newusers
chfn                             gdm                        other
chpasswd                         gdm-autologin              passwd
chsh                             gdm-launch-environment     polkit-1
common-account                   gdm-password               pop3
common-auth                      gnome-screensaver          ppp
common-password                  imap                       samba
common-session                   lightdm                    sshd
common-session-noninteractive    lightdm-autologin          su
cron                             lightdm-greeter            sudo
```

你在这个目录中看到了什么文件是和系统中安装了什么软件相关的。例如，上述的 ls 命令是在 FTP 软件安装之前执行的。例 7-8 高亮标记了 vsftpd 软件安装后新出现的文件。

例 7-8　vsftpd 软件安装后新出现的文件

```
root@onecoursesource:~# ls /etc/pam.d
accountsservice                  dovecot                    other
atd                              gdm                        passwd
chfn                             gdm-autologin              polkit-1
chpasswd                         gdm-launch-environment     pop3
```

```
chsh                            gdm-password            ppp
common-account                  gnome-screensaver       samba
common-auth                     imap                    sshd
common-password                 lightdm                 su
common-session                  lightdm-autologin       sudo
common-session-noninteractive   lightdm-greeter         vsftpd
cron                            login
cups-daemon                     newusers
```

为了理解 PAM 的工作机制，我们将重点介绍一个服务，Secure Shell（即 SSH）。例 7-9 显示了 Secure Shell 的 PAM 配置文件（去掉了注释行和空白行）。

例 7-9　SSH 的 PAM 配置文件示例

```
root@onecoursesource:~# grep -v "^#" /etc/pam.d/sshd | grep -v "^$"
@include common-auth
account     required     pam_nologin.so
@include common-account
session [success=ok ignore=ignore module_unknown=ignore default=bad]
➥pam_selinux.so close
session     required     pam_loginuid.so
session     optional     pam_keyinit.so force revoke
@include common-session
session     optional     pam_motd.so  motd=/run/motd.dynamic noupdate
session     optional     pam_motd.so # [1]
session     optional     pam_mail.so standard noenv # [1]
session     required     pam_limits.so
session     required     pam_env.so # [1]
session     required     pam_env.so user_readenv=1 envfile=/etc/default/locale
session [success=ok ignore=ignore module_unknown=ignore default=bad]
➥pam_selinux.so open
@include common-password
```

以上每一行都代表一条 PAM 规则。文件里面有两种不同的行：有三个或者四个值的标准行（例如 account　required　pam_nologin.so）以及 @include 开头的用来从别的文件引入更多规则的行。

对于每个标准行来说，有三个可用的值，如表 7-5 所示。

表 7-5　PAM 的可用值

值	描　述
Category	可以是 account、auth、password 或者 session，详见表 7-6
Control	用于确定在模块值返回“失败”时应采取什么操作，详见表 7-7

（续）

值	描　述
Module	这是执行特定任务并返回“成功”或“失败”的库（技术上称为 PAM 模块）。有许多可用的模块，每个模块都被设计用来执行与用户身份验证相关的特定任务
Argument(s)	模块的参数，用于更改模块行为。某些模块不使用参数，而有些模块可能需要参数。在某种意义上，这很像在 Shell 中执行命令时指定的参数

7.5.1　PAM 模块分类

分类本质上是 PAM 可以执行的四个主要操作之一。表 7-6 阐述了这些分类的更多细节。

表 7-6　PAM 模块分类

分　类	描　述
account	用来确认用户账户是否具有使用某个服务的权限。这可能包括检查用户是通过网络登录还是在某天的特定时间登录
auth	用来认证（或者确认）用户是不是其宣称的用户，一般要求用户提供其试图使用的账户的密码
password	用来更新认证的方法，例如为账户提供一个新的密码
session	用于在向用户提供服务之前和之后执行操作。例如，这可以用来限制用户账户访问

需要注意的是当一个需要认证的程序发起认证请求时，该程序是向特定的模块类型发起请求的。例如，如果用户通过 SSH 的方式进行登录，SSH 程序首先要对用户的账户名进行认证。这就需要请求 PAM 运行 account 类别的模块完成认证。如果所有的模块都可以成功运行，SSH 程序就要对用户的身份进行认证，可能需要用户提供正确的密码来进行认证（SSH 还有其他可用的方法进行认证）。这就需要请求 PAM 运行 auth 类别的模块完成认证。

假设这些模块都返回“成功”提示，SSH 软件就可能运行 session 模块来设置用户的会话。这里说“可能”是因为这是由 SSH 软件开发者决定调用哪个 PAM 模块，以及何时调用 PAM。作为管理员，是可以去优化定制在授权用户访问系统时具体调用哪个 PAM 模块进行认证。

图 7-2 提供了一个图形化的例子说明这些过程是如何进行的。图中标有“S”的箭头代表 PAM 模块运行后返回“成功”的动作，图中标有“F”的箭头代表 PAM 模块运行后返回“失败”的动作。

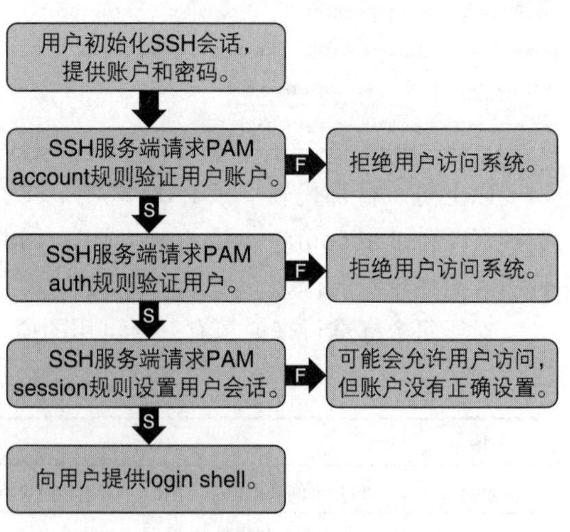

图 7-2　SSH 调用 PAM 不同的模块

7.5.2 PAM 控制标识

决定一个 PAM 模块是否成功很大程度上依赖于控制标识。表 7-7 详细介绍了控制标识的具体取值。

表 7-7　PAM 控制标识

控制标识	描　述
requisite	如果相应的模块返回“失败”，则不继续执行该类别的其余模块，且该类别模块的最终返回结果是“失败”
required	如果相应的模块返回“失败”，则该类别模块最终返回结果是“失败”。但是，该类别其余的模块将会继续执行（它们的返回值不会被记入该类别的最终结果中）
sufficient	如果相应的模块返回“成功”，该类别的最终返回结果是“成功”，余下的任何模块都不会继续执行。但是如果前面设置了 required 控制标识的模块返回了“失败”，则此结果会被忽略
optional	相关模块的输出不具有决定意义，除非它是服务的唯一模块。一般是用来在身份验证过程中执行一些不一定要返回成功或失败的操作

注意，你很可能遇到更复杂的控制类型，可以参考下例命令的输出结果：

```
root@onecoursesource:~# grep ^auth /etc/pam.d/common-auth
auth    [success=1 default=ignore]    pam_unix.so nullok_secure
auth    requisite                     pam_deny.so
auth    required                      pam_permit.so
auth    optional                      pam_cap.so
```

控制标识 [success=1 default=ignore] 将允许管理员对 PAM 的行为做进一步的优化，但是这样配置会显得非常复杂，而且已经大大超出了本书的范围。如果你回顾 pam.conf 文件的 man page，将发现里面有非常多的复杂的控制标识。在本书中，我们只专注于介绍四种主要的控制标识类型。

7.5.3 PAM 模块

PAM 模块实际上是真正被执行的程序。每个模块都执行一个特定的任务并且返回成功或者失败的值。表 7-8 描述了更多可用的 PAM 模块。

表 7-8　可用的 PAM 模块

模　块	描　述	模　块	描　述
pam_acess	用于“基于登录方式的”访问控制	pam_env	用于设置环境变量
pam_cracklib	用于密码修改策略	pam_mkhomedir	用于创建家目录
pam_deny	总是返回“失败”	pam_nologin	用于当 /etc/nologin 文件存在时阻止用户登录（root 用户可以正常登录），并向用户显示 /etc/nologin 文件的内容

（续）

模　块	描　述	模　块	描　述
pam_tally	用于统计尝试登录的次数	pam_timestamp	用于基于上一次成功登录的访问控制
pam_time	用于“基于时间的”访问控制	pam_unix	用于标准用户身份认证

安全提醒

PAM 的配置文件中已经包含了几个可以对软件做认证的模块。你可能想要尝试去了解这些模块是如何工作的，我们也鼓励大家去这么做。但是，不要从 PAM 的配置文件中改变或者移除这些模块，除非你真正理解这些模块并且知道移除之后对于软件的影响。

本书主要介绍如何对一些 PAM 模块做出特定的改变以及如何向 PAM 的配置文件中添加关键的 PAM 模块。不是每个 PAM 模块都会详细地介绍。

7.5.4　使用 PAM 修改密码策略

PAM 常用来改变用户密码的默认策略。可以通过设置 pam_cracklib 模块的参数修改许多密码策略，如表 7-9 所示：

表 7-9　pam_cracklib 模块的密码设置

参　数	描　述	参　数	描　述
difok=N	在新密码中有多少字符必须与旧密码不一样	retry=N	在显示错误信息之前提示用户多少次（默认值为 1）
difignore=N	新密码中需要有多少个字符才能忽略 difok 设置的限制	type=name	指定在用户更改密码时显示给用户的消息（默认是 Unix）
minlen=N	新密码的最小长度		

minlen 参数与其他 4 个参数一起配合使用：dcredit（数字）、lcredit（小写字母）、ocredit（特殊字符）以及 ucredit（大写字母）。每个参数都可以被赋予一个值，该值会计入最小密码长度[⊖]。

例如，下面的例子要求密码最短长度为 12 位，但是在这 12 个字符中最多只计入 3 个大写字母（多 1 个大写字母都不会计入密码长度）。

```
password    required    pam_cracklib.so minlen=12 ucredit=3
```

注意　不是所有的 Linux 发行版都默认安装了 cracklib 模块。在使用基于 Debian 的系统时，用 root 用户执行 apt-get install libpam-cracklib 命令安装此模块（如果需要用的话）。在基于红帽的系统上，运行 yum install libpam-cracklib 命令。

⊖　当 dcredit、lcredit、ocredit 和 ucredit 这 4 个参数的值大于等于 0 时，表示最多多少个这样的字符会被计入密码长度；当参数的值小于 0 时，表示密码里至少需要多少个这样的字符。——译者注

可能出现的错误 更改 PAM 的配置文件的时候要非常小心。你很可能就会把 root 用户给锁定了。作为建议，在更改完 PAM 的配置文件以后，你应该保持系统的登录状态，然后尝试着再开一个登录窗口确认你依然可以登录到系统中。同时，在修改 PAM 的配置文件之前记得备份，万一有问题你可以很容易地把配置还原回去。

除了 pam_cracklib 模块之外，你还可以使用 pam_unix 模块更改密码策略。例如，你可以设置参数 remember=N 让 PAM 记住个数为 *N* 的密码（于是用户就不能重复使用相同的密码了）。旧的密码以加密的方式存储在 /etc/security/opasswd 文件中。

以下是 /etc/pam.d/common-password 文件里密码配置的例子：

```
Password    required    pam_cracklib.so minlength=12 ucredit=3
type=Linux
password    [success=1 default=ignore]    pam_unix.so obscure
use_authtok try_first_pass sha512 remember=7
```

7.6 总结

Linux 操作系统使用用户账户限制对核心功能的访问，包括文件和目录。在本章中，你学会了如何管理这些用户账户，这包括如何创建、修改、加密和删除用户账户以及使用特殊的用户账户功能（包括对用户的账户做出特殊的限制）。

7.6.1 重要术语

守护进程、NFS、skel 目录、GECOS、LDAP、NIS、活动目录、Samba、NSS、PAM

7.6.2 复习题

1. 用户的密码以及密码过期时间数据存储在 /etc/ ______文件中。
2. 哪个 UID 可以使 root 账户成为系统管理员？

   A. 0　　B. 1　　C. 10　　D. 125
3. /etc/shadow 文件中的下面这一行里的 7 表示什么？

   ```
   sync:*:16484:0:99999:7:::
   ```

   A. 最近一次修改密码的日期　　B. 密码的最短有效时间

   C. 密码的最长有效时间　　D. 提前多少天警告用户即将密码过期
4. /etc/default/ ______文件包含了 useradd 命令使用的默认值。
5. PAM 的配置文件存储在 /etc/ ______目录中。

第 8 章

制订账户安全策略

本书的核心内容是围绕如何使系统更安全展开的。在现代 IT 环境中，安全性是一个非常重要的部分，更早学会如何安全加固操作系统将帮助你增强你的 Linux 技能。

本书中的部分大都以专注介绍安全性的章来结束。在这些章节中，你将学到如何安全加固特定的 Linux 组件。本章专注于介绍如何安全加固账户组及账户。

有大量的工具和功能可以帮助你加固 Linux 系统。虽然这些内容不能全部都在本书中进行介绍，但你将学习它们中非常优秀的一个。

学习完本章并完成课后练习，你将具备以下能力：

- 使用 Kali Linux 对系统进行安全探测。
- 为用户账户创建安全策略。

8.1 Kali Linux 介绍

之前我们讨论过不同的 Linux 发行版，包括专注于一些特殊功能的版本。有很多基于安全性的发行版，有些发行版默认就是进行过安全加固的，有些则提供了专门用来对系统环境进行安全加固的工具和功能。根据 distrowatch.com 的数据，图 8-1 显示了最流行的基于安全的 Linux 发行版。

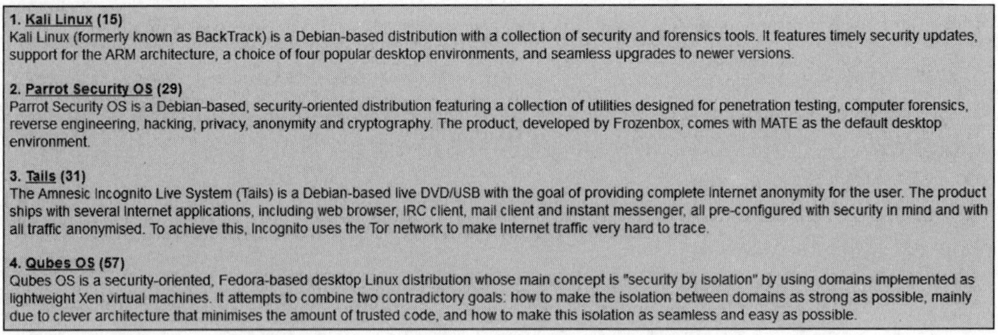

1. Kali Linux (15)
Kali Linux (formerly known as BackTrack) is a Debian-based distribution with a collection of security and forensics tools. It features timely security updates, support for the ARM architecture, a choice of four popular desktop environments, and seamless upgrades to newer versions.

2. Parrot Security OS (29)
Parrot Security OS is a Debian-based, security-oriented distribution featuring a collection of utilities designed for penetration testing, computer forensics, reverse engineering, hacking, privacy, anonymity and cryptography. The product, developed by Frozenbox, comes with MATE as the default desktop environment.

3. Tails (31)
The Amnesic Incognito Live System (Tails) is a Debian-based live DVD/USB with the goal of providing complete Internet anonymity for the user. The product ships with several Internet applications, including web browser, IRC client, mail client and instant messenger, all pre-configured with security in mind and with all traffic anonymised. To achieve this, Incognito uses the Tor network to make Internet traffic very hard to trace.

4. Qubes OS (57)
Qubes OS is a security-oriented, Fedora-based desktop Linux distribution whose main concept is "security by isolation" by using domains implemented as lightweight Xen virtual machines. It attempts to combine two contradictory goals: how to make the isolation between domains as strong as possible, mainly due to clever architecture that minimises the amount of trusted code, and how to make this isolation as seamless and easy as possible.

图 8-1　流行的基于安全的 Linux 发行版

5. BlackArch Linux (61)
BlackArch Linux is an Arch Linux-based distribution designed for penetration testers and security researchers. It is supplied as a live DVD image that comes with several lightweight window managers, including Fluxbox, Openbox, Awesome and spectrwm. It ships with over a thousand specialist tools for penetration testing and forensic analysis.

6. ClearOS (65)
ClearOS is a small business server operating system with server, networking, and gateway functions. It is designed primarily for homes, small, medium, and distributed environments. It is managed from a web based user interface, but can also be completely managed and tuned from the command line. ClearOS is available in a free Community Edition, which includes available open source updates and patches from its upstream sources. ClearOS is also offered in a Home and Business Edition which receives additional testing of updates and only uses tested code for updates. Professional tech-support is also available. Currently ClearOS offers around 100+ different features which can be installed through the onboard ClearOS Marketplace.

7. Alpine Linux (69)
Alpine Linux is a community developed operating system designed for x86 routers, firewalls, VPNs, VoIP boxes and servers. It was designed with security in mind; it has proactive security features like PaX and SSP that prevent security holes in the software to be exploited. The C library used is musl and the base tools are all in BusyBox. Those are normally found in embedded systems and are smaller than the tools found in GNU/Linux systems.

图 8-1 （续）

这其中比较流行的一个发行版就是 Kali Linux，这是一个为你提供安全测试工具的发行版。我们在本书中将一直使用此发行版。当你安装好 Kali Linux 之后，可以通过单击“应用程序”(Applications) 图标来使用这些安全测试工具，如图 8-2 所示。

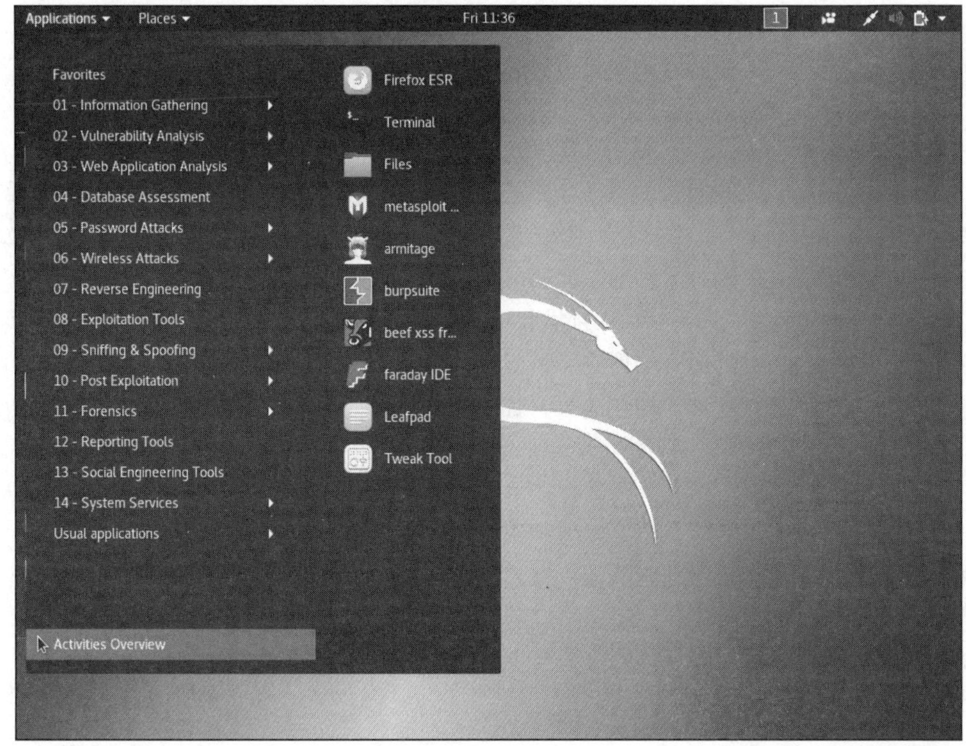

图 8-2　Kali Linux 应用

这些工具被分为不同的类别。例如，“密码攻击”（Password Attacks）里包括测试用户账户密码强壮程度的工具。我们不会介绍 Kali Linux 上的所有可用工具，但是本书的每个部分都会讨论一些比较重要的工具，而且你可以自行研究其他的工具。

8.2　安全原则

在进行下一步之前，我们应该把“安全”这一术语明确一下。虽然这看起来是一个简单的术语，但它却相当复杂。

大部分人都觉得“安全”是用来阻止黑客入侵系统的，但是它实际上包含的范围比这宽泛得多。在安全方面，你的目标是使系统、服务和数据对正确的实体可用，同时拒绝未经授权的实体访问这些资源。

我们使用实体这个词是因为不只是指人。例如，你有一个可以向其他系统提供用户账户信息的服务。这些信息不应该提供给非授权的系统。这样的话，提供对服务和数据的访问是针对特定的系统，而不是针对特定的人。

你还必须在系统的安全性与可用性之间找到适当的平衡。换句话说，如果将系统锁定得太紧，以至于授权的实体也无法获得所需的访问权限，那就应该把系统安全性放宽松一些。

你还应该特别留意那些已被授权的用户尝试访问未被授权的资源。内部用户有一个优势，由于他们可以使用自己的账户进行访问，他们已经通过了一个安全级别。默认情况下，他们也更容易被信任，因此安全人员和管理员常常会忽略他们，不把他们视为未经授权的访问来源。

外部黑客还可能试图通过使系统拒绝授权实体的访问来危害安全性（实际上，内部的黑客也可能会这样做）。一些人对让关键服务器（例如网站服务器）不可访问非常有兴趣，或者他们会发布令人尴尬的信息来损害公司的声誉。

显然，在制订保护 Linux 系统的计划时需要考虑很多问题，而且你会发现没有任何一本书可以介绍所有相关的内容。但是，假设确实有这么一本书，而且你也听取了这本神奇的书上的所有建议来做配置。即使这样，你的系统也不是百分之百安全的。如果某个人有足够的时间、资源和知识，那么总能找到入侵你的系统的方法。加固系统是一个永远不会完成的工作，而且在你学到和了解到新技术的时候，应该持续不断地更新安全加固计划。

保护 Linux 系统或网络，类似于保护银行。你很可能在电影或者电视上看到过，一个非常复杂的银行安保系统被非常聪明和坚定的盗贼给破坏了。你对系统做安全加固的目的是让系统安全到只有那些特别聪明和坚定的黑客才可能有机会破坏。

8.3　创建安全策略

好的安全策略可以为管理员和用户提供一个值得遵循的大纲。它应该至少包括以下内容：

- 确定系统上允许什么和不允许什么的一组规则。例如，这套规则可以描述所有用户都需要遵守的密码规则。
- 确保所有规则都得到遵守的方法。这可能包括主动运行程序来探测系统安全性，以及检查系统日志文件里是否有可疑活动。

- 需要事先定义好在系统被破坏时要执行的操作。例如要通知谁、要采取什么样的行动等，这通常称为事件响应计划。
- 在有新信息可用时主动更改策略的方法。应积极去寻找这方面的资料。例如，大多数发行版都有途径了解到新的漏洞以及补丁和更新，还有修复这些漏洞的技术。

8.4 账户安全加固

对用户账户做安全加固时你必须考虑一些因素，包括以下几点：

- 系统及网络的物理安全性
- 用户的教育
- 确保用户账户不受攻击

8.4.1 物理安全

通常，IT 安全人员会忽略物理安全，不将其作为安全策略的一部分。这有时是认为“物理安全不是 IT 部门的责任”的结果，因为许多公司都有一个单独的部门负责物理安全。在这种情况下，这两个部门应该协同工作，以确保整体的最优安全策略。如果不是这样，那么物理安全就可能完全由 IT 部门负责。

当制订包含物理安全的策略时，你应该考虑如下几点：

- 确保组织中系统的物理访问安全，特别是承载核心业务的服务器，例如邮件和网站服务器。一定要思考一下哪些系统才有必要被赋予对其他系统进行更改的权限。
- 保护网络设备的物理访问安全。未经授权的人不应该对任何网络资产进行物理访问。
- 禁止未授权的人窥视你的系统，特别是终端窗口的内容。黑客会利用偷看到的键盘输入信息以及在终端窗口上显示的数据实施攻击。这些信息可以被用来入侵系统。
- 关键服务器设置 BIOS 密码做防护，特别是如果这些系统不能百分之百地被物理加固的情况下。
- 防盗以及防硬件故障。

还有很多其他的物理安全因素是你应该考虑的。本节的目的是鼓励你在思考如何对系统进行安全加固时把物理安全因素考虑进去。应该考虑把物理安全作为多用户系统的安全设置的第一道防线。

8.4.2 用户教育

很多年前，本书的作者在教一门关于 Linux 安全的课程时说（多半是个笑话）：“不论什么情况下，都不要写下你的密码，并且贴在你的键盘背面。”在课堂上的一阵笑声之后，一个学生说：“没人真的会这么做，对吧？”在中午休息的时候，一些学生在办公室里转了一圈，翻过键盘，发现了 3 个密码。其实，在一个工作人员的显示器上面还发现了第 4 个密码。

显然，用户在安全策略中扮演着重要的角色。通常情况下，他们不会意识到自己的行为会给系统安全带来损害。在创建安全策略时，应该考虑如何鼓励用户使系统更安全，而不是更不安全。例如，考虑以下几点：

- 鼓励用户采用复杂的密码。
- 当用户在系统中安装未经组织批准或支持的软件时警告用户。
- 鼓励用户立即报告任何可疑的行为。
- 告诉用户在接入不安全的网络后（如公共 Wi-Fi 热点），访问关键服务器时要特别小心。如果必须要这么做的话，建议使用 VPN。
- 警告用户永远不要与任何人共享他们的账户与密码。
- 告知用户打开未知来源的邮件或者链接的危险性。这些资源通常包含病毒或者蠕虫，或者是一个伪造的链接（一个伪造成有效资源其实是想窃取账户信息的链接）。即使资源发送者是你熟悉的或者可信的人，如果他们的邮件账户被攻击了，此资源也有可能包含恶意代码。

教育用户本身是一个相当大的主题，但是在创建安全策略时，你应该在这个主题上花费大量的时间和精力。我们鼓励你自己更多地探索这个主题，因为进一步的讨论超出了本书的范围。

8.4.3　账户安全

你可以在系统中执行一些特定的设置来让账户变得更安全。这其中的一些设置将在本书之后的内容中介绍。例如，你可以利用 PAM（可插拔认证模块）的功能来使用户账户更安全，此部分内容在第 7 章中有详细介绍。另一个例子是在第 25 章中讨论的如何利用系统日志。这在进行安全加固账户时是一个重要的主题。系统日志可以用来识别是不是有人在意图非法获取系统权限。

本节讨论多个用户账户安全主题。对每个主题都进行了简单的解释，然后提供了如何将主题合并到安全策略中的方法。

用户账户名

假设一名黑客想要非法访问一个系统，他们需要两种信息，即用户的账户名和密码。防止黑客知道你的账户名会使他们入侵系统的过程变得更困难。可以考虑使用很难被猜到的账户名。

例如，不要给 Bob Smith 创建一个叫作 bsmith 的用户名。如果黑客知道 Bob Smith 在这个公司工作，那他将很容易就猜到这个用户名。可以给他分配一个叫作 b67smith 的用户名。请记住，你的员工可能会在公司网站或新闻中被点名，以表明他们与公司的关系。

将这条纳入安全策略中：制订一条规则，所有用户的账户名都应该是在知道他的真实姓名的情况下难以猜测到的。还可以使用邮件别名（参见第 20 章）隐藏用户名。

没有密码的账户

可能你已经猜到了，没有密码的账户会带来潜在的安全风险。在 /etc/shadow 文件中不存在其密码的情况下，只需要用户名就可以登录到系统中[㊀]。

将这条纳入安全策略中：创建一个 crontab 任务（请参考第 14 章，查阅 crontab 相关内容）定时执行 grep"^[^:]*::" /etc/shadow 命令。另外，你也可以使用本章后面介绍的安全工具。

阻止用户修改密码

在特定的情况下，你不想让用户修改他们的密码。例如，假设你有一个来宾账户，用于限制非雇员访问系统。你不想让使用它的人修改其密码而导致下次来访的人无法使用此账户。

如果你把 /etc/shadow 文件中该用户的密码最小有效期字段的值设置为大于密码最大有效期字段的值的话，那么该用户就无法修改其密码[㊁]。(注意，在某些发行版中，比如 Kali 中设置密码最小有效期字段为 -x 选项，而设置密码最大有效期字段为 -n 选项)：

```
passwd -m 99999 -M 99998 guest
```

将这条纳入安全策略中：判断哪些账户需要做此限制，并在需要的时候对账户做出限制。要记住定期修改这个密码。这样，过一段时间后，以前知道密码的“客人”也不能轻易地访问系统了。

应用程序账户

上一个例子中所讲的来宾账户也有可能是一个应用程序账户。对于应用程序账户来讲，应该只允许从命令行登录（即不显示 GUI）。将 /etc/passwd 文件中该用户的最后一个字段更改为应用程序路径，如下所示：

```
guest:x:9000:9000:Guest account:/bin/guest_app
```

/bin/guest_app 将运行一个程序来限制用户的系统权限。如果你想让此账户有权限访问更多的应用，你也可以考虑使用如第 7 章中所述的受限制的 Shell 来实现。

将这条纳入安全策略中：判断哪些账户需要做此限制，在需要的时候对账户做出限制。

启用用户行为审计

一个叫作 psacct 的软件工具可以用来记录用户执行过的所有命令。对于那些你怀疑已经被黑客成功入侵的系统，这个软件非常重要。这个软件需要先手动下载，然后按照如下

㊀ 没有密码只能从控制台登录，不能通过 SSH 远程登录。——译者注

㊁ 这样设置后用户不能更改密码是因为密码最小有效期设置得很大。——译者注

的步骤进行安装：

1. 从网址 http://ftp.gnu.org/gnu/acct/ 下载此软件。
2. 执行 gunzip acct* 命令解压缩下载的文件。
3. 执行 tar -xvf acct* 命令将解压后的打包文件展开。
4. cd 到由上面的 tar 命令创建的目录里。
5. 执行 ./configure;make;make install 命令安装软件[㊀]。

软件安装完成以后，先创建服务用来保存数据的日志文件：

```
mkdir /var/log/account
touch /var/log/account/pact
```

然后通过以下命令启动服务：

```
accton on
```

当服务启动以后，可以使用 lastcomm 命令查看系统上执行过的命令：

```
root@onecoursesource:~# lastcomm
more                 root     pts/0       0.00 secs Sun Feb 25 15:42
bash              F  root     pts/0       0.00 secs Sun Feb 25 15:42
kworker/dying     F  root     __          0.00 secs Sun Feb 25 15:31
cron             SF  root     __          0.00 secs Sun Feb 25 15:39
sh               S   root     __          0.00 secs Sun Feb 25 15:39
lastcomm             root     pts/0       0.00 secs Sun Feb 25 15:37
accton           S   root     pts/0       0.00 secs Sun Feb 25 15:37
```

ac 命令也能看到一些有用的信息。例如，想要查看 24 小时之内每个用户登录次数的摘要信息，可以使用 ac -p --individual-totals 命令。

将这条纳入安全策略中：在易受攻击的关键系统上（例如网站或者邮件服务器），安装此软件包并且使用 crontab（有关 crontab 的信息，请参阅第 14 章）定期生成报告（如每小时或者每天）。

避免以超级用户身份运行命令

坊间有很多关于系统管理员对系统造成严重破坏的轶事，原因就是这些命令意外地以 root 用户身份运行了。假如你运行了 rm -r /* 命令，如果是作为普通用户，最终的结果可能是删除所有你拥有的文件，权限（将在第 9 章中讨论）阻止了你删除系统中不属于你的文件。但是，如果该命令是由以 root 用户身份登录的用户运行的，那么所有文件都可能被销毁。

将这条纳入安全策略中：始终以普通用户登录到系统中，然后使用 sudo 或者 su 命令（有关 sudo 和 su 的详细信息，请参阅第 9 章）临时获得 root 权限。当运行完需要 root 权

㊀ 建议使用 ./configure && make && make install 命令。——译者注

限的命令之后，退出并返回普通用户身份。

8.5　安全工具

许多安全工具都可以用来寻找系统的安全薄弱点。此节描述并演示了 Kali Linux 中使用的几种安全工具，但是在别的发行版上你也可以安装并使用它们。Kali Linux 的优势在于这些工具都已经是默认安装并配置好了的。

在 Kali Linux 中，这些工具大部分都可以通过单击“应用程序”（Applications），然后单击“05 - 密码破解”（05 - Password Attacks）来使用，如图 8-3 所示。

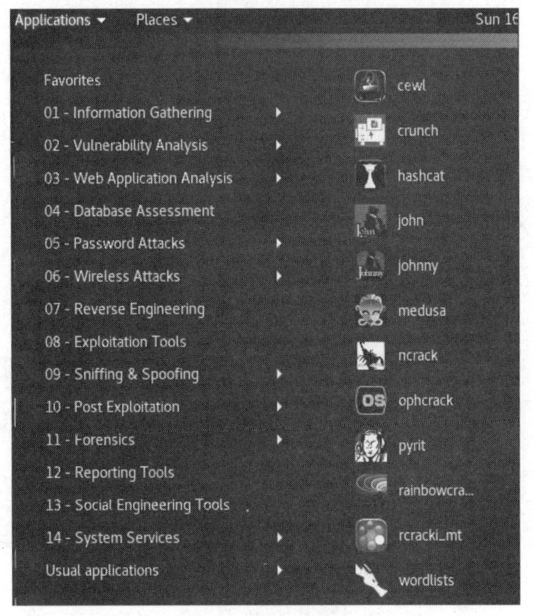

图 8-3　密码破解

你可能也会考虑使用图 8-3 中的“13 - 社会工程学工具”（13 - Social Engineering Tools）。社会工程学是利用非技术手段从用户那里收集系统信息的技术。例如，一名黑客可能会伪装成一名 IT 支持公司团队的一员给该公司员工打电话，然后尝试去收集相关的系统信息（例如用户名、密码等）。

8.5.1　John 和 Johnny 工具

John 实用程序（全名：John the Ripper）是一个基于命令行的黑客工具。命令行工具的优势是你可以通过添加 crontab 条目来自动运行它（关于 crontab 条目的信息请参考第 14 章），这样你就可以定期运行它。

Johnny 实用程序是 John 的图形化版本。图形工具的优势在于你在运行 john 命令时不必记忆那么多的选项。

在这两种情况下，你都需要一个包含 /etc/passwd 和 /etc/shadow 文件的文件。可以通过运行以下命令来得到这个文件：

```
cat /etc/passwd /etc/shadow > file_to_store
```

当运行 Johnny 工具时，你可以通过单击“打开密码文件”（Open password file）选项来加载此文件，然后选择你要破解的账户，之后单击“开始新的破解”（Start new attack）。每个账户被破解后的显示如图 8-4 所示。

想要查看 john 命令是如何执行，单击“控制台日志”（Console log）按钮，如图 8-5 所示。

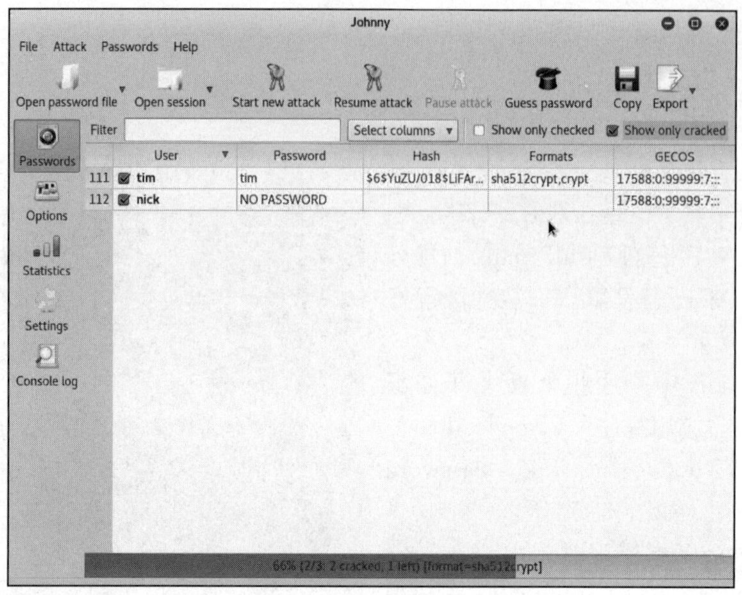

图 8-4　已破解的密码

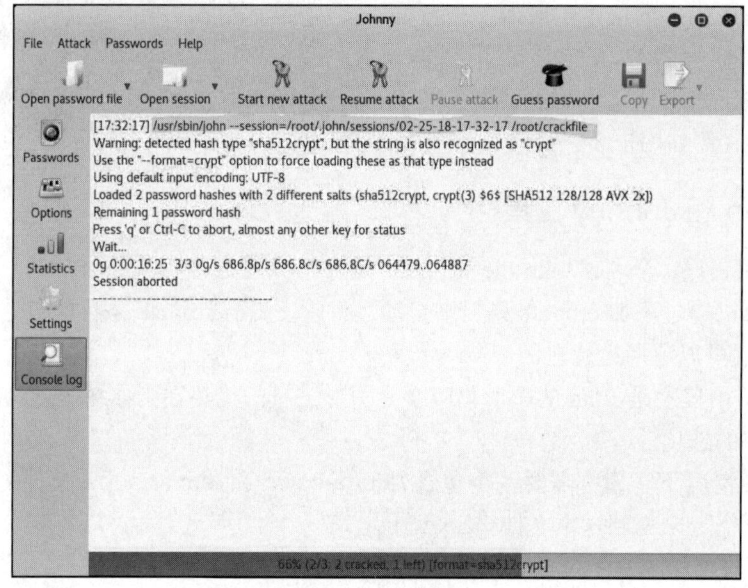

图 8-5　john 命令

8.5.2　hydra 工具

与 john 工具利用用户的账户与密码文件来破解不同，hydra 工具通过特定的协议在线破解系统。例如，以下命令将利用 hydra 工具通过 FTP 来攻击本机的系统：

```
hydra -l user -P /usr/share/set/src/fasttrack/wordlist.txt ftp://127.0.0.1
```

注意，你不应该在任何你没有被授权的系统上面运行此命令进行安全性分析。在其他公司的服务器上运行此命令可能会被认为是非法的黑客行为。

这个密码文件是该系统上的众多密码文件之一。单击“应用程序”（Applications），然后单击“05 - 密码破解”（05 - Password Attacks），最后单击“密码字典”（wordlists），会看到如图 8-6 所示的密码字典文件列表。

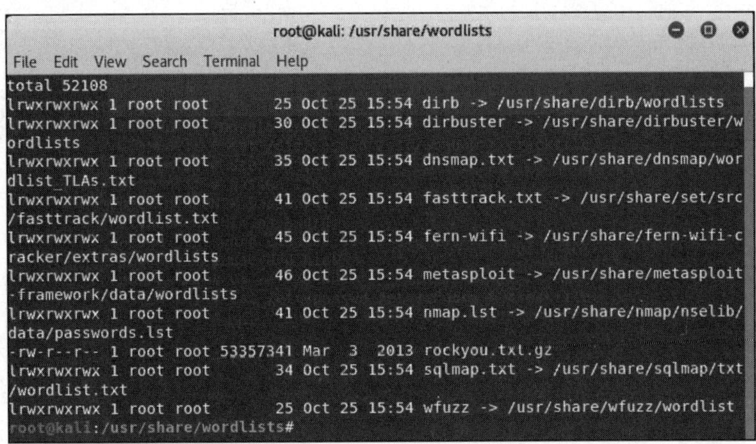

图 8-6　查看密码字典文件

你还可以在网上找到更多的字典文件。

8.6　总结

你已经开始学习如何创建一个安全策略。本书后面我们将继续扩展本部分的知识。基于你在本章所学的知识，你已经拥有了为用户账户创建安全策略所需要的知识，包括使用 Kali Linux 所提供的工具来执行安全性测试。

复习题

1. 完成填空，让用户 bob 无法修改他的账户密码：passwd ______ 99999 -M 99998 bob
2. 以下哪个命令可以用来查找没有密码的用户？

   A. find　　B. grep　　C. passwd　　D. search
3. ______软件包提供了记录用户行为的功能。
4. 以下哪个工具可以用来破解账户密码？

   A. john　　B. nick　　C. jill　　D. jim
5. 以下哪个命令可以用来从普通用户切换到 root 用户？

   A. switch　　B. sed　　C. du　　D. su

在任何操作系统中，数据都是非常重要的。数据储存在媒体介质中，例如硬盘、DVD 以及 U 盘中。为了组织和保护数据，Linux 使用了文件系统（filesystem）。

理解文件系统的作用以及如何利用工具安全加固存储在文件系统中的数据，对于在操作系统中工作的所有用户来说都是重要的任务。例如，普通用户必须学习如何利用权限保护他们自己的数据；而系统管理员必须使用各种不同的方法保护系统文件。

第三部分

文件和数据存储

第三部分你将学习以下章节：

- 第 9 章主要介绍如何利用 Linux 权限保护文件。本章还深入探讨了很多高级特性，例如特殊权限、umask、访问控制列表以及文件属性等。
- 第 10 章涵盖与本地存储设备相关的概念，包括如何创建分区和文件系统，以及文件系统的一些基本功能。
- 第 11 章涵盖本地存储设备管理的高级功能，包括如何使用 autofs 及如何创建加密文件系统。还可以了解逻辑卷，逻辑卷是本地磁盘管理的另一种方式。
- 第 12 章讨论如何使存储设备在网络上可用。还讨论了文件系统共享技术，例如 NFS、Samba 和 iSCSI。
- 第 13 章讲述如何运用第 9～12 章所学到的知识制订存储安全策略。

第9章

文件权限

理解文件及目录权限对于Linux安全非常重要，因为Linux是一个多用户的操作系统，而权限就是保护你的工作不被他人破坏。要理解权限，首先需要了解Linux中可用的权限类型，以及它们在应用于文件和目录时的区别。

一旦你理解了这些不同的权限，你需要知道如何配置它们。Linux提供了两种方法：符号法和八进制（数字）法。

你还将在本章中学到特殊权限，包括SUID、SGID以及粘滞位（sticky bit）。这些权限提供对文件及目录的特殊访问权限，并且一般由系统管理员管理。

还将介绍几个与权限相关的主题，包括默认权限、访问控制列表（ACL）以及更改文件和目录的所有者与所属组。

学习完本章并完成课后练习，你将具备以下能力：

- 查看并且设置标准的Linux权限。
- 使用特殊的Linux权限实现高级的安全操作。
- 创建一个umask值来设置默认的文件权限。
- 使用访问控制列表对文件及目录权限进行微调。
- 使用文件属性限制访问系统文件。
- 执行基本的SELinux操作。

9.1 标准权限

每个文件和目录都有标准的权限（也叫作“读取、写入、执行权限”）允许或者不允许用户访问。如何使用这些标准权限是每个Linux用户都应该掌握的，因为这是一个用户保护自己的文件不被别人随意修改的主要方法。

9.1.1 查看权限

要查看文件或者目录的权限，使用ls -l命令。

```
[student@localhost ~]$ ls -l /etc/chrony.keys
-rw-r-----. 1 root chrony 62 May  9  2018 /etc/chrony.keys
```

上述命令输出的前十个字符代表文件的类型（回想下，第一个字符如果是个短横线 -，这代表是个普通文件；如果是 d 则代表是个目录）以及文件的权限。权限被分为三组：拥有文件的用户（属主，上例中为 root）、拥有文件的用户组（属组，上例中为 chrony 组）以及其他用户（可以用 others 代表）。

每组权限都有三个可选的权限，读取（用 r 来表示）、写入（w）和执行（x）。如果权限被设置了，表示权限的字符就会显示出来。否则，该位置上就会有一个短横线代表该权限没有设置。所以，r-x 意味着“读取权限和执行权限被设置了，但是没有设置写入权限”。

9.1.2　文件和目录

读取、写入和执行权限具体代表的意义，与目标对象是文件还是目录有关。对于文件，这些权限有以下意义：

- 读取：可以查看或者复制文件内容。
- 写入：可以改变文件内容。
- 执行：可以将文件当作一个程序来运行。当你创建一个程序以后，在运行它之前必须赋予其可执行权限。

对于目录，权限有着如下意义：

- 读取：可以列出目录中的文件。
- 写入：可以在目录中增加或者删除文件（需要执行权限）。
- 执行：可以进入此目录或者在路径名中使用它。

安全提醒

目录的写入权限有可能是最危险的。如果一个用户对你的目录具有写入权限和执行权限，那么这个用户就可以删除此目录下面的所有文件。

9.1.3　修改权限

chmod 命令用来改变文件的权限。它可以用符号法或者是八进制（数字）法这两种方法来改变权限。若使用八进制的方法，权限被设置为具体的数字：

- 读取 = 4
- 写入 = 2
- 执行 = 1

通过这些数字的值，就可以用一个数字代表整个权限组：

- 7 = rwx
- 6 = rw-

- 5 = r-x
- 4 = r--
- 3 = -wx
- 2 = -w-
- 1 = --x
- 0 = ---

所以，若要改变文件的权限为 rwxr-xr--，你可以执行以下命令：

```
chmod 754 filename
```

使用八进制权限，总是要指定三个数字，这将更改所有权限。但是，如果你只想更改单个的权限呢？为此，可以使用符号法向 chmod 命令传递三个字符，如表 9-1 所示。

表 9-1　符号法的值

谁	做什么	权限	谁	做什么	权限
u = 用户所有者	+	r	o = 其他用户	=	x
g = 组所有者	-	w	a = 所有用户		

下面演示了如何使用符号法将执行权限添加到所有三个集合（用户所有者、组所有者和其他用户）：

```
[student@localhost ~]$ ls -l display.sh
-rw-rw-r--. 1 student student 291 Apr 30 20:09 display.sh
[student@localhost ~]$ chmod a+x display.sh
[student@localhost ~]$ ls -l display.sh
-rwxrwxr-x. 1 student student 291 Apr 30 20:09 display.sh
```

对话学习——八进制数字法和符号法修改权限

Gary：嗨，Julia。我对一些事很困惑。为什么我们改变文件权限时有两种方法可用？

Julia：嗨，Gary。你是说八进制法和符号法吗？

Gary：是的！看起来只需要一种就足够了。

Julia：从技术上来说，是的。你可以一直使用八进制或者符号。然而，这两个都会用会让你的生活更容易。

Gary：具体来说是怎么样呢？

Julia：比如说你只想给组拥有者添加读取权限并且你选择使用数字方法。在这种情况下，在你运行 chmod 命令之前，你该先做什么？

Gary：嗯，我将必须先列出当前的权限，才能判断添加新的权限要如何设置数字的值。

Julia：非常正确。这种情况下是不是用 g+r 更简单呢？

Gary：好的，所以像这样对权限做简单改动的情况下，使用符号类型的方法更简单一些。但是为什么有时候我们要使用数字的方法呢？

Julia：嗯，假如你想更改全部的权限，哪怕只是更改其中的一部分，该怎么办呢？计算出八进制的数字并使用它可能更容易一些，而不是使用像 u+wx、g-xo-wx 这样复杂的组合。

Gary：哦，是的，在这种情况下符号法就显得很难看了。懂了，谢谢指导！

Julia：不客气！

9.2　默认权限

当用户创建一个文件或目录时，Shell 会自动创建其默认的权限。默认的权限是一个可以配置的选项。umask 命令可以设置一个决定文件和目录默认权限的值。要注意这些默认权限只有在文件或目录第一次被创建时才起作用。

umask 命令用于指定在创建新文件或目录时要屏蔽（不包括）哪些默认权限。

umask 命令接受一个参数：掩码。掩码是用来与文件或者目录可被赋予的最大权限值进行计算的八进制值，计算的结果将作为新文件或目录的权限，如表 9-2 所示。

表 9-2　可赋予的最大权限

类　型	新建对象的最大可能权限	类　型	新建对象的最大可能权限
文件	rw-rw-rw-	目录	rwxrwxrwx

如表 9-2 所示，新文件永远不会被赋予执行权限。执行权限配置必须在文件创建后添加。

图 9-1 描述了 umask 值 027 是如何影响到新文件以及新目录权限的。

描述	文件	目录
最大权限	rw- rw- rw-	rwx rwx rwx
使用的umask值	--- -M- MM-	--- -M- MM-
结果	rw- r-- ---	rwx r-x --x

图 9-1　将 umask 值 027 应用于文件和目录

虽然任何八进制的值都可以作为文件权限的 umask 值，但有些值更常用。表 9-3 展示了这些常用的 umask 值对新文件和目录的影响。

表 9-3　常用的 umask 值

值	文　件	目　录	值	文　件	目　录
002	rw-rw-r--	rwxrwxr-x	027	rw-r-----	rwxr-x---
022	rw-r--r--	rwxr-xr-x	077	rw-------	rwx------

注意，你也可以使用符号法设置 umask。例如，命令 umask u=rwx,g=rwx,o=rx 与命令 umask 002 相同。

每个 Shell 环境都有其自有的 umask 值。如果你在一个 Shell 环境中改变这个值，它不会影响其他 Shell 环境。为了对 umask 值做一个永久的变更，使得不同的登录都生效，添加 umask 命令至 ~/.bash_profile 文件即可。

重要的是要理解 umask 值只是提供一种简单的方法指定文件和目录的默认权限。当创建文件或者目录后，可以使用 chmod 命令调整权限，以符合特定的需求。

可能出现的错误　有时候，判断为什么不能访问某个文件或者目录可能会令人沮丧。例如，考虑下面这个命令：

```
bob@onecoursesource:~# cp sample /etc/skel
cp: cannot create regular file '/etc/skel/sample1': Permission denied
```

问题出在哪里呢？请记住，这里要检查几个权限，例如 sample 文件的读取权限、根目录 /、etc 以及 skel 目录的执行权限，还有 skel 目录的写入权限。

为了定位错误，首先仔细查看一下命令的错误输出信息。在本例中，问题看起来像是出在 /etc/skel 目录创建文件时而不是 sample 文件本身（如果是文件本身，将是“无法读取 sample1 文件”之类的错误）。

接下来，通过检查每个目录的权限或使用 cd 命令进入每个目录，确定是否可以进入这些目录。最后，检查目标目录上是否有写入权限。

9.3　特殊权限

与普通用户（非管理员用户）通常关注标准权限（读取、写入和执行）不同，系统管理员必须清楚特殊权限的设置。这些特殊权限仅用于非常特定的情况，并且你应该仔细监视系统中的这些权限。在 9.3.1 节的末尾提供了如何监视系统的示例。

9.3.1　SUID

想要理解 SUID（也叫作 Set User ID），设想以下情景。假设你以普通用户身份登录进一个 Linux 系统，例如 student 用户，然后运行 passwd 命令更改你的密码：

```
student@onecoursesource:~$ passwd
Changing password for user student.
```

```
Changing password for student.
Current password:
New password:
Retype new password:
passwd: all authentication tokens updated successfully.
```

提示信息“all authentication tokens updated successfully”显示用户 student 的密码已经改变。但是，如果从逻辑上考虑，这个命令应该是执行失败才对。要了解原因，请查看 /etc/shadow 文件的权限：

```
student@onecoursesource:~$ ls -l /etc/shadow
----------. 1 root root 1726 Jan 23 14:02 /etc/shadow
```

根据上面显示的权限，没有用户可以查看此文件的内容，更不用说修改了：

```
student@onecoursesource:~$ more /etc/shadow
more: cannot open /etc/shadow: Permission denied
```

这看起来很奇怪，因为根据你在第 7 章中学到的内容，用户的密码存储在 /etc/shadow 文件中。为了修改这个文件的内容，用户需要具有读取和写入权限。但是，当用户运行命令时，对文件的访问权限是基于他们的账户（UID 以及 GID）的。那么，student 用户是如何修改一个他通常甚至都不能查看的文件呢？

答案就在 passwd 命令本身的权限上：

```
student@onecoursesource:~$ which passwd
/usr/bin/passwd
student@onecoursesource:~$ ls -l /usr/bin/passwd
-rwsr-xr-x. root root 27768 Nov 25 06:22 /usr/bin/passwd
```

字符“s”代替了所有者的执行权限，这表示在这个文件上设置了 SUID 权限。有了 SUID 权限，这个命令就具有了“以某用户身份运行”的特性，这个特性可以使得 passwd 命令访问文件时要么是以 student 用户的身份，要么是以 /usr/bin/passwd 文件拥有者的身份（此例中为 root 用户）。由于 passwd 命令拥有了“root 权限”，所以它可以临时修改 /etc/shadow 文件的权限，修改其中的内容。

安全提醒

SUID 权限通常应用于 root 用户所拥有的文件。出于安全的原因，一定要注意系统上的 SUID 程序。

可以使用例 9-1 中所示的 find 命令查找这些程序（注意：head 命令是用来限制屏幕上的输出内容的，因为这个命令可能会找到非常多的有 SUID 权限的命令）。

例 9-1　使用 find 命令查找程序

```
student@onecoursesource:~$ find / -perm -4000 -ls | head
   13972      40 -rws--x--x   1  root      root         40248 Feb 11  2018 /usr/sb
in/userhelper
   13964      36 -rwsr-xr-x   1  root      root         36176 Mar 10  2018 /usr/sb
in/unix_chkpwd
   13802      92 -rwsr-xr-x   1  root      root         89472 Mar  2  2018 /usr/sb
in/mtr
   13830      12 -rwsr-xr-x   1  root      root         11152 Mar 10  2018 /usr/sb
in/pam_timestamp_check
   13974      12 -rwsr-xr-x   1  root      root         11192 May 26  2018 /usr/sbin/usernetctl
```

安全提醒

什么时候应该运行 find 命令查找 SUID 权限的程序？在完成操作系统的安装后应该是第一次。对具有 SUID 权限的程序进行关注并且判断哪些程序没有必要具有 SUID 权限。例如，在第 6 章中讨论过的 newgrp 命令就是一个具有 SUID 权限的程序。如果你没有用户要使用它的需求，可以考虑禁用它的 SUID 权限，因为这样会使系统更安全。

当安装了新软件后也要运行 find 命令。软件发行商喜欢在系统中添加一些不是真的有必要具有 SUID 权限的程序，这会导致错误的特权提升和软件中的漏洞。

最后，每当你怀疑系统已被破坏的时候运行 find 命令。黑客喜欢创建具有 SUID 权限的程序，为将来访问系统留下“后门”。

要设置 SUID 权限，可以使用以下方法中的一种（xxx 是指标准的读取、写入以及执行权限）：

```
chmod u+s file
```

或者

```
chmod 4xxx file
```

要撤销 SUID 权限，可以使用以下方法中的一种：

```
chmod u-s file
```

或者

```
chmod 0xxx file
```

9.3.2　SGID

与 SUID 权限类似，SGID 权限可以在执行命令时以该命令的所属组身份来执行并访问文件。例如，看下面这个例子：

```
student@onecoursesource:~$ ls -l /usr/bin/write
-rwxr-sr-x 1 root tty 19544 Nov 27  2018 /usr/bin/write
```

write 命令被设置了 SGID 权限（注意在组的执行权限位置的 s），这意味着 write 命令被执行时，它可以使用 tty 组的组权限。这个权限对于这个 write 命令很重要，因为它需要输出数据到终端窗口，而 tty 组拥有终端设备文件的访问权限。

SGID 除了允许以组的权限来访问外，当应用于目录时还有其他的用处。为了理解此用途，设想有以下场景。

你的公司有三名用户分别属于不同的用户组：bob（属于 staff 用户组），susan（属于 payroll 用户组）和 julia（属于 admin 用户组）。他们找到你（系统管理员），因为他们需要有一个共享目录，在这个目录中，他们（而且只有他们自己）可以共享其一起参加的项目的文件。你的解决方案有以下几个步骤。

第一步：创建一个名为 project 的组，并且把这三名用户都加入组中。

第二步：创建一个名为 /home/groups/project 的目录。

第三步：更改此目录的所属组为 project 组。

第四步：更改 /home/groups/project 目录的权限为 rwxrwx---，使得只有 project 组中的用户可以访问此目录。

例 9-2 是采取这些步骤的一个例子（注意 chgrp 命令将在本章之后的部分介绍）。

例 9-2　创建私有项目组

```
root@onecoursesource:~# groupadd project
root@onecoursesource:~# usermod -G project -a bob
root@onecoursesource:~# usermod -G project -a susan
root@onecoursesource:~# usermod -G project -a julia
root@onecoursesource:~# mkdir -p /home/groups/project
root@onecoursesource:~# chgrp project /home/groups/project
root@onecoursesource:~# chmod 660 /home/groups/project
root@onecoursesource:~# ls -ld /home/groups/project
drwxrwx--- 2 root project 40 Dec 23 14:05 /home/groups/project
```

这似乎是解决问题的好办法，但它缺少一个部分。考虑一下，当用户 bob 采用从他的家目录中复制一个文件到 /home/groups/project 目录中的方式创建一个文件时会发生什么：

```
bob@onecoursesource:~$ cd /home/groups/project
bob@onecoursesource:project$ cp ~/bob_report .
bob@onecoursesource:project$ ls -l bob_report
-rw-r----- 1 bob staff 1230 Dec 23 14:25 bob_report
```

看起来一切都很正常，直到 susan 或者 julia 用户想要查看上面创建的 bob_report 文件：

```
julia@onecoursesource:project$ more bob_report
bob_report: Permission denied
```

问题出在当 bob 用户复制文件到 /home/groups/project 目录时，他的 umask 设置导致“其他用户”的权限组合里没有权限。这意味着没有其他人可以查看这个文件。这个问题可以通过 bob 用户来修改此文件的权限，或者是此文件的所属组来解决，但是每次这样创建文件的时候都要修改一次。

这个问题的解决方案是给 /home/groups/project 目录添加 SGID 权限。当把此权限赋给目录时，SGID 权限将把在该目录下所有新创建的文件和目录的所属组账户设置为拥有 SGID 目录的组账户。下面是一个例子：

```
root@onecoursesource:~# chmod g+s /home/groups/project
root@onecoursesource:~# ls -ld /home/groups/project
drwxrws--- 2 root project 40 Dec 23 14:05 /home/groups/project
root@onecoursesource:~# su - bob
bob@onecoursesource:~$ cd /home/groups/project
bob@onecoursesource:project$ cp ~/bob_report2 .
bob@onecoursesource:project$ ls -l bob_report2
-rw-r----- 1 bob project 1230 Dec 23 14:25 bob_report2
```

现在所有在 /home/groups/project 目录中新创建的文件的所属组为 project 用户组。

要设置 SGID 权限，可以使用以下方法中的一种（xxx 是指标准的读取、写入以及执行权限）：

```
chmod g+s file
```

或者

```
chmod 2xxx file
```

要撤销 SGID 权限，可以使用以下方法中的一种：

```
chmod g-s file
```

或者

```
chmod 0xxx file
```

9.3.3　粘滞位

想要理解粘滞位（sticky bit）权限，设想一下这样一个场景，你需要一个所有用户都可以共享文件的目录。换句话说，所有的用户都可以进入目录（执行权限），查看目录中的所有文件（读取权限）并且可以添加新文件到目录中（写入权限）：

```
root@onecoursesource:~# mkdir /home/shareall
root@onecoursesource:~# chmod 777 /home/shareall
```

```
root@onecoursesource:~# ls -ld /home/shareall
drwxrwxrwx 2 root project 40 Dec 23 14:05 /home/shareall
```

问题在于这些权限依赖于目录的写入权限。此权限允许用户添加新文件到目录中，但是也允许用户删除此目录中的任意文件（不管他们是不是这些文件的拥有者）。如果有用户开始删除其他用户的文件，很明显这会带来问题（也是潜在的安全隐患）。

粘滞位权限可以解决这个问题。当这个权限赋予目录时，就可以改变写入权限的操作。用户依然可以添加文件到此目录中（假设这样不会覆盖其他用户已经拥有的文件），但是当用户想要删除文件，则需要满足以下条件之一：

- 用户是此文件的拥有者
- 用户是此目录的拥有者
- 用户是系统管理员

在你的系统中至少已经有一个目录设置了粘滞位权限，即 /tmp 目录。这个目录是用户（或者程序）可以临时放置文件的地方：

```
root@onecoursesource:~# ls -ld /tmp
drwxrwxrwt 16 root root 320 Dec 23 16:35 /tmp
```

要设置粘滞位权限，可以使用以下方法中的一种（xxx 是指标准的读取、写入以及执行权限）：

```
chmod o+t file
```

或者

```
chmod 1xxx file
```

（注意上面是数字 1，不是小写字母 l）。

要撤销粘滞位权限，可以使用以下方法中的一种：

```
chmod o-t file
```

或者

```
chmod 0xxx file
```

表 9-4 简要介绍了 SUID、SGID 以及粘滞位这几个特殊权限。

表 9-4 SUID、SGID 以及粘滞位

	SUID	SGID	粘滞位
描述	当设置在可执行文件上时，SUID 允许程序使用可执行文件属主的权限访问文件	当设置在可执行文件上时，SGID 允许程序使用可执行文件所属组的权限访问文件。 在目录上设置时，目录中的所有新文件都继承该目录的所属组的权限	当在目录上设置了粘滞位时，目录中的文件只能由文件的属主、目录的所有者或 root 用户才能删除

（续）

	SUID	SGID	粘滞位
设置	chmod u+s file 或者 chmod 4xxx file （xxx 表示常规的读取、写入和执行权限）	chmod g+s file 或者 chmod 2xxx file （xxx 表示常规的读取、写入和执行权限）	chmod o+t file 或者 chmod 1xxx file （xxx 表示常规的读取、写入和执行权限） 注意：粘滞位权限几乎总是设置为八进制的 1777
删除	chmod u-s file 或者 chmod 0xxx file	chmod g-s file 或者 chmod 0xxx file	chmod o-t file 或者 chmod 0xxx file

9.4　访问控制列表

传统的读取、写入以及执行权限有一个基本问题。考虑一下公司有 1000 名员工的场景，其中一名员工的账户名为 sarah，属于 sales 用户组。除了 sarah 用户外，这个用户组中还有其他 29 名用户。

现在假设 sarah 用户创建了一个新文件，权限如下所示：

```
sarah@onecoursesource:~$ ls -l sales_report
-rw-r----- 1 sarah sales 98970 Dec 27 16:45 sales_report
```

基于以上命令的输出，你可以发现 sarah 用户对此文件有读写的权限，而 sales 用户组中的其他用户对此文件只有读取的权限。这也意味着公司里的其他用户（970 个用户）只有文件的最后一组权限（即其他）。换句话说，他们对此文件没有任何权限。

假设 sarah 的老板（账户为 william）需要浏览此文件的内容，但是他的账户不属于 sales 用户组。sarah 该如何设置此权限呢？

sarah 可以把读取权限赋给最后一组权限，如下面这样：

```
sarah@onecoursesource:~$ chmod o+r sales_report
sarah@onecoursesource:~$ ls -l sales_report
-rw-r--r-- 1 sarah sales 98970 Dec 27 16:45 sales_report
```

这样做的问题是，这样一来公司中的所有员工都可以浏览此文件的内容了。

还有一个更好的办法。如果 sarah 用户是 sales 用户组的组管理员，她可以把 william 用户添加到 sales 用户组中（或者她可以请求系统管理员来做此工作）。但是，这个办法也有问题，现在 william 用户可以访问 sales 用户组所拥有的所有文件。所以，这个办法还是有点不太理想。

最好的办法是使用访问控制列表（ACL），这允许文件的拥有者给指定的用户或用户组赋予权限。setfacl 命令就是用来在文件或者目录上创建 ACL 的：

```
sarah@onecoursesource:~$ setfacl -m user:dane:r-- sales_report
```

-m 选项用来为上面的文件创建一个新的 ACL。-m 选项的参数格式为 *what:who:permission*，其中 *what* 的值可以是下列之一：

- 当为特定用户设置 ACL 时使用 user 或者 u。
- 当为特定用户组设置 ACL 时使用 group 或者 g。
- 当为其他用户设置 ACL 时使用 others 或者 o。
- 当为 ACL 设置掩码的时候使用 mask 或者 m（掩码将在本节的后面部分进行解释）。

参数 *who* 的值为将要配置 ACL 的用户或者用户组名。权限可以用符号（r--）或者八进制（4）设置。

一旦某个文件或者目录被设置了 ACL，当使用 ls -l 命令查看此文件的时候，会发现在文件的权限后面有个加号（+），如下所示：

```
sarah@onecoursesource:~$ ls -l sales_report
-rw-rw-r--+ 1 sarah sales 98970 Dec 27 16:45 sales_report
```

想要查看某个文件的 ACL，使用 getfacl 命令：

```
sarah@onecoursesource:~$ getfacl sales_report
# file: sales_report
# owner: sarah
# group: sarah
user::rw-
user:william:r--
group::rw-
mask::rw-
other::r--
```

为用户组设置 ACL，请参见例 9-3。

例 9-3　为用户组设置 ACL

```
student@onecoursesource:~$ setfacl -m g:games:6 sales_report
student@onecoursesource:~$ getfacl sales_report
# file: sales_report
# owner: sarah
# group: sarah
user::rw-
user:william:r--
group::rw-
group:games:rw-
mask::rw-
other::r--
```

9.4.1 掩码

请注意例 9-3 的输出中的掩码（rw-）。掩码用于临时取消或者限制 ACL。考虑这样一种情况，你希望 ACL 在短时间内不生效，如果有很多的 ACL，把每一条都取消，然后过一会儿再设置回去可能会很困难。这时，只要改变掩码就可以，如例 9-4 中所示。

例 9-4　更改 ACL 的掩码

```
sarah@onecoursesource:~$ setfacl -m mask:0 sales_report
sarah@onecoursesource:~$ getfacl sales_report
# file: sales_report
# owner: sarah
# group: sarah
user::rw-
user:william:r--                #effective:---
group::rw-                      #effective:---
group:games:rw-                 #effective:---
mask::---
other::r--
```

ACL 的掩码指定除文件的属主和“其他人”之外的任何人对文件的最大权限。注意上面命令的输出的“effective”部分显示了掩码会影响到 william 用户，games 用户组以及文件的属组（“group::”）的权限。

要撤销这些限制，请将掩码设置为以前的值（在本例中为 rw-），如例 9-5 所示。

例 9-5　重设掩码

```
sarah@onecoursesource:~$ setfacl -m mask:rw- sales_report
sarah@onecoursesource:~$ getfacl sales_report
# file: sales_report
# owner: sarah
# group: sarah
user::rw-
user:william:r--
group::rw-
group:games:rw-
mask::rw-
other::r--
```

9.4.2 默认 ACL

对于普通权限，使用 umask 值来确定新创建的文件和目录的默认权限。对于 ACL，你可以在 Shell 中通过 setfacl 命令带上 -m 选项，为所有新创建的文件和目录设置默认的 ACL。这种情况下，参数的语法为 default:***what***:***who***:***permission***。

例 9-6 为 reports 目录创建一个默认的 ACL。

例 9-6 为目录设置默认的 ACL

```
sarah@onecoursesource:~$ mkdir reports
sarah@onecoursesource:~$ setfacl -m default:g:games:r-x reports
sarah@onecoursesource:~$ setfacl -m default:u:bin:rwx reports
sarah@onecoursesource:~$ getfacl reports
# file: reports
# owner: sarah
# group: sarah
user::rwx
group::rwx
other::r-x
default:user::rwx
default:user:bin:rwx
default:group::rwx
default:group:games:r-x
default:mask::rwx
default:other::r-x
```

例 9-7 显示了新创建的文件和目录如何继承例 9-6 的命令中创建的 ACL 规则。

例 9-7 ACL 继承

```
sarah@onecoursesource:~$ mkdir reports/test
sarah@onecoursesource:~$ getfacl reports/test
# file: reports/test
# owner: sarah
# group: sarah
user::rwx
user:bin:rwx
group::rwx
group:games:r-x
mask::rwx
other::r-x
default:user::rwx
default:user:bin:rwx
default:group::rwx
default:group:games:r-x
default:mask::rwx
default:other::r-x
sarah@onecoursesource:~$ touch reports/sample1
sarah@onecoursesource:~$ getfacl reports/sample1
# file: reports/sample1
```

```
# owner: bo
# group: bo
user::rw-
user:bin:rwx                    #effective:rw-
group::rwx                      #effective:rw-
group:games:r-x                 #effective:r--
mask::rw-
other::r--
```

安全提醒

注意在例 9-7 中，文件 report/sample1 的掩码值设置为 rw-，生效后会使 bin 用户组对此文件没有执行权限。这是因为对于一个新的文件可以设置的最大权限只能是 rw-，对于任何新创建的文件你总是需要手动赋予执行权限。

9.5 变更所有权

权限是基于文件和目录的所有者的，所以，懂得如何更改文件和目录的属主和属组非常重要。本节介绍了如何通过 chown 和 chgrp 命令来执行这些操作。

9.5.1 chown

chown 命令改变文件或者目录的属主或属组，表 9-5 显示了使用该命令的不同方式。

表 9-5 使用 chown 命令

示　例	描　述
chown tim abc.txt	更改文件 abc.txt 的属主为 tim 用户
chown tim:staff abc.txt	更改文件 abc.txt 的属主为 tim 用户，属组为 staff 用户组
chown :staff abc.txt	更改文件 abc.txt 的属组为 staff 用户组

注意 只有 root 用户可以改变文件的属主。若要改变文件的属组，执行此命令的用户必须是文件的拥有者同时也是目标用户组的成员。

chown 命令的重要选项包括表 9-6 中所示的选项。

表 9-6 chown 命令的选项

选　项	描　述
-R	递归地将更改应用于整个目录结构
--reference=*file*	把属主和属组更改为与文件 *file* 的一样
-v	详细模式，打印出所做的更改

文件的拥有者是不可以改变此文件的属主为其他用户的，但这是为什么呢？请参考图 9-2 中的答案。

9.5.2　chgrp

chgrp 命令用来改变文件的属组。此命令的语法为 chgrp [options] ***group_name file***。在下面的例子中，abc.txt 文件的属组被更改为 staff 组。

```
root@onecoursesource:~# chgrp staff abc.txt
```

想要改变文件的属组，执行此命令的用户必须是文件的所有者并且是目标用户组的成员（一个例外的情况是，root 可以随意改变任何文件的属组）。

chgrp 命令的重要选项请参见表 9-7。

表 9-7　chgrp 命令的选项

选　项	描　述
-R	递归地将更改应用于整个目录结构
--reference=*file*	把属组更改为与文件 *file* 的一样
-v	详细模式，打印出所做的更改

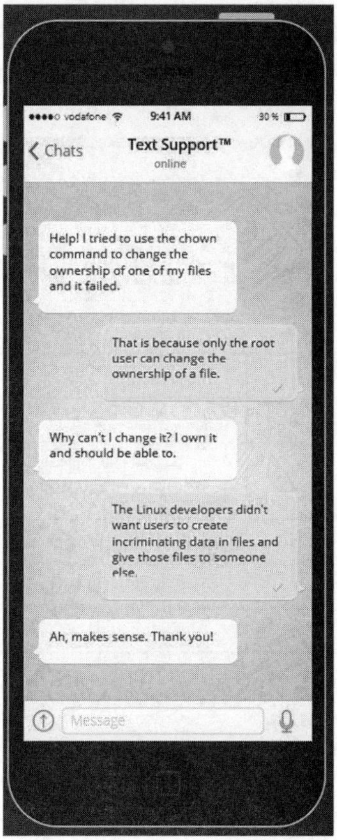

图 9-2　文本支持——改变文件属主

9.6　文件属性

从技术上讲，属性不是权限，但文件属性确实影响用户访问文件和目录的方式。因此在逻辑上应归入与权限相关的讨论。通过文件属性，系统管理员可以改变对文件访问的一些关键特性。

例如，文件属性的一个用途就是让文件“不可变”。一个不可变的文件是完全不可被改变的，包括 root 用户在内的所有人都不可删除或者改变该文件。想要让一个文件不可变，使用 chattr 命令：

```
root@onecoursesource:~# chattr +i /etc/passwd
```

注意现在没人可以改变 /etc/passwd 文件，这意味着系统中无法增加任何新的用户（既有的用户也无法被删除）。这么做可能看起来很奇怪，但是设想一下如果你的系统是可以被公开访问的（就像商场里面的自助终端 kiosk），没有什么需求要添加新用户，你也不想让任何用户被删除的话，这就很有用了。

安全提醒

在我们将不可变属性应用于 /etc/passwd 文件的情况下，你可能会问自己，“这个文件不是已经有权限的保护了吗？”尽管如此，添加不可变属性提供了一个额外的安全层，使整个系统更加安全。

要查看文件的属性，使用 lsattr 命令：

```
root@onecoursesource:~# lsattr /etc/passwd
----i--------e-- /etc/passwd
```

短横线字符（-）表示没有设置文件属性。完整的文件属性列表可以在 chattr 命令的 man page 里查找到。表 9-8 描述了用于系统安全的重要文件属性。

表 9-8　用于系统安全的文件属性

属　性	描　　述
a	追加模式。只允许在文件尾部追加新数据
A	禁止修改访问时间戳。出于安全考虑，此时间戳对于确定何时访问了关键系统文件非常重要。但是，对于非关键文件，禁用访问时间可以使系统更快，因为这样可以减少硬盘驱动器的写入操作
e	区段格式，它允许像 SELinux 这样的关键特性（在本章后面讨论）
i	不可变的，即不能修改或删除文件
u	不可删除，即文件不能删除，但内容可以修改[⊖]

想要移除文件不可变属性，使用以下命令：

```
root@onecoursesource:~# chattr -i /etc/passwd
root@onecoursesource:~# lsattr /etc/passwd
-------------e-- /etc/passwd
```

chattr 命令的重要选项如表 9-9 所示。

表 9-9　chattr 命令的选项

选　项	描　　述	选　项	描　　述
-R	将更改递归地应用到整个目录结构	-V	详细模式，打印出所做的更改

9.7　SELinux 介绍

与文件属性类似，SELinux（Security Enhanced Linux）也不属于文件权限的范畴，本章涉及这部分内容也是因为 SELinux 会对文件和目录的访问产生重大影响。需要强调的是，SELinux 是一个非常庞大的概念，对 SELinux 的全面讨论远远超出了本书的范围（实际上完全可以再写一本书）。本节内容是想介绍一下 SELinux 的概念以及它是如何工作的。

⊖ 当设置了 u 属性的文件被删除时，它的内容会被保存下来。可以利用数据恢复工具将其恢复，例如 extundelete。——译者注要理解 SELinux，首先需要了解 Linux 使用权限去保护文件的传统方法上的一些潜在缺陷。

9.7.1 用户造成的安全漏洞

文件和目录有可能会因为被不太理解文件权限的用户偶尔设置了比预定要多的权限而受到损坏。这反映了老系统管理员的说法："如果我们没有用户，那么就不会出问题，系统也会变得更安全。"当然，对这句话的回应是："没有用户，我们就没有工作！"用户的错误通常会造成意外访问到（本不该能访问到的）文件中的数据。

考虑到这个缺陷，SELinux 可以在进程（程序）访问文件时提供一层额外的安全设置。可以使用 SELinux 安全策略要求进程必须属于某个 SELinux 安全上下文（可认为是"安全组"），才能访问到指定的文件和目录。常规的文件权限仍将进一步用于判定访问权限，但对于访问文件 / 目录，将首先应用 SELinux 策略。

然而，尽管 SELinux 安全策略可以配置用来限制普通用户在运行进程时所访问的文件和目录，但这被认为是一种非常严格的策略，而且不像我们接下来讨论的场景那么常见。当一个非常安全的文件系统是最重要的时候，请考虑使用这个更严格的策略，但也要考虑到普通用户可能会发现系统的可用性要差得多，而且要复杂得多。

9.7.2 后台进程导致的安全性漏洞

一个更大的问题，也是大多数 SELinux 策略被用来解决的问题，是后台（或系统）进程带来的安全风险。设想一种场景，你有很多的后台活跃进程在提供各种服务。例如，其中一个进程可能是 Web 服务器，如例 9-8 所示的 Apache Web 服务器。

例 9-8 Apache Web 服务器

```
root@onecoursesource:~# ps -fe | grep httpd
root       1109     1  0  2018 ?        00:51:56 /usr/sbin/httpd
apache     1412  1109  0 Dec24 ?        00:00:09 /usr/sbin/httpd
apache     4085  1109  0 05:40 ?        00:00:12 /usr/sbin/httpd
apache     8868  1109  0 08:41 ?        00:00:06 /usr/sbin/httpd
apache     9263  1109  0 08:57 ?        00:00:04 /usr/sbin/httpd
apache    12388  1109  0 Dec26 ?        00:00:47 /usr/sbin/httpd
apache    18707  1109  0 14:41 ?        00:00:00 /usr/sbin/httpd
apache    18708  1109  0 14:41 ?        00:00:00 /usr/sbin/httpd
apache    19769  1109  0 Dec27 ?        00:00:15 /usr/sbin/httpd
apache    29802  1109  0 01:43 ?        00:00:17 /usr/sbin/httpd
apache    29811  1109  0 01:43 ?        00:00:11 /usr/sbin/httpd
apache    29898  1109  0 01:44 ?        00:00:10 /usr/sbin/httpd
```

注意上面例子中的输出，每一行都代表一个在系统中运行的 Apache Web 服务器进程

(/usr/bin/httpd)。该行的第一部分是启动进程的用户。以 root 用户来运行的进程只是用来派生其他 /usr/bin/httpd 进程的。其他的 httpd 进程则是用来响应客户端工具（如网页浏览器）发起的网页请求的。

想象一下，在 Apache Web 服务器的软件中发现了一个安全缺陷，它允许客户端工具控制 /usr/sbin/httpd 进程，并向该进程发出自定义命令或操作。其中的一个操作可能是浏览 /etc/passwd 文件的内容，此操作必然会成功，因为 /etc/passwd 文件的权限是：

```
root@onecoursesource:~# ls -l /etc/passwd
-rw-r--r-- 1 root root 2690 Dec 11  2018 /etc/passwd
```

从上面的命令可以看出，所有的用户都有权限浏览 /etc/passwd 文件的内容。请扪心自问：你想允许一些不明不白的人（通常是黑客）查看保存用户账户数据的文件吗？

安全提醒

不要认为这样的问题只存在于 Apache Web 服务器上。系统上运行的任何进程都有可能被破坏，并向有恶意的人提供意外访问。随时在系统上执行 ps -fe 命令了解有多少进程在运行。

使用 SELinux 策略，/usr/sbin/httpd 进程可以被"锁定"，让每个进程只能访问一组特定的文件。这就是每个系统管理员使用 SELinux 的目的——保护那些有可能被黑客利用已知漏洞（也有可能是未知漏洞）入侵的进程。

9.7.3 SELinux 要点

不是所有的 Linux 发行版都安装了 SELinux。查看 SELinux 是否可用（以及激活）的一个方法就是使用 getenforce 命令：

```
root@onecoursesource:~# getenforce
Enforcing
```

输出结果"Enforcing"表示已安装 SELinux，并且安全策略当前处于激活状态。可以通过 setenforce 命令关闭安全策略（在测试新的安全策略或者调试 SELinux 相关问题的时候很有用）：

```
root@onecoursesource:~# setenforce 0
root@onecoursesource:~# getenforce
Permissive
```

当处于 Permissive 模式的时候，SELinux 不会阻止对文件和目录的任何访问，但是会发出警告，并记录在系统日志文件中。

安全上下文

每个进程运行时都有安全上下文。想要查看这个，使用 ps 命令的 -Z 选项（head 命令此处用来限制 ps 命令的输出显示部分）：

```
root@onecoursesource:~# ps -Z | grep httpd | head -2
system_u:system_r:httpd_t:s0 root      1109     1  0  2018 ?      00:51:56 /usr/sbin/httpd
system_u:system_r:httpd_t:s0 apache    1412  1109  0 Dec24 ?      00:00:09 /usr/sbin/httpd
```

安全上下文（system_u:system_r:httpd_t:s0）很复杂，但是为了理解 SELinux 的基础知识，重要的部分是 httpd_t，它类似于安全组或者域。作为这个安全域的一部分，/usr/sbin/httpd 进程只能访问 httpd_t 安全策略允许的文件。此安全策略一般是由 SELinux 专家编写的，哪些进程需要访问系统上哪些特定的文件和目录，SELinux 专家对此有丰富经验。

文件和目录也有 SELinux 安全上下文，该上下文也是由策略所定义的。想要查看特定文件的安全上下文，使用 ls 命令的 -Z 选项（注意，SELinux 上下文包含了太多的数据，可能会导致文件名不能显示在同一行）：

```
root@onecoursesource:~# ls -Z /var/www/html/index.html
unconfined_u:object_r:httpd_sys_content_t:s0 /var/www/html/index.html
```

与之前的内容类似，完整的 SELinux 安全上下文由很多部分组成，但是在本书中最重要的那部分为 httpd_sys_content_t。根据安全策略的规则，使用 httpd_t 安全上下文运行的进程可以访问属于 httpd_sys_content_t 安全上下文的文件。

这个访问的实际示例，首先请参考图 9-3，该图显示了 Apache Web 服务器进程能访问到 /var/www/html/index.html 文件。

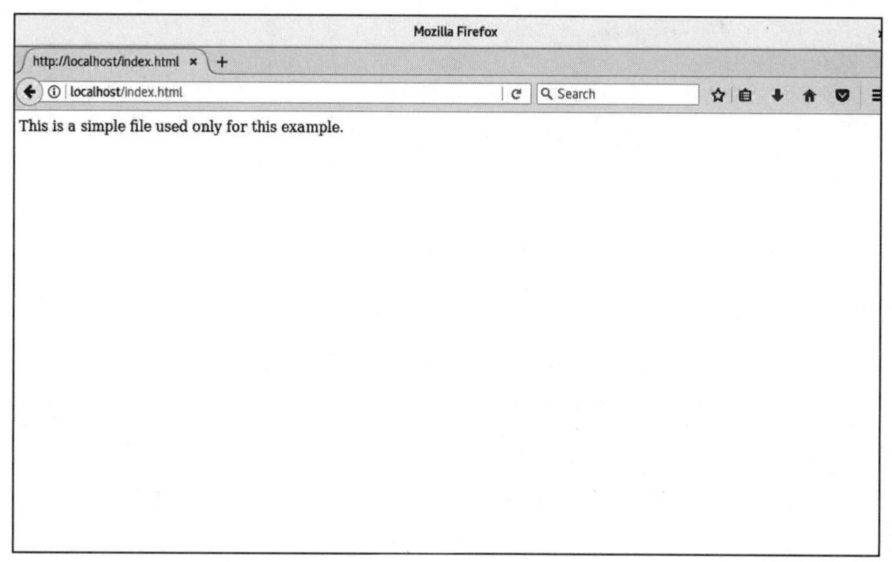

图 9-3 成功显示 index.html 文件

接下来，使用下面的命令将 SELinux 安全上下文更改为其他类型：

```
root@onecoursesource:~# semanage fcontext -a -t user_home_t
➥/var/www/html/index.html
root@onecoursesource:~# restorecon -v /var/www/html/index.html
Relabeled /var/www/html/index.html from unconfined_u:object_r:httpd_sys_content_t:s0 to
unconfined_u:object_r:user_home_t:s0
```

关于上面命令的几点说明：

- 通常，你是不会将这个安全上下文（user_home_t）应用于这个文件的，因为这个安全上下文是保留给用户家目录里的文件使用的。这里的目的只是演示 SELinux 如何保护文件，所以使用这样的上下文也说得过去。
- semanage 命令把文件的安全上下文应用到安全策略中，但是，要在文件自身上永久生效，还必须执行 restorecon 命令。

现在，如图 9-4 所示，该图显示了 Apache Web 服务器进程无法再访问到 index.html 文件。

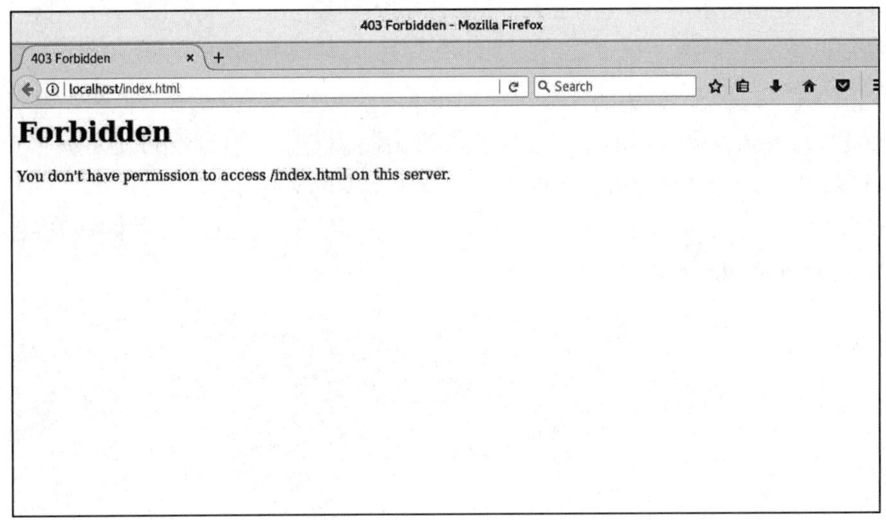

图 9-4　无法显示 index.html 文件

通过查看日志记录，可以了解到为什么会失败：

```
root@onecoursesource:~# journalctl | grep index.html | tail -1
Dec 11 13:41:46 localhost.localdomain setroubleshoot[13444]: SELinux is preventing httpd
from read access on the file index.html. For complete SELinux messages run: sealert -l
afac171c-27bb-4dbc-9bec-994f44275fd3
```

注意，上面输出的内容中提到的 sealert 命令，在获取为什么会失败的额外信息时非常有用。

SELinux 小结

本书中对 SELinux 的讨论简要介绍了这个强大的安全工具。你需要学习的内容还很多，包括安全策略的细节以及许多可以用来管理 SELinux 的命令。通过这篇介绍，你应该对 SELinux 有了一定的了解，了解了什么是上下文，以及如何查看和设置上下文，以及如何使用日志记录进行 SELinux 的基本故障排查。

9.8 总结

本章你学到了如何查看和设置标准文件权限、umask 值、ACL 以及特殊权限。你还学到了如何利用文件属性加强关键系统文件的安全性。最后，本章还介绍了 SELinux 的概念，SELinux 是一种用于保护 Linux 操作系统上的文件和目录的高级方法。

9.8.1 重要术语

权限、umask、SUID、SGID、粘滞位、ACL、SELinux

9.8.2 复习题

1. ______选项可以使得 ls 命令显示基础的文件权限。
2. 以下哪个权限允许用户在目录中删除文件？
   A. 文件的执行权限　B. 文件的写入权限　C. 目录的执行权限　D. 目录的读取权限
3. 以下哪个权限可以改变目录写入权限的具体操作？
   A. SUID　B. SGID　C. 粘滞位　D. 以上都不是
4. 在创建新的文件或目录的时候，可以使用______命令指定要屏蔽（不包括）哪些默认权限。
5. 填空，为 /data 目录设置 SGID 权限：chmod ______ /data

第 10 章

管理本地存储：基础

本章的重点是本地存储设备的关键概念和基本管理。

你将首先学习一些关键概念，包括什么是磁盘分区和文件系统，以及它们在 Linux 操作系统中的重要作用。然后，你将学习如何创建磁盘分区和文件系统，接着将学习如何使得这些新存储设备在操作系统中可用。

本章的最后将深入探讨 swap（交换分区设备）的相关内容，swap 是用来提供虚拟内存空间的设备。

学习完本章并完成课后练习，你将具备以下能力：

- 创建磁盘分区和文件系统。
- 执行高级文件系统操作任务。
- 手动和自动挂载分区。
- 创建并激活 swap。

10.1 文件系统基础

挂载（mount）是通过将文件系统放置在某个目录下使其可用的过程。在学习如何完成此任务之前，你应该先了解一些关于文件系统的基础知识。

10.1.1 分区

分区用来把一个物理硬盘分成更小的单元。每个单元可以被看作不同的存储设备。在每个分区上，都可以创建一个独立的文件系统（例如 btrfs、xfs、ext4 等）。

传统的个人计算机的分区规则中，能创建的分区数目是有限制的。最开始只允许创建四个分区。这些分区被叫作主分区（primary partition）。如果需要更多分区的话，有一种技术允许你把其中的一个主分区转换为扩展分区（extended partition）。在扩展分区内，就可以创建更多的叫作逻辑分区（logical partition）的分区。

在图 10-1 中，/dev/sda1、/dev/sda2 和 /dev/sda3 是主分区。/dev/sda4 是一个扩展

分区，用于作为 /dev/sda5、/dev/sda6 和 /dev/sda7 这三个逻辑分区的容器。

在大多数使用传统分区的发行版上，总共只能有 15 个分区，但是调整（修改）内核参数可以将这个数字增加到 63 个。

传统的分区表信息存储在主引导记录中（Master Boot Record，MBR）。一种叫作 GUID 分区表（GUID Partition Table，GPT）的新分区表类型就没有 MBR 分区表的限制或布局。

可以使用几种不同的工具创建或查看分区，包括 fdisk、parted 和由安装程序提供的 GUI 工具。不同的发行版上可用的 GUI 工具会有所不同。

fdisk 以及 parted 都是支持命令行的，并且都可以作为交互工具执行。本章后面将讨论 fdisk 和 parted 工具。

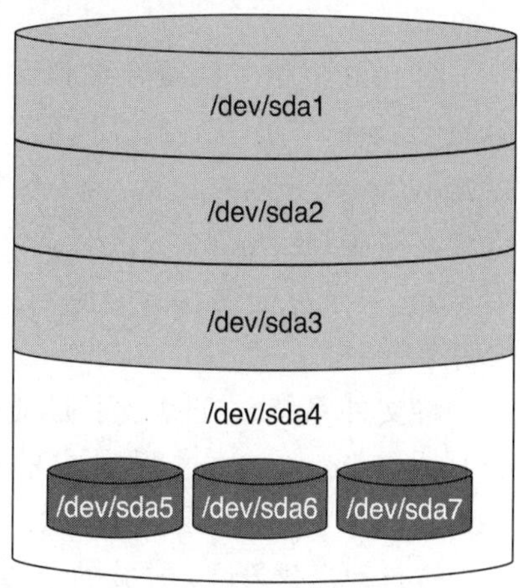

图 10-1　传统的分区结构

10.1.2　文件系统

术语文件系统（filesystem）本身可能会让人有点困惑。实际上，通常有两种文件系统：物理文件系统和虚拟文件系统。

物理文件系统是一种物理设备上组织数据的结构，例如分区、逻辑卷或者 RAID（独立冗余磁盘阵列）设备。通常，在使用术语文件系统时指的是物理文件系统。在本章后面的部分将介绍许多不同类型的物理文件系统。

虚拟文件系统就是普通用户在查看操作系统上的文件和目录时看到的内容。虚拟文件系统由多个物理文件系统组成，通过目录树合并到一起。

要理解这个概念，首先请看图 10-2。

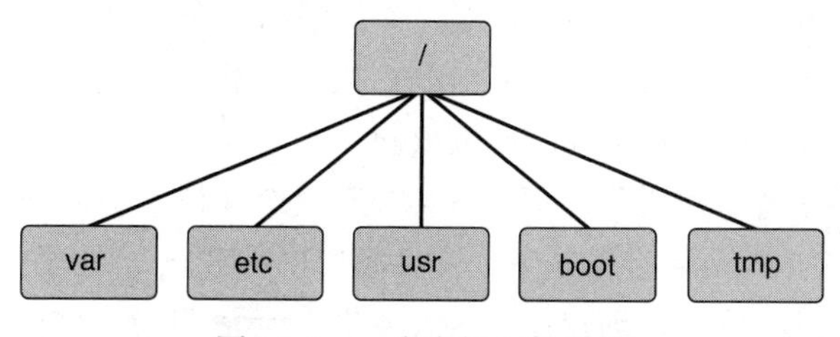

图 10-2　一个虚拟文件系统

图 10-2 显示了一个标准的 Linux 虚拟文件系统的一部分。这就是普通用户查看文件系统的感受，以分层的方式通过目录的集合存储数据。虚拟文件系统结构的顶端是根目录 /、其他的子目录以及文件都存储在根目录 / 之内。

但是作为管理员，应该懂得的远不止这些。根目录 / 是一个物理文件系统的挂载点。挂载点是一个用户可以看到的目录结构，通过它将物理文件系统与虚拟文件系统组合到一起。

其他目录（例如 /var 和 /usr）也可以是挂载点。在本例中，你要把文件系统看作如图 10-3 所示的那样。

图 10-3 提供了隐藏在虚拟文件系统背后的更多细节。以灰色高亮标记的目录存储在 /dev/sda1 分区对应的文件系统中。var 目录存储在 /dev/sda2 分区对应的文件系统中。usr 目录存储在 /dev/sda3 分区对应的文件系统中。

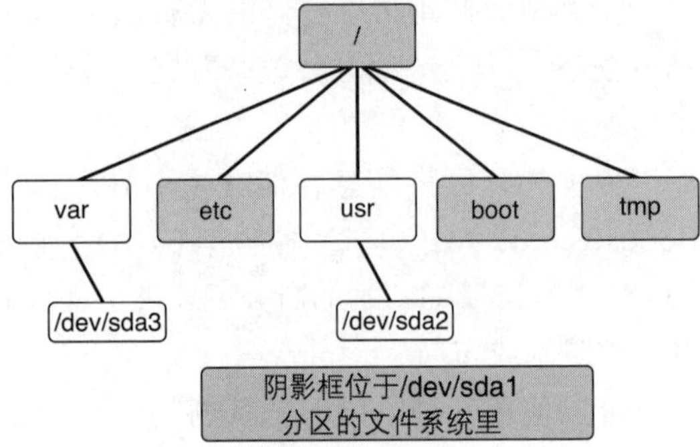

图 10-3 突出显示挂载点的虚拟文件系统

将文件系统放在目录下是通过一个称为挂载（mount）的过程完成的。可以用 mount 命令手动挂载或者在 /etc/fstab 文件中配置自动挂载条目。挂载的详细过程将在本章之后的内容中详细介绍。

10.1.3 为什么需要这么多的分区和文件系统

你将发现很多 Linux 发行版在安装的时候有几个分区，当然，每个分区都对应一个独立的文件系统。创建多个分区有以下几个原因：

- **挂载选项**：每个分区，在挂载的时候可以有不同的挂载选项。这提供了更大的灵活性，因为你可能希望为特定的情况使用特定的挂载选项。在本章的后面，我们将探讨挂载选项并再次讨论这个主题。
- **文件系统类型**：每个分区可以有不同的文件系统类型。一些文件系统在安全性上更好，一些在处理大文件上更有优势，还有一些性能更好。为给定的情况选择正确的文件系统可以获得更安全的系统，从而能更有效地执行任务。文件系统类型将在本章后面讨论。
- **磁盘配额**（quota）：这个 Linux 功能允许你限制某个用户可以使用多大的文件系统空间。配额限制是针对每个文件系统的。因此，拥有多个物理文件系统，你就能为不同的虚拟文件系统设置不同的配额限制。
- **备份策略**：许多备份实用程序都允许你在对逐个文件系统进行备份时指定不同的频率。例如，假如 /home 目录是某个文件系统的挂载点，同时，/boot 是另外一个文件系统的挂载点。你可以创建一个每天备份 /home 目录中文件的备份策略（此目录中的文件经常改变），同时创建一个每月备份 /boot 目录中文件的策略（因为此目录中的文件很少变动）。
- **防止文件系统被写满**：考虑这样一种情况，/home 目录是一个单独的文件系统，某个用户生成了大量非常大的文件。这些文件会填满整个文件系统，使得其他用户无法在他们各自的家目录中创建文件。但是，如果 /home 目录不是一个单独的文件系统，而是整个操作系统单一文件系统中的一部分，则这个用户可能会使得整个操作系统都无法运行，因为整个硬盘驱动器都已经被填满。这就是 /home、/var 和 /tmp 一般都是单独的文件系统的主要原因之一。因为这些是普通用户有权在其中创建文件的所有目录结构。

安全提醒

创建一个虚拟文件系统结构，在这个文件系统里，如果单个用户就可以填满整个硬盘驱动器，这被认为是一个严重的安全风险。当整个硬盘驱动器已满时，操作系统就无法正常工作，因为许多进程都需要有向硬盘驱动器写入数据的能力。

10.1.4　应该创建哪些分区和文件系统

这个问题的答案其实依赖于几个因素。在决定要创建哪些分区时，应该考虑不同挂载选项、文件系统类型、磁盘配额和备份策略的优点。还要考虑这些文件系统中都存放了什么。至少，要考虑把以下的目录挂载到单独的物理文件系统上：

- **/（根）文件系统**：虚拟文件系统的顶层。这个文件系统的大小在很大程度上取决于创建了哪些其他文件系统。这是一个必需的分区。
- **/var 文件系统**：/var 文件系统包含的数据天生就是变化的（也就是说，会经常变化）。它包括日志文件、邮件和 spool 文件（例如打印 spool）。这个文件系统的大小与许多因素有关系，包括此服务器是否为邮件服务器、服务器上会创建什么日志，以及系统是否作为打印服务器运行。建议将 /var 作为一个独立的文件系统执行备份策略，同时也能避免整个硬盘空间被完全占满的风险。
- **/home 文件系统**：/home 文件系统是保存普通用户的家目录的地方。此文件系统的大小与许多因素有关系，包括在系统上工作的用户数量和这些用户执行的功能。建议将 /home 作为一个独立的文件系统来执行备份策略，同时也能避免整个硬盘空间被完全占满的风险。
- **/boot 文件系统**：存储引导文件（包括内核、引导加载程序和 initramfs 文件）的路径。当 /boot 是一个独立的文件系统时，它的大小一般是 100～200MB。因为此文件系统必须在系统启动过程中易于访问，所以它是作为独立的文件系统存在的。

注意　上述列表并不是所有可用的文件系统的完整列表。也有其他很好的理由把其他目录（如 /usr 和 /opt）挂载到物理文件系统。要不断试错，直到找到满足你需求的物理文件系统组合方式。

10.2　文件系统类型

文件系统用于在操作系统中组织数据（文件及目录）。Linux 可以使用许多不同类型的文件系统。表 10-1 简要总结了这些文件系统。

表 10-1　文件系统类型

选　项	描　　述	选　项	描　　述
ext2	ext2 是对原来的扩展文件系统 ext 的改进	btrfs	一种可扩展到大型数据设备的文件系统
ext3	ext3 是对 ext2 的改进（添加了日志支持和其他特性）	UDF	通用磁盘格式（Universal Disk Format）文件系统主要用于 DVD 光盘
ext4	ext4 是对 ext3 的改进（支持更大的文件系统和其他特性）	ISO9660	一种专门为 CD-ROM 光盘设计的文件系统
xfs	xfs 是一个高性能的文件系统，通常用于替代 ext2/ext3/ext4 文件系统	HFS	由苹果公司开发的专用文件系统。在现代系统中更多用于 CD-ROM 磁盘

对话学习——选哪个文件系统类型？

Gary：嗨，Julia。你能给我点建议吗？我正在试图决定在新创建的分区上使用哪种文件系统。种类太多，我不知道选哪种。

Julia：嘿，Gary！我猜你说的是传统的分区，比如硬盘？而不是在说 CD-ROM 或者 DVD，对吗？

Gary：是的。

Julia：好的，那就排除了很多文件系统，比如 UDF、ISO9600 和 HFS。所以，第一步应该是判断你的 Linux 发行版支持什么（文件系统）。

Gary：你是说不是所有的 Linux 发行版都支持所有的文件系统？

Julia：不是的。至少默认不是。通常你可以在操作系统中安装相应的软件来使操作系统支持，但是最好选择一个已经包含在发行版中的文件系统。

Gary：我怎么知道有哪些？

Julia：通常，Linux 发行版的文档会标明这些内容。你也可以尝试用相对应的命令来创建那些你感兴趣的文件系统。

Gary：假设我有很多选择。我该选什么呢，ext4？ xfs？

Julia：这个问题其实没有一个简单的答案。实际上，你需要考虑要用文件系统做什么，并做一些研究来决定哪个文件系统才最符合你的要求。

Gary：你能给我举个例子吗？

Julia：没问题。假设你的文件系统中有很多非常大的文件。在这种情况下，你会发现 xfs 文件系统的性能比其他文件系统都要好。当然，你也会想要研究其他的功能，这给了你一个研究的思路。

Gary：好的，听起来做“准备工作”是很重要的。还有其他的建议吗？

Julia：还有就是，如果是一个很重要的文件系统，可以考虑创建不同类型的文件系统，然后做个性能测试来找出哪个最好。同时不要忘记考虑最重要的安全功能，尤其是当文件系统可以被公开访问时，比如共享驱动器或者存放网站服务器文件的文件系统。

Gary：明白了。这次又多亏你了，谢谢你，Julia。

10.2.1　管理分区

为了创建文件系统，首先需要创建一个或多个分区（partition）。分区把硬盘或者其他存储介质从逻辑上分成较小的单元。通过创建分区，可以在挂载、备份和文件系统安全性等特性方面获得更大的灵活性。单个存储设备上的所有分区的集合称为分区表（partition table）。

在使用工具创建分区之前，你应该知道有两种不同的分区方式：MBR（主引导记录）和 GPT（GUID 分区表）。

MBR

MBR 分区表通常被称为“传统”分区，而不是像 GUID 分区表这样的新分区表。MBR 分区有个限制就是默认只能分四个分区。对于 Linux 操作系统来说，这是一个硬性的限制。

但是，MBR 分区表中的一个主分区可以被转换为一个扩展分区。在这个扩展分区内，可以添加额外的分区。这些额外增加的分区叫作逻辑分区。图 10-4 给出了一个可视化的例子。

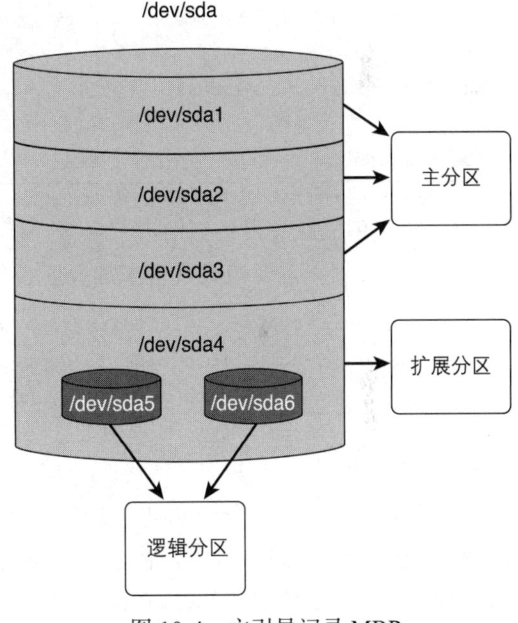

图 10-4　主引导记录 MBR

关于硬盘设备名称的注意事项：硬盘是通过 /dev 目录中的设备名称被引用。基于 IDE 的设备的名称一般都是 /dev/hd 开头，而 SATA、SCSI 和 USB 类型的设备一般是以 /dev/sd 开头。系统上的第一个驱动器以“a”命名，所以第一个 SATA 设备将被命名为 /dev/sda。第二个 SATA 设备将被命名为 /dev/sdb，以此类推。分区按顺序编号，从 1 开始，比如 /dev/sda1、/dev/sda2 和 /dev/sda3。

GPT

GPT 和 MBR 分区之间有几个不同之处。但是，在这种情况下，你应该注意的最重要的一点是分区表的结构。GPT 支持创建比 MBR 更多的分区，并且没有“四个主、一个扩展、多个逻辑”的结构。GPT 中的所有分区都只是简单的分区，不需要解决与 MBR 分区相关的遗留问题。

创建 MBR 分区

想要创建 MBR 分区，可以使用 fdisk 命令。

注意 通常，在安装操作系统的过程中，整个硬盘都已经被使用，所以很难通过分区练习创建文件系统。如果正在使用虚拟机，你可以轻松地向系统中直接添加一个新磁盘（可以查阅 VirtualBox、VMware 或者其他你在使用的虚拟化软件的手册）。如果不是这样，你还可以使用 U 盘来做分区练习，只是一定要记得先把 U 盘上重要的数据复制到别处！

想要查看某个设备当前的分区表，使用 fdisk 命令并带上 -l 选项，如例 10-1 所示。

例 10-1　fdisk -l 命令

```
[root@onecoursesource ~]# fdisk -l /dev/sdb

Disk /dev/sdb: 209 MB, 209715200 bytes
255 heads, 63 sectors/track, 25 cylinders
Units = cylinders of 16065 * 512 = 8225280 bytes
Sector size (logical/physical): 512 bytes / 512 bytes
I/O size (minimum/optimal): 512 bytes / 512 bytes
Disk identifier: 0xccd80ba5

   Device Boot      Start         End      Blocks   Id  System
```

例 10-1 中的磁盘设备当前没有分区，所以在最下面的“ Device Boot Start End ...”这行下面没有数据。想要给此设备添加分区，使用不带 -l 选项的 fdisk 命令：

```
[root@onecoursesource ~]# fdisk /dev/sdb
WARNING: DOS-compatible mode is deprecated. It's strongly recommended to
         switch off the mode (command 'c') and change display units to
         sectors (command 'u').
Command (m for help):
```

注意上面显示的警告。取决于你的发行版，你可能不会收到此警告。因为警告里建议的操作（关闭 DOS 兼容模式并将显示单位更改为扇区）有时是 fdisk 命令的默认选项。如果你确实收到了此警告信息，在提示符后输入 quit 命令退出 fdisk 工具，再次启动 fdisk 命令并带 -c 和 -u 选项即可关闭：

```
Command (m for help): quit
[root@onecoursesource ~]# fdisk -cu /dev/sdb
Command (m for help):
```

注意 若不想退出 fdisk 工具，可以在 fdisk 命令的提示符中使用 c 和 u 选项来切换到正确的模式。

要创建一个新的分区，在命令提示符中输入 n：

```
Command (m for help): n
Command action
   e   extended
   p   primary partition (1-4)
p
Partition number (1-4): 1
First sector (2048-409599, default 2048):
Using default value 2048
Last sector, +sectors or +size{K,M,G} (2048-409599, default 409599):
Using default value 409599
```

要保存操作结果，在命令提示符中输入 w：

```
Command (m for help): w
The partition table has been altered!
Calling ioctl() to re-read partition table.
Syncing disks.
```

创建 GPT 分区

parted 工具是一个可以查看和修改传统分区表以及 GUID 分区表的交互式工具。它也可以在分区上创建文件系统。

要查看分区表，使用 -l 选项（以 root 用户运行此命令）：

```
[root@onecoursesource ~]# parted -l /dev/sda
Model: ATA VBOX HARDDISK (scsi)
Disk /dev/sda: 42.9GB
Sector size (logical/physical): 512B/512B
Partition Table: msdos

Number  Start   End     Size    Type     File system  Flags
 1      1049kB  42.9GB  42.9GB  primary  ext4         boot


Model: Linux device-mapper (thin) (dm)
Disk /dev/mapper/docker-8:1-264916-f9bd50927a44b83330c036684911b54e494e4e48efbc2329262b-
6f0e909e3d7d: 107GB
Sector size (logical/physical): 512B/512B
Partition Table: loop

Number  Start  End    Size   File system  Flags
 1      0.00B  107GB  107GB  ext4


Model: Linux device-mapper (thin) (dm)
Disk /dev/mapper/docker-8:1-264916-77a4c5c2f607aa6b31a37280ac39a657bfd7e-
```

```
ce1d940e50507fb0c128c220f7a: 107GB
Sector size (logical/physical): 512B/512B
Partition Table: loop

Number  Start  End    Size   File system  Flags
 1      0.00B  107GB  107GB  ext4
```

要修改一个驱动器的分区表，使用不带 -l 选项的 parted 命令：

```
[root@onecoursesource ~]# parted  /dev/sda
GNU Parted 2.3
Using /dev/sda
Welcome to GNU Parted! Type 'help' to view a list of commands.
(parted)
```

可以在 parted 提示符下输入的实用命令有几个，其中一些命令如表 10-2 所示。

表 10-2　parted 提示符下的实用命令

命　令	描　述	命　令	描　述
rm	删除一个分区	print	显示当前的分区表
? 或者 help	显示可用命令的菜单	quit	退出而不保存任何更改
mkpart	创建一个新分区	w	将对分区表的更改保存到硬盘驱动器
mkpartfs	创建一个新分区和文件系统		

10.2.2　创建文件系统

现在有了分区，你可以使用 mkfs 命令创建一个文件系统。例如，要在 /dev/sdb1 分区上创建一个 ext4 文件系统，执行 mkfs 命令，如例 10-2 中所示。

例 10-2　mkfs 命令

```
[root@onecoursesource ~]# mkfd -t ext4 /dev/sdb1
-bash: mkfd: command not found
[root@onecoursesource ~]# mkfs -t ext4 /dev/sdb1
mke2fs 1.41.12 (17-May-2010)
Filesystem label=
OS type: Linux
Block size=1024 (log=0)
Fragment size=1024 (log=0)
Stride=0 blocks, Stripe width=0 blocks
51000 inodes, 203776 blocks
10188 blocks (5.00%) reserved for the super user
First data block=1
Maximum filesystem blocks=67371008
25 block groups
```

```
8192 blocks per group, 8192 fragments per group
2040 inodes per group
Superblock backups stored on blocks:
    8193, 24577, 40961, 57345, 73729

Writing inode tables: done
Creating journal (4096 blocks): done
Writing superblocks and filesystem accounting information: done

This filesystem will be automatically checked every 38 mounts or
180 days, whichever comes first. Use tune2fs -c or -i to override.
```

mkfs 命令是用于生成特定文件系统的前端命令。例如，mkfs -t ext4 命令实际会运行 mkfs.ext4 命令。你可以通过输入 mkfs 命令后按两次 <Tab> 键查看 mkfs 可以创建哪些文件系统：

```
[root@onecoursesource ~]# mkfs.
mkfs.cramfs   mkfs.ext3    mkfs.ext4dev  mkfs.vfat
mkfs.ext2     mkfs.ext4    mkfs.msdos
```

你可以直接运行这些命令，但是一般运行 mkfs 命令会更简单一些。

mkfs 命令本身没有多少选项。但是，每个 mkfs.* 命令都有几个选项可以用来修改文件系统的创建方式。当使用 mkfs 命令指定选项时，任何不属于 mkfs 命令的选项都会传递给 mkfs.* 命令。例如，mkfs.ext4 命令的 -m 选项指定为超级用户保留多少文件系统（文件系统的百分比，默认为 5%）。下面的命令最终将把 -m 选项传递给 mkfs.ext4 命令并执行它：

```
mkfs -t ext4 -m 10 /dev/sdb1
```

安全提醒

文件系统有许多选项，我们强烈建议你研究系统上可用的文件系统选项。启用哪些选项有时对系统性能或安全性都有很大影响。

例如，基于 ext 的文件系统的 -m 选项，此选项用来指定文件系统有多少百分比被保留给超级用户。这么做的目的是允许 root 用户（或者以 root 权限运行的进程）即使在普通用户已经“填满”了文件系统的时候依然可以向文件系统中存放文件。

假设你有一个 500GB 大小的独立的 /home 文件系统。此文件系统中默认给超级用户保留 5% 的空间，除非你（在创建文件系统时）使用 -m 选项设置为其他值。如果你在创建文件系统时不使用此选项，这意味着至少有 25GB 的空间会保留给 root 用户，而 root 用户很可能永远也不会在 /home 文件系统中创建任何文件。

想要学习更多关于这些选项的内容，请参考你的文件系统的 man page。例如，要学习更多关于 ext4 文件系统的内容，你可以运行 man mkfs.ext4 命令。

10.2.3　ext 系列文件系统工具

有几个工具可以修改以及查看 ext 类型的文件系统，其中包括：

- fsck.*
- dumpe2fs
- tune2fs
- debugfs

fsck.*

fsck 命令（以及相应的 fsck.* 命令）的用途是修复文件系统的错误。当操作系统没有正常关闭时，文件系统就会损坏。这可能是由于机房停电或者粗心的员工不小心踢到了电源线。

造成这个问题的原因是对文件系统元数据（关于文件的数据，如文件名、权限、所有权、时间戳等）的更改最初是存储在内存中的。这些元数据会以一定的间隔写入硬盘。但是，如果这些数据还在内存中时系统被非正常关闭，而硬盘上的数据已过期，就会导致文件系统损坏。

当系统在非正常关闭后再启动时，一个叫作 fsck（文件系统检查）的实用程序会检查所有的文件系统。在某些情况下，它会更改文件系统，但通常任何错误都会导致引导（启动）过程失败。你需要手动修复文件系统错误。

fsck 工具非常简单。例如，要在第一个 SATA（Serial Advanced Technology Attachment）驱动器的第一个分区上执行它，执行以下命令：

```
fsck /dev/sda1
```

你将收到一堆类似这种"某某某已经损坏。你想修复这个问题吗？"的问题，答案应该总是"yes"（否则，你将无法挂载或者使用文件系统）。因此，在运行 fsck 工具时带上 -y 选项，这会使得对每个提问的回答都是 yes：

```
fsck -y /dev/sda1
```

安全提醒

不要在正在使用中的文件系统上运行 fsck 工具。使用中的文件系统没有文件系统损坏的问题，只有非正常卸载的文件系统才会有这样的问题。在一个使用中的文件系统上运行 fsck 工具不会修复问题，只会产生问题。记住这句话：如果它没有出问题，就不要尝试去修复它。

你还应该知道 fsck 工具与 mkfs 工具类似，实际上也是文件系统 fsck 工具集合的前端命令。例如，如果你在一个 ext4 文件系统上执行 fsck，其实是执行了 fsck.ext4 命令。

注意，对于不同的 fsck 工具有不同的选项，所以要查看 man page 来确定你该使用哪个选项。

dumpe2fs

dumpe2fs 命令可以显示关于 ext* 文件系统的详细信息。这个命令的输出非常多，默认情况下包含了大量关于块组描述符（block group descriptor）的信息，通常是你不需要看到的内容。要在忽略块组描述符时查看此信息，请使用 -h 选项，如例 10-3 所示。

例 10-3　dumpe2fs 命令

```
[root@onecoursesource ~]# dumpe2fs -h /dev/sdb1
dumpe2fs 1.41.12 (17-May-2010)
Filesystem volume name:   <none>
Last mounted on:          <not available>
Filesystem UUID:          7d52c9b6-28a8-40dc-9fda-a090fa95d58f
Filesystem magic number:  0xEF53
Filesystem revision #:    1 (dynamic)
Filesystem features:      has_journal ext_attr resize_inode dir_index filetype extent
flex_bg sparse_super huge_file uninit_bg dir_nlink extra_isize
Filesystem flags:         signed_directory_hash
Default mount options:    (none)
Filesystem state:         clean
Errors behavior:          Continue
Filesystem OS type:       Linux
Inode count:              51000
Block count:              203776
Reserved block count:     10188
Free blocks:              191692
Free inodes:              50989
First block:              1
Block size:               1024
Fragment size:            1024
Reserved GDT blocks:      256
Blocks per group:         8192
Fragments per group:      8192
Inodes per group:         2040
Inode blocks per group:   255
Flex block group size:    16
Filesystem created:       Tue Sep 15 00:12:17 2017
Last mount time:          n/a
Last write time:          Tue Sep 15 00:12:18 2017
Mount count:              0
Maximum mount count:      38
Last checked:             Tue Sep 15 00:12:17 2017
```

```
Check interval:             15552000 (6 months)
Next check after:           Sat Mar 12 23:12:17 2017
Lifetime writes:            11 MB
Reserved blocks uid:        0 (user root)
Reserved blocks gid:        0 (group root)
First inode:                11
Inode size:                 128
Journal inode:              8
Default directory hash:     half_md4
Directory Hash Seed:        a3bbea7e-f0c2-43b2-a5e2-9cd2d9d0eaad
Journal backup:             inode blocks
Journal features:           (none)
Journal size:               4096k
Journal length:             4096
Journal sequence:           0x00000001
Journal start:              0
```

从例 10-3 可以看到，dumpe2fs 命令提供了大量信息。表 10-3 描述了一些比较重要的文件系统特性。

表 10-3 文件系统特性

选 项	描 述
Filesystem features	这对于判断文件系统的功能很重要。例如，例 10-3 中的输出包括 has_journal 特性，这意味着这个文件系统正在使用日志记录
Default mount options	尽管你可以在 /etc/fstab 文件中指定挂载选项（将在本章后面看到），但是文件系统特性里也嵌入了默认的挂载选项。这部分输出的内容就是默认的挂载选项
Inode count	每个文件都必须有一个索引节点（inode）。因此，索引节点数量告诉你可以保存在此文件系统上的最大文件数量
Reserved block count	为超级用户保留了多少块
Block size	这个文件系统上一个块的大小

在绝大多数情况下，块组描述符的信息是没有必要关注的，但是有一种情况你会想要查看此信息。当使用 fsck 工具修复文件系统的时候，可能会得到一个“bad superblock”的错误提示。超级块（superblock）对于文件系统的正常运行很重要，因此在块组描述符中备份了此信息。如果在不使用 -h 选项的情况下运行 dumpe2fs 命令，将看到许多输出部分，如下所示：

```
Group 1: (Blocks 8193-16384) [INODE_UNINIT, ITABLE_ZEROED]
  Checksum 0x12f5, unused inodes 2040
  Backup superblock at 8193, Group descriptors at 8194-8194
  Reserved GDT blocks at 8195-8450
```

```
Block bitmap at 260, Inode bitmap at 276
Inode table at 546-800
7934 free blocks, 2040 free inodes, 0 directories, 2040 unused inodes
Free blocks: 8451-16384
Free inodes: 2041-4080
```

注意，“ backup superblock” 位于 8193。如果你的超级块有错误，可以使用备份的超级块，如下所示：

```
fsck -b 8193 /dev/sdb1
```

tune2fs

要修改文件系统的配置，请使用 tune2fs 命令。例如，要更改超级用户保留的文件系统的百分比，请执行如下命令：

```
[root@onecoursesource ~]# tune2fs -m 0 /dev/sdb1
tune2fs 1.41.12 (17-May-2010)
Setting reserved blocks percentage to 0% (0 blocks)
```

重要的是要认识到，并不是所有的文件系统特性都可以使用 tune2fs 命令来更改。例如，索引节点的数量（每个文件都必须有一个索引节点，用来存储文件的相关信息）是在文件系统创建的时候就设定好的，是无法改变的。如果你想要更多的索引节点，则必须备份文件系统，然后创建新文件系统，最后恢复数据。

debugfs

debugfs 命令是一个实用的工具，它允许你在交互式环境中执行调试操作。该工具用于在当前不活动（未挂载）的文件系统上执行操作。

执行命令启动工具，使用分区设备名称作为参数：

```
[root@onecoursesource ~]# debugfs /dev/sdb1
debugfs 1.41.12 (17-May-2010)
debugfs:
```

debugfs 工具提供了许多有用的工具，包括一些与常规 Linux 命令类似的工具。例 10-4 演示了使用 ls 命令列出在当前目录中的文件的特性。

例 10-4　debugfs 环境下的 ls 命令

```
debugfs:  ls
 2  (12) .    2  (12) ..    11  (20) lost+found     12  (20) asound.conf
 13  (32) autofs_ldap_auth.conf     14  (24) cgconfig.conf
 15  (20) cgrules.conf    16  (36) cgsnapshot_blacklist.conf
 17  (20) dnsmasq.conf    18  (20) dracut.conf     19  (20) fprintd.conf
 20  (16) gai.conf    21  (20) grub.conf    22  (24) gssapi_mech.conf
 23  (16) hba.conf    24  (20) host.conf    25  (20) idmapd.conf
```

```
26  (20) kdump.conf    27  (20) krb5.conf    28  (20) ld.so.conf
29  (24) libaudit.conf    30  (20) libuser.conf    31  (24) logrotate.conf
32  (20) mke2fs.conf    33  (20) mtools.conf    34  (20) named.conf
35  (24) nfsmount.conf    36  (24) nsswitch.conf    37  (16) ntp.conf
38  (20) openct.conf    39  (36) pm-utils-hd-apm-restore.conf
40  (20) prelink.conf    41  (24) readahead.conf    42  (20) reader.conf
43  (24) request-key.conf    44  (20) resolv.conf    45  (20) rsyslog.conf
46  (24) sestatus.conf    47  (20) smartd.conf    48  (16) sos.conf
49  (20) sudo.conf    50  (24) sudo-ldap.conf    51  (20) sysctl.conf
52  (24) Trolltech.conf    53  (24) updatedb.conf    54  (24) warnquota.conf
55  (20) xinetd.conf    56  (20) yum.conf
```

还可以通过 stat 命令来获得文件的信息，如例 10-5 所示。

例 10-5　debugfs 环境下使用 stat 命令

```
debugfs:  stat yum.conf
Inode: 56   Type: regular    Mode:  0644   Flags: 0x80000
Generation: 1017195304    Version: 0x00000001
User:     0   Group:     0   Size: 969
File ACL: 4385    Directory ACL: 0
Links: 1   Blockcount: 4
Fragment:  Address: 0    Number: 0    Size: 0
ctime: 0x55f863e0 -- Tue Sep 15 11:30:56 2015
atime: 0x55f863e0 -- Tue Sep 15 11:30:56 2015
mtime: 0x55f863e0 -- Tue Sep 15 11:30:56 2015
EXTENTS:
(0): 8553
```

debugfs 命令最有用的特性之一就是可以撤销文件的删除，如果你的动作足够快的话。例如，如例 10-6 中的情况所示，一个文件被误删除了。

例 10-6　使用 debugfs 来撤销删除

```
[root@onecoursesource ~]# ls /data
asound.conf                 host.conf       nfsmount.conf                  smartd.conf
autofs_ldap_auth.conf       idmapd.conf     nsswitch.conf                  sos.conf
cgconfig.conf               kdump.conf      ntp.conf                       sudo.conf
cgrules.conf                krb5.conf       openct.conf                    sudo-ldap.conf
cgsnapshot_blacklist.conf   ld.so.conf      pm-utils-hd-apm-restore.conf   sysctl.conf
dnsmasq.conf                libaudit.conf   prelink.conf                   Trolltech.conf
dracut.conf                 libuser.conf    readahead.conf                 updatedb.conf
fprintd.conf                logrotate.conf  reader.conf                    warnquota.conf
gai.conf                    lost+found      request-key.conf               xinetd.conf
```

```
grub.conf                   mke2fs.conf     resolv.conf                 yum.conf
gssapi_mech.conf            mtools.conf     rsyslog.conf
hba.conf                    named.conf      sestatus.conf
[root@onecoursesource ~]# rm /data/yum.conf
rm: remove regular file '/data/yum.conf'? y
```

想要恢复这个文件，首先要卸载（unmount）文件系统，然后使用 -w 选项运行 debugfs 命令（以读写模式打开文件系统）：

```
[root@onecoursesource ~]# umount /data
[root@onecoursesource ~]# debugfs /dev/sdb1
debugfs 1.41.12 (17-May-2010)
debugfs:
```

现在通过 lsdel 命令列出已删除的文件，然后通过 undel 命令恢复文件。记住你必须在删除文件后尽快做此操作，否则数据块有可能会被新的文件使用。

10.2.4 xfs 系列文件系统工具

正如有一些工具可以帮助你查看和修改 ext 系列的文件系统一样，也有一些工具允许你在 xfs 系列文件系统上执行这些任务。其中包括：

- xfsdump
- xfsrestore
- xfs_info
- xfs_check
- xfs_repair

注意 不是所有的 Linux 发行版都可以使用 xfs 文件系统。如果你想要练习 xfs 命令，请使用 CentOS 7，因为 xfs 是 CentOS 7 的默认文件系统。

xfsdump 和 xfsrestore

xfsdump 命令用于将文件系统备份到磁带设备或其他存储位置。假设你不太可能用到磁带设备，本节提供的示例使用了常规文件作为备份的存储位置。

例 10-7 显示了为 /boot 目录创建一个完整备份（在此系统中是 /dev/sda1 的挂载点）并且将此备份存储在 /tmp/boot_back 文件。

例 10-7 xfsdump 命令

```
[root@onecoursesource ~]# xfsdump -f /tmp/boot_back /boot
xfsdump: using file dump (drive_simple) strategy
xfsdump: version 3.1.4 (dump format 3.0) - type ^C for status and control

 ============================= dump label dialog ==============================
```

```
please enter label for this dump session (timeout in 300 sec)
 -> /boot test
session label entered: "/boot test"

 --------------------------------- end dialog ---------------------------------

xfsdump: level 0 dump of onecoursesource.localdomain:/boot
xfsdump: dump date: Mon Oct 19 20:31:44 2017
xfsdump: session id: 5338bd39-2a6f-4c88-aeb8-04d469215767
xfsdump: session label: "/boot test"
xfsdump: ino map phase 1: constructing initial dump list
xfsdump: ino map phase 2: skipping (no pruning necessary)
xfsdump: ino map phase 3: skipping (only one dump stream)
xfsdump: ino map construction complete
xfsdump: estimated dump size: 191212416 bytes
xfsdump: /var/lib/xfsdump/inventory created

 ============================= media label dialog =============================

please enter label for media in drive 0 (timeout in 300 sec)
 ->
media label entered: ""

 --------------------------------- end dialog ---------------------------------

xfsdump: WARNING: no media label specified
xfsdump: creating dump session media file 0 (media 0, file 0)
xfsdump: dumping ino map
xfsdump: dumping directories
xfsdump: dumping non-directory files
xfsdump: ending media file
xfsdump: media file size 190911592 bytes
xfsdump: dump size (non-dir files) : 190666096 bytes
xfsdump: dump complete: 17 seconds elapsed
xfsdump: Dump Summary:
xfsdump:   stream 0 /tmp/boot_back OK (success)
xfsdump: Dump Status: SUCCESS
```

注意在例 10-7 中，xfsdump 命令的执行过程中提示用户输入标签和介质标签。标签是备份的名称，而介质标签是备份设备（例如备份用的磁带）的名称。如果备份是跨越多个磁带的，应该要输入多个介质标签。

默认的备份是一个完全备份，这被称作 0 级（全量）备份。1 级备份（增量备份）将会备份在 0 级备份后所有改变过的文件。2 级备份（差异备份）将会备份从最近一个低级别的备份（0 或者 1，具体看哪个时间最近）后改变过的文件。使用 -l 选项来设置备份的级别（如果你不使用 -l 选项，那么默认就是 0）。

xfsrestore 命令可用来从备份中恢复文件。在下面的例子中，所有备份过的文件将被恢复到当前目录，下例中用点（.）表示当前目录：

```
xfsrestore -f /backup/location .
```

可以使用 -t（表示“目录”）选项列出备份中的文件，如例 10-8 所示（grep 命令是为了避免显示头信息）。

例 10-8　-t 选项

```
[root@onecoursesource ~]# xfsrestore -t -f /tmp/boot_back | grep -v "^xfsrestore" | head
.vmlinuz-3.10.0-229.11.1.el7.x86_64.hmac
.vmlinuz-3.10.0-229.el7.x86_64.hmac
System.map-3.10.0-229.el7.x86_64
config-3.10.0-229.el7.x86_64
symvers-3.10.0-229.el7.x86_64.gz
vmlinuz-3.10.0-229.el7.x86_64
initrd-plymouth.img
initramfs-3.10.0-229.el7.x86_64.img
initramfs-0-rescue-affb8edd5c9a4e829010852a180b0dc9.img
vmlinuz-0-rescue-affb8edd5c9a4e829010852a180b0dc9
```

通常你只想还原单个文件。一种方法是使用 xfsrestore 命令的交互模式。请参考例 10-9 中所示的内容（注意为了使结果看起来更简洁，省略了部分输出结果）。

例 10-9　xfsrestore 命令

```
 [root@onecoursesource ~]# xfsrestore -i -f /tmp/boot_back /tmp

 ========================== subtree selection dialog ==========================

the following commands are available:
    pwd
    ls [ <path> ]
    cd [ <path> ]
    add [ <path> ]
    delete [ <path> ]
    extract
    quit
    help
-> ls
```

```
###Omitted###
            135 config-3.10.0-229.el7.x86_64
            134 System.map-3.10.0-229.el7.x86_64
            133 .vmlinuz-3.10.0-229.el7.x86_64.hmac
         524416 grub2/
            131 grub/
-> add config-3.10.0-229.el7.x86_64

 -> extract

 -------------------------------- end dialog --------------------------------

xfsrestore: restoring non-directory files
xfsrestore: restore complete: 2807 seconds elapsed
xfsrestore: Restore Summary:
xfsrestore:   stream 0 /tmp/boot_back OK (success)
xfsrestore: Restore Status: SUCCESS
[root@onecoursesource ~]# ls /tmp/config*
/tmp/config-3.10.0-229.el7.x86_64
```

注意 在某些 Linux 发行版上，还有一些命令可用来备份基于 ext 的文件系统：dump 和 restore 命令。这些命令与 xfsdump 和 xfsrestore 命令工作原理类似。

xfs_info

xfs_info 命令提供了当前挂载的 xfs 文件系统的基础信息，如例 10-10 所示。

例 10-10 xfs_info 命令

```
[root@onecoursesource ~]# xfs_info /dev/sda1
meta-data=/dev/sda1              isize=256    agcount=4, agsize=32000 blks
         =                       sectsz=512   attr=2, projid32bit=1
         =                       crc=0        finobt=0
data     =                       bsize=4096   blocks=128000, imaxpct=25
         =                       sunit=0      swidth=0 blks
naming   =version 2              bsize=4096   ascii-ci=0 ftype=0
log      =internal               bsize=4096   blocks=853, version=2
         =                       sectsz=512   sunit=0 blks, lazy-count=1
realtime =none                   extsz=4096   blocks=0, rtextents=0
```

xfs_check 和 xfs_repair

与 fsck 工具类似，xfs_repair 工具也可以用来修复未挂载的 xfs 文件系统。请参照例 10-11 中的演示。

例 10-11 xfs_repair 命令

```
[root@onecoursesource ~]# xfs_repair /dev/sda1
Phase 1 - find and verify superblock...
Phase 2 - using internal log
        - zero log...
        - scan filesystem freespace and inode maps...
        - found root inode chunk
Phase 3 - for each AG...
        - scan and clear agi unlinked lists...
        - process known inodes and perform inode discovery...
        - agno = 0
        - agno = 1
        - agno = 2
        - agno = 3
        - process newly discovered inodes...
Phase 4 - check for duplicate blocks...
        - setting up duplicate extent list...
        - check for inodes claiming duplicate blocks...
        - agno = 0
        - agno = 1
        - agno = 2
        - agno = 3
Phase 5 - rebuild AG headers and trees...
        - reset superblock...
Phase 6 - check inode connectivity...
        - resetting contents of realtime bitmap and summary inodes
        - traversing filesystem ...
        - traversal finished ...
        - moving disconnected inodes to lost+found ...
Phase 7 - verify and correct link counts...
done
```

如果只想检查文件系统的问题，但是不想修复任何问题，那么可以运行 xfs_check 命令而不是 xfs_repair 命令。

你可能会发现你的 Linux 发行版中没有 xfs_check 命令，那么可以用 xfs_repair 命令加上 -n 选项（不修复）代替，这样就与 xfs_check 命令执行的操作是一样的。不论你用哪个命令，在执行命令之前，请确保文件系统已经卸载。

10.3 其他文件系统工具

du 和 df 命令用于显示文件系统的信息。这些工具与文件系统类型无关。

10.3.1　du

du 命令可以对某个目录结构下磁盘空间使用率进行统计。例如，以下命令显示了 /usr/lib 目录的空间使用量：

```
[root@localhost ~]$ du -sh /usr/lib
791M    /usr/lib
```

du 命令的重要选项包括表 10-4 所示的选项。

表 10-4　du 命令的选项

选　项	描　　述	选　项	描　　述
-h	使用便于人类阅读的大小单位进行显示	-s	显示摘要，而不是每个子目录的大小

10.3.2　df

df 命令显示分区和逻辑设备的使用情况：

```
[root@localhost ~]$ df
Filesystem          1K-blocks      Used Available Use% Mounted on
udev                  2019204        12   2019192   1% /dev
tmpfs                  404832       412    404420   1% /run
/dev/sda1            41251136   6992272  32522952  18% /
none                        4         0         4   0% /sys/fs/cgroup
none                     5120         0      5120   0% /run/lock
none                  2024144         0   2024144   0% /run/shm
none                   102400         0    102400   0% /run/user
```

df 命令的重要选项如表 10-5 所示。

表 10-5　df 命令的选项

选　项	描　　述	选　项	描　　述
-h	使用便于人类阅读的大小单位进行显示	-i	显示索引节点信息

10.4　挂载文件系统

在本节中，你将学习如何使用命令手动挂载以及卸载文件系统，还将学习如何编辑 /etc/fstab 文件中的设置，使系统在启动过程中自动挂载文件系统。

10.4.1　umount 命令

在讨论如何挂载文件系统之前，应该先对 umount 命令做一个简单的介绍。若要卸载一个文件系统，可以使用 umount 命令，后面跟上挂载点或者设备名。例如，如果 /dev/sda1 设备挂载在 /boot 目录下，以下任何一个命令都能卸载该文件系统：

```
umount /boot
umount /dev/sda1
```

在讨论 mount 命令之后，还将对 umount 命令做更多的讨论。

10.4.2　mount 命令

mount 命令可用于挂载文件系统以及显示当前已挂载的文件系统。当不带参数执行 mount 命令时，mount 命令会显示已挂载的文件系统以及一些挂载属性（也叫作挂载选项），如例 10-12 所示。

例 10-12　mount 命令

```
[root@onecoursesource ~]# mount
/dev/mapper/vg_livecd-lv_root on / type ext4 (rw)
proc on /proc type proc (rw)
sysfs on /sys type sysfs (rw)
devpts on /dev/pts type devpts (rw,gid=5,mode=620)
tmpfs on /dev/shm type tmpfs (rw,rootcontext="system_u:object_r:tmpfs_t:s0")
/dev/sda1 on /boot type ext4 (rw,usrquota,grpquota)
none on /proc/sys/fs/binfmt_misc type binfmt_misc (rw)
sunrpc on /var/lib/nfs/rpc_pipefs type rpc_pipefs (rw)
/dev/sr0 on /media/VBOXADDITIONS_5.0.2_102096 type iso9660
    (ro,nosuid,nodev,uhelper=udisks,uid=500,gid=500,iocharset=utf8,mode=0400,dmode=0500
```

每一行都描述了一个已挂载的设备，并且分成四个字段，用粗体突出显示：

device on **mount_point** type **fs_type** (**mount_options**)

表 10-6 更详细地描述了这些字段。

表 10-6　mount 命令输出的字段

选　项	描　述
device	已挂载的文件系统的路径。这可以是一个逻辑卷（LVM 将会在第 11 章中介绍）设备文件（例如 /dev/mapper/vg_livecd-lv_root）、一个分区设备文件（例如 /dev/sda1）、一个 CD-ROM（例如 /dev/sr0）、一个伪文件系统（例如 tmpfs），或其他各种设备类型（例如网络驱动器、USB 驱动器、RAID 设备，如果你跳进时光机的话，还有软盘驱动器）。伪文件系统（逻辑文件组）通常是驻留在内存中的文件系统，这个主题超出了本书的范围
mount_point	这是文件系统当前挂载的目录。例如，在例 10-12 中，/dev/sda1 设备上的文件系统挂载在 /boot 目录下
fs_type	文件系统的类型。除了伪文件系统之外，其他的都很简单。请记住，在以后的章节中还将更详细地讨论文件系统
mount_options	最后一个字段非常重要，因为这是管理员可以影响文件系统行为的地方。有大量的挂载选项可以改变文件系统的行为。每种文件系统类型都有不同的挂载选项（尽管有些挂载选项对多个文件系统都有效）。一个很好的例子是 rw 选项，你可以在例 10-12 中看到它用于多种类型的文件系统。这个选项使文件系统可以被读取和写入数据

注意，mount 命令之所以知道当前系统中挂载了哪些文件系统，是因为这些信息存储在 /etc/mtab 文件中，如例 10-13 所示。

例 10-13　/etc/mtab 文件

```
[root@onecoursesource ~]# more /etc/mtab
/dev/mapper/vg_livecd-lv_root / ext4 rw 0 0
proc /proc proc rw 0 0
sysfs /sys sysfs rw 0 0
devpts /dev/pts devpts rw,gid=5,mode=620 0 0
tmpfs /dev/shm tmpfs rw,rootcontext="system_u:object_r:tmpfs_t:s0" 0 0
none /proc/sys/fs/binfmt_misc binfmt_misc rw 0 0
sunrpc /var/lib/nfs/rpc_pipefs rpc_pipefs rw 0 0
/dev/sr0 /media/VBOXADDITIONS_5.0.2_102096 iso9660
➥ro,nosuid,nodev,uhelper=udisks,uid=500,gi
d=500,iocharset=utf8,mode=0400,dmode=0500 0 0
/dev/sda1 /boot ext4 rw,usrquota,grpquota 0 0
```

无论何时挂载或者卸载文件系统，都会更新 /etc/mtab 文件。另一个包含已挂载文件系统信息的文件是 /proc/mounts 文件，如例 10-14 所示。

例 10-14　/proc/mounts 文件

```
[root@onecoursesource ~]# more /proc/mounts
rootfs / rootfs rw 0 0
proc /proc proc rw,relatime 0 0
sysfs /sys sysfs rw,seclabel,relatime 0 0
devtmpfs /dev devtmpfs rw,seclabel,relatime,size=247568k,nr_inodes=61892,mode=755 0 0
devpts /dev/pts devpts rw,seclabel,relatime,gid=5,mode=620,ptmxmode=000 0 0
tmpfs /dev/shm tmpfs rw,seclabel,relatime 0 0
/dev/mapper/vg_livecd-lv_root / ext4 rw,seclabel,relatime,barrier=1,data=ordered 0 0
none /selinux selinuxfs rw,relatime 0 0
devtmpfs /dev devtmpfs rw,seclabel,relatime,size=247568k,nr_inodes=61892,mode=755 0 0
/proc/bus/usb /proc/bus/usb usbfs rw,relatime 0 0
none /proc/sys/fs/binfmt_misc binfmt_misc rw,relatime 0 0
sunrpc /var/lib/nfs/rpc_pipefs rpc_pipefs rw,relatime 0 0
/etc/auto.misc /misc autofs
➥ rw,relatime,fd=7,pgrp=1822,timeout=300,minproto=5,maxproto=5,
➥indirect 0 0
-hosts /net autofs
➥rw,relatime,fd=13,pgrp=1822,timeout=300,minproto=5,maxproto=5,indirect 0 0
/dev/sr0 /media/VBOXADDITIONS_5.0.2_102096 iso9660 ro,nosuid,nodev,relatime,uid=500,
➥ gid=500,
iocharset=utf8,mode=0400,dmode=0500 0 0
/dev/sda1 /boot ext4 rw,seclabel,relatime,barrier=1,data=ordered,usrquota,grpquota 0 0
```

虽然这两个文件都包含当前已挂载的文件系统信息，但是你应该注意以下这些差异：

- /etc/mtab 文件由 mount 和 umount 命令管理。mount 命令有一个 -n 的选项，意思是“不更新 /etc/mtab 文件”，所以这个文件有可能是不准确的。
- /proc/mounts 文件是由系统内核来管理的，所以更准确。
- /proc/mounts 文件通常包含更多信息（例如，查看例 10-13 中 /dev/sda1 设备的挂载选项，并将其与例 10-14 进行比较）。

10.4.3　手动挂载文件系统

要挂载一个文件系统，你应该给 mount 命令指定两个参数：要挂载的设备和挂载点。例如，以下的命令首先显示了设备 /dev/sda1 已被挂载，然后卸载 /dev/sda1 设备，最后重新挂载到 /boot 分区：

```
[root@onecoursesource ~]# mount | grep /dev/sda1
/dev/sda1 on /boot type ext4 (rw,usrquota,grpquota)
[root@onecoursesource ~]# umount /dev/sda1
[root@onecoursesource ~]# mount /dev/sda1 /boot
[root@onecoursesource ~]# mount | grep /dev/sda1
/dev/sda1 on /boot type ext4 (rw)
```

如果仔细观察，你会发现设备最初挂载和第二次挂载之间的区别。在第二条 mount 命令的输出中，usrquota 和 grpquota 参数已经不见了。造成此现象的原因是，/dev/sda1 设备在最初挂载时就启用了这些参数，这些参数是保存在 /etc/fstab 文件里的，本章后面将介绍这个文件。

想要手动使这些参数生效，使用 -o 选项：

```
[root@onecoursesource ~]# mount | grep /dev/sda1
/dev/sda1 on /boot type ext4 (rw)
[root@onecoursesource ~]# umount /dev/sda1
[root@onecoursesource ~]# mount -o usrquota,grpquota /dev/sda1 /boot
[root@onecoursesource ~]# mount | grep /dev/sda1
/dev/sda1 on /boot type ext4 (rw,usrquota,grpquota)
```

安全提醒

另一个有用的挂载选项为 ro 选项，该选项允许你以只读模式挂载一个文件系统。如果文件系统当前以读写模式挂载，你可以通过执行 mount -o remount 和 ro /dev/device_name 命令来把它改变为只读模式。将文件系统以只读方式挂载，在做故障处理或者尝试鉴别黑客留下的后门程序时很有用（这样就不会执行危险的代码了）。

如之前所提到的，文件系统有许多挂载选项，这些选项可以应用到多个文件系统类型或者针对某个特定的文件系统类型单独设置。本章后面将会详细讨论挂载选项。

mount 命令的另一个命令行选项为 -t，该选项允许你在挂载时指定文件系统。在大多数情况下，mount 命令足够聪明，可以通过在挂载之前预先检测文件系统来选择正确的文件系统类型。但是，如果你需要指定一个文件系统类型，使用如下的语法：

```
mount -t ext4 /dev/sda1 /boot
```

10.4.4 卸载文件系统相关的问题

如果文件系统当前正在被使用则无法被卸载。文件系统可能被使用的原因有几个，包括：

- 打开了文件系统中的某个文件。
- 文件系统中的某个程序正在运行。
- 用户在文件系统中打开了 Shell。换句话说，挂载点目录或者其子目录是用户 Shell 运行的当前目录。

对于需要卸载文件系统的系统管理员来说，这可能会令人沮丧。你不想看到下面这样的错误信息：

```
[root@onecoursesource ~]# umount /boot
umount: /boot: device is busy.
        (In some cases useful info about processes that use
         the device is found by lsof(8) or fuser(1))
```

注意，错误信息中还包括了使用 lsof 或 fuser 命令的建议。要列出已打开的文件，lsof 是一个很棒的命令。但是在这个例子里，fuser 命令更有用。

以文件系统的挂载点作为参数执行 fuser 命令，可以显示当前正在使用此文件系统的进程：

```
[root@onecoursesource ~]# fuser /boot
/boot:                  4148c
```

本例中的 4148 表示进程的 PID，c 代表此进程是如何被使用的。以下内容是从 fuser 的 man page 中摘录：

```
c       current directory.
e       executable being run.
f       open file. f is omitted in default display mode.
F       open file for writing. F is omitted in default display mode.
r       root directory.
m       mmap'ed file or shared library.
```

所以，c 代表着 PID 为 4148 的进程使用 /boot 目录（或者 /boot 目录的子目录）作为当前目录在运行。如果你使用 -v 选项（显示详情），可以显示更多细节：

```
[root@onecoursesource ~]# fuser -v /boot
                     USER        PID ACCESS COMMAND
/boot:               bob        4148 ..c.. bash
```

因此，现在你可以查找到用户 bob 并且通知他退出 /boot 目录，或者可以用 fuser 命令的另外一个很好用的选项来强制关掉那些你感到没用的进程：

```
[root@onecoursesource ~]# fuser -k /boot
/boot:                   4148c
[root@onecoursesource ~]# fuser -v /boot
[root@onecoursesource ~]# umount /boot
```

安全提醒

当执行 fuser -k 命令时，它会发送一个信号给文件系统中所有在阻止你卸载该文件系统的进程。这个信号叫作 SIGKILL 信号，它会带来一个潜在的安全问题，因为它会强制让上述所有进程停止，而不提供任何优雅关闭的机会。这意味着如果某个进程正在执行正常的清理操作（例如删除临时文件，或保存数据到文件或者数据库中）的话，当它被强制停止时，它就无法执行这些操作了。

最好是先尝试优雅地停止这些进程。这可以通过使用 fuser 命令的 -k 选项的同时加上 -15 选项来实现。如果执行命令 fuser -k -15 后，这些进程短时间内无法停止的话，再去掉 -15 选项，执行 fuser -k 命令。

关于进程控制的更多细节将在第 24 章中介绍。

10.4.5 自动挂载文件系统

有些文件系统在操作系统启动时会自动挂载。哪些文件系统会自动挂载和 /etc/fstab 文件的配置有关。/etc/fstab 文件的例子，请参见例 10-15。

例 10-15 /etc/fstab 文件

```
[student@onecoursesource ~]$ more /etc/fstab
# Accessible filesystems, by reference, are maintained under '/dev/disk'
# See man pages fstab(5), findfs(8), mount(8) and/or blkid(8) for more info
#
/dev/mapper/vg_livecd-lv_root /                    ext4   defaults 1
UUID=974e2406-eeec-4a49-9df7-c86d046e97f9 /boot    ext4   usrquota,grpquota,defaults
➥1 2
/dev/mapper/vg_livecd-lv_swap swap                swap   defaults         0 0
tmpfs                   /dev/shm                  tmpfs  defaults         0 0
devpts                  /dev/pts                  devpts gid=5,mode=620   0 0
sysfs                   /sys                      sysfs  defaults         0 0
proc                    /proc                     proc   defaults         0 0
```

/etc/fstab 文件中的每一行都包含六个数据字段，以空格分隔，分别表示文件系统物理设备路径、文件系统类型、在哪个目录下挂载（挂载点），以及如何挂载此文件系统（挂载选项)。这六个数据字段为：

```
device_to_mount   mount_point   fs_type   mount_options
dump_level   fsck_value
```

表 10-7 描述了这六个数据字段的更多细节。

表 10-7　/etc/fstab 文件的字段

选　项	描　述
device_to_mount	这是包含要挂载的文件系统的设备描述符。对于如何指定这个名称，有多种方法。包括使用设备文件名（例如 /dev/sda1）、标签或 UUID（通用唯一标识符）。10.4.6 节中将讨论每种方法的优缺点
mount_point	挂载点，即文件系统要放在目录树结构中的哪个目录
fs_type	文件系统类型。btrfs、ext4、xfs 或 vfat 常用于设备上的文件系统。对于网络文件系统，经常使用 nfs 或 cifs（Windows 文件共享）。使用 tmpfs、proc 或 devpts 的是典型的伪文件系统。swap 用作内存使用的设备（例如硬盘缓存或操作系统交换分区）
mount_options	挂载文件系统时使用的挂载选项。请参阅 10.4.7 节
dump_level	dump 命令使用这个值确定哪些文件系统需要备份。1 表示“备份”，0 表示“不备份”。dump 命令在现代 Linux 发行版中很少使用，因此大多数管理员习惯把这个字段设置为 0
fsck_value	当系统启动时，fsck 命令对本地 Linux 文件系统执行检查。它检查哪些文件系统，以及检查的顺序取决于这个字段。0 表示“不检查”，所有非 Linux 文件系统应该设置为 0，包括从远程挂载的文件系统。 1 或更大的数字表示“在这个文件系统上运行 fsck 命令”。大多数管理员对 / 文件系统使用 1，对所有其他文件系统使用 2。从 1 开始依次检查文件系统。 如果所有的分区都在同一个硬盘驱动器上，使用其他的值并没有什么好处，因为同一时间只能检查一个分区。但是如果你有多个硬盘驱动器，你可能希望对不同驱动器上大小相似的分区使用相同的值，以加快运行 fsck 命令的速度。这是因为 fsck 命令可以在不同的磁盘驱动器上并行运行。因此，如果 /dev/sda1 和 /dev/sdb6 具有相同的大小，则可以为它们设置相同的 fsck 值

10.4.6　设备描述符

如果你要添加一个新的文件系统到操作系统中，应该仔细考虑用什么设备描述符来挂载文件系统。例如，假设添加一个新的磁盘到系统中，创建一个设备名为 /dev/sdb1 的分区，同时在此分区上创建一个 ext4 类型的文件系统。那你应该在 /etc/fstab 文件中添加类似如下的行：

```
/dev/sdb1  /data  ext4  defaults 0 1
```

这样做以后，文件系统很可能运行得很正常，但是有一个潜在的问题：设备名称有可能改变。如果在系统中添加或删除硬盘，固件程序（例如 BIOS）可能会认为新硬盘才是“第一个”磁盘，从而导致更改现有磁盘的设备名称。甚至删除设备上的分区也可能导致对现有分区重新编号。

那么，可以使用标签（label）而不使用常规分区的设备名。标签是配置在分区上的名称。如果设备名改变了，标签仍然会“粘”在那个分区上，这是一个更好的挂载方法。要创建一个标签，可以使用 e2label 命令：

```
[root@onecoursesource ~]# e2label /dev/sdb1 data
```

然后在 /etc/fstab 文件中使用如下语法进行配置：

```
LABEL="data"  /data  ext4  defaults 0 1
```

注意，你可以使用 e2label 命令或者 blkid 命令查看设备标签：

```
[root@onecoursesource ~]# e2label /dev/sda2
data
[root@onecoursesource ~]# blkid | grep sda2
/dev/sda2: UUID="974e2406-eeec-4a49-9df7-c86d046e97f9" TYPE="ext4" LABEL="data"
```

虽然使用设备标签挂载文件系统比使用设备名好，但还是有点不太理想。如果你将此磁盘从当前服务器移除并且添加到其他服务器上，有可能会与目标服务器上的设备标签冲突。如果新的系统中也有一个分区的设备标签是“data”，那么这就会带来问题。

最稳定的解决方案是使用 UUID 数字。UUID 是在设备创建时分配给它的数字。由于这个数字非常大（128 位），以及它特殊的生成方法，两个设备几乎不可能拥有相同的 UUID。使用 blkid 命令可查看设备的 UUID：

```
[root@onecoursesource ~]# blkid | grep sda2
/dev/sda2: UUID="974e2406-eeec-4a49-9df7-c86d046e97f9" TYPE="ext4" LABEL="data"
```

在 /etc/fstab 文件中使用 UUID 进行配置，请用以下语法：

```
UUID=974e2406-eeec-4a49-9df7-c86d046e97f9  /data  ext4  defaults 0 1
```

最后，需要注意的是，并非所有设备都需要使用 UUID 或标签。看下面来自 /etc/fstab 文件的这行：

```
/dev/mapper/vg_livecd-lv_swap swap                    swap    defaults        0 0
```

/dev/mapper/vg_livecd-lv_swap 设备是一个逻辑卷（逻辑卷将在第 11 章中介绍）。逻辑卷设备的名称不会更改，除非你（管理员）人为地更改它。其他设备，如网络驱动器和软件 RAID 设备，也不需要使用 UUID 或标签。

10.4.7 挂载选项

文件系统的工作方式部分取决于你设置的挂载选项。有许多不同的挂载选项可供选择。需要掌握的最重要的选项是那些与 defaults 关键字相关的选项。当你在 /etc/fstab 文件中设置挂载选项为 defaults 时，实际上是在设置 rw、suid、dev、exec、auto、nouser、async 和 relatime 选项，表 10-8 描述了这些选项的细节。

表 10-8　默认选项

选　项	描　述
rw	以读写模式挂载文件系统。若想以只读模式挂载文件系统，使用 ro 选项
suid	对文件系统中的文件启用 SUID 权限设置（有关 SUID 权限的详细信息，请参阅第 9 章）。使用 nosuid 选项来禁用 SUID 权限。在文件系统上禁用 SUID 权限通常是为了防止用户创建 SUID 程序，这些程序可能会导致安全风险（注意：/ 和 /usr 文件系统绝不应该使用 nosuid 选项挂载）
dev	允许在此文件系统上使用设备文件。通常，设备文件只放在 /dev 目录下。因此出于安全目的，在所有文件系统（除了 / 文件系统）上使用 nodev 选项将会使系统更安全
exec	启用文件系统中的可执行文件。使用 noexec 选项禁用可执行文件。在服务器上禁用可执行文件可能是一个好主意，因为可以防止用户向服务器引入新的程序
auto	当管理员使用 mount 命令的 -a 选项时，将会使用此选项。-a 选项表示“挂载 /etc/fstab 文件中所有具有 auto 选项的文件系统”。请记住，当系统启动时，会使用 mount -a 命令挂载文件系统。因此，使用 noauto 选项也意味着该文件系统在系统启动过程中不会自动挂载
nouser	不允许普通用户挂载此文件系统。出于安全考虑，这通常是最佳选择，但在某些情况下，你可能会希望用户能挂载可移动设备。在这些情况下，就可以使用 user 选项。如果使用 user 选项，那么，文件系统一旦被挂载，只有该用户才能卸载 关于 user 选项还要注意的一点是，它允许任意用户挂载此文件系统。同时，这个选项也允许任意用户能卸载它
async	执行同步任务的进程能确保所有数据都已写入硬盘驱动器。通常，当创建或修改文件时，文件的内容被直接写入硬盘驱动器，但是元数据（关于文件的信息）被临时存储在内存中。这能减少过多的硬盘写入操作，并防止抖动，当硬盘超载时就会出现这种情况。每隔一段时间，这些元数据就会被写到硬盘上，这个过程叫作同步 async 选项就是导致元数据临时存储在内存中的原因。在某些情况下，这可能会导致问题，因为如果系统没有正确地关闭，这些元数据可能会丢失。如果元数据很重要，可以考虑使用 sync 选项，但是要意识到这可能会大大降低系统的速度 注意：如果使用 async 选项，可以随时通过执行 sync 命令来将元数据写入硬盘驱动器
relatime	每个文件都有三个时间戳：文件内容最近被修改的时间、文件元数据最近被修改的时间，以及文件最近被访问的时间。文件的访问时间通常不是很重要，但是这可能会导致大量的系统写入操作，尤其是你在目录中执行那种需要递归执行的命令的时候（例如 grep -r） relatime 选项启用更新访问时间戳的功能。如果这会导致性能问题，请考虑将该选项更改为 norelatime

如上所述，这些不是唯一的选择，事实上，还有很多选择。要查看这些附加选项，请查看 mount 命令的 man page。首先看标题为“Filesystem Independent Mount Options”的部分，因为它涵盖了适用于大多数文件系统的选项。然后查找你正在使用的文件系统。例 10-16 显示了 mount 命令 man page 中与 ext4 文件系统相关的部分。

例 10-16　ext4 文件系统的 mount 选项

```
Mount options for ext4
       The ext4 filesystem is an advanced  level  of  the  ext3  filesystem
       which  incorporates  scalability  and reliability enhancements for sup-
       porting large filesystem.
```

```
The options journal_dev, noload, data, commit, orlov, oldalloc,
[no]user_xattr [no]acl, bsddf, minixdf, debug, errors, data_err, grpid,
bsdgroups, nogrpid sysvgroups, resgid, resuid, sb, quota, noquota,
grpquota, usrquota and [no]bh are backwardly compatible with ext3 or
ext2.

journal_checksum
       Enable checksumming of the journal transactions. This will
       allow the recovery code in e2fsck and the kernel to detect cor-
       ruption in the kernel. It is a compatible change and will be
       ignored by older kernels.

journal_async_commit
       Commit block can be written to disk without waiting for descrip-
       tor blocks. If enabled older kernels cannot mount the device.
```

10.4.8　挂载可移动介质

当可移动介质，例如 CD-ROM 或者 DVD 被自动挂载的时候，一般挂载在 /media 目录下面。在使用 GUI（如 Gnome 或 KDE）的现代 Linux 发行版时不需要配置此过程，因为这些软件程序能识别到新的可移动介质并自动挂载。

但是，在一个没有运行 GUI 的系统中，自动挂载的过程不会发生。可以通过在 /etc/fstab 文件里添加如下所示的行，来使得普通用户也可以挂载可移动设备：

```
/dev/cdrom /media udf,iso9660 noauto,owner 0 0
```

10.4.9　交换空间

当系统中可用的内存比较低的时候就会使用交换空间。内存中当前未被使用的数据将会被“交换”至硬盘驱动器上为此预留的专用空间，从而为其他进程腾出内存空间。

通常，你会在系统安装过程中创建一个交换分区。在安装之后的某个时候，你可能会想要添加额外的交换空间，这可以用另一个交换分区或交换文件的形式实现。

要查看当前活跃的交换设备，请使用 -s 选项执行 swapon 命令：

```
[root@onecoursesource ~]# swapon -s
Filename          Type        Size      Used     Priority
/dev/dm-1         partition   1048568
```

从以上 swapon -s 命令的输出，可以看到作为交换文件系统的设备名（/dev/dm-1）、交换文件系统的大小（以字节为单位），以及已使用了多少空间。Priority（优先级）则显示哪个交换文件系统会先被使用。

10.4.10　创建交换设备

交换设备可以是一个存储设备（磁盘分区、逻辑卷、RAID 等）或者一个文件。一般存储设备的速度都要比文件快一点，因为系统内核不用通过文件系统访问存储设备上的交换空间。但是，你并不是总能够向系统中添加新设备，因此你可能会发现交换文件更常用于辅助（secondary）交换设备。

假设你已经创建了一个 tag 类型为 82（本例中为 /dev/sdb1）的新分区，可以执行以下命令将其格式化为交换设备：

```
[root@onecoursesource ~]# mkswap /dev/sdb1
Setting up swapspace version 1, size = 203772 KiB
no label, UUID=039c21dc-c223-43c8-8176-da2f4d508402
```

然后使用 swapon 命令将其添加到现有的交换空间里：

```
[root@onecoursesource ~]# swapon -s
Filename                Type            Size        Used        Priority
/dev/dm-1               partition       1048568     37636       -1
root@onecoursesource ~]# swapon /dev/sdb1
[root@onecoursesource ~]# swapon -s
Filename                Type            Size        Used        Priority
/dev/dm-1               partition       1048568     37636       -1
/dev/sdb1               partition       203768      0           -2
```

请记住，swapon 命令只是一个临时解决方案。在 /etc/fstab 中添加如下条目，可使其成为永久性的交换设备：

```
UUID=039c21dc-c223-43c8-8176-da2f4d508402 swap    defaults    0 0
```

想要创建一个交换文件，首先需要创建一个大文件。这可以利用 dd 命令很轻松地实现。例 10-17 显示了如何创建一个 200M 大小的名为 /var/extra_swap 的文件，以及如何将其设置为交换空间。

例 10-17　创建文件并且将其设置为交换空间

```
[root@onecoursesource ~]# dd if=/dev/zero of=/var/extra_swap bs=1M count=200
200+0 records in
200+0 records out
209715200 bytes (210 MB) copied, 4.04572 s, 51.8 MB/s
[root@onecoursesource ~]# mkswap /var/extra_swap
mkswap: /var/extra_swap: warning: don't erase bootbits sectors
        on whole disk. Use -f to force.
Setting up swapspace version 1, size = 204796 KiB
no label, UUID=44469984-0a99-45af-94b7-f7e97218d67a
[root@onecoursesource ~]# swapon /var/extra_swap
[root@onecoursesource ~]# swapon -s
```

```
Filename            Type        Size      Used     Priority
/dev/dm-1           partition   1048568   37664    -1
/dev/sdb1           partition   203768    0        -2
/var/extra swap     file        204792    0        -3
```

如果要手动从当前交换空间删除设备，请使用 swapoff 命令：

```
[root@onecoursesource ~]# swapon -s
Filename          Type        Size      Used     Priority
/dev/dm-1         partition   1048568   27640    -1
/var/extra_swap   file        204792    0        -2
[root@onecoursesource ~]# swapoff /var/extra_swap
[root@onecoursesource ~]# swapon -s
Filename          Type        Size      Used     Priority
/dev/dm-1         partition   1048568   27640    -1
```

10.5　总结

本章你学习了如何创建分区和文件系统，以及如何执行基本的文件系统操作任务。包括手动和自动挂载分区，以及在挂载和卸载时使用不同的选项。

10.5.1　重要术语

物理文件系统、虚拟文件系统、挂载点、挂载、设备标签、通用唯一标识符（UUID）、同步、交换空间、日志、索引节点

10.5.2　复习题

1. 以下哪个文件系统可用于 CD-ROM 的光盘？（选择两个。）

A. ext2　B. HFS　C. ISO9600　D. UDF

2. ______命令可以用于卸载文件系统。

3. 哪个命令可以用来判断是什么在阻止你卸载文件系统？（选择两个。）

A. mount　B. umount　C. fuser　D. lsof

4. fuser 命令的哪个选项能查看使文件系统繁忙的进程属于哪个用户所有？

A. -k　B. -o　C. -v　D. 上述全部

5. 以下哪个命令能查看设备的 UUID ？

A. e2label　B. mount　C. sync　D. blkid

6. ______命令能将一个交换空间设备从使用中移除。

7. 哪个文件系统支持 2TB 大小的文件？

A. ext2　B. ext3　C. ext4　D. 以上都不是

8. 以下哪个命令可以创建一个磁盘分区？

A. mkfs　B. fsck　C. dumpe2fs　D. fdisk

9. 填空，创建 ext4 文件系统的命令是 ______。

10. tune2fs 命令的______选项可以改变文件系统为超级用户保留的容量百分比。

第 11 章

管理本地存储：高级特性

本章主要介绍如何管理本地存储的高级特性。本章的第一节介绍了如何加密文件系统，可以利用此特性加密移动设备。

接下来，将介绍自动挂载服务 autofs。这个特性能在用户进入到特定目录时，使设备自动出现在目录结构中。此功能对于本地及远程存储设备都是很有用的。远程存储设备将在第 12 章介绍。

最后，你将学习逻辑卷管理基础，一个传统的磁盘分区方式的替代方案。

学习完本章并完成课后练习，你将具备以下能力：

- 创建并且挂载加密文件系统。
- 管理自动挂载服务。
- 管理逻辑卷。
- 配置磁盘配额。
- 管理硬链接及软链接。

11.1 加密文件系统

你可能已经用过如 GnuPG 软件加密文件，这种叫作文件级加密的技术，是用来加密特定的文件，通常是为了保证传输的安全。加密文件系统的目的与此类似，但原因却有所不同。

设想一种情况，你需要利用另外一个单独的 U 盘传输数以千计的文件。单独加密每个文件将是一个冗长枯燥的过程（解密的过程也是）。对整个文件系统进行加密与对单个文件进行加密提供了同样多的安全优势（实际上更多）。

为什么加密整个文件系统比单独加密文件更好？假设你单独加密文件，文件的某些数据（属主、权限、时间戳等）将依旧是可见的并且会带来潜在的风险。如果加密了整个文件系统，除非解密整个文件系统，否则，这些细节数据将是不可见的。

而且，如果你的笔记本计算机包含一些敏感信息，加密整个文件系统可以使得即使你的笔记本计算机在丢失或者被盗的情况下也可以阻止数据被非法访问。

当谈到 Linux 文件系统加密时，你应该知道一项重要的技术，就是 LUKS（Linux Unified Key Setup，即 Linux 统一密钥配置）规范。当我们说 LUKS 是一种技术规范的时候，我们的意思是它只是描述了在 Linux 中如何对文件系统加密，LUKS 本身不提供任何的软件实现，而且它也不是官方的规范（虽然一般来说规范都是“官方标准”）。

由于只是一种规范，LUKS 不会强制你使用任何特定的软件工具去加密文件系统。使用各种工具都是可以的，但是出于本书的写作目的，我们将介绍一个叫作 DMCrypt 的基于内核实现的加密方法。

DMCrypt 是一个内核模块，该模块可以使内核可以识别加密的文件系统。除了 DMCrypt 模块之外，你还应该知道用来创建和挂载加密文件系统的两个命令：cryptsetup 和 cryptmount 命令。注意，你只能使用这两个命令中的一个（很可能是 cryptsetup 命令）配置加密的文件系统。

下面的步骤演示了如何使用 cryptsetup 命令创建一个新的加密文件系统。首先，你可能需要加载一些内核模块（参考第 28 章查阅 modprobe 命令的细节）：

```
[root@onecoursesource ~]# modprobe dm-crypt
[root@onecoursesource ~]# modprobe aes
[root@onecoursesource ~]# modprobe sha256
```

接下来，在一个新的磁盘分区上面创建一个 LUKS 格式的密码。注意如果你是在一个已经存在的分区上面做此操作的话，你需要先备份上面的所有数据后卸载此分区。以下命令将会覆盖掉 /dev/sda3 上面的数据：

```
[root@onecoursesource ~]# cryptsetup --verbose --verify-passphrase
➥luksFormat /dev/sda3
WARNING!
========
This will overwrite data on /dev/sda3 irrevocably.
Are you sure? (Type uppercase yes): YES
Enter passphrase:
Verify passphrase:
Command successful.
```

注意，在上面的 cryptsetup 命令输出中会提示你提供一个密码（一串字符，例如一句话或者是简单的一串字母）。每当需要挂载文件系统时，都需要这个密码来解密文件系统。

接下来，你需要运行一个命令创建一个新的加密设备文件。下面的命令将创建一个名为 /dev/mapper/data 的文件，该文件稍后将用于挂载加密的文件系统。输入的密码必须与之前用 cryptsetup 命令创建的相同。

```
[root@onecoursesource ~]# cryptsetup luksOpen /dev/sda3 data
Enter passphrase for /dev/sda3:
```

现在，此物理文件系统设备已经打开了（可以理解为“解锁”或者“解密”），然后就可以在此新设备上面创建文件系统，如例 11-1 中所示。

例 11-1 创建文件系统

```
[root@onecoursesource ~]# mkfs -t ext4 /dev/mapper/data
mke2fs 1.42.9 (28-Dec-2013)
Filesystem label=
OS type: Linux
Block size=4096 (log=2)
Fragment size=4096 (log=2)
Stride=0 blocks, Stripe width=0 blocks
34480 inodes, 137728 blocks
6886 blocks (5.00%) reserved for the super user
First data block=0
Maximum filesystem blocks=142606336
5 block groups
32768 blocks per group, 32768 fragments per group
6896 inodes per group
Superblock backups stored on blocks:
    32768, 98304
Allocating group tables: done
Writing inode tables: done
Creating journal (4096 blocks): done
Writing superblocks and filesystem accounting information: done
```

注意，在上例的命令中 /dev/mapper/data 作为一个物理设备使用，并在其上创建文件系统。要非常注意的是，你不能在实际的物理分区上面创建文件系统（在本例中为 /dev/sda3）。

创建挂载点目录并且在 /etc/crypttab 以及 /etc/fstab 文件中加入相应的记录。在 /etc/crypttab 文件中，新的设备 /dev/mapper/data 与物理分区 /dev/sda3 相关联。系统在引导过程中使用这个关联来把 /dev/mapper/data 挂载到 /data 目录下。

```
[root@onecoursesource ~]# mkdir /data
[root@onecoursesource ~]# echo "data /dev/sda3 none" >> /etc/crypttab
[root@onecoursesource ~]# echo "/dev/mapper/data /data ext4 defaults 1 2" >> /etc/fstab
```

每次启动系统时，将会提示你输入密码挂载 /dev/mapper/data 设备。请参考图 11-1 中的例子。

可以通过将 /etc/crypttab 文件中的 none 更改为密码自动执行此挂载过程，但是这就违背了加密该文件系统的初衷。

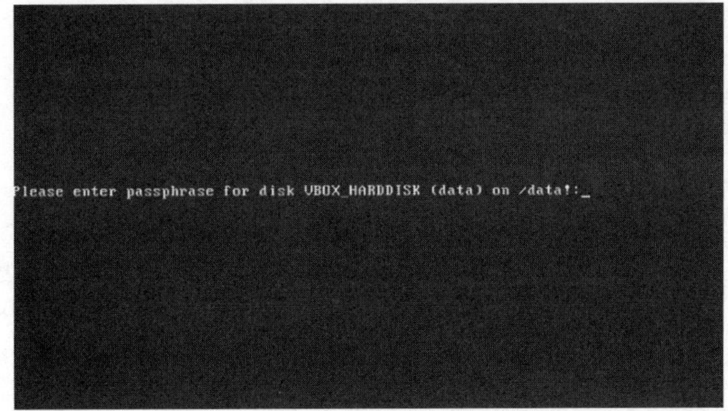

图 11-1 在启动时提示输入密码

11.2 管理 autofs 服务

autofs 服务的作用是在当某个用户（或者任意进程）访问文件系统的挂载点时自动挂载该文件系统。当此文件系统在一定的时间内未被使用，该文件系统会被自动卸载。

autofs 服务的配置文件为 /etc/auto.master 文件，在该文件中可以配置当某个挂载点被访问时挂载哪个物理文件系统。通常你的 Linux 发行版中已经有了一个 /etc/auto.master 文件，其实它的实际内容在不同的发行版之间区别不大。例 11-2 显示了 CentOS 7.x 系统中的 /etc/auto.master 文件的内容。

例 11-2 CentOS 7.x 系统中的 /etc/auto.master 文件内容

```
[root@onecoursesource Desktop]# more /etc/auto.master
#
# Sample auto.master file
# This is a 'master' automounter map and it has the following format:
# mount-point [map-type[,format]:]map [options]
# For details of the format look at auto.master(5).
#
/misc    /etc/auto.misc
#
# NOTE: mounts done from a hosts map will be mounted with the
#    "nosuid" and "nodev" options unless the "suid" and "dev"
#    options are explicitly given.
#
/net    -hosts
#
# Include /etc/auto.master.d/*.autofs
# The included files must conform to the format of this file.
#
```

```
+dir:/etc/auto.master.d
#
# Include central master map if it can be found using
# nsswitch sources.
#
# Note that if there are entries for /net or /misc (as
# above) in the included master map any keys that are the
# same will not be seen as the first read key seen takes
# precedence.
#
+auto.master
```

注意，默认文件的大部分内容都是注释，该文件中目前只存在四个设置。其中三个是相当基础的设置，如表 11-1 所示。

表 11-1　/etc/auto.master 文件的默认设置

设　置	描　述
/net -hosts	该设置提供了一个有用的特性，可以自动挂载远程系统共享的 NFS（网络文件系统）设备。启用此设置后，可以直接浏览 /net/***machine_name*** 目录，然后自动挂载该远程计算机共享的所有 NFS 设备。例如，如果浏览 /net/server1 目录，autofs 将自动挂载主机名为 server1 的所有 NFS 共享。或者，如果转到 /net/192.168.1.1，autofs 将自动挂载 IP 地址为 192.168.1.1 的所有 NFS 共享。注意：NFS 将会在第 12 章中详细介绍
+dir:/etc/auto.master.d	该设置允许你在 /etc/auto.master.d 目录中创建文件配置额外的自动挂载设置。绝大部分管理员可能会直接修改 /etc/auto.master 文件，但是利用 /etc/auto.master.d 目录的优点在于，软件发行商在软件安装过程中如果想要添加 autofs 挂载，在这个目录中增加文件就能实现自动挂载，而不用试着去修改 /etc/auto.master 文件
+auto.master	正如 /etc/auto.master 文件中的注释所述，这个设置用于"Include central master map if it can be found using nsswitch sources."。如果查看 /etc/nsswitch.conf 文件，就会看到 automount:file 条目。如果还有其他的 autofs 设置来源，例如 NIS，那么你可以通过更改 /etc/nsswitch.conf 文件中的条目将它们合并到本地系统中，就像 automount: files nis

除了表 11-1 中的设置，通常在 /etc/auto.master 文件中还有下面这条记录：

```
/misc     /etc/auto.misc
```

这个条目是所谓的间接 autofs 映射（indirect autofs map）的开始。实现间接 autofs 映射需要配置两个文件，/etc/auto.master 文件以及这一行的第二个值所指定的文件（这个例子中是 /etc/auto.misc）。对于 automount 守护进程来说，这意味着"如果一个用户或者进程进入了 /misc 目录下的子目录，就会查找 /etc/auto.misc 文件获取所需的其他信息"。

如果在默认的 /etc/auto.master 文件中有一条记录指向了 /etc/auto.misc 文件，那么在系统中也会有一个默认的 /etc/auto.misc 文件。例 11-3 显示了 CentOS 7.x 系统中的

/etc/auto.misc 文件的内容。

例 11-3　CentOS 7.x 系统中的 /etc/auto.misc 文件内容

```
[root@onecoursesource Desktop]# more /etc/auto.misc
#
# This is an automounter map and it has the following format
# key [ -mount-options-separated-by-comma ] location
# Details may be found in the autofs(5) manpage

cd          -fstype=iso9660,ro,nosuid,nodev         :/dev/cdrom

# the following entries are samples to pique your imagination
#linux          -ro,soft,intr           ftp.example.org:/pub/linux
#boot           -fstype=ext2            :/dev/hda1
#floppy         -fstype=auto            :/dev/fd0
#floppy         -fstype=ext2            :/dev/fd0
#e2floppy       -fstype=ext2            :/dev/fd0
#jaz            -fstype=ext2            :/dev/sdc1
#removable      -fstype=ext2            :/dev/hdd
```

文件中的大部分行都已经被注释了，但是有一行是当前生效的配置：

```
cd          -fstype=iso9660,ro,nosuid,nodev     :/dev/cdrom
```

第一个字段（本例中为 cd）是生成挂载点的剩余路径。第二个字段是挂载选项，第三个字段是要挂载的设备。换句话说，根据例 11-3 中的条目，如果一个用户或者进程进入了 /misc/cd 目录，将使用 -fstype=iso9660,ro,nosuid,nodev 挂载选项挂载本地的 /dev/cdrom 设备。

在运行 GUI 的现代 Linux 发行版中，GUI 将自动挂载 CD-ROM。但是，没有 GUI 的服务器是不会自动挂载光驱的，所以这个设置对普通用户来说，可能会使得访问光驱更容易（通常不允许他们有挂载光驱的权限）。

假设你想要创建一个自动挂载记录，把 NFS 共享 server1:/usr/share/doc 挂载到 /nfs/doc 目录下，同时把 NFS 共享 plan9:/aliens 挂载到 /nfs/aliens 目录。首先在 /etc/auto.master 文件中添加以下条目：

```
/nfs            /etc/auto.custom
```

然后在 /etc/auto.custom 文件中添加以下条目：

```
Doc        -fstype=nfs    server1:/usr/share/doc
Aliens     -fstype=nfs    plan9:/aliens
```

接下来，创建 /nfs 目录（注意，在现代操作系统中，这一步可能不是必需的，但是也没有什么危害）：

```
mkdir /nfs
```

不要创建任何的子目录，automount 守护进程将在需要时自动创建 /nfs/doc 和 /nfs/aliens 目录（当不再使用时也将自动删除）。

最后，启动或者重启 autofs 服务。如果使用的是 SysVinit 管理的系统，请执行以下命令：

```
/etc/init.d/autofs start
```

注意，你还可以创建直接映射（direct map），它更简单，建议用于简单的挂载。对于直接映射，你可以在 /etc/auto.master 文件中添加如下所示的条目：

```
/-    /etc/auto.direct
```

然后，将完整的挂载点、挂载选项和要挂载的设备放在 /etc/auto.direct 文件里：

```
/remote/aliens    -fstype=nfs    plan9:/aliens
```

无论何时更改了这些映射文件，记得要重启 autofs 服务。

11.3　LVM

在 x86 平台上使用了几十年的分区技术有很多限制。例如，整个分区必须在单个磁盘上，这使得在向系统添加新硬盘驱动器时很难利用磁盘空间。想要调整传统的分区大小也不是那么容易。

逻辑卷管理器（Logical Volume Manager，LVM）技术是一项可以代替传统分区的技术。使用 LVM，你可以将新的存储空间合并到现有的存储设备中，本质上是扩展了已经包含文件系统的设备的容量。LVM 还允许创建“快照”，使你能够为活动文件系统创建备份。

11.3.1　LVM 概念

注意　此节介绍了一些很难理解的术语：逻辑卷管理器（LVM）、卷组、物理卷、物理区块等。当阅读关于 LVM 的文档时，你总是会看见这些术语的缩写，卷组（Volume Group，VG）、物理卷（Physical Volume，PV）等。基于此原因，本章也遵循这样的术语缩写，在介绍过某个术语后就会使用其缩写。这是为了帮助你熟悉这个约定。

你的任务是在现有系统上安装新的数据库服务器。告诉你的经理你需要 100GB 的额外存储空间，他回答说：“没问题，我会把它送到你的办公室。”第二天包裹到了，里面有三块 40GB 大小的新硬盘。你马上意识到一个问题，因为数据库软件需要的是一个 100GB 大小的空间。当你把这个问题告诉你的老板时，你被告知必须利用已有的资源完成你的工作。现在怎么办？

你可以将这三个硬盘组成一个软件 RAID 0 设备，但是你意识到，如果将来需要更多的数据库服务器空间，那么这将会造成问题。你还知道，在使用数据库时对其进行可靠的备份非常重要。幸运的是，你知道一种能动态添加更多的空间，并能对活动文件系统进行备份的技术——LVM（逻辑卷管理器）。

通常，似乎有两个心理障碍会阻止管理员采用 LVM：

- 理解为什么 LVM 比普通分区好得多。
- 理解 LVM 的工作原理。

所以，在深入介绍如何配置 LVM 的命令之前，我们将先介绍一下此项技术的优势和概念。

> **注意** LVM 主要有两种实现，LVM1 和 LVM2。本章的大多数主题都适用于这两者。当有不同时，会单独提及。为了避免混淆，术语 LVM 既指 LVM1，也指 LVM2。

下面的列表描述了 LVM 的一些优点：

- LVM 可以把多个存储设备合并成一个设备，系统内核会把这些存储设备当成一个单独的存储设备。这意味着你可以把三个 40GB 的磁盘合并成一个 120GB 大小的存储设备。实际上，这些设备并不一定都是相同大小或相同类型的。所以，你可以把一个 30GB 大小的磁盘，20GB 大小的 U 盘（合并使用后不要从服务器上拔下来！）以及一个 25GB 大小的 iSCSI 磁盘合并成一个单独的存储设备。甚至可以通过创建一个分区并将其添加到 LVM 来使用部分硬盘。
- 使用 LVM，可以通过向 LVM 添加新的物理存储设备增加已存在的文件系统的空间。本章后面将提供一个这样的例子。
- 即使你不需要非常大的存储容器，也不需要增加文件系统的大小，但是如果系统中有多个硬盘，LVM 仍然很有用。通过使用 LVM 的条带化功能，可以同时向多个硬盘写入数据，这可以极大地提高 I/O（输入 / 输出）速度。
- 由于备份软件的工作原理，备份活动的文件系统通常是会有问题的。这些工具通常先备份文件系统的元数据然后再备份文件的内容。在活动的文件系统中，如果文件的内容在备份元数据和备份文件内容之间发生变化，则会导致问题。LVM 有一个叫作快照的特性，可以允许你用文件系统某时刻不会变化的镜像进行备份，同时文件系统本身还能进行读写。本章后面将更详细地解释这一点。

听起来 LVM 非常完美。确实，在大多数情况下你可能应该使用 LVM 而不是使用传统分区方式，但是 LVM 也有两个你应该知道的缺点：

- LVM 无法像 RAID 一样提供数据冗余（当然，传统分区方式也不行）。但是，可以通过创建软件 RAID 1 设备并将它们作为 LVM 中使用的存储设备解决这个问题。LVM2 也有软件 RAID 的特性（不过 RAID 级别是 4、5，或者 6，而不是 1）。

- 一些旧的固件和引导加载程序不知道如何访问 LVM 设备。因此，你通常会看到把 /boot 文件系统放在普通分区上。然而，随着更现代的固件和引导加载程序能访问 LVM 设备，最近这种情况开始改变。

LVM 在只有一个驱动器的系统上的优势

你可能想知道为什么在只有一个硬盘的系统上还要使用 LVM。要想回答这个问题，让我们先来告诉你一个在我们的系统管理员生涯中不得不多次解决的问题。

我们经常有安装操作系统的任务，并且我们总是试图去创建在特定情况下有意义的分区。例如，如果我们安装的是一个邮件服务器，那我们需要确保创建一个单独的 /var 文件系统。如果我们在安装一个拥有多个用户的系统，我们需要确保 /home 文件系统在一个独立的分区上。因此，最终得到与表 11-2 类似的分区布局就很常见。

表 11-2　分区布局示例

分　区	挂载点	大　小
/dev/sda1	/boot	200MB
/dev/sda2	/var	1.5GB
/dev/sda5	/	5GB（注意：/dev/sda3 未使用，/dev/sda4 是扩展分区）
/dev/sda6	/tmp	500MB
/dev/sda7	/home	2.5GB

一般来说，表 11-2 中描述的文件系统布局在一段时间内可以正常工作。但是，这种状态不会一直持续，因为文件系统空间的需求会随着时间发生改变。例如，有时会发现 /tmp 文件系统被普通文件填满了，而 /home 文件系统只被占用了 10%。如果能从 /home 文件系统（位于 /dev/sda7 分区）中挪出一些空间给 /tmp 文件系统（位于 /dev/sda6 分区）将会很好，但这并非易事。一般步骤如下。

步骤 1. 备份 /home 文件系统中的数据（/tmp 里是临时数据，所以不需要备份）。

步骤 2. 卸载 /home 及 /tmp 文件系统（有可能需要切换系统到单用户模式）。

步骤 3. 删除 /dev/sda7 及 /dev/sda6 分区。

步骤 4. 创建新的且调整了大小的 /dev/sda7 以及 /dev/sda6 分区。

步骤 5. 在新的分区上创建文件系统。

步骤 6. 恢复数据。

步骤 7. 挂载 /home 及 /tmp 文件系统[㊀]。

如果你觉得工作量很大，那考虑一下从 /home 文件系统（/dev/sda7）中挪出空间并给予 /var（/dev/sda2）文件系统的情况。这需要改变除 /dev/sda1 以外的所有分区，这将耗费大量的时间和精力。

㊀ 通常，需要先挂载，再恢复数据。——译者注

如果这些是 LVM 存储设备，而不是常规的分区，这个过程就会容易得多，需要数据的备份和停机时间也会少得多。你可以很容易地减少 LVM 存储设备的空间，并将这些空间分配给另一个 LVM 存储设备，或者可以向系统添加一个新的存储设备，并将这些空间提供给需要更多空间的文件系统。

11.3.2　LVM 要点

到目前为止，希望你已经意识到了 LVM 的好处，至少愿意放弃常规分区而使用 LVM。下一个障碍就是理解 LVM 的概念。

> **注意**　如果你想要练习 LVM 的命令，建议采用虚拟机。如果使用虚拟机，可以很轻松地创建出三个新的虚拟磁盘来练习 LVM 命令，本章将对此进行描述。

回到最初的场景：你有三个 40GB 大小的磁盘，并且需要让内核把这些空间当作一个超过 100GB 的单独设备对待。安装好这些设备之后，整个过程的第一步是将它们转换为物理卷（Physical Volume，PV），这可以通过执行 pvcreate 命令实现。例如，如果你有三个驱动器，设备名分别是 /dev/sdb、/dev/sdc 和 /dev/sdd，可以通过执行以下命令将它们转换为 PV：

```
[root@onecoursesource Desktop]# pvcreate /dev/sdb /dev/sdc /dev/sdd
  Physical volume "/dev/sdb" successfully created
  Physical volume "/dev/sdc" successfully created
  Physical volume "/dev/sdd" successfully created
```

从概念上讲，到目前为止所创建的内容，请查看图 11-2。

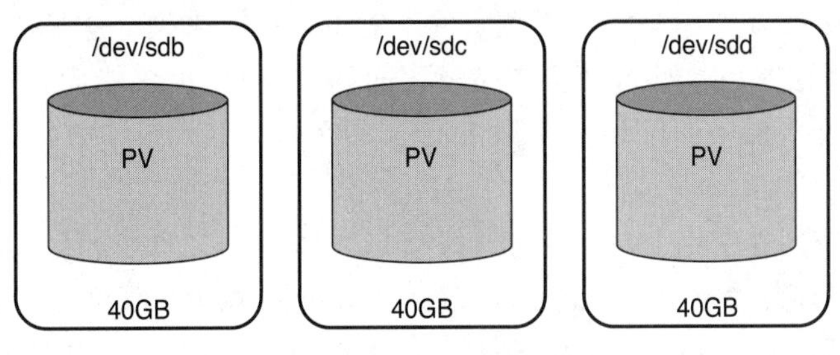

图 11-2　物理卷

现在你已经把磁盘格式化为物理卷了，接下来需要把它们放到一个新的卷组（Volume Group，VG）中。可以通过执行以下命令创建这个 VG，并将 PV 放在其中：

```
[root@onecoursesource ~]# vgcreate VG0 /dev/sdb /dev/sdc /dev/sdd
  Volume group "VG0" successfully created
```

VG 是把 PV 组合到一起的容器。VG 的可用空间可以创建逻辑卷（Logical Volume，LV）。LV 就可以像磁盘分区一样使用，你可以在 LV 上面创建文件系统并且像普通分区一样挂载它们。

在研究如何创建 LV 之前，请参阅图 11-3，查看 VG 的示意图。

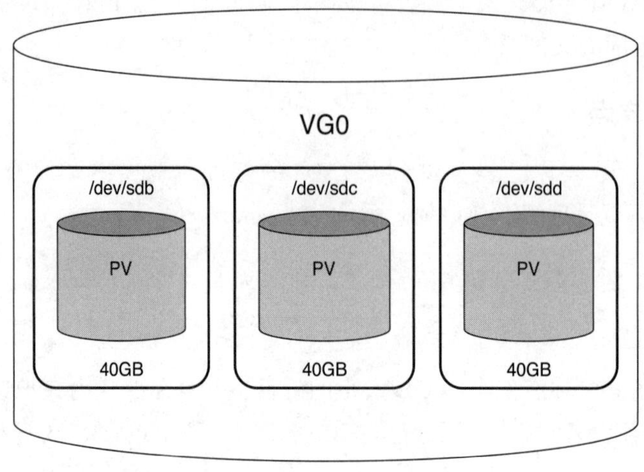

图 11-3　VG0 卷组

extents 区块

当创建 VG 后，物理卷（PV）所提供的可用空间被划分为一个个的小单元，这些小单元叫作物理区块（Physical Extents，PE）。区块默认的大小为 4MB，但可以在创建 VG 的时候通过 -s 选项指定 PE 的大小：

```
[root@onecoursesource ~]# vgcreate -s 16MB VG0 /dev/sdb /dev/sdc /dev/sdd
```

注意，区块大小在今后是不可以调整的。对于 LVM1 来说，这是一个很重要的特性，因为创建 LV 的时候是以这些区块为单位的，而创建的 LV 最多能拥有多少个区块是有限制的。例如，如果 VG 中的区块大小为 4MB，那么可以使用 VG 中的五个区块创建一个 20MB 大小的 LV。

如果你的系统还在使用 LVM1，知道每个 LV 最多有 65 534 个区块是很重要的。如果你计算一下就会知道，这意味着如果 VG 的区块大小为 4MB，那么可以创建的 LV 最大为 256GB（可以查看 http://wintelguy.com/gb2gib.html 回顾下 GB 和 GiB 之间的区别）。在大多数情况下，这应该足够了，但如果不是，则需要创建更大区块的 VG。

在 LVM2 中移除了最多 65 534 个区块的限制，如果你使用的是现代 Linux 发行版，LVM2 很有可能就是当前使用的 LVM 版本。但是，在大容量的 LV 上使用小的区块可能会降低 LVM 命令的执行速度（虽然可能对读写性能没有什么影响）。

最大的区块大小为 16GB，所以你可能会想，为什么不直接用最大的区块大小呢？那是因为每个 LV 的大小必须是区块大小的倍数。换句话说，如果你的区块大小为 16GB，那么你的 LV 大小只能是 16GB，32GB，48GB 等，这么做很不灵活。

图 11-4 中的黑色方块，是物理区块的示意图（想象一下有非常多的区块，因为在我们的场景中每个 PV 是 40GB，每个区块只有 4MB）。

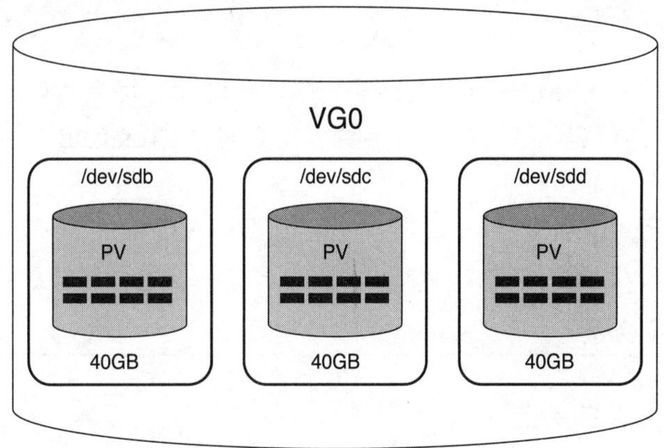

图 11-4 物理区块

如果你想要查看区块的大小以及其他有用的 VG 信息，请执行 vgdisplay 命令，如例 11-4 所示。

例 11-4 vgdisplay 命令

```
root@onecoursesource ~]# vgdisplay VG0
 --- Volume group ---
 VG Name               VG0
 System ID
 Format                lvm2
 Metadata Areas        3
 Metadata Sequence No  1
 VG Access             read/write
 VG Status             resizable
 MAX LV                0
 Cur LV                0
 Open LV               0
 Max PV                0
 Cur PV                3
 Act PV                3
 VG Size               1.49 GiB
 PE Size               4.00 MiB
 Total PE              381
 Alloc PE / Size       0 / 0
 Free  PE / Size       381 / 1.49 GiB
 VG UUID               AbRpPe-vaV3-1SKI-eFMB-IN48-Fdkt-U54OW7
```

注意　最初的方案是使用三块 40GB 的磁盘，而这个例子中使用了三个 500MB 的虚拟磁盘。如果你在虚拟机上练习这些命令，我们建议使用小的虚拟磁盘即可，不必浪费空间创建很大的虚拟磁盘。

注意上面的环境是 LVM2，所以在此系统中，我们没有每个 LV 最多 65 534 个区块的限制。“VG Size”的值表示在 VG 中有多少可用空间，“Total PE”的值表示一共有多少个物理区块可以分配给 LV。

如果使用 vgdisplay 命令的 -v 选项，还会看到与 VG 相关的所有 PV 和 LV 的信息。当前我们还未创建 LV，所以在执行 vgdisplay -v 命令后能看到的信息如例 11-5 所示。

例 11-5　vgdisplay -v 命令

```
--- Physical volumes ---
PV Name               /dev/sdb
PV UUID               K6ikZy-yRxe-mwVf-ChQP-0swd-OvNA-L56QNT
PV Status             allocatable
Total PE / Free PE    127 / 127

PV Name               /dev/sdc
PV UUID               1eCbvm-FzNb-479B-5OAv-CTje-YWEe-gJhcyK
PV Status             allocatable
Total PE / Free PE    127 / 127

PV Name               /dev/sdd
PV UUID               7KUVBt-Un5l-0K3e-aeOy-deqP-iUW4-24fXwI
PV Status             allocatable
Total PE / Free PE    127 / 127
```

还可以通过执行 pvdisplay 命令查看 PE 的详细信息，如例 11-6 所示。

例 11-6　pvdisplay 命令

```
[root@onecoursesource ~]# pvdisplay /dev/sdb
 --- Physical volume ---
 PV Name               /dev/sdb
 VG Name               VG0
 PV Size               512.00 MiB / not usable 4.00 MiB
 Allocatable           yes
 PE Size               4.00 MiB
 Total PE              127
 Free PE               127
 Allocated PE          0
 PV UUID               K6ikZy-yRxe-mwVf-ChQP-0swd-OvNA-L56QNT
```

注意 当引用 PV 上的区块时，我们把其叫作物理区块（Physical Extents，PE）。当逻辑卷使用这些物理区块时，我们把它们叫作逻辑区块（Logical Extents，LE）。它们不是两种不同的东西，而是从两个不同的角度看同一个东西。通常就叫作区块，但是你应该清楚，有些 LVM 的文档使用了术语 PE 或 LE。

逻辑卷

要使用 VG 中的空间来创建 LV，执行 lvcreate 命令，可以在创建 LV 时启用多个选项。举个简单的例子，创建 LV 时指定要使用多少个区块：

```
[root@onecoursesource ~]# lvcreate -l 6 -n lv0 VG0
  Logical volume "lv0" created.
```

-n 选项用于指定 LV 的名称。-l 选项用于指定使用多少个逻辑区块创建 LV。如果想要直接指定 LV 的大小，请使用 -L 选项而不是使用 -l 选项（例如，lvcreate -L 120M -n lv0 VG0）。

要理解在执行 lvcreate 命令时发生了什么，请参照图 11-5。

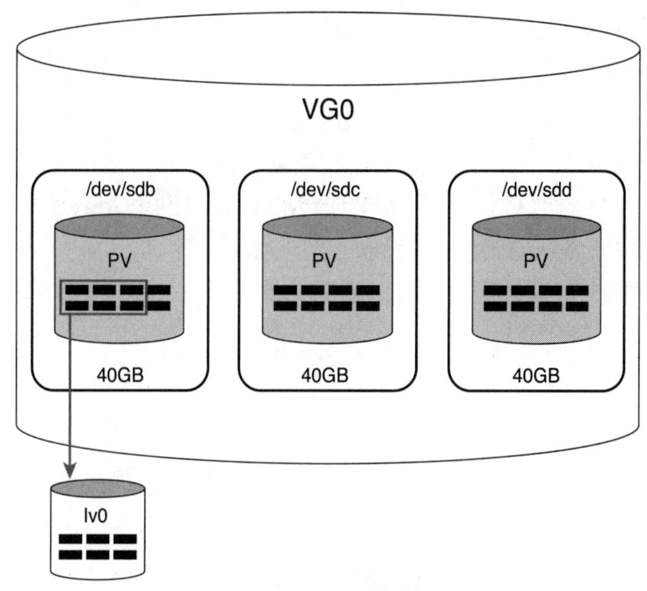

图 11-5 逻辑卷

新的 LV 使用了 VG 中第一个 PV 上面的六个 PE。通过使用 lvcreate 命令的 -i 选项，可以选择从每个 PV 上使用两个 PE。-i 选项用来指定在创建 LV 的时候使用多少个 PV（这被叫作条带化），下面是一个例子。

```
[root@onecoursesource ~]# lvcreate -i 3 -l 6 -n lv1 VG0
 Using default stripesize 64.00 KiB.
 Logical volume "lv1" created.
```

设备命名

现在我们创建了两个新的设备，lv0 和 lv1，你可以看到在 /dev 目录结构中创建的设备名称。实际上，你现在有三个方法引用每个设备，LVM1 的方式、LVM2 的方式和"真正的"设备名称。

在 LVM1 方式下，会在 /dev 目录下创建与 VG 名称相同的目录，在 VG 目录下创建与 LV 名称相同的设备文件。因此，如果有一个名为 VG0 的 VG 和两个名为 lv0 和 lv1 的 LV，那么应该会看到以下这些文件：

```
[root@onecoursesource ~]# ls /dev/VG0
lv0  lv1
```

但是，这些名字不是真正的设备名，而是到真正设备名的符号链接。可以通过以下命令的输出看到这一点：

```
[root@onecoursesource ~]# ls -l /dev/VG0
total 0
lrwxrwxrwx. 1 root root 7 Oct 27 09:14 lv0 -> ../dm-3
lrwxrwxrwx. 1 root root 7 Oct 27 09:24 lv1 -> ../dm-4
```

真正的设备名字是 /dev/dm-3 和 /dev/dm-4。为什么要创建软链接而不是使用设备名 /dev/dm-3 和 /dev/dm-4？因为你更容易记住你创建的名字。

LVM2 引进了一种新的命名约定（尽管 LVM1 的命名约定 /dev/VG/LV 依然存在）。新的命名技术是 /dev/mapper/VG-LV。所以，如果你有一个叫作 VG0 的 VG 并且有两个分别叫作 lv0 和 lv1 的 LV，应该会看到以下这些文件：

```
[root@onecoursesource ~]# ls -l /dev/mapper/VG0*
lrwxrwxrwx. 1 root root 7 Oct 27 09:14 /dev/mapper/VG0-lv0 -> ../dm-3
lrwxrwxrwx. 1 root root 7 Oct 27 09:24 /dev/mapper/VG0-lv1 -> ../dm-4
```

大多数 Linux 发行版使用 LVM2，所以这两种命名约定都可以用。使用哪个并不重要，因为它们都指向相同的 dm-* 文件。

11.3.3 使用逻辑卷和其他 LVM 命令

现在来到了容易的部分：把 /dev/VG0/lv0（或者 /dev/mapper/VG0-lv0）看作一个常规分区。让操作系统能使用一个磁盘分区，你需要做什么呢？

1. 创建文件系统。
2. 创建挂载点。

3. 把文件系统挂载到挂载点下。

4. 确认挂载完成。

5. 在 /etc/fstab 文件中添加挂载记录使得系统启动时自动挂载。

从创建文件系统开始，如例 11-7 所示。

例 11-7　创建文件系统

```
[root@onecoursesource ~]# mkfs -t ext4 /dev/mapper/VG0-lv0
mke2fs 1.41.12 (17-May-2010)
Filesystem label=
OS type: Linux
Block size=1024 (log=0)
Fragment size=1024 (log=0)
Stride=0 blocks, Stripe width=0 blocks
6144 inodes, 24576 blocks
1228 blocks (5.00%) reserved for the super user
First data block=1
Maximum filesystem blocks=25165824
3 block groups
8192 blocks per group, 8192 fragments per group
2048 inodes per group
Superblock backups stored on blocks:
        8193
Writing inode tables: done
Creating journal (1024 blocks): done
Writing superblocks and filesystem accounting information: done
This filesystem will be automatically checked every 20 mounts or
180 days, whichever comes first. Use tune2fs -c or -i to override.
```

现在创建一个挂载点，挂载文件系统，然后确认，如下所示：

```
[root@onecoursesource ~]# mkdir /storage-lv0
[root@onecoursesource ~]# mount /dev/mapper/VG0-lv0 /storage-lv0
[root@onecoursesource ~]# mount | grep lv0
/dev/mapper/VG0-lv0 on /storage-lv0 type ext4 (rw)
```

最后，在 /etc/fstab 文件中添加一条如下所示的条目：

```
/dev/mapper/VG0-lv0  /storage  ext4  defaults 0 2
```

显示 LVM 信息

有几个命令可以显示 LVM 信息，包括我们已经介绍过的几个。例如，vgdisplay 命令可以显示 VG 的信息。现在已经创建了两个新的 LV，请注意与先前执行 vgdisplay 命令时的输出差异，参见例 11-8。

例 11-8　创建 LV 后 vgdisplay 命令的执行结果

```
[root@onecoursesource ~]# vgdisplay -v VG0
    Using volume group(s) on command line.
  --- Volume group ---
  VG Name               VG0
  System ID
  Format                lvm2
  Metadata Areas        3
  Metadata Sequence No  5
  VG Access             read/write
  VG Status             resizable
  MAX LV                0
  Cur LV                2
  Open LV               1
  Max PV                0
  Cur PV                3
  Act PV                3
  VG Size               1.49 GiB
  PE Size               4.00 MiB
  Total PE              381
  Alloc PE / Size       12 / 48.00 MiB
  Free  PE / Size       369 / 1.44 GiB
  VG UUID               AbRpPe-vaV3-1SKI-eFMB-IN48-Fdkt-U54OW7

  --- Logical volume ---
  LV Path                /dev/VG0/lv0
  LV Name                lv0
  VG Name                VG0
  LV UUID                m3cZlG-yydW-iNlh-I0Ky-HL3C-vWI8-AUKmRN
  LV Write Access        read/write
  LV Creation host, time onecoursesource.localdomain, 2017-10-27 09:14:21 -0700
  LV Status              available
  # open                 1
  LV Size                24.00 MiB
  Current LE             6
  Segments               1
  Allocation             inherit
  Read ahead sectors     auto
  - currently set to     256
  Block device           253:3
```

```
--- Logical volume ---
LV Path                /dev/VG0/lv1
LV Name                lv1
VG Name                VG0
LV UUID                GBhvzW-osp5-hf0D-uY1n-7KuA-Ulix-U3vaJ7
LV Write Access        read/write
LV Creation host, time onecoursesource.localdomain, 2017-10-27 09:24:42 -0700
LV Status              available
# open                 0
LV Size                24.00 MiB
Current LE             6
Segments               1
Allocation             inherit
Read ahead sectors     auto
- currently set to     768
Block device           253:4

--- Physical volumes ---
PV Name               /dev/sdb
PV UUID               K6ikZy-yRxe-mwVf-ChQP-0swd-OvNA-L56QNT
PV Status             allocatable
Total PE / Free PE    127 / 119

PV Name               /dev/sdc
PV UUID               1eCbvm-FzNb-479B-5OAv-CTje-YWEe-gJhcyK
PV Status             allocatable
Total PE / Free PE    127 / 125

PV Name               /dev/sdd
PV UUID               7KUVBt-Un5l-0K3e-aeOy-deqP-iUW4-24fXwI
PV Status             allocatable
Total PE / Free PE    127 / 125
```

注意，发生变化的地方包括新创建的 LV 的信息以及 PV 的相关信息。这些信息也可以用 pvdisplay 以及 lvdisplay 命令查看，如例 11-9 所示。

例 11-9　pvdisplay 和 lvdisplay 命令

```
[root@onecoursesource ~]# pvdisplay /dev/sdb
  --- Physical volume ---
  PV Name               /dev/sdb
  VG Name               VG0
  PV Size               512.00 MiB / not usable 4.00 MiB
```

```
 Allocatable           yes
 PE Size               4.00 MiB
 Total PE              127
 Free PE               119
 Allocated PE          8
 PV UUID               K6ikZy-yRxe-mwVf-ChQP-0swd-OvNA-L56QNT

[root@onecoursesource ~]# lvdisplay /dev/mapper/VG0-lv0
 --- Logical volume ---
 LV Path                /dev/VG0/lv0
 LV Name                lv0
 VG Name                VG0
 LV UUID                m3cZlG-yydW-iNlh-I0Ky-HL3C-vWI8-AUKmRN
 LV Write Access        read/write
 LV Creation host, time onecoursesource.localdomain, 2017-10-27 09:14:21 -0700
 LV Status              available
 # open                 1
 LV Size                24.00 MiB
 Current LE             6
 Segments               1
 Allocation             inherit
 Read ahead sectors     auto
 - currently set to     256
 Block device           253:3
```

其他 LVM 命令

还有很多其他的 LVM 命令（LVM 是一个很大的主题）。要知道，几乎所有与 LVM 相关的命令都是 lvm 命令的子命令。

本章中演示的这些 LVM 命令，通常都是通过指向 /sbin/lvm 命令的符号链接执行的：

```
[root@onecoursesource ~]# which pvcreate
/sbin/pvcreate
[root@onecoursesource ~]# ls -l /sbin/pvcreate
lrwxrwxrwx. 1 root root 3 Oct 22 10:55 /sbin/pvcreate -> lvm
```

在救援环境中，这一点非常重要，因为 lvm 命令存在，但是指向 lvm 命令的链接命令不存在。（注意：救援环境是指你用恢复光盘启动的，尝试修复系统故障时用的环境）。

当不带参数执行 lvm 命令时，会提供一个 lvm> 提示符，可以在里面执行这些子命令，如例 11-10 所示。

例 11-10 lvm 命令

```
[root@onecoursesource ~]# lvm
lvm> help
  Available lvm commands:
  Use 'lvm help <command>' for more information

  dumpconfig      Dump active configuration
  formats         List available metadata formats
  help            Display help for commands
  lvchange        Change the attributes of logical volume(s)
  lvconvert       Change logical volume layout
  lvcreate        Create a logical volume
  lvdisplay       Display information about a logical volume
  lvextend        Add space to a logical volume
  lvmchange       With the device mapper, this is obsolete and does nothing.
  lvmdiskscan     List devices that may be used as physical volumes
  lvmsadc         Collect activity data
  lvmsar          Create activity report
  lvreduce        Reduce the size of a logical volume
  lvremove        Remove logical volume(s) from the system
  lvrename        Rename a logical volume
  lvresize        Resize a logical volume
  lvs             Display information about logical volumes
  lvscan          List all logical volumes in all volume groups
  pvchange        Change attributes of physical volume(s)
  pvresize        Resize physical volume(s)
  pvck            Check the consistency of physical volume(s)
  pvcreate        Initialize physical volume(s) for use by LVM
  pvdata          Display the on-disk metadata for physical volume(s)
  pvdisplay       Display various attributes of physical volume(s)
  pvmove          Move extents from one physical volume to another
  pvremove        Remove LVM label(s) from physical volume(s)
  pvs             Display information about physical volumes
  pvscan          List all physical volumes
  segtypes        List available segment types
  vgcfgbackup     Backup volume group configuration(s)
  vgcfgrestore    Restore volume group configuration
  vgchange        Change volume group attributes
  vgck            Check the consistency of volume group(s)
  vgconvert       Change volume group metadata format
  vgcreate        Create a volume group
  vgdisplay       Display volume group information
```

```
  vgexport        Unregister volume group(s) from the system
  vgextend        Add physical volumes to a volume group
  vgimport        Register exported volume group with system
  vgmerge         Merge volume groups
  vgmknodes       Create the special files for volume group devices in /dev
  vgreduce        Remove physical volume(s) from a volume group
  vgremove        Remove volume group(s)
  vgrename        Rename a volume group
  vgs             Display information about volume groups
  vgscan          Search for all volume groups
  vgsplit         Move physical volumes into a new or existing volume group
  version         Display software and driver version information
lvm> quit
```

11.3.4　调整逻辑卷大小

改变 LV（逻辑卷）的大小要分为两步来做。如果你是要把 LV 缩小，首先应该缩小文件系统的大小，然后通过 lvreduce 命令缩小 LV。有些文件系统不允许你改变文件系统大小，不过需要缩小 LV 大小的情况是很少见的。

大部分情况是你需要增加 LV 的大小。在这种情况下，需要先增加 LV 的大小，然后再扩展文件系统。注意，这些步骤与减少 LV 大小的步骤顺序相反。

大多数文件系统不仅允许扩展，而且许多文件系统还允许在不卸载文件系统的情况下进行扩展。

在开始这个过程之前，先要查看当前文件系统的大小。在下面的这个例子中，其大小为约 23MB：

```
[root@onecoursesource ~]# df -h /dev/mapper/VG0-lv0
Filesystem            Size  Used Avail Use% Mounted on
/dev/mapper/VG0-lv0    23M  204K   21M   1% /storage-lv0
```

再看看 LV 的大小，它要稍微大一些，如例 11-11 中所示。因为文件系统需要一些空间存放元数据，使得可用的大小比保存文件系统的容器要小。

例 11-11　LV 显示大小

```
[root@onecoursesource ~]# lvdisplay /dev/mapper/VG0-lv0
 --- Logical volume ---
 LV Path                /dev/VG0/lv0
 LV Name                lv0
 VG Name                VG0
 LV UUID                m3cZlG-yydW-iNlh-I0Ky-HL3C-vWI8-AUKmRN
 LV Write Access        read/write
 LV Creation host, time onecoursesource.localdomain, 2017-10-27 09:14:21 -0700
```

```
LV Status              available
# open                 1
LV Size                24.00 MiB
Current LE             6
Segments               1
Allocation             inherit
Read ahead sectors     auto
- currently set to     256
Block device           253:3
```

注意，此文件系统当前已挂载并且包含文件。这是为了演示即使文件系统当前正在使用，你也可以执行增加 LV 和文件系统大小的操作：

```
[root@onecoursesource ~]# mount | grep lv0
/dev/mapper/VG0-lv0 on /storage-lv0 type ext4 (rw)
[root@onecoursesource ~]# ls /storage-lv0
group  hosts  lost+found  words
```

使用 lvextend 命令扩展 LV 的大小。在本例中，大小增加了 40MB：

```
[root@onecoursesource ~]# lvextend -L +40M /dev/mapper/VG0-lv0
  Size of logical volume VG0/lv0 changed from 24.00 MiB (6 extents) to 64.00 MiB (16
extents).
  Logical volume lv0 successfully resized
```

验证 LV 现在变大了：

```
[root@onecoursesource ~]# lvdisplay /dev/mapper/VG0-lv0 | grep Size
  LV Size                64.00 MiB
```

注意文件系统的大小还没有改变：

```
[root@onecoursesource ~]# df -h /dev/mapper/VG0-lv0
Filesystem            Size  Used Avail Use% Mounted on
/dev/mapper/VG0-lv0    23M  5.0M   17M  24% /storage-lv0
```

现在使用 resize2fs 命令调整文件系统的大小（如果要调整 xfs 文件系统的大小，请使用 xfs_growfs 命令），并验证该命令是否成功，如例 11-12 所示。

例 11-12 调整文件系统大小

```
[root@onecoursesource ~]# resize2fs /dev/mapper/VG0-lv0
resize2fs 1.41.12 (17-May-2010)
Filesystem at /dev/mapper/VG0-lv0 is mounted on /storage-lv0; on-line resizing required
old desc_blocks = 1, new_desc_blocks = 1
Performing an on-line resize of /dev/mapper/VG0-lv0 to 65536 (1k) blocks.
The filesystem on /dev/mapper/VG0-lv0 is now 65536 blocks long.
```

```
[root@onecoursesource ~]# df -h /dev/mapper/VG0-lv0
Filesystem            Size  Used Avail Use% Mounted on
/dev/mapper/VG0-lv0    61M  5.3M   53M  10% /storage-lv0
[root@onecoursesource ~]# df -h /dev/mapper/VG0-lv00
Filesystem             Size  Used Avail Use% Mounted on
/dev/mapper/VG0-lv0     62M  6.3M   53M  11% /storage-lv0
[root@onecoursesource ~]# ls /storage-lv0
group  hosts  lost+found  words
```

虽然你可以告诉resize2fs命令应该将大小增加到什么程度，但是该命令足够智能，可以将大小增加到其容器的大小。只有在缩小文件系统时，才需要为resize2fs命令指定大小值。

要缩小LV大小，共有五个重要的步骤，而且必须严格按照顺序执行，否则操作将失败而且会损坏文件系统：

1. 通过umount命令卸载文件系统。
2. 使用fsck命令强制检查文件系统。
3. 使用resize2fs命令来缩小文件系统。
4. 使用lvreduce命令缩小LV大小。
5. 通过mount命令挂载文件系统。

这个过程的演示，请参见例11-13。

例11-13　缩小LV大小

```
[root@onecoursesource ~]# umount /storage-lv0/
[root@onecoursesource ~]# fsck -f /dev/mapper/VG0-lv0
fsck from util-linux-ng 2.17.2
e2fsck 1.41.12 (17-May-2010)
Pass 1: Checking inodes, blocks, and sizes
Pass 2: Checking directory structure
Pass 3: Checking directory connectivity
Pass 4: Checking reference counts
Pass 5: Checking group summary information
/dev/mapper/VG0-lv0: 14/16384 files (0.0% non-contiguous), 8429/65536 blocks
[root@onecoursesource ~]# resize2fs /dev/mapper/VG0-lv0 24M
resize2fs 1.41.12 (17-May-2010)
Resizing the filesystem on /dev/mapper/VG0-lv0 to 24576 (1k) blocks.
The filesystem on /dev/mapper/VG0-lv0 is now 24576 blocks long.

[root@onecoursesource ~]# lvreduce -L -40M /dev/mapper/VG0-lv0
  WARNING: Reducing active logical volume to 24.00 MiB
  THIS MAY DESTROY YOUR DATA (filesystem etc.)
```

```
Do you really want to reduce lv0? [y/n]: y
  Reducing logical volume lv0 to 24.00 MiB
  Logical volume lv0 successfully resized
[root@onecoursesource ~]# mount /dev/mapper/VG0-lv0 /storage-lv0
[root@onecoursesource ~]# df -h /dev/mapper/VG0-lv0
Filesystem           Size  Used Avail Use% Mounted on
/dev/mapper/VG0-lv0   24M  6.0M   17M  27% /storage-lv0
```

注意　你可以在挂载时扩展 ext3、ext4 以及 xfs 文件系统。想要缩小文件系统，必须首先卸载它们。

11.3.5　逻辑卷快照

许多备份工具使用以下方法备份文件系统：

1. 记录需要备份的文件的元数据。
2. 记录需要备份的目录的元数据。
3. 备份目录（实际上是文件所在的目录列表）。
4. 备份文件内容。

你可以通过叫作 dump 的命令查看这些内容。注意例 11-14 中输出内容的粗体字部分。

例 11-14　dump 命令

```
[root@onecoursesource ~]# dump -f /tmp/backup /storage-lv0
 DUMP: Date of this level 0 dump: Tue Oct 27 22:17:18 2017
 DUMP: Dumping /dev/mapper/VG0-lv0 (/storage-lv0) to /tmp/backup
 DUMP: Label: none
 DUMP: Writing 10 Kilobyte records
 DUMP: mapping (Pass I) [regular files]
 DUMP: mapping (Pass II) [directories]
 DUMP: estimated 4880 blocks.
 DUMP: Volume 1 started with block 1 at: Tue Oct 27 22:17:18 2017
 DUMP: dumping (Pass III) [directories]
 DUMP: dumping (Pass IV) [regular files]
 DUMP: Closing /tmp/backup
 DUMP: Volume 1 completed at: Tue Oct 27 22:17:18 2017
 DUMP: Volume 1 4890 blocks (4.78MB)
 DUMP: 4890 blocks (4.78MB) on 1 volume(s)
 DUMP: finished in less than a second
 DUMP: Date of this level 0 dump: Tue Oct 27 22:17:18 2017
 DUMP: Date this dump completed:  Tue Oct 27 22:17:18 2017
 DUMP: Average transfer rate: 0 kB/s
 DUMP: DUMP IS DONE
```

这种技术的问题在于备份活动的（已挂载的）文件系统。在备份元数据和文件数据之间，文件系统可能会发生更改。例如，在备份了 /storage-lv0/hosts 文件的元数据后，如果在备份文件内容之前删除了该文件，则会导致备份出现问题。

最好是在备份之前将文件系统卸载，但是在生产服务器上并不总是能这么做。然而，你可以采用 LVM 快照。快照可以提供 LV 中文件系统的"冻结镜像"。通过备份冻结的镜像，可以确保备份良好（无错误）。

要创建快照，使用 lvcreate 命令的 -s 选项：

```
[root@onecoursesource ~]# lvcreate -L 20M -s -n snap0 /dev/mapper/VG0-lv0
  Logical volume "snap0" created.
```

现在我们创建了一个名为 /dev/mapper/VG0-snap0 的设备。-s 选项表示你想创建的是一个 LV 快照。-n 选项表示新的 LV 的名称。最后面的参数是要创建快照的 LV 的名称。

然后可以为这个新设备创建一个挂载点，再以只读的方式挂载，确保这个"冻结"的文件系统中不会发生任何更改：

```
[root@onecoursesource ~]# mkdir /backup
[root@onecoursesource ~]# mount -o ro /dev/mapper/VG0-snap0 /backup
```

现在就可以用你选择的备份工具备份 /backup 文件系统了。可以看到它当前包含的数据与原始 LV 是相同的：

```
[root@onecoursesource ~]# ls /backup
group  hosts  lost+found  words
[root@onecoursesource ~]# ls /storage-lv0
group  hosts  lost+found  words
```

那么，备份 /backup 文件系统与备份 /sotrage-lv0 文件系统有什么不同吗？/storage-lv0 文件系统是活动的而且是可以修改的，而 /backup 文件系统不可以修改，如下命令所示：

```
[root@onecoursesource ~]# rm /storage-lv0/hosts
rm: remove regular file '/storage-lv0/hosts'? y
[root@onecoursesource ~]# ls /storage-lv0
group  lost+found  words
[root@onecoursesource ~]# rm /backup/words
rm: remove regular file '/backup/words'? y
rm: cannot remove '/backup/words': Read-only file system
[root@onecoursesource ~]# ls /backup
group  hosts  lost+found  words
```

在完成备份之后，你应该先卸载 /backup 文件系统，然后再执行 lvremove 命令销毁 LVM 快照：

```
[root@onecoursesource ~]# lvremove /dev/mapper/VG0-snap0
```

懂得如何创建并使用 LVM 快照是一项很重要的技能。懂得其工作原理并不重要，但它能帮助你理解为什么备份 LV 快照比备份活动文件系统更好。

首先，假设你已经创建了 /dev/mapper/VG0-snap0 快照，并且已经将它挂载在 /backup 目录下。图 11-6 是这个操作的示意图。

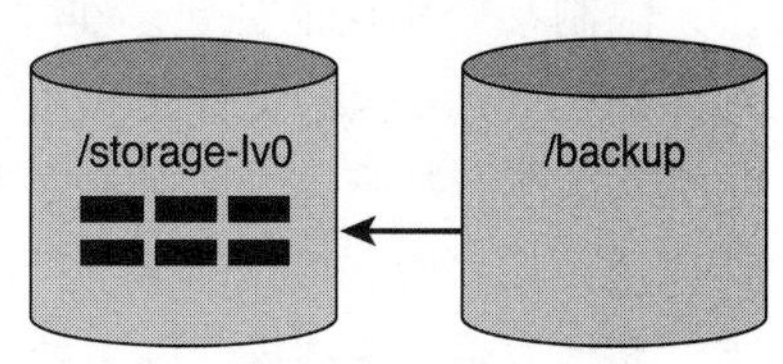

图 11-6　初始 LVM 快照

/storage-lv0 圆柱体代表 LV，里面的黑色盒子是文件。可以看到，所有文件最初都存储在挂载点 /storage-lv0 下的 LV 中。如果有人列出 /backup 挂载点下的文件，内核知道是要去 /storage-lv0 目录下查找文件。

当一个文件从 /storage-lv0 目录中移除之后，它不会马上就从 LV 中删除。它会先被复制到 LV 快照中，然后再从原始 LV 中删除。图 11-7 显示了当从 /storage-lv0 目录中删除文件时发生了什么，图 11-8 显示了在删除文件之后 LV 的情况。

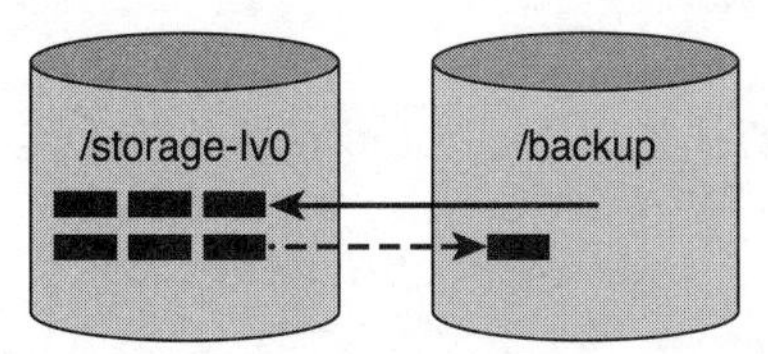

图 11-7　文件删除时的 LV

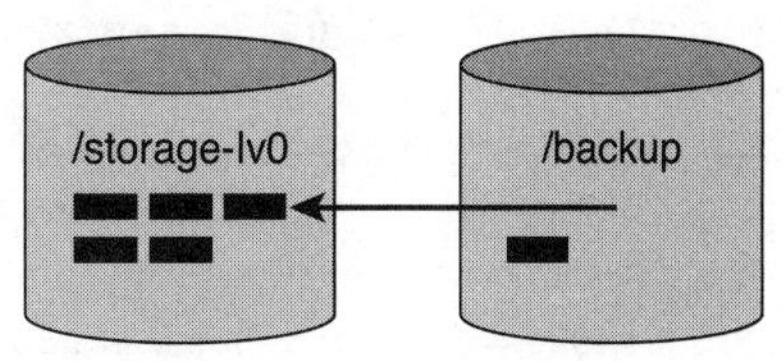

图 11-8　文件删除后的 LV

现在你可能疑惑，当 LV 快照以只读方式挂载的时候文件是如何复制过去的。只读挂载的状态意味着你不能通过挂载点对文件系统做出改变。然而，这个文件是通过“底层”复制的，而不是通过简单的文件系统 cp 命令。虽然你不能对 /backup 挂载点下的文件进行任何更改，但内核肯定可以对 /dev/mapper/VG0-snap0 设备进行更改。最终复制这个文件的正是内核。

11.4　磁盘配额

普通用户可以通过创建很多大文件对文件系统造成负面影响。用户可以通过创建大文件把整个文件系统完全填满，这会使得其他用户无法使用文件系统。

磁盘配额就是用来解决这种问题的设计。作为一名管理员，你可以限制用户在每个文件系统上能使用多少空间。这种限制可以应用到单独的用户或者是用户组的所有成员。

例如，你可以创建一个硬限制（hard limit）限制用户 ted，只允许他使用 300MB 的磁盘空间。也可以创建一个软限制（soft limit），当用户超出此限制的时候会导致报警（但是在达到硬限制之前不会阻止其他文件的创建）。

如果你为用户组创建磁盘配额，那么此配额将会应用到用户组中的每个成员。例如，如果 nick、sarah 以及 julia 用户是 payroll 用户组的成员，而且此用户组对 /home 文件系统有 100MB 的硬限制，那么每个用户最多可以使用该文件系统中的 100MB 空间。

限制某个用户能创建多少个文件也很重要。每个文件都需要一个索引节点，这是文件存储元数据（包括文件的属主、权限以及时间戳）的地方。每个文件系统都有索引节点数量的限制，尽管这个限制通常非常大，但是那些已确定的用户可以通过创建大量的空文件，从而耗尽所有可用的索引节点。然后，即使有很多的可用空间，没有了可用的索引节点，其他人也无法在该文件系统中创建文件。

11.4.1　为文件系统设置磁盘配额

要启用用户配额，必须使用 usrquota 挂载选项挂载文件系统。这可以通过将 usrquota 添加到 /etc/fstab 文件的 mount 选项字段来实现：

```
/dev/sdb1       /               ext4    usrquota                1   1
```

然后，通过以下命令重新挂载文件系统（以下命令必须以 root 用户来执行）：

```
[root@localhost ~]$ mount -o remount /
```

启用 usrquota 选项挂载文件系统以后，需要执行以下 quotacheck 命令创建初始配额数据库：

```
[root@localhost ~]$ quotacheck -cugm /dev/sdb1
```

这会在文件系统的挂载目录下创建出下面这些新文件：

```
[root@localhost ~]$ ls /aquota*
/aquota.group  /aquota.user
```

quotacheck 命令的重要选项如表 11-3 所示。

表 11-3　quotacheck 命令的选项

选　项	描　述
-c	创建数据库文件
-g	只创建 aquota.group 文件，表示只启用组磁盘配额，除非还使用了 -u 选项
-m	在创建磁盘配额文件时不要尝试卸载文件系统
-u	只创建 aquota.user 文件，表示只启用用户磁盘配额，除非还使用了 -g 选项

11.4.2　编辑、检查和生成用户的磁盘配额报告

按照前一节所述，设置好磁盘配额之后，可以按照以下步骤启用和显示用户配额：

1. 通过执行 quotaon 命令打开磁盘配额。
2. 使用 edquota 命令创建或者编辑用户的磁盘配额。
3. 使用 quota 或者 requota 命令显示磁盘配额信息。

quotaon

quotaon 命令可以开启文件系统的磁盘配额。通常当系统启动之后，配额会自动打开。但是，你可能会通过执行 quotaoff 命令后面跟文件系统的名字（以下命令必须通过 root 用户执行）关闭文件系统的磁盘配额：

```
[root@localhost ~]$ quotaoff /dev/sdb1
[root@localhost ~]$ quotaon /dev/sdb1
```

edquota

想要创建或者编辑用户的磁盘配额，执行 edquota 命令后面跟上用户名（以下命令必须通过 root 用户执行）：

```
[root@localhost ~]$ edquota sarah
```

edquota 命令将进入某个编辑器（一般默认进入 vi）并显示该用户所有的配额。输出的内容将与如下所示类似：

```
Disk quotas for user sarah (uid 507):
  Filesystem  blocks    soft    hard    inodes    soft    hard
  /dev/sdb1   550060       0       0    29905        0       0
```

表 11-4 描述了配额的各个字段。

表 11-4　配额字段

关键字	描　述
Filesystem	启用配额的文件系统所在的磁盘分区
blocks	用户当前在文件系统中已使用多少块
soft	表示块的软配额值，如果用户创建的文件导致配额超出了这个块限制，则会发出警告
hard	表示块的硬配额值，如果用户创建的文件导致配额超出了这个块限制，会产生错误，并且也不能在这个文件系统再创建出新文件
inodes	用户当前在文件系统中拥有多少个文件
soft	文件数量的软配额值，如果用户创建的文件导致配额超出了这个文件数量限制，则会发出警告
hard	文件数量的硬配额值，如果用户创建的文件导致配额超出了这个文件数量限制，会产生错误，并且也不能在这个文件系统再创建出新文件

> **注意**　可以执行 edquota -t 命令设置宽限期。参考下一小节内容查看宽限期的更多细节。

quota

用户可以执行 quota 命令显示自己账户的配额。

```
[sarah@localhost ~]$ quota
Disk quotas for user sarah (uid 507):
     Filesystem  blocks   quota   limit   grace   files   quota   limit   grace
      /dev/sda1   20480   30000   60000               1       0       0
```

注意用户超过软限额时的输出。在下面的例子中，用户 sarah 超过了块大小的软限制：

```
[sarah@localhost ~]$ quota
Disk quotas for user sarah (uid 507):
     Filesystem  blocks   quota   limit   grace   files   quota   limit   grace
      /dev/sda1  40960*   30000   60000   7days       2       0       0
```

一旦用户超过了软配额，就进入了宽限期（grace）。用户必须在宽限期内将文件系统中使用的空间减少到低于软配额，否则当前的使用量将转换为硬配额限制。

注意　root 用户可以通过执行 edquota -t 命令设置宽限期。

以下是 quota 命令的一些重要选项：

选　项	描　　述
-g	显示组配额，而不是特定用户的配额
-s	以易于人类阅读的单位显示信息，而不是用 block 为单位
-l	只显示本地文件系统的配额信息（不显示网络文件系统的配额）

repquota

root 用户使用 repquota 命令显示整个文件系统的配额（以下命令必须由 root 用户执行）：

```
[root@localhost ~]$ repquota /
*** Report for user quotas on device /dev/sda1
Block grace time: 7days; Inode grace time: 7days
                        Block limits                File limits
User            used    soft    hard  grace    used  soft  hard  grace
----------------------------------------------------------------------
root      -- 4559956       0       0         207396     0     0
daemon    --      64       0       0              4     0     0
man       --    1832       0       0            145     0     0
www-data  --       4       0       0              1     0     0
libuuid   --      40       0       0              6     0     0
syslog    --    3848       0       0             23     0     0
messagebus --      8       0       0              2     0     0
landscape --       8       0       0              2     0     0
pollinate --       4       0       0              1     0     0
vagrant   --  550060       0       0          29906     0     0
```

```
colord      --       8       0       0              2      0      0
statd       --      12       0       0              3      0      0
puppet      --      44       0       0             11      0      0
ubuntu      --      36       0       0              8      0      0
sarah       +-   40960   30000   60000  6days       2      0      0
```

以下是 repquota 命令的一些重要选项：

选 项	描 述
-a	显示所有在 /etc/fstab 文件里使用了配额挂载选项的文件系统的配额
-g	显示组配额，而不是特定用户的配额
-s	以易于人类阅读的单位显示信息，而不是用 block 为单位

11.5 硬链接和软链接

在 Linux 系统中有两种不同类型的链接。

- **硬链接**：当你给文件创建硬链接时，是无法区分“原始”文件和“链接”文件的。它们只是指向相同索引节点的两个文件名，因此数据是相同的。如果一个文件有 10 个硬链接，并且删除了其中的 9 个，那么数据仍然保留在余下的那个文件中。

在图 11-9 中，abc.txt 和 xyz.txt 都是硬链接文件。这意味着它们共享同样的文件索引节点表。图中索引节点表中的省略号（...）代表元数据（关于文件的信息，例如用户的属主以及权限）。元数据里还包含有指针，该指针指向保存文件数据的存储设备里的块。

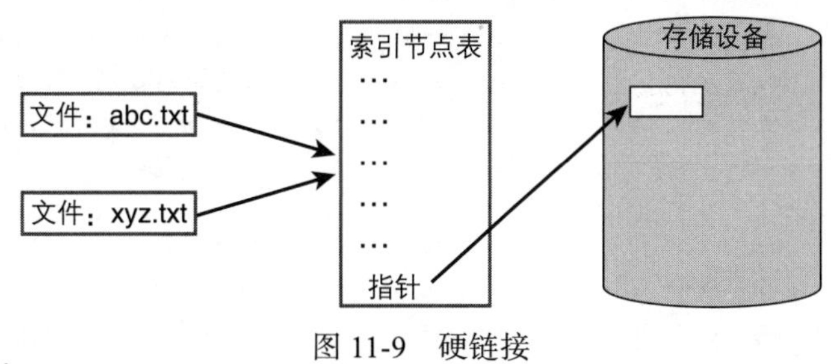

图 11-9 硬链接

- **软链接**：当你为某个文件创建软链接时，原始文件包含数据，而链接文件只是“指向”了原始文件。对原始文件的任何改动也将出现在链接文件中，因为链接文件总是指向目标文件。删除原始文件将导致链接断开，使链接文件变得毫无价值，并导致数据彻底丢失。

图 11-10 显示了软链接。

在图 11-10 中，文件 abc.txt 是文件 xyz.txt 的软链接。文件 abc.txt 指向文件 xyz.txt，但是二者的索引节点不同（虽然此图中没有显示，但是文件 abc.txt 有自己的索引节点）。顺着此链接，文件 xyz.txt 可以通过文件 abc.txt 访问。

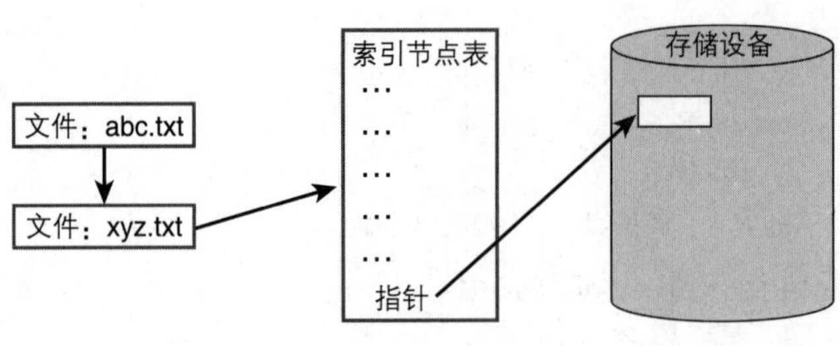

图 11-10　软链接

11.5.1　为什么使用链接

在系统管理任务中链接的一个常见用法是，管理员决定要将重要文件移动到不同的目录（或重命名文件）。这可能会给习惯于原始文件位置和名称的用户带来一些混淆。

例如，假设一个重要配置文件为 /etc/setup-db.conf，管理员想要将此文件移动到 /etc/db 目录中。当文件被移动之后，创建一个软链接可以帮助其他用户（或者其他程序）查找到正确的文件（以下命令必须要用 root 用户执行）：

```
[root@onecoursesource ~]$ ln -s /etc/db/setup-db.conf /etc/setup-db.conf
```

/etc 目录下有几个使用软链接的例子：

```
[root@onecoursesource ~]$ ls -l /etc | grep "^l"
lrwxrwxrwx   1 root root          12 Jan 26  2017 drupal -> /etc/drupal6
lrwxrwxrwx   1 root root          56 Dec 17  2017 favicon.png -> /usr/share/icons/
➥hicolor/16x16/apps/fedora-logo-icon.png
lrwxrwxrwx   1 root root          22 Jan 23  2017 grub2.cfg -> ../boot/grub2/grub.cfg
lrwxrwxrwx   1 root root          22 Dec 17  2017 grub.conf -> ../boot/grub/grub.conf
lrwxrwxrwx   1 root root          11 Jan 23  2017 init.d -> rc.d/init.d
lrwxrwxrwx   1 root root          41 Feb 18  2017 localtime -> ../usr/share/zoneinfo/
➥America/Los_Angeles
lrwxrwxrwx   1 root root          12 Dec 17  2017 mtab -> /proc/mounts
lrwxrwxrwx   1 root root          10 Jan 23  2017 rc0.d -> rc.d/rc0.d
lrwxrwxrwx   1 root root          10 Jan 23  2017 rc1.d -> rc.d/rc1.d
lrwxrwxrwx   1 root root          10 Jan 23  2017 rc2.d -> rc.d/rc2.d
lrwxrwxrwx   1 root root          10 Jan 23  2017 rc3.d -> rc.d/rc3.d
lrwxrwxrwx   1 root root          10 Jan 23  2017 rc4.d -> rc.d/rc4.d
lrwxrwxrwx   1 root root          10 Jan 23  2017 rc5.d -> rc.d/rc5.d
lrwxrwxrwx   1 root root          10 Jan 23  2017 rc6.d -> rc.d/rc6.d
lrwxrwxrwx   1 root root          14 Sep 10 12:58 redhat-release -> fedora-release
lrwxrwxrwx   1 root root          14 Sep 10 12:58 system-release -> fedora-release
```

11.5.2　创建链接

要创建链接，请按照 ln [-s] target_file link_file 方式执行 ln 命令。例如，在当前目录

下为 /etc/hosts 文件创建一个叫作 myhosts 的硬链接，执行以下命令：

```
[root@onecoursesource ~]$ ln /etc/hosts myhosts
```

所有的硬链接文件具有相同的索引节点。你只能给文件（而不是目录）创建硬链接，且硬链接与原始文件必须位于同一个文件系统上。为其他文件系统上的文件或目录创建硬链接将导致程序报错：

```
[root@onecoursesource ~]$ ln /boot/initrd.img-3.16.0-30-generic initrd
ln: failed to create hard link 'initrd' => '/boot/initrd.img-3.16.0-30-generic': Invalid
➥cross-device link
[root@onecoursesource ~]$ ln /etc myetc
ln: '/etc': hard link not allowed for directory
```

软链接（也称为符号链接）是指通过文件系统指向其他文件（或目录）的文件。可以为任何文件或目录创建软链接：

```
[root@onecoursesource ~]$ ln -s /boot/initrd.img-3.16.0-30-generic initrd
```

11.5.3　显示链接的文件

ls 命令可以显示软链接和硬链接文件。软链接非常容易就可以看出来，因为软链接文件可以通过执行 ls -l 命令看出来：

```
[root@onecoursesource ~]$ ls -l /etc/vtrgb
lrwxrwxrwx 1 root root 23 Jul 11  2015 /etc/vtrgb -> /etc/alternatives/vtrgb
```

硬链接比较难看出来，因为硬链接文件与另外的文件名共享同一个索引节点。例如，下面输出中的权限后面的 2 表示这是一个硬链接文件：

```
[root@onecoursesource ~]$ ls -l myhosts
-rw-r--r-- 2 root root 186 Jul 11  2015 myhosts
```

想要查看某个文件的索引节点值，使用 ls 命令的 -i 选项：

```
[root@onecoursesource ~]$ ls -i myhosts
263402 myhosts
```

然后使用 find 命令查找有相同索引节点的文件：

```
[root@onecoursesource ~]$  find / -inum 263402 -ls 2> /dev/null
263402     4 -rw-r--r--   2 root      root        186 Jul 11  2015 /root/myhosts
263402     4 -rw-r--r--   2 root      root        186 Jul 11  2015 /etc/hosts
```

11.6　总结

本章你学习了为了安全而对文件系统进行加密，以及对单个文件加密和对整个文件系统加密的价值。本章涉及的其他主题还包括 autofs、逻辑卷的管理、磁盘配额和链接文件。

11.6.1　重要术语

LUKS、autofs、LVM、快照、PV、PE、LE、LV、VG

11.6.2　复习题

1. ______命令用于创建卷组。
2. 以下哪个选项可以用来在使用 vgcreate 命令时指定物理区块的大小：
   A. -e　　B. -t　　C. -s　　D. -p
3. 在一个使用 LVM1 的系统中，可以分配给逻辑卷的区块数目最大为多少？
   A. 100 000　　B. 97 400　　C. 65 534　　D. 以上都不是
4. ______命令可以显示物理卷的信息。
5. vgdisplay 命令的哪个选项可以提供关于卷组的详细信息，包括卷组中有哪些物理卷的信息？
   A. -t　　B. -d　　C. -V　　D. 以上都不是
6. lvcreate 命令的______选项可以用来指定逻辑卷的名字。
   A. -i　　B. -l　　C. -s　　D. -n
7. 以下哪个命令可以允许你向已经存在的卷组中添加新的物理卷？
   A. pvadd　　B. pvextend　　C. vgadd　　D. vgextend
8. ______命令用于改变一个 ext4 文件系统的大小。

第 12 章

管理网络存储

从一个系统向另一个系统传输文件有很多种方法。例如，在 Linux 上可以使用 SAMBA 服务器。使用 SAMBA 服务器的好处是，用于执行传输的协议不是“Linux 专用”的。这使得在不同的操作系统（如 Linux 和微软 Windows）之间传输文件更加容易。

在本章中，你将学习关于 SAMBA 服务器的内容，包括它的关键设置项。在学习完本章后，你将可以通过 SAMBA 服务器共享目录及打印机，还会了解如何使用 SAMBA 用户账户保护这些共享。

创建好 SAMBA 共享后，应该知道如何访问它。你将学习访问 SAMBA 共享的多种方法，包括如何挂载 SAMBA 共享，使其成为本地文件系统的一部分。

在 Linux 及 Unix 中常用的另一个共享文件的方法是 NFS（网络文件系统）。这个方法让管理员可以把目录共享给其他安装了 NFS 客户端的系统。

你将学习如何搭建 NFS 服务器，以及如何通过 NFS 客户端去访问它。你还将了解如何保护 portmap 服务，通过该服务授予 NFS 服务器的访问权。

最后，你将学习如何使用 iSCSI 为客户端系统提供网络存储设备。

学习完本章并完成课后练习，你将具备以下能力：

- 创建并访问 Samba 共享。
- 创建并访问 NFS 共享。
- 通过 iSCSI 共享存储设备。
- 在客户端系统上使用 iSCSI 资源。

12.1 Samba

在不同的系统之间共享文件的一种方法就是使用称为 SMB（Server Message Block，服务器消息块）的协议。此协议由 IBM 在 20 世纪 80 年代中期发明，目的是想要在本地局域网内的主机之间实现文件共享。用于描述通过网络共享的文件和目录的术语是 DFS（Distributed File System，分布式文件系统）。除了 SMB 之外，NFS 也是 Linux 系统上一种流行的 DFS（NFS 将在本章后面介绍）。

你可能经常听到缩写词 CIFS（Common Internet File System，通用 Internet 文件系统）与 SMB 一同使用。CIFS 是一种基于 SMB 的协议，在微软 Windows 系统中非常流行。通常，这两个缩写是可以互换的（或一同使用，如 SMB/CIFS），但是这两者之间还是有些细微的区别。在本书中，之后都会使用术语 SMB。

你也可以像共享文件那样在不同类型的操作系统之间通过 SMB 来共享打印机。实际上，SMB 的一个通常的用途就是用来在 Linux 系统和微软 Windows 系统之间共享打印机。

Linux 上用于 SMB 共享的软件叫作 SAMBA。通常，有 3 个独立的 SAMBA 包应该考虑安装。

- SAMBA：此软件包包含 SAMBA 的服务器端软件。
- SAMBA-client：此软件包包含 SAMBA 的客户端程序，用来连接到 SAMBA 服务器或者微软 Windows 的 DFS。
- SAMBA-common：此软件包包含 SAMBA 服务器端和客户端工具需要使用的软件。

为了测试 SAMBA，我们建议同时安装这三个包。其他有用的软件包为 SAMBA-swat，它提供了一个基于 Web 界面的 SAMBA 管理工具。

12.1.1　Samba 配置

SAMBA 的配置文件是 /etc/SAMBA/smb.conf（在一些比较老的系统中，该文件可能是 /etc/smb/smb.conf）。该文件与你在 Linux 系统中见到的其他配置文件都有点不同。以下是一些需要注意的关键点。

- 这个文件的文档化做得很好，你不需要去查阅标准的 SAMBA 文档，因为配置文件里都有详细的说明。
- 这个文件采用以下格式分成了几部分。
  - [name]：这通常被称为“部分”（section），表示共享的项目或者服务。
  - [options and attributes]：每一行都是单独的配置选项，属于在它上面定义的那个共享项目或服务。
- 配置文件中有两个符号代表注释：“#”和“;”字符。“#”用来做普通的注释，“;”用来把实际的配置项转换为注释，这些配置现在不需要使用，但你应该保留下来，以防以后需要用到。基于此种方式，就能在配置文件中保留正确的命名约定和合适的属性。

为了让你了解一个标准的 smb.conf 文件看起来是什么样子的，请参考例 12-1。此例中展示了一个典型的默认 smb.conf 文件，删除了所有注释以及空行。

例 12-1　默认的 smb.conf 文件

```
[root@onecoursesource ~]# grep -v "#" /etc/SAMBA/smb.conf | grep -v ";" | grep -v "^$"
➥[global]
```

```
        workgroup = MYGROUP
        server string = SAMBA Server Version %v
        security = user
        passdb backend = tdbsam
        load printers = yes
        cups options = raw
[homes]
        comment = Home Directories
        browseable = no
        writable = yes
[printers]
        comment = All Printers
        path = /var/spool/SAMBA
        browseable = no
        guest ok = no
        writable = no
        printable = yes
```

例 12-1 中的命令具体做了什么？回想一下，grep 命令是一个过滤工具，并且 -v 选项是一个“反向”的 grep。当使用 -v 选项时，grep 命令会显示未与模式匹配的所有行。所以，第一个 grep 命令的模式匹配到所有带一个 # 字符的行，并过滤掉这些行；第二个 grep 命令的模式匹配到所有带一个“；”字符的行，并过滤掉这些行；最后一个 grep 命令的模式匹配到空行，并过滤掉这些行。因此，输出的内容就是文件中的所有实际配置项（没有注释和空白行）。跟着我们读：“grep 是我的朋友！”。学习掌握像 grep 这样的命令，让系统根据你的期望过滤信息，会使管理 Linux 系统变得更加容易。

注意，配置文件中有三个部分：[global]、[homes] 和 [printers]。还可以增加其他部分，作为目录或独立的打印机进行共享。

[global] 部分

SAMBA 服务器的主要配置都在 [global] 部分中。回想一下例 12-1 中所示的默认值：

```
[global]
        workgroup = MYGROUP
        server string = SAMBA Server Version %v
        security = user
        passdb backend = tdbsam
        load printers = yes
        cups options = raw
```

你将发现使用默认的选项启动 SAMBA 服务器就足够了，但为了能满足你的需求，有可能需要更改其中的几个选项。表 12-1 描述了那些默认的选项。

表 12-1　[global] 的常用选项

选　项	描　述
workgroup	NetBIOS（Network Basic Input/Output System，网络基本输入 / 输出系统）工作组名称或 NetBIOS 域名。这是一种将一组机器划分在一起的技术，如果你想通过 SMB 与微软 Windows 系统进行通信，这个设置很重要
server string	服务器的描述信息。当远程系统试图连接到服务器以确定此服务器提供了什么服务时很有用。%v 会被替换为 SAMBA 的版本号，%h 可用于表示服务器的主机名
security	这将决定使用哪种类型的用户身份验证方法。user 表示将使用 SAMBA 用户账户；如果有微软 Windows 的域控制器（Domain Controller，DC），要通过活动目录（Active Directory）进行身份验证，请设置为 ads
passdb backend	指定了 SAMBA 账户数据的存储方式。通常，除非你是专家，否则不要修改它
load printers	如果将该选项设置为 yes，则默认告诉 SAMBA 共享所有的 CUPS 打印机（CUPS，即通用 Unix 打印系统，是 Linux 和 Unix 中通用的打印协议）。尽管这很方便，但你并不会总是希望在 SAMBA 服务器上共享所有 CUPS 打印机。单独的打印机共享可以在单独的部分中处理。注意：为了让 SAMBA 能够自动加载所有 CUPS 打印机，需要正确地配置 [printers] 部分（稍后将对此进行描述）
cups options	与 CUPS 相关的选项，很少修改它，要修改也只应该由专家来完成

[homes] 部分

在本章后面的小节中，你将学习如何创建 SAMBA 用户账户。这些 SAMBA 用户账户是与 Linux 系统用户相关联的（一般共用相同的名字，但这不是必需的），当然了，这些 Linux 用户账户是有家（home）目录的。

为了方便这些用户通过 SAMBA 服务器共享其家目录，[homes] 部分被设计成自动共享这些家目录。请记住，Linux 常规文件权限在这里也是适用的，因此这些共享通常仅对拥有该家目录的用户可用。

默认的 [homes] 共享设置通常是这样的：

```
[homes]
        comment = Home Directories
        browseable = no
        writable = yes
```

这个部分中的各选项的定义如下所示。

- comment：共享的描述信息。
- browseable：如果设置为 yes，此共享将在客户端工具上可见，客户端工具用于查看 SAMBA 服务器上可用的共享信息。如果设置为 no，共享依然是可用的，只是使用客户端的工具必须确切地知道这个共享的信息才可以使用。

安全提醒

使用 browseable=no 选项确实可以提供一定的安全性，但是记住，这仅仅是让共享变得不容易被找到，并不提供彻底的保护，有心的黑客可能会猜到共享的名字并最终访问到它。

- writeable：如果设置为 yes，那么家目录将以读写的方式共享。记住，常规的系统权限依然有效。如果设置为 no，那么家目录将以只读的方式共享。请记住，底层文件系统的权限仍然适用。这可能导致结果是，通过这个 SAMBA 设置授予了访问权限，但被文件系统权限拒绝了访问。

可能出现的错误 如果你通过 SAMBA 连接到系统，但无法访问文件或目录，请尝试通过本地登录或 SSH 直接登录到系统(请参阅第 22 章了解 SSH)，然后尝试直接访问文件。如果仍无法访问，那么是本地文件权限的问题。如果可以访问，那么就是 SAMBA 共享设置的问题。

[printers] 部分

回想一下 [global] 部分中的 load printers 设置，当此选项设置为 yes 时，SAMBA 服务会查找 [printers] 部分来自动共享所有的 CUPS 打印机。一个典型的 [printers] 部分如下所示：

```
[printers]
        comment = All Printers
        path = /var/spool/SAMBA
        browseable = no
        guest ok = no
        writable = no
        printable = yes
```

在大部分情况下，你不会修改这个部分的内容。但是，你应该知道这些默认设置的含义是什么。

- comment：此共享的描述信息。
- path：CUPS spool 目录的路径（这是发送给打印机的项目在打印之前存储的地方）。
- browseable：如果设置为 yes，此共享将在客户端工具上可见，客户端工具是用来查看 SAMBA 服务器上可用的共享信息的。如果设置为 no，共享依然是可用的，只是使用客户端的工具必须确切地知道这个共享的信息才可以使用。
- guest ok：此选项允许来宾账户访问 CUPS 打印机。关于来宾账户的更多细节将在本章后面介绍。
- writeable：应该设置为 no，因为这不是共享一个目录。

- printable：应该设置为 yes，因为这是一个打印机共享。

自定义共享

你可以创建目录或打印机的自定义共享。对于目录共享，其语法与 [homes] 部分非常相似。首先创建一个部分，并取个名称，然后设置参数。在下面的示例中，/usr/share/doc 目录是只读共享的。当你想节约空间时，只在一个系统上保存这些文档很有用：

```
[doc]
    comment = System documentation
    path = /usr/share/doc
    guest ok = yes
    browseable = yes
    writeable = no
```

对于这个共享，资源是只读共享的，因为不需要对资源进行更改。拥有 SAMBA 账户的用户是唯一能够查看文档的用户。

如果想给这个共享增加更多的安全性，可以使用以下选项来限制哪个 SAMBA 用户可以访问共享（以及如何访问）。

- valid users：可以访问此共享的 SAMBA 用户列表。例如，valid users=bob,ted。可以认为这类似于白名单，明确地标注出了可以访问的用户名。
- invalid users：不允许访问此共享的用户列表，除此以外的其他所有 SAMBA 用户都可以访问此共享。可以认为这类似于黑名单，明确地标注出了不可以访问的用户名。
- read list：具有只读访问权限的 SAMBA 用户列表。
- write list：具有读写访问权限的 SAMBA 用户列表。

要共享具体的打印机，首先要确保 [global] 部分中的 load printers 设置为 no，然后创建如下所示的部分：

```
[hp-101]
        path = /var/spool/SAMBA/
        browseable = yes
        printable = yes
        printer name = hp-101
```

12.1.2　Samba 服务器

对 /etc/SAMBA/smb.conf 文件进行更改之后，在启动 SAMBA 服务器之前，应该执行 testparm 命令。此命令将会检查配置文件的语法，如例 12-2 所示。

例 12-2　testparm 命令

```
[root@onecoursesource ~]# testparm
Load smb config files from /etc/SAMBA/smb.conf
Processing section "[homes]"
Processing section "[printers]"
Processing section "[doc]"
Loaded services file OK.
Server role: ROLE_STANDALONE
Press enter to see a dump of your service definitions

[global]
        workgroup = MYGROUP
        server string = SAMBA Server Version %v
        passdb backend = tdbsam
        cups options = raw

[homes]
        comment = Home Directories
        read only = No
        browseable = No

[printers]
        comment = All Printers
        path = /var/spool/SAMBA
        printable = Yes
        browseable = No

[doc]
        comment = System documentation
        path = /usr/share/doc
        guest ok = Yes
```

可能出现的错误　如果 testparm 命令发现了配置文件有什么错误的话，你将会看到类似以下的输出信息（在此例中，报错是因为 lp_pool 的值必须是布尔值。换句话说，值必须是 0 或 1）：

```
[root@onecoursesource ~]# testparm
Load smb config files from /etc/SAMBA/smb.conf
Processing section "[homes]"
Processing section "[printers]"
Processing section "[doc]"
ERROR: Badly formed boolean in configuration file: "nope".

lp_bool(nope): value is not boolean!
```

有了有效的配置文件后，就可以启动SAMBA服务器了（该服务称为smb，而不是SAMBA）。你将会看到启动了两个服务，smbd和nmbd。smbd服务处理共享请求，而nmbd进程处理NetBIOS操作：

```
[root@onecoursesource ~]# ps -fe | egrep "smbd|nmbd"
root      20787     1  0 12:18 ?        00:00:00 smbd -D
root      20790     1  0 12:18 ?        00:00:00 nmbd -D
root      20792 20787  0 12:18 ?        00:00:00 smbd -D
```

安全提醒

通常，看到多个同名的进程可能表明存在问题。例如，黑客可能会在系统中植入一个会派生多个进程的恶意进程。

在本例中，不要担心多个smbd进程的出现。每个客户端请求都会导致smbd进程派生出新的进程去处理客户端的请求。

smbd和nmbd在/var/log/SAMBA目录中都有单独的日志：

```
[root@onecoursesource ~]# ls /var/log/SAMBA
nmbd.log  smbd.log
```

注意　如果你在微软的Windows系统中管理过活动目录，你可能对一个叫作net的命令行工具很熟悉。SAMBA软件包也提供这个命令行工具来管理SAMBA服务以及基于CIFS的服务。

例如，以下命令可以列出test域中的所有用户：

```
net rpc user -S 10.0.2.20 -U test/user%pw -n myname -W test
```

12.1.3　Samba账户

在用户可以访问SAMBA服务器之前，你需要创建一个SAMBA用户账户。这个账户还需要与系统账户相关联。在本例中，系统已经有一个student用户账户：

```
[root@onecoursesource ~]# grep student /etc/passwd
student:x:500:500::/home/student:/bin/bash
```

要为Linux用户账户创建新的SAMBA账户，请使用smbpasswd命令（注意在password提示符后面需要输入密码，但是输入的密码不会在屏幕上显示）：

```
[root@onecoursesource ~]# smbpasswd -a student
New SMB password:
Retype new SMB password:
Added user student.
```

-a选项用来创建一个新的账户。如果你想要改变已经存在的SAMBA账户的密码，请

不要带上 -a 选项。

映射系统账户

通常，系统账户与 SAMBA 账户使用相同的名字，这也会减少对用户造成的困扰。但是，如果希望各自有不同的名称，可以使用用户名映射。首先在 [global] 部分加入一个设置：

```
username map = /etc/SAMBA/usermap.txt
```

在 /etc/SAMBA/usermap.txt 文件中，创建如下的条目：

```
bobsmith = student
nickjones = teacher
```

第一个值是 Linux 系统账户的名称，第二个值是 SAMBA 账户的名称。要使这个配置生效，别忘了创建 SAMBA 账户。由于修改了 [global] 部分的配置，还需要重启 SAMBA 服务。

请记住，如果使用微软 Windows 活动目录或域服务器对 SAMBA 用户进行身份验证，则 = 字符的左侧应该是微软 Windows 账户名。

让我们回想一下之前讨论过的 guest ok 设置：

```
[doc]
    comment = System documentation
    path = /usr/share/doc
    guest ok = yes
    browseable = yes
    writeable = no
```

识别此来宾账户与哪个 SAMBA 账户关联的一种方法是在共享部分（如 [doc] 部分）中使用以下条目：

```
guest account = test
```

然后使用 smbpasswd 命令来创建这个名为 test 的 SAMBA 账户即可。

12.1.4　访问 Samba 服务器

要在工作组中发现 SAMBA 服务器，可以执行 nmblookup 命令：

```
[root@onecoursesource ~]# nmblookup MYGROUP
querying MYGROUP on 10.0.2.255
10.0.2.15 MYGROUP<00>
```

在找到 SAMBA 服务器之后，可以通过执行 smbclient 命令来查看 SAMBA 服务器上有哪些共享，如例 12-3 所示。

例 12-3　查看 SAMBA 服务器上的共享

```
[root@onecoursesource ~]# smbclient -U student -L 10.0.2.15
Password:
Domain=[ONECOURSESOURCE] OS=[Unix] Server=[SAMBA 3.0.33-3.40.el5_10]

        Sharename       Type      Comment
        ---------       ----      -------
        doc             Disk      System documentation
        IPC$            IPC       IPC Service (SAMBA Server Version 3.0.33-3.40.el5_10)
        student         Disk      Home Directories
Domain=[ONECOURSESOURCE] OS=[Unix] Server=[SAMBA 3.0.33-3.40.el5_10]

        Server               Comment
        ---------            -------

        Workgroup            Master
        ---------            -------
        MYGROUP              ONECOURSESOURCE
```

在例 12-3 中，-U 选项用来指定用于访问服务器的 SAMBA 账户。注意，系统会提示你输入此 SAMBA 账户的密码。-L 选项代表你要列出 SAMBA 服务器中可用的文件和服务。服务器通过提供的 IP 地址来表示（在本例中为 10.0.2.15）。

要访问服务器上指定的共享，请执行以下 smbclient 命令：

```
[root@onecoursesource ~]# smbclient -U student //10.0.2.15/doc
Password:
Domain=[ONECOURSESOURCE] OS=[Unix] Server=[SAMBA 3.0.33-3.40.el5_10]
smb: \>
```

一旦连接成功，就可以执行与 FTP 命令类似的命令。例 12-4 是一个简单的演示。

例 12-4　使用 smbclient 命令

```
smb: \> help
?              altname        archive        blocksize      cancel
case_sensitive cd             chmod          chown          close
del            dir            du             exit           get
getfacl        hardlink       help           history        lcd
link           lock           lowercase      ls             mask
md             mget           mkdir          more           mput
newer          open           posix          posix_open     posix_mkdir
posix_rmdir    posix_unlink   print          prompt         put
pwd            q              queue          quit           rd
recurse        reget          rename         reput          rm
```

```
rmdir          showacls       setmode        stat        symlink
tar            tarmode        translate      unlock      volume
vuid           wdel           logon          listconnect showconnect
!
smb: \> cd zip-2.31
smb: \zip-2.31\> ls
  .                 D        0  Fri Oct  9 18:22:37 2018
  ..                D        0  Sat Jan  2 21:29:14 2018
  CHANGES               60168  Tue Mar  8 20:58:06 2018
  TODO                   3149  Sun Feb 20 21:52:44 2018
  WHERE                 19032  Tue Apr 18 18:00:08 2018
  README                 8059  Sat Feb 26 19:22:50 2018
  LICENSE                2692  Sun Apr  9 15:29:41 2018
  WHATSNEW               2000  Tue Mar  8 20:58:28 2018
  algorith.txt           3395  Sat Dec 14 05:25:34 2018
  BUGS                    356  Sat Dec 14 05:25:30 2018
  MANUAL                40079  Sun Feb 27 23:29:58 2018

                46868 blocks of size 131072. 13751 blocks available
smb: \zip-2.31\> get README
getting file \zip-2.31\README of size 8059 as README (231.5 kb/s) (average 231.5 kb/s)
smb: \zip-2.31\> quit
```

例 12-4 中所示的大多数命令与你已经知道的 Linux 命令类似。不同的是 get 命令，它将文件从远程系统下载到本地系统。

通过执行 smbstatus 命令，可以看到 SAMBA 服务器的状态，包括哪些客户端正在连接到它以及哪些资源正在被访问。从下面的输出可以看出，本地的某个用户正在连接到此 SAMBA 服务器（因为其 IP 地址也是 10.0.2.15）：

```
[root@onecoursesource zip-2.31]# smbstatus
SAMBA version 3.0.33-3.40.el5_10
PID     Username       Group          Machine
-------------------------------------------------------------------
21662   student        student        onecoursesource    (10.0.2.15)
Service       pid     machine        Connected at
-------------------------------------------------------
doc           21662   onecoursesource     Sun Jan  3 17:45:24 2016
No locked files
```

挂载 SAMBA 共享

如果不想让用户手动连接到 SAMBA 或微软 Windows 共享，还可以通过挂载的方式，让这些共享出现在本地文件系统中，例如：

```
[root@onecoursesource ~]# mkdir /doc
```

```
[root@onecoursesource ~]# mount -t cifs -o user=student //10.0.2.15/doc /doc
Password:
```

这个挂载过程应该很简单，因为它与你以前执行的挂载类似（有关挂载的更多信息，请参阅第 10 章）。-t 选项用来指定挂载的文件系统类型，-o 选项用来提供挂载选项，在本例中，是 SAMBA 用户账户的名称。参数 //10.0.2.15/doc 是要挂载的设备名，参数 /doc 是挂载点。

可能出现的错误　注意，共享路径前面有两个正斜杠 (/) 字符，与目录路径不同。仅使用一个 / 字符将导致此命令失败。

在大多数情况下，你想要系统在启动的时候自动挂载 SAMBA 共享。将下面这一行添加到 /etc/fstab 文件中就可以完成此任务：

```
//10.0.2.15/doc    /doc    cifs    user=student,password=sosecret    0    0
```

当然了，如上面的配置项 password=sosecret 所示，将 SAMBA 用户的密码直接写在 /etc/fstab 文件中是非常糟糕的。因为本地系统上的所有用户都可以查看 /etc/fstab 文件，因此应该使用 credentials 文件：

```
//10.0.2.15/doc    /doc    cifs    credentials=/etc/SAMBA/student 0    0
```

在 /etc/SAMBA/student 文件中，添加如下所示的条目：

```
user=student
password=sosecret
```

安全提醒

确保存储有 SAMBA 用户名和密码的文件的权限设置得很安全。该文件的权限设置应该只允许 root 用户浏览其内容，所以可以考虑使用 chmod 600 /etc/SAMBA/student 命令设置权限。

12.2　网络文件系统

网络文件系统（NFS）是一个使用了 40 多年的分布式文件系统（DFS）协议。NFS 最初是由 SUN Microsystems 公司在 1984 年开发的，它为管理员在 Unix 系统之间共享文件和目录提供了一个简单方法。

从一开始，NFS 就被移植到不同的操作系统上，包括 Linux 及微软的 Windows。尽管它可能不如 SAMBA 流行，但仍有许多组织使用 NFS 共享文件。

12.2.1　配置 NFS 服务器

在大多数 Linux 发行版上，NFS 软件都是默认安装的。你可以简单地通过 nfs、nfsserver 或 nfs-kernel-service 启动脚本来启动 NFS 服务（脚本的名称取决于发行版，关于脚本的更多内容，请参见第 15 章）。在某些情况下，你可能需要安装 nfs-utils 或者 nfs-kernel-server 软件包，但通常 NFS 软件是默认安装的。如果你不清楚如何安装这个软件包，请参考第 26 章和第 27 章。

不过，NFS 有一个小窍门，它需要依赖于一个叫作 RPC（Remote Procedure Call，远程过程调用）的服务。RPC 好比是 NFS 客户端与 NFS 服务器之间的中间人。RPC 服务是由一个叫作 portmap 的工具提供的，如果在启动 NFS 服务器时 portmap 服务没有运行，你会收到如下的报错信息：

```
Cannot register service: RPC: Unable to receive; errno = Connection refused
rpc.rquotad: unable to register (RQUOTAPROG, RQUOTAVERS, udp).
```

/etc/exports 文件

NFS 服务器的主配置文件是 /etc/exports 文件，用来定义把哪些目录共享给 NFS 客户端。此文件的语法如下：

```
Directory    hostname(options)
```

Directory 的值应该替换为想要共享的目录名称（例如，/usr/share/doc）。hostname 的值应该是可以解析为 IP 地址的客户端主机名。options 的值用于指定如何共享资源。

例如，/etc/exports 文件中的以下条目将把 /usr/share/doc 目录共享给 NFS 客户端主机 jupiter（使用读写选项）和 mars（使用只读选项）：

```
/usr/share/doc jupiter(rw) mars(ro)
```

注意，在 jupiter 与 mars 名称或选项之间有空格，但是在主机名和对应的选项之间没有空格。新手管理员常犯的错误就是会在这个文件中使用如下所示的配置条目：

```
/usr/share/doc jupiter (rw)
```

上述配置将会使用默认选项与 jupiter 主机共享 /usr/share/doc 目录，而其他的所有主机将会对此共享有读写的权限。

在 /etc/exports 文件中指定主机名时，允许使用以下几种方式。

- hostname：可以被解析为 IP 地址的主机名。
- netgroup：使用 @groupname 指定的 NIS 网络组。
- domain：使用通配符的域名。例如，*.onecoursesource.com 将包括 onecoursesource.com 域中的所有主机。
- network：VLSM（Variable Length Subnet Mask，可变长子网掩码）或 CIDR（Classless

Inter-Domain Routing，无类别域间路由）格式的 IP 网络地址。

还有很多不同的 NFS 共享选项，包括下面这些。

- rw：以读写方式共享。记住，普通的 Linux 系统权限依然有效（注意，这是默认的选项）。
- ro：以只读方式共享。
- sync：文件的数据变化马上就写入磁盘，这对性能有影响，但是会使得数据丢失的可能性更低。在一些发行版中，这是默认选项。
- async：与 sync 相反，数据的变化开始只是写入内存。此选项会提升性能，但是会增加数据丢失的风险。在一些发行版中，这是默认选项。
- root_squash：将 NFS 客户端的 root 用户和组映射到匿名账户，通常是 nobody 账户或 nfsnobody 账户。更多的细节，请参见下一节（注意，这是一个默认选项）。
- no_root_squash：将 NFS 客户端的 root 用户和组映射到本地的 root 用户和组。更多的细节，请参见下一节（注意，这是一个默认选项）。

用户 ID 映射

为了让 NFS 服务器与 NFS 客户端之间共享资源尽可能地透明化，请确保在这两个操作系统上使用相同的用户 ID（UID）和用户组 ID（GID）。要理解这个概念，首先看一下图 12-1。

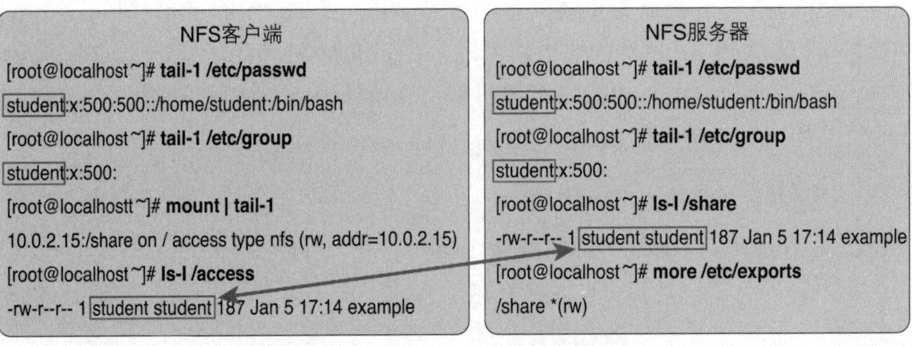

图 12-1 NFS ID 映射——相同的用户名和组名

在图 12-1 中，NFS 服务器与 NFS 客户端都有相同的 student 用户和组。在两个操作系统中，用户 student 的 UID 和 GID 都是 500。NFS 服务器将 /share 目录共享给 NFS 客户端，NFS 客户端将此共享挂载到 /access 目录。现在，当 student 用户尝试访问 /access/example 文件时，他将拥有该文件的 rw- 权限。

现在，我们考虑图 12-2 中所示的情况。

在图 12-2 的示例中，NFS 客户端系统上有一个名为 bob 的用户和组，其 UID 和 GID 为 500。这意味着，当 NFS 客户端上的 bob 用户访问 /access/example 文件（实际上是

NFS 服务器上的 /share/example 文件）时，bob 有该文件的拥有者权限。换句话说，NFS 客户端上的用户 bob 对 NFS 服务器上的用户 student 拥有的文件具有读写权限！

NFS客户端

```
[root@localhost ~]# tail-1 /etc/passwd
bob:x:500:500::/home/bob:/bin/bash
[root@localhost ~]# tail-1 /etc/group
bob:x:500:
[root@localhost ~]# mount | tail-1
10.0.2.15:/share on / access type nfs (rw,addr=10.0.2.15)
[root@localhost ~]# ls-l /access
-rw-r--r-- 1 bob bob 187 Jan 5 17:14 example
```

NFS服务器

```
[root@localhost ~]# tail-1 /etc/passwd
student:x:500:500::/home/student:/bin/bash
[root@localhost ~]# tail-1 /etc/group
student:x:500:
[root@localhost ~]# ls-l /share
-rw-r--r-- 1 student student 187 Jan 5 17:14 example
[root@localhost ~]# more /etc/exports
/share *(rw)
```

图 12-2 NFS ID 映射——不同的用户名和组名

这就是你看不到在局域网之外使用 NFS 的原因之一，当然还有其他的原因（比如安全问题），但是 UID 和 GID 的映射是 NFS 中需要理解的一个重要知识点。

安全提醒

避免账户不匹配的一种方法是使用统一身份验证系统，例如 NIS 或者 LDAP 服务器。使用统一身份验证系统也比在多个系统中使用本地账户具有更好的安全性（删除或锁定几十个系统上相同的账户，想想就很头疼，更不用说你还可能会忘记一个或几个账户）。

NIS 和 LDAP 将在第 19 章中介绍。

回想一下，在 /etc/export 文件中的一个叫作 root_squash 的共享选项。这是因为你可能不希望 NFS 客户端上的 root 用户拥有 NFS 服务器上文件的 root 特权。root_squash 共享选项导致了一种罕见的情况，即普通用户比 root 用户拥有更多的文件系统权限[⊖]。这里有一个例子：

```
[root@onecoursesource ~]# mount | tail -1
192.168.1.22:/share on /access type nfs (rw,addr=192.168.1.22)
 [root@onecoursesource ~]# ls -l /access/example
-rw-r--r--. 1 student student 187 Jan  5 17:14 /access/example
[root@onecoursesource ~]# echo "no way" > /access/example
bash: /access/example: Permission denied
```

NFS 服务器进程

到目前为止，你已经了解了要使系统成为 NFS 服务器，需要执行以下步骤：

⊖ 这种情况只有在 NFS 客户端系统上访问通过 NFS 共享的文件或文件夹时才会出现。——译者注

1. 在 /etc/exports 文件中创建至少一条共享条目。
2. 启动 portmap 服务。
3. 启动 NFS 服务。

NFS 服务实际上由几个不同的进程共同组成，如例 12-5 中的输出所示。

例 12-5 NFS 服务器进程

```
[root@onecoursesource ~]# ps -fe | grep 'rpc\.'
rpcuser   2074     1  0 Jan03 ?        00:00:00 rpc.statd
root     26445     1  0 17:15 ?        00:00:00 rpc.rquotad
root     26460     1  0 17:15 ?        00:00:00 rpc.mountd
root     26515     1  0 17:15 ?        00:00:00 rpc.idmapd
[root@onecoursesource ~]# ps -fe | grep nfs
root     26449    15  0 17:15 ?        00:00:00 [nfsd4]
root     26450     1  0 17:15 ?        00:00:00 [nfsd]
root     26451     1  0 17:15 ?        00:00:00 [nfsd]
root     26452     1  0 17:15 ?        00:00:00 [nfsd]
root     26453     1  0 17:15 ?        00:00:00 [nfsd]
root     26454     1  0 17:15 ?        00:00:00 [nfsd]
root     26455     1  0 17:15 ?        00:00:00 [nfsd]
root     26456     1  0 17:15 ?        00:00:00 [nfsd]
root     26457     1  0 17:15 ?        00:00:00 [nfsd]
```

与系统中运行了多少基于 RPC 的服务有关系，当你运行例 12-5 中的命令的时候，可能会看到比例子中更多的输出结果。例 12-5 中只是列出了与 NFS 有关的 RPC 进程。这些进程如下：

- rpc.statd：如果 NFS 客户端正在访问 NFS 服务器中的资源时 NFS 服务器重启了，这个进程负责处理后续的恢复过程。
- rpc.rquotad：这个进程是与文件系统的配额一起工作的。
- rpc.mountd：这个进程处理 NFS 客户端的初始挂载请求。（请注意，在 LPIC-2 的考试大纲中，只列出了 mountd，所以在考试的时候，这两个词都可以用。）
- rpc.idmapd：这个进程仅存在于运行 NFSv4 的系统上，用于修改系统之间映射用户和组名称的方式。
- nfsd：也称为 rpc.nfsd，处理大部分客户端 / 服务器之间交互的进程。如果系统中既运行 NFSv3 又运行 NFSv4，你还将看到 nfsd4 或者 rpc.nfsd4 进程。

理解 portmap

可以将 portmap 工具看作是老式电话的接线员。你可能在老电影中见到过，有人拿起电话，然后说："接线员，请给我接波士顿 4567。"接线员知道如何转接就可以给对方接上线。如果你无法理解这个例子，可以认为 portmap 提供了端口之间的映射关系，这些端口被系统上的各种服务和程序所使用。就好比地图上的图例，标注了各种图示的含义。

portmap 的主要工作是，当一个基于 RPC 的服务启动时，它会告诉 portmap 一个端口号，用这个端口号就能访问到这个服务。当客户端尝试连接到服务器时，客户端会询问 portmap 该 RPC 服务使用的是哪个端口。

如果你登录到一个 NFS 服务器上，可以通过执行 rpcinfo 命令看到各服务的端口信息，如例 12-6 所示。

例 12-6　rpcinfo 命令

```
[root@onecoursesource ~]# rpcinfo -p
   program vers proto   port
    100000    2   tcp    111  portmapper
    100000    2   udp    111  portmapper
    100021    1   udp  56479  nlockmgr
    100021    3   udp  56479  nlockmgr
    100021    4   udp  56479  nlockmgr
    100021    1   tcp  36854  nlockmgr
    100021    3   tcp  36854  nlockmgr
    100021    4   tcp  36854  nlockmgr
    100011    1   udp    758  rquotad
    100011    2   udp    758  rquotad
    100011    1   tcp    761  rquotad
    100011    2   tcp    761  rquotad
    100003    2   udp   2049  nfs
    100003    3   udp   2049  nfs
    100003    4   udp   2049  nfs
    100003    2   tcp   2049  nfs
    100003    3   tcp   2049  nfs
    100003    4   tcp   2049  nfs
    100005    1   udp    772  mountd
    100005    1   tcp    775  mountd
    100005    2   udp    772  mountd
    100005    2   tcp    775  mountd
    100005    3   udp    772  mountd
    100005    3   tcp    775  mountd
```

安全提醒

也可以从远程系统上查看到这个信息，执行命令时指定服务器的 IP 地址即可（例如，rpcinfo -p 192.168.1.22）。这就是有些管理员更喜欢使用 SAMBA 而不是 NFS 的原因之一（打开许多网络端口会带来潜在的安全风险）。

可以通过阻止特定客户端对 portmap 服务的访问来阻止其访问 NFS 服务器。portmap

服务使用了一种叫作 TCP Wrappers（TCP 封装）的库，也叫作 libwrap。

TCP Wrappers 使用两个文件 /etc/hosts.allow 文件和 /etc/hosts.deny 文件实现允许或者阻止访问服务。这些文件中都包含用于匹配连接的规则。例如，下面的规则匹配从 192.168.1.100 发起的对 portmap 服务的连接请求：

```
portmap: 192.168.1.100
```

这些规则生效的方式如下：

1. 如果连接匹配 /etc/hosts.allow 文件中的规则，则允许连接。
2. 如果连接匹配 /etc/hosts.deny 文件中的规则，则拒绝连接。
3. 如果连接匹配不到任何文件中的规则，则允许连接。

所以，如果这两个文件中没有任何内容的话，则意味着所有到系统的连接请求都将被允许。假设你想要拒绝所有在网络 192.168.1.0/24 中的主机发起的连接，但同时只允许该网络中的一台主机（192.168.1.100），还同时允许除此网络之外的所有主机到 portmap 服务的连接，可以使用以下规则：

```
root@onecoursesource ~]# more /etc/hosts.allow
portmap: 192.168.1.100
root@onecoursesource ~]# more /etc/hosts.deny
portmap: 192.168.1.0/24
```

在大多数情况下，你想只允许少数机器的访问权，而拒绝其他所有机器。例如，以下规则集将允许 192.168.1.0/24 网络中的所有机器访问 portmap 工具，并拒绝所有其他机器：

```
root@onecoursesource ~]# more /etc/hosts.allow
portmap: 192.168.1.0/24
root@onecoursesource ~]# more /etc/hosts.deny
portmap: ALL
```

注意 除了本章中所讨论的内容之外，TCP Wrappers 还有很多其他功能。想要获得关于 TCP Wrappers 的完整内容，请参考第 23 章。

NFS 服务器端命令

exportfs 命令可以用来在 NFS 服务器上显示当前所有的共享内容：

```
[root@onecoursesource ~]# exportfs
/share          <world>
```

exportfs 命令还可以用来临时共享一个资源，假设 NFS 服务已经启动：

```
[root@onecoursesource ~]# exportfs -o ro 192.168.1.100:/usr/share/doc
[root@onecoursesource ~]# exportfs
```

```
/usr/share/doc  192.168.1.100
/share          <world>
```

-o 选项用来指定共享选项。参数包括客户端系统的名称，以及要共享的目录，用冒号(:) 分隔。

如果你对 /etc/exports 文件做了修改，所有新增的条目在服务重启后才会生效。如果想让这些改动立即生效，执行 exportfs -a 命令即可。

nfsstat 命令可以显示一些有用的 NFS 信息。例如，下面的命令显示了当前被 NFS 客户端挂载的共享信息：

```
[root@onecoursesource ~]# nfsstat -m
/access from 10.0.2.15:/share
 Flags: rw,vers=3,rsize=131072,wsize=131072,hard,proto=tcp,timeo=600,
➥retrans=2,sec=sys,addr=10.0.2.15
```

showmount 命令可以显示类似的信息：

```
[root@onecoursesource ~]# showmount -a
All mount points on onecoursesource.localdomain:
10.0.2.15:/share
```

12.2.2 配置 NFS 客户端

挂载 NFS 共享与挂载磁盘分区或者逻辑卷没有太大区别。首先创建一个普通的目录：

```
[root@onecoursesource ~]# mkdir /access
```

然后，使用 mount 命令来挂载 NFS 共享：

```
[root@onecoursesource ~]# mount 192.168.1.22:/share /access
```

你可以通过执行 mount 命令或者查看 /proc/mounts 文件来确认 NFS 共享挂载是否成功。查看 /proc/mounts 文件的优点是它可以提供更多的细节。

```
[root@onecoursesource ~]# mount | tail -1
192.168.1.22:/share on /access type nfs (rw,addr=192.168.1.22)
[root@onecoursesource ~]# tail -1 /proc/mounts
192.168.1.22:/share /access nfs rw,relatime,vers=3,rsize=131072,wsize=131072,namlen=255,
➥hard,proto=tcp, timeo=600,retrans=2,sec=sys,mountaddr=192.168.1.22,mountvers=3,
➥mountport=772,mountproto=udp,local_lock=none,addr=192.168.1.22 0 0
```

如果 NFS 客户端系统重启了，上面的挂载在系统重新启动后不会自动连接。想要让此挂载在重启后依然可用，在 /etc/fstab 文件中添加如下的条目：

```
[root@onecoursesource ~]# tail -1 /etc/fstab
192.168.1.22:/share        /access  nfs       defaults       0       0
```

添加完成后，卸载 NFS 共享（如有必要），并通过执行 mount 命令且只使用挂载点作为参数来测试新条目：

```
[root@onecoursesource ~]# umount /access
[root@onecoursesource ~]# mount /access
[root@onecoursesource ~]# mount | tail -1
192.168.1.22:/share on /access type nfs (rw,addr=192.168.1.22)
```

回想一下，/etc/fstab 文件中的第四个字段是挂载选项。NFS 有几个可用的挂载选项，包括一些默认的挂载选项。表 12-2 描述了这些选项，默认选项以粗体显示。

表 12-2　NFS 挂载选项

选　项	描　　述
soft | hard	NFS 客户端会在一段特定的时间范围内尝试去挂载 NFS 服务器（参见 timeo= 选项）。如果服务器没有响应，并且使用了 hard 选项，那么 NFS 客户端将继续无限期地尝试挂载。如果使用了 soft 选项，NFS 客户端将停止尝试挂载 这在引导过程中非常重要，你不希望看到系统挂起，然后反复地尝试挂载无法访问的 NFS 服务器上的资源（可能是服务器宕机或存在网络问题）
fg | bg	在启动过程中执行前台挂载（fg）或者后台挂载（bg）。如果你决定使用 hard 选项，可以考虑将挂载设置为 bg 模式，以便在 NFS 服务器不可用时系统能继续引导，不会导致挂起
timeo=	设置超时时间，单位为 1/10 秒。例如，timeo=300 表示超时时间为 30 秒
retrans=	指定挂载 NFS 共享的重试次数。默认情况下，UDP 尝试 3 次，TCP 尝试 2 次
retry=	尝试多少次后才超时。默认值取决于发行版和 NFS 的版本
rsize=	每个读取请求的最大字节数。管理员通常会设置为 8192（根据你的发行版，默认值可能是 1024、4096 或 8192）。最大值取决于 NFS 的版本。建议使用基准测试（通过测试不同的配置确定最佳的配置）来确定最佳速率
wsize=	每个写入请求的最大字节数。管理员通常会设置为 8192（根据你的发行版，默认值可能是 1024、4096 或 8192）。最大值取决于 NFS 的版本。建议使用基准测试来确定最佳速率
rw | ro	尝试以读写（rw）或者只读（ro）的方式挂载 NFS 共享。如果资源是以只读的方式共享的，那么不管这个选项是什么，都是只读挂载的

12.2.3　iSCSI

iSCSI（internet Small Computer System Interface，internet 小型计算机系统接口）是一个基于 SCSI 通信协议的网络存储解决方案。回想一下，SCSI 是一种协议，用于在内核和 SCSI 设备之间提供接口。

对话学习——iSCSI 的优点

Gary：嗨，Julia。能向你请教一下吗？

Julia：随时都行。

Gary：我想了解 iSCSI 有哪些优点。

Julia：好的，首先你要搞清楚网络存储相对于本地存储的优点。记住，与本地硬盘不同，iSCSI 能访问远程存储设备。

Gary：好的，我理解了。例如，本地磁盘空间可能非常有限，而网络存储可以使用大型数据中心的设备，是吗？

Julia：这是一个优点。还有其他的因素，但你的方向是对的。例如，要考虑网络连接的可靠性。这对于使用远程存储非常重要。

Gary：那么，如果我决定使用网络存储，我有哪些选择呢？

Julia：你可以使用类似 SAMBA 或者 NFS 这样的文件共享服务。这些通常称为 NAS 或网络附加存储。尽管这些服务有优点，但它们其实是被设计用来做文件系统共享的。iSCSI 可以让客户端像使用本地磁盘那样使用存储设备，但是很显然是位于远处的。

Gary：好的，那么除了 iSCSI 我还有其他的选择吗？

Julia：有的，你还可以选择光纤通道，它通常被称为 FC。

Gary：好的，那 FC 有什么优点和缺点呢？

Julia：这没有现成的答案，但是 FC 一般有更好的性能和可靠性，但是其成本比 NAS 和 iSCSI 要高。还有，FC 在局域网中提供了一个很好的解决方案，但是 NAS 和 iSCSI 对于广域网来说是更好的解决方案。

Gary：好的，这给了我一个很好的起点。听起来我真的应该在做决定之前去了解每个解决方案的更多细节。

Julia：是的，你不应该急于做决定。在采取任何行动之前，先规划你的网络存储需求并确定最适合的解决方案。

Gary：更多的准备工作！我想我应该会习惯的。

Julia：尽你所能去避免失败吧！

要理解 iSCSI，先要理解一些关键术语。

- target：此术语用来描述位于某个服务器上的存储设备。服务器可以是在局域网中，也可以是在广域网中。可以把 target 看作是一个可共享的存储设备。另外，请记住，target 是设备，而不是文件系统。当客户端系统访问此设备时，可以将其视为硬盘。
- initiator：连接到 target 的客户端。在某些情况下，initiator 就是指 iSCSI 的客户端。
- WWID：全球标识符，这个标识符保证在全世界都是唯一的。这个唯一的数字对于连接到因特网的 iSCSI 设备很重要，这能保证没有其他的 iSCSI 设备与它拥有相同的标识号。在某种意义上来说它与网卡的 MAC 地址（也是唯一的标识，不会与其他网卡相同）类似。在 iSCSI 服务器上，将通过符号链接文件和实际的设备文件名建立关联。术语 WWN（World Wide Name，全球名称）有时候会与 WWID 互换使用。
- LUN：逻辑单元号（Logical Unit Number），target 用它来标识 iSCSI 设备。这个概念起源于 SCSI，在每个系统上，一个 SCSI 设备可以由一个 LUN 标识，它看起来

像 /dev/dsk/c0t0d0s0。c0t0d0s0 表示要访问的 SCSI 设备的控制卡、target、磁盘和分片（分区）。对于 iSCSI 来说，重要的是要理解 WWID 是 Internet 上唯一的名称，而 LUN 仅在本地系统上唯一。

target 配置

要将系统配置为 iSCSI 服务器，首先需要安装 scsi-target-utils 包及其依相关依赖。在大部分 Linux 发行版上这些软件包不是默认安装的（关于软件包管理的更多知识，请参考第 26 章和第 27 章）。请记住，scsi-target-utils 包还需要安装一些依赖包。如果不确定如何安装此软件，请参阅第 26 章和第 27 章。

安装完软件包后，需要编辑 /etc/tgt/targets.conf 文件来创建 target。该文件中的条目如下所示：

```
<target iqn.2018-10.localdomain.onecoursesource:test1>
        backing-store /dev/VolGroup/iscsi
        initiator-address 10.0.2.15
</target>
```

在上例中，iqn.2018-10.localdomain.onecoursesource:test1 是一种为 target 创建唯一名称的方法，与之前提到的 WWID 类似。这个格式应该是 iqn.year-month.domain_in_opposite_order:name_for_target。例如，如果你想在主机 test.sample.com 上创建一个叫作 firefly 的 target，且当前日期为 2018 年 10 月，那么你创建的 target 的名称应该为 iqn.2018-10.com.sample.test:firefly。

backing-store 的值应该为一个没有数据或者文件系统的存储设备，例如一个新创建的磁盘分区或者逻辑卷。记住，你是在创建一个 target 设备，不是共享现有的文件系统。

initiator-address 的值表示允许哪些系统访问此 target。

接下来，启动 tgtd 守护进程。在 SysVinit 系统上，执行以下命令：

```
[root@onecoursesource ~]# /etc/init.d/tgtd start
Starting SCSI target daemon:                                [  OK  ]
```

最后，执行 tgt-admin --show 命令来确认 target 是否可用，如例 12-7 中所示。

例 12-7 tgt-admin --show 命令

```
[root@onecoursesource ~]# tgt-admin --show
Target 1: iqn.2018-10.localdomain.onecoursesource:test1
    System information:
        Driver: iscsi
        State: ready
    I_T nexus information:
    LUN information:
        LUN: 0
```

```
        Type: controller
        SCSI ID: IET     00010000
        SCSI SN: beaf10
        Size: 0 MB, Block size: 1
        Online: Yes
        Removable media: No
        Prevent removal: No
        Readonly: No
        Backing store type: null
        Backing store path: None
        Backing store flags:
    LUN: 1
        Type: disk
        SCSI ID: IET     00010001
        SCSI SN: beaf11
        Size: 264 MB, Block size: 512
        Online: Yes
        Removable media: No
        Prevent removal: No
        Readonly: No
        Backing store type: rdwr
        Backing store path: /dev/VolGroup/iscsi
        Backing store flags:
Account information:
ACL information:
    10.0.2.20
```

initiator 配置

要将系统配置为 iSCSI initiator，首先需要安装 iscsi-initiator-utils 软件包及其相关依赖。在大部分 Linux 发行版上这些软件包不是默认安装的。

安装完软件包之后，可以使用 iscsiadm 命令查看 iSCSI 服务器提供的 target 的名称。要执行此任务，请使用以下 iscsiadm 命令：

```
[root@onecoursesource ~]# iscsiadm -m discovery -t sendtargets -p 10.0.2.20
Starting iscsid:                                           [  OK  ]
10.0.2.20:3260,1 iqn.2018-10.localdomain.onecoursesource:test1
```

注意，这是你第一次执行该命令，系统将会自动启动 iscsid 守护进程。

在 iscsiadm 命令输出中要寻找的是，target 主机地址是什么（本例中为 10.0.2.20）以及 IQN（iSCSI 限定名）。

现在已经找到了 target，连接到它的一个简单方法就是启动 iscsi 服务。

```
[root@onecoursesource ~]# /etc/init.d/iscsi restart
```

上面的 iscsi 脚本可以启动 iscsid 守护进程，它在 initiator 端管理 iSCSI target。尽管你可能不会更改 iscsid 守护进程的配置脚本，但应该知道它位于 /etc/iscsi/iscsid.conf 文件中。

iscsi 脚本还是判断 iSCSI target 是否在本地系统中分配了设备名称的好方法，如例 12-8 中高亮标记的部分所示。

例 12-8 判断 iSCSI target 的本地设备名称

```
[root@onecoursesource ~]# /etc/init.d/iscsi status
iSCSI Transport Class version 2.0-870
version 6.2.0-873.13.el6
Target: iqn.2018-10.localdomain.onecoursesource:test1 (non-flash)
        Current Portal: 10.0.2.15:3260,1
        Persistent Portal: 10.0.2.15:3260,1
                **********
                Interface:
                **********
                Iface Name: default
                Iface Transport: tcp
                Iface Initiatorname: iqn.1994-05.com.redhat:392559bc66c9
                Iface IPaddress: 10.0.2.15
                Iface HWaddress: <empty>
                Iface Netdev: <empty>
                SID: 1
                iSCSI Connection State: LOGGED IN
                iSCSI Session State: LOGGED_IN
                Internal iscsid Session State: NO CHANGE
                *********
                Timeouts:
                *********
                Recovery Timeout: 120
                Target Reset Timeout: 30
                LUN Reset Timeout: 30
                Abort Timeout: 15
                *****
                CHAP:
                *****
                username: <empty>
                password: ********
                username_in: <empty>
                password_in: ********
```

```
************************
Negotiated iSCSI params:
************************
HeaderDigest: None
DataDigest: None
MaxRecvDataSegmentLength: 262144
MaxXmitDataSegmentLength: 8192
FirstBurstLength: 65536
MaxBurstLength: 262144
ImmediateData: Yes
InitialR2T: Yes
MaxOutstandingR2T: 1
************************
Attached SCSI devices:
************************
Host Number: 3    State: running
scsi3 Channel 00 Id 0 Lun: 0
scsi3 Channel 00 Id 0 Lun: 1
        Attached scsi disk sdb      State: running
```

回想一下，udev 负责创建和管理设备文件。在本例中，udev 守护进程与 scsi_id 命令一起工作，将 target 映射到 sdb 设备（/dev/sdb 文件），如例 12-8 中的输出所示：Attached scsi disk sdb。尽管你可以自己手动执行 scsi_id 命令来生成，但一般还是让 udev 守护进程来生成此设备文件。

使用 target 的一个好处是，它在本地操作系统上看起来就像是一个本地的存储设备。你可以在它上面创建分区，创建文件系统，然后挂载这个文件系统，如例 12-9 所示。

例 12-9　在本地系统上使用 iSCSI target

```
[root@onecoursesource ~]# fdisk /dev/sdb
Device contains neither a valid DOS partition table, nor Sun, SGI or OSF disklabel
Building a new DOS disklabel with disk identifier 0xafa8a379.
Changes will remain in memory only, until you decide to write them.
After that, of course, the previous content won't be recoverable.

Warning: invalid flag 0x0000 of partition table 4 will be corrected by w(rite)

WARNING: DOS-compatible mode is deprecated. It's strongly recommended to
       switch off the mode (command 'c') and change display units to
       sectors (command 'u').

Command (m for help): n
```

```
Command action
   e   extended
   p   primary partition (1-4)
p
Partition number (1-4): 1
First cylinder (1-1024, default 1):
Using default value 1
Last cylinder, +cylinders or +size{K,M,G} (1-1024, default 1024):
Using default value 1024

Command (m for help): w
The partition table has been altered!

Calling ioctl() to re-read partition table.
Syncing disks.
[root@onecoursesource ~]# mkfs -t ext4 /dev/sdb1
mke2fs 1.41.12 (17-May-2010)
Filesystem label=
OS type: Linux
Block size=1024 (log=0)
Fragment size=1024 (log=0)
Stride=0 blocks, Stripe width=0 blocks
64512 inodes, 258020 blocks
12901 blocks (5.00%) reserved for the super user
First data block=1
Maximum filesystem blocks=67371008
32 block groups
8192 blocks per group, 8192 fragments per group
2016 inodes per group
Superblock backups stored on blocks:
        8193, 24577, 40961, 57345, 73729, 204801, 221185
Writing inode tables: done
Creating journal (4096 blocks): done
Writing superblocks and filesystem accounting information: done
This filesystem will be automatically checked every 22 mounts or
180 days, whichever comes first. Use tune2fs -c or -i to override.
[root@onecoursesource ~]# mkdir /test
[root@onecoursesource ~]# mount /dev/sdb1 /test
```

以下是一些需要注意的重要事项：

- 确保 iscsi 脚本在系统启动时能自动运行（也就是说，如果使用的是 SysVinit 系统，要使用 chkconfig 命令）。

- 确保在 /etc/fstab 文件中添加了挂载文件系统的条目。你可能要加上 _netdev 挂载选项，因为这可以确保在尝试挂载资源之前网络已经启动了。
- iSCSI 的内容要比本书中讨论的内容多很多。如果你考虑在你的环境中使用 iSCSI，可能还需要考虑一些其他特性，比如保护 target 的方法。例如，可以启用称为 CHAP 的身份验证技术，需要你在 iSCSI 的服务端和客户端分别做配置（通过修改 /etc/iscsi/iscsid.conf 文件）。
- 测试 iSCSI 不需要两台服务器。iSCSI 的服务端也可以作为客户端。除了测试场景外，大家一般不会这么做，但是这为你提供了一种测试 iSCSI 的简单方法。
- 你可能会发现 iSCSI 运行在不同的 Linux 发行版上面时会有一些细微的差别。本书中提供的 iSCSI 存储例子都是在 CentOS 6.x 系统上运行的。

12.3 总结

本章你学习了如何管理远程存储设备。首先，你学习了 SAMBA，一个可以让你在 Linux 和其他操作系统之间共享目录的工具。其次，学习了如何在 Linux 系统之间利用 NFS 来实现文件共享。最后，学习了如何利用 iSCSI 来创建共享的存储设备。

12.3.1 重要术语

SMB、DFS、NFS、CIFS、NetBIOS、Active Directory、RPC、用户 ID 映射、TCP Wrappers、iSCSI、target、initiator、WWID、LUN

12.3.2 复习题

1. ______软件包提供了 SAMBA 客户端工具。
2. 以下哪些字符可以在 /etc/SAMBA/smb.conf 文件中注释行（选择两个）？
   A. #　　B. *　　C. ;　　D. /
3. 以下哪个可以在 smb.conf 文件的 [global] 部分中用来描述 SAMBA 服务器？
   A. comment=　　B. server=
   C. description　　D. server string=
4. smb.conf 文件中的______部分默认用于共享 SAMBA 用户的家目录。
5. 当在 smb.conf 文件中设置共享目录时，以下哪个选项用来设置共享目录为只读？
   A. read-only = yes　　B. unwriteable = yes
   C. writeable = no　　D. changeable = no
6. smb.conf 文件中 SAMBA 共享部分中的______设置的作用是允许来宾账户访问。
   A. guest = yes　　B. unsecure = yes
   C. guest ok = yes　　D. guest access = yes
7. 填写以下 SAMBA 共享打印机缺少的设置。

```
[hp-101]
        _____ = /var/spool/SAMBA/
        browseable = yes
        printable = yes
        printer name = hp-101
```

8. 启动 SAMBA 服务器时将会启动的两个服务器进程分别是：______和______。
9. 完成下面这条命令，新建一个名为 student 的 SAMBA 用户账户。

```
smbpasswd _____student
```

A. -c　　B. -a　　C. -n　　D. -s

10. smb.conf 文件里 [global] 部分中的______设置可以把 Windows 的用户名映射为本地用户账户。
11. ______服务可以提供 RPC 功能。
12. 以下哪个是有效的 NFS 软件包名字（选择两个）？

A. nfs　　B. nfs-server　　C. nfs-utils　　D. nfs-kernel-server

13. 完成以下 /etc/exports 文件中条目的空白处，让主机 test 以只读的方式来访问 /share 目录：

```
/share  test(______)
```

A. read-only　　B. readonly

C. norw　　D. ro

14. ______共享选项性能更好，但是会带来数据丢失的风险。
15. 根据以下 /etc/exports 文件中的共享选项，哪个客户端可以读写权限访问共享？

```
/share  test (rw)
```

A. 仅 test 主机　　B. 仅本地网络中的主机

C. 没有主机，因为条目无效　　D. 所有主机

16. 以下哪个是在 /etc/exports 文件中指定 NFS 客户端的有效方法（选择两个）？

A. domain　　B. URL　　C. ADS name　　D. IP network

17. ______进程负责处理 NFS 客户端的挂载请求。
18. 可以在系统中通过执行______命令来查看 RPC 端口的信息。
19. 可以通过修改以下哪些文件来对 portmap 服务进行安全加固（选择两个）？

A. /etc/hosts　　B. /etc/hosts.allow

C. /etc/hosts.access　　D. /etc/hosts.deny

20. ______挂载选项会让系统尝试挂载共享目录一次后停止尝试。
21. 你应该编辑哪个文件来配置 iSCSI target？

A. /etc/targets.conf　　B. /etc/tgt/targets.conf

C. /etc/tgt/tgt.conf　　D. /etc/tgt.conf

22. udev 守护进程使用______命令来把 iSCSI 存储映射到本地设备文件上。

第 13 章

制订存储安全策略

保护存储设备是一个挑战，因为想破坏这些设备的人通常已经对这些系统有了有效的访问权限。本章主要介绍如何利用你在第 9 章到第 12 章中学到的技术来保护数据。

存储设备的安全性不仅仅在于防止他人看到敏感数据，其中也包括确保关键数据不丢失。你还将在本章中学到如何创建文件和目录的备份，然后制订备份策略使得在丢失数据时可以进行恢复。

学习完本章并完成课后练习，你将具备以下能力：

- 制订保护存储设备的安全计划。
- 创建备份策略。
- 使用备份工具。

13.1 制订计划

当为存储设备制订安全策略时，你应该考虑以下几点：

- 敏感数据需要加密防止被偷窥，包括那些有权限访问系统的用户。
- 考虑所有数据应该存储在哪里。例如，用来保存公司私有数据的重要数据库不应该放在对外的网站服务器上（或任何暴露在因特网上的服务器）。
- 所有重要的数据都应该定期进行备份，防止存储设备发生故障或者发生灾难时破坏存储设备（例如火灾或者洪水）。
- 应该建立一个数据恢复系统，以便快速恢复丢失的数据。

你需要了解的保护数据的要点已经在之前的章节中做了介绍，之后的章节中会介绍更多的内容。以下内容是这些要点的摘要，以及你在制订数据安全方案时该如何使用它们：

- 使用文件权限，文件属性和 SELinux（参见第 9 章）的组合限制系统用户对文件的访问。你的安全策略应该在每个系统的重要文件以及所有包含敏感数据的文件上明确定义这些安全设置。
- 创建脚本（参见第 15 章）探测关键文件的权限和属性是否正确设置，并配置脚本自动运行（参见第 14 章）。（你可以在因特网上搜索类似的脚本，Kali Linux 不提供此类功能的脚本。）

- 对于所有类似笔记本计算机的移动设备，确保你已经启用了文件系统加密（参见第 11 章）。
- 对于所有的网络存储设备，确保你已经使用类似于防火墙（参见第 31 章）的功能限制对存储设备的访问。

13.2　备份数据

几乎所有经验丰富的系统管理员以及许多终端用户都有关于丢失数据的可怕经历。由于没有备份策略，或者备份策略无效，或没有被正确地执行，导致了数百万美元的损失和人员流失。

保护数据是一项严肃的工作，你不希望自己成为那个解释为什么重要的公司数据会永远丢失的人。你必须创建一个可靠的备份策略，并确保正确地实施它。

13.2.1　创建备份策略

作为一名系统管理员，创建一个可靠的备份策略是你的责任。为了创建备份策略，需要回答以下问题：

- **要备份什么**？这是一个重要的问题，因为它会影响接下来其他问题的答案。在回答这个问题时，你应该考虑将文件系统分解成更小的逻辑单元，便于创建更有效的备份策略。
- **以什么频率备份**？回答这个问题时，要考虑几个因素。如果你已经将文件系统分解为更小的逻辑单元，每个单元回答都要考虑这个问题，因为答案取决于要备份的数据类型。
- **全量备份还是增量备份**？全量备份是指备份所有的数据，不管上次备份后数据有什么变化。增量备份是指仅对自上次备份以来已更改的文件执行备份。一些备份工具可以基于几个不同的增量级别来设置复杂的备份策略。增量备份速度更快，但全量备份在进行数据恢复的时候更简单。
- **备份存储在哪里**？你是使用磁带设备、光盘设备（CD-ROM 或者 DVD）、外部存储（USB 设备）或可通过网络访问的存储？每种存储方式都有其固有的优点及缺点。
- **使用何种备份工具**？你所选择的备份工具对于备份和恢复数据的过程将会有重大的影响。绝大部分的 Linux 发行版默认自带有几种工具，例如 dd 以及 tar 命令。在大多数情况下，可以免费获得其他的工具，只需要从发布仓库中安装每个工具即可。除了发行版自带的备份工具之外，还可以考虑安装第三方工具，这些工具通常能提供更多成熟的解决方案。

要备份什么

为什么管理员倾向于在安装操作系统时使用多个分区（或者逻辑卷），原因之一是这样可以更好地制订备份策略。某些目录通常比其他目录改变得频繁，通过把这些目录配置为独立的文件系统，你可以利用文件系统的特性进行备份。

例如，通常最好是备份当前没有正在被修改的数据。但是，在备份用户的家目录的时候可能就会遇到挑战。通过把 /home 配置为一个独立的文件系统，就可以在卸载该分区后直接进行备份。更好的做法是，可以把 /home 文件系统挂载在一个逻辑卷上，然后使用逻辑卷管理器（LVM）的快照功能对 /home 目录创建一个快照。这可以使你在备份文件系统数据的时候，用户还可以继续在此文件系统上进行业务操作。

这并不意味着你需要对每一个你想要备份的目录设置单独的文件系统。事实上，在某些情况下这几乎是不可能的（例如 /etc 目录，/etc 目录必须与 / 文件系统在同一文件系统中）。但是，只要有可能，通常最好为要纳入备份策略中的目录创建单独的文件系统。

注意　你将发现我们会在本章中交替使用目录和文件系统这两个术语。如你所知，不是所有的目录都代表完整的文件系统，只有挂载点才可以代表完整的文件系统。但是，因为我们强烈建议将表 13-1 中列出的目录作为文件系统的挂载点，所以我们决定在讨论此类目录的时候交替使用目录，目录结构和文件系统这些术语。

表 13-1　备份策略中可以考虑加入的目录 / 文件系统

目录 / 文件系统	考虑的理由
/home	如果系统上有普通用户，那么这个目录肯定是备份策略的一部分。但是，在没有普通用户的服务器上，备份策略通常会忽略此目录
/usr	/usr 目录很少变化，因为这是大多数系统命令、文档和程序的存放路径，只有在安装新软件包或升级现有软件包时才会变化。一些管理员认为永远不要备份 /usr，因为如果出了问题，可以重新安装软件。但这么做的问题在于，很少有管理员会保留他们管理的所有系统上安装的所有软件的列表。所以，你应该将此目录包含在备份策略中
/bin	如果备份了 /usr 目录，可以考虑加入 /bin 目录。因为某些操作系统软件安装在这个目录里
/sbin	如果备份了 /usr 目录，可以考虑加入 /sbin 目录。因为某些操作系统软件安装在这个目录里
/opt	如果系统上安装了很多第三方软件，可能会考虑备份这个目录。但这在大多数 Linux 发行版中并不常见
/var	存储在 /var 目录中的主要数据包括日志文件、电子邮件收件队列和打印队列。打印队列不需要备份，但是日志文件和电子邮件队列可能很重要，这取决于系统提供的功能。通常，这个文件系统在服务器上需要备份，但在桌面系统上常常被忽略
/boot	内核位于此目录结构中。如果安装了新内核，请考虑备份此目录结构通常它不会定期备份
/lib 和 /lib64	如果备份了 /usr 目录，可以考虑加入 /lib 和 /lib64 目录，因为操作系统库文件会安装在这些目录中。在系统上安装软件时，有时还会安装新的库文件
/etc	在备份策略中，这个目录经常被忽略，但是更改最频繁的通常也是这个目录。执行常规的系统管理任务，例如管理软件配置文件和管理用户或组账户，都会导致 /etc 目录的更改。在活跃的系统上，应该定期备份此目录 （注意，/etc 目录必须是根文件系统的一部分，不能是独立的文件系统）

哪些目录 / 文件系统永远不需要备份？以下这些目录要么是存储在硬盘上的，要么就是包含了不需要备份的临时信息：

- /dev
- /media
- /mnt
- /net
- /proc
- /srv
- /sys
- /var/tmp

多久备份一次

没有确切的规则能告诉你多久备份一次。要确定执行备份的频率，请先确定要备份哪些目录 / 文件系统，然后了解每个目录 / 文件系统上数据更改的频率。

根据你调查的结果，应该就能够确定执行备份的频率。对于不同的目录，可能会有不同的计划，你还需要考虑执行全量备份和增量备份的频率。

全量备份还是增量备份

并不是所有的软件都提供执行增量备份的灵活性。但是，如果你使用的软件具备这个特性，请考虑将其包含在备份策略中。

如果备份工具确实可以提供增量备份的功能，它很可能可以提供几种不同级别的增量备份。以下是几个例子：

- 0 级备份是全量备份。
- 1 级备份将会备份从最近一个低级别的备份（0 级）完成后所有改变过的文件。
- 2 级备份将会备份从最近一个低级别的备份（0 级或 1 级）完成后所有改变过的文件。

通常，增量备份的级别包含值 1～9。因此，9 级的备份将备份自上一次较低级别备份（可能是 0 级、1 级、2 级等）以来更改的所有文件。

为了更好地理解增量备份，请先查看图 13-1。

图 13-1 中的策略演示了一个四周的备份周期，每四周循环重复一次。在周期的第一天（周日），执行全量（0 级）备份。第二天也就是周一，执行级别为 2 的增量备份。这一天将会备份自从最近一个低级别的备份（0 级）完成后所有改变过的文件。这相当于一天的变化量。

在周二，执行级别为 3 的增量备份。这一天将会备份自从最近一个低级别的备份（周一执行的级别为 2 的备份）完成后所有改变过的文件。这一周中的每一天，都会执行一次备份，备份过去 24 小时内对目录 / 文件系统的更改。

Week 1	Sun 0	Mon 2	Tue 3	Wed 4	Thu 5	Fri 6	Sat 7
Week 2	Sun 1	Mon 2	Tue 3	Wed 4	Thu 5	Fri 6	Sat 7
Week 3	Sun 1	Mon 2	Tue 3	Wed 4	Thu 5	Fri 6	Sat 7
Week 4	Sun 1	Mon 2	Tue 3	Wed 4	Thu 5	Fri 6	Sat 7

图 13-1　1 号备份策略

接着来到周日，执行级别为 1 的增量备份。此备份将会对最近一个低级别的备份（本次循环开始时执行的 0 级备份）后所有改变的数据进行备份。实际上，就是备份过去一周变化的数据。

这个备份计划的优点是每晚的备份都只花了较少的时间。每周日的备份会花稍长一点的时间，但是本周其余的备份都是数据量非常少的备份。由于大多数业务都会在周日早些时候关闭，周日的备份对访问这些系统的业务需求几乎没有影响。

这个备份计划的缺点是在恢复过程中。如果数据在第三周的周五丢失，必须要恢复文件系统的话，那么必须执行以下恢复操作，顺序如下：

- 0 级备份。
- 第三周周日的 1 级备份。
- 第三周周一的 2 级备份。
- 第三周周二的 3 级备份。
- 第三周周三的 4 级备份。
- 第三周周四的 5 级备份。

现在将图 13-1 中所示的备份策略与图 13-2 中所示的备份策略做一个比较。

Week 1	Sun 0	Mon 5	Tue 5	Wed 5	Thu 5	Fri 5	Sat 5
Week 2	Sun 1	Mon 5	Tue 5	Wed 5	Thu 5	Fri 5	Sat 5
Week 3	Sun 1	Mon 5	Tue 5	Wed 5	Thu 5	Fri 5	Sat 5
Week 4	Sun 1	Mon 5	Tue 5	Wed 5	Thu 5	Fri 5	Sat 5

图 13-2　2 号备份策略

按照图 13-2 中所示的备份策略，同样会在备份期的第一天执行全量备份。从周一到周六执行的备份将会备份所有自周日后改变过的文件。在接下来的周日执行的备份包括自该循环的第一次备份以来更改的所有文件。

这种方法的缺点是，随着时间的推移，每次备份都要花费更多的时间。其优点是恢复过程更容易、更快。如果因为数据在第三周的星期五丢失了，必须恢复文件系统的话，那么必须按照以下顺序恢复：

- 0 级备份。
- 第三周周日的 1 级备份。
- 第三周周四的 5 级备份。

还有许多其他备份策略，包括著名的基于数学的解谜游戏汉诺塔。重要的是要记住，你应该仔细研究不同的方案，然后找出最合适的那个。

备份应该存储在哪里

存储备份数据的介质有很多，表 13-2 给出了最流行的存储介质，并且给出了你应该考虑的一些优缺点。

表 13-2　备份存储位置

位　置	优　点	缺　点
磁带	成本低 中等保存期	速度慢 需要特殊的硬件 需要大量的维护
磁盘	速度快 容易获得	不可携带
远程存储	通常容易获得 易于在异地保护数据	依赖网络访问 可能很贵 可能很慢
光盘	速度适中 成本低 硬件容易获得且价格合理	容量低 通常只能“写入一次”，不能重用

注意　考虑遵循 3-2-1 规则：所有重要备份数据保留 3 份拷贝；至少使用 2 种类型的介质保存备份；确保至少有 1 个备份是保存在异地的。

使用什么备份工具

你可以使用许多不同的工具备份数据，包括已经是大多数 Linux 发行版自带的工具，以及一些第三方工具。在本章中，我们将介绍以下工具：

- dd
- tar

- rsync
- Amanda
- Bacula

除了备份工具外，还应该知道一些用于创建和恢复文件的其他工具。

- dump/restore：这些工具不像过去那样经常使用了，它们被设计用来备份和恢复整个文件系统。这些工具同时支持全量备份和增量备份，这使它们成为少数几个具有此功能的标准备份工具之一。
- cpio：与 tar 命令类似，cpio 命令可以用于将多个不同位置的文件合并打包成一个文件。
- gzip/gunzip：尽管 gzip 命令没有提供你希望在备份工具中使用的基本特性（即，它不会将文件合并在一起），但是它会压缩文件。因此，它可以用来压缩备份文件。
- bzip2/bunzip2：尽管 bzip2 命令没有提供你希望在备份工具中使用的基本特性（即，它不会将文件合并在一起），但是它会压缩文件。因此，它可以用来压缩备份文件。
- zip/unzip：该工具的一个优点是，它能将多个文件合并在一起并压缩这些文件。此外，它还使用了在许多操作系统（包括许多非 Linux 操作系统）上使用的标准压缩技术。

13.2.2 标准备份工具

这些工具被认为是标准，是因为你几乎可以在每个 Linux 发行版上使用。这样的好处是，你在几乎所有的系统上可以使用这些工具执行备份，但更重要的是，可以在几乎所有的系统上查看和恢复备份。处理一个深奥的备份文件是令人沮丧和耗时的，因为你甚至没有软件来确定备份的内容。

dd 命令

dd 命令对于备份整个设备非常有用，无论是整个硬盘、单个分区还是逻辑卷。例如，要将整个硬盘备份到第二个硬盘，请执行如下命令：

```
[root@onecoursesource~]# dd if=/dev/sda of=/dev/sdb
```

if 参数用来指定输入的设备，of 参数用来指定输出的设备。执行以上的命令时要确保 /dev/sdb 磁盘不小于 /dev/sda 磁盘。

如果你没有多余的空闲磁盘，但是你在某个设备上有足够的空间怎么办（例如一个外部的 USB 磁盘）？在这种情况下，可以将输出设置为一个镜像文件：

```
[root@onecoursesource ~]# dd if=/dev/sda of=/mnt/hda.img
```

还可以使用 dd 命令将 CD-ROM 或 DVD 的内容备份为一个 ISO 镜像：

```
[root@onecoursesource ~]# dd if=/dev/cdrom of=cdrom.iso
```

ISO 镜像文件可以用于创建更多的 CD-ROM，也可以通过网络共享，使 CD-ROM 的内容更容易获得（而不只是在办公室内传递光盘）。

镜像和 ISO 文件可以在某种意义上被当成普通的文件系统挂载并查看：

```
[root@onecoursesource ~]# mkdir /test
[root@onecoursesource ~]# mount -o loop /mnt/had.img /test
```

dd 命令的一个优点是其可以备份磁盘上的所有事物，并不仅限于文件和目录。例如，在每个磁盘的开始部分都有一个叫作 MBR（Master Boot Record，主启动记录）的区域。对于启动磁盘而言，MBR 包含了 bootloader（GRUB）以及分区表的备份。dd 可以对这个数据做一个备份，在恢复时很有用：

```
[root@onecoursesource ~]# dd if=/dev/sda of=/root/mbr.img bs=512 count=1
```

bs 选项表示数据块的大小，count 选项表示要备份多少个数据块。512 和 1 是有意义的，因为 MBR 的大小是 512 字节。

建议将 MBR 的备份存储在外部设备上。如果系统因为 MBR 损坏而无法启动，可以从恢复 CD-ROM 启动，然后使用一个命令就可以恢复 MBR：

```
[root@onecoursesource ~]# dd if=mbr.img of=/dev/sda
```

tar 命令

tar（tape archive，磁带存档）命令最初设计用于将文件系统备份到磁带设备。虽然现在许多人使用 tar 命令备份到非磁带设备，但是你也应该知道如何使用磁带设备。

Linux 中的磁带设备名称遵循 /dev/st* 和 /dev/nst* 约定。第一个磁带设备的设备名是 /dev/st0，第二个磁带设备可以通过 /dev/st1 设备名访问。

设备名 /dev/nst0 也是指第一个磁带设备，但是会发送一个“不要倒带”信号给磁带机。这在你需要向一个磁带上写入多个备份卷的时候很重要。磁带机的默认操作是在备份完成后自动倒带。如果你要向同一个磁带写入其他的备份的话，除非你在执行第一个备份的时候使用 /dev/nst0 设备名，否则你就会把第一次备份的数据覆盖掉。

如果你正在使用磁带设备，应该了解 mt 命令。该命令允许你直接操作磁带设备，包括从一个卷移动到另一个卷，以及删除磁带的内容。以下是一些常见的例子：

```
[root@onecoursesource ~]# mt -f /dev/nst0 fsf 1      #skip forward one file (AKA, volume)
[root@onecoursesource ~]# mt -f /dev/st0 rewind      #rewinds the tape
[root@onecoursesource ~]# mt -f /dev/st0 status      #prints information about tape device
[root@onecoursesource ~]# mt -f /dev/st0 erase       #erases tape in tape drive
```

注意 在以下的例子中，我们假设你的系统中没有磁带驱动器。本例中的 tar 命令将 tar 文件（tar 命令的结果）存储在普通文件中。但是，如果你有磁带驱动器，可以将例子中的文件名替换为你的磁带设备文件。

要使用 tar 命令创建一个备份（或者 tar 文件），请将 -c（create）选项与 -f（filename）选项结合使用：

```
[root@onecoursesource ~]# tar -cf /tmp/xinet.tar /etc/xinetd.d
tar: Removing leading `/' from member names
```

因为从文件名中删除了最前面的 / 字符，所以备份里的路径名是相对的，而不是绝对路径名。这使得在指定文件的恢复位置时变得更加容易。如果带着绝对路径将会导致文件总是恢复到完全相同的位置。

想要查看 tar 文件中的内容，请将 -t（table of contents）选项与 -f 选项结合使用，如例 13-1 所示。

例 13-1　使用 tar -tf 命令列出 tar 文件中的内容

```
[root@onecoursesource ~]# tar -tf /tmp/xinet.tar
etc/xinetd.d/
etc/xinetd.d/rsync
etc/xinetd.d/discard-stream
etc/xinetd.d/discard-dgram
etc/xinetd.d/time-dgram
etc/xinetd.d/echo-dgram
etc/xinetd.d/daytime-stream
etc/xinetd.d/chargen-stream
etc/xinetd.d/daytime-dgram
etc/xinetd.d/chargen-dgram
etc/xinetd.d/time-stream
etc/xinetd.d/telnet
etc/xinetd.d/echo-stream
etc/xinetd.d/tcpmux-server
```

在列出 tar 文件的内容时，通常希望能看到详细的信息。加入 -v（verbose）选项查看附加信息，如例 13-2 所示。

例 13-2　-v 选项显示 tar 文件的详细信息

```
[root@onecoursesource ~]# tar -tvf /tmp/xinet.tar
drwxr-xr-x root/root         0 2018-11-02 11:52 etc/xinetd.d/
-rw-r--r-- root/root       332 2017-03-28 03:54 etc/xinetd.d/rsync
-rw------- root/root      1159 2016-10-07 10:35 etc/xinetd.d/discard-stream
-rw------- root/root      1157 2016-10-07 10:35 etc/xinetd.d/discard-dgram
-rw------- root/root      1149 2016-10-07 10:35 etc/xinetd.d/time-dgram
-rw------- root/root      1148 2016-10-07 10:35 etc/xinetd.d/echo-dgram
-rw------- root/root      1159 2016-10-07 10:35 etc/xinetd.d/daytime-stream
-rw------- root/root      1159 2016-10-07 10:35 etc/xinetd.d/chargen-stream
```

```
-rw------- root/root      1157 2016-10-07 10:35 etc/xinetd.d/daytime-dgram
-rw------- root/root      1157 2016-10-07 10:35 etc/xinetd.d/chargen-dgram
-rw------- root/root      1150 2016-10-07 10:35 etc/xinetd.d/time-stream
-rw------- root/root       302 2018-11-02 11:52 etc/xinetd.d/telnet
-rw------- root/root      1150 2016-10-07 10:35 etc/xinetd.d/echo-stream
-rw------- root/root      1212 2016-10-07 10:35 etc/xinetd.d/tcpmux-server
```

想要提取 tar 文件中的所有内容到当前目录的话，将 -x（extract）选项和 -f 选项组合使用，如例 13-3 所示。

例 13-3 使用 tar -xf 命令来提取 tar 文件的内容

```
[root@onecoursesource ~]# cd /tmp
[root@onecoursesource tmp]# tar -xf xinet.tar
[root@onecoursesource tmp]# ls
backup          pulse-iqQ3aLCZD30z   virtual-root.MLN2pc  virtual-root.zAkrYZ
etc             pulse-lZAnjZ6xlqVu   virtual-root.o6Mepr  xinet.tar
keyring-9D6mpL  source               virtual-root.vtPUaj  zip-3.0-1.el6.src.rpm
orbit-gdm       virtual-root.7AHBKz  virtual-root.y6Q4gw
orbit-root      virtual-root.EaUiye  virtual-root.Ye1rtc
[root@onecoursesource tmp]# ls etc
xinetd.d
[root@onecoursesource tmp]# ls etc/xinetd.d
chargen-dgram   daytime-stream  echo-dgram   tcpmux-server  time-stream
chargen-stream  discard-dgram   echo-stream  telnet
daytime-dgram   discard-stream  rsync        time-dgram
```

假设你的 tar 文件里包含了数千个文件，但是你只需要提取几个文件。可以在 tar 命令的末尾列出文件名执行部分恢复：

```
[root@onecoursesource tmp]# tar -xf xinet.tar etc/xinetd.d/rsync
[root@onecoursesource tmp]# ls etc/xinetd.d
rsync
```

tar 命令有很多的选项，请查阅表 13-3 了解一些比较有用的（包括那些已经介绍过的）选项。

表 13-3 tar 命令实用选项

选 项	描 述
-A	追加到已存在的 tar 文件里
-c	创建 tar 文件
-C	设置当前目录

（续）

选　项	描　　述
-d	显示当前文件系统上的文件与 tar 文件里的差异
--delete	从 tar 文件里删除文件（在磁带上不可用）
-j	使用 bzip2 命令压缩 tar 文件
-t	列出 tar 文件的内容
-x	提取 tar 文件的内容
-z	使用 gzip 命令压缩 tar 文件
-W	写入后尝试验证

rsync 命令

rsync 命令提供了一系列与 tar 和 dd 命令不同的备份特性。它被设计用来将文件备份到远程系统。它可以通过 SSH（Secure Shell）进行通信，从而确保备份过程是安全的。另外，它只备份上次备份后改变过的文件。

例如，例 13-4 中所示的命令对 /etc/xinetd.d 目录中的文件执行递归备份，备份到远程服务器 server1 上的 /backup 目录。

例 13-4　rsync 命令

```
[root@onecoursesource ~]# rsync -av -e ssh /etc/xinetd.d server1:/backup
root@server1's password:
sending incremental file list
xinetd.d/
xinetd.d/chargen-dgram
xinetd.d/chargen-stream
xinetd.d/daytime-dgram
xinetd.d/daytime-stream
xinetd.d/discard-dgram
xinetd.d/discard-stream
xinetd.d/echo-dgram
xinetd.d/echo-stream
xinetd.d/rsync
xinetd.d/tcpmux-server
xinetd.d/telnet
xinetd.d/time-dgram
xinetd.d/time-stream

sent 14235 bytes  received 263 bytes  1159.84 bytes/sec
total size is 13391  speedup is 0.92
```

上面命令中使用的选项有 -v（verbose）、-a（archive）、-e ssh（通过 SSH 来执行）。第一个参数代表要复制什么文件，第二个参数代表将文件复制到何处。

假设 /etc/xinetd.d 目录下的某个文件发生了改变：

```
[root@onecoursesource ~]# chkconfig telnet off     #changes /etc/xinetd.d/telnet
```

注意，当再次执行 rsync 命令的时候，只传输了有改变的文件：

```
[root@onecoursesource ~]# rsync -av -e ssh /etc/xinetd.d server1:/backup
root@server1's password:
sending incremental file list
xinetd.d/
xinetd.d/telnet

sent 631 bytes  received 41 bytes  192.00 bytes/sec
total size is 13392  speedup is 19.93
```

13.2.3 第三方备份工具

许多第三方备份工具都可用于 Linux。以下是其中比较流行的两个备份工具的简介。

Amanda

Advanced Maryland Automatic Network Disk Archiver（又名 Amanda）是一个开源软件工具，在 Unix 和 Linux 发行版上都很流行。尽管有免费的社区版本，但也有提供支持的企业版本（当然是收费的）。

Amanda 提供一个调度器，使系统管理员更容易自动化备份过程。它也支持将备份写入到磁带设备或者磁盘。

Bacula

Bacula 是一个开源产品，它支持不同的平台，包括 Linux、微软 Windows、Mac OS 和 Unix。Bacula 的一个非常吸引人的功能就是自动备份的功能，将系统管理员从日常工作中解放出来。

Bacula 的服务器端配置可以通过 Web 界面、图形界面或者命令行工具完成。

Bacula 的一个缺点是，其备份数据的格式与其他备份格式不兼容，例如与 tar 命令的格式就不兼容。除非在系统上安装了 Bacula 工具，否则很难处理备份数据。

13.3 总结

本章你学习了如何创建一个存储设备的安全策略。在第 9 章到第 12 章中的很多篇幅都包括了关于存储设备的安全特性。这些特性是制订可靠的安全策略的核心。本章回顾了这些关键特性，并介绍了如何创建数据备份和从这些备份中恢复数据。

13.3.1　重要术语

汉诺塔、磁带设备、tar 包、Amanda、Bacula

13.3.2　复习题

1. 对于那些用数字定义全量备份和增量备份的工具来说，数字______表示全量备份。
2. 以下哪个目录不需要备份？
   A. /etc　B. /var　C. /dev　D. /sys
3. 以下哪个目录不需要备份？
   A. /usr　B. /tmp　C. /proc　D. /boot
4. ______命令用于远程数据备份，默认情况下，它只会备份从上次该命令使用过后改变过的文件。
5. 以下哪个存储介质的速度最快？
   A. CD-ROM　B. 磁带　C. 硬盘　D. 远程网络路径
6. dd 命令的哪个选项可以指定你要备份的设备？
   A. count=　B. bs=　C. of=　D. if=
7. 系统上第一个“不可倒带”的磁带设备的设备名为 /dev/______。
8. tar 命令的哪个选项可以从压缩包中解压数据？
   A. -a　B. -x　C. -e　D. -X
9. rsync 命令的______选项用于指定通过 SSH 传输数据。

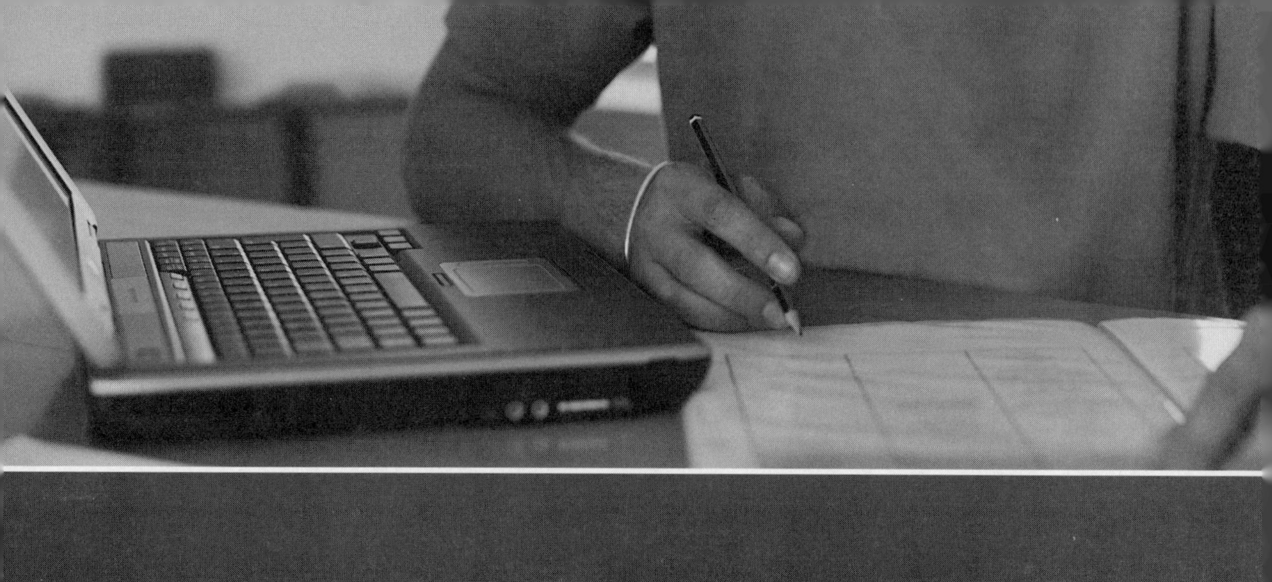

自动化的目标是要让系统管理的过程更简单、更可靠。你还应该认识到，自动化通常使系统更安全。例如，你可以设置自动化任务自动检查系统漏洞。

第四部分

自 动 化

第四部分你将学习以下章节：

- 第 14 章介绍了两组工具，它们让你能在将来的某个时间自动运行进程。crontab 工具允许用户以固定的间隔来执行程序，例如一个月或者两周。at 工具为用户提供了在将来某个特定时间执行某个程序的方法。
- 第 15 章介绍了将 BASH 命令放进文件中来创建更复杂的命令集合的基础知识。脚本用于存储以后可能需要用到的指令也很有用。
- 第 16 章介绍了普通用户和系统管理员都会自动化的一些日常任务。本章的重点是安全性，但还演示了其他自动化任务，特别是与前几章讨论的主题相关的任务。
- 第 17 章讲述如何运用第 14 章到第 16 章所学的知识制订定时任务的安全策略。

第 14 章

crontab 和 at

没有人愿意一天 24 小时坐在计算机前，监控系统的健康状况，并确保日常任务的完成。这就是自动化工具 crontab 和 at 发挥作用的地方。

默认情况下，任何用户都可以创建 crontab 条目，该条目会让守护进程定期地运行一个程序。普通用户可以利用这个特性来执行他们平时必须要记得手动执行的一些操作。系统管理员可以使用这个特性来确保操作系统的健康和安全。

但是，如果你希望程序在将来只执行一次，at 是更好的解决方案。有了这个特性，你可以在将来的某个特定时间调度一个命令或一组命令的执行。

本章介绍了这两个自动化工具的使用方法，包括系统管理员如何对它们进行安全加固以防止其被滥用。

学习完本章并完成课后练习，你将具备以下能力：

- 设置用户的 crontab 表。
- 管理系统的 crontab 表。
- 使用 at 命令配置在将来执行一次某个程序。
- 通过限制哪些用户可以使用这些命令调度任务来保护 crontab 和 at 命令。

14.1 使用 crontab

crontab 命令允许用户查看或者修改他们的 crontab 文件。crontab 文件允许用户定期调度一个要执行的命令，比如一个小时一次或一个月两次。

表 14-1 中列出了 crontab 命令的重要选项。

表 14-1 重要的 crontab 命令选项

选 项	描 述
-e	编辑 crontab 文件
-l	列出 crontab 文件中的条目
-r	删除 crontab 文件中的所有条目
-u	指定用户账户

crontab 表的每一行都被分为几个字段，字段之间用一个或多个空格字符进行分隔。表 14-2 描述了这些字段。

表 14-2 crontab 表中的字段

字段	描述
第一个字段：分钟	命令应该执行的那一分钟。值可以在 0 到 59 之间，可以是单个值或一列值，例如 0, 15, 30, 45。也可以使用范围（例如 1-15），星号（*）字符表示“所有可能的值”
第二个字段：小时	命令应该执行的那一小时。值可以在 0 到 23 之间，可以是单个值或一列值，例如 0, 6, 12, 18。也可以使用范围（例如 8-16），星号（*）字符表示“所有可能的值”
第三个字段：几日	命令应该执行的那一天。值可以在 1 到 31 之间，可以是单个值或一列值，例如 1, 15。也可以使用范围（例如 1-10），星号（*）字符表示“未指定”，除非第五个字段也是 * 字符，在这种情况下，它表示“所有可能的值”
第四个字段：几月	命令应该执行的那一月。值可以在 1 到 12 之间，可以是单个值或一列值，例如 6, 12。也可以使用范围（例如 1-3），星号（*）字符表示“所有可能的值”
第五个字段：星期几	命令应该在星期几执行。值可以在 0 和 7 之间（0= 星期天、1= 星期一…6 = 星期六、7= 星期日）。可以是单个值或一列值，例如 1, 3, 5。也可以使用范围（例如 1-5）。星号（*）字符表示“未指定”，除非第三个字段也是 * 字符，在这种情况下，它表示“所有可能的值”
第六个字段：命令的名称	要执行的命令的名称

例如，以下 crontab 条目将在每月的工作日（星期一至星期五），从 8:00 到 16:30（下午 4:30），每半小时执行一次 /home/bob/rpt.pl 脚本：

```
0,30 8-16 * 1-12 1-5 /home/bob/rpt.pl
```

要创建 crontab 条目，执行 crontab 命令加上 -e 选项即可：

```
student@onecoursesource:~# crontab -e
```

crontab 命令将你置于一个编辑器中，让你可以在这个编辑器里创建或编辑 crontab 条目。默认情况下，它会使用 vi 编辑器。你可以通过修改 EDITOR 环境变量的值来改变默认的编辑器，这在 2.2.1 节中有介绍。

可能出现的错误 注意，如果你在添加或者修改 crontab 条目时犯了任何语法错误，你在退出编辑器的时候 crontab 工具会提醒你。例如，在以下的输出中，第一行的分钟字段中有错误：

```
"/tmp/crontab.6or0Y9":1: bad minute
errors in crontab file, can't install.
Do you want to retry the same edit?
```

你可以按照提示回答 Y 或者 N。回答 Y 将会回退到编辑器界面，你将需要修正你的错误然后再次退出编辑器。回答 N 将会放弃你对 crontab 表做出的所有修改。

但是要注意，如果你输入的是一个逻辑错误，比如输入 4 而不是 16，系统将不会警告你，因为命令语法是有效的。

当编辑完 crontab 条目之后，正常退出编辑器即可。例如，如果你是使用 vi 编辑器，在命令模式下输入 :wq 就可以了。

安全提醒

每个用户都有自己的 crontab 条目集合。这些条目存储在只有 root 用户可以访问的文件中。这些文件通常位于 /var/spool/cron 目录中。

若要显示当前用户的 crontab 条目列表，执行 crontab 命令时加上 -l 选项即可：

```
student@onecoursesource:~# crontab -l
0,30 8-16 * 1-12 1-5 /home/bob/rpt.pl
```

作为系统管理员，你可以通过 -u 选项来浏览或者编辑其他用户的 crontab 条目列表：

```
root@onecoursesource:~# crontab -l -u student
0,30 8-16 * 1-12 1-5 /home/bob/rpt.pl
```

要删除整个 crontab 表，执行 crontab 命令时加上 -r 选项即可：

```
student@onecoursesource:~# crontab -r
```

14.1.1　配置用户访问 cron 服务的权限

作为一名系统管理员，你可以使用配置文件来设置某个用户是否可以使用 crontab 命令。/etc/cron.deny 以及 /etc/cron.allow 文件用于控制对 crontab 命令的访问。

这些文件的格式都是每行为一个用户名。以下是一个例子：

```
[root@localhost ~]$ cat /etc/cron.deny
alias
backup
bin
daemon
ftp
games
gnats
guest
irc
lp
mail
man
```

```
nobody
operator
proxy
sync
sys
www-data
```

表 14-3 描述了 /etc/cron.deny 以及 /etc/cron.allow 文件是如何生效的，图 14-1 提供了更多的信息。

表 14-3 关于 /etc/cron.deny 以及 /etc/cron.allow 文件如何生效的细节

场　景	描　述
只有 /etc/cron.deny 文件存在	该文件中列出的所有用户都被拒绝访问 crontab 命令，而其他所有用户都可以成功执行 crontab 命令。当你想拒绝少数用户访问，同时允许大多数用户访问时，请使用此文件
只有 /etc/cron.allow 文件存在	该文件中列出的所有用户都可以访问 crontab 命令，而其他所有用户都不能成功执行 crontab 命令。当你想允许少数用户访问，但同时要拒绝大多数用户访问时，请使用此文件
两个文件都不存在	在大多数 Linux 发行版中，这意味着只有 root 用户可以使用 crontab 命令。但是，在一些平台上，这会导致所有用户都可以使用 crontab 命令，所以要小心并要充分理解你所管理的 Linux 发行版
两个文件都存在	只采用 /etc/cron.allow 文件，完全忽略 /etc/cron.deny 文件

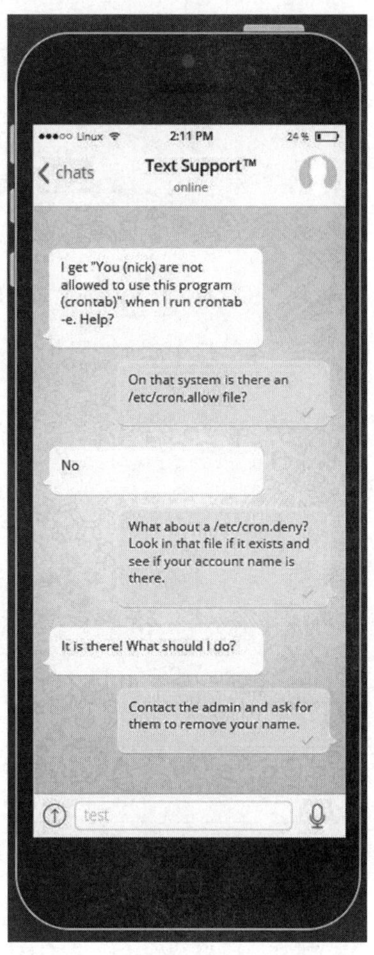

图 14-1 文本支持——为什么我不能用 crontab？

安全提醒

在普通用户正常工作的系统上，最好使用 /etc/cron.deny 文件并将所有系统账户放在该文件中。然后，如果添加了更多的普通用户到系统中，他们都可以访问 crontab 命令，而不需要再做任何额外的工作。

在普通用户不应该工作的系统（如服务器）上，最好使用 /etc/cron.allow 文件，并且里面只包含能够访问 crontab 命令的少数几个账户。

14.1.2 /etc/crontab

/etc/crontab 文件作为系统的 crontab，系统管理员可以编辑这个文件来允许在特定的时间间隔执行对系统很重要的进程。

安全提醒

/etc/crontab 文件不仅对执行系统维护很重要，而且对自动化安全扫描也很重要。只有 root 用户有权限修改此文件，但是在绝大多数 Linux 发行版上，普通用户默认可以浏览此文件的内容。管理员可以考虑将该文件上 others 的读取权限去掉，以避免窥视者看到你正在执行的扫描。

以下是 /etc/crontab 文件的例子：

```
[root@localhost ~]$ more /etc/crontab
SHELL=/bin/sh
PATH=/usr/local/sbin:/usr/local/bin:/sbin:/bin:/usr/sbin:/usr/bin

# m h dom mon dow user  command
17 *    * * *   root    cd / && run-parts /etc/cron.hourly
```

每个配置行描述了要执行的操作、何时执行以及在执行时所使用的用户名。每一行都被分成几个字段，由一个或多个空格字符进行分隔。表 14-4 描述了这些字段。

表 14-4　/etc/crontab 文件的字段

字　段	描　述
第一个字段：分钟	命令应该执行的那一分钟。值可以在 0 到 59 之间，可以是单个值或一列值，例如 0, 15, 30, 45。也可以使用范围（例如 1-15），星号（*）字符表示“所有可能的值”
第二个字段：小时	命令应该执行的那一小时。值可以在 0 到 23 之间，可以是单个值或一列值，例如 0, 6, 12, 18。也可以使用范围（例如 8-16），星号（*）字符表示“所有可能的值”
第三个字段：几日	命令应该执行的那一天。值可以在 1 到 31 之间，可以是单个值或一列值，例如 1, 15。也可以使用范围（例如 1-10），星号（*）字符表示“未指定”，除非第五个字段也是 * 字符，在这种情况下，它表示“所有可能的值”
第四个字段：几月	命令应该执行的那一月。值可以在 1 到 12 之间，可以是单个值或一列值，例如 6, 12。也可以使用范围（例如 1-3），星号（*）字符表示“所有可能的值”
第五个字段：星期几	命令应该在星期几执行。值可以在 0 和 7 之间（0= 星期日，1= 星期一…6= 星期六、7= 星期日）。可以是单个值或一列值，例如 1, 3, 5。也可以使用范围（例如 1-5）。星号（*）字符表示“未指定”，除非第三个字段也是 * 字符，在这种情况下，它表示“所有可能的值”
第六个字段：用户名	执行命令时的用户身份
第七个字段：命令	要执行的命令的名称

大多数默认的 /etc/crontab 文件被设计用来执行一个名为 run-parts 的脚本。这个脚本接受目录名作为输入参数，然后执行在指定目录中的所有程序（比如脚本自身）。

例如，在下面的 /etc/crontab 条目中，首先通过 cd 命令将当前目录切换为根目录，

然后会执行 /etc/cron.hourly 目录中的所有程序：

```
[root@localhost ~]$ tail -n 1 /etc/crontab
17 *    * * *   root    cd / && run-parts /etc/cron.hourly
```

大多数发行版在 /etc/crontab 文件里都有以下目录的 run-parts 条目。

- /etc/cron.hourly：包含每小时执行一次的程序
- /etc/cron.daily：包含每天执行一次的程序
- /etc/cron.weekly：包含每周执行一次的程序
- /etc/cron.monthly：包含每月执行一次的程序

这意味着，如果你希望每天执行一次，就不用在 /etc/crontab 文件中创建条目，而是把程序放到 /etc/cron.daily 目录里即可。这也是许多开发人员对需要自动化的任务的处理方式。所以，在安装完一些软件之后，你可能会在这些目录中的一个或多个目录中发现新的程序。

安全提醒

请记住，任何添加到 /etc/cron.{hourly，daily，weekly，monthly} 目录中的程序都将会以 root 用户执行。由于特权的提升，你应该留意在这些目录中放置的任何程序。在安装完软件后，一定要检查这些目录中新产生的程序。你也可以自动化这个任务，在第 15 章中将了解到这一点。

除了在 /etc/crontab 文件中的条目之外，系统的自动化任务条目还可以在 /etc/cron.d 目录中找到。这使软件开发者可以很容易就添加自定义的条目（而不是直接编辑 /etc/crontab 文件）。所以，在判断系统会自动执行什么自动化任务的时候，不仅要查看 /etc/cron.d 目录中的所有文件，还要查看 /etc/crontab 文件中的条目。

安全提醒

要熟悉本节中提到的所有文件和目录，了解这些路径里应该有什么样的文件，因为黑客经常会在系统 crontab 文件或 /etc/cron.{hourly, daily, weekly, monthly} 目录中添加条目来创建后门。这是在黑客获得系统的 root 访问权之后使用的一种技术，即使他们的入侵被发现之后，也能让他们很容易地重新获得系统访问权。

例如，如果黑客获取了 root 用户身份的系统访问权，那么他们可以在 /etc/cron.daily 目录中创建一个小脚本来重置 root 用户的密码（重置为他们知道的密码）。即使被发现，他们也只需要等到第二天，因为 root 用户的密码将很快被设置为他们知道的密码。

如果发现不认识的条目，请查看它将要执行的文件的内容，判断该文件是否合法。或者如果允许执行该文件，是否存在潜在的安全问题。

14.1.3 /etc/anacrontab

crontab 中按计划执行命令的组件是名为 crond 的守护进程。这是一个在后台运行的进程，每分钟被唤醒一次，并根据需要执行命令。

crontab 的一个问题是，当系统关闭却需要执行一个命令时，会发生什么。在这种情况下，重要的系统命令有可能未被执行。考虑下这样的场景：在用户的笔记本计算机上安装的 Linux 系统中有几条自动化任务被设定为在晚上执行。这个用户每天在下班之前都会把笔记本计算机关闭。第二天早晨，用户打开了笔记本计算机。不幸的是，之前提到的系统自动化任务没有一条会被执行，因为在应该要执行命令的时间，crond 守护进程没有运行，因为笔记本计算机没有开机。

anacron 命令使用 /etc/anacrontab 文件来确定在系统关闭时 crond 守护进程错过的命令该如何执行。典型的 /etc/anacrontab 文件如下所示：

```
[root@localhost ~]$ cat /etc/anacrontab
SHELL=/bin/sh
PATH=/sbin:/bin:/usr/sbin:/usr/bin
MAILTO=root
# the maximal random delay added to the base delay of the jobs
RANDOM_DELAY=45
# the jobs will be started during the following hours only
START_HOURS_RANGE=3-22

#period in days  delay in minutes  job-identifier  command
1        5    cron.daily      nice run-parts /etc/cron.daily
7        25   cron.weekly     nice run-parts /etc/cron.weekly
@monthly 45cron.monthly   nice run-parts /etc/cron.monthly
```

文件底部的几行描述了要运行哪些命令以及何时运行它们。每一行都由一个或者多个空格分成若干个字段。表 14-5 描述了这些字段。

表 14-5 /etc/anacrontab 的字段

字 段	描 述
第一个字段：周期	anacron 命令在日志文件中查找第三个字段中列出的命令的最后一次执行时间。这个字段表示的意思是“如果距离最后一次执行该命令已经超过了这个天数，那么在引导过程完成后就执行该命令”
第二个字段：等待时间	在系统完成引导之后，在执行第四个字段中的命令之前，等待的时间（以分钟为单位）
第三个字段：命令名称	被忽略（未执行）的命令名称
第四个字段：要执行的命令	应该执行的命令

例如，下面这行代码表示，如果在上次 cron.daily 命令执行之后已经过了一天或者几天，在系统启动之后五分钟就执行 nice run-parts /etc/cron.daily 命令：

```
1     5     cron.daily       nice run-parts /etc/cron.daily
```

注意 在一些现代的 Linux 发行版上，anacron 工具已经被废弃了，因为现代的 crond 守护进程已经能处理这种情况了。但是，如果你的系统依然在使用 anacron 工具，你应该清楚它是如何工作的，因为你应该维护这个文件使其匹配系统的 crontab 表要执行的操作。

14.2 使用 at

at 命令用于调度在将来某个特定时间点执行一个或多个命令。该命令的语法为 at ***time***，***time*** 参数表示你想要在何时执行命令。例如，以下命令允许你将命令安排在明天下午 5 点运行：

```
at 5pm tomorrow
at>
```

当出现 at> 提示符时，输入在该指定的时间点要执行的命令。若要执行多个命令，按回车键后就会出现另一个 at> 提示符。

当输入完成后，按 <Ctrl+d> 键。这会给终端发送一个 <EOT> 信息并且创建 at 任务。示例如下：

```
[root@localhost ~]$ at 5pm tomorrow
at>/home/bob/rpt.pl
at>echo "report complete" | mail bob
at><EOT>
job 1 at Thu Feb 23 17:00:00 2017
```

14.2.1 atq

atq 命令可以列出当前用户的 at 任务列表：

```
[root@localhost ~]$ atq
1       Thu Feb 23 17:00:00 2018 a bob
```

上面的输出包括任务号（上例中为 1）、命令的执行时间和用户名（bob）。

14.2.2 atrm

想要在 at 任务执行前删除它，可使用 atrm 命令加上任务号来删除。例如：

```
[root@localhost ~]$ atq
1       Thu Feb 23 17:00:00 2018 a bob
[root@localhost ~]$ atrm 1
~/shared$ atq
```

14.2.3　配置用户访问 at 服务的权限

作为一名系统管理员，你可以使用配置文件来设置某个用户是否可以使用 at 命令。/etc/at.deny 和 /etc/at.allow 文件用于控制对 at 命令的访问。请注意，此方法与控制对 crontab 命令的访问相同，只是文件名不同而已。

每个文件的格式都是每个用户名独占一行，例如：

```
[root@localhost ~]$ cat /etc/at.deny
alias
backup
bin
daemon
ftp
games
gnats
guest
irc
lp
mail
man
nobody
operator
proxy
sync
sys
www-data
```

表 14-6 描述了 /etc/at.deny 以及 /etc/at.allow 文件是如何生效的。

表 14-6　/etc/at.deny 以及 /etc/at.allow 文件如何生效的细节

场　景	描　述
只有 /etc/at.deny 文件存在	该文件中列出的所有用户都被拒绝访问 at 命令，而其他所有用户都可以成功执行 at 命令。当你想拒绝少数用户访问，同时允许大多数用户访问时，请使用此文件
只有 /etc/at.allow 文件存在	该文件中列出的所有用户都可以访问 at 命令，而其他所有用户都不能成功执行 at 命令。当你想允许少数用户访问，但同时要拒绝大多数用户访问时，请使用此文件
两个文件都不存在	在大多数 Linux 发行版中，这意味着只有 root 用户可以使用 at 命令。但是，在一些平台上，这会导致所有用户都可以使用 at 命令
两个文件都存在	只采用 /etc/cron.allow 文件，完全忽略 /etc/cron.deny 文件

对话学习——crontab 和 at

Gary：嗨，Julia。你可以给我解释一下什么情况下应该使用 crontab 命令，什么情况下应该使用 at 命令吗？

Julia：好的，假设你希望在将来某个时刻运行某个命令。例如，你想查看谁在下周六下午 2 点登录系统。在这种情况下，你可以使用 at 命令来在那个特定时间执行 who 命令。

Gary：好的，那么什么时候应该使用 crontab 命令呢？

Julia：假设你需要以固定的时间间隔来执行某个命令的时候。例如，每两周需要自动执行工资单批处理程序。在这种情况下，你应该使用 crontab 命令。

Gary：好的，清楚了。谢谢。

Julia：别客气。

14.3 总结

Linux 操作系统提供了几种调度任务的方法，比如在将来运行程序。本章介绍了两个工具，crontab 和 at。学习自动化重复的任务有助于提高效率，对于系统管理员和系统一致性来说都是如此。由于自动化可能会带来安全风险，本章中的“安全提醒”有助于识别要检查的区域。

14.3.1 重要术语

at、守护进程、crontab

14.3.2 复习题

1. crontab 命令的 ________选项将会删除当前用户 crontab 中的所有条目。
2. crontab 文件的第几个字段用于指定星期几？
   A. 2　　B. 3　　C. 4　　D. 5
3. 哪些文件用于控制哪些用户可以使用 crontab 命令？（选择两个。）
   A. /etc/cron.deny　　B. /etc/cron.permit　　C. /etc/cron.block　　D. /etc/cron.allow
4. 系统管理员使用 /etc/________文件以固定的间隔运行对系统很重要的进程。
5. ________命令将显示当前用户的 at 任务。

第 15 章

脚　本

想象一下，你发现自己每天都在键入一堆相同的命令（甚至可能是每天多次）。在日复一日地重复做这件事之后，你可能会开始问自己：“还有其他的方法吗？”

有些人求助于历史命令列表简化这一过程。回想下第 2 章，你可以通过按向上箭头键直到看到正确的命令，或者通过输入 !cmd 重新执行前面的命令（把 cmd 替换为要执行的命令）。有时这个解决方案是可行的，但是历史命令列表可能会改变，并且按 75 次向上箭头获取特定的某个命令本身就会带来一定程度的挫败感。

这就是脚本更有意义的地方。脚本本质上是基于你要经常（或偶尔）执行的 Linux 命令创建小程序。脚本也提供一些编程语言的功能，例如流程控制和向脚本中传入参数。在本章中，你将学习如何创建和阅读 BASH Shell 脚本。

学习完本章并完成课后练习，你将具备以下能力：

- 描述不同脚本语言的关键特性，包括 Perl、Python 以及 BASH 脚本。
- 创建和阅读 BASH 脚本。

15.1　Linux 编程

大多数 Linux 编程语言可以分为两大类，脚本语言（有时也叫作“解释”语言）和编译语言。这两大类别之间没有严格的定义，但以下是这两类之间最基本的区别：

- 编译语言不能由源代码直接执行，源代码必须先转换为编译后的代码。
- 脚本通常都不需要编译。
- 脚本语言一般都比较容易学习。
- 完成一个任务，脚本语言的代码量更少。

作为证明这两类语言没有严格区分的例子，参考此例：Perl 是一种流行的脚本语言，它直接从源代码执行，但在执行之前，它会被编译到内存中，然后执行编译后的代码。

由于本书的范围主要集中在 Linux 上，所以本章将集中讨论 BASH 脚本。但是，你应该知道在 Linux 发行版中也经常使用其他的脚本语言。下面几节会简要介绍 BASH、Perl

和 Python 脚本——Linux 上最常用的三种脚本语言。

15.1.1 BASH Shell 脚本

在前几章中，你学习了在 Linux 和 BASH Shell 中工作的基础知识。你学到的命令也可以用于 Shell 脚本程序。例如，假设你经常执行以下这些命令：

```
cd /home
ls -l /home > /root/homedirs
du -s /home/* >> /root/homedirs
date >> /root/homedirs
```

你可以将所有这些命令保存到一个文件中，并使该文件可执行，然后当作程序运行，而不是日复一日地手动执行这些命令：

```
[root@onecoursesource ~]$ more /root/checkhome.sh
#!/bin/bash

cd /home
ls -l /home > /root/homedirs
du -s /home/* >> /root/homedirs
date >> /root/homedirs
[root@onecoursesource~]$ chmod a+x /root/checkhome.sh
[root@onecoursesource~]$ /root/checkhome.sh
```

因为你可以在 BASH Shell 脚本中直接使用 Linux 命令，所以这种脚本语言非常强大。使用这种语言的另一个好处是，几乎可以确定每个 Linux（和 Unix）发行版上都有 BASH Shell，这让脚本从一个系统移植到另一个系统非常容易。

除了能够在 BASH Shell 脚本中使用 Linux 命令外，你还应该知道这种语言还有一些其他编程特性，如下所示：

- 变量
- 循环控制（if、while 等）
- 退出状态值
- 能 source 其他文件中的代码

尽管 BASH Shell 脚本有很多优点，但也有一些缺点：

- 它缺乏一些高级的编程特性，例如面向对象编程。
- 它通常比执行其他语言慢得多，因为每个命令通常作为单独的进程执行。

即使有这些缺点，BASH Shell 脚本在 Linux 上面还是非常流行。实际上，如果在典型的 Linux 发行版上搜索 BASH 脚本（以 .sh 结尾的文件），通常会找到数百个这样的文件：

```
[root@onecoursesource ~]$ find / -name "*.sh" | wc -l
578
```

提示：上面的命令提供了查找现有 BASH Shell 脚本的方法。这很有用，因为学习 BASH Shell 脚本包括阅读现有的脚本。

15.1.2　Perl 脚本

在 20 世纪 80 年代中期，一个名为 Larry Wall 的开发人员开始研究一种新的脚本语言，这种语言最终被命名为 Perl。当时，他在基于 Unix 的系统上工作，这个系统拥有诸如 C 编程语言、Bourne Shell 脚本语言（BASH 的前身）、sed 和 awk 等工具（稍后将详细介绍这些工具）。然而，这些工具都没有达到他想要的效果，所以他创造了自己的语言。

当然，Larry 不想失去他喜欢的这些工具的特性，所以他把他喜欢的一些特性合并到他的新语言中。这导致这个新语言看起来有点像 C，有点像 Shell 脚本还有点像 Unix 实用工具的大杂烩。

Linux 用户喜欢 Perl 的几个方面，包括以下几点：

- 你可以快速地编写 Perl 代码，因为你所需要的大部分基础脚本都已经内置于语言核心中。
- Perl 代码非常灵活，你不会像其他一些语言那样受结构的限制。
- Perl 的语法是非常简单的，其语法主要源于 C 语言。
- 学习 Perl 的时间一般不会花费太久。
- Perl 具有非常强大的特性，比如强大的正则表达式。

尽管 Perl 可以用于许多不同的应用程序，但它通常用于以下这些用途。

- **数据分析**：Perl 具有强大的正则表达式特性，这使它非常适合进行数据转换（提取数据并生成报告）。
- **网站开发**：Perl 通常是 LAMP 技术（LAMP=Linux、Apache HTTP Server、MySQL 和 Perl 或 PHP）的组件之一，因为它具有 Web 开发特性，包括通用网关接口（CGI）。
- **代码测试**：由于 Perl 易于编码，开发人员经常使用它创建工具，并测试他们的应用程序。
- **图形程序**：附带的 Perl 模块（库），如 WxPerl 和 Tk，让 Perl 程序员可以很容易地开发出与用户交互的 GUI 界面的程序。
- **管理工具**：系统管理员通常会创建 Perl 脚本来帮助他们自动化管理任务。

> **注意**　Perl 脚本是一个非常大的主题，超出了本书的范围。然而，随着你 Linux 经验的增长，Perl 是一种你应该考虑学习的语言，因为它有很多功能，让你能在 Linux 上自动化任务。

15.1.3 Python 脚本

Python 的创始人 Guido van Rossum 对 Python 的起源做了最好的描述，他曾为 1996 年出版的一本关于 Python 的书写了以下内容作为前言：

“六年前，也就是 1989 年 12 月，我想找点事做（写点代码），让我在圣诞节前后的那一周都有事可做。我的办公室……关门了，但我有一台家用计算机，除此之外手上也没有多少其他东西了。我决定为我最近一直在构思的一门新的脚本语言编写一个解释器，这门语言的前身 ABC 语言更多是被 Unix 或 C 黑客使用㊀。我选择 Python 作为这个项目的名称，一个原因是因为我是《Monty Python's Flying Circus》㊁的超级粉丝。”

那时他完全不知道 Python 某天会成为世界上最流行的脚本语言之一。自从 20 世纪 80 年代末那个决定性的圣诞假期以来，Python 已经发展成为一种健壮的编程语言，它是许多 Linux 工具和开源项目的核心。

Python 的一个核心思想就是优雅的代码。Python 使用一些规则来实现这一点，比如非常严格的缩进模式。通过阅读“Python 之禅”文档中定义的一些规则，可以看出 Python 开发人员是多么认真地对待这个概念：

- 优美胜于丑陋。
- 显示胜于隐式。
- 简单胜于复杂。
- 复杂胜于难懂。
- 扁平胜于嵌套。
- 稀疏胜于紧密。
- 可读性应当被重视。

除了 Python 是一种结构良好的语言外，下面这些组件使 Python 成为一种流行的语言：

- 它有面向对象的特性。
- 它有大量的标准库。
- 它可以扩展或者内嵌。
- Python 提供的数据结构比许多语言提供的数据结构更加多样化。

虽然 Python 可以用于许多不同的应用程序，但它通常用于以下用途。

- **基于网络的系统**：通过使用 Twisted，一个基于 python 的网络框架，你可以开发基于网络的应用程序。
- **Web 开发**：Apache Web 服务器支持使用 Python 语言实现动态网站。
- **科学计算**：Python 有几个相关的库可供使用，这使它成为创建科学应用程序的良好

㊀ 这里的黑客（hacker）指的是极客（geek）这一类，热衷于计算机技术的人。——译者注

㊁ 《Monty Python's Flying Circus》是 BBC 出品的英剧，中文名为《蒙提 · 派森的飞行马戏团》。——译者注

选择。

- **系统工具**：Linux 开发者经常使用 Python 开发操作系统中的系统工具。

注意 Python 脚本是一个非常大的主题，超出了本书的范围。然而，随着你 Linux 经验的增长，Python 是一种你应该考虑学习的语言，因为它有很多功能，让你能在 Linux 上自动化任务。

对话学习——哪种语言最好？

Gary：嗨，Julia！我要创建一个脚本，但我不确定哪种语言是最好的。我想到的是 Perl、Python 或 BASH。哪种语言最好？

Julia：我认为列出每种脚本语言的优缺点是一个错误。首先，这往往只是个观点问题。

Gary：什么意思？

Julia：例如，Perl 是一种非常灵活的语言，而 Python 则更加结构化。如果我想要快速编写一个脚本，并且我不想后期长期维护这段代码，那灵活性可能是优点而结构化则是缺点。但是，如果我与多个开发者在做一个大型的项目，结构化可能就是优点而灵活性则是缺点。

Gary：好的，那么，我该如何决定使用哪种语言呢？

Julia：与其去比较并对比每种脚本语言之间的优缺点，不如试着去关注人们通常喜欢它们的什么特性，以及通常用它们去做什么事情。最好是找出这种语言的特性在哪个方面，而不是劣势在哪个方面。

Gary：好的，我认为这很有道理，因为如果真有一种“最好的语言”，那么每个人都会使用这种语言。

Julia：好了，你已经明白了。

15.2 BASH 脚本基础

在某种程度上，你已经知道了很多关于 BASH 脚本的基础知识，因为你已经在本书中学到了 BASH Shell 的许多特性。例如，你在第 2 章中学到了 Shell 变量，BASH 脚本使用 Shell 变量存储值。

若要开始编辑一个 BASH 脚本，在文本编辑器中输入以下内容作为第一行，例如在 vi 或者 vim 编辑器中输入以下内容：

```
#!/bin/bash
```

这段特殊的字符串称为 shebang，它告诉系统将这段代码作为 BASH 脚本执行。

BASH 脚本中的注释以 # 字符开始，一直延伸到行尾。例如：

```
echo "Tux for President"   #prints "Tux for President" to the screen
```

如上面的示例所示，可以使用 echo 命令向正在运行程序的用户显示信息。echo 命令的参数可以是任何内容的文本数据，其中也可以包含变量：

```
echo "The answer is $result"
```

创建并保存 BASH 脚本后，可以把它设置为可执行：

```
[student@onecoursesource ~]$ more hello.sh
#!/bin/bash
#hello.sh

echo "Tux for President"
[student@onecoursesource ~]$ chmod a+x hello.sh
```

安全提醒

脚本不应该有 SUID 权限。这个权限允许别人劫持脚本，并以脚本文件拥有者的身份执行命令。

现在你的代码就可以作为一个程序来运行，语法如下：

```
[student@onecoursesource ~]$./hello.sh
Tux for President
```

注意，需要在命令名前加上 ./。这是因为该命令可能不在 $PATH 变量指定的目录中：

```
[student@onecoursesource ~]$ echo $PATH
/usr/local/sbin:/usr/local/bin:/usr/sbin:/usr/bin:/sbin:/bin:/usr/games:/usr/local/games
```

为了避免在运行脚本时需要加上 ./，可以修改 $PATH 变量的值，加入存储脚本的目录。例如，普通用户一般会在其家目录中创建一个“bin”目录，并将脚本放在这个目录下：

```
[student@onecoursesource ~]$ mkdir bin
[student@onecoursesource ~]$ cp hello.sh bin
[student@onecoursesource ~]$ PATH="$PATH:/home/student/bin"
[student@onecoursesource ~]$ hello.sh
hello world!
```

除了我们在第 2 章中讨论的内置变量，BASH 脚本中还有一些变量，它们表示传入脚本的参数。例如，看下面执行一个名为 test.sh 的脚本：

```
[student@onecoursesource ~]$ test.sh Bob Sue Ted
```

值 Bob、Sue 和 Ted 被分配给脚本中的变量。第一个参数（Bob）分配给变量 $1，第二

个参数分配给变量 $2，以此类推。除此之外，所有参数都被分配给变量 $@。

有关这些位置参数变量或任何与 BASH 脚本有关的其他详细信息，请参阅 BASH 的 man page：

```
[student@onecoursesource ~]$ man bash
```

条件表达式

BASH Shell 中有几个条件语句，包括 if 语句：

```
if [ cond ]
then
    statements
elif [ cond ]
then
    statement
else
    statements
fi
```

注意以下几点：

- “else，if”语句拼写为 elif，如果不想执行额外的条件检查，则不需要它。
- 在 if 和 elif 之后，需要写 then 语句。但是，在 else 之后，不要包含 then 语句。
- 使用单词“if”的反写形式 fi 来结束 if 语句。

有关 if 语句的示例，请参见例 15-1。

例 15-1　if 语句示例

```
#!/bin/bash
#if.sh

color=$1

if [ "$color" = "blue" ]
then
   echo "it is blue"
elif [ "$color" = "red" ]
then
   echo "it is red"
else
   echo "no idea what this color is"
fi
```

注意　BASH 允许使用 == 或 = 去判断数字是否相等

在例 15-1 中，使用了以下条件语句：

```
[ "$color" = "blue" ]
```

这个语法隐式调用了一个名为 test 的 BASH 命令，这个命令可用于执行多种比较测试。包括整数（数字）比较、字符串比较和文件测试操作。例如，使用以下语法来测试存储在变量 $name1 中的字符串值是否不等于存储在变量 $name2 中的字符串：

```
[ "$name1" != "$name2" ]
```

可能出现的错误　创建 if 语句时的常见错误包括忘记在 if 和 elif 语句后放置 then。还有，人们经常错误地在 else 语句后面加上 then，但这是不正确的。

重要提示　方括号两边的空格是非常重要的。在每个方括号的前后都应该有一个空格。没有这些空格的话，上面的命令就会报错。

要养成在 BASH 脚本中为变量加上双引号的习惯，这在变量没有被赋值的情况下很重要。例如，假设在没有参数的情况下执行例 15-1 中的脚本，结果是 color 变量未赋值，最终的条件语句是 if [“” = “blue”]。

结果是 false，但是如果没有引号括住 $color，结果是一条错误消息，脚本将立即退出。这是因为在获取变量 $color 的值之后，生成的条件语句缺少一个重要的组成部分：if [= “blue”]。

除了判断两个字符串是否相等之外，你还可能发现 -n 选项非常有用。这个选项用来判断字符串是否为空，这在测试用户输入时非常有用。例如，例 15-2 中的代码将从用户输入（键盘）读取数据，赋值给变量 $name，并进行测试以确保用户为该名称输入了某些内容。

例 15-2　测试用户输入

```
[student@onecoursesource ~]$ more name.sh
#!/bin/bash
#name.sh

echo "Enter your name"
read name
if [ -n "$name" ]
then
   echo "Thank you!"
else
   echo "hey, you didn't give a name!"
```

```
fi
[student@onecoursesource ~]$./name.sh
Enter your name
Bo
Thank you!
[student@onecoursesource ~]$./name.sh
Enter your name

hey, you didn't give a name!
```

整数比较

如果想执行整数（数字）比较的操作，使用以下比较运算符。

- -eq：两者的值相等时为真。
- -ne：两者的值不相等时为真。
- -gt：第一个的值大于第二个时为真。
- -lt：第一个的值小于第二个时为真。
- -ge：第一个的值大于等于第二个时为真。
- -le：第一个的值小于等于第二个时为真。

文件测试比较

你还可以对文件和目录执行测试操作，以判断与文件状态有关的信息，包含如下操作。

- -d：文件是目录时为真。
- -f：文件是普通文件时为真。
- -r：文件存在且运行脚本的用户可读取时为真。
- -w：文件存在且运行脚本的用户可写入时为真。
- -x：文件存在且运行脚本的用户可执行时为真。
- -L：文件存在且是符号链接文件时为真。

15.3 流程控制语句

除了 if 语句外，BASH 脚本语言还有其他几个流程控制语句。

- **while 循环**：只要条件语句为真，就重复执行代码块。
- **until 循环**：只要条件语句为 false，就重复执行代码块。本质上与 while 循环刚好相反。
- **case 语句**：类似于 if 语句，但为多条件情况下提供了更简单的分支方法。case 语句是以 esac 结束的（“case” 的反向拼写）。
- **for 循环**：为列表中的每个值都执行一次代码块。

15.3.1 while 循环

下面的代码段将会提示用户输入一个五位数。如果用户输入正确，那么程序将会继续，因为此时 while 循环的条件值为假。但是，如果用户输入的数据错误，while 的条件为真，将会再次提示用户输入正确的数据：

```
echo "Enter a five-digit ZIP code: "
read ZIP

while echo $ZIP | egrep -v "^[0-9]{5}$" > /dev/null 2>&1
do
   echo "You must enter a valid ZIP code - five digits only!"
   echo "Enter a five-digit ZIP code: "
   read ZIP
done

echo "Thank you"
```

上面例子中的 egrep 命令有点难懂。首先，正则表达式是要匹配一个恰好是五位数的值。-v 选项是用于当正则表达式匹配不到值的时候返回一个值。所以，如果 $ZIP 包含一个合法的五位数，egrep 命令返回结果为假。因为它是要找出一个不包含五位数的行。如果 $ZIP 包含一个除了五位数之外的值，egrep 命令返回结果则为真。

为什么要使用 >/dev/null 2>&1? 因为不想让 egrep 命令显示任何信息，而只是利用它判断返回值的真假。所有的操作系统命令都会在执行之后返回真或假的值（一般来说返回 0 表示真，正数表示假），这就是这里所需要的。命令产生的任何 STDOUT（命令正常输出）或 STDERR（命令错误消息）输出都是不需要的，如果显示给用户，只会混淆问题。

15.3.2 for 循环

for 循环可以让你对一组元素执行操作。例如，以 root 用户身份运行下面的命令时将创建五个用户账户：

```
for person in bob ted sue nick fred
do
    useradd $person
done
```

15.3.3 循环控制

像大多数语言那样，BASH 脚本也提供了提前退出循环，或者停止当前循环迭代然后开始新的循环迭代的方法。使用 break 命令就可以立即退出 while、until 或者 for 循环。使用 continue 命令就可以停止 while、until 或者 for 循环的当前迭代，并且开始循环下一个迭代。

15.3.4　case 语句

case 语句用于需要对多个条件进行判断的情况。虽然你也可以使用一个 if 语句以及多个 elif 条件，if/elif/else 的语法通常比 case 语句要更麻烦。

case 语句的语法如下所示（注意 cmd 代表任意的 BASH 命令或者程序语句）：

```
case var in
cond1)  cmd
        cmd;;
cond2)  cmd
        cmd;;
esac
```

在上面的语法示例中，var 表示要进行条件判断的变量值。例如，参考以下代码：

```
name="bob"

case $name in
ted)  echo "it is ted";;
bob) echo "it is bob";;
*)     echo "I have no idea who you are"
esac
```

“条件”使用与文件通配符相同的匹配规则。星号（*）匹配零个或多个任意字符，问号（?）匹配单个字符，可以使用方括号匹配特定范围内的单个字符，还可以使用管道符（|）表示逻辑“或”。例如，参考例 15-3，它用于检查用户对问题的回答。

例 15-3　case 语句的例子

```
answer=yes

case $answer in
y|ye[sp]) echo "you said yes";;
n|no|nope) echo "you said no";;
*)  echo "bad response";;
esac
```

15.4　用户交互

例 15-3 中的示例有点令人费解，因为它的目的是检查用户的输入，但是，该变量却是硬编码的（hard-coded）。让用户真实的输入更合理，可以通过使用 read 语句获取用户的输入：

```
read answer
```

read 语句将提示用户输入数据，并将该数据读入并保存到变量中（从技术上讲，是从 STDIN 读入的，它是程序读取数据的地方，默认设置为用户的键盘），变量名就是 read 语句的参数。参考例 15-4。

例 15-4　read 语句的例子

```
read answer

case $answer in
y|ye[sp]) echo "you said yes";;
n|no|nope) echo "you said no";;
*)  echo "bad response";;
esac
```

要把多个值读入到不同的变量，请使用以下语法：

```
read var1 var2 var3
```

使用 -p 选项向用户显示提示信息：

```
read -p "Enter your name" name
```

15.5　使用命令替换

命令替换是在较大的命令中执行其中的子命令的过程。一般是用子命令生成数据之后存储于某个变量之中。例如，以下的命令将 date 命令的结果存储到变量 $today 之中：

```
today=$(date)
```

命令替换可以用以下两种方法中的一种。

- 方法一：$(cmd)
- 方法二：`cmd`

注意，方法二中使用了反引号，而不是单引号。两种方法得到的结果是相同的。但是，通常认为方法 1 更具“可读性”，因为很难看出单引号和反引号之间的区别。

15.6　更多信息

想了解更多关于创建 BASH 脚本的信息吗？下面是几个很好的资源。

- man bash：BASH Shell 的 man page 中有大量关于编写 BASH 脚本的信息。
- http://tldp.org ：一个几乎过时的网站。但是，这里有一个非常经典的文档，叫作“高级 BASH 脚本指南”（Advanced Bash-Scripting Guide）。单击“文档”（Docu-

ments）版块下的“指南”（Guides）链接，向下滚动直到你看到这个指南。本指南的作者通常会定期对其进行更新。由于这些指南是按发布日期排列的，因此这本指南几乎总是排在顶部。

15.7 总结

脚本的一个主要特性是能将命令分批保存到一个可执行文件里。脚本语言都具备这个强大的特性，例如 Python、Perl 和 BASH 脚本。在本章中，你学习了创建脚本的基础知识，主要侧重于 BASH 脚本。

15.7.1 重要术语

Perl、Python、条件表达式、变量

15.7.2 复习题

1. 必须给脚本设置______权限后，脚本才能像程序一样运行。
2. 哪个命令可以用来显示信息？
   A. print　　B. display　　C. show　　D. echo
3. 下面哪些语句后面必须要有一个 then 语句？（选择两个。）
   A. if　　B. fi　　C. else　　D. elif
4. ______操作符用于判断一个整数是否小于等于另一个整数。
5. ______命令收集用户输入并将用户输入的值存储到变量中。

第 16 章

常见自动化任务

在第 14 章以及第 15 章中你学习了 crontab 和脚本之后，你现在有了自动化的工具！你现在很可能在想“好吧，但是我要自动化什么呢?”。本章探讨了一些常见的自动化用例，并提供了演示脚本和 crontab 条目。

学习完本章并完成课后练习，你将具备以下能力：

- 计划常见的自动化任务。

16.1 探索系统中已经存在的脚本

首先，有个好消息，你的系统中已经有很多 Linux 自动化的例子，可以用来建模自己的解决方案。你只需要知道去哪里找即可。

16.1.1 /etc/cron.* 目录

回想一下在第 14 章中，有几个目录里包含了一些脚本，这些脚本会在固定的时间周期运行。

- /etc/cron.hourly：包含每小时执行一次的程序。
- /etc/cron.daily：包含每天执行一次的程序。
- /etc/cron.weekly：包含每周执行一次的程序。
- /etc/cron.monthly：包含每月执行一次的程序。

这意味着在你的系统中已经有了自动化的例子。这些目录中的具体内容将取决于你安装了什么软件。例如，查看下面来自 Fedora 系统的输出：

```
[root@onecoursesource cron.daily]# ls -l
total 20
-rwxr-xr-x 1 root root 180 Aug  1  2012 logrotate
-rwxr-xr-x 1 root root 618 Nov 13  2014 man-db.cron
-rwxr-x--- 1 root root 192 Aug  3  2013 mlocate
```

这三个脚本执行特定的任务，旨在促进发行版的健康和安全。这些脚本具体做了什么？想要知道这一点，只需阅读脚本即可。

logrotate

查看 logrotate 的脚本（注意，nl 命令可以在显示文件内容时在每行开头都加上数字编号）：

```
[root@onecoursesource cron.daily]#nl -ba logrotate
     1  #!/bin/sh
     2
     3  /usr/sbin/logrotate /etc/logrotate.conf
     4  EXITVALUE=$?
     5  if [ $EXITVALUE != 0 ]; then
     6      /usr/bin/logger -t logrotate "ALERT exited abnormally
     7  fi
     8  exit 0
```

从第 1 行可以看出这是一个 BASH 脚本（/bin/sh 是到 /bin/bash 的符号链接）。

第 3 行执行了 /usr/sbin/logrotate 程序。要确定这是哪种程序类型，请使用 file 命令：

```
[root@onecoursesource cron.daily]#file /usr/sbin/logrotate
/usr/sbin/logrotate: ELF 64-bit LSB executable, x86-64, version 1 (SYSV),
dynamically linked (uses shared libs), for GNU/Linux 2.6.32,
BuildID[sha1]=21ac008a2855900ed1819a1fb6c551c54a84a49f, stripped
```

因为 file 命令的输出表明这不是一个文本文件，所以你不应该直接查看它。但是，由于它位于 /usr/sbin 目录中，它可能有 man page。执行命令 man logrotate 之后，你可以发现这个命令的功能为“……切割、压缩和用邮件发送系统日志”，如果你查看 man page 的 SYNOPSIS 部分，你会发现 logrotate 命令的参数是它的配置文件：

```
logrotate [-dv] [-f|--force] [-s|--state file] config_file ..
```

注意，当我们讨论系统日志时，我们将在第 25 章中更深入地讨论 logrotate 命令。这里对它讨论的目的，是收集关于可以创建什么类型的自动化进程来更好地为系统服务的想法。man page 的描述部分的第一段为每日执行此命令提供了极好的理由：

“ logrotate 旨在简化产生大量日志文件的系统的管理。它能自动切割、压缩、删除和用邮件发送日志文件。日志文件可以是每天处理、每周处理、每月处理，或者当它变得太大时处理。”

但是脚本的其他部分呢？第 4 行使用了一个你还没有学习过的 BASH 脚本的知识点：当命令或程序执行完成时，它将向调用程序返回退出的状态值。这是一个数字，如果命令执行成功，则为 0; 如果命令失败，则为正数。这个退出状态值就存储在变量 $? 里。

第 4 行将这个值存储于一个叫作 EXITVALUE 中的新变量之中，第 5 行的代码你应该已经从第 15 章的内容中学会了。if 语句判断 EXITVALUE 的值是否不为 0，如果不为 0，则执行 logger 命令。logger 命令会做什么呢？

再次查阅 man page：“logger 命令在系统日志中添加条目”。所以，如果 logrotate 命令失败的话，logger 命令将在系统日志中创建关于此次失败的条目。

第 8 行退出脚本，返回 0 表示成功退出。

man-db.cron

这个脚本稍微大一点，所以不会检查每一行，grep 命令用于过滤注释行和空行：

```
[root@onecoursesource cron.daily]#grep -v "^#" man-db.cron | grep -v "^$" | nl
     1  if [ -e /etc/sysconfig/man-db ]; then
     2       . /etc/sysconfig/man-db
     3  fi
     4  if [ "$CRON" = "no" ]; then
     5     exit 0
     6  fi
     7  renice +19 -p $$ >/dev/null 2>&1
     8  ionice -c3 -p $$ >/dev/null 2>&1
     9  LOCKFILE=/var/lock/man-db.lock
    10  [[ -f $LOCKFILE ]] && exit 0
    11  trap "{ rm -f $LOCKFILE ; exit 0; }" EXIT
    12  touch $LOCKFILE
    13  mandb $OPTS
    14  exit 0
```

第 1 到 3 行利用了一个叫作 source 的功能。如果 /etc/sysconfig/man-db 文件存在，则会执行文件中存储的命令，像该文件中的代码嵌入到当前脚本中一样。这通常用于从外部文件引入变量。

第 4～12 行执行一些设置任务，这些是使第 13 行上的命令正确运行所必需的。这些行大多数都很简单（第 9 行创建了一个变量，第 12 行创建了一个文件，等等）。一些命令，比如 renice 命令，将在后面的章节中介绍。

第 13 行为脚本的核心。根据 man page 的描述，mandb 命令（在 man page 中称为 %mandb%）执行以下操作：

“%mandb% 用于初始化或手动更新通常由 %man% 维护的索引数据库缓存。缓存包含与 man page 当前状态相关的信息，其中存储的信息被 man-db 工具用于提高速度和增强功能。”

为什么这个有用？在向系统添加和更新软件时，会引入新的 man page。通过每天自动执行此命令，man page 的功能得到了优化。

mlocate 脚本

在第 2 章中，介绍了 find 命令，该命令根据文件名、所有权、权限和其他文件元数据在文件系统中搜索文件。除了 find 命令，还有一个叫作 locate 的命令也可以用来查找文件：

```
[root@onecoursesource cron.daily]#locate motd
/etc/motd
/extract/etc/motd
/usr/lib64/security/pam_motd.so
/usr/libexec/usermin/caldera/motd
/usr/libexec/usermin/caldera/motd/images
/usr/libexec/usermin/caldera/motd/images/icon.gif
/usr/libexec/webmin/pam/pam_motd.so.pl
/usr/share/doc/pam/html/sag-pam_motd.html
/usr/share/doc/pam/txts/README.pam_motd
/usr/share/man/man8/pam_motd.8.gz
```

find 命令和 locate 命令之间有几个区别，但最大的区别是 locate 命令不搜索活动的文件系统，而是搜索每天自动生成的数据库。这使得 locate 命令比 find 命令要快，因为搜索文件系统更消耗时间。

locate 命令使用的数据库每天是如何生成的呢？现在估计你已经猜到了，那就是使用 mlocate 脚本：

```
[root@onecoursesource cron.daily]#nl -ba mlocate
     1  #!/bin/sh
     2  nodevs=$(< /proc/filesystems awk '$1 == "nodev" && $2 != "rootfs"
➥{ print $2 }')
     3  renice +19 -p $$ >/dev/null 2>&1
     4  ionice -c2 -n7 -p $$ >/dev/null 2>&1
     5  /usr/bin/updatedb -f "$nodevs"
```

自己试着去阅读一下这个脚本。这里有一些提示：

- 你已在第 15 章中学习了 $() 的用法。
- $() 中的代码有一点难以理解。但是，你可以在 BASH Shell 环境中运行第 2 行的命令，然后查看 nodevs 变量的值。
- man page 可以帮助你理解 renice、ionice 以及 updatedb 命令。locate 命令使用的数据库实际上是由 updatedb 命令创建的。

在继续本章的下一节之前，考虑在 /etc/cron.hourly、/etc/cron.daily、/etc/cron.weekly、/etc/cron.monthly 目录中查找和阅读更多的脚本。探索得越多，就越好理解自动化。

16.1.2 代码库

代码库（repository），在编程术语中，是人们可以共享代码的地方。你应该研究几个 BASH Shell 的代码库，包括以下内容。

- Daniel E.Singer's Scripts：ftp://ftp.cs.duke.edu/pub/des/scripts/INDEX.html
- John Chamber's directoryof useful tools：http://trillian.mit.edu/~jc/sh/
- Cameron Simpson's Scripts：https://cskk.ezoshosting.com/cs/css/
- Carlos.J.G.Duarte's Scripts：http://cgd.sdf-eu.org/a_scripts.html

学习这些代码库不仅可以让你获取到有用的脚本（不仅仅是 BASH 脚本），我们发现，这种实践还有助于激发你的想象力，帮助你创建自己的自动化脚本。

对话学习——我能使用这个脚本吗？

Gary：嗨，Julia！我在网上找到了一些很酷的脚本……我可以随意使用它们吗？

Julia：这个要看情况了。一般来说如果作者分享了脚本，那他的意思就是想让所有人使用。但有时也有附加条件。

Gary：那是什么意思呢？

Julia：一些作者会在脚本上放置一个限制其使用的许可证。例如，你可以在非商业用途的情况下使用它，但是不能把它用于商业软件中。

Gary：除了这些还有其他限制吗？

Julia：可能还有，有些代码从法律角度来说你是不能修改的。在某些情况下，如果你确实修改了代码并且将修改后的版本给了别人，需要注明原始作者。还有其他可能的限制，还是与代码使用的许可证有关于。

Gary：好的，那我怎么知道我能做什么呢？

Julia：有时许可证就嵌入到代码里了，或者至少会引用介绍许可证的网站。在某些情况下，你可能只需要与作者联系。如果你要在工作中使用这个代码，你可能还需要和你的经理商量一下，经理可以去咨询一下公司的法务团队。

Gary：好的，谢谢你，Julia！

16.2 创建自己的自动化脚本

一开始，创建你自己的自动化脚本的过程可能会令人生畏，但是在你花时间研究现有的示例之后，它将变得更容易。以下是创建脚本时的一些建议：

- 注意你日常执行的任务。如果你发现自己一次又一次地执行相同或类似的一组命令时，那么使用脚本自动化这些命令就是有意义的。
- 系统中有没有会消耗大量时间的命令？有没有哪个命令需要消耗大量的系统资源（内存、CPU、网络带宽等）？这样的命令应该通过 cron 或者 at 命令在半夜没有人使用系统时执行。

- 你有没有发现公司中其他人在使用复杂的命令行工具时遇到了困难？你可以创建一个交互式脚本，提示使用脚本的用户回答一些问题，然后为使用脚本的用户执行所有这些复杂选项的正确命令。
- 需要定期运行重要的安全审计吗？将此审计操作存储于某个脚本中，然后把脚本添加到系统的 crontab 文件中。
- 有同事忘记参加你们重要的周会了吗？创建一个脚本，每次开会前十分钟自动生成一封提醒邮件。
- 想知道谁在周五晚上 8 点登录了系统？创建一个 cron 任务，运行 who 命令，并且把结果作为邮件发送给你。
- 忘记定期更新系统上的软件？创建一个 cron 任务定时升级，你就不用再担心它了。
- 你经常备份你的文件吗？或者在未来的某天，你意识到你应该做一个备份，但现在已经太晚了，因为系统崩溃了，或者有人覆盖了你的文件。创建一个更好的自动备份策略吧。

听起来像是一大堆任务，但从大局来看，这只是小事一桩。给系统设置自动化的任务可能永无止境。

> **可能出现的错误**　好吧，不是每件事都应该自动化。例如，如果黑客入侵了你的系统，不要依赖自动脚本来保护你。有些任务还是需要人来参与的（幸好是这样）。

16.3　总结

知道如何创建自动化任务表示只成功了一半。另一半是要知道应该自动化什么任务。在本章中，我们探讨了一些用来帮助你确定应该在系统上自动执行哪些任务的想法和概念。

16.3.1　重要术语

退出状态、source、代码库

16.3.2　复习题

1. ______脚本会切割、压缩并用邮件发送日志。
2. 哪些目录包含定期执行的脚本（选择两个）？
   A. /etc/cron.d　　B. /etc/crond.minutely
   C. /etc/cron.daily　　D. /etc/cron.hourly
3. 哪个变量用来存储命令的退出状态？
   A. $!　　B. $$　　C. $^　　D. $?
4. ______命令显示文件内容时包括行号。
5. 在编程术语中，______是人们共享代码的地方。

第 17 章

制订自动化安全策略

现在你已经学习了如何使任务自动化（见第 14 章）以及如何创建 BASH 脚本（见第 15 章以及第 16 章），是时候学习如何为这些特性创建安全策略了。本章主要讨论在创建自动化安全策略时应该考虑的问题。

学习完本章并完成课后练习，你将具备以下能力：

- 为 crontab 和 at 创建安全策略。
- 为 BASH 脚本创建安全策略。

17.1 保护 crontab 和 at

第 14 章讨论了 crontab 和 at 的一些安全特性。回忆一下，你可以通过修改 /etc/cron.allow 或 /etc/cron.deny 文件的内容来确定谁有权限使用 crontab 命令。/etc/at.allow 和 /etc/at.deny 文件用于确定谁可以使用 at 命令。

你的安全策略应该明确指出谁可以使用这些命令。应该为你的环境中的每个系统做出决策。下面介绍一些对你的决策有影响的因素：

- 在重要的服务器上，可以考虑移除所有用户对 crontab 和 at 命令的权限。这些命令会影响系统性能（如果用户有系统密集型的 crontab 和 at 任务），并可能为黑客入侵系统提供手段。
- 在工作站上，可以考虑只对经常使用工作站的用户开放权限，而拒绝所有其他用户。
- 定期监控 crontab 和 at 任务。检查执行的命令（这些命令以文本文件的形式保存在 /var/spool/cron 和 /var/spool/at 目录）里有没有可疑的操作或占用大量系统资源的操作。
- 制订全员必须遵守的 crontab 和 at 的编写规则，包括滥用要承担的后果。

确保与 crontab 和 at 相关的特定文件和目录得到适当的保护也很重要。参考下面的权限设置（括号中为典型的默认权限）。

- /var/spool/cron（drwx------）：这个默认权限使目录尽可能地安全。
- /var/spool/at（drwx------）：这个默认权限使目录尽可能地安全。
- /etc/crontab（-rw-r--r--）：在大多数系统中，普通用户没有必要访问此文件，所以应该把它的权限设置为 -rw-------。
- /etc/cron.d（drwxr-xr-x）：在大多数系统中，普通用户没有必要访问此文件，所以应该把它的权限设置为 drwx------。
- /etc/cron.daily（drwxr-xr-x）：在大多数系统中，普通用户没有必要访问此文件，所以应该把它的权限设置为 drwx------。
- /etc/cron.hourly（drwxr-xr-x）：在大多数系统中，普通用户没有必要访问此文件，所以应该把它的权限设置为 drwx------。
- /etc/cron.monthly（drwxr-xr-x）：在大多数系统中，普通用户没有必要访问此文件，所以应该把它的权限设置为 drwx------。
- /etc/cron.weekly（drwxr-xr-x）：在大多数系统中，普通用户没有必要访问此文件，所以应该把它的权限设置为 drwx------。
- /etc/cron.deny（-rw-r--r--）：在大多数系统中，普通用户没有必要访问此文件，所以应该把它的权限设置为 -rw-------。
- /etc/cron.allow（-rw-r--r--）：在大多数系统中，普通用户没有必要访问此文件，所以应该把它的权限设置为 -rw-------。
- /etc/at.deny（-rw-r--r--）：在大多数系统中，普通用户没有必要访问此文件，所以应该把它的权限设置为 -rw-------。
- /etc/at.allow（-rw-r--r--）：在大多数系统中，普通用户没有必要访问此文件，所以应该把它的权限设置为 -rw-------。
- /usr/bin/crontab（-rwsr-xr-x）：要确保除了 root 用户之外没有其他用户可以执行 crontab 命令，建议移除此文件的 SUID 权限、组权限和其他用户的权限，权限设置为 -rwx------。
- /usr/bin/at（-rwsr-xr-x）：要确保除了 root 用户之外没有其他用户可以执行 at 命令，建议移除此文件的 SUID 权限、组权限和其他用户的权限，权限设置为 -rwx------。
- /etc/anacrontab（-rw-r--r--）：在大多数系统中，普通用户没有必要访问此文件，所以应该把它的权限设置为 -rw-------。

在为 crontab 和 at 命令制订安全策略的时候，还有两个问题应该考虑：

- 请记住，每个系统都有自己的 crontab 和 at。你创建的策略必须在不同的操作系统上考虑不同的规则。
- 如果你移除了某个用户使用 crontab 和 at 命令的能力，该用户现有的所有 crontab 和 at 任务仍将继续执行。移除用户的权限只是限制了用户创建新的 crontab 和 at 任务的权限。你的安全策略还应该包含一个过程，用于在阻止用户访问时识别和删除现有任务。

17.2 保护 BASH 脚本

BASH 脚本允许你创建自己的小程序。通常编写 Shell 脚本的人不会考虑安全性。但是，黑客可能会利用已有的脚本来危害系统，所以为 BASH 脚本制订安全策略非常重要。本节概述了在为 BASH 脚本制订安全策略时应该考虑的一些安全特性。

17.2.1 访问脚本的权限

有些脚本是给所有用户使用的，但是有些是给特定用户使用的（数据库管理员、系统管理员等）。要仔细考虑将脚本放在哪个目录中，然后确保只有经过授权的用户有权限访问和执行它们。

还应该考虑把脚本放在哪个系统上。将 BASH 脚本放在可公开访问的系统上比放在内部服务器上造成的威胁更大。

除了脚本的拥有者，不要允许任何人有权限去修改脚本。例如，脚本的正确权限是 -rwxr-x---，而不正确的权限是 -rwxrwx---。第二个权限将会允许任何与脚本拥有者同组的用户有权限去修改脚本的内容。

永远不要在 BASH 脚本上设置 SUID 或者 SGID 权限。熟悉 BASH 的黑客可以利用这点从脚本执行一些额外的命令，这些命令可以让黑客访问到他原本无法访问的文件。

17.2.2 脚本的内容

为了能执行脚本，用户必须对脚本有读取权限。这意味着，与大多数系统二进制命令不同，用户可以查看 BASH 脚本中所有内容。因此，你应该有一个脚本安全策略，要求所有脚本不能包含任何敏感数据（用户名、密码等）。

在脚本中执行命令时使用绝对路径也更安全。例如，请看下面的内容：

```
#!/bin/bash
cd /data
ls -l jan_folder
rm jan_folder/file1
```

更安全的脚本应该如下所示：

```
/usr/bin/cd /data
/usr/bin/ls -l jan_folder
/usr/bin/rm jan_folder/file1
```

如果没有使用绝对路径，那么会使用用户的 PATH 环境变量的值来判断命令的位置。这可能会导致执行错误的命令。例如，黑客喜欢将伪造过的 rm、ls 和 cd 命令放在 /tmp

这样的目录中（这些命令将利用或破坏系统）。

17.2.3 处理数据

编写 Shell 脚本时需要关注的一个方面是用户数据。可以通过命令行参数、用户创建的环境变量或与用户的交互（例如通过 read 命令）获取到这些数据。当处理用户数据的时候，应该考虑以下几点：

- 避免基于用户数据运行重要的命令。例如，不要接收用户输入的值后，尝试用这个值来运行 passwd 命令。
- 不要相信环境变量设置正确。
- 对所有用户相关数据执行有效性检查。例如，如果你希望用户输入五位数字的邮政编码，验证他们输入的是正确的五位数字。

17.2.4 Shell 设置

考虑以下 Shell 设置。

- set -u：如果使用了未设置的变量，此设置将导致 Shell 脚本提前退出。
- set -f：该设置禁用通配符扩展。对于来自用户的数据，通配符扩展可能是一个问题。
- set -e：如果脚本中的任何命令失败了，此设置将导致脚本自动退出。

17.2.5 Shell 风格

尽管这不是一个安全相关的主题，但你还是应该考虑查看谷歌的 Shell 风格指南（https://google.github.io/styleguide/Shell.xml）。它有许多可以编写更好的 Shell 脚本的最佳实践。这也可能让代码更安全，因为最佳实践通常意味着你遵循一组良好的规则，这样就不太可能在代码中留下安全漏洞。

最后，如果你曾经执行过其他用户的脚本，首先阅读该脚本并且确保它执行了正确的命令，特别是从因特网上下载的脚本。

17.3 总结

本章你学习了与创建自动化工具（crontab 和 at）和 BASH 脚本的安全策略相关的几个主题。

复习题

1. /var/spool/cron 目录的权限应该设置为 d ______。
2. 以下哪个命令会导致只允许 root 用户拥有运行 crontab 命令的权限？

A. rm /etc/crontab　　B. rm -r /var/spool

C. chmod 0700 /usr/bin/crontab　　D. rm /usr/bin/crontab

3. BASH 脚本不应该设置 ______权限和 SGID 权限。

4. 以下哪个设置会导致在脚本中的任意一个命令失败时脚本会直接退出？

A. set -u　　B. set -f　　C. set -e　　D. set -v

5. 以下哪个选项将会导致在脚本中使用了未设置的变量后 BASH 脚本会直接退出？

A. set -u　　B. set -f　　C. set -e　　D. set -v

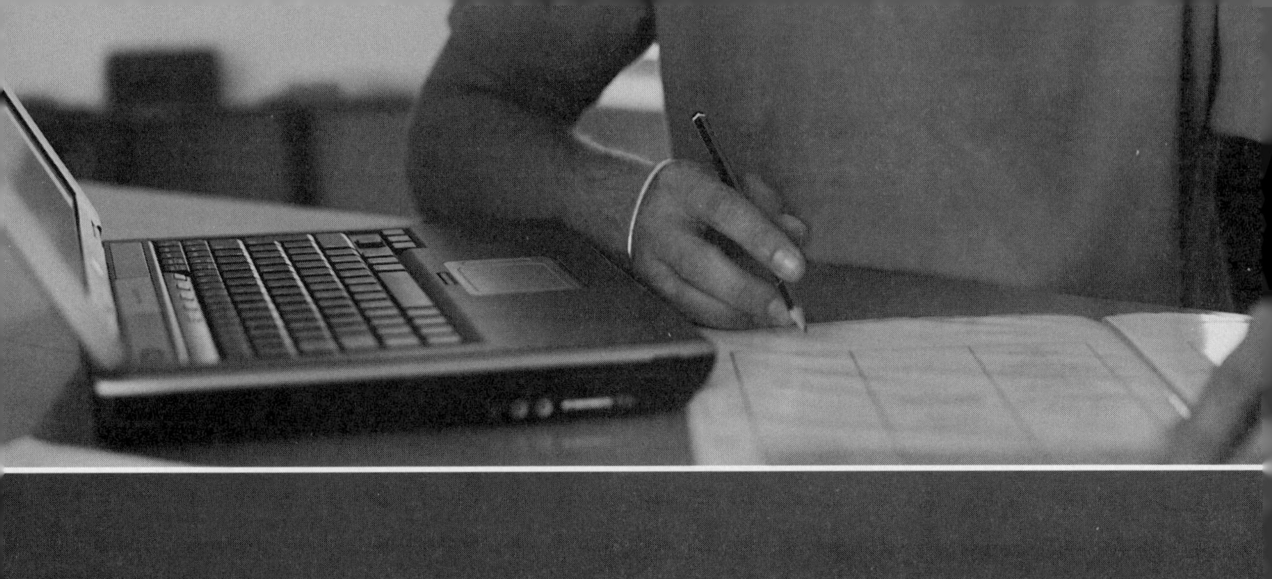

网络是现代操作系统的关键组成部分，通过网络可以连接到其他系统，可以访问基于网络的服务或获取有用的信息。从安全角度来看，网络也是安全环境面临的最大风险之一。黑客经常利用知名的漏洞通过网络获取对远程系统的未授权访问。因此，需要了解网络的原理及怎样做才能保护系统免受网络攻击。

第五部分

网　　络

第五部分你将学习以下章节：

- 第 18 章涵盖配置和保护网络连接时所需要了解的基础知识。
- 第 19 章包含配置系统以连接到网络的过程。
- 第 20 章涵盖配置几个网络工具的过程，包括 DNS、DHCP 和邮件服务器。
- 第 21 章涵盖配置几个网络工具的过程，包括 Apache Web 服务器和 Squid。
- 第 22 章探讨如何通过网络登录远程系统。
- 第 23 章讲述如何运用第 18～22 章所学的知识制订网络安全策略。

第18章

网络基础

为了能正确地配置网络，解决网络问题并保护网络连接，首先需要了解网络的一些基本原理，本章的目标就是涵盖这些原理。

我们先从一些重要的网络术语开始，包括主机（host）、IP 地址（IP Address）和协议（protocol），以及子网（subnet）和端口（port）。

重要的是要记住本章的重点是在介绍网络的基础知识，而网络是一个非常大的话题，虽然整本书都致力于网络的原理和功能，但我们鼓励你去学习更多与网络相关的知识，而不仅仅局限于本章所讲的这些内容。但就学习和配置 Linux 网络的这个目标而言，本章提供了所需的基本知识。

学习完本章并完成课后练习，你将具备以下能力：

- 解释重要的网络术语。
- 定义网络地址，包括子网。
- 描述常见的网络端口。
- 找出 IPv4 和 IPv6 之间的主要区别。
- 描述常用网络协议。

18.1 网络术语

当两台或多台计算机通过某种连接进行通信时，就会创建一个网络。这种连接可以通过几种不同的技术创建，包括以太网、光纤和无线技术。

网络上的每台计算机都被称为主机（host），它可以包括许多不同的系统，如台式计算机、笔记本计算机、打印机、路由器、交换机甚至手机。虽然本章关注的是具有 Linux 操作系统的计算机，但能在网络上通信的系统都应该被称作是主机。

网络通常分为两种类型。

- 本地局域网（Local Area Network，LAN）：该网络由在同一网络上相互之间能直接通信的所有主机组成。

- 广域网（Wide Area Network，WAN）：该网络由一些能够通过一系列的路由器或交换机进行通信的 LAN 组成。路由器和交换机能够将网络通信从一个网络传输到另一个网络。

图 18-1 提供了一个示例，描述 LAN 与 WAN。

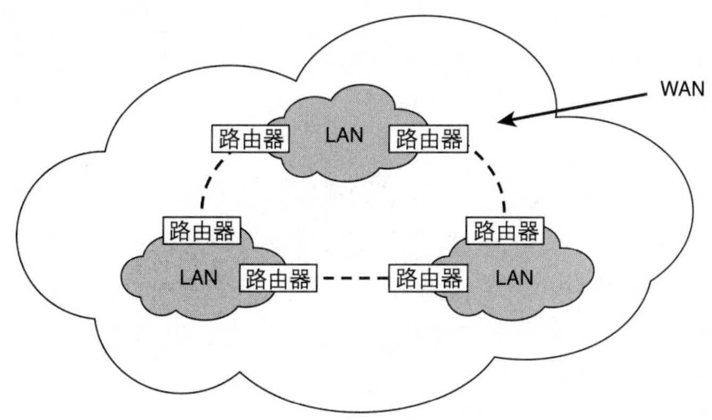

图 18-1　LAN 与 WAN

数据在网络上的传输是通过网络数据包（network packet）完成，网络数据包是一种事先定义好的消息结构体，包括数据和元数据，又称为包头（packet header）。包头里包含数据包如何到达目的地的信息。可以将网络数据包视为通过邮局发送的信件，信中的文字就是数据，写在信封上的地址就是包头，事实上，包头里包含的信息要比信封上的信息多得多，这里只是一个比喻。

包头中包含两部分信息用来确定数据包的目的地，目标主机的 IP 地址和目标主机的端口。IP 地址是一个由数字组成的唯一的值，类似于传统信封上的街道名称。例如，假设要发送的信件如图 18-2 所示。

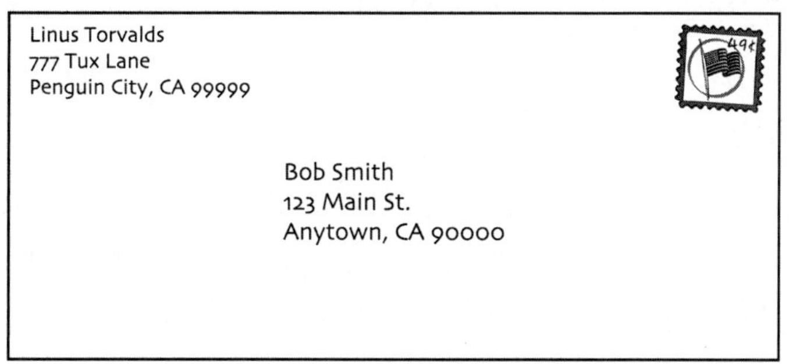

图 18-2　传统信件地址

可以将“123 Main St.”视为 IP 地址，这意味着可以将该房屋视为主机。端口是和服务（service）相关联的一个数字，服务是运行在主机上的一个程序，侦听从指定端口传入的信息。例如，可以在主机上安装一个 Web 服务器，该服务将侦听从 80 端口传入的网络数据包。回到我们传统的邮件比喻上，可以将端口视为收件人的名字（前一个例子中是 Bob Smith）。

回想一下，WAN 是由一些可以通过路由器或交换机相互通信的 LAN 构成，路由器或交换机又是通过子网来判断该向哪个 LAN 发送消息。当子网掩码与 IP 地址组合在一起，会计算出唯一的网络地址，本章后面会详细讲述具体是如何计算的。可以把子网看作是传统邮件中的城市、省和邮政编码，邮递员可以通过这些信息将信发往正确的地理位置。从某种意义上说，每个城市就相当于 LAN，而整个国家（甚至全世界）就相当于 WAN。

要发送的数据放在网络数据包中，数据必须以接收方能够理解的格式存在，这就是协议（protocol）的作用。协议是两个主机之间定义好的网络通信的标准。例如，Web 服务器通常使用 HTTP（超文本传输协议）作为客户端和服务器之间的通信标准。服务器是在网络上提供服务的主机，它为客户端提供信息。这就是为什么当使用 Web 浏览器时，输入的网址是 http://www.OneCourseSource.com 这种形式。

服务器可以支持多个协议，例如，Web 服务器还可以用 FTP（File Transfer Protocol，文件传输协议）和 HTTPS（Hypertext Transfer Protocol Secure，超文本传输安全协议）。

协议用于从网络的更高层次定义网络操作，例如，回想一些，网络上的每个主机都有一个唯一的 IP 地址（网际协议地址），此协议用于在网络上发送消息时决定把消息发往哪里，其他常见的网络协议包括 TCP（Transmission Control Protocol，传输控制协议）、UDP（User Datagram Protocol，用户数据报协议）和 ICMP（Internet Control Message Protocol，因特网控制消息协议）。本章后续会讲述这些协议的重要细节。

注意 实际上标准协议有数百个之多，在大多数情况下，不必担心协议的细节。然而，如果想了解更多关于协议的知识，访问任意一个 RFC（Request For Comment）的网站即可，例如 https://www.rfc-editor.org。

18.2 IPv4 和 IPv6

IP 协议有两个不同的版本，分别是 IPv4 和 IPv6。IPv4 成为因特网上的标准已经有很长时间了，但正在慢慢被 IPv6 所取代。这两个版本有许多不同之处，要彻底探讨这些不同之处超出了本书的范围。但我们会讲述其中一个主要的差别，然后用一个图表来展示其他的。

要理解这一主要区别，先看这个问题：IPv4 总共有 4 294 967 296 个唯一的地址。这可能看起来很多，甚至比我们可能需要的还要多，但由于 IPv4 地址的分类和分布策略，人们在 20 世纪 90 年代首次意识到可用 IP 地址的短缺。因特网上的每个设备都需要一个唯一的标识符才能和它正常的通信，我们将在后面一节中讲述 IPv4 地址的工作原理，但现在需要意识到，在某个时间点 IPv4 地址会耗尽[一]。

IPv4 地址是一个 32 位（bit）的数字，分为 4 个 8 位，可产生大约 43 亿个可用 IP 地址，使用点分十进制表示法（dotted decimal notation）[二]。IPv6 地址是 128 位，它使用十六进制表示法[三]，可产生 340 282 366 920 938 463 463 374 607 431 768 211 456 个 IPv6 地址（如果这个数字太大了而无法理解，可以简单认为是“340 万亿万亿万亿”或“今天地球上每个人都有几万亿个地址可用”）。换句话说，在现在和可预见的将来，我们为因特网上的所有主机提供了足够多的 IP 地址。

与 IPv4 相比，IPv6 还有其他优点，如表 18-1 所述。

表 18-1　IPv4 与 IPv6 的一些区别

区　别	描　　述
地址划分	IPv4：点分十进制表示法，是一个 32 位的数字，分为 4 个 8 位 IPv6：十六进制表示法，是一个 128 位的数字
可用主机数	IPv4：在不做子网划分的情况下大约有 43 亿个。子网划分是将较大网络划分为较小网络的过程，但会导致可分配 IP 地址数的减少 IPv6：比 IPv4 大得多，大约 340 000 000 000 000 000 000 000 000 000 000 000 000，不需要做子网划分
路由	IPv6 具有更高效的路由技术。路由是网络数据包从一个网络移动到另一个网络的方式
自动配置	IPv6 可以配置为自动分配 IP 地址，非常类似于 IPv4 中的 DHCP（Dynamic Host Configuration Protocol，动态主机配置协议），但 IPv6 不需要 DHCP 服务器。DHCP 是一种为主机提供 IP 地址和子网掩码的服务
包头	每个数据包都有一个头部，里面包含数据包的相关信息，IPv6 中的数据包头部更加灵活
安全	IPv4 依赖于其他协议为网络数据包提供安全性，而 IPv6 内置安全功能

安全提醒

IPv6 通常被认为更安全，但请记住，如果在连接到因特网的系统上使用 IPv6，则在某些时候网络数据包很可能会被转换为 IPv4 的数据包（通常就在数据包离开 LAN 后不久）。因此，IPv6 提供的安全功能通常仅在组织内部生效。

请注意，表 18-1 不是 IPv6 和 IPv4 之间的全部差异，但至少可以让你明白 IPv6 是更好的协议，你可能好奇它为什么是“慢慢”取代 IPv4，顺便说一句，我们的意思是非常缓慢。IPv6 于 1996 年 1 月推出，到它 20 岁生日时，它仅在全球约 10% 的计算机上启用，

㊀ 2019 年 11 月 26 日，IPv4 地址正式耗尽。——编辑注

㊁ IPv4 地址总共有 32 位，为便于阅读就把它分为 4 个 8 位，然后把每一个 8 位转化为十进制并用点号进行分隔，这就是点分十进制表示法。——译者注

㊂ IPv6 地址总共有 128 位，分为 8 个 16 位，然后把每一个 16 位转化为十六进制数并用冒号进行分隔。——译者注

估计这个数字现在接近25%了。

因特网没有完全切换到IPv6的原因有很多，最常见的两个原因是：

1. 将整个网络从IPv4切换到IPv6并非易事，协议上有巨大的差异，要想让切换过程平滑且让用户无感知，需要特别小心并且做大量的测试工作。即使组织内部确实切换到IPv6了，但连接到因特网时，网络通信也必须转换为IPv4，因为因特网大多数仍在使用IPv4。

2. 还记得IPv4地址即将耗尽的问题吗？随着IPv4的NAT（Network Address Translation，网络地址转换）技术的发明，消除了这种担忧。使用NAT技术，路由器只需要一个能在因特网上通信的IPv4地址即可，路由器连接到的局域网（LAN）使用另一组IP地址（称为私有IP地址），私有IP地址不能在因特网上直接使用。路由器在因特网和局域网之间转换所有进出的数据包，让局域网中的主机能通过NAT路由器间接访问因特网。今天几乎所有的主机，包括手机和家用电器（如许多平板电视，甚至冰箱）都有内部私有IP地址。随着NAT技术的广泛运用，消除了人们对IPv4地址耗尽的担忧，因为只需要少量的有因特网IP地址的路由器就可以让数百个主机间接地访问因特网。

因为IPv4仍然是因特网上使用的主要协议，所以本书将重点讨论IPv4而不是IPv6。然而，正如本章所述，应该了解这两者之间的区别，并且应该考虑在将来学习更多关于IPv6的知识。

18.3　IPv4地址

IPv4地址由4个以点分隔的十进制数字组成（例如，192.168.100.25），每个数字代表一个8位字节，用二进制来表示，如下所示：

11000000.10101000.01100100.00011001

192可以用二进制数11000000表示，因为每个二进制值代表一个数值，如图18-3所示。

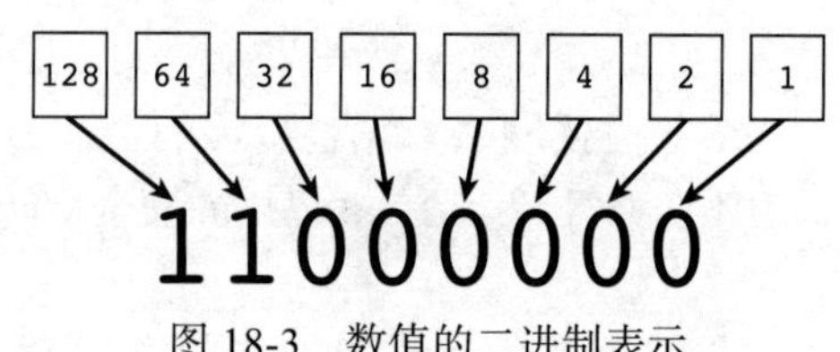

图18-3　数值的二进制表示

IPv4地址被分为几类，总共有五类，每一类由第一个8位字节（IP地址的第一个数字）决定。例如，IP地址192.168.100.25使用192来决定这个IP是五类中的哪一类。表18-2介绍了IPv4地址分类标准。

表18-2　IPv4地址分类

类　别	描　　述
A	从1.x.x.x到126.x.x.x.有127个网络，每个网络最多可容纳1600万台主机。第一个8位字节定义网络地址，其余8位字节定义主机地址
B	从128.x.x.x到191.x.x.x.有大约16 000个网络，每个网络最多可容纳65 000个主机

（续）

类　别	描　　述
C	从 192.x.x.x 到 223.x.x.x. 有大约 200 万个网络，每个网络可容纳 254 个主机
D	从 224.x.x.x 至 239.x.x.x. 仅用于组播
E	从 240.x.x.x 到 254.x.x.x. 仅用于实验和开发

因此，55.x.x.x 的 A 类网络可以拥有多达 1600 万个主机 IP 地址，从 55.0.0.1（55.0.0.0 保留给网络本身，即网络地址）到 55.255.255.254（理论上最后一个 8 位字节的最大值为 255，但那些 IP 地址被保留用于向整个网络广播消息使用，即广播地址）。

那些分配了大型网络（A 类或 B 类，甚至 C 类网络也适用）的机构，不希望在单个网络上有数百万台主机或数千台主机，而子网划分提供了一种将大型网络划分为更小的网络的方法。这种方法通过使用通常只分配给主机的 IP 地址来作为网络地址和广播地址，从而创建出更小的网络（子网）。

在以下两种网络场景里，需要了解子网是如何工作的：

- 当系统已经有 IP 地址且已做了子网划分，需要计算出它所在的子网地址时。
- 当拥有更大的 IP 网络并需要划分为较小的网络时。特别是组织中已有几个较小的物理网络时，这一点特别重要，因为每个物理网络必须位于单独的子网中。

在这两种情况下，都可以使用因特网上免费提供的 IP 地址计算器来协助完成。下面将展示如何手动进行子网划分，目的是帮助了解子网的工作原理。

18.3.1　通过 IP 地址和子网掩码计算网络地址

假设使用的是 192.168.100.0 的标准 C 类网络，这意味着前 3 个 8 位字节（192.168.100.0）是网络地址，最后一个 IP 地址（192.168.100.255）是广播地址，其他的 IP 地址（从 192.168.100.1 到 192.168.1.254）可以分配给网络上的主机使用。

在单个物理网络中拥有 254 个主机可能不适合你的情况，而希望将此 C 类网络划分为较小的网络。在做划分之前，请通过查看表 18-3 考虑如何定义网络。

表 18-3　C 类网络定义

类　　型	IP 地址	IP 地址二进制形式
地址	192.168.100.25	11000000.10101000.01100100.00011001
子网掩码	255.255.255.0 或者 24	11111111.11111111.11111111.00000000
网络地址	192.168.100.0	11000000.10101000.01100100.00000000
广播地址	192.168.100.255	11000000.10101000.01100100.00011111
第一个可用 IP 地址	192.168.100.1	11000000.10101000.01100100.00010001
最后一个可用 IP 地址	192.168.100.254	11000000.10101000.01100100.00011110
可容纳最大主机数	254	

在表 18-3 中，IP 地址分别以点分十进制表示法（192.168.100.25）和二进制格式显示，而子网掩码可以用三种格式显示。

- VLSM（Variable-Length Subnet Mask，可变长子网掩码）格式：与点分十进制表示法基本相同的格式
- CIDR（Classless Inter-Domain Routing，无类别域间路由）格式：这种形式的值和 VLSM 格式是一样的，只是表现方式不一样而已，这种形式的值是二进制形式中的"1"的总个数（表 18-3 里的子网掩码的二进制形式的"1"的个数加起来一共是 24）。
- 二进制格式：如表 18-3 所示。

要确定 IP 地址的哪个部分代表网络，只需查看二进制格式中 IP 地址和子网掩码值为"1"的所有位。为了便于查看，表 18-3 中突出显示了这一点。

网络中的第一个地址是网络地址本身（表 18-3 中的 192.168.100.0），网络中最后一个地址是广播地址（表 18-3 中的 192.168.100.255）。

表 18-3 中的示例很简单，因为它是标准 C 类地址。请查看表 18-4 中的示例，了解非标准子网掩码（255.255.255.240）如何影响 IP 地址。

表 18-4　非标准子网掩码示例

类　型	IP 地址	二进制形式
IP 地址	192.168.100.25	11000000.10101000.01100100.00011001
子网掩码	255.255.255.240 或者 28	11111111.11111111.11111111.11110000
网络地址	192.168.100.16	11000000.10101000.01100100.00010000
广播地址	192.168.100.31	11000000.10101000.01100100.00011111
第一个可用 IP 地址	192.168.100.17	11000000.10101000.01100100.00010001
最后一个可用 IP 地址	192.168.100.30	11000000.10101000.01100100.00011110
可容纳最大主机数	14	

注意　可能需要一些时间才能理解子网划分的过程，我们强烈建议你使用因特网上免费提供的子网计算器进行练习，例如 https://www.adminsub.net/ipv4-subnet-calculator。

18.3.2　私有 IP 地址

如前所述，私有 IP 地址与路由器的 NAT 功能一起使用。每个 IP 地址类（A、B 和 C）都预留出一个网段作为私有 IP 地址使用，使用这些私有 IP 地址的主机必须通过路由器的 NAT 功能才能连接到因特网。

大多数组织的绝大多数主机都是使用私有 IP 地址，只有像防火墙、Web 服务器和其他需要从因特网访问的主机才使用公网 IP 地址。因此，应该熟悉这些私有 IP 地址范围：

- 10.0.0.0～10.255.255.255
- 172.16.0.0～172.31.255.255
- 192.168.0.0～192.168.255.255

18.4 常用协议簇

你应该熟悉以下常用协议簇。

- IP：该协议负责在主机之间传输网络数据包。它的功能包括路由，或将数据包从一个物理网络发送到另一个物理网络。通常，网络数据包在到达正确的目的地之前会通过几个路由器转发。
- TCP：该协议补充了 IP，这就是通常会听到 TCP/IP 这个术语的原因。TCP 旨在确保数据包以可靠和有序的方式送达，使用 TCP，数据包是基于连接的，这意味着执行错误检查以确定包是否在传输中丢失。如果有数据包丢失，该数据包会被重传，TCP 通常比 UDP（见 UDP 的定义）慢，因为对每个数据包进行错误检测需要额外的开销，此外，丢包会引起数据包的重传，也会对后续数据包的传输有影响。但是，它比 UDP 更可靠因为所有的数据包都经过了校验，软件下载就是使用 TCP 的一个例子。
- UDP：与 TCP 一样，该协议补充了 IP。它与 TCP 的功能类似，但是，数据包是无连接的，这意味着不会执行错误检查来确定包是否在传输中丢失。因此，它比 TCP 更快，因为无连接数据传输，所以没有额外的开销。由于缺少错误检查机制，它不如 TCP 可靠。使用 UDP 的一个示例是视频的实时流传输，该传输过程中偶尔丢包不会对整个数据流造成重大的影响。
- ICMP：这个协议主要用来发送错误信息和确定网络设备的状态，与 TCP 或 UDP 不同，它是用来发送简单信息的，而不是用于设备间传输数据或建立连接。使用 ICMP 的一个示例是 ping 命令（参见第 19 章），该命令用来验证主机的网络可达性。

18.5 网络端口

服务与端口的映射关系按照惯例保存在 /etc/services 文件里，之所以说按照惯例是因为一些历史服务会查看这个文件来决定该使用哪个端口。但是，大多数现代的服务在配置文件中都有一个配置项，用来表示该服务将要使用的实际端口。

/etc/services 文件对系统管理员仍然有用，因为它包含那些已由 IANA（Internet Assigned Numbers Authority，因特网数字分配机构）分配给服务的端口。

该文件中的每一行表示一个服务与端口的映射关系。该行的格式如下：

```
service_name      port/protocol      [alias]
```

例如：

```
[root@localhost ~]# grep smtp /etc/services
smtp            25/tcp          mail
smtp            25/udp          mail
rsmtp           2390/tcp                # RSMTP
rsmtp           2390/udp                # RSMTP
```

表 18-5 列出了一些常见的端口和服务，注意，描述信息有意简短，要完全理解每个协议需要更多的细节。但是，这里的主要目标是了解各协议的常用功能。这些协议将在第 19 章使用该协议的服务时再详细介绍。

表 18-5　常用网络端口

端　口	服　务
20 和 21	FTP，用于在主机之间传输文件
22	SSH，用于连接到远程系统并执行命令
23	telnet，用于连接到远程系统并执行命令
25	SMTP（Simple Mail Transfer Protocol，简单邮件传输协议），用于发送电子邮件
53	DNS（Domain Name Service，域名服务器），用于把计算机名转换为 IP 地址
80	HTTP（超文本传输协议），用于访问 Web 服务器
110	POP3（Post Office Protocol，邮局协议），用于接收电子邮件
123	NTP（Network Time Protocol，网络时间协议），用于同步系统时间
139	NETBIOS（Network Basic Input/Output System，网络基本输入输出系统），用于局域网通信
143	IMAP（Internet Message Access Protocol，因特网邮件访问协议），用于接收电子邮件
161 和 162	SNMP（Simple Network Management Protocol，简单网络管理协议），用于收集网络设备的信息
389	LDAP（Lightweight Directory Access Protocol，轻量级目录访问协议），用于提供一些网络相关的信息，例如网络账户的信息
443	HTTPS（Hypertext Transfer Protocol Secure，超文本传输安全协议），用于在加密的连接上访问 Web 服务器
465	SMTPS（Simple Mail Transfer Protocol Secure，简单邮件传输安全协议），用于发送加密电子邮件
514	Syslog（System log，系统日志），用于把系统日志发送到远程主机上
636	LDAPS（Lightweight Directory Access Protocol Secure，轻量级目录访问安全协议），用于通过加密的连接使用 LDAP 协议
993	IMAPS（Internet Message Access Protocol Secure，因特网邮件访问安全协议），用于通过加密的连接使用 IMAP 协议
995	POP3S（Post Office Protocol Secure，邮局安全协议），用于在加密的连接上使用 POP3 协议

对话学习——理解协议

Gary：你好，Julia。

Julia：Gary，你似乎很沮丧，怎么啦？

Gary：我只是想弄清楚所有的协议。我刚刚开始理解什么是协议，可我发现有很多协议，可以做很多不同的事情。

Julia：我明白了，即使是经验丰富的管理员也难以应对这么多的协议，也许我能给你一些建议？

Gary：好呀！

Julia：首先，你要明白不必对每一个协议都做到了如指掌。每个系统或主机只提供少量的服务，甚至可能只有一个网络服务。例如，提供网络账户的 LDAP 服务器不太可能同时又是 Web 服务器和邮件服务器。

Gary：好吧，那么我应该把重点放在我要维护的主机所提供的服务上，对吗？

Julia：这个切入点很好，但也要意识到理解协议的细节通常不是那么重要，真正重要的是懂得如何配置使用这个协议的服务以及运用它的关键安全特性。

Gary：啊，这让我感觉好多了，我之前尝试着去通读其中的一个 RFC 文档，头就晕了。

Julia：相信我，你不是唯一一个经历过这些的人。

18.6 总结

本章我们探讨了一些关键的网络概念，目的不是让你成为网络专家，而是让你知道这些概念，以便在做配置、维护、故障排除和保护网络时更容易。

18.6.1 重要术语

LAN、WAN、网络包、包头、IP 地址、主机、网络、以太网、光纤、子网、协议、点分十进制表示法、十六进制表示法、路由、DHCP、FTP、SSH、telnet、VLSM、CIDR、NAT、私有 IP 地址、IP、TCP、UDP、ICMP、SMTP、DNS、HTTP、POP3、NTP、NetBIOS、IMAP、SNMP、LDAP、HTTPS、SMTPS、syslog、IMAPS

18.6.2 复习题

1. ______是两台主机之间定义好的通信标准。
2. 关于 TCP 协议以下正确的是：
   A. 它是无连接的。 B. 它通常比 UDP 快。
   C. 它能保证数据包以可靠的方式送达。 D. 它不做错误检测。
3. 哪个协议用于判断网络设备的状态？
   A. FTP B. POP3 C. telnet D. ICMP
4. 传统服务与端口的映射关系通常保存在 /etc/ ______文件里。
5. ______协议用于把主机名转换为 IP 地址。

第 19 章

网络配置

现在已经在第 18 章中学习了一些基本的网络原理，接下来本章将探讨如何配置网络设备，主要以以太网设备 Linux 系统中最常见的网络设备为例。

本章将学习如何为网卡分配 IP 地址和子网掩码，还将了解如何配置路由以及 DNS 服务器。

本章还将介绍当需要在笔记本计算机上联网时的无线网络的配置。

学习完本章并完成课后练习，你将具备以下能力：

- 动态和持久地配置网络设备。
- 定义网络路由。
- 排除网络故障。
- 配置无线网络。

19.1 以太网接口

以太网接口是最常见的网络设备之一，如果你的台式计算机或笔记本计算机无法用无线网络进行通信，则可能需要将如图 19-1 所示的蓝色网线插到计算机的网口上。

图 19-1 连接以太网

在本节中，将学习如何配置以太网接口设备。

19.1.1 查看以太网接口的配置

查看网络信息的常用命令之一是 ifconfig 命令，在没有参数的情况下执行时，它会返回所有已启用的网络设备的相关信息，如例 19-1 所示。

例 19-1 使用 ifconfig 命令查看网络信息

```
[root@onecoursesource ~]# ifconfig
eth0: flags=4163<UP,BROADCAST,RUNNING,MULTICAST>  mtu 1500
```

```
        inet 192.168.1.16  netmask 255.255.255.0  broadcast 192.168.1.255
        inet6 fe80::a00:27ff:fe52:2878  prefixlen 64  scopeid 0x20<link>
        ether 08:00:27:52:28:78  txqueuelen 1000  (Ethernet)
        RX packets 20141  bytes 19608517 (18.7 MiB)
        RX errors 0  dropped 0  overruns 0  frame 0
        TX packets 2973  bytes 222633 (217.4 KiB)
        TX errors 0  dropped 0 overruns 0  carrier 0  collisions 0

lo: flags=73<UP,LOOPBACK,RUNNING>  mtu 65536
        inet 127.0.0.1  netmask 255.0.0.0
        inet6 ::1  prefixlen 128  scopeid 0x10<host>
        loop  txqueuelen 0  (Local Loopback)
        RX packets 3320  bytes 288264 (281.5 KiB)
        RX errors 0  dropped 0  overruns 0  frame 0
        TX packets 3320  bytes 288264 (281.5 KiB)
        TX errors 0  dropped 0 overruns 0  carrier 0  collisions 0
```

命令输出了 2 个设备的网络信息：主以太网卡（eth0）和本地环回地址（lo）。如果系统还有其他的网卡，可能会显示为 eth1、eth2 等。环回地址的目的是让那些需要网络才能通信的软件能够与本地系统通信。通常情况下，对于环回地址，没有太多的管理或故障排查的工作。

可能出现的错误　如果你在虚拟机上工作，则可能会看到类似 enp0s3 而不是 eth0 的信息。这是因为虚拟机管理器并不总是将虚拟机视为真正的网卡（这取决于你在虚拟机中配置的网络接口类型）。将 enp0s3 视为与 eth0 相同，本章中的命令在此设备上应该也可以正常工作。

应该了解 eth0 的输出内容，表 19-1 详细描述了输出的关键部分。

表 19-1　ifconfig 命令的输出

输出部分	描　述
flags=4163<UP,BROADCAST,RUNNING,MULTICAST>	为接口设置的参数（状态标识），此表后面提供了有关这些状态标识的更多详细信息
mtu 1500	最大传输单元（Maximum Transmission Unit），操作系统可以用这个值计算网络路由的开销。通常被设置为 1500，这被认为是最佳的值
inet 192.168.1.16	接口的 IPv4 地址
netmask 255.255.255.0	接口的 IPv4 子网掩码
broadcast 192.168.1.255	接口的 IPv4 广播地址
inet6 fe80::a00:27ff:fe52:2878 prefixlen 64	接口的 IPv6 地址和 prefixlen（前缀长度）的值（相当于 IPv4 的子网掩码）

（续）

输出部分	描 述
ether 08:00:27:52:28:78	机器的 MAC 地址（Media Access Control），MAC 地址通常烧录到网卡芯片里
txqueuelen 1000 (Ethernet)	设备的传输速度（此处是 1000Mbps）
RX packets	接收正确的数据包的统计数据
RX errors	接收错误数据包的统计数据
TX packets	发送正确的数据包的统计数据
TX errors	发送错误的数据包的统计数据

可以给一个接口设置许多不同的状态标识，一些比较重要的状态标识如下。

- UP：代表接口处于启用的状态，如果接口被禁用，状态标识行都不会显示。
- BROADCAST：代表设备设置了广播地址。
- MULTICAST：代表设备设置了多播地址。
- PROMISC：代表设备设置了混杂模式，设备通常只监听发送到它自己 IP 地址的网络数据包，在混杂模式下，设备监听所有的网络流量，这有助于分析网络流量。

安全提醒

启用混杂模式后允许嗅探（sniff）网络，这意味着可以通过观察网络流量来诊断问题或发现潜在的安全漏洞。

19.1.2 更改以太网接口设置

ifconfig 命令还可以用于临时更改网络设置，这些更改在系统重启后会丢失。例如，下面的这条命令设置 IPv4 地址、网络掩码和广播地址：

```
[root@onecoursesource ~]# ifconfig eth0 192.168.1.16 netmask 255.255.255.0 broadcast
➥ 192.168.2.255
```

要启用混杂模式，使用下面这个命令：

```
[root@onecoursesource ~]#ifconfig eth0 promisc
```

上条命令会改变 ifconfig 命令输出的 flags 部分，可以通过不带任何参数执行 ifconfig 命令来验证：

```
[root@onecoursesource ~]# ifconfig | grep eth0
eth0: flags=4163<UP,BROADCAST,RUNNING,PROMISC,MULTICAST>  mtu 1500
```

要禁用混杂模式，使用下面这个命令：

```
[root@onecoursesource ~]#ifconfig eth0 -promisc
```

下一节将讲述 ARP（Address Resolution Protocol，地址解析协议），简而言之，ARP 用于记录 IP 到 MAC 的解析结果。通常，这个功能在以太网设备上自动开启。可以通过执行以下命令暂时关闭此协议：

```
[root@onecoursesource ~]#ifconfig eth0 -arp
```

上条命令会改变 ifconfig 命令输出的 flags 部分，可以通过不带任何参数执行 ifconfig 命令来验证：

```
[root@onecoursesource ~]# ifconfig | grep eth0
eth0: flags=4163<UP,BROADCAST,RUNNING,NOARP,MULTICAST>  mtu 1500
```

要启用 ARP，执行下面这条命令：

```
[root@onecoursesource ~]#ifconfig eth0 arp
```

注意，还可以使用 ifup 命令（ifup eth0）激活（启用）接口，使用 ifdown 命令（ifdown eth0）停用（禁用）接口。

19.1.3 网络配置工具

某些现代的操作系统自带一些其他的自动化工具来配置网络，例如，Linux 发行版可能安装了一个名为 Network Manager 的工具，此工具用于配置网络，而不需要进行任何交互。

在某些情况下这些工具很有用，例如用户使用的是 Linux 笔记本计算机的时候，但在服务器上使用这些工具配置网络反而会更困难。

判断 Network Manager 是否在系统上启用，使用下面这个命令：

```
[root@onecoursesource ~]# nmcli device status
Error: NetworkManager is not running.
```

从上面命令的输出可以得知，在这个系统上 Network Manager 并没有启用。如果启用了，可以使用以下命令停用它：

```
[root@onecoursesource ~]# systemctl stop NetworkManager
```

但这仅仅是个临时的解决方法，系统重启后，Network Manager 又会重新运行起来，要禁止 Network Manager 在系统启动时候的自动运行，执行以下命令：

```
[root@onecoursesource ~]# systemctl disable NetworkManager
```

有关 Network Manager 会对系统造成的影响，见图 19-2。

19.1.4　arp 命令

大多数用户和管理员都使用主机名与远程系统通信，通信时必须将主机名转换为 IP 地址，因为网际协议（Internet Protocol，IP）使用的是 IP 地址而不是主机名，这个功能由解析程序（如 DNS 服务器）提供。有关 DNS 服务器的更多详细信息，请参见第 20 章。

IP 是一个被称为 ISO-OSI（International Organization of Standardization–Open System Interconnection，国际标准化组织 – 开放系统互连）网络模型的七层网络模型的一部分。在该模型的第 2 层，设备使用网卡的 MAC 地址进行通信。在大多数情况下，两个主机要进行通信，它们不仅需要知道彼此的 IP 地址，而且还需要知道对方的 MAC 地址。

最初，本地系统并不知道网络上其他主机的 MAC 地址。当第一次使用一个 IP 地址时，会在与该 IP 地址对应的网络上发送广播请求。拥有该 IP 地址的机器会响应这个请求，向源主机报告其 MAC 地址。然后，源主机会将这个 MAC 地址和相应的 IP 地址存储在一个称为 ARP 表的内存地址中。

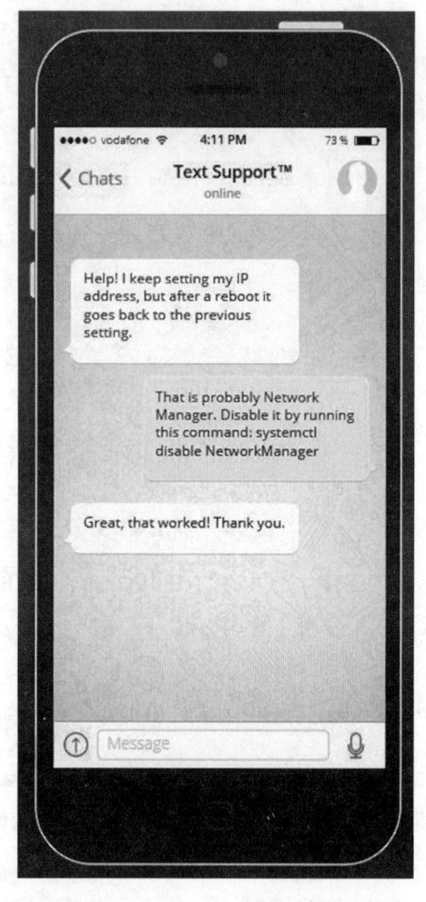

图 19-2　文本支持——设置网络配置问题

arp 命令用于查看或修改 ARP 表，不带任何参数地执行时，将输出 ARP 表：

```
[root@onecoursesource ~]# arp
Address                  HWtype  HWaddress           Flags Mask        Iface
192.168.1.11             ether   30:3a:64:44:a5:02   C                  eth0
```

> **可能出现的错误**　如果远程主机更换了网卡，可能需要从 ARP 表中删除该条记录，可以使用 arp 命令的 -d 选项来实现：
>
> ```
> [root@onecoursesource ~]# arp -i eth0 -d 192.169.1.11
> ```
>
> 地址一旦从 ARP 表中删除，就不需要再手动添加新的地址。因为下一次本地系统使用此 IP 地址时，它会重新在网络上发送 ARP 广播请求获得到新的 MAC 地址。

19.1.5　route 命令

当网络数据包发往本地网络上的主机时，它将在该网络上广播并由相应的主机接收。

当网络数据包发往不在本地网络上的主机时，数据包需要通过网关（也称为路由器）转发。网关在本地网络和至少一个其他网络上都有 IP 地址。

网关既连着因特网（直接连接或通过其他网关）又连着内部私有网络，本地主机在路由表里保存着它能直接通信的网关的信息。

route 命令可以查看或修改路由表。要查看路由表，执行 route 命令时不带任何参数即可：

```
[root@onecoursesource ~]# route
Kernel IP routing table
Destination     Gateway         Genmask         Flags Metric Ref    Use Iface
default         192.168.1.1     0.0.0.0         UG    100    0        0 eth0
192.168.1.0     0.0.0.0         255.255.255.0   U     100    0        0 eth0
```

上条命令的输出里以 192.168.1.0 开头的行指明了如何处理发往 192.168.1.0/255.255.255.0 这个网络的网络流量。此线路的网关为 0.0.0.0，表示在本地网络上广播这些网络数据包。

上条命令的输出里的 default 这一行的意思是，除非配置了其他的规则，否则就用这个设置，这行上的 gateway 字段表示网络流量要发送的目的地。此例中，如果网络数据包不是去往 192.168.1.0/255.255.255.0 网络的，它就应该被发送给网关 192.168.1.1。UG 标识表示这条路由是启用（Up）的状态，而且也是发给网关（Gateway）的状态。

假设有一个 IP 地址为 192.168.1.100 的网关连接到内部网络 192.168.2.0/255.255.255.0，可以通过运行以下命令来添加此网关：

```
[root@onecoursesource ~]# route add -net 192.168.2.0 netmask 255.255.255.0 gw
➥ 192.168.1.100
[root@onecoursesource ~]# route
Kernel IP routing table
Destination     Gateway         Genmask         Flags Metric Ref    Use Iface
default         192.168.1.1     0.0.0.0         UG    100    0        0 eth0
192.168.1.0     0.0.0.0         255.255.255.0   U     100    0        0 eth0
192.168.2.0     192.168.1.100   255.255.255.0   UG    0      0        0 eth0
```

如果要删除这个网关，执行以下命令：

```
[root@onecoursesource ~]# route del -net 192.168.2.0 netmask 255.255.255.0 gw
➥ 192.168.1.100
[root@onecoursesource ~]# route
Kernel IP routing table
Destination     Gateway         Genmask         Flags Metric Ref    Use Iface
default         192.168.1.1     0.0.0.0         UG    100    0        0 eth0
192.168.1.0     0.0.0.0         255.255.255.0   U     100    0        0 eth0
```

要删除和添加默认网关，使用以下命令：

```
[root@onecoursesource ~]# route del default
[root@onecoursesource ~]# route add default gw 192.168.1.1
```

19.1.6　ip 命令

既然已经学习了 ifconfig、arp 和 route 命令的相关内容了，那告诉你一个坏消息（从某种程度上讲算是坏消息），如果在一些比较新的 Linux 发行版上查看这些命令的 man page 时，可能会看到以下这句话：

```
NOTE
       This  program  is obsolete!
```

那么，你可能就会有这样的疑问，如果这些命令过时了，那为什么还要花时间学习它们呢？这是一个很好的问题，我们有几个很好的答案：

- 虽然 ip 命令是用来替换 ifconfig、arp 和 route 命令（以及其他一些网络工具），但在大多数发行版上，这些命令仍然存在（而且很可能还会存在很长一段时间）。原因是许多年以来，在大量的 Shell 脚本里都使用了这些命令。为了使用新的 ip 命令而去升级所有的脚本会耗费大量的时间。而且，在许多脚本维护人员看来，这么做不值得。如果你遇到一个这样的脚本，应该要知道这些命令的作用，即使你自己通常使用 ip 命令。
- 虽然 ifconfig、arp 和 route 命令已经不再开发了，但是它们仍然可以正常工作。你应该要知道的是 ip 命令提供了更多的特性，并且是一个活跃的项目。但是，许多管理员已经知道如何使用 ifconfig、arp 和 route 命令，并且经常使用这些命令。因此，你也应该了解这些工具。
- 如果你接手维护一个旧的系统或遗留系统，可能没有 ip 命令，因此，了解这些旧的命令还是有帮助的。

ip 命令基本上可以做 ifconfig、arp 和 route 命令所能做的所有事情，甚至更多。表 19-2 演示了如何使用 ip 命令来完成本章中使用 ifconfig、arp 和 route 命令实现的效果。尝试运行一下 ip 命令以及对应的“旧”命令，看看它们在输出信息的方式上有什么不同。

表 19-2　ip 命令

ifconfig/arp/route 命令	ip 命令
ifconfig	ip addr show　# 详细信息 ip link show　# 较少信息 注意：大多数版本的 ip 命令里，show 命令都是默认值，因此 ip link 和 ip link show 的效果是一样的
ifconfig eth0 192.168.1.16 netmask 255.255.255.0 broadcast 192.168.2.255	ip addr add 192.168.1.16 /24 broadcast 192.168.2.255 dev eth0
ifconfig eth0 promisc	ip link set eth0 promisc on

（续）

ifconfig/arp/route 命令	ip 命令
ifconfig eth0 -promisc	ip link set eth0 promisc off
ifconfig eth0 -arp	ip link set eth0 arp off
ifconfig eth0 arp	ip link set eth0 arp on
arp	ip neigh show #neigh=neighbor
arp -i eth0 -d 192.168.1.11	ip neigh del 192.168.1.11 dev eth0
route	ip route show
route add -net 192.168.2.0 netmask 255.255.255.0 gw 192.168.1.100	ip route add 192.168.2.0/24 via 192.168.1.100
route del -net 192.168.2.0 netmask 255.255.255.0 gw 192.168.1.100	ip route del 192.168.2.0/24 via 192.168.1.100
route del default	ip route del default
route add default gw 192.168.1.1	ip route add default via 192.168.1.1

19.1.7 hostname 命令

hostname 命令可以查看和更改系统主机名

```
[root@onecoursesource ~]# hostname
onecoursesource
[root@onecoursesource ~]# hostname myhost
[root@myhost ~]# hostname
myhost
```

可能出现的错误 注意这样修改主机名是临时的，系统重启后，主机名会恢复至原来的名称，本章后面会讲如何让这个修改永久生效。

19.1.8 host 命令

host 命令通常用于执行简单的主机名到 ip 地址的转换操作（也被称作 DNS 查询）：

```
[root@onecoursesource ~]# host google.com
google.com has address 172.217.4.142
google.com has IPv6 address 2607:f8b0:4007:800::200e
google.com mail is handled by 30 alt2.aspmx.l.google.com.
google.com mail is handled by 50 alt4.aspmx.l.google.com.
google.com mail is handled by 20 alt1.aspmx.l.google.com.
google.com mail is handled by 10 aspmx.l.google.com.
google.com mail is handled by 40 alt3.aspmx.l.google.com.
```

表 19-3 是 host 命令的一些常用选项。

表 19-3　host 命令常用选项

选　项	说　　明
-t	指定要显示的查询类型。例如，host -t ns google.com 将显示谷歌的名称服务器
-4	只使用 IPv4 进行查询
-6	只使用 IPv6 进行查询
-v	详细模式，显示更多信息

19.1.9　dig 命令

dig 命令用于在指定的 DNS 服务器上执行 DNS 查询时非常有用，可以把它看作是 host 命令的增强版。下面是命令的示例：

```
[root@onecoursesource ~]# dig google.com

; <<>> DiG 9.9.4-RedHat-9.9.4-38.el7_3 <<>> google.com
;; global options: +cmd
;; Got answer:
;; ->>HEADER<<- opcode: QUERY, status: NOERROR, id: 56840
;; flags: qr rd ra; QUERY: 1, ANSWER: 1, AUTHORITY: 0, ADDITIONAL: 1

;; OPT PSEUDOSECTION:
; EDNS: version: 0, flags:; udp: 512
;; QUESTION SECTION:
;google.com.            IN    A

;; ANSWER SECTION:
google.com.       268    IN    A    216.58.217.206

;; Query time: 36 msec
;; SERVER: 192.168.1.1#53(192.168.1.1)
;; WHEN: Sun Mar 05 17:01:08 PST 2018
;; MSG SIZE  rcvd: 55
```

注意，在第 20 章讲述了 DNS 服务器后，就能看懂这个命令的输出了。

使用指定的 DNS 服务器进行查询，而不是主机的默认 DNS 服务器，请使 dig @server host_to_lookup 语法进行查询。表 19-4 描述 dig 命令的常见选项。

表 19-4　dig 命令的常见选项

选　项	说　明
-f *file*	使用文件 *file* 的内容进行多次查找，文件每行应该包含一个主机名
-4	只使用 IPv4 进行查询
-6	只使用 IPv6 进行查询
-x address	执行反向查询，即输入是 IP 地址，返回是主机名

19.1.10　netstat 命令

netstat 命令用于显示各种网络信息，是解决网络问题时的一个重要工具。表 19-5 描述 netstat 命令的常见选项。

表 19-5　netstat 命令的常见选项

选　项	说　明
-t 或者 --tcp	显示 TCP 信息
-u 或者 --udp	显示 UDP 信息
-r 或者 --route	显示路由表
-v 或者 --verbose	详细信息，即显示额外的信息
-i 或者 --interfaces	显示指定接口上的信息
-a 或者 --all	显示所有信息
-s 或者 --statistics	显示网络统计数据

例如，下面的命令将显示所有活跃的 TCP 连接：

```
[root@onecoursesource ~]# netstat -ta
Active Internet connections (servers and established)
Proto Recv-Q Send-Q Local Address           Foreign Address         State
tcp        0      0 192.168.122.1:domain    0.0.0.0:*               LISTEN
tcp        0      0 0.0.0.0:ssh             0.0.0.0:*               LISTEN
tcp        0      0 localhost:ipp           0.0.0.0:*               LISTEN
tcp        0      0 localhost:smtp          0.0.0.0:*               LISTEN
tcp6       0      0 [::]:ssh                [::]:*                  LISTEN
tcp6       0      0 localhost:ipp           [::]:*                  LISTEN
tcp6       0      0 localhost:smtp          [::]:*
```

19.2　持久化网络配置

在许多情况下，本书中的内容在大多数 Linux 发行版上都能很好地工作。然而，有些情况并非如此。例如，为了设置或修改网络配置，需要编辑一系列文件。其中一些文件是“通用的”，适用于大多数 Linux 发行版，但是在某些情况下，这些文件在不同的发行版上会有所不同。

通常有两种主要的不同的发行版：Red Hat（包括 Red Hat Enterprise Linux、Fedora、CentOS 等）和 Debian（Debian、Mint OS、Ubuntu 等）。在本节中，涉及的每个文件都将标记为“通用”、“Red Hat”或“Debian”。

19.2.1 /etc/hostname 文件（通用）

/etc/hostname 文件存储本地系统的主机名：

```
[root@onesourcesource ~]#more /etc/hostname
server.sample999.com
```

19.2.2 /etc/hosts 文件（通用）

/etc/hosts 文件定义了主机名到 ip 地址的转换：

```
[root@onesourcesource ~]#more /etc/hosts
192.168.1.24 server.sample999.com
127.0.0.1    localhost onesourcesource
::1          localhost onesourcesource
```

每行表示一个转换。第一个字段是 IP 地址，第二个字段是主机名，第三个字段是可选的，表示别名地址。

在大多数情况下，此文件仅用于本地主机本身或局域网内的主机。通常，主机名到 IP 地址的转换由 DNS 服务器处理。

19.2.3 /etc/resolv.conf 文件（通用）

/etc/resolv.conf 文件包含系统的 DNS 服务器列表，一个典型的文件内容如下所示：

```
[root@onesourcesource ~]# cat /etc/resolv.conf
search sample999.com
nameserver 192.168.1
```

如果系统是 DHCP 客户端，那么这个文件通常是使用来自 DHCP 服务器的数据动态填充的。对于使用静态 IP 地址的服务器，该文件通常是手动定义的。有关静态和动态 IP 设置的更多细节，请参见本章后面的内容。

表 19-6 描述了 /etc/resolv.conf 文件里的常见设置。

表 19-6 /etc/resolv.conf 文件里的常见设置

设 置	说 明
nameserver	DNS 服务器 IP 地址，文件最多可以有 3 个 DNS 服务器
domain	用于指定本地域，允许在 DNS 查询中使用短名称
search	在使用短名称执行 DNS 查询时的可选域名列表

19.2.4 /etc/nsswitch.conf 文件（通用）

应用程序使用 NSS（Name Service Switch，名称服务开关）配置文件 /etc/nsswitch.conf 来决定获取名称服务信息的来源和顺序。例如，对于网络而言，该文件包含名称服务解析器的位置，该工具提供主机名到 IP 地址的转换：

```
[root@onesourcesource ~]#grep hosts /etc/nsswitch.conf
#hosts:     db files nisplus nis dns
hosts:      files dns
```

files dns 意思是，先查询本地文件 /etc/hosts，如果本地文件里没有找到，再查询 DNS 服务器。

表 19-7 描述了常见的把主机名转换为 IP 地址的工具。

表 19-7 常见的把主机名转换为 IP 地址的工具

工 具	说 明
files	本地 /etc/hosts 文件
dns	DNS 服务器
NIS	NIS 服务器

19.2.5 /etc/sysctl.conf 文件（通用）

/etc/sysctl.conf 文件用于定义内核的参数。内核是操作系统的组件，它控制许多功能，例如系统引导以及与硬件设备通信。

内核参数有数百个之多，其中一些可能会影响到网络。例如，如果要彻底禁用系统的 IPv6 网络，则应该在 /etc/sysctl.conf 文件中加入以下两个设置：

```
net.ipv6.conf.all.disable_ipv6=1
net.ipv6.conf.default.disable_ipv6=1
```

要完整讲述 /etc/sysctl.conf 文件中所有的网络配置的参数超出了本书的范围，想获得更多这方面的信息，请参考内核文档。

如何禁止响应 ping 命令的请求，见图 19-3。

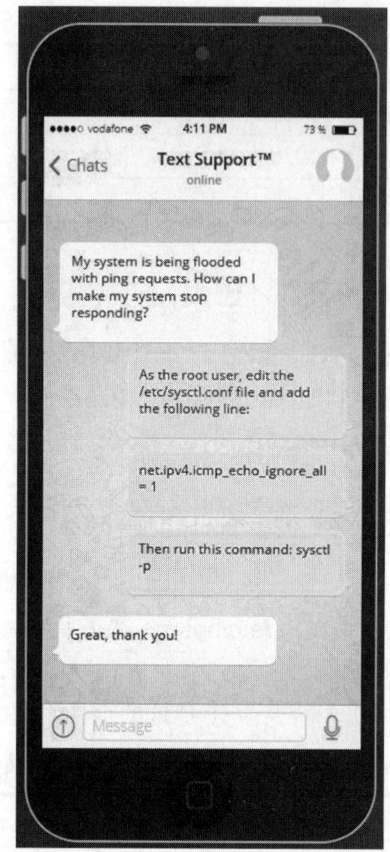

图 19-3　文本支持——禁止回应 ping

19.2.6　/etc/sysconfig/network 文件（Red Hat）

默认，基于 Red Hat 的发行版才有这个配置文件，里面包含 2 个设置，系统主机名和在系统引导过程中是否自动启用网络。

```
[root@onesourcesource ~]#more /etc/sysconfig/network
HOSTNAME=onecoursesource
NETWORKING=yes
```

> **注意**　在 Red Hat 的衍生发行版上要想永久更改主机名的话，必须更改 /etc/sysconfig/network 文件。你可能也更改了 /etc/hostname 文件，但 /etc/hostname 文件是由操作系统在启动过程中根据 /etc/sysconfig/network 文件里的 HOSTNAME 的值自动生成的。

这个文件中还可以包含其他的设置，例如，下面这行就是定义了一个默认路由器（也

被称作默认网关):

```
GATEWAY=192.168.100.1
```

但是，大多数情况下这个设置项被放到另外一个文件（/etc/sysconfig/network-scripts/ifcfg-eth0 文件）里，因此很少在 /etc/sysconfig/network 文件里看到 GATEWAY 的设置项。

19.2.7 /etc/sysconfig/network-scripts/ifcfg-interface-name 文件 (Red Hat)

Red Hat 衍生发行版为每一个网络接口（eth0、eth1 等）创建了单独的配置文件，例如，下面的配置就是给第一个接口配置静态 IP 地址：

```
[root@onesourcesource ~]#more /etc/sysconfig/network-scripts/ifcfg-eth0
DEVICE=eth0
BOOTPROTO=static
ONBOOT=yes
IPADDR=192.168.100.50
NETMASK=255.255.255.0
GATEWAY=192.168.100.1
```

静态 IP 地址指在每次系统启动后和网络接口重新启用时都是使用的同一个 IP 地址，另一个选项是让 DHCP 服务器提供 IP 地址（以及其他相关的网络信息，如子网掩码）。在 DHCP 客户端的配置中，ifcfg-eth0 文件如下所示：

```
[root@onesourcesource ~]#more /etc/sysconfig/network-scripts/ifcfg-eth0
DEVICE=eth0
BOOTPROTO=dhcp
ONBOOT=yes
```

表 19-8 中是这个配置文件中可能出现的设置项。

表 19-8 配置文件中的设置项

设置项	说明
DEVICE	设备名称（例如，eth0 是第一个以太网设备）
BOOTPROTO	通常设置为 static 或 dhcp，此设置指定如何选择网络设置。值 static 表示使用此文件中指示的设置，值 dhcp 表示联系 DHCP 服务器并从该服务器获取网络设置
ONBOOT	ONBOOT 设置为 yes，表示网卡会在系统启动过程中被启用，设置为 no 则相反
IPADDR	分配给本设备的 IP 地址
NETMASK	子网掩码
GATEWAY	系统默认路由

19.2.8 /etc/network/interfaces 文件（Debian）

在 Debian 系统上，所有接口的 IP 地址设置都在一个配置文件中。在下面的示例中，定义了本地环回地址（lo）和两个网络接口（eth0 和 eth1）：

```
[root@onesourcesource ~]#more /etc/network/interfaces
auto lo
iface lo inet loopback

auto eth0
iface eth0 inet static
    address 192.0.2.7
    netmask 255.255.255.0
    gateway 192.0.2.254

auto eth1
allow-hotplug eth1
iface eth1 inet dhcp
```

在上面这个例子中，给 eth0 配置一个静态 IP 地址，给 eth1 配置为 DHCP。以下是 /etc/network/interfaces 文件里的重要设置项。

- auto：在系统启动过程中如果该设备存在且已经连接到网络就启用它。某些情况下，比如笔记本计算机，网卡可能没有连接到网络[⊖]。
- allow-hotplug：在操作系统的运行过程中如果检查到该设备就启用它。

19.3 网络故障排查命令

在网络配置错误的情况下，掌握一些网络故障排查的命令是很有帮助的。本节重点介绍其中的一些命令。

19.3.1 ping 命令

ping 命令用于验证远程主机是否可以响应网络连接：

```
[root@onesourcesource ~]#ping -c 4 google.com
PING google.com (172.217.5.206) 56(84) bytes of data.
64 bytes from lax28s10-in-f14.1e100.net (172.217.5.206): icmp_seq=1 ttl=55 time=49.0 ms
64 bytes from lax28s10-in-f206.1e100.net (172.217.5.206): icmp_seq=2 ttl=55 time=30.2 ms
64 bytes from lax28s10-in-f14.1e100.net (172.217.5.206): icmp_seq=3 ttl=55 time=30.0 ms
64 bytes from lax28s10-in-f206.1e100.net (172.217.5.206): icmp_seq=4 ttl=55 time=29.5 ms
```

⊖ 这里指的是笔记本计算机的有线接口未插入网线。——译者注

```
--- google.com ping statistics ---
4 packets transmitted, 4 received, 0% packet loss, time 3008ms
rtt min/avg/max/mdev = 29.595/34.726/49.027/8.261 ms
```

默认情况下，ping 命令将持续向远程系统发送“ ping”，直到用户使用 Ctrl+C 终止该命令。-c 选项指定要发送的 ping 请求的数量。

对话学习——使用 ping 命令

Gary：你好，Julia，我有个关于 ping 一个系统的问题。

Julia：具体问题是什么呢？

Gary：我使用 ping 去判断一个系统是否已启动，但没有收到回应。可当我到这台机器跟前去看时，它确实是正常运行的。

Julia：好吧，首先，请记住 ping 并不用于确定主机是否正在运行。它是用于确定主机是否可以通过网络访问到。

Gary：既然已经启动了怎么会不能访问呢？

Julia：它的网络配置可能有问题，或者网线没插上，又或者可能是防火墙阻止了访问。有些管理员会使用防火墙阻止 ping 请求。

Gary：是否还有其他原因导致它没有响应呢？

Julia：有啊，有个内核参数可以配置为“不响应 ping 请求”。此外，问题可能根本不在你尝试 ping 的那台机器上，运行 ping 命令的主机可能自身存在网络问题。

Gary：嗯……所以，ping 真正能做的是只能用于判断从本地系统到远程主机是否可达，远程主机可能响应其他主机的请求或者响应其他的网络连接，只是不响应 ping？

Julia：非常正确，如果 ping 能正确返回，说明可以访问到远程主机，但如果没有响应并不代表有问题，还需要进一步查找问题。

Gary：好的，再次谢谢你，Julia。

注意　ping6 命令和 ping 命令非常相似，只不过 ping6 命令是用于 IPv6 地址，而 ping 命令用于 IPv4 地址。

19.3.2　traceroute 命令

traceroute 命令用于显示从一个系统到另一个系统的路由跳数（换言之，从一个路由器到另一路由器）。

```
[root@onesourcesource ~]#traceroute google.com
traceroute to google.com (172.217.4.142), 30 hops max, 60 byte packets
 1  * * *
```

```
2  * * *
3  * * *
4  * * *
5  * * *
6  * paltbprj02-ae1-308.rd.pt.cox.net (68.105.31.37)  49.338 ms  53.183 ms
7  108.170.242.83 (108.170.242.83)  53.041 ms 108.170.242.82 (108.170.242.82)  57.529 ms
➥108.170.242.227 (108.170.242.227)  60.106 ms
8  209.85.246.38 (209.85.246.38)  56.051 ms 209.85.246.20 (209.85.246.20)  59.853 ms
➥209.85.249.63 (209.85.249.63)  64.812 ms
9  64.233.174.204 (64.233.174.204)  59.018 ms 64.233.174.206 (64.233.174.206)  59.307 ms
➥64.233.174.204 (64.233.174.204)  57.352 ms
10  64.233.174.191 (64.233.174.191)  67.186 ms  66.823 ms 209.85.247.0 (209.85.247.0)
➥65.519 ms
11  108.170.247.193 (108.170.247.193)  65.097 ms 108.170.247.225 (108.170.247.225)
➥65.039 ms 108.170.247.193 (108.170.247.193)  38.324 ms
12  72.14.238.213 (72.14.238.213)  41.229 ms  40.340 ms  41.887 ms
13  lax17s14-in-f142.1e100.net (172.217.4.142)  43.281 ms  40.650 ms  43.394 ms
```

注意 “*”号表示没有获取到那一跳的数据。

表 19-9 描述了 traceroute 命令的常用选项。

表 19-9 traceroute 命令常用选项

选　项	说　明
-n	只显示 IP 地址，不解析为主机名
-6	执行 IPv6 的 traceroute（默认是 IPv4）
-g 或者 --gateway	指定执行 traceroute 命令使用的路由器（网关）
-i 或者 --interface	指定执行 traceroute 命令使用的网络接口（网卡）

使用 -6 选项时，traceroute 命令与 traceroute6 命令相同。

19.3.3 netcat 命令

netcat 命令（在许多发行版上只是 nc 或 ncat）是一个可用于调试网络问题的工具。例如，可以把 nc 命令当作一个服务器软件监听指定端口上：

```
[root@onesourcesource ~]#nc -l 9000
```

还可以使用 nc 命令去连接某个服务器的指定端口：

```
[root@onesourcesource ~]#nc localhost 9000
```

现在，无论在客户端发送什么消息，都会显示在服务器端，反之亦然。该工具可以用来测试与现有服务器的交互，也可以用来创建一个简单的网络服务器。

表 19-10 描述了 nc 命令常用选项。

表 19-10 nc 命令的选项

选项	说明
-4	只允许 IPv4 通信
-6	只运行 IPv6 通信
-l 或者 --listen	打开要监听的端口
-k 或者 --keep-open	当客户端连接断开时，服务器端口不关闭，让服务器可以继续接收其他连接
-m 或者 --max-conns	连接到服务器的最大连接数

19.4 访问无线网络

注意 由于某些原因，练习以下命令可能很困难。首先，需要一个有无线设备的主机，可能是一台笔记本计算机或有外接无线设备（如 USB 无线网卡）；其次，由于宿主机操作系统中的无线设备在虚拟机中显示为以太网设备，因此无法使用虚拟机。

无线网络的配置比以太网更棘手，通常是因为那些硬件厂商都争着想制订真正的无线设备行业标准，而以太网标准化已经很多年了。确实已有一些无线网络标准，但厂商在其无线设备中引入非标准功能的情况也是屡见不鲜。

19.4.1 iwconfig 命令

要显示无线网络接口的参数，请执行 iwconfig 命令，如例 19-2 所示。

例 19-2 iwconfig 命令

```
[root@onecoursesource~]# iwconfig
lo        no wireless extensions.
eth0      no wireless extensions.
wlan0     IEEE 802.11bgn  ESSID:"test1"
          Mode:Managed  Frequency:2.412 GHz  Access Point: Not-Associated
          Tx-Power=20 dBm
          Retry min limit:7   RTS thr:off   Fragment thr=2352 B
          Power Management:off
          Link Quality:0  Signal level:0  Noise level:0
          Rx invalid nwid:0  Rx invalid crypt:0  Rx invalid frag:0
          Tx excessive retries:0  Invalid misc:0   Missed beacon:0
```

由于 lo 和 eth0 不是无线设备，因此没有数据输出。从上述命令的输出可以得知，wlan0 支持的无线类型为 b、g 和 n，这在确定要连接的无线路由器时非常重要。ESSID

参数表示已经连接到名为 test1 的无线路由器。

可以给 Mode 设置指定几个不同的值，在 iwconfig 命令的 man page 里详细讲述了此设置：

“设置设备的工作模式，这取决于网络拓扑结构。mode 可以是 Ad-Hoc（一个没有无线接入点（Access Point，AP）组成的点对点无线网络）、Managed（一个由多个 AP 组成的无线网络，带漫游功能）、Master（设置该无线网卡为 AP 模式）、Repeater（在其他无线节点之间转发数据包）、Secondary（作为备用的 master/repeater 节点）、Monitor（被动监听该无线频率上的所有数据包）或者 Auto。”

使用 iwconfig 命令可以更改无线设备的工作模式。例如，更改为 Ad-Hoc 模式，执行以下命令：

```
[root@onecoursesource~]# iwconfig wlan0 mode Ad-Hoc
```

19.4.2　iwlist 命令

如果要把无线设备接入无线网络（无线路由器），可以执行 iwlist 命令来查看可用的无线网络列表，如例 19-3 所示：

例 19-3　iwlist 命令

```
[root@onecoursesource ~]# iwlist scan
lo        Interface doesn't support scanning.

eth0      Interface doesn't support scanning.

wlan0     Scan completed :
          Cell 01 - Address: 08:00:27:FF:E7:E1
                    ESSID:"test1"
                    Mode:Master
                    Channel:1
                    Frequency:2.412 GHz (Channel 1)
                    Quality=42/100  Signal level:-84 dBm  Noise level=-127 dBm
                    Encryption key:on
                    IE: WPA Version 1
                        Group Cipher : TKIP
                        Pairwise Ciphers (1) : TKIP
                        Authentication Suites (1) : PSK
                    IE: IEEE 802.11i/WPA2 Version 1
                        Group Cipher : TKIP
                        Pairwise Ciphers (2) : CCMP TKIP
                        Authentication Suites (1) : PSK
                    IE: Unknown: 2D1A2C0217FFFF0000000000000000000000000000000000000000
                    Bit Rates:1 Mb/s; 2 Mb/s; 5.5 Mb/s; 11 Mb/s; 6 Mb/s
```

```
                    9 Mb/s; 12 Mb/s; 18 Mb/s; 24 Mb/s; 36 Mb/s
                    48 Mb/s; 54 Mb/s
          Extra:tsf=0000003d7dfe8049
          Extra: Last beacon: 1840ms ago
Cell 02 - Address: 08:00:27:93:6F:3D
          ESSID:"test2"
          Mode:Master
          Channel:6
          Frequency:2.437 GHz (Channel 6)
          Quality=58/100  Signal level:-73 dBm  Noise level=-127 dBm
          Encryption key:on
          IE: WPA Version 1
              Group Cipher : TKIP
              Pairwise Ciphers (2) : CCMP TKIP
              Authentication Suites (1) : PSK
          IE: IEEE 802.11i/WPA2 Version 1
              Group Cipher : TKIP
              Pairwise Ciphers (2) : CCMP TKIP
              Authentication Suites (1) : PSK
          Bit Rates:1 Mb/s; 2 Mb/s; 5.5 Mb/s; 11 Mb/s; 18 Mb/s
                    24 Mb/s; 36 Mb/s; 54 Mb/s; 6 Mb/s; 9 Mb/s
                    12 Mb/s; 48 Mb/s
          Extra:tsf=0000007a7d5a1b80
          Extra: Last beacon: 1616ms ago
Cell 03 - Address: 08:00:27:93:6F:DD
          ESSID:"test3"
          Mode:Master
          Channel:6
          Frequency:2.437 GHz (Channel 6)
          Quality=84/100  Signal level:-49 dBm  Noise level=-127 dBm
          Encryption key:on
          IE: WPA Version 1
              Group Cipher : TKIP
              Pairwise Ciphers (2) : CCMP TKIP
              Authentication Suites (1) : PSK
          IE: IEEE 802.11i/WPA2 Version 1
              Group Cipher : TKIP
              Pairwise Ciphers (2) : CCMP TKIP
              Authentication Suites (1) : PSK
          Bit Rates:1 Mb/s; 2 Mb/s; 5.5 Mb/s; 11 Mb/s; 18 Mb/s
                    24 Mb/s; 36 Mb/s; 54 Mb/s; 6 Mb/s; 9 Mb/s
                    12 Mb/s; 48 Mb/s
          Extra:tsf=000001b2460c1608
          Extra: Last beacon: 1672ms ago
```

iwlist 命令探测系统的网络设备，如果找到一个无线设备，它会尝试扫描该设备可用的网络。此命令的输出取决于远程路由器，因为不同类型的无线路由器提供不同的功能。

输出的每一个 cell 部分代表一个无线路由器，以下是一些重要的值。

- ESSID。扩展服务集标识符，这本质上是给无线路由器的一个名称，用于区分附近的其他无线路由器。一些厂商将它简称为 SSID，SSID 是管理员分配给无线接入点（AP）的名称。
- IE:WPA Version 1。WPA（Wi-Fi Protected Access，Wi-Fi 网络安全接入）是一种加密规范，用于保护无线路由器免受未经授权的用户的访问。WEP（Wireless Encryption Protocol，无线加密协议）是一种较旧的加密规范，WPA 是用来取代 WEP 的加密规范。

19.5 总结

本章我们探讨了一些关键的网络概念，目的不是让你成为网络专家，而是让你知道这些概念，以便在做配置、维护、故障排除和保护网络时更容易。

19.5.1 重要术语

ARP 表、ARP、ESSID、eth0、网关、lo、MAC、混杂模式、路由、路由器、WPA、WEP

19.5.2 复习题

1. 基于以下 ifconfig 命令的输出，______是设备 eth0 的 IPv4 地址。

```
eth0: flags=4163<UP,BROADCAST,RUNNING,MULTICAST>  mtu 1500
        inet 192.168.1.16  netmask 255.255.255.0  broadcast 192.168.1.255
        inet6 fe80::a00:27ff:fe52:2878  prefixlen 64  scopeid 0x20<link>
        ether 08:00:27:52:28:78  txqueuelen 1000  (Ethernet)
        RX packets 20141  bytes 19608517 (18.7 MiB)
        RX errors 0  dropped 0  overruns 0  frame 0
        TX packets 2973  bytes 222633 (217.4 KiB)
        TX errors 0  dropped 0 overruns 0  carrier 0  collisions 0
```

2. 本地环回设备的名称是？

   A. eth0　　B. eth1　　C. lo　　D. loop

3. ______命令可以用来查看 IP 地址到 MAC 地址的映射表。

4. 下面哪些命令可以查看默认网关？（选择两个。）

   A. arp　　B. ifconfig　　C. ip　　D. route

5. 请完成以下给 192.168.2.0/255.255.255.0 网络添加网关的命令：

```
route add _____ 192.168.2.0 netmask 255.255.255.0 gw 192.168.1.100
```

6. ______命令用于替代 ifconfig、arp 和 route 命令。

7. iwlist 命令的哪个选项用于查看可用的无线路由器列表？

   A. display　　B. search　　C. find　　D. scan

第 20 章

网络服务配置：基础服务

作为一名系统管理员，应该懂得如何正确安装和保护重要的网络服务器，本章将会讲解其中的一些服务器，包括 DNS、DHCP 和邮件服务器。

本章将会从 DNS 的核心组件开始学习，并学习如何用 BIND 搭建一个 DNS 服务器。然后会学习如何配置一个 DHCP 服务器，以及如何与 DNS 服务器进行整合。

本章最后对邮件服务器进行了深入探讨，包括安装和配置 Postfix、Procmail 以及 Dovecot。

学习完本章并完成课后练习，你将具备以下能力：

- 配置和加固 BIND DNS 服务器。
- 安装 DHCP 服务器。
- 阐述邮件服务的主要功能。
- 配置 Postfix 服务器。
- 配置邮件发送程序，包括 Procmail 和 Dovecot。

20.1 DNS 服务器

DNS 是一个用来把名称解析为 IP 地址的协议，它是标准 TCP/IP 协议簇的一部分，是几个能提供名称解析功能的协议中的一个，其他的协议包括 NIS 和 LDAP。

DNS 与这些协议的不同之处在于它只做名称解析这一件事，NIS 和 LDAP 还能做其他解析操作，例如对网络用户和组账户的解析。DNS 也是名称解析的行业标准，被因特网上绝大多数系统所采用。

DNS 客户端配置非常简单，只需要在本地名为 /etc/resolv.conf 的文件里指定要使用的 DNS 服务器的地址即可：

```
[root@onesourcesource ~]#cat /etc/resolv.conf
nameserver 192.168.1.1
```

DNS 服务器的配置就复杂得多了，为了能正确的配置 DNS 服务器，需要先了解一些

DNS 底层的概念。

20.1.1 重要术语

以下是与 DNS 有关的一些重要术语。

- **主机**：主机通常是连接到网络的一台计算机（台式计算机、笔记本计算机、平板计算机或手机），另一种看法是主机就是可以进行通信的设备。
- **域名**：因特网上的主机使用 IP 地址相互寻址。人们很难记住这些数字，因此通常会为主机分配一个唯一的名称，当这个名称在一个授权 DNS 服务器上注册后，该名称就被视为“域名”。
- **顶级域名**：域名在结构上以树状形式呈现，就像文件在虚拟文件系统结构中一样。DNS 结构的最顶层简单地称为“点”，并用“.”来表示。直接位于“.”下面的域是顶级域。最初的顶级域名有 .com、.org、.net、.int、.edu、.gov 和 .mil，近年来还增加了许多其他的顶级域。
- **FQDN**：完全限定域名（Fully Qualified Domain Name，FQDN）是指从 DNS 结构顶部开始的主机域名。例如，“www.onecoursesource.com.”就是一个 FQDN，注意 FQDN 最后结尾的“.”符号，它是顶级以上的域名。当用户提供域名时，通常会省略此字符，因为大多数情况下，“.”符号被认为是 FQDN 的最后一个字符。但是，如果要管理 DNS 服务器，则应该习惯于加上“.”符号，因为在某些 DNS 服务器配置文件中将需要它。
- **子域**：子域是较大域的组成部分，例如，假设你想用 3 个域来按照功能分类管理公司的主机，可以将这些域称为 sales、eng 和 support。如果公司的域名是“onecoursesource.com.”，则这 3 个子域的名称分别是“sales.onecoursesource.com.”、“eng.onecoursesource.com.”和“support.onecoursesource.com.”。
- **名称服务器**：名称服务器是响应 DNS 客户端请求的系统。名称服务器提供从 IP 地址到域名的转换（有时是相反的，即域名到 IP 地址的转换）。请注意，名称服务器要么在本地存储有此信息的副本（称为区域文件），要么是将从其他名称服务器获取的信息临时存储在内存中，抑或将查询请求转发给具有该信息的其他服务器。
- **权威名称服务器**：权威名称服务器是根据系统本地存储的信息 (原始主记录) 返回结果的服务器。
- **区域文件**：用来存储 IP 地址到域名转换信息 (即 DNS 记录) 的文件的名称。此文件还包含用来定义域自身所需的信息。
- **记录**：在区域文件中，记录是为区域定义单个信息块的一个条目，例如将一个 IP 地址转换为域名的数据。
- **缓存名称服务器**：缓存名称服务器是基于从另一个名称服务器（如权威名称服务器）获得的信息返回结果的服务器。缓存名称服务器的主要优点是它可以加速 IP 地址到域名的解析，因为它会把查询结果缓存起来，并能够直接使用此缓存中的信息响应后续的请求。

- **TTL**：存储在缓存名称服务器中的数据通常不会永久存储。提供数据的名称服务器还为缓存名称服务器提供了该数据的 TTL 值，又叫作生存时间（Time To Live）。缓存名称服务器将信息存储在内存中直到 TTL 周期结束。通常这段时间是 24 小时，但这取决于权威名称服务器中的记录更新的频率。
- **DNS 转发器**：一种 DNS 服务器，用于从内部网络接收 DNS 查询并将其发送到外部 DNS 服务器。
- **正向查找**：把域名转换为 IP 地址的过程，大多数 DNS 服务器都提供这种功能。
- **反向查找**：把 IP 地址转换为域名的过程，虽然许多 DNS 服务器提供此功能，但它不如正向查找常见。
- **BIND**：因特网上使用最广泛的 DNS 软件，该软件最初是在加州大学伯克利分校开发的，当前版本称为 BIND 9。

20.1.2 名称解析的工作原理

下面的示例故意简单化，以便于了解名称解析的工作原理。许多因素可以改变这个过程，包括示例中描述的每个 DNS 服务器的配置细节。

此例中，假如正在使用浏览器访问 www.onecoursesource.com，为了获得这个域名的 IP 地址，系统先要决定它可以查询哪些 DNS 服务器，/etc/resolv.conf 文件可以提供这个信息。

```
[root@onesourcesource ~]#cat /etc/resolv.conf
nameserver 192.168.1.1
```

在大多数情况下，最好设置至少 2 个名称服务器，如果第一个不可用了，第二个还可以响应查询请求。但是，一些小公司只为其系统提供一个名称服务器，此外，如果使用的是虚拟机（VM），那么通常 VM 的管理机器（即本机）是 VM 的唯一名称服务器。因此，如果在 /etc/resolv.conf 文件中只设置了一个名称服务器，不要感到惊讶。

查询请求发送给 IP 地址为 192.168.1.1 的名称服务器，即公司内网的 DNS 服务器，之所以这么说是因为该 IP 地址是“私有”IP（在因特网上不可路由）。虽然此 DNS 服务器可能缓存了 www.onecoursesource.com 上一次查询的结果，但我们假定本地 DNS 服务器没有此信息。在这种情况下，DNS 服务器需要将请求传递给另一个 DNS 服务器。

尽管可以配置 DNS 服务器将请求发给其他特定的 DNS 服务器，但在大多数情况下，查询将被发往 DNS 域结构顶部的 DNS 服务器，它们被称为根服务器，一共 13 台。例 20-1 显示了 BIND 区域文件中保存的这些服务器的信息。

例 20-1 根服务器

```
;; ANSWER SECTION:
.                       518400  IN      NS      a.root-servers.net.
.                       518400  IN      NS      b.root-servers.net.
.                       518400  IN      NS      c.root-servers.net.
.                       518400  IN      NS      d.root-servers.net.
.                       518400  IN      NS      e.root-servers.net.
.                       518400  IN      NS      f.root-servers.net.
.                       518400  IN      NS      g.root-servers.net.
.                       518400  IN      NS      h.root-servers.net.
.                       518400  IN      NS      i.root-servers.net.
.                       518400  IN      NS      j.root-servers.net.
.                       518400  IN      NS      k.root-servers.net.
.                       518400  IN      NS      l.root-servers.net.
.                       518400  IN      NS      m.root-servers.net.
;; ADDITIONAL SECTION:
a.root-servers.net.     3600000 IN      A       198.41.0.4
a.root-servers.net.     3600000 IN      AAAA    2001:503:ba3e::2:30
b.root-servers.net.     3600000 IN      A       192.228.79.201
c.root-servers.net.     3600000 IN      A       192.33.4.12
d.root-servers.net.     3600000 IN      A       199.7.91.13
d.root-servers.net.     3600000 IN      AAAA    2001:500:2d::d
e.root-servers.net.     3600000 IN      A       192.203.230.10
f.root-servers.net.     3600000 IN      A       192.5.5.241
f.root-servers.net.     3600000 IN      AAAA    2001:500:2f::f
g.root-servers.net.     3600000 IN      A       192.112.36.4
h.root-servers.net.     3600000 IN      A       128.63.2.53
h.root-servers.net.     3600000 IN      AAAA    2001:500:1::803f:235
i.root-servers.net.     3600000 IN      A       192.36.148.17
i.root-servers.net.     3600000 IN      AAAA    2001:7fe::53
j.root-servers.net.     3600000 IN      A       192.58.128.30
j.root-servers.net.     3600000 IN      AAAA    2001:503:c27::2:30
k.root-servers.net.     3600000 IN      A       193.0.14.129
k.root-servers.net.     3600000 IN      AAAA    2001:7fd::1
l.root-servers.net.     3600000 IN      A       199.7.83.42
l.root-servers.net.     3600000 IN      AAAA    2001:500:3::42
m.root-servers.net.     3600000 IN      A       202.12.27.33
m.root-servers.net.     3600000 IN      AAAA    2001:dc3::35
```

图 20-1 展示了到目前为止已描述的查询过程。

这些根服务器知道顶级域名（.com、.edu 等）的 DNS 服务器。尽管它们不知道 www.

onecoursesource.com 域，但是它们能够将查询定向到负责“.com”域的 DNS 服务器，如图 20-2 所示。

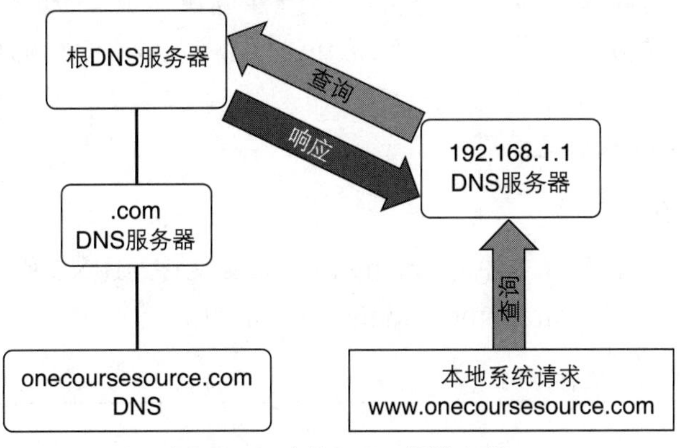

图 20-1　查询 DNS 根服务器

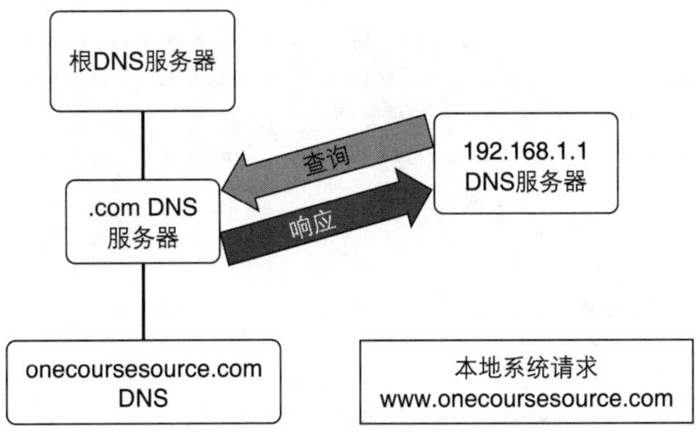

图 20-2　查询“.com”域的 DNS 服务器

“.com”DNS 服务器也不知道 www.onecoursesource.com 域，但它们知道哪些 DNS 服务器负责 onecoursesource.com 域。查询被传递到负责 onecoursesource.com 域的 DNS 服务器，该服务器返回 www.onecoursesource.com 域的 IP 地址（见图 20-3）。

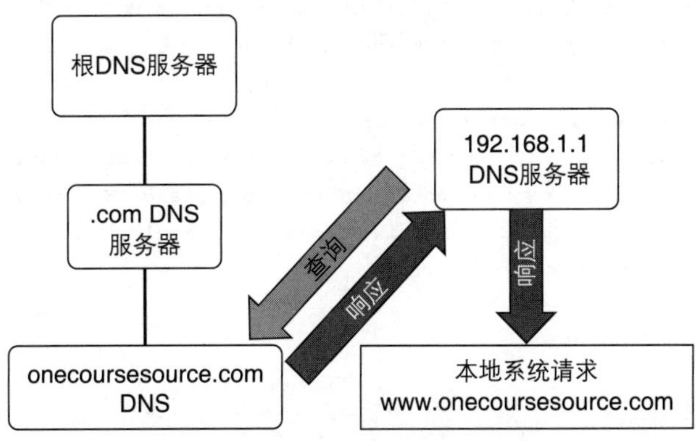

图 20-3　查询 onecoursesource.com 域的 DNS 服务器

20.1.3　BIND 基础配置

配置 BIND 涉及许多组件，要配置哪些组件取决于几个因素，例如 BIND 服务器的类型（缓存、转发器或权威）以及希望 BIND 服务器具有哪些特性（例如安全特性）。

本章的重点是它的基本配置文件。

/etc/named.conf 文件

BIND 服务器的主要配置文件是 /etc/named.conf 文件，BIND 服务（称为 named）启动时会读取它。例 20-2 是 /etc/named.conf 文件的示例。

例 20-2　/etc/named.conf 文件示例

```
//
// named.conf
//
// Provided by Red Hat bind package to configure the ISC BIND named(8) DNS
// server as a caching only nameserver (as a localhost DNS resolver only).
//
// See /usr/share/doc/bind*/sample/ for example named configuration files.
//

options {
        listen-on port 53 { 127.0.0.1; };
        listen-on-v6 port 53 { ::1; };
        directory       "/var/named";
        dump-file       "/var/named/data/cache_dump.db";
        statistics-file "/var/named/data/named_stats.txt";
        memstatistics-file "/var/named/data/named_mem_stats.txt";
        allow-query     { localhost; };

        /*
         - If you are building an AUTHORITATIVE DNS server, do NOT enable recursion.
         - If you are building a RECURSIVE (caching) DNS server, you need to enable
           recursion.
         - If your recursive DNS server has a public IP address, you MUST enable
           access control to limit queries to your legitimate users. Failing to do so
           will cause your server to become part of large scale DNS amplification
           attacks. Implementing BCP38 within your network would greatly
           reduce such attack surface
        */
        recursion yes;

        dnssec-enable yes;
        dnssec-validation yes;
```

```
        dnssec-lookaside auto;

        /* Path to ISC DLV key */
        bindkeys-file "/etc/named.iscdlv.key";

        managed-keys-directory "/var/named/dynamic";

        pid-file "/run/named/named.pid";
        session-keyfile "/run/named/session.key";
};

logging {
        channel default_debug {
                file "data/named.run";
                severity dynamic;
        };
};

zone "." IN {
        type hint;
        file "named.ca";
};

include "/etc/named.rfc1912.zones";
include "/etc/named.root.key";
```

不要被这些设置吓到！一旦了解了 DNS 服务器的工作原理，大多数设置都非常简单。

例 20-2 中的配置文件是用来配置缓存名称服务器的（回想一下，这个术语是在本章前面部分定义的），明白这一点很重要。当安装 BIND 软件包后，提供的默认配置文件用于缓存名称服务器。这实际上非常方便，因为这使配置缓存名称服务器变得非常容易，只需要安装 BIND 软件包然后启动 BIND 服务即可。

以下是一些语法说明：

- 在 /etc/named.conf 文件中有 3 种注释方式，以 // （称为 C++ 风格）或 # （称为 Unix 风格）开始表示单行注释。多行注释以包含 /* 的行开始，以包含 */ 的行结束（称为 C 风格）。
- 在 /etc/named.conf 文件中以分号（;）分隔值，这一点非常重要。由于缺少分号而引起的头痛问题，使许多管理员头发都掉了许多（因为扯头发）。

查看表 20-1 了解例 20-2 中的文件里的 options 部分的各种设置，options 部分为 DNS 服务器提供常规设置。

表 20-1 默认的 /etc/named.conf 文件中的设置

设 置	说 明
listen-on	包含 BIND 服务器监听的端口和接口。例如，例 20-2 中的值是 port 53 {127.0.0.1; }；，表示监听的 IP 地址是 127.0.0.1 接口上的 53 端口传入的请求，这意味着服务器只侦听来自本机的请求。 假设主网卡的 IP 地址是 192.168.1.1，要让 BIND 监听该接口（或者换句话说，该接口连接的网络）上的请求，修改 listen-on 的值为： listen-on port 53 { 127.0.0.1; 192.168.1.1; }; 还可以指定多个 listen-on 语句，如果要监听在另一个接口上的不同端口，这很有用。注释本指令将使服务监听所有接口的 53 端口
listen-on-v6	同 listen-on 的设置，只不过 listen-on 用于 IPv4 地址，而本设置是用于 IPv6 地址
directory	指定服务器的"工作目录"，这里也是保存其他信息（包括区域文件）的目录。大多数情况下，应该是 /var/named 目录。但是，如果在 chroot jail 下运行 DNS 服务器，则会将其设置为不同的目录，本章后面将介绍 chroot jail
allow-query	尽管 listen-on 指定监听传入请求的端口和接口，但是 allow-query 设置用于指定 BIND 服务器将响应的系统。有关此设置的更多详细信息，请参阅本章后面的内容
recursion	如果设置为 yes，DNS 服务器将尝试通过执行所有必要的 DNS 查询来查找答案。如果设置为 no，DNS 服务器将使用引用数据（基本上是下一个要查询的 DNS 服务器）进行响应
dnssec-enable	当设置为 yes 时，将启用 DNSSEC（DNS 安全扩展）。DNSSEC 的主要目的是提供一种对 DNS 数据进行身份验证的方法。本章后面将详细讨论 DNSSEC
dnssec-validation	当设置为 yes 时，将使用 trusted 密钥或者 managed 密钥
dnssec-lookaside	当设置为 auto 时，此设置使用 bindkeys-file 设置中定义的可信任密钥仓库（通常由 dlv.isc.org 提供的仓库）
bindkeys-file	当 dnssec-lookaside 设置为 auto 时需要使用的文件
managed-keys-directory	指定存储一系列受信任的 DNSSEC 密钥的目录
pid-file	指定保存 DNS 服务器进程号的文件
session-keyfile	这个设置包含保存 TSIG（事务签名）会话密钥的文件名，TSIG 用于允许对 DNS 数据库进行认证后的更新。nsupdate 命令使用 TSIG 密钥允许这些经过身份验证的 DNS 数据库更新。本章后面将讨论 TSIG

allow-query 设置

在某些情况下，需要限制哪些系统可以查询你的 DNS 服务器。一种方法是使用 /etc/named.conf 文件中的 allow-query 设置。allow-query 接受 {address_match_list;address_match_list; …}; 的形式，其中 address_match_ list 可以是下列类型之一：

- 一个 IPv4 或 IPv6 地址。
- 一个网段，格式如 192.168.100.0/24 或 2001:cdba:9abc:5678::/64。

- 一个 ACL，ACL 是多个 IP 地址或网段的昵称。
- 一个预定义的地址，有 4 种选项：none 表示没有地址；any 表示所有地址；localhost 表示 DNS 服务器自身；而 localnets 表示 DNS 服务器所在网段的所有 IP 地址。

还可以使用一个 ! 符号对上述的值进行取反，例如，!192.168.100.1 表示不是 192.168.100.1。当想要从一个网段排除掉一个地址时非常有用，例如，下面的配置将允许来自排除 IP 地址为 192.168.100.1 的 192.168.100.0/24 网段的机器访问。

```
allow-query      { localhost; !192.168.100.1; 192.168.100/24};
```

如果你发现自己在 /etc/named.conf 文件中为了做不同的设置而使用相同的地址集时，那么前面提到的 ACL 地址匹配就非常有用了。例如，像下面这样：

```
acl "permit"      { localhost; !192.168.100.1; 192.168.100/24};
        allow-query      { "permit"};
```

permit ACL 不仅可以与 allow-query 设置一起使用，而且可以与支持 address_match_list 参数的其他设置一起使用。address_match_list 格式与其他几个 DNS 配置设置一起使用，例如 listen-on 和 listen-on-v6。

安全提醒

一般来说，不允许外部系统通过 DNS 查询内部主机，换句话说，仅允许公司内部的主机进行 DNS 查询，外部网络的机器不允许。

/etc/named.conf 其他设置

/etc/named.conf 文件里需要知道 3 个其他设置。

logging：此设置用来指定几个日志功能，例如日志条目保存在哪里（file 设置项），以及记录的日志消息的严重性级别（severity 设置项）。channel 设置项可用于定义一组规则，这样就可以为不同的日志消息（例如不同的严重性级别）使用不同的规则（例如保存到不同的文件）。请注意，严重性级别非常类似于 syslog 的严重性级别。

安全提醒

日志是确定是否执行了不正常的 DNS 查询的关键，因此一定要配置记录日志为发现漏洞提供所需的信息。有关系统日志的详细信息，请参见第 25 章。

- zone：指定区域文件类型和路径，本章后面将更详细地讨论这一点。
- include：使用这个设置项可以把其他的 DNS 设置放在单独的文件中。通常，include 设置出现在 /etc/named.conf 文件的末尾，但无论放置在何处，都会在该处插入另一个文件中的规则。使用 include 的好处是，可以通过取消注释或注释掉

/etc/named.conf 文件中的单个 include 设置来启用或禁用大量规则。

如果去查看 named.conf 的 man page，就会马上明白我们刚刚只是涉及了所有设置项的一点皮毛。现在，请记住我们只关注基础知识，不要被所有的设置吓到了。但如果要当公司的 DNS 管理员，还是应该研究那些设置项，因为它们可能非常有用。

20.2　区域文件

在本章前面，通过修改 /etc/named.conf 文件学习了 BIND 的基本配置。其中有一个叫 directory 的设置项是用来表示其他配置文件所在的目录，例如：

```
[root@onesourcesource ~]#grep "directory" /etc/named.conf
        directory       "/var/named";
```

使用 BIND 的标准安装步骤，区域文件会被存放到 /var/named 目录下，这些区域文件是用于记录主机名到 IP 地址的转换以及该 DNS 域的其他信息。

在本节中，将学习如何给一个单域或多域的权威 DNS 服务器配置这些区域文件，学习这些区域文件的语法格式以及如何创建和管理区域文件里的资源记录。

20.2.1　区域文件基础知识

默认情况下，在 /var/named 目录下有 2 个区域文件。

- /var/named/named.ca：这个文件包含根域服务器信息列表，在大多数情况下，永远不要直接修改这个文件。如果加入了更多的根域服务器（这是很少见的），BIND 软件升级后应该会更新 /var/named/named.ca 文件。
- /var/named/named.localhost：这个文件定义了 localhost 域，同样也很少修改它，因为它仅用于定义单个主机。例 20-3 展示了一个典型的 /var/named/named.localhost 文件的内容：

例 20-3　示例文件 /var/named/named.localhost

```
[root@onesourcesource ~]#more /var/named/named.localhost
$TTL 1D
@       IN SOA  ns.onecoursesource.com. root.onecoursesource.com. (
                                        0       ; serial
                                        1D      ; refresh
                                        1H      ; retry
                                        1W      ; expire
                                        3H )    ; minimum
        NS      ns.onecoursesource.com
        A       127.0.0.1
        AAAA    ::1
```

本章后面会更详细介绍例 20-3 中出现的每一个设置项。

20.2.2　/etc/named.conf 文件中的区域文件条目

要使用区域文件，需要先在 /etc/named.conf 文件创建条目，如果对区域文件的修改是在本地计算机上进行的，应该创建一个如下的条目：

```
zone "onecoursesource.com" {
type master;
file "named.onecoursesource.com";
};
```

以上定义了一个正向区域文件，可用于把域名转换为 IP 地址。type 设置项的值为 master 表示在本机上可修改区域文件。file 设置项的值指定了区域文件的路径，路径相对于前面提到过的 directory 设置项的值（/var/named）。

通常，通过一个叫作区域传输的过程从主服务器获取这个区域文件的副本来配置另外一个 DNS 服务器。要配置这个辅助 DNS 服务器（DNS 从服务器），把下面的内容保存到辅助 DNS 服务器的 /etc/named.conf 文件中：

```
zone "onecoursesource.com" {
type slave;
file "named.onecoursesource.com";
masters { 38.89.136.109; }
};
```

同时使用主服务器和从服务器的一个优点是，可以把查询负载分散到不同的机器上。另一个优点是，如果一个服务器宕机了，另一个服务器可以正常响应查询。

主名称服务器、从名称服务器和权威名称服务器这些术语可能令人有点困惑：

- 主名称服务器是指可以直接修改区域文件的主机。
- 从名称服务器是指拥有主名称服务器区域文件的副本的主机。
- 权威名称服务器是指有权力响应 DNS 查询的名称服务器，包括主名称服务器和从名称服务器。

虽然不是必需的，但是可能需要定义反向查找区域。反向查找时，查询一个 IP 地址，DNS 服务器返回对应的域名。要创建反向查找区域，首先需要在 /etc/named.conf 中包含如下条目：

```
zone    "136.89.38.in-addr.arpa" {
type   master;
file   "db.38.89.136";
};
```

安全提醒

虽然不要求提供反向查找，但应该要知道，如果没有创建反向查找可能会导致一些网络服务无法正常工作。这些服务通过正向查找和反向查找来验证主机名和 IP 地址在这“两种方式”下返回的值是相同的。因此，如果没有反向查找区域文件，这些网络服务执行这种安全检查的时候就会返回失败。

注意 zone 设置项的格式为 136.89.38.in-addr.arpa，这是网络地址颠倒顺序后再在末尾加上 in-addr.arpa。和正向区域文件一样，应该创建一个主 DNS 服务器和可选的从 DNS 服务器。

前面描述的 /etc/named.conf 文件中的 zone 条目是必需的最小配置。表 20-2 描述了当配置区域文件条目后需要考虑的其他配置项：

表 20-2　/etc/named.conf 文件中的区域相关设置

设置项	说　明
allow-query	同 options 部分的 allow-query，只不过 zone 里面的 allow-query 只对当前区域生效
allow-transfer	如果打算使用从 DNS 服务器，这个设置就很重要。通过在主 DNS 服务器的 /etc/named.conf 文件里的 zone 设置里加入这个条目就可以限制哪些 DNS 服务器可以传输整个区域文件
allow-update	当使用一个叫作动态 DNS 的功能的时候就很有用，这个功能允许 DHCP 服务器更新主 DNS 服务器上的区域文件里的记录。allow-update 设置项用于指定哪些 IP 地址能更新它们的域名

20.2.3　区域文件语法

区域文件（放在 /var/named 目录下的文件）的语法必须正确，否则，DNS 服务器不能正确加载它。大多数情况下，最好复制已有的区域文件然后做适当的更改，在因特网上搜索一下就能找到很多区域文件的示例。

以下是创建区域文件时需要考虑的一些事情：

- 注释以分号（;）开始，直到行尾结束。
- 每一行就是一条记录，大多数情况下，一行的结束就是一条记录的结束。在某些情况下，一条记录可以跨多行（见本章后面 SOA 的示例）。
- 每条记录是由空格或制表符（空白字符）分隔的字段组成，这些字段定义了名称、生存时间、记录类别、记录类型和记录数据，这些字段在表 20-3 中有更详细的描述。
- @ 符号在区域文件里有特殊含义，它代表当前来源，也就是指当前域。因此，在 onecoursesource.com 域的正向查找区域文件中，@ 符号的意思是 onecoursesource.com.（注意结尾的那个点，在区域文件中是必需的）。通过使用 $ORIGIN 设置可以修改 @ 字符的含义（例如，$ORIGIN example.com.）。

- 每个区域文件都应该以 $TTL 开始，用于设置默认的生存时间（TTL）。TTL 是缓存 DNS 服务器应该存储来自此 DNS 服务器的信息的时间。这个默认 TTL 可以被单个记录的 TTL 覆盖，有关详细信息，请参见表 20-3 中的 ttl 字段。
- 在区域文件里使用时间时，默认单位是秒。例如，$TTL 86400 将默认生存时间设置为 86 400 秒（相当于一天）。还可以以分钟（例如 30m）、小时（3h）、天（2d）或周（1w）为单位。这个选项不区分大小写（后面的示例中使用大写字母，这也是常规的用法），甚至还可以组合使用（例如 2h30m）。

表 20-3　区域文件里记录的字段

字　段	说　　明
name（名称）	与此记录关联的域名
ttl	记录的生存时间。这也是缓存名称服务器（或像浏览器这样的客户端程序）判断该记录有效的最大时间。这个时间到期后，客户端会从本地缓存中丢弃该记录。 注意这个字段可以省略，如果在记录中省略了，则使用区域文件的默认 TTL 值，该值由 $TTL 指令定义（例如，$TTL 1D）
record class（记录类别）	这是一个预定义值，通常设为 IN（表示 Internet）。虽然还有一些可用的类别，但通常都使用 IN 这个类别
record type（记录类型）	记录的类型，有很多可用的类型，本章后面会讲述
record data（记录数据）	记录的数据随记录的类型的不同而不同。可以是单个值，也可以是值的集合，这取决于记录类型。本章后面将讲述这些数据的示例

注意　无论何时在区域文件中使用 FQDN，结尾的点（.）字符很重要。相对域名不需要结尾的点字符，因为相对域名会追加上 $ORIGIN 的值。

20.2.4　区域记录类型

尽管可用的区域记录类型有几十种，但不需要了解每一种。在本节中，将介绍在区域文件中最常用的区域记录类型。

SOA 记录

SOA（Start of Authority）记录类型用于定义域的权威信息（可以将其视为域的操作说明）。典型的 SOA 记录类型如下所示：

```
@       IN SOA  ns.onecoursesource.com. root.onecoursesource.com. (
                                        0       ; serial
                                        1D      ; refresh
                                        1H      ; retry
                                        1W      ; expire
                                        3H )    ; minimum
```

圆括号允许将数据分散到多行，并为每个数据值提供注释。虽然这是为了方便阅读，但不是必需的。有时也可能会看到单行格式的记录：

```
@        IN SOA  ns.onecoursesource.com. root.onecoursesource.com. 0 1D 1H 1W  3H
```

在 name 字段中，应该提供整个域的名称。回想一下，@ 字符表示当前域名，它由 /etc/named.conf 文件中的区域条目决定。

通常，如果 ttl 字段被省略了则使用区域文件的默认值。记录类别通常使用 IN，记录类型为 SOA。

记录的数据字段包含 7 个值，如表 20-4 所示。

表 20-4 SOA 记录的数据

数 据	说 明
名称服务器	主名称服务器的域名。例如，ns.onecoursesource.com
电子邮件地址	本域的 DNS 管理员的电子邮件地址。这里不是使用 @ 来分隔用户名和域名，而是使用“.”字符。例如，root.onecoursesource.com，相当于 root@onecoursesource.com
序号	如果有从服务器，这个数字很重要，因为这个值用于确定是否应该启动区域传输。从服务器会定期查询主服务器，以确定此序号是否有更新。 例如，假设当前序号为 100，并在主服务器上修改了区域文件，那么执行修改的管理员应该将此序号的值至少增加 1（例如 101）。然后从服务器才能知道区域文件有了更改，并通过一个名为区域传输的过程向主服务器获取这些更改。 序号的值限制为最多 10 位数。这样可以使用这么一种格式，这种格式总是递增的，同时又可以表示区域文件的最后修改时间，这种格式是：YEARmonthDAYrev。 YEAR 是 4 位数字的年份，month 是 2 位数字的月份，DAY 是 2 位数字的天数，而 rev 是文件在当天的版本号。例如，区域文件在 2017 年 1 月 31 号的第一次修改，序号可能是 2017013100，这种格式允许每天最多更新区域文件 100 次，直到 9999 年 12 月 31 日。 如果你想知道每天更新区域文件超过 100 次会发生什么，那么真应该思考下管理区域文件的方式了。区域文件每天的更新次数很少超过几次。如果还想知道在 10 000 年的时候会发生什么，那就太多虑了
刷新频率	从服务器多久查询一次主服务器，以判断序号是否变更？这就是刷新频率的用途。通常，1D 表示从服务器每隔 24 小时向主服务器发起一次查询。但在区域文件变更很频繁的域中，可以使用如 1H 或 6H 的值，让从服务器每隔 1 小时或 6 小时就查询一次
重试间隔	假如刷新频率设置为 1D，当从服务器向主服务查询更新时，若主服务器没有响应，就会使用重试间隔。这个值是从服务器再次向主服务器发起查询的等待时间。例如，1H 会使从服务器等待 1 小时，然后才会再次向主服务器发起查询请求
过期时间	如果主服务器一直不能访问，过期时间用来指定从服务器何时不再响应 DNS 客户端的查询请求。这么做理由是，既然主服务器这么长时间都没有响应，DNS 条目可能不再有效。过期时间通常设置为 1 周或 2 周
最小值	这个值很棘手，考虑以下的情况： 公司有一个缓存名称服务器，你尝试用它解析域名 test.onecoursesource.com。这是台新机器，它的 DNS 记录还没有更新到主 DNS 服务器上。因此缓存服务器会收到“no such host”的响应，由于它是一台缓存服务器，会把这个响应保存到缓存里，但应该保存多久呢？ 回想一下，默认的生存时间通常设置为 1 天，对于要被缓存的否定 DNS 响应来说，这个值太长了。一旦新域名加入主 DNS 服务器后，就不希望在接下来的 24 小时里缓存服务器一直响应“no such host”。 最小值用于设定否定的 DNS 响应的缓存时间。如果域更新频繁，可设置小一些的值（也许是 1 小时或更小），如果域很少更新，可以设置大一些的值（但可能不会大于 1 天）

A 记录

A 记录（也称为地址记录）用于定义域名到 IP 地址的转换，典型示例如下所示：

```
www          IN     A      38.89.136.109
```

第一个字段是域名（例如 www），此例中，域是相对形式，相对于 $ORIGIN 定义的默认域，当然也可以用完整域名形式：

```
www.onecoursesource.com.          INA38.89.136.109
```

A 表示这行是一条 A 记录，38.89.136.109 是域名 www.onecoursesource.com. 所关联的 IP 地址。

注意，A 记录仅存在于正向查找区域文件中。

别名记录

在某些情况下，域中的一台主机不止一个角色，因此应该使用多个域名来访问。例如，onecoursesource.com 域中的 Web 服务器通常也是 FTP 服务器，因此，这一个主机既可以使用 www. onecoursesource.com 访问，也可以使用 ftp. onecoursesource.com 访问，是合理的。

但是，每个 IP 地址应该只有一条 A 记录。因此，为了要把多个域名转换为同一个 IP 地址，使用别名记录。别名记录（也称为 cname）像是一个昵称，通常就像下面所示的第二条记录：

```
www.onecoursesource.com.          IN     A      38.89.136.109
ftp                                                   IN      CNAME      www
```

像这样的条目，域名 ftp.onecoursesource.com 会被转换为域名 www.onecoursesource.com，后者又进一步被转换为 IP 地址 38.89.136.109。

NS 记录

如前所述，每个域可以有一个或多个名称服务器，这些可以由 NS 记录（也称为域名服务器记录）定义。首选（或主）名称服务器在 SOA 记录中指定，但还是需要一条 NS 记录。此外，还需要用 NS 记录定义其他（辅助或从）名称服务器。要定义名称服务器，如下所示：

```
@      INNSns.sample.com.
@      IN     NSns2.sample.com.
```

所有的名称服务器都需要有相应的 NS 记录，即使是主名称服务器也要有相应的 NS 记录。此外，NS 记录的数据是域名的形式，不是 IP 地址，因此需要为每个域名服务器创建一条 A 记录，这一点很重要。

注意，NS 示例中的 @ 字符可能已经被彻底移除了。如果省略了第一个字段，则假定

它是 $ORIGIN 的值。

邮件交换记录

假设要给 info@onecoursesource.com 发送一封电子邮件，发送域的 MTA（Mail Transter Agent，邮件传输代理）需要知道 onecoursesource.com 域中哪台主机负责处理入站电子邮件，MTA 通过向域名服务器查询邮件交换（MX）记录来获得这个信息。

域的 MX 记录通常如下所示：

```
@INMX10mail1.onecoursesource.com
@INMX20mail2.onecoursesource.com
```

现在已经了解了几种记录类型，那么 MX 记录的大部分字段就很容易理解了，只有 10 和 20 与目前所遇到的不一样。这些数字代表优先级，数字越小，优先级越大。

优先级常常让管理员感到困惑，如果一台邮件服务器的优先级是 10，另一台是 20，邮件发送域的 MTA 会先尝试把邮件发送给优先级是 10 的服务器，如果这台服务器没有响应，则会发送给优先级为 20 的服务器。可能永远不会使用到第二台邮件服务器，因为大多数邮件服务器都是 7*24 可用的。

更常见的是为每台邮件服务器设置相同的优先级，以达到负载均衡的效果。在这种情况下，邮件服务器的利用率大致相同（“大致”是因为缓存 DNS 服务器会使负载稍微失衡）。

只有一个 MX 记录的情况也很常见，因为许多中小型公司不需要多个邮件服务器来处理传入的电子邮件。

指针记录

前面描述的 A 记录用于正向查找区域文件中把域名转换为 IP 地址，指针（PTR）记录则用于反向查找区域文件中把 IP 地址转换为域名。下面是典型的 PTR 记录的示例：

```
109.136.89.38.in-addr.arpa. IN PTR www.onecoursesource.com.
```

重要的是要知道 PTR 记录中的 IP 地址格式是实际 IP 地址的逆序形式再加上 in-addr.arpa。例如，109.136.89.38.in-addr.arpa. 表示 IP 地址是 38.89.136.109。

在大多数情况下，不需要指定完整的 IP 地址，因为 $ORIGIN 会被设置为当前的反向查找网络域（例如，.136.89.38.in-addr）。如果是这样，只需提供 IP 地址中的主机地址：

```
109 IN PTR www.onecoursesource.com.
```

20.2.5　合在一起

对于新手 DNS 管理员来说，从头创建 DNS 服务器通常是一项艰巨的任务。在搭建第一台 DNS 服务器时，使用 KISS 原则（Keep It Simple, Silly，傻瓜，保持简单）。如果尝试使用许多花哨的 DNS 设置，出错了将很难定位问题。

当服务器不能正常工作时，查看日志文件也非常重要。我们常常对自己的错误视而不见（尤其是简单的打字错误），这使得日志文件在定位问题时非常有用。

有时，关注细节有助于了解大局。考虑到这一点，让我们来看一个简单的 DNS 配置。在本例中，我们为 sample.com 域创建必要的文件。因为这只是一个测试域，所以我们使用私有 IP 地址。

首先，/etc/named.conf 文件内容，参见例 20-4。请注意，为了简洁起见，注释已删除。

例 20-4　新的 /etc/named.conf 文件

```
options {
        listen-on port 53 { 127.0.0.1; };
        listen-on-v6 port 53 { ::1; };
        directory       "/var/named";
        dump-file       "/var/named/data/cache_dump.db";
        statistics-file "/var/named/data/named_stats.txt";
        memstatistics-file "/var/named/data/named_mem_stats.txt";
        allow-query     { localhost; };
        recursion yes;
        dnssec-enable yes;
        dnssec-validation yes;
        dnssec-lookaside auto;
        bindkeys-file "/etc/named.iscdlv.key";
        pid-file "/run/named/named.pid";
        session-keyfile "/run/named/session.key";
};

logging {
        channel default_debug {
                file "data/named.run";
                severity dynamic;
        };
};

zone "." IN {
        type hint;
        file "named.ca";
};

include "/etc/named.rfc1912.zones";
include "/etc/named.root.key";
```

```
zone "sample.com" {
type master;
file "named.sample.com";
};

zone     "1.168.192.in-addr.arpa" {
         type   master;
         file   "db.192.168.1";
};
```

根据例 20-4 中的条目，应该能够知道定义了正向和反向查找区域。此外，还应该能够确定此系统是 sample.com 域的主名称服务器，这意味着对区域文件的所有更改都应该在此计算机上进行。

如果这是台从服务器，不应该创建区域文件，因为区域文件会在第一次区域传输时从主服务器获得并自动创建。但由于这是台主服务器，需要创建正向查找区域文件，如例 20-5 所示。

例 20-5 /var/named/named.sample.com 文件

```
$TTL 1D
@        IN SOA  ns.sample.com. root.sample.com. (
                                         0        ; serial
                                         1D       ; refresh
                                         1H       ; retry
                                         1W       ; expire
                                         3H )     ; minimum
; Nameservers:
@    INNSns1.sample.com.
@    INNSns2.sample.com.
; Address records:
wwwINA    192.168.1.100
ns1            INA    192.168.1.1
ns2            INA    192.168.1.2
mail1          INA    192.168.1.200
mail2          IN     A    192.168.1.201
test           INA    192.168.1.45

; Aliases:
ftpINCNAMEwww

; MX records
@        IN    MX    10    mail1.onecoursesource.com.
@        INMX20mail2.onecoursesource.com.
```

可能出现的错误　在编辑区域文件时会出现很多错误，完成修改后，重启 BIND 服务器并执行一些简单的测试（可以使用 dig 命令做测试，如本节后面所示）。

应该创建一个反向查找区域文件，它更简单，因为只需要 SOA 记录、NS 记录和 PTR 记录（见例 20-6）。

例 20-6　/var/named/db.192.168.1 文件

```
$TTL 1D
@       IN SOA  ns.sample.com. root.sample.com. (
                                        0        ; serial
                                        1D       ; refresh
                                        1H       ; retry
                                        1W       ; expire
                                        3H )     ; minimum
; Nameservers:
@    IN    NSns1.sample.com.
@    IN    NSns2.sample.com.
;
; Address records:
100            IN     PTR         www
1              IN     PTR         ns1
2              IN     PTR         ns1
200            IN     PTR         mail1
201            IN     PTR         mail2
45INPTR     text
```

你可能在想，ftp.sample.com 呢，为什么没有出现在反向查找区域文件里？一个 IP 地址只能返回一个域名，因此需要选择返回哪一个域名，www.sample.com 或者 ftp.example.com。

20.2.6　BIND 从服务器

本节中提供的示例描述了如何搭建主 DNS 服务器。搭建从服务器需要几个额外步骤，包括：

- 在从服务器上建立 /etc/named.conf 文件。
- 在主服务器的区域文件中为从服务器添加一个 NS 记录。假如这是网络中的一台新机器，还需要为它创建 A 记录和 PTR 记录。
- 在主服务器上修改 /etc/named.conf 文件，允许从服务器执行区域传输（使用 allow-transfer 语句）。

请记住，这些是常规步骤。搭建从服务器的细节超出了本书的范围。

20.2.7　测试 DNS 服务器

设置完所有 DNS 配置文件后，就可以重启 named 服务了。不过，最好先验证配置文件的语法是否正确。可以使用 named-checkconf 和 named-checkzone 命令来完成。

named-checkconf 命令用于验证 /etc/named.conf 的语法，如果文件没有问题，不会有任何输出。但如果有语法错误，将收到类似于下面所示的错误信息：

```
[root@onesourcesource ~]# named-checkconf
/etc/named.conf:12: missing ';' before 'listen-on-v6'
```

上一个示例中的错误消息包括文件名、行号（12）和语法错误。

也许 named-checkconf 命令最好的地方在于，它知道哪些设置是有效的，哪些是无效的，如下面的命令输出所示：

```
[root@onesourcesource ~]# named-checkconf
/etc/named.conf:12: unknown option 'listen-onv6'
```

named-checkzone 命令用于检查指定区域文件的语法，参数除了需要指定区域文件外，还需要指定区域名称。

```
[root@onesourcesource ~]# named-checkzone sample.com
➥/var/named/named.sample.com
zone sample.com/IN: loaded serial 0
OK
[root@onesourcesource ~]# named-checkzone 1.168.192.in-addr.arpa
➥/var/named/db.192.168.1
zone 1.168.192.in-addr.arpa/IN: loaded serial 0
OK
```

这个命令的错误消息并不完美，但确实可以帮助找到问题。例如，考虑以下命令的输出：

```
[root@onesourcesource ~]# named-checkzone sample.com
➥/var/named/named.sample.com
zone sample.com/IN: NS 'ns1.sample.com.sample.com' has no address
➥records (A or AAAA)
zone sample.com/IN: not loaded due to errors.
[root@onesourcesource ~]# grep ns1 /var/named/named.sample.com
@       IN      NS      ns1.sample.com
ns1                     IN      A       192.168.1.1
```

这个文件的问题是 ns1.example.com 结尾的地方缺少点（.）字符（应该是 ns1.sample.com.）。

20.2.8　dig 命令

named 服务重启后，就可以执行 dig 命令进行测试，如例 20-7 所示。

例 20-7　使用 dig 命令进行测试

```
[root@onesourcesource ~]#dig www.sample.com @localhost
; <<>> DiG 9.9.4-RedHat-9.9.4-18.el7_1.5 <<>> www.sample.com @localhost
;; global options: +cmd
;; Got answer:
;; ->>HEADER<<- opcode: QUERY, status: NOERROR, id: 28530
;; flags: qr aa rd ra; QUERY: 1, ANSWER: 1, AUTHORITY: 2, ADDITIONAL: 3

;; OPT PSEUDOSECTION:
; EDNS: version: 0, flags:; udp: 4096
;; QUESTION SECTION:
;www.sample.com.                IN      A

;; ANSWER SECTION:
www.sample.com.        86400    IN      A       192.168.1.100

;; AUTHORITY SECTION:
sample.com.            86400    IN      NS      ns1.sample.com.
sample.com.            86400    IN      NS      ns2.sample.com.

;; ADDITIONAL SECTION:
ns1.sample.com.        86400    IN      A       192.168.1.1
ns2.sample.com.        86400    IN      A       192.168.1.2

;; Query time: 0 msec
;; SERVER: ::1#53(::1)
;; WHEN: Mon Nov 30 07:38:52 PST 2018
;; MSG SIZE  rcvd: 127
```

dig 命令会产生大量输出，如果不熟悉 DNS 区域文件语法，就很难阅读。但是，现在你已经熟悉了这种语法，可以看到响应输出的格式与区域文件记录的格式相同。例如，看下面 ANSWER SECTION 部分的输出：

```
www.sample.com.        86400    IN      A       192.168.1.100
```

输出包括完全限定域名（包括结尾的点“.”字符），记录的 TTL（86 400 秒，也就是 1 天），记录的类别（IN），记录的类型（A），以及 IP 地址。请记住，这是 DNS 服务器正在提供的信息，和区域文件中的内容不完全相同。例如，可能不包括 TTL 值，但当服务器响应 dig 的查询请求时，TTL 值会被包括在内。

20.3　BIND 安全加固

BIND 服务器通常从因特网可直接访问。只要有一个通过因特网可以直接访问的系统，安全就成了一个大问题。这些安全问题包括有人破坏了服务器上的数据（有时称为数据投毒）和黑客控制了暴露的服务器进程，允许被劫持的服务器未经授权访问其他系统文件。

本节涵盖一些加固 BIND 服务器的常见方法。

20.3.1　把 BIND 放入 jail

在开始把 BIND 服务器放入 jail（监牢）之前，有两件事应该了解：什么是 jail 以及为什么要把 BIND 服务器关在 jail 里。

传统 Linux 系统上，named 进程是以 root 用户身份运行的，但这种做法在现代 Linux 发行版上很少见，现代发行版上是以 named 用户身份运行 named 进程，这种类型的用户也被称为服务账户。

```
[root@onecoursesource ~]# ps -fe | grep named
root       9608  9563  0 17:35 pts/3    00:00:00 grep --color=auto named
named     19926     1  0 Nov30 ?        00:00:07 /usr/sbin/named -u named
```

以非 root 用户身份运行比以 root 身份运行要好得多，因为这种情况下 named 进程对操作系统能做的修改受到了限制，但 named 进程以非 root 用户身份运行时仍然有一些安全问题。

首先，考虑这样一个事实，named 进程在处理传入的 DNS 查询时将与网络连接进行交互。任何时候，只要一个进程是通过网络可访问的，那么这个进程就有可能受到劫持攻击。在这种攻击中，远程系统上的用户控制本地服务器上的进程。一旦这个用户有了控制权，他们就可以访问本地系统，包括查看或修改文件。

当被劫持的进程是以非 root 身份运行时，危害是有限的。但是，像 /etc/passwd 这样的系统核心文件：

```
[root@onecoursesource ~]# ls -l /etc/passwd
-rw-r--r--. 1 root root 2786 Sep  7 07:46 /etc/passwd
```

系统上的每个用户，包括 named 用户，都能查看 /etc/passwd 文件的内容，因为每个用户都有这个文件的读取权限。现在问自己一个问题：是否希望某个未知的黑客入侵 named 服务器并查看 /etc/passwd 文件（或任何重要的系统文件）的内容？

chroot jail 的目的是限制对系统文件的访问。named 进程被放入 jail，在那里它只能看到和 BIND 相关的配置。这是通过将 BIND 的配置文件放到特定的子目录中并启动 named 进程实现，这样文件系统的根看起来就是前面提到的子目录（chroot 代表 change root，就好像是更改这个进程的文件系统根路径）。

安全提醒

尽管本章没有涉及，但应该知道另一种保护系统文件不受进程影响的方法：SELinux。可以使用 SELinux 限制进程可以访问哪些文件和目录，而不管运行该进程的用户是谁。

创建 chroot 的目录和文件

要开始创建 chroot jail 的过程，首先需要创建用来存放所有文件的目录：

```
[root@onecoursesource ~]# mkdir -p /chroot/named
[root@onecoursesource ~]# mkdir -p /chroot/named/dev
[root@onecoursesource ~]# mkdir -p /chroot/named/etc
[root@onecoursesource ~]# mkdir -p /chroot/named/var/named
[root@onecoursesource ~]# mkdir -p /chroot/named/var/run
```

这些目录的用途如下所示：

- /chroot/named/dev：存放 named 进程需要的设备文件的路径。
- /chroot/named/etc：存放 named.conf 文件的路径。根据当前的配置，可能还需要在 /chroot/named/etc 目录下创建其他文件和子目录，例如 /chroot/named/etc/named 目录。查看系统上 /etc 目录的当前内容，看看还需要创建什么。
- /chroot/named/var/named：存放区域文件的路径。
- /chroot/named/var/run：named 进程保存数据的路径，例如进程的 PID。

下一步，把当前配置文件复制到新路径：

```
[root@onecoursesource ~]# cp -p /etc/named.conf /chroot/named/etc
[root@onecoursesource ~]# cp -a /var/named/* /chroot/named/var/named
[root@onecoursesource ~]# cp /etc/localtime /chroot/named/etc
```

假设前面的命令是一个标准的 DNS 配置。根据对 DNS 服务器的自定义配置，可能需要复制其他文件。

下一步，确保所有的新文件都属于 named 用户和 named 组账户（如果上述 cp 命令都使用 -a 和 -p 选项，则不需要执行如下所示的 chown 命令）：

```
[root@onecoursesource ~]# chown -R named:named /chroot/named
```

最后，需要创建一些设备文件：

```
[root@onecoursesource ~]# mknod /chroot/named/dev/null c 1 3
[root@onecoursesource ~]# mknod /chroot/named/dev/random c 1 8
[root@onecoursesource ~]# chmod 666 /chroot/named/dev/*
```

配置 named 在 jail 中启动

在创建和复制完所有需要的文件和目录后，需要配置 named 进程在 chroot jail 中启动，如何配置取决于系统的发行版，下面的示例在大多数 Red Hat 的衍生版上都适用：

```
[root@onecoursesource ~]# more /etc/sysconfig/named
# BIND named process options
-t /chroot/named
```

named 命令的 -t 选项会把 named 服务运行在 chroot jail 里，修改好 /etc/sysconfig/named 文件后，重启 named 服务。

> **注意**　如果自己想要练习创建 chroot jail，请使用旧一点的发行版，例如 CentOS 5.x。现代发行版提供了一个名为 bind-chroot 的软件包，会为 BIND 自动配置 chroot jail。
>
> 如果这个包可用，那么它被认为是为 BIND 创建 chroot jail 的推荐（而且容易得多）方法。但是，如果这个包不可用，那么应该要知道如何手动创建 chroot jail。此外，bind-chroot 包使用的技术与手动方法类似，因此通过了解手动方法，将更好地理解 bind-chroot 包。

20.3.2　拆分 BIND 配置

要理解拆分 DNS 服务器配置，首先需要理解一开始想这样做的原因，假设有三台对外提供服务的服务器：

- www.onecoursesource.com
- ftp.onecoursesource.com
- secure.onecoursesource.com

在这种情况下，需要让因特网上的任意主机都能够查询你的 DNS 服务器，以此解析到这 3 台机器的 IP 地址。但是，假设公司中有其他不打算用于对外提供服务的主机。这可能包括域名为 sales.onecoursesource.com、test.onecoursesource.com 和 eng.onecoursesource.com 的主机。

这些系统可能在防火墙后面，防火墙阻止了从私有网络外部进来的访问。或者，它们只有私有 IP 地址，只能通过 NAT 能访问到因特网。换句话说，虽然希望公司内部的用户能够对这些内部域名（以及对外的域名）执行 DNS 查询，但没有理由在私有网络之外访问这些内部系统。解决方案为拆分 DNS。

实际上可以使用几种不同的技术创建拆分 DNS 的环境。

- 使用 DNS 视图（view）：使用 view 语句（放在 /etc/named.conf 文件里），可以让 DNS 服务器根据查询请求的来源进行响应。例如，一个 view 为内部网络提供解析，区域文件中包含所有的 DNS 记录；另一个 view 为外部网络提供解析，区域文件中只包含一些 DNS 记录（对外提供服务的系统的记录）。view 是创建分离 DNS 的简单方法。
- 使用 2 个 DNS 服务器：这个方法更安全，因为创建了 2 个主 DNS 服务器，一个私有的服务器，拥有全部的区域文件；另一个对外的服务器，只有一部分区域文件。更安全是因为如果对外的 DNS 服务器的 named 进程被入侵（劫持）了，那些内部的域名和 IP 地址不会泄露。而使用 view，这些数据有可能被泄露，因为 named 进程可以查看任意区域文件，因为这些区域文件对 named 进程来说是可读的文件。

使用两个服务器分割 DNS 的配置并不复杂。这个概念可能更具挑战性，因此提供了一个更详细的示例。首先，图 20-4 显示了一个内部网络（灰色框）和一个外部网络（白色框）。前面提到的系统也显示在它们所属的网络中（例如 www = www.onecoursesource.com）。

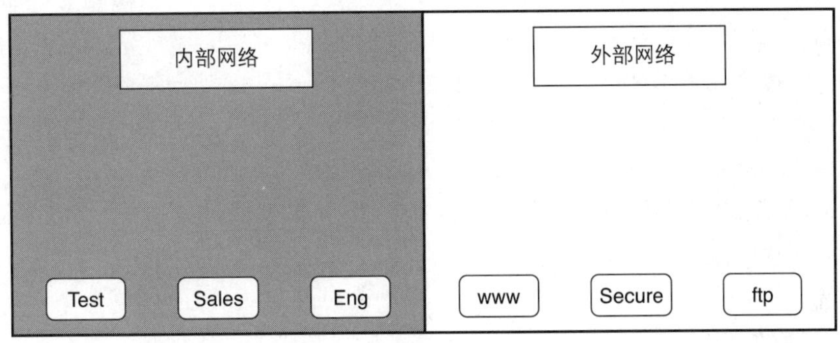

图 20-4 内部和外部网络

接下来，引入 in-ns.onecoursesource.com 和 ex-ns.onecoursesource.com 两个 DNS 服务器。in-ns 名称服务器区域文件包含私有域名和公共域名，而 ex-ns 名称服务器的区域文件只包含公共域名。当然，私有网络需要和外部网络通信，因此需要把路由器（可能也作为防火墙或 NAT 使用）也添加到图上，如图 20-5 所示。

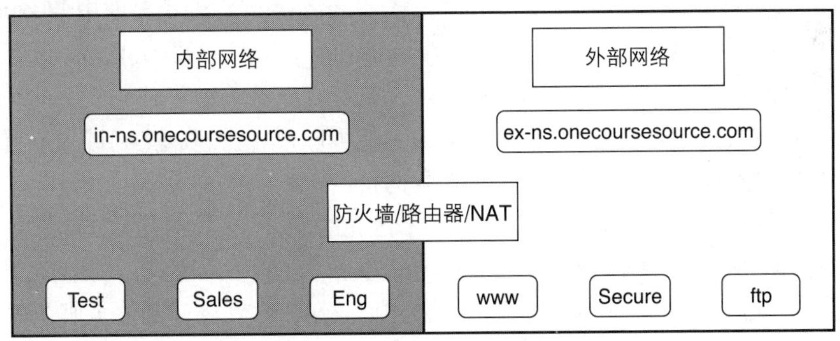

图 20-5 内部和外部域名服务器

还可以多做一步操作，在这样的场景中，让内部 DNS 服务器使用外部 DNS 服务器作为它的转发器很常见。回想一下，转发器是在 /etc/named.conf 文件中设置的，当 DNS 服务器在其区域文件中没找到查询的结果时会使用到。

例如，假设内部某人发起对 www.sample.com 的查询，这个域名不在 in-ns. onecoursesource.com 这台内部的 DNS 服务器的区域文件里，此查询请求需要转发给顶级（根）域名称服务器或另外一个 DNS 服务器。

为什么要转发给外部服务器？请记住，你正在试图对外部网络隐藏内部的 IP 地址和域名。即使是来自内部 DNS 服务器的转发查询也可能造成潜在的安全泄露，因为外部 DNS 服务器知道内部 DNS 服务器。通过外部 DNS 服务器传输请求，可以使内部 DNS 服务器更加安全。

安全提醒

我们没有提供配置分割 DNS 的完整示例，因为一旦理解了这个概念，就很容易进行设置。只需使用本章前几节中介绍的信息来创建内部 DNS 服务器即可。然后将这些文件复制到外部 DNS 服务器，并从区域文件中删除私有地址和相应的 PTR 记录。当两个 DNS 服务器都正常工作之后，在内部服务器的 /etc/named.conf 文件里的 options 语句中添加一个 forwarder 语句，并将其指向外部服务器。

把内部系统的 DNS 服务器地址指向内部的那台 DNS 服务器（修改 /etc/resolv.conf 中的 nameserver 配置项），对外就使用外部的那台 DNS 服务器。

20.3.3 事务签名

本章前几节讨论了 DNS 主从服务器的概念。回想一下，这两种类型的 DNS 服务器都会响应 DNS 查询，在主服务器上是可以直接修改区域文件，从服务器通过一个名为区域传输的过程把这些信息复制到自己的区域文件里。

还简要介绍了如何限制只有指定的机器可以启动区域传输。allow-transfer 设置项可以应用于特定的区域（通过将 allow-transfer 放在 /etc/name.conf 文件中的 zone 设置项中），或应用于整个主服务器（通过在 /etc/named.conf 文件中的 options 设置项中加入 allow-transfer 设置项）。通过限制哪些系统可以执行区域传输，创建更安全的环境。如果任何系统都可以执行区域传输，那么潜在的黑客就可以很容易地收集到域内所有的域名和 IP 地址的列表。这将使黑客更容易找到要探测的机器。

在 DNS 系统中执行查询时可能存在另一个潜在的安全风险，假的 DNS 服务器可能提供不正确的数据。这就是 DNS 缓存中毒或 DNS 欺骗。这里的问题是，敏感系统（如银行网站）的域名到 ip 地址的转换可能指向一个旨在捕获用户名和密码的恶意服务器。

有一种方法可以限制 DNS 缓存中毒的可能性：使用事务签名（Transaction Signature，TSIG）。使用 TSIG 时，通过私钥和公钥的数字签名来确保 DNS 数据来自正确的源。此技术可用于验证区域传输和 DNS 查询。为 DNS 实现 TSIG 最常见的方法是使用 DNSSEC(域名系统安全扩展)。

dnssec-keygen 命令

要使用 DNSSEC，首先需要创建一个私钥和一个公钥，通过先进入存放区域文件的目录（例如 /var/named），再执行 dnssec-keygen 命令即可，示例如下：

```
[root@onecoursesource ~]# cd /var/named
[root@onecoursesource named]# dnssec-keygen -a RSASHA1 -b 768
➥-n ZONE sample.com
Generating key pair.....++++++++ .......++++++++
Ksample.com.+005+05451
```

注意，dnssec-keygen 命令可能会出现挂起（僵住）的情况，特别是在最近刚启动的系统上，不是非常活跃的系统上，或者是虚拟化的系统上。这是因为该命令使用 /dev/random 文件中的数据，该文件包含从系统活动（例如鼠标移动、磁盘移动或敲击键盘）中派生的随机数据。

可以通过执行一些操作加速这个过程，但可能需要不停的移动鼠标或敲击键盘。填充 /dev/random 文件的一种快速方法是使用下面这个 rngd 命令：

```
rngd -r /dev/urandom -o /dev/random -b
```

执行完 dnssec-keygen 命令后，当前目录下生成了 2 个文件：

```
[root@onecoursesource named]# ls K*
Ksample.com.+005+05451.key  Ksample.com.+005+05451.private
```

Ksample.com.+005+05451.key 文件里包含公钥，这个文件应该提供给如从 DNS 服务器的其他 DNS 服务器。DNS 没有办法把这个文件传输给其他系统，因此要使用如 SSH 的其他技术。

Ksample.com.+005+05451.private 文件里包含私钥，用来生成数字签名的区域文件。

dnssec-signzone 命令

当采用 DNSSEC 后，区域文件就不是普通的区域文件了，而是使用经过数字签名的区域文件。数字签名的区域文件利用 dnssec-keygen 命令生成的私钥创建，并且这个数字签名只能被当时执行 dnssec-keygen 命令生成的公钥验证。

要创建加密的区域文件，首先创建一个文本的区域文件，然后使用 dnssec-signzone 命令生成加密文件（注意在你的发行版上，可能需要使用 -S 选项进行智能签名）。

```
[root@onecoursesource named]# dnssec-signzone -o sample.com
➥named.sample.com Ksample.com.+005+15117
```

结果是一个名为 named.sample.com.signed 的新文件，现在应该将其作为域的区域文件使用。

安全提醒

实际过程比本书中描述的要复杂得多。例如，应该确保在 /etc/named.conf 中有一些额外的设置（如 dnssec-enable）。本节的重点是 dnssec-keygen 和 dnssec-signzone 命令背后的概念。

20.4 DHCP 服务器

DHCP 能给客户端动态分配网络相关的信息，这些信息包括 IP 地址、子网掩码和 DNS 服务器地址。

当网络中的主机是移动设备（例如笔记本计算机、平板计算机、智能手机）时，DHCP 尤其重要。这些设备经常从一个网络移动到另一个网络，设备的拥有者希望有一种简单的方法将他们的设备连接到网络中，其中的一个过程就是给设备分配 IP 地址。

大多数发行版的默认安装软件包并没有包含 DHCP 服务器软件包。（但是，通常都默认安装 DHCP 客户端软件包。）不同的发行版，软件包的名称也不同，常见的 DHCP 服务器软件包的名称包括 dhcp、dhcp-server、isc-dhcp-server、dhcp3-server 和 dhcp4-server。

注意，大多数情况下，建议使用虚拟机来做练习。然而，在练习 DHCP 时会有一些问题，因为通常虚拟机的管理端充当了 DHCP 服务器。虽然有很多方法可以解决这个问题，但是在这种情况下，使用连接到物理网络（而不是无线网络）的两台不同的物理机器来练习搭建 DHCP 服务器和客户端可能更容易。

可能出现的错误　不要把 DHCP 服务器接入其他系统正在使用的网络里，否则，这台 DHCP 服务器可能会向这些系统提供错误的信息。搭建一台“流氓”DHCP 服务器就能影响整个网络的正常运行。

20.4.1 DHCP 基本配置

安装好 DHCP 服务器端软件包后，就可以开始编辑 /etc/dhcpd.conf 文件（在某些发行版上可能是 /etc/dhcp/dhcpd.conf 文件）来配置服务器了。通常，这个文件是空的或者只包含注释，如下面的输出所示：

```
[root@onecoursesource ~]# more /etc/dhcpd.conf
#
# DHCP Server Configuration file.
#   see /usr/share/doc/dhcp*/dhcpd.conf.sample
#
```

/etc/dhcpd.conf 文件里提到的示例文件用来初始化 /etc/dhcpd.conf 文件很有用，该示例文件内容见例 20-8。

例 20-8　示例 dhcpd.conf 文件

```
[root@onecoursesource ~]# more /usr/share/doc/dhcp*/dhcpd.conf.sample
ddns-update-style interim;
ignore client-updates;

subnet 192.168.0.0 netmask 255.255.255.0 {

# --- default gateway
        option routers                  192.168.0.1;
        option subnet-mask              255.255.255.0;

        option nis-domain               "domain.org";
        option domain-name              "domain.org";
        option domain-name-servers      192.168.1.1;

        option time-offset              -18000; # Eastern Standard Time
#       option ntp-servers              192.168.1.1;
#       option netbios-name-servers     192.168.1.1;
# --- Selects point-to-point node (default is hybrid). Don't change this unless
# -- you understand Netbios very well
#       option netbios-node-type 2;

        range dynamic-bootp 192.168.0.128 192.168.0.254;
        default-lease-time 21600;
        max-lease-time 43200;

        # we want the nameserver to appear at a fixed address
        host ns {
                next-server marvin.redhat.com;
                hardware ethernet 12:34:56:78:AB:CD;
                fixed-address 207.175.42.254;
        }
}
```

例 20-8 中显示的文件里有 3 个主要指令，其中包括 subnet 指令。在 subnet 指令里是一些 option 指令，这其中的某些指令也可以作为主要指令来使用（有时会在 subnet 指令之外看到这些指令，因为每个都可以是全局指令）。

例 20-8 中所示的默认文件中的一些指令超出了本书的范围。本节的其余部分将重点讨论那些关键指令。

ddns-update-style 和 ignore client-update 指令

DDNS（动态 DNS）的概念在本章前面部分简要介绍过，在 /etc/named.conf（DNS 服务器的配置文件）文件里，allow-update 设置项的说明如下：“这个设置项在使用一个叫作动态 DNS 的功能时使用，这个功能允许 DHCP 服务器在主 DNS 服务器里更新记录”。

在 /etc/dhcpd.conf 文件里用 ddns-update-style 指令定义了这个功能具体如何实现。ddns-update-style 有 4 个可用的值。

- none：不更新 DNS。
- ad-hoc：基于脚本语言更新，这是在 DHCP4.3.0 就已经弃用的比较古老的方法。
- interim：用 C 语言编写，被认为是比 ad-hoc 更好的解决方案。之所以称为“临时”(interim)，是因为它是应对 ad-hoc 的缺点的临时解决方案。它发布时新的动态 DNS 标准正在编写。
- standard：在 DHCP4.3.0 里发布的最新技术，它包含了新 DDNS 标准。

DHCP 客户端也能执行 DDNS 更新，ignore client-updates 指令会让 DHCP 服务器通知客户端自己执行更新。deny client-updates 指令会让 DHCP 服务器通知客户端不允许执行更新。

subnet 指令

subnet 指令用于定义一个网段，DHCP 服务器会为这个网段提供 IP 信息。这个指令有很多可用的子指令，理解 subnet 指令最好的方法是通过一个只包含典型最小子指令的示例：

```
subnet 192.168.0.0 netmask 255.255.255.0 {
        option routers                  192.168.0.1;
        option subnet-mask              255.255.255.0;
        option domain-name              "domain.org";
        option domain-name-servers      192.168.1.1;
        range 192.168.0.128 192.168.0.254;
        default-lease-time 21600;
        max-lease-time 43200;
}
```

表 20-5 里描述了每一个指令。

表 20-5　subnet 指令的组成

组　成	说　明
subnet 192.168.0.0 netmask 255.255.255.0 { }	subnet 指令以一个 IP 网络地址开始，其次是 netmask 关键字，然后是子网掩码。该指令的最后一个部分是在大括号中列出的子指令的集合
option routers	指定 DHCP 客户端的路由器地址

（续）

组　成	说　明
option subnet-mask	指定 DHCP 客户端的子网掩码
domain-name	指定 DHCP 客户端的域名
domain-name-servers	指定 DHCP 客户端的 DNS 服务器地址
range	可以分发给 DHCP 客户端的 IP 地址范围。注意不要包含已分配给 DHCP 服务器的静态 IP 地址
default-lease-time	发给 DHCP 客户端的 DHCP 信息有一定的使用期限，被称为 DHCP 租约。default-lease-time 告诉客户端它被分配的 IP 地址的租期是多久，默认以秒为单位。租期到期后，客户端可以请求续租，如果不申请续租，这个 IP 将被释放，其他的 DHCP 客户端就可以使用这个 IP 地址。 客户端可以请求更长的租期，这种情况下，default-lease-time 就不会被使用。 注意：这个指令可以放到 subnet 指令外面作为 DHCP 服务器的全局指令
max-lease-time	DHCP 客户端可以保留租约的最长时间。在此期间之后，客户端必须请求新的租约，并可能接收到新的 IP 地址。 注意：这个指令也可以放到 subnet 指令外面作为 DHCP 服务器的全局指令

20.4.2　配置静态主机

假设有个用户每天都带同一个笔记本接入同样的网络，那么每天都给这台笔记本分配同一个 IP 地址就有意义了。要实现这个效果，需要在 /etc/dhcpd.conf 文件的 subnet 指令里定义一个静态主机（也称为预留）。

```
host julia {
        hardware ethernet 12:34:56:78:AB:CD;
        fixed-address 192.168.0.101;
        option host-name "julia";
}
```

host 指令的值是系统的主机名（上例中是 julia）。主机名可以在客户端上定义或使用 option host-name 指令分配。这段配置能生效的关键是 hardware ethernet 指令，要创建静态主机必须要知道客户端的 MAC 地址。

有几种方法可以做到这点，一个是在客户端系统上执行 ifconfig 命令，另一个是在服务器上查看 dhcpd.leases 文件（通常位于 /var 目录下，具体路径会不相同）。文件内容包含服务器已发出去的 DHCP 租约的详细信息，如下所示（不同的 DHCP 版本可能略有不同）：

```
lease 192.168.0.101{
    starts 6 2018/12/27 00:40:00;
    ends 6 2018/12/27 12:40:00;
```

```
    hardware ethernet 12:34:56:78:AB:CD;
    uid 01:00:50:04:53:D5:57;
    client-hostname "julia";
}
```

使用 dhcpd.leases 文件获得 MAC 地址需要让客户端先从服务器上获得租约。另一种办法是查看 arp 命令的输出：

```
[root@onecoursesource ~]# arp
Address          HWtype  HWaddress           Flags Mask     Iface
192.168.1.1      ether   C0:3F:0E:A1:84:A6   C              eth0
192.168.1.101    ether   12:34:56:78:AB:CD   C              eth0
```

20.4.3 DHCP 日志文件

除了前面提到的 dhcpd.leases 文件外，还应该知道 DHCP 服务器会把日志保存到 /var/log/message 文件（Red Hat 衍生版的系统）或者 /var/log/daemon.log 文件（Debian 衍生版的系统）。例 20-9 展示了一台 DHCP 服务器的日志，我们故意在配置文件里留下一个错误，当 DHCP 服务器启动时，日志里显示了有用的信息（加粗的行）：

例 20-9 /var/log/message 内容

```
Jan  6 20:26:16 localhost dhcpd: Internet Systems Consortium DHCP Server V3.0.5-RedHat
Jan  6 20:26:16 localhost dhcpd: Copyright 2004-2006 Internet Systems Consortium.
Jan  6 20:26:16 localhost dhcpd: All rights reserved.
Jan  6 20:26:16 localhost dhcpd: For info, please visit http://www.isc.org/sw/dhcp/
Jan  6 20:26:16 localhost dhcpd: Address range 192.168.1.128 to 192.168.1.254 not on net
➥192.168.0.0/255.255.255.0!
Jan  6 20:26:16 localhost dhcpd:
Jan  6 20:26:16 localhost dhcpd: If you did not get this software from ftp.isc.org, please
Jan  6 20:26:16 localhost dhcpd: get the latest from ftp.isc.org and install that before
Jan  6 20:26:16 localhost dhcpd: requesting help.
Jan  6 20:26:16 localhost dhcpd:
Jan  6 20:26:16 localhost dhcpd: If you did get this software from ftp.isc.org and have not
Jan  6 20:26:16 localhost dhcpd: yet read the README, please read it before requesting help.
Jan  6 20:26:16 localhost dhcpd: If you intend to request help from the
➥dhcp-server@isc.org
Jan  6 20:26:16 localhost dhcpd: mailing list, please read the section on the README about
Jan  6 20:26:16 localhost dhcpd: submitting bug reports and requests for help.
Jan  6 20:26:16 localhost dhcpd:
Jan  6 20:26:16 localhost dhcpd: Please do not under any circumstances send requests for
Jan  6 20:26:16 localhost dhcpd: help directly to the authors of this software - please
Jan  6 20:26:16 localhost dhcpd: send them to the appropriate mailing list as described in
Jan  6 20:26:16 localhost dhcpd: the README file.
Jan  6 20:26:16 localhost dhcpd:
Jan  6 20:26:16 localhost dhcpd: exiting.
```

20.5　邮件服务器

在本节中，将学习管理电子邮件服务器的技术，特别是 Postfix。Postfix 已经成为 Linux 上使用最广泛的电子邮件服务器，许多发行版都将其作为默认电子邮件服务器。你将学习诸如配置电子邮件地址、实现电子邮件配额和管理虚拟电子邮件域等特性。

本书作者之一的职业生涯早期，他请一位高级管理员解释 SMTP（简单邮件传输协议）和 sendmail（当时主要的电子邮件服务器）。这位高级管理员说："去读 RFC 821 吧，等你把它全部都理解后，我再给你解释 sendmail。"如果看一下 RFC 821（实际上，真应该看一下 RFC 2821，里面定义了更现代的 ESMTP，即扩展 SMTP），就会发现那位管理员是在跟作者开玩笑。文档里的确定义了 SMTP，但它不适合给胆小的人阅读，也不适合新手管理员阅读。

幸运的是，要理解 SMTP 的基本内容不需要阅读 RFC 821 或 RFC 2821，但应该要认识到，SMTP 的基本知识是理解电子邮件服务器如何工作的关键。

20.5.1　SMTP 基础知识

作为一种协议，SMTP 定义了电子邮件的传输和存储方式。它是 TCP/IP 分层网络模型中的应用层的一部分，它提供了所有基于电子邮件的程序都同意遵守的一组规则。简单地说，没有 SMTP，就不会有电子邮件。

为了理解 SMTP，先理解电子邮件的一些主要组件：邮件用户代理（MUA）、邮件提交代理（MSA）、邮件传输代理（MTA）和邮件投递代理（MDA）。

- MUA：邮件用户代理，是用户用来创建电子邮件消息的客户端程序。Linux 上有各种各样的 MUA，包括基于命令行的工具（如 mutt）、基于 GUI 的程序（如 Thunderbird）和基于网页的接口（如 SquirrelMail）。
- MSA：邮件提交代理，接受来自 MUA 的电子邮件消息，并连接 MTA 以启动将消息传递给预期收件人的过程。在大多数情况下，充当 MSA 的软件程序也充当 MTA。
- MTA：邮件传输代理，负责接收来自 MUA 的电子邮件消息，并将其发送到正确的接收邮件服务器（另一个 MTA）。通信可能不是直接的，因为消息在到达最终目的地之前可能需要经过一系列 MTA。Linux 中 MTA 服务器的例子包括 Postfix、sendmail 和 exim。
- MDA：邮件投递代理，从 MTA 获取消息并将其发送到本地邮件 spool（通常是硬盘上的文件）。通常，MTA 服务器也可以充当 MDA 服务器，然而，有些程序是专门设计用于充当 MDA，比如 procmail 和 maildrop。MDA 的优点是可以将其配置为将消息发送到 spool 之前对其执行操作。例如，MDA 可以作为过滤器，可能用于阻止垃圾邮件。

- POP 和 IMAP：MUA 用来接收邮件的协议。

图 20-6 展示了一个电子邮件消息传输过程的可视化示例。图 20-6 中，用户 1 希望向用户 2 发送电子邮件。用户 1 在 MUA 上合成并发送消息。消息先发送到公司 MSA，然后发送到公司 MTA（尽管它们可能是同一台主机）。高亮显示的框表示用户 1 的 MTA 所在的域和用户 2 的 MTA 所在的域之间可能存在多个 MTA。

最后，消息到达用户 2 所在域的 MTA。从那里，可以直接把邮件发送到邮件 spool（通常是邮件服务器上 /var/spool 中的文件），但也可能首先被发送到 MDA 进行过滤，为了用户 1 的目的，希望它能够通过垃圾过滤！当用户 2 想要阅读新邮件时，他的 MUA 连接到 POP 或 IMAP 服务器下载邮件。

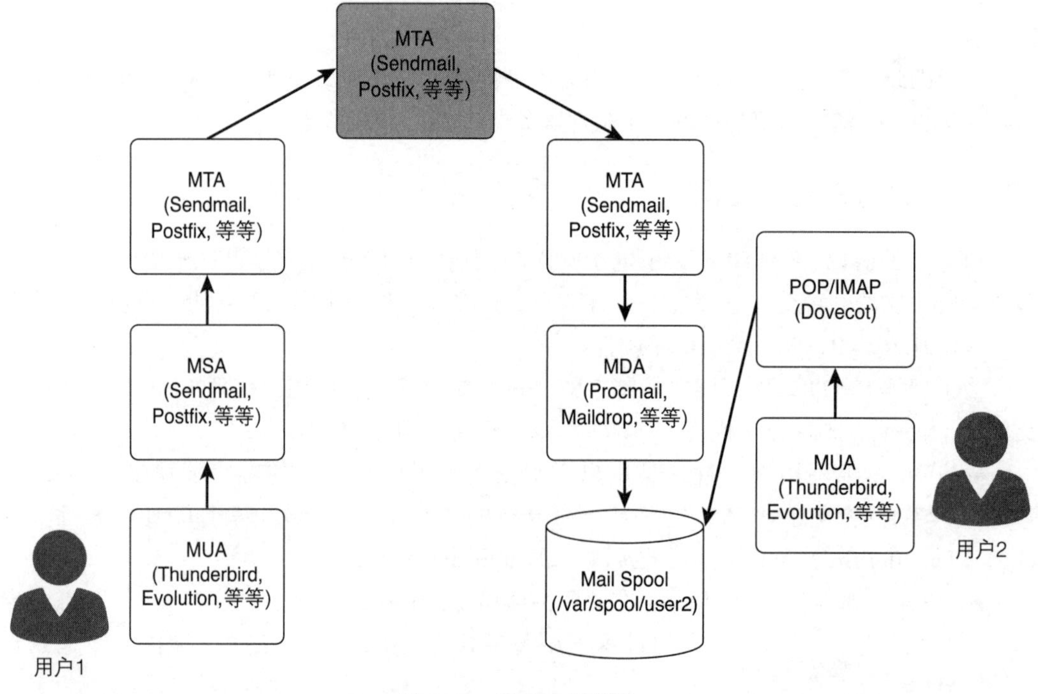

图 20-6　发送电子邮件

可能出现的错误　请记住，发送电子邮件消息的过程中还有另一个重要的组成部分，发送方的 MTA 必须要知道接收方由哪个 MTA 负责接收电子邮件消息。这是由 DNS 服务器提供的 MX 记录决定，本章前面已经讨论过这个话题了。

20.5.2　配置 Postfix

多年以来，sendmail 服务器一直是 Unix 和 Linux 中的标准 SMTP 服务器。许多人认为现在的标准是 Postfix，而 sendmail 只在那些老旧系统和极少数人使用的系统上存在。

> **注意**　虽然对 Postfix 的大多数修改都是在 /etc 目录里的文件，但还是应该知道 Postfix 保存信息（例如接收到的电子邮件消息）的目录是 /var/spool/postfix 目录。电子邮件消息最初保存在子目录中，直到被过滤程序（如工具 qmgr）处理后放入用户的 spool（以用户名命令的文件 /var/spool/mail/***username***）。

Postfix 配置文件

Postfix 的主配置文件是 /etc/postfix/main.cf，文件里的设置项的格式像是在设置一个 Shell 变量：

```
setting = value
```

既可以手动修改这个文件，也可以用 postconf 命令。postconf 命令的优势是提供一些简单的语法检查，从而降低出错的可能性。它还可以方便地显示 Postfix 的当前配置，通常会默认显示所有的设置（下面的第一条命令只是显示总共有多少个设置）：

```
[root@onecoursesource ~]# postconf |wc -l
816
[root@onecoursesource ~]# postconf | head -5
2bounce_notice_recipient = postmaster
access_map_defer_code = 450
access_map_reject_code = 554
address_verify_cache_cleanup_interval = 12h
address_verify_default_transport = $default_transport
```

如你所见，postconf 命令会默认显示所有的设置，包括所有的默认设置（不仅仅只是配置文件中指定的设置）。如果只想查看配置文件中的自定义配置，使用 postconf 命令的 -n 选项，如例 20-10 所示。

例如 20-10　postconf -n 命令

```
[root@onecoursesource ~]# postconf -n
alias_database = hash:/etc/aliases
alias_maps = hash:/etc/aliases
command_directory = /usr/sbin
config_directory = /etc/postfix
daemon_directory = /usr/libexec/postfix
data_directory = /var/lib/postfix
debug_peer_level = 2
debugger_command = PATH=/bin:/usr/bin:/usr/local/bin:/usr/X11R6/bin ddd
➥$daemon_directory/$process_name $process_id & sleep 5
html_directory = no
inet_interfaces = localhost
inet_protocols = all
```

```
mail_owner = postfix
mailq_path = /usr/bin/mailq.postfix
manpage_directory = /usr/share/man
mydestination = $myhostname, localhost.$mydomain, localhost
newaliases_path = /usr/bin/newaliases.postfix
queue_directory = /var/spool/postfix
readme_directory = /usr/share/doc/postfix-2.10.1/README_FILES
sample_directory = /usr/share/doc/postfix-2.10.1/samples
sendmail_path = /usr/sbin/sendmail.postfix
setgid_group = postdrop
unknown_local_recipient_reject_code = 550
```

还可以通过将设置名作为参数来查看特定的设置：

```
[root@onecoursesource ~]# postconf inet_interfaces
inet_interfaces = localhost
```

要进行更改，请使用 -e 选项和如下语法：

```
[root@onecoursesource ~]# postconf -e inet_interfaces=all
[root@onecoursesource ~]# postconf inet_interfaces
inet_interfaces = all
```

虽然不是很完美，但 postconf 命令的确能做一些错误检查。例如，它知道在 main.cf 文件中哪些是合法的设置：

```
[root@onecoursesource ~]# postconf ine_interfaces
postconf: warning: ine_interfaces: unknown parameter
```

Postfix 的重要设置

正如通过运行 postconf 命令看到的一样，Postfix 服务器有几百个设置项：

```
[root@onecoursesource ~]# postconf |wc -l
816
```

如果要管理公司级别的 Postfix 服务器，肯定需要了解其中的许多设置。但是，对于基本的 Postfix 配置，表 20-6 中描述的设置就足够了。

表 20-6 Postfix 基本设置

设 置	说 明
myhostname	系统的完全限定主机名。通常不需要设置这个值，因为 Postfix 通过执行 hostname 命令可以获得
disable_vrfy_command	在公网可访问的 Postfix 服务器上应该设置为 yes，这可以防止收集服务器上的电子邮件地址[⊖]

⊖ vrfy 命令可用于验证电子邮件地址是否有效，垃圾邮件发送者常用这个技巧收集电子邮件地址。——译者注

（续）

设　置	说　明
mydomain	系统主机名的域部分，如果没有设置，则使用 myhostname 的值移除相对主机名部分（例如，onecoursesource.com）
myorigin	如果客户端系统不指定对外的主机名（这是 MUA 的配置项），则使用 myorigin 的值，如果未设置，则使用 myhostname 的值
inet_interfaces	指定 Postfix 监听的网络接口。默认是 localhost，意思是只接受来自本机发送的邮件。设置为 all 或指定一个网络接口才能接收外部主机发来的邮件
mydestination	默认是 myhostname 的值，这是一个 Postfix 接收邮件的域名或主机的列表。记住这是目的地址，因此把 mydestination 设置为 onecoursesource.com 代表 Postfix 接受发往 onecoursesource.com 域的邮件
relay_domains	如果想让 Postfix 发挥中继（把邮件发往其他域）的作用，则使用此设置，并用逗号分隔需要 Postfix 发往的域
relayhost	某些情况下，可能希望把邮件发给公司专门负责往外部发送邮件的 SMTP 服务器，而不是直接把邮件发到因特网上。relayhost 选项用于指定这个负责往外部发送邮件的 SMTP 服务器的地址

注意　修改 Postfix 的配置文件后，记得重启 Postfix 让配置生效。

别名

也许你想在 Postfix 服务器上给某些邮箱起一个别名，例如，假设用户账户是 bob，但希望有一个更具描述性的邮件地址，如 bob.smith@oncecoursesource.com，那么就可以通过在 /etc/aliases 文件中添加一个条目来设置别名，把发往 bob.smith 的邮件发给 bob，如例 20-11 所示。

例 20-11　/etc/aliases 文件

```
[root@onecoursesource ~]# head -20 /etc/aliases
#
#  Aliases in this file will NOT be expanded in the header from
#  Mail, but WILL be visible over networks or from /bin/mail.
#
#       >>>>>>>>>>      The program "newaliases" must be run after
#       >> NOTE >>      this file is updated for any changes to
#       >>>>>>>>>>      show through to sendmail.
#


# Basic system aliases -- these MUST be present.
mailer-daemon:  postmaster
postmaster:     root
```

```
# General redirections for pseudo accounts.
bin:            root
daemon:         root
adm:            root
lp:             root
sync:           root
shutdown:       root
```

文件中每行的格式如下：

```
alias: local_acount
```

因此，要将发给 bob.smith 的邮件发给本地账户 bob，需要把如下内容添加到 /etc/aliases 文件中：

```
bob.smithbob
```

注意有时候会使用 /etc/mail/aliases 文件，这在使用 sendmail 的旧发行版中更多见。

还可以把邮件发给多个账户，例如，要把发给 webmaster 的邮件发送给本地账户 bob、sue 和 nick，需要在 /etc/aliases 文件中添加如下行：

```
webmaster: bob, sue, nick
```

修改完 /etc/aliases 文件后，必须运行 newaliases 命令。该命令会把文本文件转换为 Postfix 使用的二进制文件（/etc/aliases.db 文件）：

```
[root@onecoursesource ~]# newaliases
[root@onecoursesource ~]# ls /etc/aliases*
/etc/aliases  /etc/aliases.db
```

Postfix 虚拟域

/etc/aliases 文件有助于将电子邮件重定向到本地用户账户，/etc/postfix/virtual 文件被用来执行类似的任务，但不仅可以把电子邮件重定向到本地账户，还可以配置为把电子邮件重定向到虚拟域和远程域。当有多个域或希望隐藏目的域的情况下非常有用。

/etc/postfix/virtual 文件的格式如下：

```
inbound_addressrelay.to_address
```

例如，假设 Postfix 服务器处理发往 example.com 和 sample.com 的 2 个域名的邮件，/etc/postfix/virtual 文件可以使用如下的设置：

```
bob@example.combobsmith
bob@sample.combobjones
```

也可以使用如下行来把发给某个账户的邮件转发给另一个账户：

```
bob@example.combob@sample.com
```

修改完 /etc/postfix/virtual 文件后，还需要做几步操作才能使其生效。第一步，编辑 /etc/postfix/main.cf 文件，加入如下行：

```
virtual_alias_maps = hash:/etc/postfix/virtual
```

下一步，使用如下所示的命令把文本格式的 /etc/postfix/virtual 文件转换为二进制格式（因此才有上一行的 hash 字样）：

```
postmap /etc/postfix/virtual
```

最后，还需要重启或重载（reload）Postfix 服务。

20.6 管理本地邮件投递

本节主要介绍 procmail 工具。procmail 用于过滤电子邮件消息，这对于执行诸如阻止垃圾邮件、邮件重定向到其他用户账户，以及复制电子邮件消息并将其发送到其他账户等操作时非常有用。

尽管前面介绍的一种技术允许使用别名将邮件重定向到其他用户账户，但该技术局限于仅能基于收件人用户名的重定向。使用 procmail 可以创建使用正则表达式去匹配电子邮件任意内容的复杂规则。因此，procmail 程序提供了一种更强大的方法来过滤入站电子邮件。

一些系统（例如 Postfix）并不使用 procmail，而是让 MTA 直接把收到的电子邮件保存到邮件 spool 中。这可能会让你想知道为什么要使用 procmail。

procmail 相对于 MTA 的优势在于，它能够在消息发送到邮件 spool 之前使用规则对其执行操作。规则可以很简单（把消息从一个账户重定向到另一个账户），也可以很复杂（使用正则表达式匹配消息的内容）。

20.6.1 procmail 入门

需要注意的是，procmail 并不是典型的在系统引导时会启动的服务，相反，它是 MTA 需要时才会去调用的一个程序。在大多数的发行版上已默认安装 procmail 软件包，且通常支持 Postfix 和 sendmail。

判断 procmail 是否会被 MTA 自动调用的一个方法是，在用户的 procmail 配置文件 $HOME/.procmailrc 文件里添加一条简单规则：

```
:0c:
$HOME/mail.backup
```

上述规则会把所有的入站电子邮件在该用户的家目录下的 mail.backup 目录里创建一个副本（下一节将详细介绍此规则的工作原理）。以该用户身份（下面示例中是 student 用户）创建此备份目录：

```
[student@localhost ~]# mkdir $HOME/mail.backup
```

然后以 root 用户身份，给 student 用户发送电子邮件：

```
[root@onecoursesource ~]# mail student
Subject: test
test
EOT
```

结果应该如下所示：

```
[root@onecoursesource ~]# ls /home/student/mail.backup
msg.e1mmB  msg.f1mmB
```

邮件在另外的目录里怎么读取呢？大多数的邮件客户端都支持指定邮件 spool 目录，例如，使用命令行的 mail 程序，操作如下：

```
[student@localhost ~]$ mail -f mail.backup/msg.e1mmB
Heirloom Mail version 12.5 7/5/10. Type ? for help.
"mail.backup/msg.e1mmB": 1 message 1 unread
>U  1 root                  Sat Jan 16 14:47  19/622   "test"
&
```

但如果没生效怎么办？那说明 MTA 没有自动调用 procmail。可以配置 MTA 自动使用 procmail，但更好的方案是让希望使用 procmail 的用户把下面这个文件放到他们的家目录里（注意，确认下自己系统上 procmail 的路径，因为可能和这里指定的路径不一样）。

```
[student@localhost ~]$ more .forward
| /bin/procmail
```

为什么这个方法比重新配置 MTA 更好，有几点需要考虑。

- 虽然可以用全局 procmail 配置文件（/etc/procmailrc 文件），但这通常只在使用 procmail 作为垃圾过邮件滤器时才使用。因为专用的垃圾邮件过滤程序比 procmail 更强大，而 procmail 通常不用来做这个事情（除非是针对单个用户）。如果没有有效的全局 procmail 配置文件，才会使用单个用户的配置文件。
- 不是所有的用户都想用 procmail。大多数新手发现创建规则很有挑战，如果 MTA 被配置为使用 procmail，并且只有少数用户正在创建规则，那么就会无缘无故地重复调用 procmail。

安全提醒

作为系统管理员，可以把 procmail 规则保存到 /etc/procmailrc 文件。但是，要避免使用那些要执行外部命令的规则，因为以 root 用户身份运行的命令可能会导致系统出现安全问题。

因此，除非大多数用户使用 procmail 规则或者你在使用全局配置文件，否则让用户通过自己的 .forward 文件调用 procmail 是合理的。这样还给用户提供了一个简单的方法来临时禁用 procmail，只需要注释掉自己的 .forward 文件里那一行即可。

20.6.2 procmail 规则

procmail 的语法规则如下：

```
:0 [flags] [:[lockfile]]
* [conditions]
Action
```

“:0”告诉 procmail 这是一条新规则的开始，“[flags]”用来修改规则匹配的工作方式，表 20-7 描述了这些 flag。

表 20-7 procmail 的 flag

Flag	说 明
H	只匹配消息的 header 部分，这是默认值
B	匹配消息的正文
D	匹配时区分大小写。(默认是不区分大小写)
c	匹配抄送（cc）
w	等待操作完成。操作失败，然后 procmail 继续解析匹配规则
W	效果同 w，但不显示“Program failure”的消息

执行 procmail -h 命令查看其他 flag，如例 20-12 所示。

例 20-12 procmail -h 命令

```
[student@localhost ~]$ procmail -h 2>&1 | tail -12
Recipe flag quick reference:
        H  egrep header (default)       B  egrep body
        D  distinguish case
        A  also execute this recipe if the common condition matched
        a  same as 'A', but only if the previous recipe was successful
        E  else execute this recipe, if the preceding condition didn't match
        e  on error execute this recipe, if the previous recipe failed
        h  deliver header (default)     b  deliver body (default)
        f  filter                       i  ignore write errors
        c  carbon copy or clone message
        w  wait for a program           r  raw mode, mail as is
        W  same as 'w', but suppress 'Program failure' messages
```

“[:[lockfile]]”是一个文件（或只有“:”字符），用来告诉 procmail 工具使用哪个文件来通知其他进程它正在处理某个文件，这可以防止重复处理同一条消息。大多数情况下，只是简单指定为“:”，允许 procmail 工具选择自己的文件名。

[conditions] 行用来执行模式匹配，[condition] 行必须以 * 字符开头才有效。

procmail 工具使用 egrep 命令执行模式匹配，之前应该已经了解过 egrep 命令了，表 20-8 提供了 egrep 工具支持的高级模式匹配字符。

表 20-8　egrep 模式匹配字符

字　符	说　明
*	匹配零个或多个前面的字符
+	匹配一个或多个前面的字符
{x, y}	匹配 y 次前面的字符 x
.	匹配任意单个字符（换行符除外）
[range]	匹配方括号中列出的单个字符
^	匹配行首
$	匹配行尾
|	二者选一（or 操作符）
\n	匹配换行符

要查看 egrep 命令支持的其他正则表达式字符，请查看 egrep 命令的帮助手册。

规则的最后一个部分是动作，可以是不同类型的动作，包括表 20-9 所描述的动作。

表 20-9　procmail 的动作

动　作	说　明
Filename	可以是文件名或目录名，如果是目录名，则会告诉 procmail 工具消息保存的目录。 文件名或目录名可以是绝对路径，也可以是相对路径，相对于 $MAILDIR 变量。也可以使用其他变量，例如 $HOME。 消息可以被保存为 2 种格式，mbox 和 Maildir。默认是 mbox。可以通过在路径末尾加上“/”字符让 procmail 工具把消息保存为 Maildir 格式
Another program	可以使用如下语法把消息发送给其他程序： `|program_name`
Email address	要把消息发送给其他电子邮件地址，使用如下语法： `~email_address`

Nested block	可以在规则中嵌套规则。例如，假设要执行一个复杂的匹配，包括匹配 header 里的某些内容，然后再匹配邮件正文的内容。这可能需要两条单独的规则，但可以使用如下所示的语法把第二条独立的规则作为第一条规则的 action 部分：
	`:0 [flags] [:[lockfile]]`
	`* [conditions]`
	`{`
	`    :0 [flags] [:[lockfile]]`
	`    * [conditions]`
	`    action`
	`}`

20.6.3　procmail 示例

查看一些示例，有助于理解 procmail 规则。下面这个例子把发给 bob 的电子邮件存放到 bobfile 目录里：

```
:0:
* ^TObob
bobfile
```

下面这个规则有点复杂，例 20-13 中的规则匹配发件人包含 support 字样，且邮件主题里包含 reboot 字样的邮件。如果满足匹配条件，发送一份副本给 bo@onecoursesource.com 且把邮件保存到 $MAILDIR/support-reboot 目录。

例 20-13　复杂的 procmail 规则

```
:0:
* ^From.*support.*
* ^Subject:.*reboot.*
{
   :0 c
   ! bo@onecoursesource.com

   :0
   support-reboot
}
```

注意　要写出好的规则需要非常熟悉正则表达式，还需要大量的测试和足够的耐心。

20.6.4　mbox 和 Maildir 格式

电子邮件保存的格式有两种，mbox 和 Maildir。mbox 格式是许多 MTA 使用了很长时间的标准格式。使用这种格式，用户的所有邮件都保存在单个文件里，通常位于 /var/spool/mail 目录。每个用户都有一个以其用户名命名的文件，因此，用户 bob 会有一个名为 /var/spool/mail/bob 的邮件文件。

当有一封发给 bob 的邮件到达 MTA 时，MTA 会锁定 /var/spool/mail/bob 文件并把该邮件内容附加到文件尾部，操作完成后会解除对文件的锁定。

使用单个文件的好处是用户可以使用像 grep 这样的工具搜索他们的全部邮件。为了找某个邮件我这么做过，那个邮件在下载到我的邮件客户端后似乎神秘消失了。

使用单个文件的问题是，锁定文件的操作有时会引起问题，文件还有可能被损坏，这会导致丢失所有的电子邮件。

Postfix 默认使用 mbox 格式，尽管可以配置 Postfix 使用 Maildir 格式。使用 Maildir

格式时，会为收到邮件的每个用户分别创建一个目录，这个目录下有 3 个子目录，分别是 new、cur 和 temp。

Maildir 格式被认为比 mbox 更快，而且如果熟悉 grep 命令话，仍然可以在目录里搜索邮件。

要知道 procmail 工具可以同时支持这两种格式，Dovecot 程序（一个 MDA）也是如此，下一节将介绍 Dovecot。

20.7　远程电子邮件投递

回顾一下本章前面的图 20-6，电子邮件从源系统传输到目的地的过程。像 postfix 这样的服务器充当 MTA，这些服务器的主要任务是将电子邮件从一个域传输到另一个域。MTA 也被称为"推送"服务器，因为发送方的 MTA 会主动将消息从源站"推送"到目的域。

电子邮件一旦到达目的地且经过了过滤程序（如 procmail 程序）的处理，就会被保存到邮件 spool 目录，直到用户的 MUA 请求发送该邮件。该请求会以 POP 或 IMAP 的形式发给服务器的 MDA，因为请求是由客户端发起的，因此 MDA 又被称为是"拉取"服务器。

20.7.1　IMAP 和 POP 基础

要管理一台 MDA 服务器，需要对 POP 和 IMAP 有基本的了解。掌握的程度就像要管理一台 MTA 服务器时对 SMTP 的熟悉程度，不一定要成为专家，但应该了解要点。

在某些方面，了解 IMAP 和 POP 比了解 SMTP 更重要，因为可以让 MDA 服务器选择使用其中的一个协议（或两者都使用）。两个协议都是用来使 MUA 获取电子邮件消息，但在某些情况下，一些差别会让某个协议比另外一个更好。

表 20-10 总结了这两个协议之间的主要差异。

表 20-10　IMAP 和 POP

功　能	POP	IMAP
实现的难易程度	POP 通常被认为是一种更简单的协议，因此更容易实现	IMAP 更加复杂，实现更加困难
消息处理方式	默认情况下，大多数 POP 服务器会在 MUA 下载完邮件后删除邮件。这样做的优点是邮件服务器上使用更少的磁盘空间。但是，这也意味着如果 MUA 删除了邮件，邮件可能丢失	默认情况下，大多数 IMAP 服务器会在服务器上保留一份邮件的副本。MUA 接收邮件副本并保存到本地
目录（邮箱）	没有目录的概念	支持目录或邮箱的功能，允许客户端执行诸如创建、重命名或删除目录的操作
连接	只允许一个连接	允许多个并发连接
取回消息	取回完整的消息	消息的不同部分可以分别获取

20.7.2　Dovecot 服务器

Dovecot 同时支持 IMAP 和 POP，Dovecot 也同时支持 mbox 和 Maildir 这两种类型的邮箱。

在你的发行版上很可能已经安装了 Dovecot 服务器，因为它是大多数发行版的标准 MDA。要配置 Dovecot 服务器，需要修改主配置文件 /etc/dovecot/dovecot.conf。

Dovecot 的一个很好的特性是可以用 dovecot -n 命令查看清晰的配置信息，如例 20-14 所示，通过执行这个命令就可以查看当前生效的配置，而不用通读配置文件。这一点很有用，因为 /etc/dovecot/dovecot.conf 文件大部分内容都是由命令组成，而且还包括了 /etc/dovecot/conf.d 目录里的所有配置文件，这样就很难看到配置的全貌，而使用 dovecot -n 命令就可以。

例 20-14　dovecot -n 命令

```
[root@onecoursesource ~]# dovecot -n
# 2.2.10: /etc/dovecot/dovecot.conf
# OS: Linux 3.10.0-229.14.1.el7.x86_64 x86_64 CentOS Linux release 7.1.1503 (Core)
mbox_write_locks = fcntl
namespace inbox {
  inbox = yes
  location =
  mailbox Drafts {
    special_use = \Drafts
  }
  mailbox Junk {
    special_use = \Junk
  }
  mailbox Sent {
    special_use = \Sent
  }
  mailbox "Sent Messages" {
    special_use = \Sent
  }
  mailbox Trash {
    special_use = \Trash
  }
  prefix =
}
passdb {
  driver = pam
}
```

```
ssl = required
ssl_cert = </etc/pki/dovecot/certs/dovecot.pem
ssl_key = </etc/pki/dovecot/private/dovecot.pem
userdb {
  driver = passwd
}
```

Dovecot 的默认配置文件大部分都是注释，用于解释那些比较重要的设置项。设置项的格式是标准的 *setting=value* 的形式，但也有例外的情况，因为 *value* 可以是多个值，还有当 *value* 后面跟着一组花括号 { } 时，代表是子设置项，可以覆盖该值的默认设置。可以通过例 20-14 的 namespace 的设置查看这一点。

Dovecot 服务器有许多设置，表 20-11 描述了其中一些重要的设置。

表 20-11　Dovecot 设置

设　置	说　明
protocols	描述支持的协议，例如 protocols = imap pop3
listen	定义监听入站请求的本地网络接口，“ * ”表示所有的 IPv4 接口。“ :: ”表示所有的 IPv6 接口。两者同时使用时，使用逗号分隔（listen= *,::）。例如 listen = 192.168.1.100
base_dir	Dovecot 保存数据的位置，这通常不需要修改
!include	包含指定目录里的全部配置文件。例如 !include conf.d/*.conf。 有关此设置的详细信息，请参阅本节后面的内容
mail_location	如果邮箱在标准路径下，Dovecot 能找到它们，但如果要使用自定义的路径，就需要使用这个设置。下面是一些示例。 mail_location = maildir:~/Maildir mail_location = mbox:~/mail:INBOX=/var/mail/%u mail_location = mbox:/var/mail/%d 其中 %char 的含义如下所示。 ● %u：用户名 ● %n：user@domain 的 user 部分 ● %d：user@domain 的 domain 部分 ● %h：用户家目录

理解 !include 的工作原理很重要，首先，不要丢掉“ ! ”字符，虽然它使这个设置看起来像是表示“不要包含”。“ ! ”字符必须要有，而且它的确是表示“包含”的意思。

其次，include 目录的方式提供了一种将配置分类存放的好方法。下面是在 include 的目录里可能会见到的文件示例：

```
[root@onecoursesource ~]$ ls /etc/dovecot/conf.d
10-auth.conf        20-imap.conf        auth-dict.conf.ext
10-director.conf    20-lmtp.conf        auth-ldap.conf.ext
10-logging.conf     20-pop3.conf        auth-master.conf.ext
```

```
10-mail.conf          90-acl.conf                     auth-passwdfile.conf.ext
10-master.conf        90-plugin.conf                  auth-sql.conf.ext
10-ssl.conf           90-quota.conf                   auth-static.conf.ext
15-lda.conf           auth-checkpassword.conf.ext     auth-system.conf.ext
15-mailboxes.conf     auth-deny.conf.ext              auth-vpopmail.conf.ext
```

这个思路是，如果想配置 IMAP，只需要修改 /etc/dovecot/conf.d/20-imap.conf 文件。这个机制很好，但也可能会引起问题。假设修改了 /etc/dovecot/dovecot.conf 文件里影响 IMAP 的设置，如果该设置出现在 !include 语句后面，会优先于 20-imap.conf 文件里设置生效；但如果是出现在 !include 语句之前，则会使用 20-imap.conf 文件里的设置。

还有，/etc/dovecot/conf.d 目录里的文件名前面的数字为文件提供了顺序，如果不注意会引起混乱和配置错误。

如果想使用单一配置文件，但已经修改了 /etc/dovect/conf.d 目录下的配置文件里的设置，最简单的解决方法是执行如下所示的命令：

```
[root@onecoursesource ~]$ cp /etc/dovecot/dovecot.conf
➥/etc/dovecot/dovecot.conf.backup
[root@onecoursesource ~]$ doveconf -n > /etc/dovecot/dovecot.conf
```

上述命令的结果是先备份当前的配置文件，然后使用当前的设置覆盖 dovecot.conf 文件。

可以使用 telnet 命令对 POP 服务器进行基本的测试，如例 20-15 所示。

例 20-15　使用 telnet 测试 POP 服务器

```
[root@onecoursesource ~]# telnet localhost 110
Trying 127.0.0.1...
Connected to localhost.localdomain (127.0.0.1).
Escape character is '^]'.
+OK Dovecot ready.
user student
+OK
pass student
+OK Logged in.
retr 1
+OK 537 octets
Return-Path: <root@localhost.example.com>
X-Original-To: student@localhost
Delivered-To: student@localhost.example.com
Received: from example.com (localhost.localdomain [127.0.0.1])
        by ldap.example.com (Postfix) with SMTP id 6575F11802F
        for <student@localhost>; Sun, 31 Jan 2019 15:36:34 -0800 (PST)
Subject: Sending a message without a MUA
```

```
Message-Id: <20160131233644.6575F11802F@ldap.example.com>
Date: Sun, 31 Jan 2019 15:36:34 -0800 (PST)
From: root@localhost.example.com
To: undisclosed-recipients:;

Body of message
```

20.8　总结

本章介绍了如何配置几个重要的网络服务。学习了如何设置和保护 BIND DNS 服务器和如何配置 DHCP 服务器，还学习了如何配置各种电子邮件服务器，包括 Postfix、procmail 和 Dovecot。

20.8.1　重要术语

推送服务器、拉取服务器、邮件 spool、mbox、Maildir、SMTP、ESMTP、MUA、MSA、MDA、POP、IMAP、DHCP、静态主机、DNS、FQDN、子域、名称服务器、权威名称服务器、记录、缓存名称服务器、正向查找、反向查找、DNS 转发器、BIND、根域服务器、主 DNS、从 DNS、区域传输、正向 DNS 查找、反向 DNS 查找、TTL

20.8.2　复习题

1. 下面哪一项存在于区域文件中？

   A. directory 设置　　B. A 记录　　C. dump-file 设置　　D. recursion 设置

2. 哪种类型的名称服务器基于存储在本地系统上的原始记录返回查询结果？

   A. 缓存名称服务器　　B. 转发名称服务器

   C. 权威名称服务器　　D. 本地名称服务器

3. ______文件用于保存 IP 地址到域名的映射信息（也被称为“记录”）。

4. 请在空白处填写适当内容，以完成在 /etc/named.conf 文件里创建一个主 DNS 服务器条目。

```
zone "onecoursesource.com" {
type master;
_____ "named.onecoursesource.com";
};
```

5. 默认情况下，下面哪些文件可能存在于 /var/named 目录里？（选择两个。）

   A. /var/named/named.ca　　B. /var/named/sample.com

   C. /var/named/named.localhost　　D. /var/named/localhost.ca

6. 下列哪一项设置放在 /etc/ named.conf 文件的适当位置时允许区域传输？

   A. allow-query　　B. allow-zone

   C. allow-zone-transfer　　D. allow-transfer

7. 下面哪一个指令让 DHCP 服务器向客户端建议由客户端自己执行更新？

A. allow client-updates　　B. permit client-updates
C. ignore client-updates　　D. avoid client-updates

8. ______指令用于定义 DHCP 服务器为其提供 IP 信息的网络。

9. 下面哪个是 MDA？

A. mailget　　B. mailserv　　C. Dovecot　　D. procmail

10. 下面 procmail 规则的哪一部分用于指定 lockfile 文件名？

```
:0:
* ^TObob
bobfile
```

A. 第一个冒号：　　B. 第二个冒号：　　C. bobfile　　D. 以上都不是

第 21 章

网络服务配置：Web 服务

最常见的一种服务器是 Web 服务器。据估计，有超过 1 亿台 Web 服务器直接连接到因特网，但肯定还有很多的 Web 服务器是在企业和政府机构内部使用。

因为大多数的 Web 服务器都可以通过因特网直接访问，所以安全性至关重要。在本章中，不仅要学习如何配置主流的 Linux Web 服务器（Apache HTTP 服务器），还将学习如何启用它的重要的安全特性。

本章还将介绍代理服务器，使用代理服务器的原因有几个，包括对数据的访问加速以及为服务器（包括 Web 服务器）提供额外的安全层。通过本章你将了解到代理服务器的基础知识，以及如何配置两个最流行的代理服务器。

学习完本章并完成课后练习，你将具备以下能力：

- 配置 Apache Web 服务器。
- 启用 Apache Web 服务器的安全特性。
- 配置代理服务器。

21.1 Apache Web 服务器

通常，当人们说他们在系统上安装了 Apache 时，他们指的是 Apache 软件基金会（Apache Software Foundation）提供的 Web 服务器。这个组织实际上提供了许多开源项目，但是因为它最著名的是 Apache HTTP 服务器，所以在软件术语中，“Apache”已经成为这个 Web 服务器的同义词（我们通常将其称为 Apache Web 服务器），通常也称为 httpd，因为这通常是 Web 服务器的进程名。

超文本传输协议（HTTP，或简称超文本）自 20 世纪 90 年代以来一直是 Web 页面标准的协议。该协议允许客户端（Web 浏览器）从服务器端（例如 httpd 进程）请求数据。通常，这些数据是由一种称为超文本标记语言（Hypertext Markup Language，HTML）的标记语言编写而成，而 HTML 数据又进一步被 Web 浏览器转换成人类可阅读的 Web 页面。

在开始配置 Apache Web 服务器之前，首先需要搜索主配置文件的路径。根据系统的发行版，该文件应该位于以下目录之一：

- /etc/apache
- /etc/apache2
- /etc/httpd
- /etc/httpd/conf

例如，在 Ubuntu 系统上，配置文件位于 /etc/apache2 目录下，而在 CentOS 系统上，配置文件位于 /etc/httpd/conf 目录下。而主配置文件的文件名也可能因发行版的不同而不同。例如，它在 CentOS 上被命名为 httpd.conf，在 Ubuntu 上被命名为 apache2.conf。尽管这可能令人沮丧，但好消息是，无论配置文件位于何处，文件中的语法都是相同的。

21.2　Apache Web 服务器基础配置

默认的 Apache Web 服务器配置文件由注释和指令组成，指令是参数，因此可以赋值。Apache 配置文件的一部分示例如下：

```
# ServerRoot: The top of the directory tree under which the server's
# configuration, error, and log files are kept.
#
# Do not add a slash at the end of the directory path. If you point
# ServerRoot at a non-local disk, be sure to specify a local disk on the
# Mutex directive, if file-based mutexes are used. If you wish to share the
# same ServerRoot for multiple httpd daemons, you will need to change at
# least PidFile.
#
ServerRoot "/etc/httpd"
```

通常，每个指令（至少默认指令）都有良好的注释（***#comment***），这使得判断每个指令的用途变得更容易。可用的指令有几百个，本章后面将更详细地描述其中的一些指令。表 21-1 描述了应该了解的基本指令。（说明一栏的内容直接取自配置文件。）

表 21-1　Apache 基础指令

指　令	说　明
ServerRoot	服务器根目录，用来保存服务器的配置文件、错误日志和访问日志。 例如：ServerRoot　"/etc/httpd"
Listen	指定将 Apache 绑定到特定的 IP 地址和端口上，而不是使用默认值。参见 VirtualHost 指令。 例如：Listen　12.34.56.78:80 例如：Listen　80 本章后面将进一步讨论这个指令

（续）

指 令	说 明
DocumentRoot	Apache 提供 Web 页面的目录。默认情况下，所有请求都从这个目录中获取页面内容，但是可以使用符号链接和别名指向其他位置。 例如：DocumentRoot "/var/www/html"
LogLevel	控制记录到 error_log 的消息数量。可能的值包括 debug、info、notice、warn、error、crit、alert、emerg。 例如：LogLevel warn 当 Web 服务器运行不正常时，这是一个关键的设置。可以将 LogLevel 更改为 debug 并重新启动 Web 服务器，错误日志文件中会记录许多有用的日志信息

在某些情况下，有些指令需要多个值。多行指令的语法与单行指令略有不同：

```
<Directory />
    AllowOverride All
    Require all granted
</Directory>
```

指令以 <Directory /> 开始，直到 </Directory> 结束。上面这个例子中，AllowOverride 和 Require 都是指令（可以视为是子指令）。

21.2.1 启动 Apache Web 服务器

安装好 Apache Web 服务器软件包之后，可以使用默认配置文件启动服务器。尽管没有提供什么有用的内容，但最好先确定在不对配置文件做任何修改的情况下，服务器是否能正常工作。

Apache Web 服务器进程名为 httpd，可以使用常规的启动脚本或 apache2ctl（或 apachectl）程序启动服务器。

在服务器启动之后，可以在服务器上打开 Web 浏览器并在 URL 中输入 localhost 验证它是否在响应请求，结果应该如图 21-1 所示。

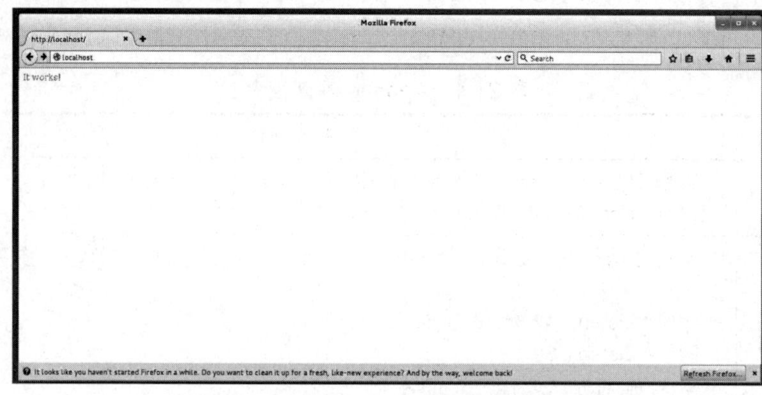

图 21-1 Apache Web 服务器的默认首页

默认情况下，Web 页面保存在 /var/www/html 目录下（可以通过在主配置文件中查找 DocumentRoot 设置确认或更改具体的路径）。全新安装的 Apache 中这个目录应该为空。如果想进一步测试服务器的功能，请在 /var/www/html 目录中创建一个简单的文本文件（如果熟悉 HTML，也可以创建 HTML 文件）：

```
[root@localhost ~]# echo "testing, 1, 2, 3, testing" > /var/www/html/test
```

21.2.2　Apache Web 服务器日志文件

在测试和排查 Apache Web 服务器故障时，有两个日志文件非常有用 :access_log 和 error_log。access_log 包含客户端对 Web 服务器的访问信息，error_log 包含 Web 服务器上何时出现问题的相关信息。

下面展示了 access_log 文件的最后两行内容：

```
[root@localhost ~]# tail -2 /var/log/httpd/access_log
::1 - - [09/Dec/2018:05:02:22 -0800] "GET /tes HTTP/1.1" 404 201 "-"
"Mozilla/5.0 (X11; Linux x86_64; rv:38.0) Gecko/20100101 Firefox/38.0"
::1 - - [09/Dec/2018:05:02:28 -0800] "GET /test HTTP/1.1" 200 26 "-"
"Mozilla/5.0 (X11; Linux x86_64; rv:38.0) Gecko/20100101 Firefox/38.0"
```

请注意，在每行中，GET 部分表示请求的文件。access_log 不表示文件是否实际发送，只表示存在这个请求。

安全提醒

如果 access_log 日志中出现很多的随机访问，可能是有人试图入侵你的系统，或在收集系统的相关信息。定期监视 access_log 的内容，特别是 404 错误（表示有人试图获取不存在的 Web 页面）、403 错误（被禁止访问），和 401 错误（出于安全原因拒绝访问）。这些通常都是探测攻击的例子。

21.2.3　启用脚本

可以通过启用模块给 Apache Web 服务器增加功能，Apache 的默认安装自带了许多模块，其他模块可以在因特网上获取。

至少，应该知道如何启用 Perl 和 PHP 模块。这些模块允许 Web 开发人员使用脚本创建动态 Web 页面。

安全提醒

本文简要介绍了如何在 Web 服务器上启用脚本，在真实场景中，应该小心使用脚本，因为它可能导致黑客未经授权访问你的系统。尽管这些基础知识是需要了解的，但在生产环境 Web 服务器上使用脚本前，还需要做更深入的研究。

要启用 PHP 脚本，请执行以下步骤。

步骤 1. 确保系统上已经安装了 PHP。例如，在 CentOS 的系统上可以使用如下所示的命令验证 PHP 是否已经安装（如有必要请参见第 26 章和第 27 章）：

```
[root@localhost ~]# yum list installed | grep php
php.x86_64                       7.2.3-36.el7_1                 @updates
php-cli.x86_64                   7.2.3.el7_1                    @updates
php-common.x86_64                7.2.3.el7_1                    @updates
```

步骤 2. 验证 Apache Web 服务器模块目录下是否有 libphp7.so 这个文件，这个文件应该在安装 PHP 软件包的时候安装了。在 CentOS 的系统上，Apache Web 服务器模块存放在 /etc/httpd/modules 目录里。

```
[root@localhost ~]# ls /etc/httpd/modules/*php*
/etc/httpd/modules/libphp7.so
```

步骤 3. 配置 Apache Web 服务器以启用 PHP。可以通过修改主配置文件或在模块的 include 目录里创建配置文件来实现，例如，在 CentOS 系统上，主配置文件里有如下内容：

```
[root@localhost ~]# grep Include /etc/httpd/conf/httpd.conf
Include conf.modules.d/*.conf
    #   Indexes Includes FollowSymLinks SymLinksifOwnerMatch ExecCGI
➥MultiViews
    # (You will also need to add "Includes" to the "Options" directive.)
IncludeOptional conf.d/*.conf
```

而在 /etc/httpd/conf.modules.d 目录里，有如下文件：

```
[root@localhost ~]# cat /etc/httpd/conf.modules.d/10-php.conf
#
# PHP is an HTML-embedded scripting language which attempts to make it
# easy for developers to write dynamically generated webpages.
#
<IfModule prefork.c>
  LoadModule php5_module modules/libphp5.so
</IfModule>
```

步骤 4. 重启服务器。

请记住，前面的步骤只启用了基本的 PHP 功能。对于真实场景下的 Apache Web 服务器，还需要研究其他的设置项。

那如何判断 Web 服务器是否能正常工作呢？首先，在 DocumentRoot 指定的目录（例如 /var/www/html）里创建一个文件（名为 hello.php），内容如下：

```
<html>
<head>
<title>PHP Test</title>
</head>
<body>
<?php echo '<p>Hello World</p>'; ?>
</body>
</html>
```

然后使用 Web 浏览器访问 localhost/hello.php 这个 URL 来测试脚本，结果应该如图 21-2 所示。

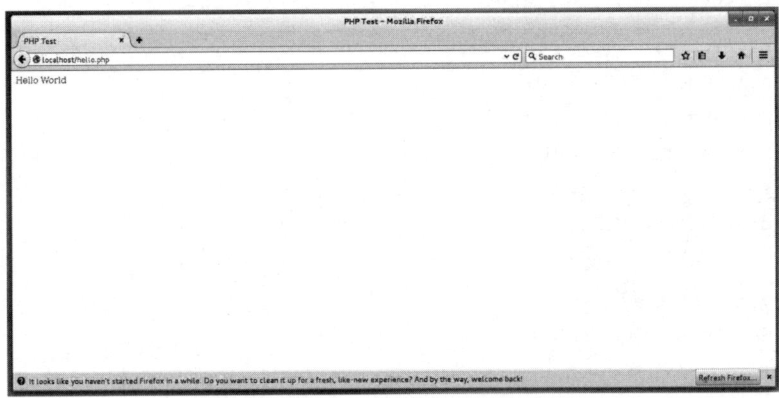

图 21-2　PHP 测试页面

> **可能出现的错误**　IfModule prefork.c 指令用于指定何时加载模块，其中关键元素是 LoadModule 一行，因此不要删除它。

要启用 Perl 脚本，请执行以下步骤。

步骤 1. 确保系统上已经安装了 Apache 的 Perl 模块，例如，在 CentOS 系统上使用如下所示的命令来验证是否已经安装 Perl 模块：

```
[root@localhost ~]# yum list installed | grep mod_perl
mod_perl.x86_64                    2.0.8-10.20140624svn1602105.el7 @epel
```

步骤 2. 验证 mod_perl.so 文件是否在 Apache Web 服务器的模块目录里，这个文件应该在安装 mod_perl 软件包的时候安装了。在 CentOS 系统上，Apache Web 服务器模块存放在 /etc/httpd/modules 目录里。

```
[root@localhost ~]# ls /etc/httpd/modules/*perl*
/etc/httpd/modules/mod_perl.so
```

步骤 3. 配置 Apache Web 服务器以启用 Perl，这可以通过修改主配置文件或在 include 目录里创建单独的配置文件来完成，如下所示：

```
[root@localhost ~]# cat /etc/httpd/conf.modules.d/02-perl.conf
#
# Mod_perl incorporates a Perl interpreter into the Apache web server,
# so that the Apache web server can directly execute Perl code.
# Mod_perl links the Perl runtime library into the Apache web server
# and provides an object-oriented Perl interface for Apache's C
# language API. The end result is a quicker CGI script turnaround
# process, since no external Perl interpreter has to be started.
#
LoadModule perl_module modules/mod_perl.so
```

步骤 4. 在 Apache Web 服务器主配置文件中加入如下内容：

```
<Directory /var/www/html/perl>
AllowOverride All
SetHandler perl-script
PerlHandler ModPerl::Registry
PerlOptions +ParseHeaders
Options ExecCGI
Order allow,deny
Allow from all
</Directory>
```

上述配置允许在 /var/www/html/perl 目录里存放 Perl 脚本。

步骤 5. 重启 Apache Web 服务器。

那如何判断 Web 服务器是否能正常工作呢？首先，在 /var/www/html/perl 目录创建一个名为 hello.pl 的文件，文件内容如下所示：

```
print "Content-type: text/plain\r\n\r\n";
print "hello\n";
```

然后，通过在浏览器中访问 localhost/perl/hello.pl 这个 URL 来测试脚本，结果应该如图 21-3 所示。

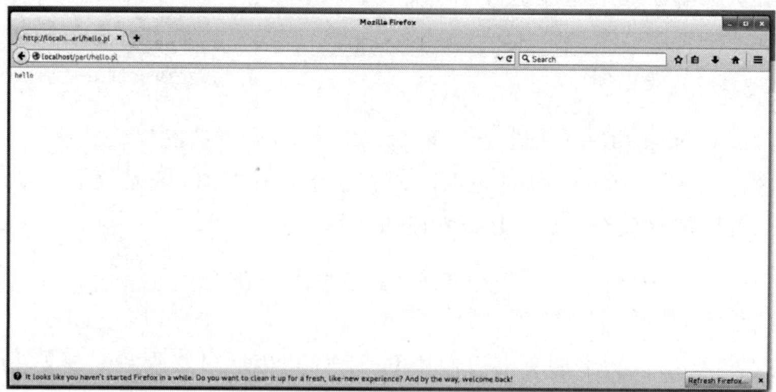

图 21-3 Perl 测试页面

可能出现的错误　在比较旧的系统上，需要安装的软件包的名称可能不同（例如，apache-mod_perl 或者 libapache2-mod-perl2）。

安全提醒

出于安全目的，可能希望使用重定向语句将 Perl 脚本存储在另一个位置。这可以通过 Alias 指令实现，如下所示：

```
Alias /perl/ /var/httpd/perl/
```

现在，当访问 Web 服务器上 /perl 目录下的文件时，Apache Web 服务器将会在 /var/httpd/perl 目录中查找。

21.3　Apache Web 服务器安全

公司的 Web 服务器将被放置在一台从因特网上可访问的机器上，并且所有喜欢利用漏洞的“坏蛋们”都可以访问它。保护 Web 服务器有许多通用的方法，包括以下几种：

- 限制系统上的用户数量。
- 只安装系统正常运行所需的最少软件。
- 限制在系统上运行的进程。
- 使用文件权限保护关键目录和文件（或者，可能是在第 9 章中讨论过的 SELinux）。
- 使用防火墙（在第 31 章中介绍）。

除了系统的安全外，Apache Web 服务器自身也有一些设置用于提高安全性。

21.3.1　基本配置

在 Apache Web 服务器的主配置文件里，可以使用如下设置限制客户端的访问：

```
StartServers 10
MinSpareServers 5
MaxSpareServers 15
MaxClients 150
MaxRequestsPerChild 5000
```

关于这些设置的详细说明见表 21-2。

表 21-2　Apache Web 服务器限制客户端的设置

设　置	说　明
StartServers	当 Apache Web 服务器启动时，会先以 root 用户身份启动一个进程，这个进程不处理客户端的请求。其他以 Apache 用户（或其他非 root 用户）身份启动的进程才会处理客户端的请求。这样在进程运行时可以保护系统，因为 Apache 用户对系统文件的访问有限。

（续）

设　置	说　明
StartServers	StartServers 指定以 Apache 用户身份运行的进程数。例 21-1 为 StartServers 的值设置为 10 时如何导致多个 httpd 进程运行。 这个选项的值取决于 Web 服务器的负载，在负载很低的 Web 服务器上启动数十个进程会导致系统资源的浪费。当许多客户端连接到服务器时，如果没有启动足够多的进程又会导致性能问题
MinSpareServers	当客户端发起请求后，httpd 进程被分配处理这些请求。一个 httpd 进程一旦被分配给一个客户端后，在它处理完这个客户端的请求前它就不能处理其他客户端的请求。需要启动新的 httpd 进程（才能处理新的客户端请求），MinSpareServers 指令确保一直都有指定数量的 httpd 进程存在
MaxSpareServers	如果 Apache Web 服务器上的请求量减少，可能会有一堆 httpd 进程“闲置”着等待客户端的请求。MaxSpareServers 指令用于告诉 Apache 在不使用时“杀掉”多余的 httpd 进程
MaxClients	在某种意义上，这可以称为 MaxServers。回想一下，每个服务器进程处理一个客户端的请求。如果 MaxClients 指令设置为 150，那么最多将启动 150 个服务器进程。因此，客户端的最大连接数量也是 150
MaxRequestsPerChild	在拒绝服务（DoS）攻击中，多个客户端可能会向 Apache Web 服务发送大量请求。如果这些客户端机器足够多（达到 MaxClients 的数量），那么这种攻击可以有效地使 Web 服务器瘫痪。 把 MaxRequestPerChild 的值设置为类似 5000 这样的值可以限制 DoS 攻击的效果㊀

例 21-1　启动的多个 httpd 进程

```
[root@localhost perl]# ps -fe | grep httpd
root      24007     1  2 17:02 ?        00:00:00 /usr/sbin/httpd -DFOREGROUND
apache    24009 24007  0 17:02 ?        00:00:00 /usr/sbin/httpd -DFOREGROUND
apache    24010 24007  0 17:02 ?        00:00:00 /usr/sbin/httpd -DFOREGROUND
apache    24011 24007  0 17:02 ?        00:00:00 /usr/sbin/httpd -DFOREGROUND
apache    24012 24007  0 17:02 ?        00:00:00 /usr/sbin/httpd -DFOREGROUND
apache    24013 24007  0 17:02 ?        00:00:00 /usr/sbin/httpd -DFOREGROUND
apache    24014 24007  0 17:02 ?        00:00:00 /usr/sbin/httpd -DFOREGROUND
apache    24015 24007  0 17:02 ?        00:00:00 /usr/sbin/httpd -DFOREGROUND
apache    24016 24007  0 17:02 ?        00:00:00 /usr/sbin/httpd -DFOREGROUND
apache    24017 24007  0 17:02 ?        00:00:00 /usr/sbin/httpd -DFOREGROUND
apache    24018 24007  0 17:02 ?        00:00:00 /usr/sbin/httpd -DFOREGROUND
```

㊀ MaxRequestPerChild 单个子进程处理客户端请求的最大数，当达到这个值后，该子进程会退出。官方文档参见 http://httpd.apache.org/docs/2.2/mod/mpm_common.html#maxrequestsperchild。——译者注

21.3.2　用户认证

在一个公共的 Web 服务器上，可能想要限制对指定目录的访问，这可以通过配置一种认证方式来实现，客户端用户有相应的用户名和密码才能访问（注意这里的用户不是通常我们说的用户名，而是特指 Apache Web 服务器的用户）。

要使用这个功能，需要确保 mod_auth 模块已经加载。mod_auth 可以从主配置文件中加载，也可以在 include 目录里加载。

要保护网站的部分内容，需要创建一个密码文件，执行 htpasswd 命令，如下所示：

```
[root@localhost ~]# htpasswd -c /etc/httpd/conf/password bob
New password:
Re-type new password:
Adding password for user bob
```

-c 选项表示创建一个密码文件，-c 选项后面的参数是密码文件的路径，应该把密码文件保存在一个安全的路径下，/etc/httpd/conf 目录就是一个不错的地方（或 Apache Web 服务器的配置文件所在的其他路径），最后一个参数（bob）是要创建的用户名。

为指定目录启用认证有两种方法，一种是在主配置文件中，添加如下所示的内容：

```
<Directory /var/www/html/secure>
AuthName "Secure folder"
AuthType Basic
AuthUserFile /etc/httpd/conf/password
Require valid-user
</Directory>
```

还可以在 /var/www/html/secure 目录下创建一个名为 .htaccess 的文件，文件内容如下：

```
AuthName "Secure folder"
AuthType Basic
AuthUserFile /etc/httpd/conf/password
Require valid-user
```

21.4　虚拟主机

在某些情况下，可能希望在一台物理机器上托管多个网站。如公司有多个网站需要管理，那么将所有的网站放在一个系统上可以省去许多管理工作。此外，网站托管服务商通常就是多个客户共享一台物理机器。

在一个主机上托管多个网站，需要使用虚拟主机，有两种方法。

- **基于 IP 的虚拟主机**：使用这种技术，每个 Web 网站都需要一个单独的 IP 地址。这意味着需要知道如何为单个网络接口配置多个 IP 地址（又被称为 IP 别名）或安装多个网卡。虽然本章的重点是在 Apache Web 服务器上如何配置此功能，但配置多个 IP 地址很容易。

- **基于域名的虚拟主机**：这是两种方法中比较常见的一种。所有的 Web 网站共享一个 IP 地址，当 Web 服务器接收到客户端请求时，通过请求本身来判断由哪个网站提供服务。

21.4.1　基于 IP 的虚拟主机配置

此配置中，假设系统已经配置了 www.example.com 和 www.sample.com 这两个域名的 IP 地址。在 Apache Web 服务器主配置文件中，添加例 21-2 中所示的行。

例 21-2　基于 IP 的虚拟机主机配置示例

```
<VirtualHost www.example.com>
ServerAdmin webmaster@mail.example.com
DocumentRoot /var/www/example/html
ServerName www.example.com
ErrorLog /var/log/example/error_log
</VirtualHost>

<VirtualHost www.sample.com>
ServerAdmin webmaster@mail.sample.com
DocumentRoot /var/www/sample/html
ServerName www.sample.com
ErrorLog /var/log/sample/error_log
</VirtualHost>
```

21.4.2　基于域名的虚拟主机配置

此配置中，假设 www.example.com 和 www.sample.com 这两个域名都解析到 192.168.1.100 的 IP 地址。在 Apache Web 服务器主配置文件中添加如例 21-3 所示的行。

例 21-3　基于域名的虚拟主机配置

```
NameVirtualHost 192.168.1.100

<VirtualHost 192.168.1.100>
ServerName www.example.com
DocumentRoot /var/www/example/html
</VirtualHost>

<VirtualHost 192.168.1.100>
ServerName www.sample.com
DocumentRoot /var/www/sample/html
</VirtualHost>
```

注意　请注意，与本书中涉及的许多主题一样，并不期望你成为该主题的专家，而是希望你了解相关的概念和一些配置选项。关于虚拟主机，还有很多的技术，然而，这本书的重点是提供必要的知识。

例如，在配置基于 IP 的虚拟主机时，可以选择配置多个 Apache 守护进程，而不是一个守护进程响应多个 IP 地址。

关键是，如果你真的想成为 Apache Web 服务器管理员，那么除了本书提供的内容之外，还有很多东西需要学习！

对话学习——基于 IP 的虚拟主机和基于域名的虚拟主机

Gary：嘿，Julia，我正在配置 Web 服务器，不确定应该使用哪种技术。

Julia：你说的“哪种技术”是什么意思？

Gary：我需要在一个系统上配置三个 Web 服务器，我可以使用基于 IP 的方法，也可以使用基于域名的方法。

Julia：嗯，是的。如果你是一个 Web 服务器提供商，想要在一台机器上托管多个不同的网站，通常会使用基于 IP 的技术。

Gary：这是为什么呢？

Julia：请记住，使用基于 IP 的方法，你可能只有一张网卡，并且将为该张网卡分配多个 IP 地址。这对于一个网站托管公司来说是合理的，因为他们不想安装一堆网卡，而且每个网站应该有一个单独的 IP 地址。

Gary：那么这就是最好的解决方案吗？

Julia：也不一定，这些网站是打算提供给内部访问还是给因特网访问？

Gary：仅内部可访问。

Julia：那么使用基于域名的技术会更简单，网卡上只需要配置一个 IP 地址，而你只需要更新名称服务器，让它为每个域名提供相同的 IP 地址即可。

Gary：对这种情况来说，这是最好的方案。谢谢你，Julia。

21.5　HTTPS

今天是发薪日，是时候登录网上银行去支付账单了。输入银行的 URL 后发现 https:// 这几个字母神奇地出现在了网站名称前面。本章前面已经介绍过 HTTP，但是现在在这个缩写后面添加了一个 s。

HTTPS 是一种更新且更安全的协议。大多数人称之为 HTTP Secure 或 HTTP SSL（SSL 代表安全套接字层，一种基于安全的协议）。HTTPS 有两个主要优势：第一，网站的身份是经过认证的；第二，客户端（Web 浏览器）和服务器（Web 服务器）之间交换的数据更安全，因为数据是经过加密的。

注意　如果查看关于HTTPS的文档，会发现一种名为TLS（传输层安全性）的新加密协议现在也很常用。TLS被设计来替代SSL，但是社区通常将TLS称为SSL。

在管理Apache Web服务器时，应该知道HTTPS使用443端口，而HTTP使用80端口进行网络通信。

21.5.1　SSL基础

SSL使用的技术称为非对称加密（也称为PKC，或公钥加密）。对于非对称加密，使用两个密钥，公钥和私钥。这些密钥用于加密和解密数据。

公钥用于加密发送给Apache Web服务器的数据，公钥会在请求时发给所有的客户端使用。例如，当Web浏览器第一次连接到使用SSL的Apache Web服务器时，Web浏览器请求服务器的公钥，服务器会把公钥免费发送给Web浏览器。

从Web浏览器发往服务器的其他数据（例如用户名和密码）都会使用这个公钥进行加密。加密后的数据只能由服务器使用对应的私钥进行解密，这也是术语非对称加密算法起作用的地方。使用对称加密算法时，加密和解密数据都使用相同的密钥。当使用非对称加密时，则需要两个单独的密钥，一个用于加密，另一个用于解密。这意味着只有Web服务器才能解密由Web浏览器发送的数据。

你可能想知道Web浏览器如何真正知道它访问的是正确的Web服务器，而不是某个“流氓”Web服务器。当Web服务器发送公钥时，它包含一个数字签名（也称为消息摘要）。这个数字签名可以发送到CA（Certificate Authority，认证授权机构）服务器进行验证，CA服务器是一个用于验证数字签名的受信任的第三方系统。

从用户的角度来看，所有这些都是在幕后进行的，并且是完全透明的——至少在出现问题并在浏览器上显示警告信息之前是如此。由于数字证书通常有一个过期日期，最常见的问题是证书过期后没有更新，或者用户更改了计算机上的日期！

图21-4给出了这个过程的可视化示例。

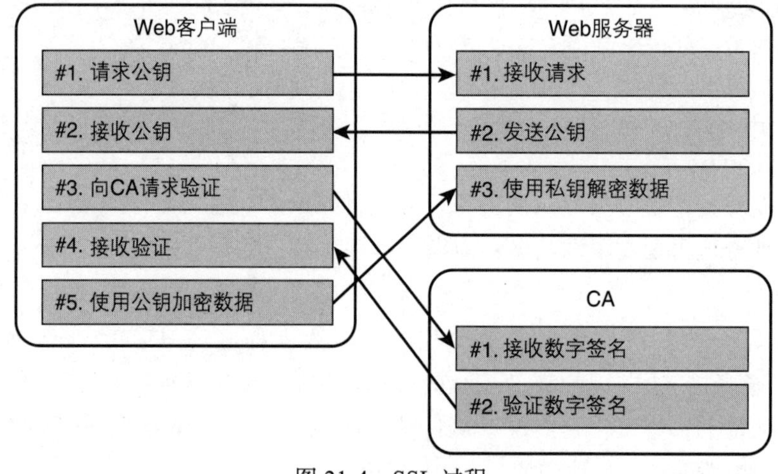

图21-4　SSL过程

21.5.2 SSL 的问题

SSL 并不是一个完美的解决方案。以下是关于 SSL 使用的一些安全问题：

- 拥有大量的 CA 计算机会增加其中一台计算机受到攻击的概率。大多数 Web 浏览器都有大量可用的 CA。
- 信任也是一个问题。数字签名的目的是让 Web 浏览器不会盲目信任与之通信的网站。然而，Web 浏览器却盲目地信任 CA，至少在某种程度上是这样。CA 有一个层次结构，顶部是根 CA。其理念是，子 CA 是可信任的，因为它的父 CA 这么说，但是在结构的顶部，根 CA 没有办法说“相信我，因为其他 CA 这么说”。它基本上是说“相信我，因为我是根 CA”。
- 中间人攻击也是可行的。当通过路由器（通常是不受信任的无线路由器）连接时，可以利用该连接并在数据通过时读取数据。
- 如果有虚拟主机，SSL 也是一个挑战。每个虚拟主机都应该有自己的数字签名。但是，当客户端（Web 浏览器）第一次与服务器（Apache Web 服务器）联系时，客户端在请求公钥时没有包含网站的名称。因此，服务器不知道要向客户端发送哪个数字签名。这个问题有许多解决办法，其细节超出了本书的范围，但在使用 SSL 时，应该了解由虚拟主机引起的这个问题。
- 与任何非对称加密技术一样，私钥的安全性至关重要。如果这个密钥能任意访问，则加密的数据可能会受到危害。

21.5.3 自签名

需要注意的是，并不是所有的网站都使用第三方 CA 来验证网站的身份（希望你的银行是这样做的），对于公司来说，让第三方 CA 执行验证需要成本。因此，对于较小的公司，使用自签名证书也并不少见。

本质上，自签名证书不需要第三方 CA 进行验证。使用自签名证书时，Web 服务器将显示其公钥和数字签名，数字签名的本质是“相信我，我就是正确的网站”。

21.6 SSL 与 Apache

可以用几种不同的方式实现 SSL。本节采用的技术是使用名为 mod_ssl 的模块。另一种方法是使用名为 Apache-SSL 的 Apache Web 服务器，这是 Apache Web 服务器核心和 OpenSSL 的组合产品。一些商业产品还提供基于 SSL 的 Apache Web 服务器定制。

使用 mod_ssl 很简单，只需在 Apache 配置文件中添加如下所示的行：

```
LoadModule ssl_module /path/to/modules/mod_ssl.so
```

事实上，可能比这个更简单，在安装完 mod_ssl 软件包后，就自动完成了该配置过程。例如，在常用的 CentOS 系统上，安装好 mod_ssl 软件包后，就会有如下所示的文件：

```
[root@localhost ~]# ls /etc/httpd/conf.modules.d
00-base.conf  00-lua.conf  00-proxy.conf  00-systemd.conf  02-perl.conf
00-dav.conf   00-mpm.conf  00-ssl.conf    01-cgi.conf      10-php.conf
[root@localhost ~]# more /etc/httpd/conf.modules.d/00-ssl.conf
LoadModule ssl_module modules/mod_ssl.so
```

回想一下，本章前面在 CentOS 系统上配置 Apache Web 服务器的过程中提到过 /etc/htppd/conf.modules.d 目录中的文件。

如果现在重新启动 Apache Web 服务器，将同时接受 HTTP 和 HTTPS 的请求。你很可能只想接受 HTTPS 请求。但是，现在这就带来了一个问题，因为如果此时尝试通过 HTTPS 连接到 Web 服务器，应该会得到如图 21-5 所示的警告消息。

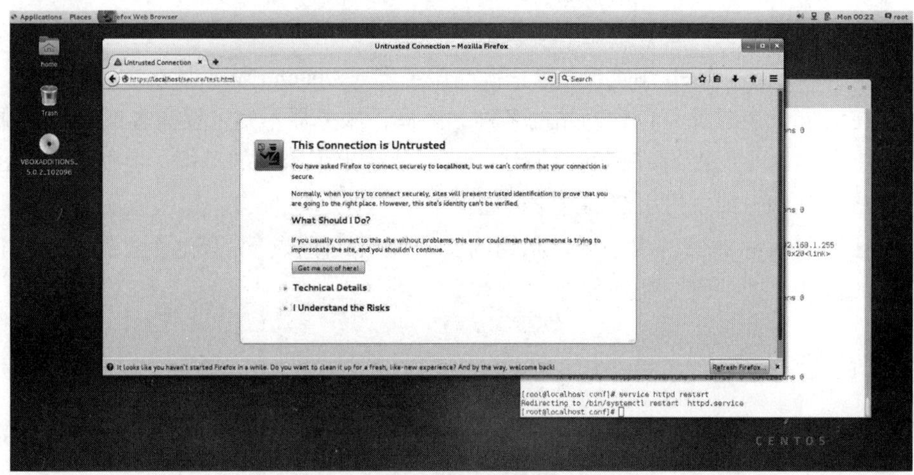

图 21-5　Web 浏览器的警告消息

出现这个警告是因为还没有设置数字签名，并让 CA 对其进行签名。下一节将讲述此操作。

21.6.1 SSL 服务器证书

要创建 SSL 证书，必须先安装 openssl 软件包。回想一下，有两种方法可选，其中一种是让 CA 签发证书，另一种是自行签发证书。如果要使用 CA，先执行 openssl 命令生成一个 RSA 密钥文件，语法如下：

```
[root@localhost ~]# openssl genrsa -des3 -out server.key 1024
Generating RSA private key, 1024 bit long modulus
..++++++
..............................................................................
..............++++++
```

```
e is 65537 (0x10001)
Enter pass phrase for server.key:
Verifying - Enter pass phrase for server.key:
```

参数 genrsa 告诉 openssl 命令创建一个 RSA 的密钥文件，另一个选择是生成 DSA 的密钥文件。但是，这种场景下，通常首选 RSA。DSA 在签名时更快，但在验证时很慢（在 Web 服务器的场景，验证比签名频繁得多）。

> **注意**　RSA 代表什么？这个字母缩写是由这项技术的发明者的姓氏的首字母组成，Ron Rivest、Adi Shamir 和 Leonard Adleman。DSA 代表什么？它代表数字签名算法。

-des3 选项指定加密的算法（三重 DES），参数 server.key 代表保存密钥的文件，参数 1024 指定密钥的大小，单位是位（bit）。

下一步是执行如例 21-4 所示的命令生成 CSR 文件（证书签名请求文件）。

例 21-4　生成 CSR 文件

```
[root@localhost ~]# openssl req -new -key server.key -out server.csr
Enter pass phrase for server.key:
You are about to be asked to enter information that will be incorporated
into your certificate request.
What you are about to enter is what is called a Distinguished Name or a DN.
There are quite a few fields but you can leave some blank
For some fields there will be a default value,
If you enter '.', the field will be left blank.
-----
Country Name (2 letter code) [XX]:US
State or Province Name (full name) []:CA
Locality Name (eg, city) [Default City]:San Diego
Organization Name (eg, company) [Default Company Ltd]:OCS
Organizational Unit Name (eg, section) []:
Common Name (eg, your name or your server's hostname) []:OCS
Email Address []:bo@onecoursesource.com

Please enter the following 'extra' attributes
to be sent with your certificate request
A challenge password []:linuxrocks
An optional company name []:
```

参数 req 表示要生成一个 CSR 文件，选项 -new 表示这是一个新的 CSR，选项 -key 用于指定上一步创建的密钥文件，选项 -out 用于指定要创建的 CSR 文件，需要把这个文件发送给 CA 进行签名。

如果是自签名证书，首先需要安装 openssl-perl 软件包，然后执行如例 21-5 所示的命令（请注意，系统上的 CA.pl 文件的具体路径可能会不一样）。

例 21-5　配置 CA

```
[root@localhost ~]# mkdir /tmp/test
[root@localhost ~]# cd /tmp/test
[root@localhost test]#  /etc/pki/tls/misc/CA.pl -newca
CA certificate filename (or enter to create)

Making CA certificate ...
Generating a 2048 bit RSA private key
....................................+++
...+++
writing new private key to '/etc/pki/CA/private/cakey.pem'
Enter PEM pass phrase:
Verifying - Enter PEM pass phrase:
-----
You are about to be asked to enter information that will be incorporated
into your certificate request.
What you are about to enter is what is called a Distinguished Name or a DN.
There are quite a few fields but you can leave some blank
For some fields there will be a default value,
If you enter '.', the field will be left blank.
-----
Country Name (2 letter code) [XX]:US
State or Province Name (full name) []:CA
Locality Name (eg, city) [Default City]:San Diego
Organization Name (eg, company) [Default Company Ltd]:OCS
Organizational Unit Name (eg, section) []:
Common Name (eg, your name or your server's hostname) []:OCS
Email Address []:bo@onecoursesource.com

Please enter the following 'extra' attributes
to be sent with your certificate request
A challenge password []:linuxrocks
An optional company name []:
Using configuration from /etc/pki/tls/openssl.cnf
Enter pass phrase for /etc/pki/CA/private/cakey.pem:
Check that the request matches the signature
Signature ok
Certificate Details:
        Serial Number: 12294451229265977217 (0xaa9eaa4114c35f81)
```

```
        Validity
            Not Before: Dec 14 09:43:55 2017 GMT
            Not After : Dec 13 09:43:55 2020 GMT
        Subject:
            countryName                 = US
            stateOrProvinceName         = CA
            organizationName            = OCS
            commonName                  = OCS
            emailAddress                = bo@onecoursesource.com
        X509v3 extensions:
            X509v3 Subject Key Identifier:
                3F:DD:38:62:16:2A:65:12:09:B8:63:55:E5:9B:AB:2B:24:0A:C1:E0
            X509v3 Authority Key Identifier:
                keyid:3F:DD:38:62:16:2A:65:12:09:B8:63:55:E5:9B:AB:2B:24:0A:C1:E0

            X509v3 Basic Constraints:
                CA:TRUE
Certificate is to be certified until Dec 13 09:43:55 2020 GMT (1095 days)

Write out database with 1 new entries
Data Base Updated
```

注意，/etc/pki/tls/misc/CA.pl 脚本创建了一个名为 /etc/pkil/CA/private/cakey.pem 的文件，这样下一个步骤就能正确工作了。下一步是创建签名请求，如例 21-6 所示。

例 21-6　创建签名请求

```
[root@localhost test]# /etc/pki/tls/misc/CA.pl -newreq
Generating a 2048 bit RSA private key
..................................................+++
..............................................................................
.....+++
writing new private key to 'newkey.pem'
Enter PEM pass phrase:
Verifying - Enter PEM pass phrase:
-----
You are about to be asked to enter information that will be incorporated
into your certificate request.
What you are about to enter is what is called a Distinguished Name or a DN.
There are quite a few fields but you can leave some blank
For some fields there will be a default value,
If you enter '.', the field will be left blank.
-----
Country Name (2 letter code) [XX]:US
State or Province Name (full name) []:CA
```

```
Locality Name (eg, city) [Default City]:San Diego
Organization Name (eg, company) [Default Company Ltd]:OCS
Organizational Unit Name (eg, section) []:
Common Name (eg, your name or your server's hostname) []:OCS
Email Address []:bo@onecoursesource.com

Please enter the following 'extra' attributes
to be sent with your certificate request
A challenge password []:linuxrocks
An optional company name []:
Request is in newreq.pem, private key is in newkey.pem
```

这个过程的最后一步是使用 -signreq 选项执行 CA.pl 脚本进行证书签名，如例 21-7 所示。

例 21-7　对请求进行签名

```
[root@localhost test]# /etc/pki/tls/misc/CA.pl -signreq
Using configuration from /etc/pki/tls/openssl.cnf
Enter pass phrase for /etc/pki/CA/private/cakey.pem:
Check that the request matches the signature
Signature ok
Certificate Details:
        Serial Number: 12294451229265977218 (0xaa9eaa4114c35f82)
        Validity
            Not Before: Dec 15 03:00:07 2017 GMT
            Not After : Dec 14 03:00:07 2020 GMT
        Subject:
            countryName               = US
            stateOrProvinceName       = CA
            localityName              = San Diego
            organizationName          = OCS
            commonName                = OCS
            emailAddress              = bo@onecoursesource.com
        X509v3 extensions:
            X509v3 Basic Constraints:
                CA:FALSE
            Netscape Comment:
                OpenSSL Generated Certificate
            X509v3 Subject Key Identifier:
                C5:04:9F:4C:07:BE:1D:EE:0E:36:44:C7:DF:7B:68:3C:5C:B3:4D:B2
            X509v3 Authority Key Identifier:
                keyid:3F:DD:38:62:16:2A:65:12:09:B8:63:55:E5:9B:AB:2B:24:0A:C1:E0
Certificate is to be certified until Dec 14 03:00:07 2018 GMT (365 days)
Sign the certificate? [y/n]:y
```

```
1 out of 1 certificate requests certified, commit? [y/n]y
Write out database with 1 new entries
Data Base Updated
Signed certificate is in newcert.pem
```

在当前目录下应该产生了 3 个文件：

```
[root@localhost test]# ls
newcert.pem  newkey.pem  newreq.pem
```

但只需要 newcert.pem（经过签名的证书）和 newkey.pem（私钥文件）文件，而不再需要 newreq.pem 文件，因为它只是用于生成签名请求。

安全提醒

这些文件的文件名是通用的，更改文件名并放置到不同的路径是一种很好的做法。通常用于保存证书的两个路径是 /etc/ssl 目录和 /etc/pki 目录。

```
[root@localhost test]# mv newcert.pem /etc/ssl/example.com-cert.pem
[root@localhost test]# mv newkey.pem /etc/ssl/example.com-private.pem
[root@localhost test]# rm newreq.pem
rm: remove regular file 'newreq.pem'? y.
```

21.6.2 Apache SSL 指令

要使用证书和私钥文件，需要在 Apache Web 服务器配置文件里使用 SSLCertificateFile 和 SSLCertificateKeyFile 指令。

```
SSLCertificateFile /etc/ssl/example.com-cert.pem
SSLCertificateKeyFile /etc/ssl/example.com-private.pem
```

除了这些 Apache SSL 相关的指令，还应该了解表 21-3 中所示的指令。

表 21-3 Apache SSL 关键指令

指　令	说　明
SSLEngine	把这个指令的值设置为 off（或 on）来停用（或启用）SSL。这个指令很有用，因为可以在虚拟主机中使用它来为特定的虚拟主机启用 SSL
SSLCertificateChainFile	CA 是一个层级结构，最上层的是根 CA。大多数情况下，Web 浏览器能识别出 CA 链并最终找到根 CA，但如果出现问题，可以在证书中插入这些信息（在文件的尾部列出，一个 CA 占一行，根 CA 在最后）。 创建这个复杂的文件超出了本书的范围，但如果这个文件存在，使用 SSLCertificateChainFile 指令指定该文件，而不是使用 SSLCertificateFile 指令
SSLCACertificateFile	到目前为止，所描述的身份验证是单向的，即客户端验证服务器。但是，可以在服务器上设置一个文件，该文件可用于对客户端进行身份验证。 一个包含 CA 所有证书的文件可以用来实现这个目的。如果有这样一个文件，请使用 SSLCACertificateFile 来指定它的位置

（续）

指 令	说 明
SSLCACertificatePath	和 SSLCACertificateFile 指令类似，SSLCACertificatePath 指令也是用来认证客户端。与其把 CA 的所有证书都保存在一个文件里，还不如将证书保存在单独的文件里，统一存放在一个目录下，SSLCACertificatePath 指令用于指定这个目录的路径
SSLProtocol	回想一下，SSL 指的是安全套接字层（SSL）或传输层安全（TLS）。通过使用 SSLProtocol 指令可指定具体要使用的协议及其版本。在需要向下兼容一些旧协议或想要具体指定某个版本时这个指令很有用。 SSLProtocol 指令的参数包括 SSLv2、SSLv2、SSLv3、TLSv1、TLSv1.1、TLSv1.2 和 ALL
SSLCipherSuite	SSLCipherSuite 指令用于指定创建公钥 / 私钥对时的算法（如 RSA）。还有一些其他的算法，但考试时不需要记住这些类型
ServerTokens	出于安全原因，可能希望限制客户端收到的有关服务器的信息量。 ServerTokens 指令允许指定在响应头字段中返回的信息。 例如，ServerTokens Prod 只返回 Web 服务器的类型（Apache），而 ServerTokens OS 会返回 Web 服务器的类型（Apache）、Web 服务器的版本（例如，2.4.1）以及操作系统的类型（Linux）。 这个指令还能控制由 ServerSignature 指令（在 Apache 2.0.44 及其以上版本可用）提供的信息
ServerSignature	该指令与 Apache Web 服务器生成的页面有关，用于在页脚里提供一些有用的信息便于调试。它可以设置为 On 或 Off。 这个指令还可以利用 ServerTokens 指令往页面里添加服务器和操作系统的相关信息
TraceEnable	SSL 跟踪用于调试的目的。默认情况下，它通常被关闭。将 TraceEnable 指令设置为 On 以启用 SSL 跟踪功能

21.7 代理服务器

代理服务器是一种用于使服务器和客户端之间的通信更容易的系统。根据代理服务器的工作方式，有几种不同的类型，各自的优点也不同。这些代理服务器包括隧道代理服务器、正向代理服务器和反向代理服务器。

21.7.1 隧道代理

这种类型的代理被设计成两个网络之间的网关，例如一个 IPv4 的网络需要与一个 IPv6 的网络进行通信。隧道代理的示意图，见图 21-6。

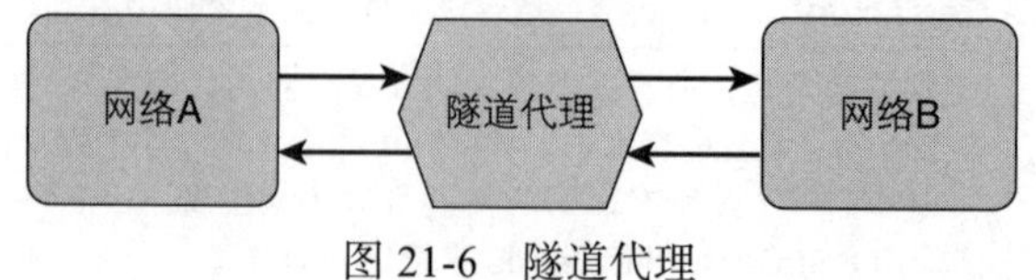

图 21-6 隧道代理

21.7.2　正向代理

这种类型的代理工作在整个通信的客户端一侧。例如，Web 浏览器可以指向一个代理服务器而不是直接和 Web 服务器进行通信。通常，当人们提及代理服务器时，指的都是正向代理。正向代理的示意图，见图 21-7。

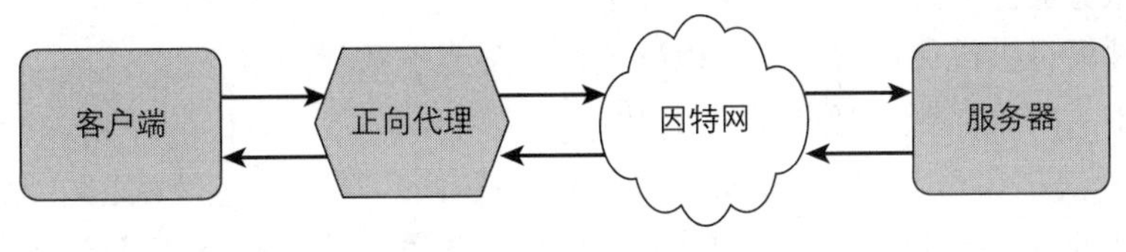

图 21-7　正向代理

正向代理有几个重要的功能：

- 可以作为访问外部资源的过滤器。
- 可以充当客户端与服务器端之间的缓冲。因为服务器“看到”的是来自代理的请求，而不是最初的客户端。这样可隐藏客户端的一些数据，例如它的 IP 地址或位置。一些用户喜欢这样，因为这样可以匿名访问。这样还可以绕过一些限制（例如，网站只允许来自某个地理区域的客户端访问），在这种情况下，位于这个地理区域的代理服务器可以正常访问该网站。
- 代理服务器能缓存静态数据（例如，网站的静态页面）。当多个客户端尝试获取相同的数据时，代理服务器能通过直接返回数据来加速请求，而不是反复去向网站发起请求。
- 代理服务器可用来记录客户端的操作。

21.7.3　反向代理

反向代理服务器是配置在服务器一侧的。例如，可以让 Web 客户端先连接到反向代理服务器，而不是直接连接到公司的 Web 服务器。然后反向代理服务器与 Web 服务器通信来获取所需的数据。反向代理服务器示意图见图 21-8。

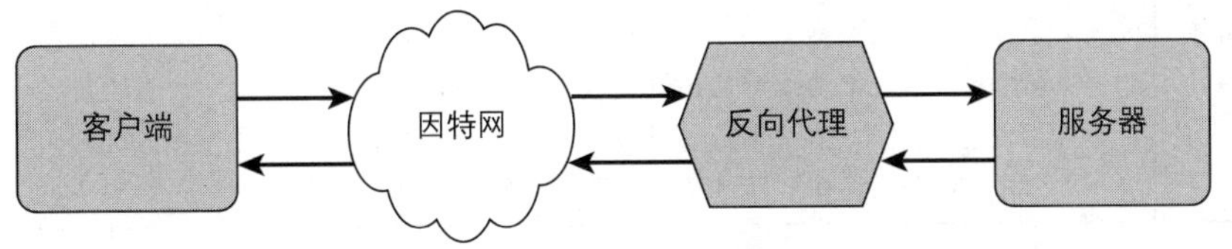

图 21-8　反向代理服务器

使用反向代理有几个好处：

- 代理服务器可提供负载均衡，因为它可以向多个 Web 服务器发起请求。
- 代理服务器可以通过缓存静态数据来减小 Web 服务器的压力。

- 对于使用 SSL 的 Web 服务器，代理服务器可执行 SSL 的操作，而不是 Web 服务器执行 SSL 的操作，如果代理服务器配备了 SSL 的加速硬件，则优势更明显。
- 代理服务器可以有效地向客户端隐藏 Web 服务器，使 Web 服务器更安全。客户端没有直接访问 Web 服务器，所以更难以渗透 Web 服务器。
- 代理服务器能通过压缩数据来优化通信、提高数据传输的速度。

许多软件项目提供代理服务器，以下是两种最常见的代理服务器。

- Squid：该软件既可以作为正向代理，又可以作为反向代理使用，起源于科罗拉多大学博尔得分校开发的 Harvest Object Cache 项目，它是从这个原始项目派生（fork）出来的项目，并命名为 Squid（此处，派生是指这个项目是从另外一个项目的源代码开始）。它的商业版本（NetCache）也是从这个项目派生，但现在已不再继续开发。本章主要讨论如何将 Squid 配置为代理服务器。
- Nginx（发音是“engine x”）：Nginx 可以作为多个协议的反向代理服务器，包括 HTTP 和 HTTPS。通常，它用来为 Web 服务器提供负载均衡和缓存功能，还可以单独作为 Web 服务器使用。

21.7.4　Squid 基础

虽然在常见的 Linux 发行版上默认安装 Apache Web 服务器相当常见，但是默认安装 Squid 则不常见。因此，第一个任务是使用软件包管理器（yum 或 apt-get，详细信息请参阅第 26 章和第 27 章）安装 Squid。

安装后会生成一个基本的 Squid 配置文件（squid.conf），通常位于 /etc/squid/ 目录下，表 21-4 描述了一些应该要熟悉的设置。

表 21-4　Squid 配置设置

Squid 设置	说　明
cache_dir	当 Squid 作为正向代理使用时，应该配置为缓存静态数据，要这样配置，使用如下设置。 cache_dir ufs /var/spool/squid 100 16 256 以下是这个设置的参数： • ufs 表示存储的类型 • /var/spool/squid/ 是缓存目录的路径 • 100 是全部缓存文件占用的最大空间，单位是 MB • 16 和 256 表示将在缓存目录里创建多少个一级和二级子目录
http_port	Squid 服务器接收 HTTP 请求的监听端口，通常设置为 3128，但设置为 8080 也很常见。 例如：http_port 3128
auth_param	这个选项通过各种认证方式对客户端进行认证。例如，可以使用 LDAP 或 Samba 服务器进行认证。 在大多数情况下，通过配置允许访问的客户端来限制对 Squid 服务器的访问

（续）

Squid 设置	说　明
acl	通过此选项能够将来源和目标网段、IP 地址、端口和其他安全设置组合在一起，并分配一个名称。当想要允许或拒绝访问 Squid 服务器时，这个设置非常有用。acl 选项将在下一节中详细介绍。 注意：术语 ACL 代表“访问控制列表”
http_access	此选项用于指定哪一个 acl 允许使用当前 Squid 服务器作为正向代理服务器。http_access 选项将在下一节中详细介绍

Squid 访问规则

大多数情况下，只允许指定的系统能访问公司的 Squid 服务器。要实现这个效果，可以先使用 acl 语句创建一个计算机组，然后使用 http_access 语句允许（或拒绝）这个组的访问。

默认的 Squid 配置文件里通常同时有 acl 和 http_access 语句。这不仅帮助提供应该允许哪些系统访问 Squid 服务器的基准配置，还演示了 acl 和 http_access 语句的语法规则来帮助你。有关默认的 squid.conf 文件内容参见例 21-8。

例 21-8　默认的 squid.conf 文件

```
[root@localhost ~]# grep -v '^#' /etc/squid/squid.conf | grep -v '^$'
acl localnet src 10.0.0.0/8     # RFC1918 possible internal network
acl localnet src 172.16.0.0/12  # RFC1918 possible internal network
acl localnet src 192.168.0.0/16 # RFC1918 possible internal network
acl localnet src fc00::/7       # RFC 4193 local private network range
acl localnet src fe80::/10      # RFC 4291 link-local (directly plugged) machines
acl SSL_ports port 443
acl Safe_ports port 80          # http
acl Safe_ports port 21          # ftp
acl Safe_ports port 443         # https
acl Safe_ports port 70          # gopher
acl Safe_ports port 210         # wais
acl Safe_ports port 1025-65535  # unregistered ports
acl Safe_ports port 280         # http-mgmt
acl Safe_ports port 488         # gss-http
acl Safe_ports port 591         # filemaker
acl Safe_ports port 777         # multiling http
acl CONNECT method CONNECT
http_access deny !Safe_ports
http_access deny CONNECT !SSL_ports
http_access allow localhost manager
http_access deny manager
```

```
http_access allow localnet
http_access allow localhost
http_access deny all
http_port 3128
coredump_dir /var/spool/squid
refresh_pattern ^ftp:            1440    20%    10080
refresh_pattern ^gopher:         1440    0%     1440
refresh_pattern -i (/cgi-bin/|\?) 0      0%     0
refresh_pattern .               0       20%    4320
```

acl 语句的基本语法是：

```
acl name type data
```

name 是一个编出来的名称，例如，在下面的这些条目中，localnet 不是什么特殊的预定义的名称，而是基于它所表示的内容（本地网络）而取的一个名称。

```
acl localnet src 10.0.0.0/8      # RFC1918 possible internal network
acl localnet src 172.16.0.0/12   # RFC1918 possible internal network
acl localnet src 192.168.0.0/16  # RFC1918 possible internal network
acl localnet src fc00::/7        # RFC 4193 local private network range
acl localnet src fe80::/10       # RFC 4291 link-local (directly plugged) machines
```

type 有很多的值，它们用来向 Squid 表明此 acl 定义的是哪种类型的数据，下面是最有可能使用到的一些类型。

- src：表示是来源 IP 地址或来源网络地址。来源是指发起请求的一方。
- dest：表示是目的 IP 地址或目的网络地址。目的地址是数据包最终要被发往的地址。
- time：用于描述时间，当希望在指定的时间或日期允许访问代理服务器时很有用。
- Safe_ports：允许 HTTP 连接的端口。
- SSL_ports：允许 SSL 连接的端口。

注意在例 21-8 里有多个 acl localnet src 行，也可以写成一行，只是可读性较差而已。

```
acl localnet src 10.0.0.0/8 172.16.0.0/12 192.168.0.0/16 fc00::/7 fe80::/10
```

在配置文件后面使用 localnet 的值时，指的是匹配 localnet 行中的值的所有 IP 地址。

内置的 ACL

Squid 配置文件中已经定义了以下访问控制列表。

- all：代表全部主机。
- manager：用于管理 Squid 缓存的特殊 ACL。
- localhost：代表来源 IP 地址是本地主机（服务器本身）。如果需要在 src 设置里引用本地主机，请使用此选项。

- to_localhost：代表目的 IP 地址是本地主机（服务器本身）。如果需要在 dst 设置里引用本地主机，请使用此选项。

理解 squid 规则

注意例 21-8 输出中的以下几行：

```
http_access deny !Safe_ports
http_access deny CONNECT !SSL_ports
http_access allow localhost manager
http_access deny manager
http_access allow localnet
http_access allow localhost
http_access deny all
```

在这里，http_access 使用配置文件中的数据来确定哪些端口可用，以及哪些系统可以连接到 Squid 代理服务器。下面的列表描述了例 21-8 输出的每个 http_access 行。

- http_access deny !Safe_ports：拒绝访问所有与 Safe_ports ACL 不匹配的端口。默认情况下允许所有其他的端口。
- http_access deny CONNECT !SSL_ports：拒绝使用 SSL 连接到 Squid 代理服务器的所有与 SSL_ports ACL 不匹配的端口，默认情况下允许所有其他的端口。
- http_access allow localhost manager：允许匹配 localhost ACL 的主机访问缓存管理器。
- http_access deny manager：拒绝其他主机访问缓存管理器。此处的顺序很重要，如果这行出现在 http_access allow localhost manager 行前面，那么这条 allow 语句就没有意义了。
- http_access allow localnet：允许匹配 localnet ACL 的主机使用 Squid 代理服务器。
- http_access allow localhost：允许匹配 localhost ACL 的主机使用 Squid 代理服务器。
- http_access deny all：拒绝所有其他主机访问 Squid 代理服务器。同样，这里的顺序也很重要，因此这行应该位于所有的 http_access 行之后。

21.7.5　Nginx 配置

如果要配置反向代理服务器，还可以选择使用 Nginx（发音是“engine x”）。它既可以作为反向代理服务器，还可以作为独立的 Web 服务器。

> **注意**　当为公司网站选择使用 Web 服务器时，通常选择 Apache Web 服务器或者选择 Nginx，对这两者的比较超出了本书的范围，但是在实际使用时，应该花一些时间和精力来了解每个软件的优缺点。

Nginx 作为反向代理服务器时提供了以下几个特性。

- **负载均衡**：Nginx 可以在多个后端 Web 服务器之间实现负载均衡功能。但要了解从 2013 年开始，这个功能只在 Nginx Plus 上可用，Nginx Plus 是 Nginx 的商业版本，需要购买支持合同[⊖]。
- **网页加速**：这由一系列特性提供，包括压缩入站和出站的数据，以及缓存网页静态资源。这个特性在开源版 Nginx 和 Nginx Plus 上都可用。
- **支持多种协议**：除了支持 HTTP 的反向代理外，Nginx 还支持 TCP、IMAP、POP3 和 SMTP 的反向代理。开源版和商业版的支持等级不同。
- **认证**：除了 SSL 之外，Nginx 还支持其他的身份认证方式，而且还提供带宽管理特性。

在常用的 Linux 发行版上默认安装 Apache Web 服务器很常见，但默认安装 Nginx 却不常见。因此，第一个任务就是使用软件包管理器（yum 或 apt-get）安装 Nginx。

完成安装后，会产生一个新的 Nginx 配置文件 /etc/nginx/nginx.conf。默认的配置文件把 Nginx 作为 Web 服务器使用，文件内容如例 21-9 所示。

例 21-9　默认的 nginx.conf 文件

```
[root@localhost nginx]# more nginx.conf.backup
# For more information on configuration, see:
#   * Official English Documentation: http://nginx.org/en/docs/
#   * Official Russian Documentation: http://nginx.org/ru/docs/

user nginx;
worker_processes auto;
error_log /var/log/nginx/error.log;
pid /run/nginx.pid;

events {
    worker_connections 1024;
}

http {
    log_format  main  '$remote_addr - $remote_user [$time_local] "$request" '
                      '$status $body_bytes_sent "$http_referer" '
                      '"$http_user_agent" "$http_x_forwarded_for"';

    access_log  /var/log/nginx/access.log  main;
```

⊖ 开源版的 Nginx 也具备负载均衡的能力，只是一些高级特性只在 Nginx Plus 上才有，例如会话保持、对后端服务器的主动健康检查等。——译者注

```
    sendfile            on;
    tcp_nopush          on;
    tcp_nodelay         on;
    keepalive_timeout   65;
    types_hash_max_size 2048;

    include             /etc/nginx/mime.types;
    default_type        application/octet-stream;

    # Load modular configuration files from the /etc/nginx/conf.d directory.
    # See http://nginx.org/en/docs/ngx_core_module.html#include
    # for more information.
    include /etc/nginx/conf.d/*.conf;

    server {
        listen       80 default_server;
        listen       [::]:80 default_server;
        server_name  _;
        root         /usr/share/nginx/html;

        # Load configuration files for the default server block.
        include /etc/nginx/default.d/*.conf;

        location / {
        }

        error_page 404 /404.html;
            location = /40x.html {
        }

        error_page 500 502 503 504 /50x.html;
            location = /50x.html {
        }
    }
}
```

除非想要做一些自定义的配置，否则对于简单的 Web 服务器来说，默认的配置文件已经足够使用，只需要对 server 部分做一些小的改动：

- 需要一个参数为 80 的 listen 指令。
- 使用 server_name 指令指定网站的域名。
- 更改 root 指令指定的目录为网站的根目录所在的路径。

- 创建 error_page 指令指定的错误页面。

注意，可能已经有 Apache Web 服务器在这个系统上运行，要启动 Nginx 服务器，必须先停止 Apache Web 服务器。

最后，如果要把 Nginx 配置为一个简单的反向代理服务器，使用下面的配置替换掉原配置文件里的整个 server 段：

```
server {
        listen 80;
        location / {
             proxy_pass http://10.1.1.252;
        }
}
```

注意，你可能已经意识到 Nginx 还有很多其他的配置项。然而，本节的目的是介绍 Nginx 的特性，而不是让你成为 Nginx 专家。

21.7.6　客户端配置

配置好代理服务器后，可以通过配置客户端来使用该代理服务器，并进行测试。具体的配置方法取决于所使用的浏览器。此例中使用 Firefox ESR 38.3.0，如图 21-9 所示。

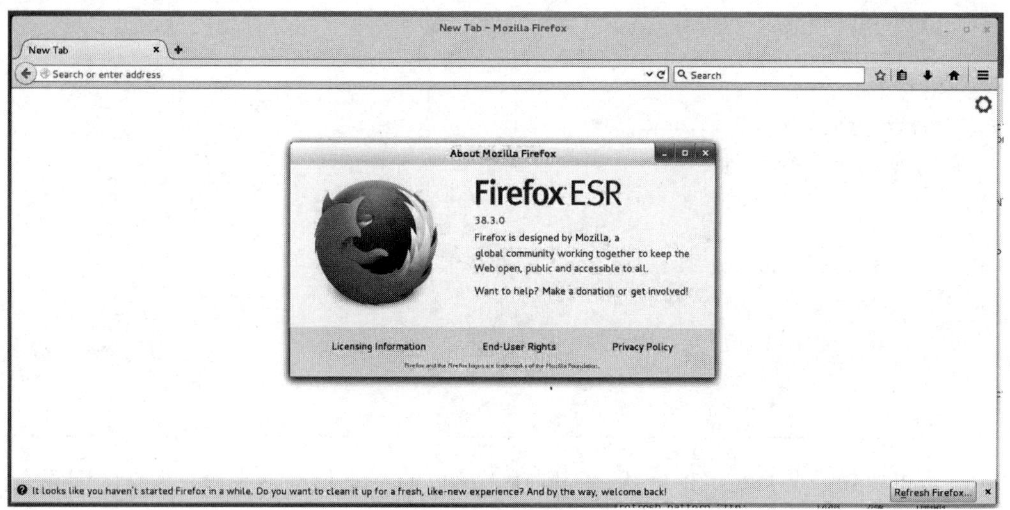

图 21-9　Firefox ESR 38.3.0

第 1 步 . 单击浏览器的菜单选项。对于这个版本的 Firefox，单击看起来像三个水平线的图标就可以打开菜单选项，如图 21-10 所示。

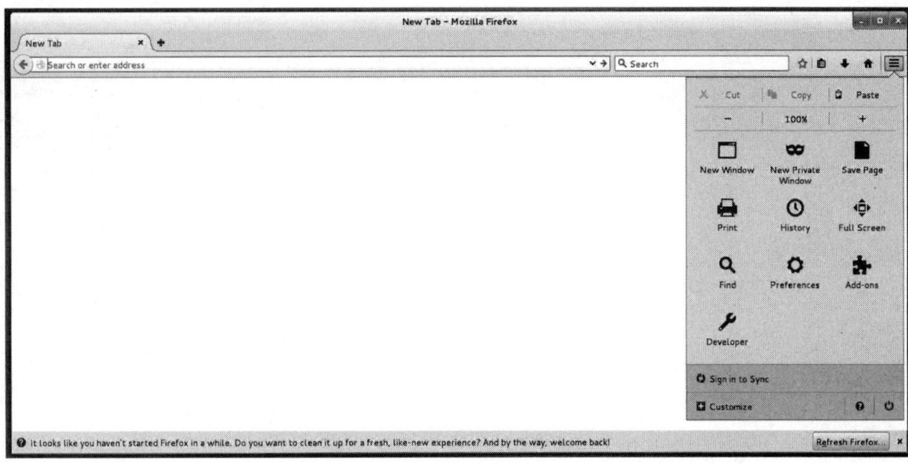

图 21-10　Firefox 菜单选项

第 2 步．单击“首选项”（Preferences）按钮，在一些浏览器上这个按钮标为“选项”（Options）。结果类似于图 21-11 所示。

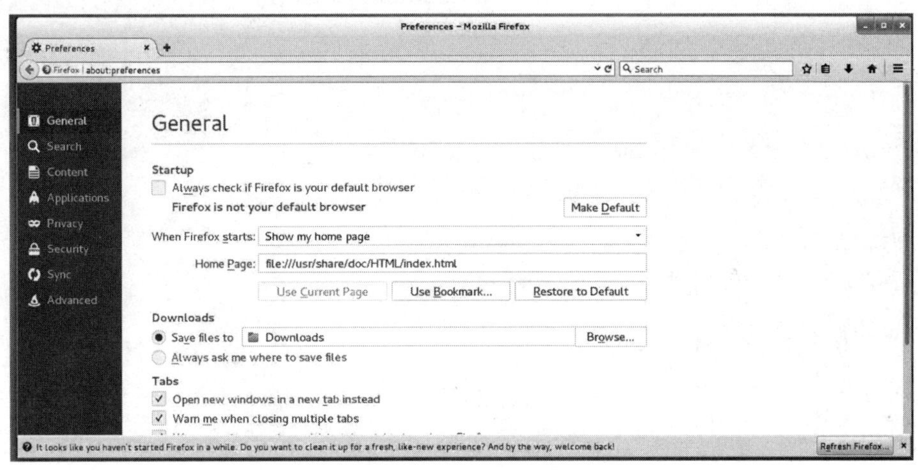

图 21-11　Firefox 首选项

第 3 步．通常代理的设置在高级部分，此例中，单击左侧的“高级菜单”(Advanced)，然后在弹出的菜单上单击“网络”(Network)(见图 21-12)。

第 4 步．单击“配置 Firefox 连接到因特网”（Configure how Firefox connects to the Internet）旁边的“设置”(Settings）按钮，弹出如图 21-13 所示的对话框。

第 5 步．单击“手动配置代理”（Manual proxy configuration）单选按钮，然后在“HTTP 代理”（HTTP Proxy）处填入 Squid 服务器的 IP 地址，如果 Squid 服务器就安装在本机上，可以使用本机的 IP 地址或 127.0.0.1

第 6 步．单击“确定”（OK）完成设置。某些情况下，需要重启 Firefox 才能让新配置的代理生效。

图 21-12　Firefox 高级部分的网络设置

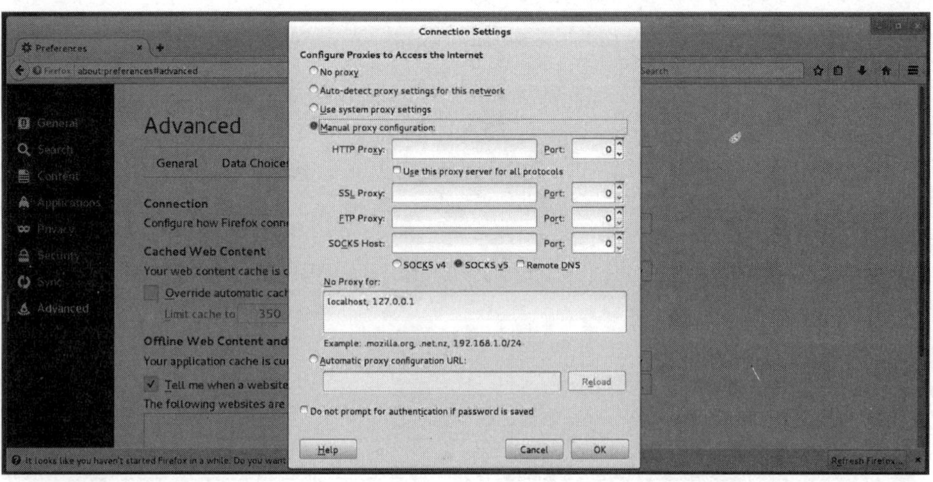

图 21-13　Firefox 连接设置对话框

21.8　总结

本章学习了如何配置和保护 Apache Web 服务器，还学习了如何配置 Squid 和 Nginx 这两个不同的代理服务器。

21.8.1　重要术语

虚拟主机、Apache、HTTP、HTML、PHP、Perl、HTTPS、SSL、TLS、非对称加密、PKC、CA、中间人攻击、自签名、代理服务器

21.8.2　复习题

1. 用于指定保存由 Apache Web 服务器提供的 Web 文件的目录的指令是______指令。

2. 下面哪个 Apache Web 服务器指令用于指定将记录到 error_log 文件的日志消息的级别？

A. Log　　B. ErrorLog　　C. LogLevel　　D. InfoLevel

3. 填空：

```
<Directory />
    AllowOverride All
    Require all granted
<_____>
```

A. END　　B. Directory/　　C. Directory　　D. /Directory

4. 填空，创建一个基于域名的虚拟主机配置。

```
_____ 192.168.1.100

<VirtualHost 192.168.1.100>
     ServerName www.example.com
     DocumentRoot /var/www/example/html
</VirtualHost>

<VirtualHost 192.168.1.100>
     ServerName www.sample.com
     DocumentRoot /var/www/sample/html
</VirtualHost>
```

A. VirtualHost　　B. NameVirutalHost　　C. NameVHost　　D. NameVH

5. 当 Web 浏览器使用 SSL 与 Apache Web 服务器通信时使用______协议。

6. 以下哪些是 SSL 的安全问题？(选择所有适用的选项)

A. 中间人攻击　　B. 虚拟主机　　C. 公钥的安全性　　D. 私钥的安全性

7. 填空，完成生成 RSA 密钥文件的如下命令。

```
_____genrsa -des3 -out server.key 1024
```

8. ______代理服务器充当两个网络之间的网关。

9. Squid 的配置文件是 /etc/squid/______。

10. Squid 配置文件里的______设置是用于指定缓存目录的路径。

A. dir　　B. c_dir　　C. caching_dir　　D. cache_dir

第 22 章

连接远程系统

在大多数的网络上都能找到几种不同类型的网络服务器，而且你需要能连接到这些服务器上进行维护。LDAP（轻量级目录访问协议）服务器提供类似数据库的访问，来获取重要的网络信息，例如网络用户和组。FTP（文件传输协议）服务器用于在系统之间传输文件。当需要连接到远程 Linux 系统上执行命令时，SSH（Secure Shell）是最常见的方法。

本章将讨论这些服务器的基本设置和配置，以及如何用客户端进行连接和通信。

学习完本章并完成课后练习，你将具备以下能力：

- 配置 LDAP 服务器。
- 在 LDAP 服务器上创建对象。
- 把客户端系统连接到 LDAP 服务器。
- 配置并连接 FTP 服务器。
- 通过 SSH 建立安全连接。

22.1 LDAP

LDAP 是一种分布式目录服务。通常会把目录服务与数据库进行比较，因为目录服务就像数据库，以一种有组织的方式存储信息。但数据库只是信息的集合，数据库并不向客户端系统提供任何类型的服务，数据库提供的信息可以用各种工具访问到。

目录服务与数据库之间有几个不同之处。通常，数据库在数据的读取和写入方面的效率相同，而目录服务在读取数据方面的效率更高，目录服务还专门设计用于提供按层次结构组织的记录集合（很像因特网的域名结构）。因此，目录服务提供反映公司组织架构的数据。

有几种不同类型的基于 LDAP 的软件。例如，微软的活动目录（Active Directory）就是一种基于 LDAP 的目录服务，Linux 下的 OpenLDAP 是最常用的开源目录服务（也有一些基于 LDAP 的商业软件）。

连接到 LDAP 服务器之前，首先需要有一个可用的 LDAP 服务器。因此，会先讨论

LDAP 的基础知识，然后是安装和配置，最后是如何连接到 LDAP 服务器。

在大多数 Linux 发行版上都没有默认安装 OpenLDAP 软件包。配置一台 OpenLDAP 服务器的第一步就是安装 openldap-server 软件包（关于如何安装软件包的更多信息请参见第 26 章和第 27 章）

安装完成后，会生成 OpenLDAP 服务器的配置文件，该文件通常位于 /etc/openldap/ 目录，且文件名为 slapd.conf，因为 OpenLDAP 服务的进程名称是 slapd。

22.1.1　LDAP 重要术语

对 LDAP 新手管理员的一个挑战是要学习很多的 LDAP 术语。表 22-1 列出的这些术语对于理解 LDAP 的概念和正确管理 LDAP 服务器都非常重要。

表 22-1　LDAP 重要术语

术　语	说　明
对象（object）	对象（也被称为条目或记录）是 LDAP 目录里的单个元素，对象用于描述事物，如计算机，一个用户账户，或 schema 允许的其他任意数据
属性（attribute）	属性是对象的组成部分。例如，如果对象类型是用户账户，那么账户的 UID（用户 ID）就是属性。属性共同组成了对象，这些属性不是随机的数据，而是通过 schema 定义的数据类型
schema	schema 用于定义属性和对象。例如，schema 可以将用户账户对象定义为具有 UID、用户名和家目录属性的对象（但希望不只是这三个属性） schema 还定义了属性以及属性能保存什么样的数据。例如，不希望把 ABC 保存在 UID 属性里。因此，可以使用 schema 把 UID 属性定义为“一个 0 到 65 000 之间的整数”。 本章后面的小节将详细介绍 schema
LDIF	LDIF（LDAP Data Interchange Format，LDAP 数据交换格式）用于创建 LDAP 对象。把对象类型的属性以及该属性的值保存为 LDIF 格式的文件，使用该文件可以创建对象
DN	LDAP 目录服务里的每个对象都必须有唯一的名称，这个名称由容器组成，容器用来在目录里表示组织结构。例如，可以创建一个顶级容器并取名为“com”，然后在 com 容器下建立二级容器，取名为“example”，容器也被称为域部件（Domain Component），简称为 DC。 在 example 容器里，可以创建一个用户账户对象，取名为“bob”。DN（Distinguished Name，可识别名称）是这个对象的全名，全名包括它所在的域，在 LDAP 中可以写为如下形式： `cn=bob,dc=example,dc=com` 可以把 CN 看作是一个文件，把 DC 看作是目录，这样利于理解。从这个意义上说，DN 就像是文件的完整路径，只不过是相反的顺序
CN	CN（Common Name，通用名称）是对象的相对名称，此名称不包括保存对象的容器。例如，下面 DN 中的 bob 就是 CN： `cn=bob,dc=example,dc=com`
SSSD	SSSD（System Security Services Daemon，系统安全服务守护进程）的作用是使用不同的用户账户数据提供服务来进行用户身份认证。例如，可以让 SSSD 使用 LDAP 服务器的数据来认证用户

在配置 LDAP 服务器之前，确实应该考虑该使用哪种结构并作出明智的选择，因为后

续如果想改变这个结构将很难。

规划 LDAP 的目录结构有几种方式，图 22-1 演示了一种镜像公司域名结构的方法（非白色圆圈表示 DC，白色圆圈表示 CN）。

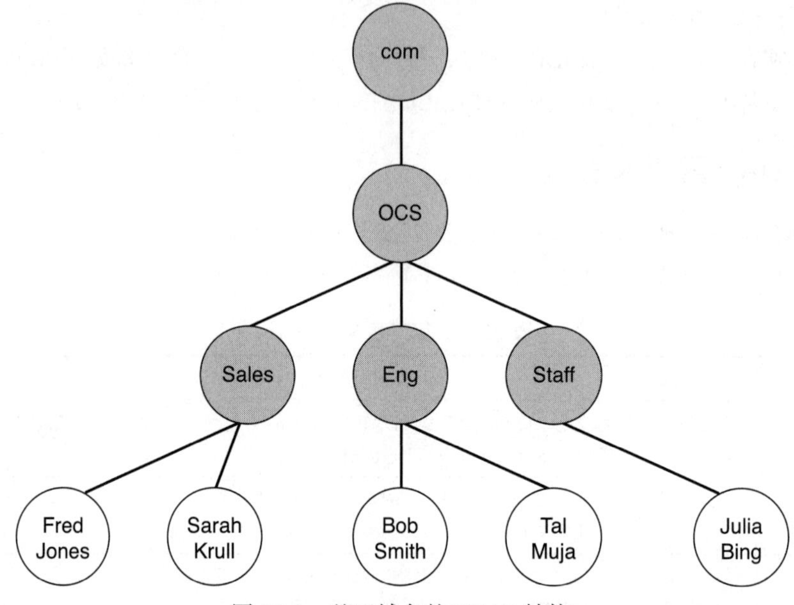

图 22-1　基于域名的 LDAP 结构

图 22-2 演示了另外一种方式，其中 LDAP 目录结构被设计成反映公司的地理位置（非白色圆圈表示 DC，白色圆圈表示 CN）。

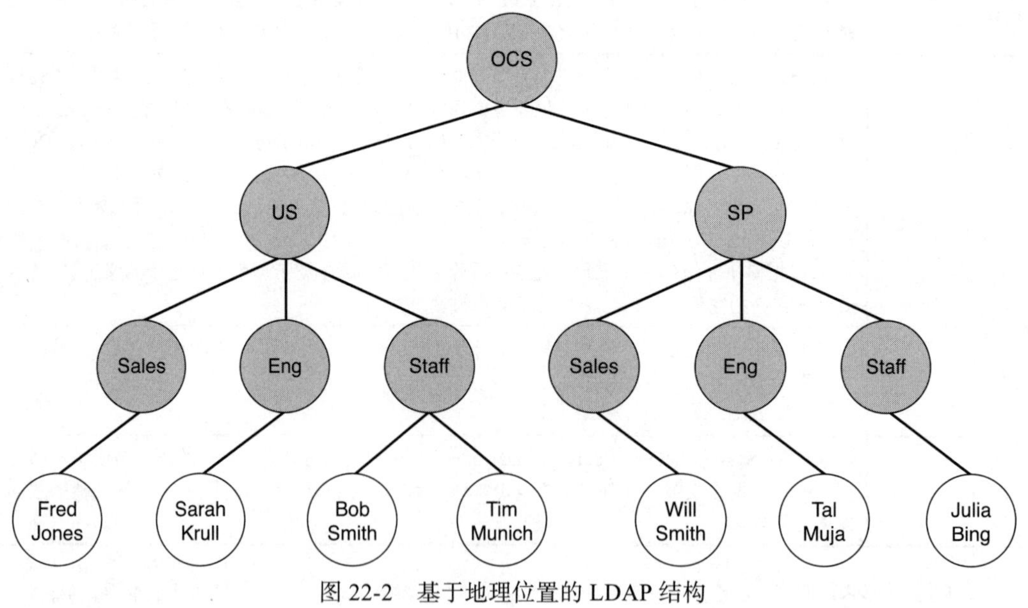

图 22-2　基于地理位置的 LDAP 结构

22.1.2　slapd.conf 文件

slapd.conf 文件有几个组成部分，对于简单的 LDAP 配置而言，在大多数情况下有些部分不需要修改，也不需要了解所有的配置。应该了解的第一个部分是引入 LDAP schema 文件的 include 行。

```
include         /etc/openldap/schema/core.schema
include         /etc/openldap/schema/cosine.schema
include         /etc/openldap/schema/inetorgperson.schema
include         /etc/openldap/schema/nis.schema
```

这些 schema 可以直接保存在 slapd.conf 文件里，但它们的内容很多，这样做就很难管理 OpenLDAP 的主配置文件。此外，可以通过下载（或创建）schema 文件并在 slapd.conf 文件中使用 include 语句引入，从而向 LDAP 添加更多的 schema。

自定义 LDAP 域名

你可能永远不会对 schema 进行修改，但在公司需要新对象类型的时候，应该要知道如何 include 新的 schema。然而，下面突出显示的设置绝对是应该考虑要修改的设置：

```
database        bdb
suffix          "dc=my-domain,dc=com"
rootdn          "cn=Manager,dc=my-domain,dc=com"
# Cleartext passwords, especially for the rootdn, should
# be avoided. See slappasswd(8) and slapd.conf(5) for details.
# Use of strong authentication encouraged.
# rootpw                secret
# rootpw                {crypt}ijFYNcSNctBYg
```

表 22-2 描述了这个示例中加粗的行。

表 22-2　LDAP 配置设置

设　置	说　明
suffix “dc=my-domain,dc=com”	这是用于创建 LDAP 顶级目录结构使用的，要创建图 22-1 所示的目录结构，应该把 suffix 行改为： suffix “dc=OCS,dc=com” 要创建图 22-2 所示的目录结构，suffix 行的内容应该是： suffix “dc=OCS”
rootdn　“cn=Manager,dc=my-domain,dc=com”	LDAP 服务器的根（root）账户，注意这不是普通的 Linux 账户，而是 LDAP 专用的账户。这个 LDAP 根账户非常重要，因为将使用它来向 LDAP 目录添加新对象。 如图 22-1 所示的目录结构，要为它创建 rootdn，使用下面这行配置： rootdn　"cn=root,dc=OCS,dc=com" 注意：我们更喜欢把 root 作为 LDAP 的管理员账户

（续）

<table>
<tr><th>设　置</th><th>说　明</th></tr>
<tr><td>rootpw</td><td>这是 rootdn 指定的 LDAP 账户的密码。在这一点上，有两行被注释了，一行是使用纯文本密码的例子，另一行是使用加密密码的例子。
纯文本密码易于管理，但确实存在风险。如果 slapd.conf 文件内容显示在不安全的显示器上，就可能会有人看见 rootdn 的密码。虽然文件权限可以保证它的安全性，但权限的更改可能会让这个文件能被其他人查看。
要创建加密的密码，使用 slappasswd 命令：
[root@onecoursesource ~]# slappasswd
New password:
Re-enter new password:
{SSHA}lpEFwp3XkQPEEZ8qJCDxCT+EPvfleMBf</td></tr>
</table>

配置日志

还需要知道的一个 slapd.conf 配置项是 loglevel，它不在默认的配置文件里。loglevel 设置指定要发送给系统日志记录程序的日志信息的类型。

这个设置比大多数 Linux 服务定义日志内容的方式要复杂一些，日志消息被放在类别中，以下描述了 slap.conf 的 man page 中定义的这些类别：

```
1      (0x1 trace) trace function calls
2      (0x2 packets) debug packet handling
4      (0x4 args) heavy trace debugging (function args)
8      (0x8 conns) connection management
16     (0x10 BER) print out packets sent and received
32     (0x20 filter) search filter processing
64     (0x40 config) configuration file processing
128    (0x80 ACL) access control list processing
256    (0x100 stats) stats log connections/operations/results
512    (0x200 stats2) stats log entries sent
1024   (0x400 shell) print communication with shell backends
2048   (0x800 parse) entry parsing
4096   (0x1000 cache) caching (unused)
8192   (0x2000 index) data indexing (unused)
16384  (0x4000 sync) LDAPSync replication
32768  (0x8000 none) only messages that get logged whatever log level is set
```

每个类别可以用三种方法中的一种来描述，十进制、十六进制或名称。例如，parse 条目可以用十进制 2048、十六进制 0x800 或名称 parse 来引用：

```
loglevel 2048
loglevel 0x800
loglevel parse
```

还可以定义多个类别，下面的每一行都会让 LDAP 服务器记录 entry parse 和 LDAPSync replication 的日志消息：

```
loglevel 204816384
loglevel 0x800 0x4000
loglevel parse sync
```

配置数据库目录

数据库目录设置也许不需要修改，但你应该需要知道它，因为如果设置不正确的话，LDAP 服务器无法启动。/etc/openldap/slapd.conf 文件里的 directory 设置用于指定 LDAP 数据库文件存放的位置：

```
# The database directory MUST exist prior to running slapd AND
# should only be accessible by the slapd and slap tools.
# Mode 700 recommended.
directory       /var/lib/ldap
```

以下是一些应该要注意的事项：

- 如果这个目录不存在，slapd 将不会启动
- 如果正确安装了 OpenLDAP 软件包，这个目录应该是已经存在的。但是，最好在安装之后再检查一次。
- 通常 directory 设置的值是 /var/lib/ldap 目录
- 如果阅读了 slapd.conf 文件里 directory 设置上面的注释，会看到它说“推荐把权限设置为 700”。这点很重要，因为我们不希望其他用户直接访问这里面的数据，而 700 的权限只允许 slapd 服务访问（当然 root 用户也能访问）。

22.1.3　启动 LDAP 服务器

将更改保存到 slapd.conf 文件后，应该运行 slaptest 命令验证该文件有没有错误。

```
[root@onecoursesource ~]# slaptest -u -v
config file testing succeeded
```

通常，如果有任何问题，slaptest 命令会提供一些关于问题是什么的线索（不幸的是，有时候只有“ bad configuration file!”的错误提示，需要手动检查配置文件）。下面的错误就是没有正确配置 rootdn 引起的：

```
[root@onecoursesource ~]# slaptest -u -v
/etc/openldap/slapd.conf: line 93: <rootpw> can only be set when rootdn is
➥under suffix
slaptest: bad configuration file!
```

如果测试成功，请使用当前系统发行版提供的服务启动方式来启动 OpenLDAP 服务

器。注意，虽然进程名是 slapd，但是启动脚本的名称可能是 ldap。下面的例子来自一个使用传统 SysV-init 脚本的系统（有关启动服务的更多细节，请参阅第 28 章）：

```
[root@onecoursesource ~]# /etc/init.d/ldap start
Starting slapd:                                             [  OK  ]
```

ldapsearch 命令用于从客户端查询目录信息。虽然本章稍后将讨论这个命令的细节，但这里要提一下，用这个命令来验证 OpenLDAP 服务器是否能响应查询是很有用的。要执行此验证，首先安装 openldap-clients 包，然后运行例 22-1 中演示的命令，如果返回的 DN 结果与配置文件中的匹配，说明服务器工作正常。

例 22-1　测试 LDAP 服务器

```
[root@onecoursesource ~]# ldapsearch -x -b '' -s base '(objectclass=*)' namingContexts
# extended LDIF
#
# LDAPv3
# base <> with scope baseObject
# filter: (objectclass=*)
# requesting: namingContexts
#

#
dn:
namingContexts: dc=OCS,dc=com

# search result
search: 2
result: 0 Success

# numResponses: 2
# numEntries: 1
```

以下是例 22-1 中使用的 ldapsearch 命令的选项。

- -x：代表使用简单身份认证而不是 SASL（简单身份验证和安全层），这种情况下，不需要额外的身份认证。
- -b：搜索的起始位置，空字符（两个单引号，如例 22-1 所示）表示从 LDAP 域名结构的最顶层开始搜索。
- -s：确定值的返回顺序。有关更多详细信息，请参见 ldap_sort 的 man page。

22.1.4　OpenLDAP 对象

要在 OpenLDAP 里创建对象，首先需要创建一个 LDIF 文件，该文件的格式如下所示：

```
dn: dc=OCS,dc=com
dc: OCS
description: A training company
objectClass: dcObject
objectClass: organization
o: OCS, Inc.
```

在某种程度上，根据对对象的了解，可能会发现 LDIF 文件的某些部分可以理解。例如，现在应该意识到前一个示例中的第一行（dn: dc=OCS,dc=com）指定一个已经存在的容器。要理解其余的部分，需要掌握一些 schema 的知识。

安全提醒

LDIF 文件可以存储在任何目录中，因为它只用于创建对象。但是，应该在创建完对象之后删除该文件，或者确保该文件位于一个安全目录中（只有 root 才能访问的目录），因为该文件里可能包含账户的敏感信息。

22.1.5 OpenLDAP schema

回想一下，schema 用于规范 OpenLDAP 目录中数据的存储方式。更具体地说，它用于定义对象类型和该对象具备的属性。

简单的配置 LDAP，不需要了解 schema 的格式细节。但是，如果真的想管理 OpenLDAP 服务器，就应该了解 schema 是怎样的格式。核心 schema 文件（/etc/openldap/schema/core.schema 文件）包含例 22-2 中所示的条目。

例 22-2 schema 格式

```
objectclass ( 2.5.6.4 NAME 'organization'
        DESC 'RFC2256: an organization'
        SUP top STRUCTURAL
        MUST o
        MAY ( userPassword $ searchGuide $ seeAlso $ businessCategory $
                x121Address $ registeredAddress $ destinationIndicator $
                preferredDeliveryMethod $ telexNumber $ teletexTerminalIdentifier $
                telephoneNumber $ internationaliSDNNumber $
                facsimileTelephoneNumber $ street $ postOfficeBox $ postalCode $
postalAddress $ physicalDeliveryOfficeName $ st $ l $ description ) )
```

不需要担心全部的设置，以下几个是最重要的设置：

- 每个对象类型的定义被称为 objectclass。每个 objectclass 都有一个唯一的对象 ID（在前面的示例中是 2.5.6.4）。这个对象 ID 应该是全局唯一的。这些唯一的 id 由

IANA 负责维护。

- 知道如何确定对象的名称（NAME ‘organization’）。
- 查看 DESC 确定对象的用途。
- MUST 指定了哪些是必需的属性，而 MAY 描述了哪些是允许但不是必需的属性。

回想一下前面显示的 LDIF 文件，注意加粗显示的行：

```
dn: dc=OCS,dc=com
dc: OCS
description: A training company
objectClass: dcObject
objectClass: organization
o: OCS, Inc.
```

这两行代码创建了一个具有 o 属性的 organization 对象。什么是 o 属性类型？ schema 的描述如下：

```
attributetype ( 2.5.4.10 NAME ( 'o' 'organizationName' )
        DESC 'RFC2256: organization this object belongs to'
        SUP name )
```

可能会遇到 schema 白页（schema white page）这个术语，它指的是专门为提供用户信息而设计的 schema。这个术语来源于电话公司用来公布某一地区的电话号码的“白页”。

22.1.6 更改 OpenLDAP 数据库

要将 LDIF 文件里的内容添加到 LDAP 目录里，请执行 ldapadd 命令，如例 22-3 所示。

例 22-3 ldapadd 命令

```
[root@onecoursesource ~]# more ldif.txt
dn: dc=OCS,dc=com
dc: OCS
description: A training company
objectClass: dcObject
objectClass: organization
o: OCS, Inc.
[root@onecoursesource ~]# ldapadd -x -D "cn=root,dc=OCS,dc=com" -W -f ldif.txt
Enter LDAP Password:
adding new entry "dc=OCS,dc=com"
```

在例 22-3 中演示 ldapadd 命令时使用的选项如下所示。

- -x：表示使用简单身份验证而不是 SASL。此例中，由于正在对数据进行更改，必须要提供 rootdn 账户的密码。

- -D：有权限管理服务器的 OpenLDAP 账户的 DN（换句话说，就是 rootdn 的 DN）。
- -W：提示输入 rootdn 的密码。
- -f：指定包含 LDIF 信息的文件的文件名。

可通过运行 slapcat 命令来验证这些更改，如例 22-4 所示。

例 22-4　slapcat 命令

```
[root@onecoursesource ~]# slapcat
dn: dc=OCS,dc=com
dc: OCS
description: A training company
objectClass: dcObject
objectClass: organization
o: OCS, Inc.
structuralObjectClass: organization
entryUUID: 2159172e-4ab6-1035-90c7-df99939a0cfb
creatorsName: cn=root,dc=OCS,dc=com
createTimestamp: 20160109004614Z
entryCSN: 20160109004614Z#000000#00#000000
modifiersName: cn=root,dc=OCS,dc=com
modifyTimestamp: 20160109004614Z
```

注意　slapcat 命令的好处是输出格式为 LDIF。这意味可以使用这些信息来创建自己的 LDIF 文件，然后修改这个文件就可以生成新的内容。

还应该了解其他一些用于修改 OpenLDAP 数据库的命令。

- ldapmodify：这个命令可以使用 LDIF 文件修改已存在的对象。
- ldapdelete：用于删除已存在的对象，这个命令不需要使用 LDIF 文件，通过命令行直接指定要操作的对象。
- slapindex：索引让查找数据更容易。请记住，LDAP 作为目录服务已针对读取数据进行了优化。为数据增加索引可以加快读取数据的速度，slapindex 命令为数据库中的对象创建索引。

能否成功执行这些命令取决于称为访问控制的安全特性。在 slapd.conf 文件中，可以创建规则来定义谁可以修改 LDAP 数据库中的什么内容。当组织变得很大，并且这个数据库变得难以管理时，将一些工作转移给其他人很有用。

这么做的缺点是访问控制的语法很复杂，slapd.access 的 man page 里有详细描述。然而对这些细节的完整讨论超出了本书的范围。为了让你了解到配置访问控制的复杂性，请看例 22-5，里面的内容来自 OpenLDAP 文档，显示了 olcAccess 指令的语法。

例 22-5　访问控制演示

```
        olcAccess: <access directive>
<access directive> ::= to <what>
                [by <who> [<access>] [<control>] ]+
<what> ::= * |
                [dn[.<basic-style>]=<regex> | dn.<scope-style>=<DN>]
                [filter=<ldapfilter>] [attrs=<attrlist>]
<basic-style> ::= regex | exact
<scope-style> ::= base | one | subtree | children
<attrlist> ::= <attr> [val[.<basic-style>]=<regex>] | <attr> , <attrlist>
<attr> ::= <attrname> | entry | children
<who> ::= * | [anonymous | users | self
                        | dn[.<basic-style>]=<regex> | dn.<scope-style>=<DN>]
                [dnattr=<attrname>]
                [group[/<objectclass>[/<attrname>][.<basic-style>]]=<regex>]
                [peername[.<basic-style>]=<regex>]
                [sockname[.<basic-style>]=<regex>]
                [domain[.<basic-style>]=<regex>]
                [sockurl[.<basic-style>]=<regex>]
                [set=<setspec>]
                [aci=<attrname>]
<access> ::= [self]{<level>|<priv>}
<level> ::= none | disclose | auth | compare | search | read | write | manage
<priv> ::= {=|+|-}{m|w|r|s|c|x|d|0}+
<control> ::= [stop | continue | break]
```

22.1.7　使用 ldapdelete 命令

数据库建立好之后，可能想要删除数据库中的某个条目。这就不需要创建 LDIF 文件了，而是在命令行中指定要删除的内容即可：

```
[root@onecoursesource ~]# ldapdelete "uid=named,ou=People,dc=OCS,dc=com"
➥-x -D "cn=root,dc=OCS,dc=com" -W
Enter LDAP Password:
```

这个情况下，没有消息就是好消息。如果对象没有被删除，会看到一个错误信息：

```
[root@onecoursesource ~]# ldapdelete "uid=named,ou=People,dc=OCS,dc=com"
➥-x -D "cn=root,dc=OCS,dc=com" -W
Enter LDAP Password:
ldap_delete: No such object (32)
        matched DN: ou=People,dc=OCS,dc=com
```

可以使用 slapcat 命令来确认对象是否已被删除：

```
[root@onecoursesource ~]# slapcat | grep named
```

同样，没有消息就是好消息。如果数据库中有这个对象，grep 命令就会将其显示出来。

还可以使用下一节中提到的 ldapsearch 命令。

以下是 ldapdelete 命令的组成部分：

- “uid=named,ou=People,dc=OCS,dc=com”是要删除的对象。
- -x 表示使用简单身份认证。因为要修改数据库，所以需要密码。
- -D “cn=root,dc=OCS,dc=com”指定有权限执行修改的 LDAP 账户（rootdn）。
- -W 表示会提示用户输入密码。还可以使用 -w 选项在命令行里包含密码，但这可能会造成潜在的安全问题（如有人在后面偷看、这一行将记录在历史命令中，等等）。

22.1.8　使用 ldapsearch 命令

当数据库中填充了很多数据后，slapcat 命令将会很难使用：

```
[root@onecoursesource ~]# slapcat | wc -l
1077
```

前面的命令生成的输出超过 1000 行，而这仅仅是少数几个条目。在生产环境的数据库上运行 slapcat 命令时，预计会有数万（乃至数十万）行输出。

ldapsearch 工具提供了从 OpenLDAP 数据库里查看详细信息的更好方法（但是，与 slapcat 命令不同的是，该命令要求 LDAP 服务器处在运行状态）。ldapsearch 命令有许多可用的搜索选项，例 22-6 演示了查询所有 objectclass 为 account 的对象，并返回这些对象的 uid 属性。

例 22-6　搜索 account 对象

```
[root@onecoursesource ~]# ldapsearch -x -b 'ou=People,dc=OCS,dc=com'
➥'(objectclass=account)' uid
# extended LDIF
#
# LDAPv3
# base <ou=People,dc=OCS,dc=com> with scope subtree
# filter: (objectclass=account)
# requesting: uid
#

# root, People, OCS.com
dn: uid=root,ou=People,dc=OCS,dc=com
uid: root

# bin, People, OCS.com
```

```
dn: uid=bin,ou=People,dc=OCS,dc=com
uid: bin

# daemon, People, OCS.com
dn: uid=daemon,ou=People,dc=OCS,dc=com
uid: daemon
```

下面是关于例 22-6 输出的一些重要说明：

- 回想一下，使用 -x 代表“使用简单身份认证”。此例中，不需要密码。
- -b 选项指定搜索的起始目录。可以只使用‘dc=OCS,dc=com’，最后的结果是一样的。但是，如果有其他的 DC 或 OU 的话，搜索可能会花更长的时间。另外，在真正的 OpenLDAP 服务器上，可能会出现来自其他 DC 或 OU 的结果。在执行搜索时，最好使用可能是“最完整”的 LDAP 路径。
- ‘(objectclass=account)’是过滤器，本质上是表示要在 LDAP 里搜索什么样的对象。
- uid 是要返回的属性。
- 此外，还返回了许多其他的结果，但是，为了避免产生大量的输出，只显示了前三个。

也可以用 CN 进行搜索，请记住，CN 是对象的名称，CN 并没有指定它所属的域（DM）。参见例 22-7 查看 CN 搜索的演示。

例 22-7　使用 CN 进行搜索

```
[root@onecoursesource ~]# ldapsearch -x -b 'ou=People,dc=OCS,dc=com' '(cn=bin)' uid
# extended LDIF
#
# LDAPv3
# base <ou=People,dc=OCS,dc=com> with scope subtree
# filter: (cn=bin)
# requesting: uid
#

# bin, People, OCS.com
dn: uid=bin,ou=People,dc=OCS,dc=com
uid: bin

# search result
search: 2
result: 0 Success

# numResponses: 2
# numEntries: 1
```

ldapsearch 命令的输出可能比实际需要的信息更多。可以使用一个或多个 -L 选项限制显示的附加信息，或者更改显示方式。

- -L：以旧版本（LDAP 版本 1）格式显示输出。
- -LL：只显示结果和 LDAP 的版本。
- -LLL：只显示结果。

例 22-8 演示如何使用 -LL 选项。

例 22-8 -LL 选项

```
[root@onecoursesource ~]# ldapsearch -LL -x -b 'ou=People,dc=OCS,dc=com'
➥'(cn=bin)' uid
version: 1

dn: uid=bin,ou=People,dc=OCS,dc=com
uid: bin

[root@onecoursesource ~]# ldapsearch -LLL -x -b 'ou=People,dc=OCS,dc=com'
➥'(cn=bin)' uid
dn: uid=bin,ou=People,dc=OCS,dc=com
uid: bin
```

使用过滤器时，还可以使用布尔运算符：

- | 是逻辑或运算符。
- & 是逻辑与运算符。
- ! 是逻辑非运算符。

但是，你可能会发现这些复杂过滤器的语法有点奇怪。

```
[root@onecoursesource ~]# ldapsearch -LLL -x -b 'ou=People,dc=OCS,dc=com'
➥'(|(cn=bin)(cn=root))' uid
dn: uid=root,ou=People,dc=OCS,dc=com
uid: root

dn: uid=bin,ou=People,dc=OCS,dc=com
uid: bin
```

过滤器表达式也很灵活。

- =：必须精确匹配。
- =string*string：星号用作通配符。
- >=：大于等于。
- <=：小于等于。
- ~=：近似匹配。

下面是一个例子：

```
[root@onecoursesource ~]# ldapsearch -LLL -x -b 'ou=People,dc=OCS,dc=com'
➥'(cn=*bo*)' uid
dn: uid=nobody,ou=People,dc=OCS,dc=com
uid: nobody

dn: uid=vboxadd,ou=People,dc=OCS,dc=com
uid: vboxadd
```

22.1.9 使用 ldappasswd 命令

从下面的命令中可以看出，OpenLDAP 中的用户账户的密码保存在 userPassword 属性里。

```
[root@onecoursesource ~]# ldapsearch -LLL -x -b 'ou=People,dc=OCS,dc=com'
➥'(cn=bin)' uid userPassword
dn: uid=bin,ou=People,dc=OCS,dc=com
uid: bin
userPassword:: e2NyeXB0fSo=
```

可以通过执行 ldappasswd 命令来更改 OpenLDAP 用户的密码。

```
[root@onecoursesource ~]# ldappasswd -x -D "cn=root,dc=OCS,dc=com" -s
➥newpassword -W uid=bin,ou=People,dc=OCS,dc=com
Enter LDAP Password:
Result: Success (0)
```

-x、-D 和 -W 选项的作用与 ldapdelete 和 ldapadd 命令的一样，-s 选项用于指定账户的新密码。命令的输出结果应该是“Success”，可以再次使用 ldapsearch 命令来验证这次的更改。

```
[root@onecoursesource ~]# ldapsearch -LLL -x -b 'ou=People,dc=OCS,dc=com'
➥'(cn=bin)' uid userPassworddn: uid=bin,ou=People,dc=OCS,dc=com
uid: bin
userPassword:: e1NTSEF9NGNUcW81U29taW1QS3krdFdOUHowS2hLdXp2UzZ5Ris=
```

在执行 ldappasswd 命令时，如果希望避免在命令行里指定新的密码，请使用 -S 选项而不是 -s：

```
[root@onecoursesource ~]# ldappasswd -x -D "cn=root,dc=OCS,dc=com" -S -W
➥uid=bin,ou=People,dc=OCS,dc=com
New password:
Re-enter new password:
Enter LDAP Password:
Result: Success (0)
```

前两个密码提示符是要输入 OpenLDAP 用户的新密码，第三个提示符是要输入 rootdn 的密码。

22.1.10 连接 LDAP 服务器

LDAP 服务器有多种用途，因为 LDAP 服务器的目的是向客户端系统提供信息，而 LDAP 服务器非常灵活，可以存储多种信息。尽管如此，LDAP 服务器通常有两种用途，在组织内部替换 DNS，以及为客户端系统提供登录信息。

不同的发行版使用不同的工具配置 LDAP 客户端。例如，在 Ubuntu 系统上，配置获取 LDAP 用户和组账户的通用步骤和工具如下所示。

1. 确保安装了 ldap-auth-client 包。
2. 确保安装了 nscd 包，这里面包含的工具可以用来帮助管理用户、组和主机解析。
3. 执行 auth-client-config 命令，告诉系统通过 LDAP 服务器进行认证。
4. 修改 /etc/ldap/ldap.conf 文件里的设置。

一些基于 Red Hat 的发行版使用一个名为 authconfig 的实用工具来配置对 LDAP 服务器的访问。

在客户端设置 LDAP 时需要考虑的一些额外事项包括：

- 配置自动挂载，通过网络挂载用户的家目录。
- 在 LDAP 客户端上修改 PAM（可插拔认证模块）功能来提供更多的功能和安全性。
- 修改查询账户的顺序（先是本地账户，其次是网络账户，等等）。

由于不同的发行版使用的技术和工具有所不同，因此本书没有提供具体的示例。这正是需要去“深入研究”发行版文档的场景之一。

22.2 FTP 服务器

FTP 服务器用于提供一种简单和标准的方式进行跨网络传输文件。Linux 有几种不同的 FTP 服务器。

- vsftpd：vsftpd（非常安全的 FTP 守护进程）是 Linux 下非常流行的 FTP 服务器（它也存在于许多的 Unix 系统上），也是大多数主流发行版的默认 FTP 服务器。请记住，标准的 FTP 本身并不安全，因为数据以未加密的格式通过网络发送。由于 vsftpd 进程与文件系统的交互方式，vsftpd 进程被认为非常安全。vsftpd 软件还提供了一些其他特性，包括带宽限制、基于源 IP 的限制和每个用户的配置。这就是如此多的发行版选择它作为默认的 FTP 服务器的原因！
- Pure-FTPd：这个软件被设计成一个更简单（但安全）的 FTP 服务器。尽管它可能不具备 vsftpd 的那些强大功能，但它提供了大多数组织搭建 FTP 服务器时所需的关键组件。
- Pro-FTPd：该软件的设计初衷是为了让用户体验更好，因此它向最终用户开放了配置选项，它以高度可配置性而闻名。

尽管这些服务器的配置方式有些不同，但它们都是为了执行相同的功能而设计的。然而，本书只会详细讨论 vsftpd 服务器的配置。

22.2.1　配置 vsftpd

在任何发行版上应该都可以使用 yum 或 apt-get 命令来安装 vsftpd 软件包（有关安装软件的详细信息，请参阅第 26 和 27 章）。事实上，它可能已经安装在系统上了，/etc/vsftpd/vsftpd.conf 文件是它的配置文件。

与本书讨论的其他服务器一样，vsftpd 也有许多可用的配置设置，执行基本的管理任务只需要了解其中的一些配置即可。

匿名 FTP

匿名 FTP 允许用户连接到 FTP 服务器，即使他们没有本地用户账户。通常，这种设置只允许匿名用户下载内容，而不允许上传，因为这可能会引发法律和其他问题。

安全提醒

允许匿名账户上传内容是个坏主意。如果被人发现了，人们就可以使用此 FTP 服务器进行一些非法活动，比如共享受版权保护的内容（电影、音乐、书籍等），这将把公司置于风险之中。

此外，允许匿名账户上传内容会导致 /var 分区很快就满了。这可能会对某些需要能够将数据写入 /var 分区的服务产生影响，比如邮件、日志文件和后台打印。

/etc/vsftpd/vsftpd.conf 文件里有几个设置是和匿名 FTP 相关的，有关这些设置的详细信息见表 22-3。

表 22-3　匿名 FTP 设置

设　置	说　明
anonymous_enable=	如果设置为 YES，则允许用户通过匿名用户访问；设置为 NO，则不允许匿名访问。重要提示：如果该设置不存在或被注释掉，默认值是 YES
anon_upload_enable=	如果设置为 YES，则允许匿名用户上传内容；设置为 NO，则不允许匿名用户上传内容。重要提示：如果该设置不存在或被注释掉，默认值是 NO
anon_mkdir_write_enable=	如果设置为 YES，则允许匿名用户创建目录；设置为 NO，则不允许匿名用户创建目录。重要提示：如果该设置不存在或被注释掉，默认值是 NO
local_enable=	对于允许匿名访问的 FTP 服务器，通常要禁用普通用户的 FTP 访问。要不允许普通用户登录 FTP 服务器，请将 local_enable 设置为 NO 或注释掉，因为它的默认值就是 NO
dirmessage_enable=	如果设置为 YES，当用户进入目录时将显示消息文件的内容。这对于警告匿名用户正确使用此 FTP 服务器非常有用

要测试 vsftpd 服务器的匿名登录设置是否正确，可以启动或重启服务器，然后尝试使用 anonymous 账户或 ftp 账户进行连接（从 FTP 的角度来看，它们是相同的账户）。例 22-9 演示了一个允许匿名访问的 FTP 服务器。

例 22-9 允许匿名访问

```
[root@onecoursesource ~]# ftp localhost
Connected to localhost.localdomain.
220 (vsFTPd 2.0.5)
530 Please login with USER and PASS.
530 Please login with USER and PASS.
KERBEROS_V4 rejected as an authentication type
Name (localhost:root): anonymous
331 Please specify the password.
Password:
230 Login successful.
Remote system type is UNIX.
Using binary mode to transfer files.
ftp>
```

注意，密码可以是任意值。在“旧时代”，这应该是你的电子邮件地址，但现在已经没有必要了。（它怎么知道那是不是你的电子邮件地址呢？）

例 22-10 演示了一个不允许匿名访问的 FTP 服务器。

例 22-10 不允许匿名访问

```
[root@onecoursesource ~]# ftp localhost
Connected to localhost.localdomain.
220 (vsFTPd 2.0.5)
530 Please login with USER and PASS.
530 Please login with USER and PASS.
KERBEROS_V4 rejected as an authentication type
Name (localhost:root): anonymous
331 Please specify the password.
Password:
530 Login incorrect.
Login failed.
ftp>
```

限制用户账户

你可以选择限制哪些普通用户可以访问 FTP 服务器。这可以通过使用 PAM 提供的特性（有关 PAM 的详细信息，请参阅第 7 章）或使用 vsftpd 服务器自带的特性实现。

PAM 允许把用户账户的名称添加到 /etc/vsftpd.ftpusers 文件里来阻止用户通过 FTP

登录。这个功能之所以能生效是因为 /etc/pam.d/vsftpd 文件里的 pam_listfile.so 这一行，如例 22-11 所示。

例 22-11 pam_listfile.so 文件

```
[root@onecoursesource ~]# more /etc/pam.d/vsftpd
#%PAM-1.0
session    optional    pam_keyinit.so    force revoke
auth       required    pam_listfile.so item=user sense=deny file=/etc/vsftpd/ftpusers
➥onerr=succeed
auth       required    pam_shells.so
auth       include     system-auth
account    include     system-auth
session    include     system-auth
session    required    pam_loginuid.so
```

/etc/vsftpd.ftpusers 文件里每个用户独占一行：

```
[root@onecoursesource ~]# more /etc/vsftpd.ftpusers
root
student
```

安全提醒

这种 PAM 技术很有用，因为通常都是限制少数用户不能访问。但是，如果要只允许少数用户能访问，怎么办？假设有 100 个用户，只有 5 个用户能够通过 FTP 登录，那么必须向 /etc/vsftpd.ftpusers 文件里添加 95 个用户名，这将会很痛苦。此外，必须要记住将新创建的用户添加到此文件中，除非默认他们也被允许使用 FTP。

另一种解决方案是使用 userlist_enable、userlist_file 和 userlist_deny 指令：

- 当 userlist_enable 指令设置为 YES 时，允许使用 userlist_file 指令定义的文件来允许或阻止用户访问 FTP 服务器，userlist_enable 指令的默认值是 NO。
- userlist_file 指令用于指定存储用户账户列表的文件名。如果没有设置此选项，则使用默认的 /etc/vsftpd/user_list。
- userlist_deny 指令用于指定文件中的用户是被允许还是被拒绝访问。如果设置为 YES，这实际上与 PAM 的 /etc/vsftpd.ftpusers 文件的效果相同，即不允许这些用户访问 FTP 服务器。如果设置为 NO，表示只有在文件中的用户才能访问 FTP 服务器。这个指令默认值是 YES。

这些指令的最常见用法如下所示，使用这种配置方法，只需要把允许访问 FTP 服务器的用户名保存到 /etc/vsftpd/user_list 文件里即可（所有其他用户都将被拒绝）。

```
userlist_enable=YES
# userlist_file  - commented out because most administrators use the default file
userlist_deny=NO
```

其他设置

可以在 /etc/vsftpd/vsftpd.conf 文件中设置许多指令。表 22-4 简要总结了一些比较重要的指令。

表 22-4　vsftpd.conf 文件里的指令

设　置	说　明
banner_file=	横幅（banner）是在尝试登录发生之前显示的一条消息。默认情况下，vsftpd 服务器显示其版本信息： 220（vsFTPd 2.0.5） 这可能会导致安全问题，因为知道服务器的版本可以为黑客提供入侵此服务器所需的一些基本信息。与其显示 vsftpd 服务器的版本，不如考虑创建一个带有关于机密性或正确使用的警告文件，并设置 banner_file= 指令来指向这个警告文件
ftpd_banner=	只需要显示一个简短的、登录前的信息？与其使用文件，不如直接使用 ftpd_banner=< 你的消息 > 当然，用实际的消息替换这里的 < 你的消息 >
chroot_local_users=	当设置为 YES 时，此指令会把本地用户账户放入到 chroot jail 里，对系统的访问将被限制在用户自己的家目录里
write_enable=	当设置为 NO 时，不允许普通用户上传文件
max_clients=	限制可以同时连接到服务器的 FTP 客户端数量，这对于防止 DDoS 攻击很有用
max_per_ip=	限制来自同一个 IP 地址的 FTP 客户端数量。当使用了 max_clients 指令时，这个设置很重要，因为要防止一个用户消耗掉所有的可用连接
anon_max_rate=	匿名用户的传输速率，单位是字节每秒。这个设置限制了匿名用户通过数据传输操作向 FTP 服务器发送大量数据
local_max_rate	普通用户的传输速率，单位是字节每秒。这个设置限制了普通用户通过数据传输操作向 FTP 服务器发送大量数据

22.2.2　连接到 FTP 服务器

如前面所演示的，通过运行 ftp 命令，后面跟上 FTP 服务器的主机名或 IP 地址就能连接到 FTP 服务器，成功登录之后，可以执行一系列命令来传输文件或在远程系统上执行其他任务。要查看这些命令的摘要，请在 ftp> 提示符下使用 help 命令，如例 22-12 所示。

例 22-12　使用 ftp>help 查看命令的摘要

```
ftp> help
Commands may be abbreviated.  Commands are:
```

```
!         dir         mdelete    qc         site
$         disconnect  mdir       sendport   size
account   exit        mget       put        status
append    form        mkdir      pwd        struct
ascii     get         mls        quit       system
bell      glob        mode       quote      sunique
binary    hash        modtime    recv       tenex
bye       help        mput       reget      tick
case      idle        newer      rstatus    trace
cd        image       nmap       rhelp      type
cdup      ipany       nlist      rename     user
chmod     ipv4        ntrans     reset      umask
close     ipv6        open       restart    verbose
cr        lcd         prompt     rmdir      ?
delete    ls          passive    runique
debug     macdef      proxy      send
```

要查看其中一个命令的简要描述，请执行如下命令：

```
ftp> help ls
ls            list contents of remote directory
```

需要注意的是，当命令在“远程”系统上执行操作时，它是在FTP服务器上执行的操作。例如，cd命令更改远程服务器上的目录：

```
ftp> help cd
cd            change remote working directory
ftp> cd /tmp
250 Directory successfully changed.
```

当命令在“本地”系统上执行操作时，它是在最初运行ftp命令的系统上执行的操作：

```
ftp> help lcd
lcd           change local working directory
ftp>lcd /etc
Local directory now /etc
```

其中许多命令与已经学习过的Linux命令非常相似：

```
ftp> help ls
ls            list contents of remote directory
ftp> ls
200 PORT command successful. Consider using PASV.
150 Here comes the directory listing.
-rw-------    1 1000     1000            0 Jan 21 15:44 config-err-qCpjfZ
226 Directory send OK.
```

安全提醒

注意“Consider using PASV”的警告，这是一个重要的安全特性。

要将文件从本地主机的当前目录复制到远程主机的当前目录，请使用 put 命令，如 put file123。可以使用 mput 命令和通配符复制多个文件，如 mput *.txt。

要将文件从远程主机的当前目录复制到本地主机的当前目录，请使用 get 命令，如 get file123。可以使用 mget 命令和通配符复制多个文件，如 mget *.txt。

可能出现的错误　与普通的 Linux 命令不同，这些命令在复制文件时永远不会使用到路径，因为这些命令始终在本地和远程主机的当前目录工作。

主动模式与被动模式

要理解主动模式与被动模式之间的区别，需要先理解使用防火墙时的一个常见特性。管理员通常会允许建立内部机器到外部机器的连接，但是要防止相反的情况发生，极少数情况除外。

例如，公司的 Web 服务器可能位于公司的防火墙之后，因此可以将防火墙配置为允许 80 和 443 端口的入站连接。从防火墙之外对其他任何端口发起的通信将被阻止。

通常，从防火墙内部发起的通信，无论端口是什么，都会被允许通信。因此，如果在防火墙内的主机上试图连接到防火墙外的 SSH 服务器，防火墙应该会允许该连接。

这种配置几乎适用于所有的服务器，但 FTP 是个例外。默认情况下，FTP 连接使用一个名为“主动”的特性。在 FTP 主动连接中，FTP 客户机使用一个随机无特权的端口（端口号大于 1023），以此启动到 FTP 服务器的 21 端口（也称为命令端口）的连接。FTP 服务器通过客户端提供的端口响应客户端的登录请求。

有关如何建立 FTP 主动连接的示意图，请参见图 22-3。

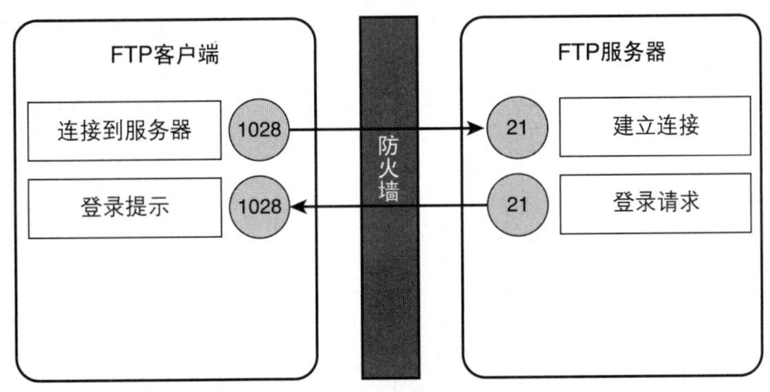

图 22-3　建立 FTP 主动连接

一旦初始连接建立完成，接下来就会执行一些其他操作，会提示用户输入要登录 FTP 服务器的用户名和密码。一旦用户成功登录，任何数据的传输（例如上传或下载文件）都将在另外的端口上进行。在服务器上，使用 20 端口；在客户端上，端口号是建立初始连接使用的端口号加 1。因此，对于图 22-4 中的示例，端口号将是 1029。

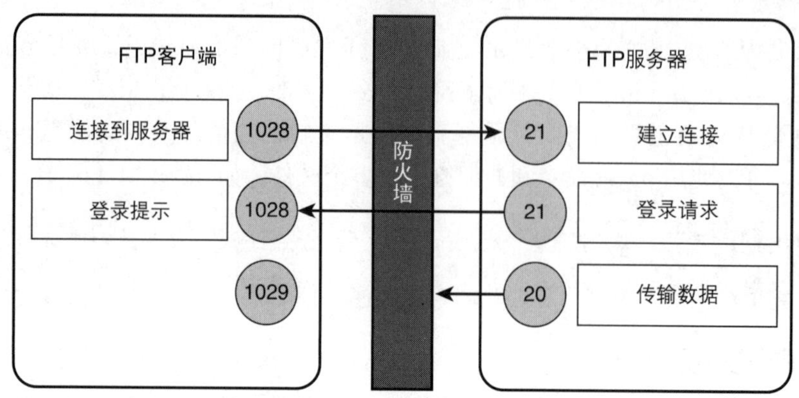

图 22-4　FTP 数据传输

客户端发出的所有命令（以及服务器的响应）都将继续通过原始端口发送。但是数据传输将使用新的端口，并由服务器发起。这就是一个问题，因为客户端上的防火墙通常用于阻止这类连接。那是否可以只允许该端口的入站连接呢，但是请记住，该端口是动态变化的，客户端在第一次建立连接时会随机选择客户端端口。

其结果是，当客户端尝试下载或上载文件时，FTP 服务器似乎会卡住。除此以外，其他一切似乎都很正常。

当使用被动模式时，FTP 服务器被告知不要启动数据传输通信，并等待客户机建立连接。这样就能满足防火墙的规则（假设防火墙的规则配置正确），因为 FTP 服务器发送的数据被视为对 FTP 客户端连接请求的响应（防火墙规则通常允许来自客户端已建立的连接的响应）。

建立被动模式的方法是登录到 FTP 服务器后，执行 passive 命令，如例 22-13 所示。

例 22-13　使用被动模式

```
[root@onecoursesource ~]# ftp localhost
Connected to localhost.localdomain.
220 (vsFTPd 2.0.5)
530 Please login with USER and PASS.
530 Please login with USER and PASS.
KERBEROS_V4 rejected as an authentication type
Name (localhost:root): anonymous
331 Please specify the password.
Password:
230 Login successful.
Remote system type is UNIX.
```

```
Using binary mode to transfer files.
ftp> passive
Passive mode on.
ftp>
```

22.3 Secure Shell

Secure Shell 用于替换不安全的远程通信操作，如 telnet、ftp、rlogin、rsh、rcp 和 rexec 命令 / 协议。以前的通信方法的主要问题是，这些方法通过网络以纯文本而不是加密格式发送数据。例如 telnet 和 ftp，在某些情况下，可能会以纯文本形式通过网络发送用户账户的数据（如用户名和密码）。

把通过网络发送的数据进行加密，Secure Shell（SSH）协议提供了更好的安全性。SSH 已经成为 Linux 中的标准，几乎所有发行版都默认包含 SSH 的客户端和服务器端程序。如果系统上还没有安装此软件，应该安装 openssh、openssh-server、openssh-client 和 openssh-askpass 软件包（有关安装软件的详细信息，请参阅第 26 和 27 章）。

22.3.1 配置 SSH 服务器

/etc/ssh 目录是保存 SSH 配置文件的地方，SSH 服务器的配置文件是 /etc/ssh/sshd_config，不要将此与 /etc/ssh/ssh_config 文件混淆了，后者用于配置一些客户端实用工具，如 ssh、scp 和 sftp 命令。

基本配置设置

有两个不同的 SSH 协议分别编号为 1 和 2。这些不是版本，而是为提供安全数据连接而开发的两个独立协议。过去常常使用这两种协议，但现在几乎所有的 SSH 客户端都只使用协议 2。要设置 SSH 服务器接受的协议，请使用 Protocol 关键字：

```
Protocol 2
```

如果有一些旧版本的客户端需要使用协议 1，可以在 /etc/ssh/sshd_config 文件中使用以下关键字来配置 SSH 服务器同时接受两个协议的连接：

```
Protocol 1,2
```

安全提醒

协议 1 不再有技术支持，如果可能的话应该避免使用。协议 2 具有更好的安全特性，并且正在积极地接受改进。一般来说，应该始终远离那些不再有技术支持或不再积极维护的软件，因为如果黑客发现了该软件的安全漏洞，没有人来修复这些漏洞。

在某些情况下，可能有多个网卡（或虚拟接口），并且希望将 SSH 服务器限制为只监听一些网卡。为此，可使用 ListenAddress 关键字，并指定这些网卡上配置的 IP 地址。

举个例子：

```
ListenAddress 192.168.1.100:192.168.1.101
```

SSH 服务器监听的标准端口号是 22，可以使用 Port 关键字让 SSH 服务器监听另一个端口：

```
Port 2096
```

安全提醒

使用非标准端口会使黑客更难发现服务。然而，有一些工具允许黑客探测系统中“开放”的端口（即探测某个端口上是什么服务在响应）。因此，更改端口不会完全隐藏 SSH 服务。不过，许多黑客也只是使用带有硬编码的脚本（比如固定了端口号），所以使用不同的端口号可以避免一些偶然的黑客攻击。

可能还需要修改 SSH 服务器记录的日志类型，可以通过使用 LogLevel 关键字来设置。以下是可用的日志级别：

- QUIET
- FATAL
- ERROR
- INFO
- VERBOSE
- DEBUG
- DEBUG1（如同 DEBUG）
- DEBUG2
- DEBUG3

与系统日志类似（有关系统日志的详细信息，请参阅第 25 章），这些级别是相互覆盖的。例如，INFO 级别包含 ERROR 和 FATAL 级别生成的所有日志（从技术上说应该还有 QUIET 级别的日志，但实际上这个级别不会产生日志）。切换到 DEBUG、DEBUG2 或 DEBUG3 时要小心，因为在真实的 SSH 服务器上可能会引起一些安全问题。

安全提醒

sshd_config 的 man page 里指出，“使用 DEBUG 级别进行日志记录违反了用户的隐私，不建议这样做”。找一台测试机器，把 LogLevel 设置为 DEBUG，然后重新启动 SSH 服务器，连接到 SSH 服务器，再看看 /var/log/secure 文件（基于 Red Hat 的系统）或 /var/log/auth.log 文件（基于 Debian 的系统），就明白为什么不建议这样做了（因为用户名和密码这些数据都被记录到日志里了）。

影响用户访问的设置

要阻止 root 用户通过 SSH 登录，更改 PermitRootLogin 的值为 no：

```
PermitRootLogin no
```

安全提醒

可能要考虑使用不允许 root 用户通过 SSH 直接登录的设置，特别是当系统连接到因特网时。允许 root 用户通过 SSH 登录，给黑客暴力破解密码提供了可能性。

更好的做法是允许普通用户登录，并允许普通用户使用 su 或 sudo 命令切换到 root 账户。虽然暴力攻击仍然可以对普通用户进行尝试，但是黑客必须先知道该账户是否存在，然后在获得访问权之后，才能尝试入侵 root 账户。

如果有一个普通用户，但他不需要通过 SSH 登录怎么办？这种情况下，有两个选择：AllowUsers 或 DenyUsers。这两个关键字都可以指定一个或多个用户名：

```
AllowUsers bob sue ted
```

如果使用 AllowUsers，仅允许列出的用户连接到 SSH 服务器；如果使用 DenyUsers，除列出的这些用户外，其他用户都能连接到 SSH 服务器。注意，如果同时使用这两个关键字，DenyUsers 优先。

可以使用通配符来匹配模式：

```
DenyUsers guest*#denies any user with a name that begins with "guest"
DenyUsers ????app#denies any user with a name that contains 4 characters
and ends with "app"
```

安全提醒

还可以使用 AllowGroups 和 DenyGroups 关键字。

SSH 服务器有几种不同的身份验证方法。以下是应该要知道的比较重要的几个。

- PasswordAuthentication：当设置为 yes（默认值）时，允许用户通过用户名和密码登录；如果设置为 no，用户只能使用身份认证密钥登录，本章稍后将详细讨论身份验证密钥。
- PubkeyAuthentication：当设置为 yes 时，用户可以在服务器上保存公钥，在用户的客户端系统上使用 ssh-keygen 命令生成公钥。本章后面的章节将更详细地讨论这一过程。

表 22-5 描述了影响用户登录的其他有用的 SSH 服务器设置。

表 22-5　SSH 服务器设置

设　置	说　明
Banner	指定一个文件，该文件的内容会在进行用户身份认证前显示
PrintMotd	如果设置为 yes（默认值），当用户通过 SSH 登录成功后会显示 /etc/motd 文件的内容
X11Forwarding	如果设置为 yes（默认值为 no），这提供了一种简单的方法，可以在 SSH 服务器上运行图形化程序，并且在 SSH 客户机上显示这些程序。但这需要在运行 SSH 客户端程序（ssh 命令）的时候使用 -X 或 -Y 选项
MaxAuthTries	设置为一个数值，该数值表示用户在输入正确密码前最多能尝试的次数。默认值是 6
PermitEmptyPasswords	如果设置为 no（默认值），当用户的密码为空，则不允许通过 SSH 登录

22.3.2　SSH 客户端相关命令

需要了解几种不同的 SSH 客户端命令，包括以下命令。

- ssh：允许登录到 SSH 服务器并通过命令行在服务器上工作。
- scp：允许通过命令行在 SSH 服务器之间来回传输文件。
- sftp：允许连接到 SSH 服务器，并执行类似 FTP 的命令。

应该了解这些命令的功能，以及 /etc/ssh/ssh_config 文件中的一些关键设置。

ssh_config 文件

ssh_config 文件的一些组件与 sshd_config 文件不同。首先，有一个系统范围的 /etc/ssh/ssh_config 文件，它适用于所有用户。此外，每个用户都可以在自己的家目录（~/.ssh/config）中创建一个文件，该文件可用于覆盖 /etc/ssh/ssh_config 文件中的设置。

除了文件之外，命令行选项还可以覆盖配置文件中对应的项。以下是所有这些信息的解析顺序：

1. 命令行选项
2. 用户的 ~/.ssh/config 文件
3. /etc/ssh/ssh_config 文件

重要

最先查找到的配置生效。例如，如果 ConnectTimeout 在用户的配置文件 ~/.ssh/config 和系统配置文件 /etc/ssh/ssh_config 里分别配置了不同的值，那么会使用用户的配置文件里指定的值。

ssh_config 文件和 sshd_config 文件的另一个重要区别是，ssh_config 文件里的大部分设置都是 Host 设置的子设置。Host 设置允许为不同的 SSH 服务器指定不同的规则。例如，下面的配置将在连接到 server1.onecoursesource. com 时的 ConnectTimeout 值设置为

0，而连接到 test.example.com 时的 ConnectTimeout 值为 600：

```
Host server1.onecoursesource.com
ConnectTimeout 0
Host test.example.com
ConnectTimeout 600
```

ssh_config 文件里的许多设置都与 SSH 服务器配置文件中的设置相关。例如，请回忆以下 /etc/ssh/sshd_config 文件中的设置：

```
X11Forwarding yes
```

在客户端，在执行基于 ssh 的命令时，通常使用 -X 或 -Y 选项启用此功能。但是，如果希望该特性默认启用，可以在 /etc/ssh/ssh_config 或 ~/.ssh/config 文件里加入以下设置：

```
ForwardX11 and ForwardX11Trusted
```

ssh 命令

第一次尝试通过 ssh 命令连接到一台主机时，会提示验证 RSA 密钥指纹：

```
[student@onecoursesource ~]$ ssh 192.168.1.22
The authenticity of host '192.168.1.22 (192.168.1.22)' can't be established.
RSA key fingerprint is 7a:9f:9b:0b:7b:06:3a:f0:97:d1:c7:e9:94:a8:84:03.
Are you sure you want to continue connecting (yes/no)? yes
Warning: Permanently added '192.168.1.22' (RSA) to the list of known hosts.
student@192.168.1.22's password:
[student@testmachine ~]$
```

可以将 RSA 密钥指纹视为实际的指纹。许多现代笔记本计算机和手机都有指纹扫描器来验证用户的身份，并作为登录或解锁设备的一种手段。要使用此功能，首先需要登记指纹。当对 ssh 命令的提示信息 “Are you sure you want to continue connecting（yes/no）?” 回答 yes 时就在做这个事情。

当你在笔记本计算机或手机上注册指纹时，该设备只会假设你就是你所声称的那个人（账户或设备的所有者）。本质上，这就是在接受 RSA 密钥指纹时发生的事情。你接受正在连接的计算机就是正确的计算机。

将来再次连接此计算机时，会把 SSH 服务器上的当前指纹与第一次连接时接受的指纹匹配。这个指纹存储在 ~/.ssh/known_hosts 文件里（每个用户都有一组单独的已接受的指纹）：

```
[student@onecoursesource ~]$ cat .ssh/known_hosts
192.168.1.22 ssh-rsa AAAAB3NzaC1yc2EAAAABIwAAAQEAz98zgUakM93uWfXw/iF5QhCsPrSnNKHVBD/
o9qwSTh8sP6MKtna8vMw1U2PltXN3/BMm7hrT0sWe1hjkAqFjrx7Hp6uzjs1ikfPSRerybsE+CAR+KywbiiInvp
4ezm/IHPjhwjasskSzcWHwdQ+1YaYNkoaoGrRz87/xbiXUxWVb7VVn6RZKxiVIh2+XgCr4dWct0ciJf3eM9eel-
2SL81G5M1jUMB8g9jzUpWITvuj2e86LJw8RwpqRZ9oUaCwZFkp8FaBpLvA1xBTaGIjB6J9qBAoERfTv5TChqG-
MoK1zyz/KF9LC/22dwZ2hnU21fdS34COJ6RuxNA4P/hSGFxrw==
```

作为一个用户，并不需要知道指纹的具体细节，这个过程由 SSH 客户端实用程序和 SSH 服务器处理。然而，有一种情况应该注意，它与下面的这个信息有关：

```
@@@@@@@@@@@@@@@@@@@@@@@@@@@@@@@@@@@@@@@@
@ WARNING: REMOTE HOST IDENTIFICATION HAS CHANGED! @
@@@@@@@@@@@@@@@@@@@@@@@@@@@@@@@@@@@@@@@@
IT IS POSSIBLE THAT SOMEONE IS DOING SOMETHING NASTY!
Someone could be eavesdropping on you right now (man-in-the-middle attack)!
It is also possible that the RSA host key has just been changed.
The fingerprint for the RSA key sent by the remote host is
7a:9f:9b:0b:7b:06:3a:f0:97:d1:c7:e9:94:a8:84:03
Please contact your system administrator.
```

出现这个错误信息的原因有以下几个：

- 重新安装 SSH 服务器软件，这会导致产生新的 RSA 密钥指纹。
- SSH 服务器自身系统重装或被替换为新系统。
- 从警告看，可能是中间人攻击。

安全提醒

“中间人”是一种黑客技术，流氓计算机将自己插入客户端和服务器之间。其目的是为黑客收集信息，以便他们能进一步破坏系统。

SSH 服务器的管理员应该知道是否发生了前两种情况之一。如果发生前两种情况之一，解决方案是从 ~/.ssh/known_hosts 文件中删除此 SSH 服务器的条目。如果前两种情况都没有发生，那么就该调查究竟发生了什么。

要使用与当前客户端上登录的用户不同的用户名进行登录，请使用以下用法中的任意一种：

```
ssh -l username ssh_server
ssh username@ssh_server
```

要在远程主机上执行命令，但又想立即返回到自己的机器，请使用下面的语法：

```
ssh ssh_server command
```

scp 和 sftp 命令

scp 命令使用了许多由 ssh 命令提供的选项和功能。要从当前系统复制文件到远程系统，请使用以下语法：

```
[student@onecoursesource ~]$ scp /etc/hosts 192.168.1.22:/tmp
student@192.168.1.22's password:
hosts                                          100%  187     0.2KB/s   00:00
```

以下是 scp 命令的一些有用的选项。

- -r：复制整个目录结构
- -v：详细模式，输出详细信息帮助调试传输问题
- -q：安静模式
- -p：保留时间戳和权限

sftp 命令连接到 SSH 服务器并提供类似于 FTP 的客户端界面，示例参见例 22-14。

例 22-14 使用 sftp 连接

```
[student@onecoursesource ~]$ sftp 192.168.1.22
Connecting to 192.168.1.22...
student@192.168.1.22's password:
sftp>cd /tmp
sftp>ls
gconfd-root          hosts                keyring-GhtP1j        mapping-root
nis.6788.ldif        nis.6818.ldif        nis.6836.ldif         orbit-root
ssh-ysXgwO2672       uplist               virtual-root.9QNCsb
sftp>get hosts
Fetching /tmp/hosts to hosts
/tmp/hosts                                      100%  187     0.2KB/s   00:00
sftp>ls h*
hosts
sftp>quit
```

22.3.3 SSH 高级功能

新手管理员经常问的一个问题是，SSH 如何对数据传输进行加密来确保其安全性？使用的技术包括公钥和私钥。当 SSH 客户端连接到 SSH 服务器时，服务器向客户端提供它的公钥。

在建立会话时，客户端和服务器会生成一个对称会话密钥，然后使用该密钥加密彼此之间交换的所有数据。然后，客户端使用公钥加密所有数据，然后将其发送到服务器。数据只能由存储在服务器上的私钥解密。

这些密钥是在安装 SSH 服务器时创建，并存储在 /etc/ssh 目录中。

如果用户要经常登录到特定的 SSH 服务器，该用户可能希望设置免密码登录。要实现这个效果，请遵循以下步骤：

第 1 步 . 在 SSH 客户端机器上，执行 ssh-keygen 命令，如果例 22-15 所示。当提示输入密码时，直接按回车键将密码设置为空（或者使用 ssh-keygen 命令时加上 -N 选项，就不会提示输入密码）。

例 22-15 ssh-keygen 命令

```
[student@onecoursesource ~]$ ssh-keygen -t rsa
Generating public/private rsa key pair.
Enter file in which to save the key (/home/student/.ssh/id_rsa):
Enter passphrase (empty for no passphrase):
Enter same passphrase again:
Your identification has been saved in /home/student/.ssh/id_rsa.
Your public key has been saved in /home/student/.ssh/id_rsa.pub.
The key fingerprint is:
b4:77:29:40:b8:aa:d1:1c:3a:cb:e6:b8:5d:9b:07:fb student@localhost.localdomain
The key's randomart image is:
+--[ RSA 2048]----+
|        ..       |
|       ..        |
|        .o        |
|    . .. o   .   |
|   + o  S o o     |
|  + =     . o     |
| . =.o            |
| o=..o.          |
|o+o ooE           |
+-----------------+
```

第 2 步 . 现在生成了一个公钥文件 ~/.ssh/id_rsa.pub，这个文件需要拷贝到远程主机，放在远程主机账户的 ~/.ssh/authorized_keys 文件里（如果需要创建 .ssh 这个目录，目录的权限要设置为 700），可以使用以下命令完成此操作：

```
student@localhost ~]$ cat .ssh/id_rsa.pub | ssh 192.168.1.22 'cat >> .ssh/
authorized_keys'
student@192.168.1.22's password:
```

第 3 步 . 把 authorized_keys 文件的权限设置为 640：

```
[student@onecoursesource ~]$ ssh 192.168.1.22 'chmod 640 /home/student/.ssh
➥ authorized_keys'
student@192.168.1.22's password:
```

安全提醒

在某些发行版上，可以使用 ssh-copy-id 命令同时完成第 2 步和第 3 步的操作。但是，应该知道如何手动完成这些步骤。

现在登录到 SSH 服务器应该就不需要任何的密码了：

```
[student@onecoursesource ~]$ ssh 192.168.1.22 date
Mon Jan 11 16:59:32 PST 2019
```

一些安全专家指出，密钥没有使用密码会带来安全风险。但是，如果确实有密码，那么每次尝试从客户端连接到 SSH 服务器时，不会提示输入账户的密码，而是要求输入密钥的密码（从一开始就要避免必须要输入密码的情况）：

```
[student@onecoursesource ~]$ ssh 192.168.1.22 date
Enter passphrase for key '/home/student/.ssh/id_rsa':
Mon Jan 11 17:17:00 PST 2019
```

可以使用一个名为 ssh-agent 的实用工具为 RSA 密钥设置密码，从而避免为每个连接都键入密码。以下步骤演示了其工作原理。

第 1 步 . 用 ssh-agent 工具启动一个新的 BASH Shell：

```
ssh-agent /bin/bash
```

第 2 步 . 执行以下命令：

```
ssh - add ~/.ssh/id_rsa
```

从现在开始，当使用 ssh-agent Shell 远程连接到 SSH 服务器时，将不再需要输入密钥的密码。

22.4　总结

本章的重点是配置、保护和连接到关键服务器。了解了 LDAP 服务器，以及它如何为网络用户账户等功能提供目录信息。还了解了如何使用 FTP 服务器共享文件。最后，了解了如何通过 SSH 连接到远程 Linux 系统。使用 SSH，可以登录到远程系统并执行命令。

22.4.1　重要术语

LDAP、OpenLDAP、活动目录、对象、属性、schema、LDIF、DN、CN、SSSD、白页、匿名 FTP、FTP 主动模式、FTP 被动模式

22.4.2　复习题

1. ______是对象的组成部分。
2. 用于创建 LDAP 对象的文件格式叫作______。
   A. schema　　B. LDAP　　C. LDIF　　D. DN
3. 下面哪一个命令用于创建 rootdn 的密码？
   A. rootpw　　B. slappasswd　　C. ldappasswd　　D. rootpasswd
4. OpenLDAP 数据库目录的权限应该被设置为______。（用八进制表示）
5. ______命令用于在启动 OpenLDAP 服务器之前测试配置文件。
6. 完成下面命令行里的空白处来指定 rootdn 的密码。

```
ldapadd -x -D "cn=root,dc=OCS,dc=com" _____ rootdnpw -f newpasswd.ldif
```

A. -p　　B. -r　　C. -a　　D. -w

7. 当使用基于 ldap 的命令（例如 ldapsearch）时，哪一个选项表示“使用简单身份认证”？

A. -S　　B. -x　　C. -p　　D. -a

8. vsftpd.conf 文件里的______指令用于允许匿名 FTP 连接。

9. 下面哪些 vsftpd.conf 里的指令与创建一个列表来允许指定的用户可以访问 FTP 服务器有关？（选择所有适用的选项。）

A. userlist_enable　　B. userlist_file

C. userlist_allow　　D. userlist_deny

10. /etc/ssh/sshd_config 文件里的______设置用于指定在哪些网络接口上接受 SSH 连接。

11. /etc/ssh/sshd_config 文件里的______设置用于指定哪些用户能连接到 SSH 服务器。

第 23 章

制订网络安全策略

对于每个网络服务，可以使用多种方法来保护它。例如，保护 BIND DNS 服务的部分方法就包括把 BIND 限制在 chroot jail 里、切分 BIND 配置文件、使用事务签名（这些方法都在第 20 章里覆盖了），但还有许多其他安全设置可以用来配置一个更安全的 BIND 服务器。

安全策略应该包括正确地保护每个网络服务的具体步骤。这可能是一项艰巨的任务，因为有太多不同的服务，许多都没有在本书中介绍过。

前三章已经讨论了几个网络服务，每个服务的基本安全特性也都已讨论过，因此本章不再讨论这些特性。但是，要认识到，当制订安全策略时，这些安全特性非常重要。同样重要的还有这些网络服务提供的额外的安全特性（如果最终在真实环境中运行这些服务，则需要进一步研究这些特性）。

此外，本书后面将更详细地介绍一些网络的安全特性。例如，防火墙（在第 31 章中有详细介绍）可以用来阻止传入系统的连接。虽然防火墙是任何网络安全策略的一个主要部分，但本章不讨论它们。相反，本章主要关注网络安全策略的三个关键组件：内核参数、TCP Wrappers 和网络时间协议。

学习完本章并完成课后练习，你将具备以下能力：

- 修改内核参数以提供更好的网络安全性。
- 实现 TCP Wrappers。
- 手动配置系统时间。
- 将系统配置为使用网络时间协议服务器。

23.1 内核参数

第 28 章会介绍一个与内核参数相关的主题。可以使用内核参数来调整内核的行为。它们可以用来改变内核管理设备的方式，优化内存使用，并增强系统的安全性。

由于在第 28 章中将对内核参数进行完整的讨论，所以本章重点讨论内核参数的基础以及一些对网络安全更重要的内核参数。

23.1.1　/etc/sysctl.conf 文件

可以通过修改 /etc/sysctl.conf 文件来修改内核参数，有关此文件的示例，请参见例 23-1。

例 23-1　/etc/sysctl.conf 文件

```
[root@onecoursesource ~]#head /etc/sysctl.conf
# Kernel sysctl configuration file for Red Hat Linux
#
# For binary values, 0 is disabled, 1 is enabled. See sysctl(8) and
# sysctl.conf(5) for more details.

# Controls IP packet forwarding
net.ipv4-ip_forward = 0

# Controls source route verification
net.ipv4.conf.default.rp_filter = 1
```

要修改内核参数，在这个文件中把相应的参数（以 net.ipv4.ip_forward 参数为例）设置为一个新的值，例如，内核参数 net.ipv4.ip_forward 决定系统是否能充当路由器，路由器会在网络之间转发数据包，如果把 net.ipv4.ip_forward 的值设置为 1（0 代表假或不启用，1 代表真或启用），那这台机器就可以充当路由器。完整的路由器需要两个网络连接（每个网络各一个），但此处讨论的内容是如何修改内核参数，不是如何配置路由器。

注意，对 /etc/sysctl.conf 文件的任何修改都不会立即生效，因为只有在系统启动的时候才会读取这个文件。要让修改立即生效，要么重启系统，要么运行 sysctl -p 命令。

需要注意的是，有几千个内核参数，许多参数都是用来使系统更加安全的。本章只讨论一些更常见的与安全相关的内核参数。

23.1.2　忽略 ping 请求

ping 命令通常用于确定是否可以通过网络访问某台远程主机。它会向这台远程主机发送一个 ICMP echo 请求包，如果这台远程主机是可访问的，则期望收到一个响应包。这带来了两个安全挑战：

- 黑客可以使用 ping 来探测在线的系统，试图从中找到可以入侵的系统。虽然这不是探测系统是否在线的唯一方法（有关其他方法，请参阅第 30 章），但它是一种非常常见的方法。因此，在一些核心系统上最好忽略 ping 请求。
- 响应 ping 请求会使系统容易受到拒绝服务（DoS）攻击。DoS 攻击是指向系统发送大量网络数据包，使系统难以处理所有数据，导致系统无响应。这也可以通过分布式拒绝服务（DDoS）攻击来实现，当大量数据包从多个系统同时发送到同一台主机时，会使主机崩溃。由于此漏洞，在一些核心系统上最好忽略 ping 请求。

要忽略 ping 请求，请在 /etc/sysctl.conf 文件里使用以下设置：

```
net.ipv4.icmp_echo_ignore_all = 1
```

可能出现的问题 如果将所有系统设置为忽略 ping 请求，这意味着就不能再使用 ping 命令通过网络去判断主机是否存活。在排查网络问题时，请记住这一点。

23.1.3 忽略广播请求

采用与 ping 请求类似的技术，广播请求也可以用于 DoS 和 DDoS 攻击。要忽略广播请求，请在 /etc/sysctl.conf 文件里使用以下设置：

```
net.ipv4.icmp_echo_ignore_broadcasts = 1
```

23.1.4 启用 TCP SYN 保护

SYN（同步序列编号）洪水攻击是另一种 DoS 攻击，通过使用大量的 SYN 请求使系统失去响应。要忽略 SYN 请求，请在 /etc/sysctl.conf 文件中使用以下设置：

```
net.ipv4.tcp_syncookies = 1
```

23.1.5 禁用 IP 源路由

IP 源路由是一种允许数据包的发送方指定要使用的网络路由的特性。但这个特性绕过了路由表，使系统容易受到攻击，因为黑客可以使用中间人攻击（在客户端到服务器之间插入一个系统），或者使用这个特性映射你的网络或绕过防火墙。

每个网络接口都有单独的 IP 源路由内核参数，因此，要禁用某个网络接口上的这个特性，请使用如下配置：

```
net.ipv4.conf.eth0.accept_source_route = 0
```

23.2 TCP Wrappers

当服务端程序在编译的时候使用了 libwrap 库，客户端系统在连接到这个服务的时候，就会使用 TCP Wrappers。例如，当有人试图连接 sshd 服务的时候，sshd 就会调用 libwrap 库，libwrap 库使用配置文件根据连接的来源主机来判断是否允许此 SSH 连接，所使用的配置文件有 /etc/hosts.allow 和 /etc/hosts.deny。

在查看配置文件之前，需要知道如何判断服务是否使用了 libwrap 库，一个简单的方法是使用 ldd 命令。

```
[root@onecoursesource ~]# ldd /usr/sbin/sshd | grep libwrap
libwrap.so.0 => /lib64/libwrap.so.0 (0x00007efeb9df7000)
```

如果 ldd 命令返回 libwrap.so.0，那么这个程序就使用了 TCP Wrappers。有一个方法可以查找所有使用了“libwrap”的程序，即执行如例 23-2 所示的命令。

例 23-2 显示所有的 libwrap 的程序

```
[root@onecoursesource ~]# for i in /usr/sbin/*
>do
>ldd $i | grep libwrap && echo $i
>done
libwrap.so.0 => /lib64/libwrap.so.0 (0x00007facd0b05000)
/usr/sbin/exportfs
libwrap.so.0 => /lib64/libwrap.so.0 (0x00007fd295593000)
/usr/sbin/rpcinfo
libwrap.so.0 => /lib64/libwrap.so.0 (0x00007fd87537c000)
/usr/sbin/rpc.mountd
libwrap.so.0 => /lib64/libwrap.so.0 (0x00007f5251e30000)
/usr/sbin/rpc.rquotad
libwrap.so.0 => /lib64/libwrap.so.0 (0x00007f96e8b39000)
/usr/sbin/sshd
libwrap.so.0 => /lib64/libwrap.so.0 (0x00007f5a93020000)
/usr/sbin/xinetd
```

注意 可能有使用了 libwrap 库的服务保存在 /usr/bin 和 /sbin 目录里，因此还需要搜索一下这些目录。

要了解 /etc/hosts.allow 和 /etc/hosts.deny 文件是如何工作的，首先需要了解这两个文件在使用时的顺序。当服务调用 libwrap 库来认证一个连接的时候，先在 /etc/hosts.allow 文件里查找有没有匹配的规则，稍后将更详细地介绍规则，但本质上规则就包括服务（如 sshd）和指定的机器（如 IP 地址、主机名等）。如果匹配上了 /etc/hosts.allow 文件的某条规则，libwrap 库就会告诉服务允许这次访问。

如果未能匹配 /etc/hosts.allow 文件里的规则，libwrap 库则会查找 /etc/hosts.deny 文件里的规则。如果匹配上了 /etc/hosts.deny 文件里的规则，libwrap 库就会告诉服务不要允许这次访问。

如果在两个文件里都没有匹配的规则，libwrap 库会告诉服务允许这次访问。这也意味着默认策略就是允许访问，也许需要在 /etc/hosts.deny 添加规则来阻止某些访问。这个过程的可视化展示见图 23-1。

/etc/hosts.allow 和 /etc/hosts.deny 文件里的规则的语法如下所示。

```
service_list: client_list [options]
```

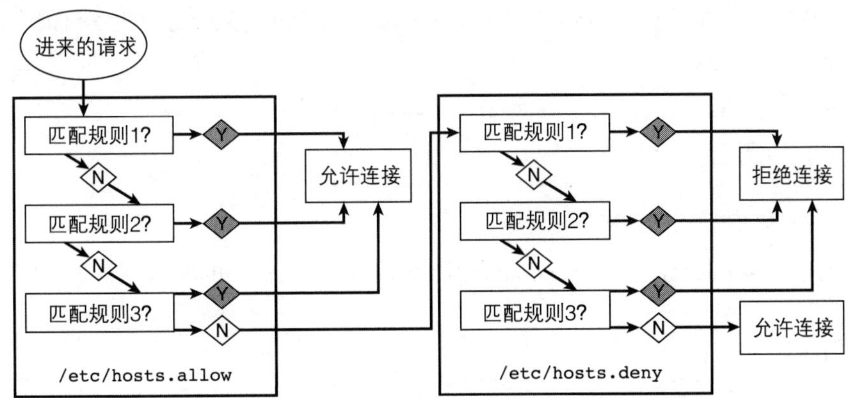

图 23-1　TCP Wrappers

这里的服务是程序的二进制可执行文件的文件名（例如，sshd 或 xinetd），客户端列表是这个规则要应用的系统。下面是个简单的示例：

```
[root@onecoursesource ~]# more /etc/hosts.allow
[root@onecoursesource ~]# more /etc/hosts.deny
sshd: test.onecoursesource.com
```

在上面的这个例子里，除了来自 test.onecoursesource.com 的客户端不能连接到 sshd 服务外，其余所有的客户端都能连接到该主机上的任意服务。

service_list 处可以包括多个服务：

```
[root@onecoursesource ~]# more /etc/hosts.allow
[root@onecoursesource ~]# more /etc/hosts.deny
xinetd,sshd: test.onecoursesource.com
```

上面的例子会阻止来自 test.onecoursesource.com 的客户端连接到该主机上的 sshd 和 xinetd 服务。

可以使用关键字 ALL 来表示所有的服务：

```
[root@onecoursesource ~]# more /etc/hosts.allow
[root@onecoursesource ~]# more /etc/hosts.deny
ALL: test.onecoursesource.com
```

client_list 也很灵活，下面是一些可以使用的值。

- IP 地址：如 192.168.0.100。
- 网络地址：如 192.168.0.0/255.255.255.0 或 192.168.0。
- 整个域：如 .example.com。
- ALL：匹配全部客户端。
- LOCAL：匹配主机名中没有点（.）的客户端，如 test1。

- UNKNOWN：匹配那些名称解析器（如 DNS、本地 hosts 文件等）不能解析的客户端。
- KNOWN：匹配那些名称解析器（如 DNS、本地 hosts 文件等）能解析的客户端。

思考下面这个例子：

```
[root@onecoursesource ~]# more /etc/hosts.allow
ALL: test.onecoursesource.com
[root@onecoursesource ~]# more /etc/hosts.deny
ALL: .onecoursesource.com
```

这将拒绝来自 onecoursesource.com 域中除 test 这台主机外的所有主机的访问。

23.3 NTP

维护准确的系统时钟对网络安全至关重要，因为许多网络服务器具有一些基于时间的安全特性。例如，网络服务可能只允许在一段特定的时间范围内才能登录；或者可以使用 PAM（在第 7 章和第 8 章中讨论过）来允许只在特定日期或时间才能访问。

系统时钟可手动配置，也可以通过 NTP（网络时间协议）服务器配置。本节中，先讲述如何手动设置系统时钟，虽然使用 NTP 服务器更为理想，但至少应该了解在没有可靠的 NTP 服务器时如何手动设置系统时钟。

23.3.1 手动设置系统时钟

可以使用 date 命令查看系统时钟：

```
[root@onecoursesource ~]#date
Tue Feb 28 22:15:33 PST 2019
```

date 命令的输出通常用于生成唯一的文件名，因为该命令具有非常灵活的输出格式。下面是一个例子：

```
[root@onecoursesource ~]#date "+%F"
2019-02-28
[root@onecoursesource ~]#touch data-$(date "+%F")
[root@onecoursesource ~]#ls data*
data-2019-02-28
```

表 23-1 详细说明了一些比较常用的日期格式。

表 23-1　日期格式

格　式	说　　明
%a	星期名称缩写（Sun）
%A	完整的星期名称（Sunday）
%b	月份名称缩写（Jan）

（续）

格　式	说　　明
%B	月份完整名称（January）
%d	每月的几号（如 01）
%D	同 %m/%d/%y
%F	同 %Y-%m-%d
%m	月份
%n	换行符
%y	2 位数表示的年（19）
%Y	4 位数表示的年（2019）

作为 root 用户，可以使用 date 命令设置系统时钟，语法如下：

```
[root@onecoursesource ~]#date Tue Feb 28 22:15:33 PST 2019
```

在一些系统上，使用 timedatectl 命令来查看和设置系统时钟，如例 23-3 所示。

例 23-3　timedatectl 命令

```
[root@onecoursesource ~]#timedatectl
      Local time: Tue 2019-02-28 22:07:39 PST
  Universal time: Wed 2019-03-01 06:07:39 UTC
        RTC time: Sun 2018-06-12 17:50:56
        Timezone: America/Los_Angeles (PST, -0800)
     NTP enabled: yes
NTP synchronized: no
 RTC in local TZ: no
      DST active: no
 Last DST change: DST ended at
                  Sun 2018-11-06 01:59:59 PDT
                  Sun 2018-11-06 01:00:00 PST
 Next DST change: DST begins (the clock jumps one hour forward) at
                  Sun 2019-03-12 01:59:59 PST
                  Sun 2019-03-12 03:00:00 PDT
```

作为 root 用户，可以使用这个命令设置系统时钟。表 23-2 演示了更改系统时钟时比较常见的一些方法。

表 23-2　更改系统时钟

方　　法	说　　明
set-time [*time*]	设置系统时钟为指定的时间
set-timezone [*zone*]	将系统时区设置为指定的区域
set-ntp [*0*|*1*]	启用（1）或禁用（0）网络时间协议

23.3.2　手动设置系统时区

tzselect 实用程序是一个基于命令行的带有菜单的工具，允许用户选择时区，例 23-4 提供了一个示例。

例 23-4　执行 tzselect 命令

```
[root@onecoursesource~]#tzselect
Please identify a location so that time zone rules can be set correctly.
Please select a continent, ocean, "coord", or "TZ".
 1) Africa
 2) Americas
 3) Antarctica
 4) Arctic Ocean
 5) Asia
 6) Atlantic Ocean
 7) Australia
 8) Europe
 9) Indian Ocean
10) Pacific Ocean
11) coord - I want to use geographical coordinates.
12) TZ - I want to specify the time zone using the Posix TZ format.
#? 2
Please select a country whose clocks agree with yours.
 1) Anguilla                28) Haiti
 2) Antigua & Barbuda            29) Honduras
 3) Argentina                 30) Jamaica
 4) Aruba                 31) Martinique
 5) Bahamas                 32) Mexico
 6) Barbados                 33) Montserrat
 7) Belize                 34) Nicaragua
 8) Bolivia                 35) Panama
 9) Brazil                 36) Paraguay
10) Canada                 37) Peru
11) Caribbean Netherlands     38) Puerto Rico
12) Cayman Islands            39) St Barthelemy
13) Chile                 40) St Kitts & Nevis
14) Colombia                 41) St Lucia
15) Costa Rica                 42) St Maarten (Dutch part)
16) Cuba                 43) St Martin (French part)
17) Curacao                 44) St Pierre & Miquelon
18) Dominica                 45) St Vincent
19) Dominican Republic            46) Suriname
```

```
20) Ecuador              47) Trinidad & Tobago
21) El Salvador             48) Turks & Caicos Is
22) French Guiana         49) United States
23) Greenland             50) Uruguay
24) Grenada              51) Venezuela
25) Guadeloupe             52) Virgin Islands (UK)
26) Guatemala             53) Virgin Islands (US)
27) Guyana
#? 49
Please select one of the following time zone regions.
 1) Eastern Time
 2) Eastern Time - Michigan - most locations
 3) Eastern Time - Kentucky - Louisville area
 4) Eastern Time - Kentucky - Wayne County
 5) Eastern Time - Indiana - most locations
 6) Eastern Time - Indiana - Daviess, Dubois, Knox & Martin Counties
 7) Eastern Time - Indiana - Pulaski County
 8) Eastern Time - Indiana - Crawford County
 9) Eastern Time - Indiana - Pike County
10) Eastern Time - Indiana - Switzerland County
11) Central Time
12) Central Time - Indiana - Perry County
13) Central Time - Indiana - Starke County
14) Central Time - Michigan - Dickinson, Gogebic, Iron & Menominee Counties
15) Central Time - North Dakota - Oliver County
16) Central Time - North Dakota - Morton County (except Mandan area)
17) Central Time - North Dakota - Mercer County
18) Mountain Time
19) Mountain Time - south Idaho & east Oregon
20) Mountain Standard Time - Arizona (except Navajo)
21) Pacific Time
22) Pacific Standard Time - Annette Island, Alaska
23) Alaska Time
24) Alaska Time - Alaska panhandle
25) Alaska Time - southeast Alaska panhandle
26) Alaska Time - Alaska panhandle neck
27) Alaska Time - west Alaska
28) Aleutian Islands
29) Hawaii
#? 23

The following information has been given:
```

```
     United States
     Alaska Time

Therefore TZ='America/Anchorage' will be used.
Local time is now:          Tue Feb 28 21:03:15 AKST 2019.
Universal Time is now:      Wed Mar  1 06:03:15 UTC 2019.
Is the above information OK?
1) Yes
2) No
#? 1

You can make this change permanent for yourself by appending the line
     TZ='America/Anchorage'; export TZ
to the file '.profile' in your home directory; then log out and log in again.

Here is that TZ value again, this time on standard output so that you
can use the /usr/bin/tzselect command in shell scripts:
America/Anchorage
```

tzselect 命令的输出显示在屏幕上，输出内容包括系统时区的值（例如，America/Anchorage）。在基于 Debian 的系统上可以用它来设置系统时区。

在基于 Debian 的系统上系统时区保存于以下文件中：

```
[root@onecoursesource ~]#more /etc/timezone
America/Anchorage
```

可以使用 tzselect 命令的输出手动修改该文件。

在基于 Red Hat 的发行版上，系统时区是由 /etc/localtime 文件设置的。这个文件是二进制时区文件的符号链接：

```
[root@onecoursesource ~]#ls -l /etc/localtime
lrwxrwxrwx 1 root root 41 Feb 18  2019 /etc/localtime ->
../usr/share/zoneinfo/America/Los_Angeles
[root@onecoursesource ~]#file /usr/share/zoneinfo/America/Los_Angeles
/usr/share/zoneinfo/America/Los_Angeles: timezone data, version 2,
4 gmt time flags, 4 std time flags, no leap seconds, 185 transition times,
4 abbreviation chars
```

要更改使用 /etc/localtime 文件的系统上的时区，请创建一个新的符号链接：

```
[root@onecoursesource ~]# rm /etc/localtime
[root@onecoursesource ~]# ln -s /usr/share/zoneinfo/America/Goose_Bay/etc/localtime
[root@onecoursesource~]#ls -l /etc/localtime
lrwxrwxrwx 1 root root 36 Feb 28  2019 /etc/localtime ->
../usr/share/zoneinfo/America/Goose_Bay
```

注意，当在基于 Red Hat 的发行版上更改时区时，tzselect 命令的输出仍然有用。因为把输出的内容（例如，America/Anchorage）加上 /usr/share/zoneinfo 就可以得到该时区文件的完整路径 /usr/share/zoneinfo/America/Anchorage。

23.3.3 使用 NTP 设置系统日期

网络时间协议的守护进程（ntpd）用于确保系统时钟与远程 NTP 服务器提供的时间保持同步。这个进程的大部分配置都在 /etc/ntp.conf 文件里。表 23-3 显示了 /etc/ntp.conf 文件里的一些重要设置。

表 23-3 /etc/ntp.conf 文件里的设置

选 项	说 明
driftfile	指定一个文件，用来保存表示 NTP 服务器通告的时间与系统时钟之间的偏差的值。此值用于定期更新系统时钟，而无须再访问 NTP 服务器
restrict	用于表示对守护进程的一些限制，包括当本机作为 NTP 服务器对外提供服务时，哪些主机可访问这台服务器
server	用于指定当本机作为 NTP 客户端时，要访问的 NTP 服务器地址

典型的 /etc/ntp.conf 文件的示例见例 23-5。

例 23-5 典型的 /etc/ntp.conf 文件

```
# For more information about this file, see the man pages
# ntp.conf(5), ntp_acc(5), ntp_auth(5), ntp_clock(5), ntp_misc(5), ntp_mon(5).

driftfile /var/lib/ntp/drift

# Permit time synchronization with our time source, but do not
# permit the source to query or modify the service on this system.
restrict default kod nomodify notrap nopeer noquery

# Permit all access over the loopback interface.  This could
# be tightened as well, but to do so would effect some of
# the administrative functions.
restrict 127.0.0.1
restrict ::1

# Hosts on local network are less restricted.
#restrict 192.168.1.0 mask 255.255.255.0 nomodify notrap

# Use public servers from the pool.ntp.org project.
# Please consider joining the pool (http://www.pool.ntp.org/join.html).
```

```
server 0.fedora.pool.ntp.org iburst
server 1.fedora.pool.ntp.org iburst
server 2.fedora.pool.ntp.org iburst
server 3.fedora.pool.ntp.org iburst

# Enable public key cryptography.
#crypto

includefile /etc/ntp/crypto/pw

# Key file containing the keys and key identifiers used when operating
# with symmetric key cryptography.
keys /etc/ntp/keys
```

pool.ntp.org 地址链接到分布在世界各地的 NTP 服务器集群，这些服务器可以在 /etc/ntp.conf 文件里免费使用。例如，下面的这些服务器是由 Fedora 项目提供的（注意，这些服务器通常是指向其他系统的镜像，因此一旦连接到这些服务器，这些服务器的主机名将会不同）：

0. fedora.pool.ntp.org
1. fedora.pool.ntp.org
2. fedora.pool.ntp.org
3. fedora.pool.ntp.org

使用 ntpq 命令可以在 NTP 服务器上执行查询。例如，例 23-6 中使用 ntpq 命令显示 NTP 服务器状态的摘要。

例 23-6 ntpq 命令

```
[root@onecoursesource ~]# ntpq -p
     remote           refid      st t when poll reach   delay   offset  jitter
==============================================================
*propjet.latt.ne 68.110.9.223     2 u  120 1024  377   98.580    7.067   4.413
-services.quadra 208.75.88.4      3 u  272 1024  377   72.504  -10.689   1.612
+mirror          216.93.242.12    3 u  287 1024  377   20.406   -2.555   0.822
+108.61.194.85.v 200.23.51.102    2 u  741 1024  377   69.403   -3.670   1.610
```

表 23-4 列出了 ntpq 命令的一些重要选项。

表 23-4 ntpq 命令的选项

选 项	说 明
-d	启用调试模式
-n	显示主机的 IP 地址而不是主机名
-p	打印出所有的服务器列表

注意 Kali Linux 中提供了一些优秀的工具，可以用来探测系统的网络安全。然而，由于我们还没有完全涵盖本书中介绍的所有网络安全主题，因此对这些工具的介绍将推迟到后面的章节。

23.4 总结

本章学习了构成网络安全策略的几个关键元素，包括内核参数和如何实现 TCP Wrappers。还了解了如何通过手动和 NTP 配置系统时钟。

23.4.1 重要术语

NTP、路由器、libwrap、DoS 攻击、DDoS 攻击、SYN 洪水攻击、IP 源路由、中间人攻击

23.4.2 复习题

1. 内核参数的主配置文件是 /etc/______文件。
2. 下面哪些参数可用于防止 DoS 攻击？（选择两个。）
   A. net.ipv4.icmp_echo_ignore_all　　B. net.ipv4.dos.trap
   C. net.ipv4.conf.eth0.accept_source_route　　D. net.ipv4.tcp_syncookies
3. ______库用于实现 TCP Wrappers。
4. TCP Wrappers 使用了下面的哪些文件？（选择两个。）
   A. /etc/hosts.reject　　B. /etc/hosts.accept
   C. /etc/hosts.allow　　D. /etc/hosts.deny
5. ______命令可以查询 NTP 服务器。

在 Linux 发行版上运行的程序称为进程。掌握如何查看和控制进程（停止、暂停和重启）对整个系统的健康状况以及系统安全都非常重要。例如，在查看进程时，可能会发现一个进程占用了大量的系统资源（CPU 或 RAM），这会影响系统性能。

通常，要收集进程运行时的数据，这些数据很有用，因为能帮助你排除软件问题或发现黑客踪迹。

第六部分

进程和日志管理

第六部分你将学习以下章节：

- 第 24 章包括如何启动、查看和控制进程。
- 第 25 章包括如何查看系统日志，以及如何配置系统来创建自定义的日志条目。

第 24 章

进 程 控 制

在任何操作系统上，能够确定正在运行哪些程序，并更改这些程序的状态都是非常重要的。在 Linux 中，这可以通过一组命令来实现，这些命令允许显示正在运行的程序、暂停和重启程序、停止程序和更改程序的 CPU 优先级。本章将探讨这些主题并介绍如何显示基本的 CPU 和内存信息。

学习完本章并完成课后练习，你将具备以下能力：

- 描述什么是进程和任务。
- 启动、停止进程和任务。
- 列出正在运行的进程和任务。
- 更改进程优先级。
- 显示 CPU 和内存信息。

24.1 查看进程

进程只是“在系统上运行的程序”的一种奇特说法。它可以是 BASH Shell、Web 浏览器或操作系统启动某些程序执行的一个命令。

普通用户和系统管理员都应该知道如何启动和停止进程。通常，可以通过执行命令或单击 GUI 中的图标或菜单选项启动进程，还可以使用其他方式启动进程。其中一些方式还可以让进程能访问更多的系统资源。

在讨论启动和停止进程的详细方法之前，先来关注下如何查看进程信息。

24.1.1 ps 命令

ps 命令用于列出系统上正在运行的进程。在没有参数的情况下，该命令将列出当前 Shell 的所有子进程以及 BASH Shell 本身，如下所示：

```
[student@onecoursesource ~]$ps
  PID TTY          TIME CMD
```

```
18360 pts/0    00:00:00 bash
18691 pts/0    00:00:00 ps
```

每一行代表一个进程，ps 命令默认显示以下信息。

- PID：进程 ID 号，每个进程都有一个唯一的 ID，可用于控制进程。
- TTY：这是启动进程的终端窗口。终端窗口实际上是用户能够从命令行发出命令的地方。最初这是一个物理的终端（为操作系统提供键盘输入的机器）。实际上，TTY 是 Teletype 的缩写，Teletype 是一种终端，用于连接一些原始的 Unix 系统。以“pts”开头的终端是基于 GUI 的虚拟终端、运行 Shell 程序的窗口或远程连接（如 SSH 连接）。可能还会看到“tty”，它表示一个非 GUI 的虚拟终端。“?”表示不是从终端而是从另一个进程（可能在系统引导期间）启动的进程。
- TIME：CPU 时间，表示进程在 CPU 上执行代码所用的时间。尽管这个数字可能会随着时间的推移而增长，但它通常是一个非常小的数字（几秒钟或几分钟，很少超过几分钟），除非进程出了问题。
- CMD：执行的命令。

要列出系统上运行的所有进程，请添加 -e 选项，如下所示。这很有用，因为要查看的进程可能是从不同的 Shell（或由不同的用户）启动的，但是这个命令产生的输出会是几十行，甚至数百行。

```
[student@onecoursesource ~]$ps -e | wc -l
194
```

回想一下，wc -l 将显示数据行数。在上面的示例中，这就是 ps 命令生成的行数。每个进程都显示在单独的一行上，所以这个系统有 193 个进程正在运行（有一行是头信息——PID、TTY、TIME 等）。因此，可能需要使用 grep 命令根据命令的名称过滤输出：

```
[student@onecoursesource ~]$ps -e | grep xeyes
 4896 pts/2    00:00:00 xeyes
```

ps 命令另外一个有用的选项是 -f，会显示进程的完整信息：

```
[student@onecoursesource ~]$ps -f
UID        PID  PPID  C STIME TTY          TIME CMD
student   3872  3693  0 16:41 pts/5    00:00:00 bash
student   4934  3872  0 21:05 pts/5    00:00:00 ps -f
```

当使用 -f 选项时，将包含以下几列新数据。

- UID：用户 ID，即启动该进程的用户名。用户“拥有”进程，这一点很重要，因为要控制一个进程，要么是 root 用户，要么必须“拥有”该进程。
- PPID：父进程 ID，这是启动当前进程的进程 ID。例如，在上面的输出中，ps -f 命令是由 BASH 命令启动的，因此 ps -f 命令的 PPID 与 BASH 命令的 PID 相同。在当前运行多个命令或程序的情况下，这对于查找指定进程非常有用。

- C：状态，1 表示当前正在 CPU 上执行代码（或在 CPU 队列中有代码），0 表示它当前处于“休眠”状态（在等待某些事情发生，以便能执行某个操作）。
- STIME：启动时间，表示命令在什么时候启动。如果一个命令已经运行 24 小时以上，那么它将显示为日期而不是时间。

ps 命令还有许多有用的选项，在这种情况下，就需要研究帮助文档并找到对日常工作有用的其他选项。

24.1.2　pgrep 命令

通常会使用 ps 和 grep 命令的组合显示指定的进程：

```
[student@onecoursesource ~]$ps -e | grep sleep
25194 pts/0    00:00:00 sleep
```

pgrep 命令提供了类似的功能：

```
[student@onecoursesource ~]$pgrep sleep
25194
```

pgrep 命令的重要选项见表 24-1。

表 24-1　pgrep 命令的选项

选　项	说　　明	选　项	说　　明
-G *name*	按组名称匹配进程	-n	优先显示最近启动的进程
-l	显示进程名称和 PID	-u *name*	按用户名匹配进程

24.1.3　top 命令

top 命令显示定期更新的进程信息（默认情况下，每两秒更新一次）。top 命令输出的前半部分是总体的信息，而后半部分显示一些进程的列表（默认情况下，是 CPU 利用率最高的进程）。

top 命令的输出，请参见图 24-1。

top 命令提供了系统常规的统计信息以及进程信息。表 24-2 描述了图 24-1 中显示的输出。

表 24-2　top 命令的输出

输　出	说　　明
第 1 行	来自 uptime 命令的输出，详细信息请参见 24.1.4 节
第 2 行	系统上运行的所有进程的摘要信息
第 3 行	自上次刷新 top 数据以来的 CPU 统计数据

（续）

输　出	说　　明
第 4 行	物理内存统计数据（注意：在 top 命令中按 E 键，单位将从千字节更改为另一个值）
第 5 行	虚拟内存统计数据
剩余的行	进程和相关信息的列表

```
top - 16:09:10 up 2 days,  3:07,  2 users,  load average: 0.00, 0.07, 0.12
Tasks: 119 total,   2 running, 117 sleeping,   0 stopped,   0 zombie
%Cpu(s):  1.3 us,  1.0 sy,  0.0 ni, 97.0 id,  0.3 wa,  0.0 hi,  0.3 si,  0.0 st
KiB Mem:   4048292 total,  3832140 used,   216152 free,   356468 buffers
KiB Swap:        0 total,        0 used,        0 free.  1610568 cached Mem

  PID USER      PR  NI    VIRT    RES    SHR S %CPU %MEM     TIME+ COMMAND
26159 root      20   0 2461400 1.243g  24040 S  2.7 32.2  44:59.94 java
  965 root       0 -20       0      0      0 S  0.3  0.0   0:35.58 loop0
27545 nobody    20   0   87524   3616    892 S  0.3  0.1   0:05.32 nginx
28770 root      20   0   12824    940    776 S  0.3  0.0   0:14.39 ping
    1 root      20   0   33604   2952   1476 S  0.0  0.1   0:00.98 init
    2 root      20   0       0      0      0 S  0.0  0.0   0:00.00 kthreadd
    3 root      20   0       0      0      0 S  0.0  0.0   0:05.72 ksoftirqd/0
    5 root       0 -20       0      0      0 S  0.0  0.0   0:00.00 kworker/0:0H
    7 root      20   0       0      0      0 S  0.0  0.0   1:12.43 rcu_sched
    8 root      20   0       0      0      0 R  0.0  0.0   1:39.49 rcuos/0
    9 root      20   0       0      0      0 S  0.0  0.0   0:00.00 rcu_bh
   10 root      20   0       0      0      0 S  0.0  0.0   0:00.00 rcuob/0
   11 root      rt   0       0      0      0 S  0.0  0.0   0:00.00 migration/0
```

图 24-1　top 命令

有关如何使用 top 命令帮助解决系统问题的信息，请参见图 24-2。

当 top 命令运行时，可以输入交互式命令执行诸如更改显示值、重新排列进程列表和终止（停止）进程等操作。这些交互式命令是都是单个字符。表 24-3 提供了一些比较重要的交互式命令。

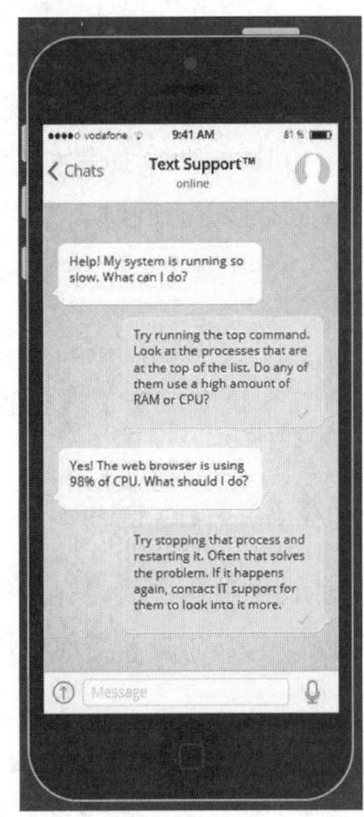

图 24-2　文本支持——解决系统的滞后问题

表 24-3　top 命令里执行的命令

命　令	说　　明
h	帮助，显示交互式命令的帮助摘要
E	将默认单位从千字节更改为另一个单位；“循环”遍历可用的单位，直到返回千字节
Z	颜色高亮开关，使用小写 z 来切换使用颜色和不使用颜色
B	切换为粗体显示的开关
<>	左（<）右（>）移动排序的列
s	设置更新频率为新的值，而不是采用默认的 2 秒
k	输入 PID 终止进程
q	退出 top 命令

top 命令也同样支持一些命令行选项，重要的选项参见表 24-4。

表 24-4　top 命令的重要选项

选　项	说　明
-d	设置数据刷新的间隔时间。例如，top -d 5 表示数据每 5 秒刷新一次，而不是默认的 2 秒
-n *number*	设置数据的最大刷新次数，到达后 top 命令将退出
-u *username*	只显示 *username* 这个用户所拥有的进程

24.1.4　uptime 命令

尽管 uptime 命令不显示单个进程数据，但是它提供了关于所有进程活动的统计信息。uptime 命令显示系统运行了多长时间及其平均负载，如下所示：

```
[student@onecoursesource ~]$ uptime
 15:06:13 up 2 days,  9:09,  3 users,  load average: 0.01, 0.02, 0.05
```

平均负载表示过去 1、5 和 15 分钟内的 CPU 使用情况（例如，0.01、0.02 和 0.05）。平均负载与 cpu 数量有关，如下所述：

- 在单个 CPU 的系统上，平均负载为 1.0 意味着 100% 的利用率。
- 在单个 CPU 的系统上，平均负载为 2.0 意味着 200% 的利用率（这意味着进程通常在等待 CPU，因为它很忙）。
- 在 2 个 CPU 的系统上，平均负载为 1.0 意味着 50% 的利用率。
- 在 2 个 CPU 的系统上，平均负载为 2.0 意味着 100% 的利用率。

uptime 命令提供的信息对于判断 CPU 是否过载非常有用。CPU 的利用率持续超过 100% 表明存在问题，并可能导致服务器在响应时间上出现延迟。

安全提醒

平均负载很高可能表示有黑客尝试入侵。更糟糕的是，黑客可能已经成功入侵，并在系统上放置了情报收集脚本。

24.1.5　free 命令

free 命令显示内存的统计信息。虽然这个命令不显示每个进程使用了多少内存，但是它提供了一个关于当前可用内存和已使用内存的汇总。这里有一个例子：

```
[student@onecoursesource ~]$ free
             total       used       free     shared    buffers     cached
Mem:       4048292    3891592     156700        460     370640    1617812
-/+ buffers/cache:    1903140    2145152
Swap:       400000          0          0
```

默认单位是字节，需要重点关注的是总内存以及可用内存的数量。对开发人员来说，shared、buffers 和 cache 列更重要。

swap 表示“交换空间”，已在第 10 章和第 11 章里讨论过。回想一下，交换空间是硬盘驱动器上的存储空间，在系统内存满时，它用于临时存储内存中的数据。

free 命令的重要选项包括表 24-5 中所示的选项。

表 24-5　free 命令的选项

选　项	说　　明	选　项	说　　明
-k	以千字节（KB）为单位显示内存使用情况	-s *n*	每 *n* 秒更新一次显示
-m	以兆字节（MB）为单位显示内存使用情况	-t	显示汇总每列总数的行
-g	以千兆字节（GB）为单位显示内存使用情况		

24.2　启动进程

通常，进程以前台任务的方式启动，当进程位于前台时，启动它的 BASH Shell 将不能继续使用。当进程位于后台时，用户可以继续使用 BASH Shell 执行其他命令。

任务和进程这两个术语本质上可以互换。任何在系统上运行的程序都是一个进程。任务是从命令行执行的进程。每个 BASH Shell 都会记录从该 BASH Shell 启动的任务。

对话学习——进程和任务

Gary：嘿，Julia，你能给我解释一下吗？我不太明白进程和任务之间的区别。

Julia：嘿，Gary，没问题。先来讲一下进程，进程就是在系统上运行的任意命令、程序或应用。这包括在系统引导过程中由其他用户或其他进程启动的任何程序。

Gary：好的，我明白。

Julia：任务也是进程，可以把任务看作系统上运行的所有进程的一个子集，不是所有的进程都是任务。例如，在系统引导过程中启动的进程就不能视为任务。

Gary：那么，哪些进程可以被认为是任务呢？

Julia：由用户在 Shell 里启动的任意进程，换句话说，你在 Shell 里键入命令或程序名称启动的任何命令或程序。

Gary：为什么要把这些进程称为任务呢？

Julia：因为有一些命令和特性可以在任务上使用，但不能在进程上使用。例如，jobs 命令显示在当前 Shell 里启动的所有进程。

Gary：好的，但是我也可以通过 ps 命令看到那些“任务进程”，对吗？

Julia：是的，但问题是，通常你只想关注由当前 Shell 启动的进程，因此在这种情况下，jobs 命令更有意义。此外，每个任务有唯一的任务号，可以使用 jobs 命令查看这些任务号，并且可以将它们与 kill 之类的命令一起使用。

Gary：好的，现在一切都清楚了，谢谢你！

在后台运行进程允许你继续在当前 BASH Shell 中工作并执行其他命令。要在后台执行进程，请在命令末尾添加 & 字符：

```
[student@onecoursesource ~]$xeyes &
```

每个 BASH Shell 都会记录从该 BASH Shell 运行的进程。这些进程被称为任务。要列出当前正在运行的任务，请从 BASH Shell 中执行 jobs 命令：

```
[student@onecoursesource ~]$jobs
[1]-  Running                 xeyes&
[2]+  Running                 sleep 777 &
```

每个任务都分配了一个任务号用于控制它，通过以下语法引用该任务号：% ***job_number***。

暂停和重启进程

要暂停正在前台运行的程序，请按 <Ctrl+Z>。然后可以通过运行 jobs 命令查看该任务是否已停止（暂停）。

通过 bg 命令可以重新运行在后台已暂停的任务，例如：

```
[student@onecoursesource ~]$jobs
[1]+  Stopped                 sleep 999
[student@onecoursesource ~]$bg %1
[1]+ sleep 999 &
[student@onecoursesource ~]$jobs
[1]+  Running                 sleep 999 &
```

通过 fg 命令可以把暂停的进程在前台重新运行，例如：

```
[student@onecoursesource ~]$jobs
[1]+  Stopped                 sleep 999
[student@onecoursesource ~]$fg %1
sleep 999
```

24.3 杀死进程

虽然听起来很病态，但是“杀死进程”用于描述完全停止一个进程，而不是暂停它。有几种方法可以杀死一个进程，包括：

- kill 命令
- pkill 命令
- killall 命令
- xkill 命令
- 单击 GUI 程序的关闭按钮

24.3.1 kill 命令

kill 命令用于改变进程的状态，包括停止（杀死）进程。要停止进程，首先需要知道它的进程 ID 或任务编号，然后作为参数传递给 kill 命令。例 24-1 同时演示了使用进程 ID 和任务编号的情况。

例 24-1 使用 kill 命令停止任务

```
[student@onecoursesource ~]$jobs
[1]-  Running                 sleep 999 &
[2]+  Running                 sleep 777 &
[student@onecoursesource ~]$kill %2
[student@onecoursesource ~]$jobs
[1]-  Running                 sleep 999 &
[2]+  Terminated              sleep 777
[student@onecoursesource ~]$ps -fe | grep sleep
student  17846 12540  0 14:30 pts/2    00:00:00 sleep 999
student  17853 12540  0 14:31 pts/2    00:00:00 grep --color=auto sleep
[student@onecoursesource ~]$kill 17846
[student@onecoursesource ~]$ps -fe | grep sleep
student  17856 12540  0 14:31 pts/2    00:00:00 grep --color=auto sleep
[1]+  Terminated              sleep 999
```

kill 命令向进程发送一个信号，通知进程要采取什么操作。此信号参数可以指定为数值形式或关键字形式。例 24-2 演示了如何列出 kill 命令可以发送给进程的所有信号。

例 24-2 列出 kill 命令所有信号

```
[student@onecoursesource ~]$ kill -l | head -5
 1) SIGHUP 2) SIGINT3) SIGQUIT4) SIGILL 5) SIGTRAP
 6) SIGABRT7) SIGBUS8) SIGFPE 9) SIGKILL10) SIGUSR1
11) SIGSEGV12) SIGUSR213) SIGPIPE14) SIGALRM15) SIGTERM
16) SIGSTKFLT17) SIGCHLD18) SIGCONT19) SIGSTOP20) SIGTSTP
21) SIGTTIN22) SIGTTOU23) SIGURG24) SIGXCPU25) SIGXFSZ
```

用 head 命令截断了例 24-2 中的输出，因为后面的 kill 信号很深奥，不像输出中前面的这些信号那么重要。表 24-6 描述了一些更重要的 kill 信号。

表 24-6 重要的 kill 信号

信号	说明
-1 或 SIGHUP	发送 HUP 信号。详细信息请参见 24.4 节。例如：kill -1 ***PID***
-2 或 SIGINT	键盘中断，效果同按 <Ctrl+C> 终止一个前台运行的进程。注意，一些进程会忽略信号 2，这样就不能停止这些进程。例如：kill -2 ***PID***

（续）

信　号	说　明
-9 或 SIGKILL	强制 kill，不给进程任何的选择，强制进程释放出内存。一个潜在的负面影响是进程没有机会执行诸如保存数据或删除临时文件之类的操作。例如：kill ***-9 PID***
-15 或 SIGTERM	标准 kill，这是默认信号。注意，一些进程会忽略信号 2，这样就不能停止这些进程。例如：kill -15 ***PID***

安全提醒

由于潜在的负面影响，在停止进程时避免使用信号 9，至少在开始的时候要避免使用信号 9。通过使用正常的 kill 命令，让进程优雅地关闭，等待大约 30 秒，若进程还没有停止，再尝试 kill -9 命令。

如果要停止的程序的开发人员决定忽略常规的 kill 信号，或者黑客控制了系统或执行了可能有害的进程，那么就需要使用 -9 选项。

24.3.2　pkill 命令

当使用 kill 命令向一个进程发送信号时，通过提供 PID（进程 ID）表示要停止哪个进程。使用 pkill 命令，可以通过进程名、用户名或其他方法来指示把信号发送给哪个进程（或多个进程）。例如，下面的例子将发送 kill 信号给 sarah 用户拥有的所有进程：

```
[student@onecoursesource ~]$pkill -u sarah
```

pkill 命令重要的选项包括表 24-7 里所示的选项。

表 24-7　pkill 命令选项

选　项	说　明	选　项	说　明
-G *name*	按组名匹配进程	-u *name*	按用户名匹配进程

24.3.3　killall 命令

killall 命令用于停止指定名称的所有进程。这里有一个例子：

```
[student@onecoursesource ~]$killall firefox
```

killall 命令重要的选项包括表 24-8 里所示的选项。

表 24-8　killall 命令选项

选　项	说　明	选　项	说　明
-I	不区分大小写匹配	-s *signal*	发送 *signal* 信号而不是默认的信号
-i	交互模式，在向进程发送信号之前会提示	-v	详细模式，报告进程是否成功收到了信号
-r *pattern*	用正则表达式 *pattern* 匹配进程		

24.3.4 xkill 命令

可以通过运行 xkill 命令，然后单击要停止的进程来终止进程。请参阅图 24-3，了解使用 xkill 命令的第一步。

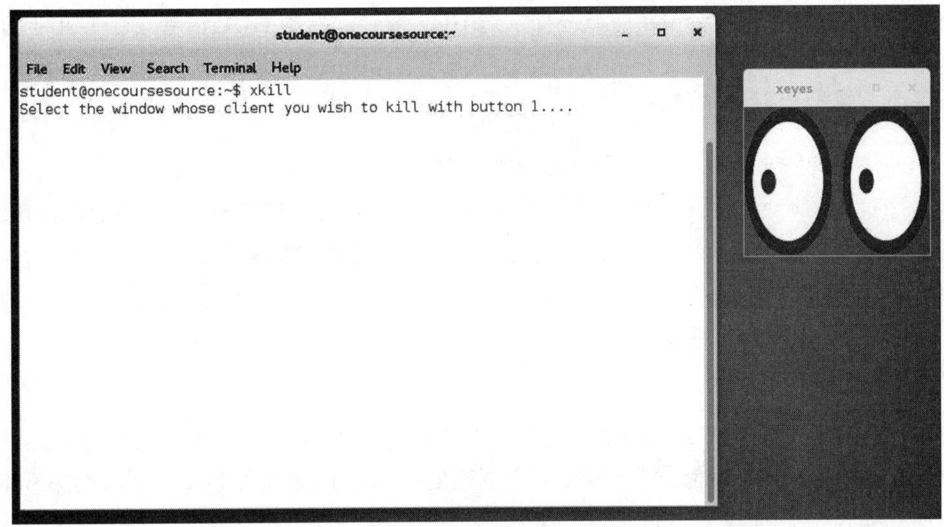

图 24-3 启动 xkill 命令

运行 xkill 命令的第一步是确保能看到要停止的程序的窗口。在本例中，xkill 命令将用于停止 xeyes 程序（终端窗口右侧的一对“眼睛”）。请注意查看图 24-4 中运行 xkill 命令后显示的消息，以及单击 xeyes 程序后的结果。

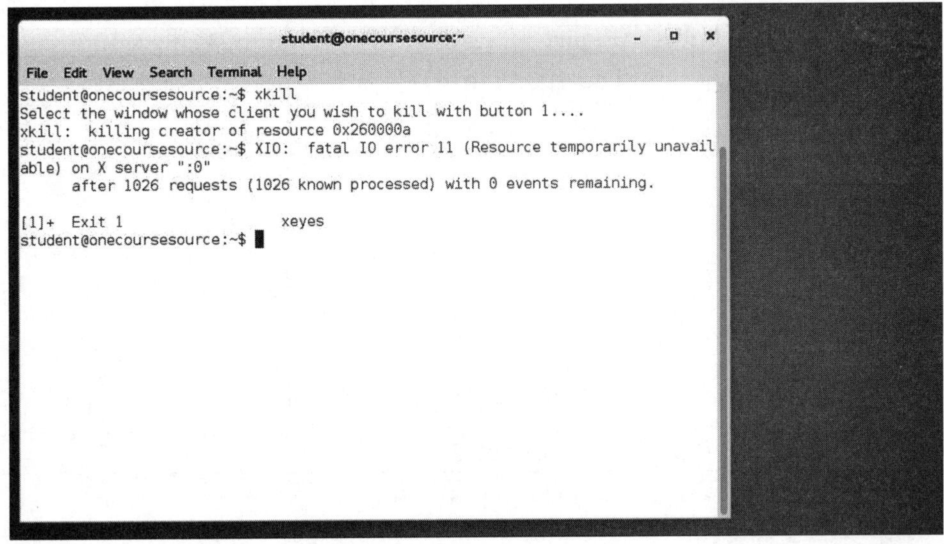

图 24-4 停止 xeyes 程序

24.4　nohup 命令

每个进程都有一个启动它的父进程，例如，如果在 BASH Shell 里执行一个命令，这个命令的父进程就是 BASH Shell 进程。

当父进程停止时，会给所有子进程发送 HUP 信号。这个 HUP 信号用于停止子进程。默认情况下，子进程收到 HUP 信号后就会停止。

要避免这种情况，使用 nohup 命令执行子进程：

```
[student@onecoursesource ~]$nohup some_command
```

这个技术的典型使用场景是远程登录到一个主机时，并希望一些命令即使在连接断开后还能继续运行。当连接断开后，之前运行的所有程序都会收到 HUP 信号，使用 nohup 命令可以让指定的进程继续运行。

24.5　进程优先级

“nice”值用于向 CPU 表明哪个进程具有访问 CPU 的更高优先级。该值的范围从 -20（最高优先级）到 19（最低优先级），用户创建的任务默认优先级是 0。可以使用 nice 命令运行新进程，从而设置该进程的优先级值。要修改已经运行的进程的优先级，可使用 renice 命令。

24.5.1　nice 命令

要指定一个不同的“nice”值，而不是用默认的值，通过 nice 命令执行该任务：

```
[student@onecoursesource ~]$  nice -n 5 firefox
```

注意，普通用户不能指定负的 nice 值，这些值只能被 root 用户使用。

要查看进程的 nice 值，使用 ps 命令的 -o 选项并带上“nice”，如下所示：

```
[student@onecoursesource ~] ps -o nice,pid,cmd
 NI   PID CMD
  0 23865 -bash
  5 27967 firefox
  0 27969 ps -o nice,pid,cmd
```

24.5.2　renice 命令

使用 renice 命令更改已存在任务的 nice 值，如例 24-3 所示。

例 24-3　使用 renice 命令更改已存在任务的 nice 值

```
[student@onecoursesource ~] ps -o nice,pid,cmd
 NI   PID CMD
  0 23865 -bash
```

```
 5 28235 sleep 999
  0 28261 ps -o nice,pid,cmd
[student@onecoursesource ~] renice -n 10 -p 28235
28235 (process ID) old priority 5, new priority 10
[student@onecoursesource ~] ps -o nice,pid,cmd
 NI   PID CMD
 0 23865 -bash
10 28235 sleep 999
 0 28261 ps -o nice,pid,cmd
```

注意 普通（非 root）用户只能把已存在进程的优先级改为更低的值，只有 root 用户能把进程的优先级调高。

renice 命令的重要选项包括表 24-9 中所示的选项。

表 24-9 renice 命令选项

选 项	说 明	选 项	说 明
-g *group*	更改 *group* 拥有的所有进程的优先级	-u *user*	更改 *user* 拥有的所有进程的优先级

24.6 总结

本章讨论了如何控制进程，包括如何启动、暂停、唤醒和停止进程。还学习了几种显示进程信息和更改进程优先级的方法。

24.6.1 重要术语

进程、PID、TTY、终端、kill、任务、后台进程、前台进程、HUP

24.6.2 复习题

1. ______命令用于显示系统上正在运行的所有进程。
2. 哪个命令用于定期显示进程信息（默认每 2 秒）？
   A. free B. uptime C. top D. jobs
3. 能给进程分配的最高 CPU 优先级的 nice 值是______。
4. 哪些命令可阻止进程的执行？（多选）
   A. stop B. skill C. pkill D. xkill
5. ______命令能用于防止一个进程在它的父进程停止运行的时候终止运行。

第25章

系统日志

系统日志之所以重要，有几个原因：这些日志为管理员提供了有用的信息，帮助他们排查问题。系统日志在识别潜在的黑客试探方面也很有用。此外，日志可以用来提供一些关于服务的常规信息，例如 Web 服务器提供了哪些 Web 页面。

可能使问题复杂化的是 Linux 可以使用的几种不同日志记录方法。一些发行版使用一种较老的技术 syslog（或 syslog 的较新版本 rsyslog 或 syslog-ng），而其他发行版使用一种较新的技术 journald。这两种技术本章都将会介绍。

学习完本章并完成课后练习，你将具备以下能力：

- 查看系统日志。
- 配置 syslog 创建自定义条目。
- 切割旧日志。
- 查看 journald 日志。
- 自定义 journald。

25.1 syslog

syslog 服务自 1980 年以来一直存在。尽管在创造它时它很先进，但随着时间的推移，需要更复杂的日志技术，它的局限性也在不断增加。

在 20 世纪 90 年代末，创建了 syslog-ng 服务来扩展传统 syslog 服务的特性。包括远程日志记录（包括 TCP 支持）。

在 2005 年左右，创建了 rsyslog 服务，它也是传统 syslog 服务的扩展。rsyslog 服务包括通过 include 模块扩展 syslog 功能的能力。

在这三种情况下，服务的配置（syslog.conf 文件的格式）是一致的，只是命名约定（例如 rsyslog.conf）和日志文件中可用的其他特性略有不同。

25.1.1 syslogd 守护进程

syslogd 守护进程负责记录应用程序和系统事件。它根据 /etc/syslog.conf 文件中的配置确定要记录哪些事件以及将日志条目放置在何处。

syslogd 命令的重要选项显示在表 25-1 中。

表 25-1　syslogd 重要的选项

选　项	说　　明
-d	启用调试模式
-f	指定配置文件（默认是 /etc/syslog.conf）
-m *x*	每隔 *x* 分钟就在日志文件里创建时间戳，设置为 0 则忽略时间戳
-r	允许 syslogd 接受远程系统发送过来的日志
-S	详细模式
-x	禁用对 IP 地址的解析

安全提醒

日志条目通常已经包含时间戳，因此使用 -m 选项产生额外的时间戳没有意义，反而会导致使用更多的磁盘空间。

大多数现代发行版使用 rsyslogd 而不是 syslogd，但是，从配置的角度讲，差别很小，有一小部分选项不同，还有主配置文件是 /etc/rsyslog.conf 而不是 /etc/syslog.conf。

请记住，syslog.conf（或 rsyslog.conf）文件用于指定要创建哪些日志条目。本章后面将更详细地讨论这个文件。还应该知道的是，可以在一个文件中指定 syslod 或 rsyslod 的选项。这个文件根据发行版本的不同而不同。在使用 rsyslod 的发行版上，可以在以下两个位置找到这个文件：

- 在 Ubuntu 上，查看 /etc/default/rsyslog。
- 在 Fedora 上，查看 /etc/sysconfig/rsyslog。

无论文件位于何处，其内容都应该如下所示：

```
root@onecoursesource:~# more /etc/default/rsyslog
# Options for rsyslogd
# -x disables DNS lookups for remote messages
# See rsyslogd(8) for more details
RSYSLOGD_OPTIONS=""
```

通过使用 RSYSLOGD_OPTIONS 变量来设置表 25-1 里的选项。例如，把当前系统配置为 syslog 服务器，使用如下配置：

```
RSYSLOGD_OPTIONS="-r"
```

注意　如果正在使用的系统是仍然使用 syslogd 的旧系统，那么这个日志文件的唯一区别就是它的名称（syslog，而不是 rsyslog）。此外，rsyslod 还支持一些其他选项，但在本章里并没有提到。

25.1.2　/var/log 目录

/var/log 目录是 syslogd 及 rsyslogd 守护进程保存日志文件的标准路径。这些守护进程创建的具体文件随发行版的不同而不同。下面是通常会创建的文件。

- /var/log/auth.log：与认证操作（通常是用户登录）相关的日志。
- /var/log/syslog：这个文件中存储了各种日志条目。
- /var/log/cron.log：与 crond 守护进程（crontab 和 at 操作）相关的日志。
- /var/log/kern.log：来自内核的日志。
- /var/log/mail.log：来自邮件服务器的日志（虽然 Postfix 通常会把日志保存到单独路径）。

/var/log 目录里的文件不是都由 syslogd 守护进程创建的，许多现代的服务会独立创建和管理日志文件，可以把 syslogd 守护进程的日志看作是操作系统的基本组成部分，而一些独立的进程（如 Web 服务器、打印服务器和文件服务器）会各自创建日志文件。能够在 /var/log 目录里找到哪些文件很大程度上取决于系统提供了哪些服务。

> **安全提醒**
>
> 非 syslogd 管理的日志与 syslogd 管理的日志同样重要，当在制订处理日志文件的安全策略时，要考虑到这些日志文件。

25.1.3　/etc/syslog.conf 文件

/etc/syslog.conf 文件是 syslogd 守护进程的配置文件，它告诉守护进程将其接收到的日志条目发送到何处。下面演示了一个删除注释和空行的 syslog.conf 文件：

```
[root@localhost ~]# grep -v "^$" /etc/syslog.conf | grep -v "^#"
*.info;mail.none;authpriv.none;cron.none        /var/log/messages
authpriv.*                                       /var/log/secure
mail.*                  -/var/log/maillog
cron.*                                           /var/log/cron
*.emerg                                         *
uucp,news.crit                                   /var/log/spooler
local7.*                   /var/log/boot.log
```

每一个行表示一条日志规则，规则可以拆分为 2 个主要部分：选择器（例如 uucp、news、crit）和操作（例如 /var/log/spooler），选择器也可以拆分为 2 个部分：日志来源（facility）（例如 uucp、news）和日志级别（例如 crit）。

下面是一些可用的日志来源列表，及其简单描述。

- auth（或 security）：记录与系统认证相关的日志（例如当用户登录时）。
- authpriv：记录与非系统认证相关的日志（例如当像 Samba 的服务认证用户时）。
- cron：从 crond 守护进程发送的日志。

- daemon：记录从各种守护进程发送的消息。
- kern：记录从内核发送的日志。
- lpr：记录从旧的、过时的打印机服务器发送的消息。
- mail：记录从邮件服务器发送的消息（通常是 sendmail）。
- mark：用于在日志文件中放置时间戳的日志消息。
- news：记录从 news 服务器（一种过时的 Unix 服务）发送的消息。
- syslog：记录由 syslogd 产生的消息。
- user：用户级别的日志消息。
- uucp：记录由 uucp（一种过时的 Unix 服务）产生的日志。
- local0 到 local7：由非标准服务或 Shell 脚本产生的自定义日志消息，详细信息请参阅本章后面对 logger 命令的讨论。
- *：表示所有的日志来源。

以下列表显示了可用的优先级级别，从最不严重到最严重依次排序。

- debug：与服务相关的调试信息。
- info：服务的一般信息。
- notice：比 info 消息稍微严重，但还没有严重到需要警告的程度。
- warning（或 warn）：表示有一些小错误。
- err（或 error）：表示有更严重的错误。
- crit：非常严重的错误。
- alert：表示必须解决某个情况，因为系统或服务接近崩溃。
- emerg（或 panic）：系统或服务正在崩溃或已完全崩溃。
- *：表示所有级别。

用什么样的日志级别发送日志消息实际上是由软件开发人员选择。例如，开发 crond 守护进程的人员可能认为 crontab 文件中的错误是 warning 级别，或者也可能选择将其设置为 error 级别。一般来说，debug、info 和 notice 级别是提供参考类型的消息，而 warning 和 error 表示"这里需要仔细调查一下"，crit、alert 和 emerg 表示"不要忽略它，这里有一个严重的问题。"

一旦确定了严重性，syslod 守护进程还需要确定对日志条目采取什么操作。以下列表显示了一些可用的操作。

- 普通文件：使用 /var/log 目录中的一个文件保存日志。
- 命名管道：这超越了本章的范围，但它本质上是把日志发送到另一个进程的一种技术。
- 控制台或终端设备：回想一下，终端设备用于在登录会话中显示信息。通过将消息发送到特定的终端窗口，可以将其显示给当前打开该终端窗口的用户。
- 远程主机：消息被发送到远程日志服务器。
- 用户：写入指定用户的终端窗口（* 表示所有用户）。

安全提醒

指定写入日志条目的文件有两种格式：/var/log/maillog 和 -/var/log/maillog。

如果文件名前没有短横线（-），syslogd 会把每条日志都写入硬盘，在一些系统上可能会带来性能问题。例如在邮件服务器上，接收或发送每个新邮件都会产生日志写入。

如果文件名前面有短横线，syslogd 守护进程会“批量”写入日志，意思是并不是每条日志都写入硬盘，而是收集到一组这样的日志后，再一次性写入硬盘。

那么，为什么这是一个安全问题呢？如果 syslogd 守护进程生成了大量的硬盘写操作，从而严重影响系统的性能，那么关键操作可能会失败，导致数据丢失或无法访问关键数据。

对话学习——远程日志服务器

Gary：Julia，请教你一个问题。

Julia：什么问题？

Gary：我被要求从我们的一台服务器上把日志发送到一台远程日志服务器上，为什么这很重要？

Julia：啊，这在一些关键服务器上很常见，特别是当它们连接到因特网时。假设你是一名黑客，并且获得了对相关服务器的未经授权的访问。一旦有了访问权限，可能想要隐藏你的踪迹。猜猜你可能会做什么？

Gary：哦，我明白了！我会删除日志文件！这样就没人知道我是怎么进入这个系统的。他们可能根本就不知道我已经访问了系统！

Julia：回答正确！但如果这些日志已经复制到另外的服务器上了呢？

Gary：啊，那就更难隐藏我的踪迹了。我还得入侵另一个系统，可能是一个拥有不同账户和服务的系统，这会让入侵变得更加困难。

Julia：现在你知道为什么要把日志文件复制到另外的服务器上了吧。

Gary：谢谢，Julia！

Julia：乐意帮忙，Gary。

/etc/rsyslog.conf 文件

大多数的现代系统使用 rsyslogd 而不是 syslogd，新版本的 rsyslogd 有更多的功能，但旧版的 syslogd 的大多数功能仍然是可以工作。

例如，虽然在 /etc/rsyslog.conf 文件里有一些特性在 /etc/syslog.conf 文件里不存在，但本章前面描述的这些内容在新版的配置文件里仍然有效。

应该了解一下 /etc/rsyslog.conf 文件的一些新特性。其中一个特性是能够使用模块。使用模块能提供更多的功能。例如，下面的模块将允许 rsyslod 守护进程通过 TCP 接收来自远程系统的日志消息：

```
# provides TCP syslog reception
#$ModLoad imtcp
#$InputTCPServerRun 514
```

此外，/etc/rsyslog.conf 文件中有一个名为全局指令的新部分，允许为所有日志文件条目提供设置。例如，下面将设置 rsyslogd 守护进程创建的任何新日志文件的用户所有者、所属组和权限：

```
# Set the default permissions for all log files.
#
$FileOwner syslog
$FileGroup adm
$FileCreateMode 0640
```

最后一个主要的更改是，大多数日志规则不是存储在 /etc/rsyslog.conf 文件中，而是存储在 /etc/rsyslog.d 目录里。这些文件可以在主配置文件中 include，如下所示：

```
# Include all config files in /etc/rsyslog.d/
#
$IncludeConfig /etc/rsyslog.d/*.conf
```

通过使用“include”目录，可以通过从目录中添加或删除文件来快速添加或删除大量日志规则。

25.1.4 创建自己的 /etc/syslog.conf 条目

能阅读 /etc/syslog.conf 文件里已有的条目很重要，但能创建自己的日志条目也很有用。创建日志条目包括先修改 /etc/syslog.conf 文件，然后重启 syslogd 服务，服务重启完成后，应该使用 logger 命令测试刚创建的日志条目。

添加一个条目

首先，确定要捕获的条目类型。例如，由于 /etc/syslog.conf 文件中的以下条目，通常所有 crond 守护进程日志消息都被发送到 /var/log/cron 文件：

```
cron.*                                          /var/log/cron
```

如果想把 cron 的 crit 及其以上级别的日志发送到 root 用户的终端窗口呢？可以在 /etc/syslog.conf 文件里添加如下所示的条目：

```
cron.crit                                       root
```

当指定日志级别的时候，该级别及其以上级别的所有日志都会发送到指定的目的地。若只采集指定级别的日志，使用如下语法：

```
cron.=crit                                      root
```

发送日志消息的另一种方法是从你创建的脚本中发送。可以在脚本中使用 logger 命令（参见下一节）创建日志条目，但是又不希望使用标准的日志来源，比如 cron 和 mail，因为它们已经与特定的服务相关联。相反，可使用某个自定义的日志来源 Z（local0、local1 等）。这些值中最高的是 local7。这里有一个例子：

```
local7.* /var/log/custom
```

更改并保存 /etc/syslog.conf 文件之后，重新启动 syslogd 服务（有关重新启动服务的详细信息请参阅第 28 章）。然后使用 logger 命令测试刚创建的条目。

可能出现的错误 /etc/syslog.conf 文件中的错误可能会影响现有的日志规则。确保始终使用 logger 命令测试新规则。

使用 logger 命令

logger 实用程序可用于发送日志条目给 syslogd 守护进程：

```
[root@localhost ~]# logger -p local7.warn "warning"
```

logger 命令的重要选项见表 25-2。

表 25-2 logger 命令的重要选项

选 项	说 明	选 项	说 明
-i	记录 logger 进程的 PID	-p	指定日志来源和日志级别
-s	将消息输出到 STDERR 并将其发送到 syslogd 守护进程	-t	给日志条目加上标签（tag），以便进行搜索
-f *file*	使用 *file* 文件的内容作为发送给 syslogd 守护进程的日志消息		

25.2 logrotate 命令

logrotate 命令是一个实用程序，用于确保保存日志文件的分区有足够的空间来处理日志文件。随着时间的推移，日志文件的大小会随着条目的增加而增加。logrotate 命令定期对旧的日志文件进行备份，并最终删除旧的备份，从而限制日志可使用的文件系统空间。

这个命令是通过 /etc/logrotate.conf 文件和 /etc/logrotate.d 目录里的文件进行配置。通常，logrotate 命令被配置为 cron 定时任务自动运行。

```
[root@localhost ~]# cat /etc/cron.daily/logrotate
#!/bin/sh

/usr/sbin/logrotate /etc/logrotate.conf
EXITVALUE=$?
if [ $EXITVALUE != 0 ]; then
    /usr/bin/logger -t logrotate "ALERT exited abnormally with [$EXITVALUE]"
fi
exit 0
```

/etc/logrotate.conf 文件

/etc/logrotate.conf 文件是 logrotate 命令的主配置文件，典型的 /etc/logrotate.conf 文件内容如例 25-1 所示。

例 25-1 典型的 /etc/logrotate.conf 文件

```
[root@localhost ~]#cat /etc/logrotate.conf
# see "man logrotate" for details
# rotate log files weekly
weekly

# keep 4 weeks worth of backlogs
rotate 4

# create new (empty) log files after rotating old ones
create

# uncomment this if you want your log files compressed
#compress

# RPM packages drop log rotation information into this directory
include /etc/logrotate.d

# no packages own wtmp -- we'll rotate them here
/var/log/wtmp {
    monthly
    minsize 1M
    create 0664 root utmp
    rotate 1
}
```

/etc/logrotate.conf 文件的上面部分是全局设置，全局设置会应用到由 logrotate 实用程序切割的所有文件。全局设置可以被单个文件的设置覆盖，单个文件的设置如下所示：

```
/var/log/wtmp {
    monthly
    minsize 1M
    create 0664 root utmp
    rotate 1
}
```

通常，这些内容保存在 /etc/logrotate.d 目录下的文件里，但也可以直接放置在 /etc/logrotate.conf 文件里，就像前面的 /var/log/wtmp 示例中那样。

/etc/logrotate.conf 文件里的重要设置参见表 25-3。

表 25-3　/etc/logrotate.conf 文件里的设置

设　置	说　明
daily | weekly | monthly	切割文件的频率
rotate *x*	保留 *x* 个旧（备份）文件
create	备份旧日志文件时创建新的日志文件
compress	压缩备份日志文件，默认使用 gzip 命令。可以用 compresscmd 设置更改压缩命令
compresscmd	指定压缩备份日志文件时使用的压缩程序
datetext	备份日志文件通常被命名为 logfile.*x* 的形式，*x* 代表一个数字（0、1、2 等）。使用 datetext 会将文件的扩展名更改为日期形式（YYYYMMDD）
mail ***address***	把备份日志文件发送到邮箱 ***address***
minsize ***X***	只有当日志文件的大小至少是 ***X*** 指定的值时，才切割该日志文件
nocompress	不压缩备份的日志文件
olddir ***dir***	把日志文件保存到目录 ***dir*** 里

/etc/logrotate.d 目录中的文件用于覆盖 /etc/logrotate.conf 文件中的默认设置。这些文件的设置与 /etc/logrotate.conf 文件的设置相同。

使用这个“include”目录，可以通过在 /etc/logrotate.d 目录中添加或删除文件，轻松实现插入或删除日志切割规则。

25.3　journalctl 命令

在现代 Linux 系统上，日志记录过程由 systemd-journald 服务处理，要查询 systemd 日志条目，使用 journalctl 命令，如例 25-2 所示。

例 25-2　使用 journalctl 命令

```
[root@localhost ~]#journalctl | head
-- Logs begin at Tue 2019-01-24 13:43:18 PST, end at Sat 2019-03-04 16:00:32 PST. --
Jan 24 13:43:18 localhost.localdomain systemd-journal[88]: Runtime journal is using 8.0M
(max allowed 194.4M, trying to leave 291.7M free of 1.8G available ➜ current
➥limit 194.4M).
Jan 24 13:43:18 localhost.localdomain systemd-journal[88]: Runtime journal is using 8.0M
(max allowed 194.4M, trying to leave 291.7M free of 1.8G available ➜ current
➥limit 194.4M).
Jan 24 13:43:18 localhost.localdomain kernel: Initializing cgroup subsys cpuset
Jan 24 13:43:18 localhost.localdomain kernel: Initializing cgroup subsys cpu
Jan 24 13:43:18 localhost.localdomain kernel: Initializing cgroup subsys cpuacct
Jan 24 13:43:18 localhost.localdomain kernel: Linux version 3.10.0-327.18.2.el7.x86_64
(builder@kbuilder.dev.centos.org) (gcc version 4.8.3 20140911 (Red Hat 4.8.3-9) (GCC) ) #1
SMP Thu May 12 11:03:55 UTC 2016
Jan 24 13:43:18 localhost.localdomain kernel: Command line: BOOT_IMAGE=/vmlinuz-3.10.0-
327.18.2.el7.x86_64 root=/dev/mapper/centos-root ro rd.lvm.lv=centos/root rd.lvm.
```

```
lv=centos/swap crashkernel=auto rhgb quiet LANG=en_US.UTF-8
Jan 24 13:43:18 localhost.localdomain kernel: e820: BIOS-provided physical RAM map:
Jan 24 13:43:18 localhost.localdomain kernel: BIOS-e820: [mem 0x0000000000000000-
0x000000000009fbff] usable
```

journalctl 命令的重要选项包括表 25-4 中所示的选项。

表 25-4 journalctl 命令的重要选项

选 项	说 明	选 项	说 明
--all 或 -a	显示所有字段的完整格式	-k	只显示内核消息
-r	反转日志顺序，以便先显示最新的条目	--priority=*value*	只显示与优先级值 *value* 匹配的消息（emerg、alert、crit、err、warning、notice、info 或 debug）

/etc/systemd/journald.conf 文件

/etc/systemd/journald.conf 文件用于配置 systemd-journald 服务。通常，该文件在默认情况下所有内容都被注释掉。/etc/systemd/journald.conf 文件里的重要设置包括表 25-5 中所示的设置。

表 25-5 /etc/systemd/journald.conf 文件里的设置项

设 置	说 明
Storage = *value*	保存 journal 日志的地方。*value* 的值可以是“volatile”“persistent”“auto”或“none”。如果将其设置为“persistent”，则 systemd-journald 服务将日志条目存储在 /var/log/journal 目录里的文件中
Compress=[1|0]	如果将其设置为 1（true），则在写入文件之前先压缩日志条目

25.4 总结

本章探讨了如何使用 syslogd 服务查看和创建日志文件条目。还了解了如何防止日志文件的增长占满 /var 分区。

25.4.1 重要术语

日志、日志来源、日志级别

25.4.2 复习题

1. /etc/______文件是 rsyslogd 守护进程的主配置文件。
2. 下面哪一个 syslog 日志来源用于记录与非系统认证相关的日志消息？

   A. auth　　B. authpriv　　C. authnosys　　D. authsys
3. 由内核产生的日志条目通常保存在 /var/log/______文件。
4. ______syslog 日志级别代表系统或服务崩溃了。

   A. info　　B. warning　　C. crit　　D. emerg
5. ______命令能用来给 syslogd 进程发送日志条目。

随着 Linux 系统需求的增长，将需要安装额外的软件。这正是不同的 Linux 发行版存在分歧的一个领域。一些发行版使用一系列命令和实用程序来管理软件，这些命令和实用程序最初是由 Red Hat 研发。其他发行版选择使用 Debian 提供的类似工具，Debian 是另一个流行的 Linux 发行版。因为可能要处理多个发行版，所以了解这两种方法都非常重要。

安装软件之后，需要知道如何在引导过程中自动启动服务进程。本书的这部分包括一个章节，此章节描述引导过程如何工作，以及如何修改引导过程来加入其他服务进程。

第七部分

软件包管理

第七部分你将学习以下章节：

- 第 26 章包含如何在基于 Red Hat 的发行版本上管理软件包，例如 Fedora 和 CentOS。
- 第 27 章包含如何在基于 Debian 的发行版本上管理软件包，例如 Ubuntu。
- 第 28 章介绍了系统引导的过程和相关工具的使用。
- 第 29 章讲述如何运用第 26～28 章所学的知识制订软件包管理安全策略。

第 26 章

基于 Red Hat 的软件包管理

大多数发行版都提供了各种工具来帮助管理软件包。对于基于 Red Hat 的发行版，有三种常用的工具。使用 rpm 命令可以查看已安装软件包的各种信息，该命令还可以安装和删除软件包。

yum 和 dnf 命令也能查看、安装和删除软件包，然而，这些工具具备更高级的功能，因为它们能够连接到软件包仓库并处理软件包依赖的问题。

本章将介绍这些软件包管理工具，以及关于软件包的其他理论。

学习完本章并完成课后练习，你将具备以下能力：

- 使用 rpm 和 yum 命令查看软件包信息。
- 使用 rpm 和 yum 命令安装软件包。
- 使用 rpm 和 yum 命令删除软件包。
- 执行高级的软件包管理操作，包括创建软件包仓库。

26.1 Red Hat 软件包

软件包是包含软件程序和其他必需组件的文件。例如，一个 Web 服务器软件程序，该程序向 Web 客户端提供 Web 页面，但它需要额外的数据（如配置文件）才能执行其工作。

从某种意义上说，软件包就像第 2 章中介绍的 tar 文件。它包含构成完整软件包所需的一系列文件。但是，它还包含其他信息，如元数据（关于软件包的信息，谁创建了它、什么时候发布等）和依赖关系。依赖关系是指一个软件程序依赖于另一个程序。

图 26-1 描述了 Red Hat 软件包的命名约定（例如，ntpdate-4.7.6p5-22.fc27.x86_64.rpm）。

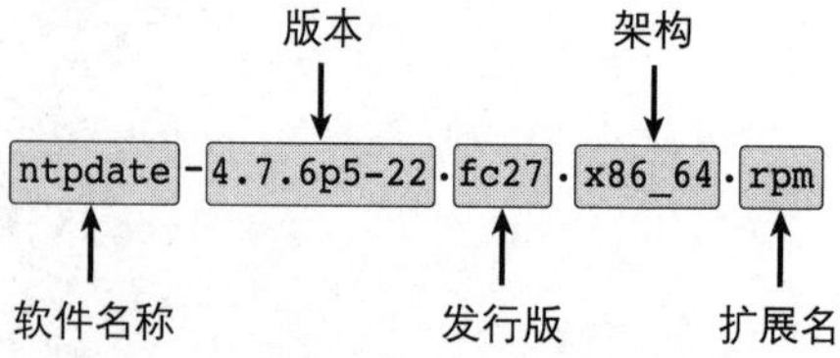

图 26-1 Red Hat 软件包的名称组成

包的名称（包名）提供关于包自身的一些基本信息。包可以根据包提供的主命令来命名，也可以根据整个软件的项目来命名。

包的版本可能有点令人困惑，因为没有关于版本的规则。通常，第一个版本号（ntpdate-4.7.6p5-22.fc27.x86_64.rpm 的“4”）是主要版本号，第二个版本号（ntpdate-4.7.6p5-22.fc27.x86_64.rpm 的“7”）是次要版本号。除此之外的完全取决于软件供应商。有些供应商在他们的版本中最多使用 6 个数字，有些则使用字母（例如“6p5”）。

维护 Linux 发行版的开发人员经常在包名中添加一个“发行版”号。例如，图 26-1 中的“fc27”表示“Fedora, release 27”。这表明，在重新打包之前，软件可能已经针对该发行版做了一些更改。

架构通常是 32 位平台（x86）或 64 位平台（x86_64），但是支持非 Intel 平台的发行版对架构有不同的值，可能还会看到“noarch”，这意味着包中的软件不依赖于任何特定的架构。

26.1.1　如何获取软件包

如果使用像 yum 或 dnf 这样的命令，这些工具会自动下载软件包。但如果使用 rpm 命令安装软件包，就需要手动查找和下载软件包（或使用 rpm 命令的一个选项告诉它从哪里去下载）。

软件包有几个来源，包括以下这些。

- 发行版的网站：每个发行版都有自己的服务器。
- www.rpmfind.net：一个 RPM 包网站。
- rpm.pbone.net：一个 RPM 包网站。
- 项目的独立网站：任何软件供应商，如果创建的软件运行在基于 Red Hat 的发行版上，都可能有一个可以直接下载软件的站点。
- github.com：许多软件厂商也通过这个网站共享代码。

安全提醒

下载软件时要非常小心，因为软件必须由 root 用户才能安装，所以它为黑客攻击系统提供了一种简单的方法。黑客会把正常的软件和那些可用于危害系统的软件放在一起重新打包。

26.1.2　/var/lib/rpm 目录

虽然很少需要直接在 /var/lib/rpm 目录执行操作，但应该知道这个保存所有软件包元数据的路径。软件包元数据是关于软件包的一些信息，例如软件包编译的时间、编译该软件包的软件厂商。不管什么时候安装新软件包（或删除软件包），都会修改 /var/lib/rpm 目录里的数据库。

```
[root@onecoursesource ~]#ls /var/lib/rpm
Basenames     __db.002  Group      Obsoletename  Requirename  Triggername
Conflictname  __db.003  Installtid Packages      Sha1header
__db.001      Dirnames  Name       Providename   Sigmd5
```

尽管应该认识到这个目录的存在，并且它的目的是存储关于包的信息，但是不应该直接修改这些文件中的任何一个。有时候，可能需要重新构建这些文件中的数据库，但这应该通过执行 rpm --rebuilddb 命令来完成。

26.2　使用 rpm 命令

RPM 最初是 Red Hat Package Manager 的缩写。随着越来越多的发行版开始使用 RPM 系统来管理软件包，RPM 被重新定义为 RPM Package Manager（一个递归缩写——技术上称为“ backronym”，因为首字母缩写已经存在并提供了一个定义）。许多发行版使用 RPM，包括 RHEL（Red Hat Enterprise Linux）、Fedora、CentOS 和 SUSE。

yum 和 dnf 命令是“前端”的应用程序，最终会调用 rpm 命令。虽然 yum 和 dnf 命令使用起来更简单，但有时会遇到使用 rpm 命令更好的情况，阅读下面的对话学习，了解为什么要直接使用 rpm 命令。

对话学习——为什么要使用 rpm 命令？

Gary：嘿，Julia，不知道你能不能给我解释一下 rpm 命令？

Julia：我尽力。

Gary：好，似乎 yum 和 dnf 命令使用起来更容易，而且还提供一些其他的功能，例如能自动下载和安装依赖包。那么，为什么还要使用 rpm 命令？

Julia：有几个原因。例如，假设有一个没有依赖的包文件，就可以使用 rpm 命令轻松地安装它。

Gary：好的，还有其他情况吗？

Julia：有的，rpm 命令更擅长执行数据库查询操作，虽然大多数的查询都能用 yum 和 dnf 命令完成，但 rpm 命令的功能更多。

Gary：啊，说得好。还有其他的例子吗？

Julia：假设有人发给你一个 rpm 文件，你想看一下这个文件的信息，这种场景下使用 rpm 命令会更好。

Gary：说得好，我可不想在没有先看一下包的情况下就安装它！

Julia：没错。此外，你还可以使用一个基于 rpm 的命令 rpm2cpio 从包中手动提取文件，而无须安装它们。

Gary：好吧，好吧，你说服我了！我应该更详细地研究 rpm 命令及其特性。谢谢你，Julia。

26.2.1　查看 rpm 信息

要查看所有已经安装的软件包，执行 rpm -qa 命令。-q 选项表示“查询”，-a 选项表示“全部”（注意，这里使用了 head 命令来限制输出的内容，因为在系统上通常安装了几百个软件包），如例 26-1 所示。

例 26-1　rpm -qa 命令

```
[root@onecoursesource ~]# rpm -qa | head
pciutils-libs-3.3.0-1.fc20.x86_64
iptables-services-1.4.19.1-1.fc20.x86_64
bouncycastle-pg-1.46-10.fc20.noarch
perl-HTTP-Negotiate-6.01-7.fc20.noarch
php-pdo-5.5.26-1.fc20.x86_64
vim-filesystem-7.4.475-2.fc20.x86_64
sisu-inject-0.0.0-0.4.M4.fc20.noarch
perl-DBD-Pg-2.19.3-6.fc20.x86_64
php-bcmath-5.5.26-1.fc20.x86_64
zlib-1.2.8-3.fc20.x86_64
```

要查看软件包的基本信息，请执行 rpm -qi ***pkgname*** 命令，把 ***pkgname*** 替换为要查询的软件包名称。参见例 26-2。

例 26-2　查看软件包信息

```
[root@onecoursesource ~]# rpm -qi zlib
Name        : zlib
Version     : 1.2.11
Release     : 3.fc28
Architecture: x86_64
Install Date: Tue 6 Feb 2019 09:09:01 AM PST
Group       : System Environment/Libraries
Size        : 188163
License     : zlib and Boost
Signature   : RSA/SHA256, Tue 28 Aug 2017 02:04:04 AM PDT, Key ID 2eb161fa246110c1
Source RPM  : zlib-1.2.8-3.fc20.src.rpm
Build Date  : Sat 26 Aug 2017 06:42:20 AM PDT
Build Host  : buildvm-05.phx2.fedoraproject.org
Relocations : (not relocatable)
Packager    : Fedora Project
Vendor      : Fedora Project
URL         : http://www.zlib.net/
Summary     : The compression and decompression library
Description :
```

```
Zlib is a general-purpose, patent-free, lossless data compression
library which is used by many different programs.
```

注意，rpm -qi 命令输出的内容里的重要信息有版本（version）、发行版（release）和安装日期。描述信息还有助于确定软件包的用途。

要列出随软件包安装的文件，请执行 rpm -ql ***pkgname*** 命令。这是一个非常有用的命令，可以在安装软件包之后立即运行，这样就可以知道向系统添加了哪些新文件。这里有一个例子：

```
[root@onecoursesource ~]# rpm -ql zlib
/usr/lib64/libz.so.1
/usr/lib64/libz.so.1.2.8
/usr/share/doc/zlib
/usr/share/doc/zlib/ChangeLog
/usr/share/doc/zlib/FAQ
/usr/share/doc/zlib/README
```

如果软件包提供了某种服务，而服务很可能具有配置文件。要列出软件包的配置文件，请执行 rpm -qc ***pkgname*** 命令。例如：

```
[root@onecoursesource ~]# rpm -qc vsftpd
/etc/logrotate.d/vsftpd
/etc/pam.d/vsftpd
/etc/vsftpd/ftpusers
/etc/vsftpd/user_list
/etc/vsftpd/vsftpd.conf
```

注意，上面这个例子没有使用 zlib 软件包，因为它没有配置文件：

```
[root@onecoursesource ~]# rpm -qc zlib
[root@onecoursesource ~]#
```

查看软件包提供的文档也很有用。可以查看有关如何使用随包提供的软件的详细信息。要列出文档，请执行 rpm -qd ***pkgname*** 命令，例如：

```
[root@onecoursesource ~]# rpm -qd zlib
/usr/share/doc/zlib/ChangeLog
/usr/share/doc/zlib/FAQ
/usr/share/doc/zlib/README
```

如果你在系统上发现一个文件，并且还想知道该软件包是否还安装了其他内容，该怎么办？当文件被更改时，这非常有用，因为可以直接从软件包中获取原始文件。若要查看文件的来源，请使用 rpm -qf ***filename*** 命令：

```
[root@onecoursesource ~]# rpm -qf /usr/lib64/libz.so.1
zlib-1.2.8-3.fc20.x86_64
```

如果包中的一个文件被修改或删除，那么这个包中的其他文件也可能被修改或删除。

要获得一个包的所有文件的状态列表，使用 rpm -V ***pkgname*** 命令：

```
[root@onecoursesource ~]# rpm -V clamd
.....UG..    /var/clamav
missing      /var/run/clamav
```

rpm -V 命令的输出可能有点难习惯。如果随软件包安装的某个文件不在系统上，那么输出会把该文件标记为“missing”，如果文件是被修改了，该命令通过输出一个字符列表（还有点或句号）来表示该文件产生了什么变化。这些字符在 rpm 命令的 man page 中有定义，如例 26-3 所示。

例 26-3　rpm -V 命令输出内容的 man page 描述

```
[root@onecoursesource ~]#man rpm
…
       S file Size differs
       M Mode differs (includes permissions and file type)
       5 digest (formerly MD5 sum) differs
       D Device major/minor number mismatch
       L readLink(2) path mismatch
       U User ownership differs
       G Group ownership differs
       T mTime differs
P caPabilities differ
…
```

安全提醒

发现软件包的文件有更改并不代表就有问题。例如，如果是配置文件的大小发生了变化，可能意味着管理员编辑了配置文件来定义该软件的运行方式。

要仔细考虑哪些文件应该更改，哪些文件不应该更改。例如，/bin 和 /usr/bin 目录中的文件通常是二进制（而不是文本）文件，大小不应该改变。/etc 目录中的文件通常是配置文件，这些文件的大小可能会发生变化。

查看软件包依赖

软件包通常需要来自其他包的一些特性，这些特性被称为依赖关系。要列出软件包的依赖关系，请执行 rpm -qR ***pkgname*** 命令，示例请参见例 26-4。

例 26-4　rpm -qR 命令

```
[root@onecoursesource ~]#rpm -qR vsftpd
/bin/bash
/bin/sh
/bin/sh
/bin/sh
```

```
config(vsftpd) = 3.0.2-6.fc20
libc.so.6()(64bit)
libc.so.6(GLIBC_2.14)(64bit)
libc.so.6(GLIBC_2.15)(64bit)
libc.so.6(GLIBC_2.2.5)(64bit)
libc.so.6(GLIBC_2.3)(64bit)
libc.so.6(GLIBC_2.3.4)(64bit)
libc.so.6(GLIBC_2.4)(64bit)
libc.so.6(GLIBC_2.7)(64bit)
libcap.so.2()(64bit)
libcrypto.so.10()(64bit)
libcrypto.so.10(libcrypto.so.10)(64bit)
libdl.so.2()(64bit)
libnsl.so.1()(64bit)
libpam.so.0()(64bit)
libpam.so.0(LIBPAM_1.0)(64bit)
libssl.so.10()(64bit)
libssl.so.10(libssl.so.10)(64bit)
libwrap.so.0()(64bit)
logrotate
rpmlib(CompressedFileNames) <= 3.0.4-1
rpmlib(FileDigests) <= 4.6.0-1
rpmlib(PayloadFilesHavePrefix) <= 4.0-1
rtld(GNU_HASH)
rpmlib(PayloadIsXz) <= 5.2-1
```

注意，依赖不仅是软件包名，还有该软件包提供的功能。例如，在例 26-4 的输出中，"logrotate"表示要依赖 logrotate 软件包，而"/bin/bash"表示依赖于 /bin/bash 命令。其他大多数的行都表示依赖某个库（共享给其他程序来提供某些功能的代码）。

要查看某个依赖是由哪个软件包提供的，执行 rpm -q --whatprovides ***capability*** 命令，例 26-5 提供了一些例子。

例 26-5　rpm -q --whatprovides 命令

```
[root@onecoursesource ~]#rpm -q --whatprovides /bin/bash
bash-4.2.53-2.fc28.x86_64
[root@onecoursesource ~]#rpm -q --whatprovides "libc.so.6()(64bit)"
glibc-2.18-19.fc28.x86_64
[root@onecoursesource ~]#rpm -q --whatprovides /sbin/ldconfig
glibc-2.18-19.fc28.x86_64
[root@onecoursesource ~]#rpm -q --whatprovides "libwrap.so.0()(64bit)"
tcp_wrappers-libs-7.6-76.fc28.x86_64
```

你可能还想知道"如果这个包需要这个依赖，那么还有哪些包也需要这个依赖？"要列出还有哪些包需要某个依赖，请执行 rpm -q --whatrequires ***capability*** 命令，例如，请参见例 26-6 的输出。

例 26-6　rpm -q --whatrequires 命令的输出

```
[root@onecoursesource ~]# rpm -q --whatrequires "libwrap.so.0()(64bit)"
net-snmp-agent-libs-5.7.2-18.fc28.x86_64
net-snmp-5.7.2-18.fc28.x86_64
quota-4.01-11.fc28.x86_64
sendmail-8.14.8-2.fc28.x86_64
audit-2.4.1-1.fc28.x86_64
vsftpd-3.0.2-6.fc28.x86_64
pulseaudio-libs-5.0-25.fc28.x86_64
openssh-server-6.4p1-8.fc28.x86_64
systemd-208-31.fc28.x86_64
proftpd-1.3.4e-3.fc28.x86_64
```

前面的输出可能非常有用。例如，从前面的输出可以得知，如果删除了提供" libwrap.so.0() (64bit)"库的软件包，那么上面用 rpm -q --whatrequires 命令列出的所有软件包将不能正确运行。

一旦确定特定的依赖是由哪个包提供的，可能还想查看该包提供的其他依赖。要列出其他的依赖，请执行 rpm -q --provides ***pkgname*** 命令，例如：

```
[root@onecoursesource ~]# rpm -q --provides tcp_wrappers-libs-7.6-76.fc28.x86_64
libwrap.so.0()(64bit)
tcp_wrappers-libs = 7.6-76.fc28
tcp_wrappers-libs(x86-64) = 7.6-76.fc28
```

列出软件包的技巧

rpm 命令以具有列出软件包信息的强大功能而闻名。例如，假设你怀疑一个最近安装的软件包有问题，但是又不记得最近安装了哪些包（或者你怀疑有黑客安装了一些新的软件包）。则可以运行 rpm -qa --last 命令，它将按安装日期的顺序显示已安装的包。

```
[root@onecoursesource ~]# rpm -qa --last | head -n 5
perl-Pod-Checker-1.60-292.fc28.noarch      Fri 10 Feb 2019 11:09:09 AM PST
perl-Pod-Parser-1.61-3.fc28.noarch         Fri 10 Feb 2019 11:09:08 AM PST
perl-Readonly-1.03-24.fc28.noarch          Fri 10 Feb 2019 10:10:25 AM PST
perl-Readonly-XS-1.05-16.fc28.x86_64       Fri 10 Feb 2019 10:10:24 AM PST
libX11-devel-1.6.1-1.fc28.x86_64           Thu 26 Jan 2019 10:26:50 AM PST
```

回想一下，rpm -qi 命令可查询已安装软件包的信息。若要查看未安装的软件包的信息，请执行 rpm -qip ***pkgname.rpm*** 命令，注意，-p 选项表示"这是一个包文件，而不是已安装的包"，示例请参见例 26-7。

例 26-7　rpm -qip 命令

```
[root@onecoursesource ~]#rpm -qip fedora/packages/tcl-8.5.14-1.fc28.x86_64.rpm
Name        : tcl
Epoch       : 1
Version     : 8.5.14
Release     : 1.fc28
Architecture: x86_64
Install Date: (not installed)
Group       : Development/Languages
Size        : 4592249
License     : TCL
Signature   : RSA/SHA256, Thu 15 Aug 2017 10:36:45 AM PDT, Key ID 2eb161fa246110c1
Source RPM  : tcl-8.5.14-1.fc28.src.rpm
Build Date  : Thu 15 Aug 2017 02:04:19 AM PDT
Build Host  : buildvm-13.phx2.fedoraproject.org
Relocations : (not relocatable)
Packager    : Fedora Project
Vendor      : Fedora Project
URL         : http://tcl.sourceforge.net/
Summary     : Tool Command Language, pronounced tickle
Description :
The Tcl (Tool Command Language) provides a powerful platform for
creating integration applications that tie together diverse
applications, protocols, devices, and frameworks. When paired with the
Tk toolkit, Tcl provides a fastest and powerful way to create
cross-platform GUI applications.  Tcl can also be used for a variety
of web-related tasks and for creating powerful command languages for
applications.
```

哪个软件包占用的硬盘空间最多？可以按大小列出软件包，执行 rpm -qa --queryformat ‘%{name} %{size}\n’ | sort -n -k 2 -r 命令，例如：

```
[root@onecoursesource ~]# rpm -qa --queryformat '%{name} %{size}\n' |
➥ sort -n -k 2 -r | head -n 5
kernel 151587581
kernel 147584558
kernel 146572885
firefox 126169406
moodle 122344384
```

注意，在前面的命令行中，head 命令用于将输出量减少到前 5 个最大的文件。sort 命令对每一行的第二个字段（包的大小，以字节为单位）按数字逆序进行排序（首先显示更大的数字）。虽然大小是以字节为单位的，但是可以使用许多在线计算器（例如 http://

whatsabyte.com/P1/byteconverter.htm）轻松地将其转换为兆字节或千兆字节。

在某些情况下，可能希望列出来自特定供应商的所有包。这可以通过执行 rpm -qa --qf ' %{name} %{vendor}\n ' | grep ***vendor-name*** 命令实现，将 ***vendor-name*** 替换为供应商的名称即可，如下所示：

```
[root@onecoursesource ~]# rpm -qa --qf '%{name} %{vendor}\n' | grep  "Virtualmin, Inc."
virtualmin-base Virtualmin, Inc.
```

注意　如果没有安装来自“Virtualmin, Inc.”的软件，上面的这个命令可能无法在你的系统上工作。那么，我们如何选择这个供应商？首先运行 rpm -qa --qf ' %{name} %{vendor}\n ' 命令，该命令生成数百行输出，其中大多数行显示了供应商名称是“Fedora Project”，因为我们正在使用的发行版是 Fedora。接下来，我们运行 rpm -qa --qf ' %{name} %{vendor}\n ' | grep -v " Fedora Project " 命令，以此显示不是“Fedora Project”提供的所有包（请记住 grep 命令的 -v 选项表示“匹配不包含此模式的所有行”）。然后我们只是随机选择了一个结果作为演示。这段描述的目的是演示掌握 grep 这样强大的命令行工具可以让生活变得更容易！

安全提醒

要添加或删除软件，需要以 root 用户身份登录。但是，任何用户都可以查看软件包的信息。这突出了要保护普通用户账户的重要性，因为知道系统上安装了什么软件，黑客就能确定应该使用的黑客技术，然后进一步入侵系统。因此，如果黑客能够以普通用户的身份访问系统，那么黑客就可以获得更有价值的信息。

26.2.2　使用 rpm 命令安装软件包

使用 rpm 命令安装软件包有 3 个不同的选项，表 26-1 描述了这 3 个选项。

表 26-1　rpm 命令安装软件包的方法

场　　景	rpm -i	rpm -U	rpm -F
软件包的前一个版本已安装在当前系统上	安装软件包的第二个版本（很有可能会产生冲突）	软件包被更新到新版本	软件包被更新到新版本
软件包的前一个版本没有安装在当前系统上	安装该软件包	安装该软件包	不做任何操作

只有在确定软件包的前一个版本没有安装时，才能使用 -i 选项。但 kernel 的软件包例外，两个不同版本的 kernel 软件包没有有冲突的文件。还有，如果新版本的 kernel 包无法引导系统，旧版本的 kernel 包就又派上用场了。

在大多数情况下，应该使用 -U 选项来安装或升级软件包。然而，-F 选项在某些情况下还是有用的。例如，假设管理员将发行版的所有更新包复制到网络共享目录中。这个共享里包含数千个软件包，远远超过当前在系统上安装的包。如果在共享这些包的目录中执行 rpm -U * 命令，不仅会升级现有的包，还会安装许多新包。如果执行 rpm -F * 命令，那么只会升级现有的包，而不会安装那些“新的”包。

注意　有些软件包可能需要很长时间来安装。因为在包完成安装之前，rpm 命令通常没有输出，这可能会让你认为该命令没有做任何事情。可以考虑使用 -h 选项，它会在安装时在屏幕上显示“#”符号：

```
[root@onecoursesource ~]# rpm -ih /var/cache/yum/x86_64/20/
➥fedora/packages/joe-3.7-13.fc28.x86_64.rpm
################################## [100%]
Updating / installing...
################################## [100%]
```

在安装那个软件包之前

考虑这样一种情况，你可能通过因特网或电子邮件获得了一个软件包。如何判断该软件包确实是来自正确的地方，而不是被黑客破坏过的包？永远不要从不可信的源安装软件包，尤其是在那些关键的系统上。

还应该在安装软件包之前查看一下它的内容。使用病毒或蠕虫扫描工具也是一个好主意。

即使是从你认为可信的源获得的软件包，也应该考虑要验证一下。可以采用与验证一封信是由特定的某个人所写的类似的方法来验证软件包。如果你知道那个人的签名是什么样子的，你可以看看信上的签名来验证它确实来自那个人。

创建软件包的公司应该提供一个数字签名，这是一个只有该公司才能放在软件包上的唯一“密钥”。可以使用一个工具来验证这个数字签名，但是首先需要从可信位置（直接从公司本身）获得一个签名文件。

下一步，通过使用 rpm --import ***/location/key-file*** 命令将签名导入 RPM 数据库里。

一旦数据库里有了签名，就可以在安装软件包之前验证它的签名，如下所示：

```
[root@onecoursesource ~]# rpm -K /var/cache/yum/x86_64/20/fedora/packages/joe-3.7-13.
➥fc28.x86_64.rpm
/var/cache/yum/x86_64/20/fedora/packages/joe-3.7-13.fc28.x86_64.rpm: rsa
➥sha1 (md5) pgp md5 OK
```

主要要寻找的是输出末尾的“OK”。不要相信任何不提供此消息的包。

要列出当前 RPM 数据库里的所有签名，使用 rpm -qa gpg-pubkey* 命令，例如：

```
[root@onecoursesource rpm -qa gpg-pubkey*
gpg-pubkey-11f63c51-3c7dc11d
gpg-pubkey-5ebd2744-418ffac9
gpg-pubkey-4520afa9-50ab914c
gpg-pubkey-246110c1-51954fca
gpg-pubkey-a0bdbcf9-42d1d837
```

使用 rpm -qi 查看指定签名的详细信息，如例 26-8 所示。

例 26-8　显示签名的详细信息

```
[root@onecoursesource ~]#rpm -qi gpg-pubkey-a0bdbcf9-42d1d837
Name        : gpg-pubkey
Version     : a0bdbcf9
Release     : 42d1d837
Architecture: (none)
Install Date: Thu 15 Jan 2015 09:02:46 AM PST
Group       : Public Keys
Size        : 0
License     : pubkey
Signature   : (none)
Source RPM  : (none)
Build Date  : Sun 10 Jul 2005 07:23:51 PM PDT
Build Host  : localhost
Relocations : (not relocatable)
Packager    : Virtualmin, Inc. <security@virtualmin.com>
Summary     : gpg(Virtualmin, Inc. <security@virtualmin.com>)
Description :
-----BEGIN PGP PUBLIC KEY BLOCK-----
Version: rpm-4.11.1 (NSS-3)
```

注意　看到例 26-8 中输出的构建日期，不要觉得被抛弃了。数字签名通常会使用许多年。只要数字签名没有被破坏，构建包的公司通常不会更改这些签名。一些数字签名甚至已经使用了几十年。

26.2.3　使用 rpm 命令删除软件包

用 rpm 命令删除软件包，使用 -e 选项，如 rpm -e joe。

注意　该命令使用“没有消息就是好消息”的策略。如果命令成功，则不提供输出。要查看已删除包的确认信息，请使用 -v 选项。

假如想知道如果删除了某个软件包会带来什么影响，而实际上并没有删除它，怎么做？可以执行 rpm -e --test -vv pkgname 命令，查看删除的过程而实际上并没有删除它。

可能出现的错误　如果试图删除一个被其他已安装的软件包依赖的包，将会出现如下所示的错误提示：

```
error: Failed dependencies:
        libwrap.so.0()(64bit) is needed by (installed) net-snmp-agent-libs-1:5.7.2-18.
fc28.x86_64
```

虽然可以通过使用 --nodeps 选项强制删除这个包，但是请记住，这将会破坏其他软件包。相反，可以考虑删除有依赖问题的包。

26.2.4 rpm2cpio

设想这样一种情况，包中的文件被删除或内容被更改了。在这种情况下，可能会希望能恢复原始文件或内容。

rpm2cpio 命令能把 RPM 文件转换为 CPIO 数据流（CPIO 表示 copy input/output）。然后可以将这些数据流通过管道操作符导入给 cpio 命令，该命令可以提取文件和目录。这里有一个例子：

```
[root@localhost package]# ls
libgcc-4.8.5-4.el7.x86_64.rpm
[root@localhost package]# rpm2cpio libgcc-4.8.5-4.el7.x86_64.rpm | cpio-idum
353 blocks
[root@localhost package]# ls
lib64  libgcc-4.8.5-4.el7.x86_64.rpm  usr
[root@localhost package]# ls usr/share/doc/libgcc-4.8.5
COPYING  COPYING3  COPYING3.LIB  COPYING.LIB  COPYING.RUNTIME
```

这个过程对于从 RPM 文件中提取特定的文件非常有用，而不需要重新安装整个 RPM。所生成的文件正是所安装的文件，只是它们被放在当前目录中。

注意，对 cpio 命令的完整讨论超出了本书的范围。-idum 选项的基本意思是，将 CPIO 数据流中的所有文件和目录提取到当前目录中。

26.3 yum 命令

你可能想知道为什么在基于 Red Hat 的系统上还有另一个命令可以用于查看、添加和删除软件包。原因是 yum 命令用于解决 rpm 命令的一些缺点，例如：

- rpm 命令在安装新的 RPM 包时需要先下载好 RPM 文件或手动指定 RPM 文件的网络地址。使用 yum 命令时，在安装过程中会自动从远程仓库里下载软件包。
- 当安装的 RPM 包有依赖且它所依赖的软件包并没有安装时，rpm 命令会报错。使用 yum 命令时，会自动处理依赖，因为 yum 命令会下载和安装所有依赖的软件包。
- yum 实用程序是对旧的包管理工具 Yellowdog Updater（YUP）的重写。事实上，YUM 代表 Yellowdog Updater Modified。Yellowdog 是一个过时的 Linux 发行版的名称。

可能出现的错误　你可能遇见过“依赖地狱”这个词。这是当试图用 rpm 命令安装某个 RPM 包时，却发现该包具有依赖包。于是找到这些依赖包并尝试安装它们，却发现它们也具有依赖包。可以想象，这可能会导致一种糟糕的情况，即你要试图去找到安装最初的那个软件包所需的所有依赖包。yum 命令就是用来解决大部分依赖问题的命令。

26.3.1　仓库

仓库（也称为 repo）是一个位置，通常可以通过网络访问，它包含 RPM 包和一个用于描述这些包之间关系的小型数据库。yum 命令连接到仓库，来确定哪些包可用。在安装包期间，yum 命令还将从 repo 下载软件包。

repo 可以使用 FTP、HTTP 或 HTTPS 在网络上共享，也可以是系统上的本地目录（在硬盘或可移动磁盘上）。当通过网络共享一个 repo 时，配置 repo 的一部分工作就是配置 FTP 服务器或 Web 服务器。有关如何配置这些服务器的详细信息，请参阅第 20 章和第 21 章。

访问 repo

要访问一个 repo，需要知道如何配置 yum 命令。这是由 /etc/yum.conf 文件和 /etc/yum.repos.d 目录中的文件组合起来完成。

/etc/yum.conf 文件是 yum 命令的主配置文件。示例参见例 26-9。

例 26-9　/etc/yum.conf 文件

```
[main]
cachedir=/var/cache/yum/$basearch/$releasever
keepcache=0
debuglevel=2
logfile=/var/log/yum.log
exactarch=1
obsoletes=1
gpgcheck=1
plugins=1
installonly_limit=5
bugtracker_url=http://bugs.centos.org/set_project.php?project_id=23&ref=
➥ http://bugs.centos.org/bug_report_page.php?category=yum
distroverpkg=centos-release
```

/etc/yum.conf 文件的关键设置如表 26-2 所示。

表 26-2　/etc/yum.conf 文件里的设置

设　置	说　　明
cachedir	存放下载的 RPM 文件的目录
logfile	yum 操作的日志文件的路径
gpgcheck	1 表示“执行 gpg 检查来确保包是有效的”，0 表示“不进行 gpg 检查”（可以在每个 repo 的配置文件里覆盖这个设置）。详细信息请参见下面关于 /etc/yum.repos.d 目录的说明
assumeyes	1 表示“对 yes/no 的提示总是回答 yes”，0 表示“不要做任何的猜测，而是打印出提示信息”

/etc/yum.repos.d 目录里包含文件名以 .repo 结尾的文件，这些文件用于指定 yum 仓

库的路径。每个文件里可定义一个或者多个仓库，如图 26-2 所示。

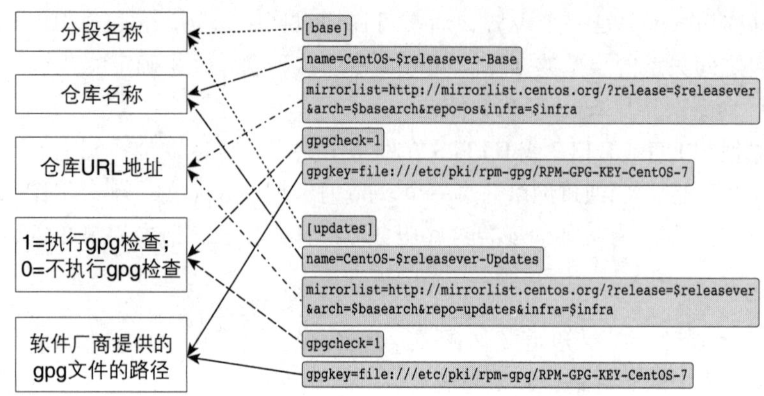

图 26-2 /etc/yum.repos.d 目录里文件的格式

创建仓库

创建仓库包括以下步骤：

1. 创建一个目录用来保存所有的软件包。
2. 把所有的软件包复制到这个目录。
3. 执行命令 createrepo ***/directory***（把 ***/directory*** 替换为第 1 步里创建的目录）。注意，在系统上通常没有默认安装 createrepo 命令，需要安装 createrepo 软件包才能使用这个命令。

26.3.2 使用 yum 命令

yum 命令用于从仓库安装软件包，也可以用于删除软件包以及查看软件包的信息。表 26-3 突出显示了 yum 命令及其选项。

表 26-3 主要的 yum 命令与选项

命令 / 选项	说 明
install	从仓库里安装软件包及其依赖包（例如，yum install zip）
groupinstall	从仓库里安装一个组里的全部软件包（例如，yum groupinstall "Office Suite and Productivity"）
update	更新指定的软件包
remove	从系统上删除指定的软件包及其依赖包
groupremove	从系统上删除指定软件组里的包
list	列出包的信息，包括已安装的包和可用的包（例如，yum list available）
grouplist	列出软件组的信息，包括组里有哪些软件包。不带参数使用 yum grouplist 可以查看可用的软件组
info	显示指定软件包的相关信息（例如 yum info zip）
groupinfo	显示关于指定软件组的相关信息
-y	对任何提示自动回答 "yes"（例如，yum -y install zip）

使用 yum 查看包信息

要使用 yum 命令显示软件包，请使用 yum list *item* 命令，把 *item* 替换为下列之一。

- installed：显示已在系统上安装的所有软件包。
- available：显示仓库里可用，但还没有安装的包。
- all：显示所有的包，包括已安装的和未安装的包。

还可以使用名称匹配（通配符）来限制输出的内容。例如，例 26-10 只显示名称里包含“zip”的包。

例 26-10　包含“zip”的包

```
[root@onecoursesource ~]# yum list installed "*zip*"
Loaded plugins: fastestmirror, langpacks
 * base: mirror.supremebytes.com
 * epel: mirror.chpc.utah.edu
 * extras: mirrors.cat.pdx.edu
 * updates: centos.sonn.com
Installed Packages
bzip2.x86_64                      1.0.6-13.el7                  @base
bzip2-libs.x86_64                 1.0.6-13.el7                  @base
gzip.x86_64                       1.5-8.el7                     @base
perl-Compress-Raw-Bzip2.x86_64    2.061-3.el7                   @anaconda
unzip.x86_64                      6.0-15.el7                    @base
zip.x86_64                        3.0-10.el7                    @anaconda
```

可能出现的错误　要使 yum 命令正确工作，需要能访问因特网。如果命令失败了，请检查网络连接。

yum 命令还支持搜索功能，可以使用通配符匹配软件包名称和摘要信息。它试图匹配包的描述信息和 URL（网站链接）。例如，在例 26-11 中的命令中显示了包名、摘要和描述中包含“joe”的所有包（在输出中突出显示了搜索关键字）。

例 26-11　使用 yum 命令搜索软件包

```
[root@onecoursesource ~]#yum search joe
Loaded plugins: fastestmirror, verify
Loading mirror speeds from cached hostfile
 * atomic: www6.atomicorp.com
 * fedora: mirrors.rit.edu
 * updates: mirrors.rit.edu
============================== N/S matched: joe ===============================
libjoedog-devel.i686 : Development files for libjoedog
libjoedog-devel.x86_64 : Development files for libjoedog
joe.x86_64 : An easy to use, modeless text editor
```

```
jupp.x86_64 : Compact and feature-rich WordStar-compatible editor
jwm.x86_64 : Joe's Window Manager
libjoedog.i686 : Repack of the common code base of fido and siege
libjoedog.x86_64 : Repack of the common code base of fido and siege
texlive-jknapltx.noarch : Miscellaneous packages by Joerg Knappen
```

你可能想知道为什么例 26-11 的命令会匹配到 jupp.x86_64 软件包，如果运行 yum info jupp.x86_64 命令，将看到命令的输出部分包括例 26-12 中所示的内容。

例 26-12 查看 yum info

```
Description : Jupp is a compact and feature-rich WordStar-compatible editor and
            : also the MirOS fork of the JOE 3.x editor which provides easy
            : conversion for former PC users as well as powerfulness for
            : programmers, while not doing annoying things like word wrap
            : "automagically". It can double as a hex editor and comes with a
            : character map plus Unicode support. Additionally it contains an
            : extension to visibly display tabs and spaces, has a cleaned up,
            : extended and beautified options menu, more CUA style key-bindings,
            : an improved math functionality and a bracketed paste mode
            : automatically used with Xterm.
```

软件组

yum 命令相对于 rpm 命令的一个好处是能够在 repo 上创建软件组。通过将软件包分组在一起，可以更容易地安装软件包套件或软件包集合。

查看仓库里可用的软件组，使用 yum group list 命令，如例 26-13 所示。

例 26-13 yum group list 命令

```
[root@onecoursesource ~]#yum group list
Loaded plugins: fastestmirror, verify
Loading mirror speeds from cached hostfile
 * atomic: www6.atomicorp.comyu
 * fedora: mirrors.rit.edu
 * updates: mirrors.rit.edu
Installed environment groups:
   Minimal Install
Available environment groups:
   GNOME Desktop
   KDE Plasma Workspaces
   Xfce Desktop
   LXDE Desktop
   Cinnamon Desktop
   MATE Desktop
   Sugar Desktop Environment
```

```
   Development and Creative Workstation
   Web Server
   Infrastructure Server
   Basic Desktop
Installed groups:
   Development Tools
Available Groups:
   3D Printing
   Administration Tools
   Audio Production
   Authoring and Publishing
   Books and Guides
   C Development Tools and Libraries
   Cloud Infrastructure
   D Development Tools and Libraries
   Design Suite
   Editors
   Educational Software
   Electronic Lab
   Engineering and Scientific
   Fedora Eclipse
   FreeIPA Server
   Games and Entertainment
   LibreOffice
   Medical Applications
   Milkymist
   Network Servers
   Office/Productivity
   RPM Development Tools
   Robotics
   Security Lab
   Sound and Video
   System Tools
   Text-based Internet
   Window Managers
Done
```

yum group list 命令不会显示所有的软件组。有些软件组在默认情况下是隐藏的，可以通过执行 yum group list hidden 命令查看。这个命令的输出太大，无法在本书中显示。要演示如何使用 hidden 选项来显示更多的软件组，请看下面的输出：

```
[root@onecoursesource ~]#yum group list | wc -l
51
```

```
[root@onecoursesource ~]#yum group list hidden | wc -l
142
```

注意，wc -l 命令会输出前一个命令输出的行数。每一行代表一个软件组（少数不包含组名称的行除外），因此，142 行和 51 行意味着 91 个软件组在不使用 hidden 选项时没有显示。

使用 yum group info 命令可以查看关于软件组的信息，如例 26-14 所示。

例 26-14　yum group info 命令

```
[root@onecoursesource ~]#yum group info "LibreOffice"
Loaded plugins: fastestmirror, verify
Loading mirror speeds from cached hostfile
 * atomic: www6.atomicorp.com
 * fedora: mirrors.rit.edu
 * updates: mirrors.rit.edu
Group: LibreOffice
 Group-Id: libreoffice
 Description: LibreOffice Productivity Suite
 Mandatory Packages:
   +libreoffice-calc
   +libreoffice-draw
   +libreoffice-emailmerge
   +libreoffice-graphicfilter
   +libreoffice-impress
   +libreoffice-math
   +libreoffice-writer
 Optional Packages:
   libreoffice-base
   libreoffice-pyuno
```

下节中，将学习如何使用软件组来安装软件包。

使用 yum 安装软件包

当使用 yum 命令安装软件包时，可以指定包名称、通配符或包中的文件名。例如，例 26-15 演示了用包名称安装名为 joe 的软件包。

例 26-15　使用 yum 安装软件包

```
[root@onecoursesource ~]#yum install joe
Loaded plugins: fastestmirror, verify
Loading mirror speeds from cached hostfile
 * atomic: www6.atomicorp.com
 * fedora: mirrors.rit.edu
 * updates: mirrors.rit.edu
Resolving Dependencies
```

```
--> Running transaction check
---> Package joe.x86_64 0:3.7-13.fc28 will be installed
--> Finished Dependency Resolution

Dependencies Resolved

=================================================================
 Package    Arch         Version              Repository    Size
=================================================================
Installing:
 joe        x86_64       3.7-13.fc28          fedora        382 k

Transaction Summary
=================================================================
Install  1 Package

Total size: 382 k
Installed size: 1.2 M
Is this ok [y/d/N]: y
Downloading packages:
Running transaction check
Running transaction test
Transaction test succeeded
Running transaction (shutdown inhibited)
  Installing : joe-3.7-13.fc28.x86_64                                      1/1
  Verifying  : joe-3.7-13.fc28.x86_64                                      1/1

Installed:
  joe.x86_64 0:3.7-13.fc28

Complete!
```

当用通配符匹配包名称时，可以使用 yum install joe* 命令。

如果某个文件属于某个软件包，可以使用 yum install /bin/joe 命令，通过文件名进行安装。

默认情况下，yum 命令在开始下载或安装前会进行提示，要避免提示并自动回答“yes”，使用 yum 命令提供的 -y 选项。

如果只是想下载软件包而不想安装任何的包，使用 --downloadonly 选项，这样会把软件包存放到 /var/cache/yum 目录下的一个子目录里（例如，/var/cache/yum/x86_64/28 用于 Fedora 发行版第 28 版本）。当创建自己的 repo 时这样做非常有用，因为它提供了一种无须实际安装就可以下载包的简单方法。

要安装软件组，使用 yum group install ***grpname*** 命令（例如，yum group install “Libre-

Office”)。

使用 yum 命令删除软件包

使用 yum remove 命令删除软件包，可以把包名称、通配符或包中的文件名作为 yum remove 命令的参数：

- yum remove joe
- yum remove *ruby*
- yum remove /usr/bin/ruby

默认情况下，将要求你确认是否要删除该软件包。可以使用 -y 选项自动回复“yes”。

> **可能出现的错误**　当 -y 选项与包含通配符的参数组合使用时要特别小心。这可能会删除比预期多的包。

要删除软件组，使用 yum group remove ***grpname*** 语法。

使用 yum 插件

插件用于为 yum 提供更多的特性和功能。一些常用的 yum 插件如下所示。

- fastmirror：从镜像列表里查找最快的镜像，镜像是 repo 的一个特性，它允许软件仓库将客户端的请求分散到不同的系统中。
- snapshot：在更新期间自动为文件系统创建快照，文件系统快照允许在 yum 操作产生问题时恢复文件。
- versionlock：启用“锁定”包的功能，当包被锁定时，不会对该包执行任何更新。

通过执行 yum info yum 命令，可以查看当前已经安装的插件。这条命令会产生大量的输出，因此例 26-16 里只显示一个已安装的插件。

例 26-16　查看 yum 的插件

```
[root@onecoursesource ~]#yum info yum | head -n 25
Loaded plugins: fastestmirror, verify
Loading mirror speeds from cached hostfile
 * atomic: www6.atomicorp.com
 * fedora: mirrors.rit.edu
 * updates: mirrors.rit.edu
Installed Packages
Name         : yum
Arch         : noarch
Version      : 3.4.3
Release      : 152.fc20
Size         : 5.6 M
Repo         : installed
From repo    : updates
```

```
Summary     : RPM package installer/updater/manager
URL         : http://yum.baseurl.org/
License     : GPLv2+
Description : Yum is a utility that can check for and automatically
            : download and install updated RPM packages.
            : Dependencies are obtained and downloaded
            : automatically, prompting the user for permission as
            : necessary.
```

禁用和启用插件有几种方法：

- 每个插件都可以通过在其特定的配置文件里的一个名为“enabled”设置来启用或禁用。这些配置文件位于 /etc/yum/pluginconf.d 目录中。例如，要为所有 yum 命令启用 fastestmirror 插件，在 /etc/yum/pluginconf.d/fastestmirror.conf 文件里设置 enabled=1。要为所有 yum 命令禁用此插件，在 /etc/yum/pluginconf.d/fastestmirror.conf 文件里设置 enabled=0。
- 为指定的 yum 命令禁用某个插件，使用 --disableplugins 选项。例如，yum --disableplugin=fastestmirror。
- 要启用插件，编辑 /etc/yum.conf 文件，并将 plugins 的值设置为 1（plugins=1）。但这并不会启用所有的插件，只会启用那些在前面提到的配置文件中已设置为启用的插件。要为所有 yum 命令禁用全部插件，编辑 /etc/yum.conf 文件，并将 plugins 的值设置为 0（plugins=0）。
- 为指定 yum 命令禁用所有插件，使用 --noplugins 选项。

还可以使用当前未安装在系统上的其他插件。可以通过执行以下命令显示可用的插件：

```
yum provides "/usr/lib/yum-plugins/*"
```

这条 yum 命令会生成大量的输出，例 26-17 里使用 head 命令来限制输出的内容。

例 26-17　使用 head 命令限制输出

```
[root@onecoursesource ~]# yum provides "/usr/lib/yum-plugins/*" | head
Loaded plugins: fastestmirror, verify
Loading mirror speeds from cached hostfile
 * atomic: www6.atomicorp.com
 * fedora: mirrors.rit.edu
 * updates: mirrors.rit.edu
PackageKit-yum-plugin-0.8.13-1.fc22.x86_64 : Tell PackageKit to
                                           : check for updates
                                           : when yum exits

Repo        : fedora
Matched from:
Filename    : /usr/lib/yum-plugins/refresh-packagekit.py
```

要安装插件，使用 yum install ***plugin_name*** 命令（例如，yum install PackageKit-yum-plugin）。

26.4　其他工具

在使用 RPM 的发行版上，还有一些其他的软件包管理工具。

- SUSE：这个发行版上有一个命令行工具叫作 zypper，与 yum 命令功能非常类似，是一个使用 rpm 命令的前端实用程序，也能处理软件包依赖关系。
- Red Hat/CentOS/Fedora：这些发行版上有一个叫作 PackageKit 的 GUI 实用程序，可以在菜单栏里找到它，它提供与 yum 命令相似的功能，只不过是基于 GUI 的形式。
- Fedora：在较新的 Fedora 版本上，可使用一个新的用于替代 yum 的工具——DNF（Dandified yum）。它提供了更好的性能、更好的依赖解析以及对 yum 命令的其他改进，它还兼容 yum 命令，并且大部分选项都相同（删除了个别选项，添加了一些选项）。举一个 dnf 新特性的例子，如果你键入一个不存在的命令，dnf 会建议一个命令用来安装正确的包，以提供丢失的命令。请注意，本章描述的 yum 特性几乎所有都可以在较新的 Fedora 版本上使用 dnf 命令来执行。

可能出现的错误　在较新的 Fedora 系统上，从技术上说，yum 命令仍然存在，但它真正执行的是 dnf 命令。因此，任何只能在 yum 命令（不是 dnf 命令）下生效的特性在较新的 Fedora 系统上都会失败，即使运行的是 yum 命令而不是 dnf 命令。

26.5　总结

本章学习了基于 Red Hat 的发行版上的几个不同的软件包管理工具。学习了 rpm 命令，它主要用于查看包信息，也可以用于简单的软件包安装。还学习了 yum 命令提供的高级的软件包管理工具，包括从仓库里下载软件包，以及处理软件包依赖关系。

26.5.1　重要术语

包、元数据、RPM、依赖、数字签名、仓库、递归缩写、库、插件、镜像

26.5.2　复习题

1. 包含软件包相关元数据的 RPM 数据库位于 /var/lib/______目录。
2. 下面哪个命令将列出当前已安装的所有软件包？

   A. rpm -ql　　B. rpm -qp　　C. rpm -qa　　D. 以上都不是
3. ______命令将在指定目录里创建一个仓库。
4. rpm 命令的______选项将只更新当前在系统上已安装了旧版本的软件包。

   A. -i　　B. -F　　C. -g　　D. -U
5. yum 命令的______功能可以对包名称和摘要信息使用通配符匹配。

第 27 章

基于 Debian 的软件包管理

在第 26 章，学习了如何在使用 RPM 的发行版上管理软件包。另一个流行的软件包管理系统，最初创建于 Debian Linux，可以在 Ubuntu 和 Mint 这样的发行版上找到，这个包管理系统不使用 rpm、yum 和 dnf 等命令，而是使用 dpkg、apt、apt-get 和 apt-cache 命令。

从概念上讲，这两个包管理系统非常相似。不同之处在于具体的命令、选项以及某些情况下由各自的操作系统提供的功能。本章重点介绍基于 Debian 的软件包管理系统，并强调了 Debian 和 Red Hat 软件管理的主要区别。

重要提示 因为这是本书讲述软件包安装的第 2 章，所以重点更多地放在“如何”上，而不是包管理的理论和概念上。理论和概念相关的信息请复习第 26 章。

学习完本章并完成课后练习，你将具备以下能力：

- 使用 dpkg 命令查看、安装和删除软件包。
- 为 APT 系列命令创建软件源。
- 使用 APT 系列命令查看、安装和删除软件包。

27.1 使用 dpkg 命令管理软件包

Debian 系统的包管理工具在很多方面非常类似于 Red Hat 系统的包管理工具。例如，与 rpm 命令等价的是 dpkg 命令。这两个命令都适合显示已安装包的信息以及安装本地下载的包文件。

Debian 包管理器被用于许多的 Linux 发行版上，包括 Debian、Ubuntu 和 Mint。发行的软件包的文件名带有 .deb 扩展名。

27.1.1 使用 dpkg 命令查看包信息

查看当前已安装的所有软件包，使用 dpkg 命令并带上 -l 选项，如例 27-1 所示。

例 27-1 dpkg 命令的 -l 选项

```
root@onecoursesource:~# dpkg -l | head
Desired=Unknown/Install/Remove/Purge/Hold
| Status=Not/Inst/Conf-files/Unpacked/halF-conf/Half-inst/trig-aWait/Trig-pend
|/ Err?=(none)/Reinst-required (Status,Err: uppercase=bad)
||/ Name                                        Version
Architecture Description
+++-==========================================-
============================================================-=============-
==========================================================================
ii  account-plugin-aim                          3.8.6-0ubuntu9.2
➥                              amd64        Messaging account plugin for AIM
ii  account-plugin-google                       0.11+14.04.20140409.1-0ubuntu2
➥                   all       GNOME Control Center account plugin for single signon
ii  account-plugin-jabber                       3.8.6-0ubuntu9.2
➥                              amd64        Messaging account plugin for Jabber/XMPP
ii  account-plugin-salut                        3.8.6-0ubuntu9.2
➥                              amd64        Messaging account plugin for Local XMPP
➥ (Salut)
ii  account-plugin-yahoo                        3.8.6-0ubuntu9.2
➥                              amd64        Messaging account plugin for Yahoo!
```

列出所有包时显示的输出可能有点不好理解，因为输出的格式不同。查看单个包要容易一些，如图 27-1 所示。

```
root@onecoursesource:~# dpkg -l joe
Desired=Unknown/Install/Remove/Purge/Hold
| Status=Not/Inst/Conf-files/Unpacked/halF-conf/Half-inst/trig-aWait/Trig-pend
|/ Err?=(none)/Reinst-required (Status,Err: uppercase=bad)
||/ Name           Version      Architecture Description
+++-==============-============-============-=================================
ii  joe            3.7-2.3ubunt amd64        user friendly full screen text ed
```

图 27-1 dpkg -l 命令的输出

图 27-1 中显示的输出的最后一行的第一个字符是期望（desired）的状态，包括的状态有 Unknown/Install/Remove/Purge/Hold。i 表明这个包的正常（期望的）状态是“安装”(install)。可以把这个视为对软件包状态的一个建议。

图 27-1 中显示的输出的最后一行的第二个字符是当前的状态，包括的状态有 Not/Inst/Conf-files/Unpacked/halF-conf/Half-inst/trig-aWait/Trig-pend，此例中，i 表示这个包当前的状态是已安装。

图 27-1 中显示的输出的最后一行的第三个字符是包的错误状态。此例中是空白，表示这个包没有错误。

图 27-1 中显示的输出的最后一行的剩余内容就相当简单了，分别表示包名称、已安装的版本、构建包的架构，以及包的描述。

要查看某个包的详细信息，可使用 -s 选项，如例 27-2 所示。

例 27-2　查看包的详细信息

```
root@onecoursesource:~# dpkg -s joe | head -n 20
Package: joe
Status: install ok installed
Priority: optional
Section: editors
Installed-Size: 1313
Maintainer: Ubuntu Developers <ubuntu-devel-discuss@lists.ubuntu.com>
Architecture: amd64
Version: 3.7-2.3ubuntu1
Depends: libc6 (>= 2.14), libtinfo5
Breaks: jupp (<< 3.1.18-2~)
Conffiles:
 /etc/joe/ftyperc 3c915f0bb617c0e4ac2bc10a7c4e649b
 /etc/joe/jicerc.ru b7db1f92397dc0a7598065442a6827c1
 /etc/joe/jmacsrc dd24e67b67c03810922d740cebc258cc
 /etc/joe/joerc 6f9cf4e8ce4649d31c2c2dae6a337852
 /etc/joe/jpicorc 0be5c286a0a9a14b733e2fa4e42d5828
 /etc/joe/jstarrc 2fbf22c556f6199e3a49cc526300c518
 /etc/joe/rjoerc 158e89ba1c65f7089b21e567cc6368ff
Description: user friendly full screen text editor
 Joe, the Joe's Own Editor, has the feel of most PC text editors: the key
```

dpkg -s 命令的输出包括包的配置文件列表。要查看包中包含的所有文件的列表，请使用 -L 选项：

```
root@onecoursesource:~# dpkg -L joe | head -n 10
/.
/etc
/etc/joe
/etc/joe/jicerc.ru
/etc/joe/rjoerc
/etc/joe/jstarrc
/etc/joe/ftyperc
/etc/joe/jpicorc
/etc/joe/joerc
/etc/joe/jmacsrc
```

使用 -S 选项可以查询某个文件是由哪个包提供的：

```
root@onecoursesource:~# dpkg -S /etc/joe/joerc
joe: /etc/joe/joerc
```

使用 -V 选项，可以显示包中安装的文件的更改：

```
root@onecoursesource:~# dpkg -V joe
??5?????? c /etc/joe/joerc
```

输出的内容与第 26 章中介绍的 rpm -V 命令的输出非常相似，从下面这段来自 dpkg 命令 man page 的文字也可以看出：

```
The output format is selectable with the --verify-format option,
which by default uses the rpm format, but that might  change  in
the  future,  and  as  such programs parsing this command output
should be explicit about the format they expect.
```

要查看某个未安装的软件包的内容（文件列表），可使用 -c 选项，如例 27-3 所示。

例 27-3　使用 -c 选项

```
root@onecoursesource:~# dpkg -c /tmp/joe_3.7-2.3ubuntu1_amd64.deb | head
drwxr-xr-x root/root         0 2014-02-17 14:12 ./
drwxr-xr-x root/root         0 2014-02-17 14:12 ./etc/
drwxr-xr-x root/root         0 2014-02-17 14:12 ./etc/joe/
-rw-r--r-- root/root     38076 2014-02-17 14:12 ./etc/joe/jicerc.ru
-rw-r--r-- root/root     32368 2014-02-17 14:12 ./etc/joe/rjoerc
-rw-r--r-- root/root     32215 2014-02-17 14:12 ./etc/joe/jstarrc
-rw-r--r-- root/root      9327 2014-02-17 14:12 ./etc/joe/ftyperc
-rw-r--r-- root/root     30127 2014-02-17 14:12 ./etc/joe/jpicorc
-rw-r--r-- root/root     37722 2014-02-17 14:12 ./etc/joe/joerc
-rw-r--r-- root/root     34523 2014-02-17 14:12 ./etc/joe/jmacsrc
```

安全提醒

在安装包之前，应该列出包的内容，特别是从不太可靠的来源获得的包。寻找有没有可疑的文件，如 /etc/passwd 和 /etc/shadow。黑客会在软件包中插入恶意文件来损坏系统。

要查看某个未安装的软件包的信息，可使用 -I 选项，如例 27-4 所示。

例 27-4　使用 -I 选项

```
root@onecoursesource:~# dpkg -I /tmp/joe_3.7-2.3ubuntu1_amd64.deb | head
 new debian package, version 2.0.
 size 350818 bytes: control archive=1821 bytes.
     118 bytes,     7 lines      conffiles
    1812 bytes,    34 lines      control
    1400 bytes,    28 lines   *  postinst             #!/bin/sh
     133 bytes,     7 lines   *  postrm               #!/bin/sh
     357 bytes,    13 lines   *  preinst              #!/bin/sh
     310 bytes,     9 lines   *  prerm                #!/bin/sh
 Package: joe
 Version: 3.7-2.3ubuntu1
```

27.1.2　使用 dpkg 命令安装软件包

要使用 dpkg 命令安装软件包，可使用 -i 选项，如例 27-5 所示。

例 27-5　使用 dpkg 命令的 -i 选项

```
root@onecoursesource:~# dpkg -i /tmp/joe_3.7-2.3ubuntu1_amd64.deb
Selecting previously unselected package joe.
(Reading database ... 177428 files and directories currently installed.)
Preparing to unpack .../joe_3.7-2.3ubuntu1_amd64.deb ...
Unpacking joe (3.7-2.3ubuntu1) ...
Setting up joe (3.7-2.3ubuntu1) ...
update-alternatives: using /usr/bin/joe to provide /usr/bin/editor (editor) in auto mode
Processing triggers for man-db (2.6.7.1-1ubuntu1) ...
```

还可以指定一个目录作为 -i 选项的参数。如果参数是一个目录，那么该目录中以 .deb 结尾的所有文件都将作为包来安装。

可能出现的错误　很容易搞混 -I 选项（查看软件包信息）和 -i 选项（安装软件包）。这里要小心，两个选项都用于软件包，很容易一不小心就安装了，而其实真正想做的是查看包的信息。

27.1.3　使用 dpkg 命令重新配置软件

包管理的特性之一是能够在安装（和删除）过程中执行定制操作。这是通过脚本完成的，脚本通常是交互式的。在某些情况下，在包安装之后的某个时候再次执行这些脚本会很有用。

例如，keyboard-configuration 包用于配置系统默认的键盘，如果你要把系统寄到另一个使用不同键盘布局的国家，那么再次执行这个包的配置脚本就非常有用了。可以通过执行 dpkg-reconfigure 命令来实现这一点。图 27-2 显示了执行 dpkg-reconfigure keyboard-configuration 命令的结果。

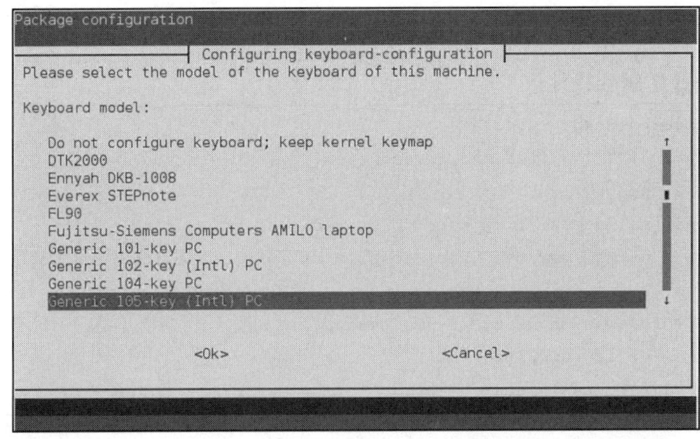

图 27-2　dpkg-reconfigure keyboard-configuration 命令

可能出现的错误　使用 dpkg-reconfigure 命令时要小心，因为可能会“吹走”（blow away）一个花费了时间和精力调优后的配置。

27.1.4　从 deb 包提取文件

回想一下，在第 26 章里讲述过可以从 RPM 包里提取文件而不需要安装它。这对于浏览包里的文件（寻找恶意程序）以及替换系统里丢失或损坏的文件非常有用。

在基于 Debian 的系统上执行这个操作是使用 dpkg 命令的 -x 选项：

```
root@onecoursesource:~# mkdir /tmp/joe_files
root@onecoursesource:~# dpkg -x /tmp/joe_3.7-2.3ubuntu1_amd64.deb
➥/tmp/joe_files
root@onecoursesource:~# ls /tmp/joe_files
etc  usr
root@onecoursesource:~# ls /tmp/joe_files/etc
joe
root@onecoursesource:~# ls /tmp/joe_files/etc/joe
ftyperc  jicerc.ru  jmacsrc  joerc  jpicorc  jstarrc  rjoer
```

安全提醒

因为 -x 是 dpkg 命令的一个选项，在尝试提取包文件时，总是担心会意外地忽略它，这样就变成了安装该软件包。如果包中包含恶意软件，可能会导致严重的问题。

27.1.5　使用 dpkg 命令删除软件包

在基于 Debian 的系统上删除软件包有 2 种方法。

- dpkg -r ***pkg_name***：删除该软件包，但在系统上保留其配置文件。
- dpkg -P ***pkg_name***：删除该软件包，包括所有的配置文件。

例 27-6　演示了如何使用 dpkg -r 命令。

例 27-6　使用 dpkg -r 删除软件包

```
root@onecoursesource:~# dpkg -r joe
(Reading database ... 177514 files and directories currently installed.)
Removing joe (3.7-2.3ubuntu1) ...
update-alternatives: using /usr/bin/jmacs to provide /usr/bin/editor (editor) in auto mode
update-alternatives: using /usr/bin/jpico to provide /usr/bin/editor (editor) in auto mode
update-alternatives: using /bin/nano to provide /usr/bin/editor (editor) in auto mode
Processing triggers for man-db (2.6.7.1-1ubuntu1) ...
root@onecoursesource:~# ls /etc/joe
editorrc  ftyperc  jicerc.ru  jmacsrc  joerc  jpicorc  jstarrc  rjoerc
```

将例 27-6 中的 ls 命令的输出与例 27-7 中使用 -P 选项删除包时的 ls 命令的输出进行比较。

例 27-7　使用 dpkg -P 删除软件包

```
root@onecoursesource:~# dpkg -P joe
(Reading database ... 177514 files and directories currently installed.)
Removing joe (3.7-2.3ubuntu1) ...
update-alternatives: using /usr/bin/jmacs to provide /usr/bin/editor (editor) in auto mode
update-alternatives: using /usr/bin/jpico to provide /usr/bin/editor (editor) in auto mode
update-alternatives: using /bin/nano to provide /usr/bin/editor (editor) in auto mode
Purging configuration files for joe (3.7-2.3ubuntu1) ...
Processing triggers for man-db (2.6.7.1-1ubuntu1) ...
root@onecoursesource:~# ls /etc/joe
ls: cannot access /etc/joe: No such file or directory
```

缺少 /etc/joe 目录（joe 包配置文件所在的路径）表示这些文件已经从系统上删除了。

对话学习——使用 dpkg 命令

Gary：嘿，Julia，我刚学习了 dpkg 命令的 -r 和 -P 选项，有个问题请教一下。

Julia：说吧。

Gary：我在试着理解为什么我要用一个选项而不是另一个。

Julia：啊，好吧，使用 -r 选项的好处是，如果将来再次安装该软件包，之前对配置文件所做的任何自定义的配置还可以继续使用。

Gary：那么，如果我认为将来可能会再次安装它，而且还想继续使用之前的配置文件，就应该使用 -r 选项，对吗？可以给我举个例子吗？

Julia：当然可以，假如你有一个配置良好的 Web 服务器，但现在想删除它。花了很长时间才配置好这个 Web 服务器，你不希望将来再配置一次或从备份里恢复配置文件。

Gary：好的。那么什么时候使用 -P 选项呢？

Julia：假如你非常确定将来不会再安装它了，或者你希望确保在再次安装它时得到一个“干净”的安装时，使用 -P 选项。

Gary：啊，好的。谢谢你提供的信息，Julia。

27.2　使用 APT 管理软件包

高级包工具（Advanced Package Tool，APT）是一组命令，它们提供的功能与基于 Red Hat 的系统上的 yum 或 dnf 提供的功能相同。APT 包含了很多工具，但主要的工具有以下几个。

- apt：用于大多数的基础软件包管理操作。
- apt-get：为更高级的软件包管理操作提供一些额外的功能。
- apt-cache：为更高级的操作和查询提供一些额外的功能。

27.2.1　APT 仓库

与 yum 和 dnf 命令一样，APT 系列命令从仓库下载软件包，这些仓库在 APT 中被称为源（source），可以位于本地驱动器（CD-ROM、USB 磁盘等）上，也可以是通过网络可访问到的路径。

要配置系统使用 APT 源，可以编辑 /etc/apt/sources.list 文件，还可以编辑位于 /etc/apt/sources.list.d 目录里的文件。在某些发行版上，使用 /etc/apt/sources.list 文件已被弃用，改为使用 /etc/apt/sources.list.d 目录里的文件。在这些系统上，/etc/apt/sources.list 文件可能根本就不存在，也可能是空文件。

在使用 /etc/apt/sources.list 文件的系统上，它通常是一个文档很好的配置文件，每一行定义一个源。例 27-8 显示了一些典型的条目（注意，使用 grep 命令删除了空行和注释行）。

例 27-8　/etc/apt/sources.list

```
root@onecoursesource:~# grep -v "^$" /etc/apt/sources.list | grep -v "^#" | head
deb http://us.archive.ubuntu.com/ubuntu/ trusty main restricted
deb-src http://us.archive.ubuntu.com/ubuntu/ trusty main restricted
deb http://us.archive.ubuntu.com/ubuntu/ trusty-updates main restricted
deb-src http://us.archive.ubuntu.com/ubuntu/ trusty-updates main restricted
deb http://us.archive.ubuntu.com/ubuntu/ trusty universe
deb-src http://us.archive.ubuntu.com/ubuntu/ trusty universe
deb http://us.archive.ubuntu.com/ubuntu/ trusty-updates universe
deb-src http://us.archive.ubuntu.com/ubuntu/ trusty-updates universe
deb http://us.archive.ubuntu.com/ubuntu/ trusty multiverse
deb-src http://us.archive.ubuntu.com/ubuntu/ trusty multiverse
```

图 27-3 显示了 APT 源配置文件的典型数据字段。

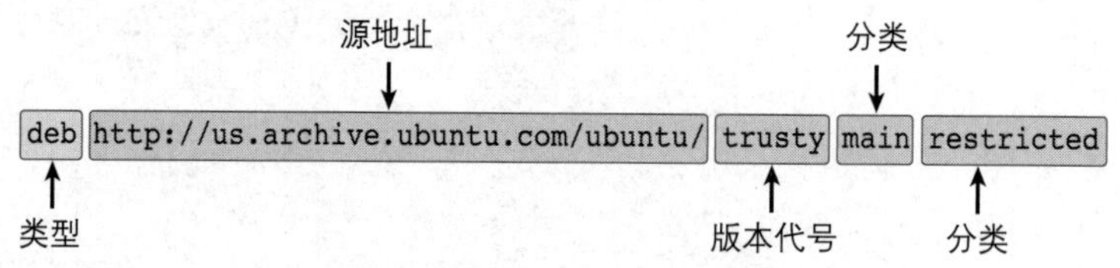

图 27-3　一个 APT 源配置文件的字段

APT 源配置文件的各字段的详细描述见表 27-1。

表 27-1　APT 源配置文件的各字段描述

字　段	说　明
类型（type）	此字段表示在这个源仓库里的软件包是常规的包（可安装的包，用“deb”表示），还是源码包（可以下载查看源代码的包，用“deb-src”表示）
源地址（source location）	源仓库的 URI（Uniform Resource Identifier，统一资源描述符）。可以是网络地址（例如，通过 Web 服务器共享的），或本地资源（例如，位于本地磁盘上）
版本代号（suite）	每个源 URI 可以拥有多个仓库，位于不同的目录里。版本代号就是 URL 地址下存放软件包的子目录
软件包分类（component）	表示在这个源上能找到的软件包的种类。有 4 种常用的分类。 Main：发行版官方提供支持且是开源的软件

（续）

字 段	说 明
软件包分类（component）	Restricted：发行版官方支持，但是是闭源的软件 Universe：由社区提供支持和维护，但应该是开源的软件 Multiverse：社区和发行版都不提供支持，可能会引起版权或专利问题的闭源软件

图 27-3 和表 27-1 中描述的 APT 源配置文件使用了一种被称为“单行”（one-line）的格式。而一些发行版则使用了一种被称为 DEB822 的新格式。这种风格的格式如下：

```
Types: deb deb-src
URIs: uri
Suites: suite
Components: [component1] [component2] [...]
option1: value1
option2: value2
```

因此，图 27-3 中使用单行格式描述的示例可以使用 DEB822 的格式改写为如下所示的形式：

```
Types: deb
URIs: http://us.archive.ubuntu.com/ubuntu/
Suites: trusty
Components: main restricted
```

两种风格都可以使用几种不同的选项。例如，可以使用下面的 DEB822 格式为源指定包的架构：

```
Types: deb
URIs: http://us.archive.ubuntu.com/ubuntu/
Suites: trusty
Components: main restricted
Architectures: amd64
```

可用的选项有很多，更多细节请参考 sources.list 的 man page。

27.2.2 创建源仓库

以下步骤描述如何创建一个源仓库：

1. 安装 dpkg-dev 软件包（如果还未安装），例如：apt-get install dpkg-dev。

2. 创建一个目录，例如：mkdir /var/packages。

3. 将软件包复制到新创建的目录里。这些包可以从一个现有的源上下载（本章稍后会讲述这个技术），也可以在 /var/cache/apt/archives 目录中找到所需要的包（这是在安装到本地系统之前保存下载的包的路径）。

4. 在保存软件包的目录里执行 dpkg-scanpackages . /dev/null | gzip -9c > Packages. gz 命令。

27.3　使用 APT 系列命令查看软件包信息

要列出所有软件包，包括已安装的和可安装的，请使用 apt list 命令，如例 27-9 所示。

例 27-9　apt list 命令

```
root@onecoursesource:~# apt list | head

WARNING: apt does not have a stable CLI interface yet. Use with caution in scripts.

Listing...
0ad/trusty 0.0.15+dfsg-3 amd64
0ad-data/trusty 0.0.15-1 all
0ad-data-common/trusty 0.0.15-1 all
0ad-dbg/trusty 0.0.15+dfsg-3 amd64
0xffff/trusty 0.6~git20130406-1 amd64
2ping/trusty 2.0-1 all
2vcard/trusty 0.5-3 all
3270-common/trusty 3.3.10ga4-2build2 amd64
389-admin/trusty 1.1.35-0ubuntu1 amd64
```

apt list 命令的重要选项有以下两个。

- --installed：用于显示当前已安装的软件包。
- --upgradable：用于显示当前已安装且有新版本可用的软件包。

apt 命令还支持使用搜索术语列出软件包。然而，搜索软件包的一个更强大的方法是使用 apt-cache 命令，它可以使用正则表达式进行搜索：

```
root@onecoursesource:~# apt-cache search "^joe"
joe - user friendly full screen text editor
joe-jupp - reimplement the joe Debian package using jupp
scheme2c - Joel Bartlett's fabled Scheme->C system
```

简单地列出软件包可以考虑使用 apt 命令，要列出复杂信息则使用 apt-cache 命令。

查看指定的软件包的信息，使用 apt show 命令，如例 27-10 所示。

例 27-10　使用 apt show 命令查看软件包信息

```
root@onecoursesource:~# apt show joe | head -n 16

WARNING: apt does not have a stable CLI interface yet. Use with caution in scripts.

Package: joe
Priority: optional
Section: universe/editors
Installed-Size: 1,345 kB
Maintainer: Ubuntu Developers <ubuntu-devel-discuss@lists.ubuntu.com>
Original-Maintainer: Josip Rodin <joy-packages@debian.org>
```

```
Version: 3.7-2.3ubuntu1
Depends: libc6 (>= 2.14), libtinfo5
Breaks: jupp (<< 3.1.18-2~)
Download-Size: 351 kB
Homepage: http://joe-editor.sourceforge.net/
Bugs: https://bugs.launchpad.net/ubuntu/+filebug
Origin: Ubuntu
APT-Sources: http://us.archive.ubuntu.com/ubuntu/ trusty/universe amd64 Packages
Description: user friendly full screen text editor
 Joe, the Joe's Own Editor, has the feel of most PC text editors.
```

注意 apt-cache show 命令提供类似的输出，这两个命令都接受通配符作为参数。因此，要查看以“vi”开头的软件包，既可以执行 apt show vi* 命令，也可以执行 apt-cache show vi* 命令。

apt-cache 命令提供了一个选项来显示包的依赖关系和反向依赖关系，如例 27-11 所示。

例 27-11 使用 apt-cache showpkg 命令查看依赖关系

```
root@onecoursesource:~# apt-cache showpkg joe
Package: joe
Versions:
3.7-2.3ubuntu1 (/var/lib/apt/lists/us.archive.ubuntu.com_ubuntu_dists_trusty_universe_
➥binary-amd64_Packages)
 Description Language:
                 File: /var/lib/apt/lists/us.archive.ubuntu.com_ubuntu_dists_trusty_
➥universe binary-amd64 Packages
                  MD5: 4d6bbc0d4cf8b71ec0b3dfa1ffb8ca46
 Description Language: en
                 File: /var/lib/apt/lists/us.archive.ubuntu.com_ubuntu_dists_trusty_
➥universe_i18n_Translation-en
                  MD5: 4d6bbc0d4cf8b71ec0b3dfa1ffb8ca46


Reverse Depends:
  jupp:i386,joe 3.7-2.3~
  joe:i386,joe
  jupp,joe 3.7-2.3~
  joe-jupp,joe
  joe-jupp,joe
Dependencies:
3.7-2.3ubuntu1 - libc6 (2 2.14) libtinfo5 (0 (null)) jupp (3 3.1.18-2~) jupp:i386
➥ (3 3.1.18-2~) joe:i386 (0 (null))
Provides:
3.7-2.3ubuntu1 -
Reverse Provides:
joe-jupp 3.1.26-1
```

查看软件包依赖关系，使用 apt-cache depends 命令：

```
root@onecoursesource:~# apt-cache depends joe
joe
  Depends: libc6
  Depends: libtinfo5
  Breaks: jupp
  Breaks: jupp:i386
  Conflicts: joe:i386
```

查看软件包的反向依赖关系，使用 apt-cache rdepends 命令：

```
root@onecoursesource:~# apt-cache rdepends joe
joe
Reverse Depends:
  jupp:i386
  joe:i386
  jupp
  joe-jupp
    joe-jupp
  joe-jupp
```

27.3.1　使用 APT 系列命令安装软件包

apt install 命令会从源安装软件包，如例 27-12 所示。

例 27-12　apt install 命令

```
root@onecoursesource:~# apt install joe
Reading package lists... Done
Building dependency tree
Reading state information... Done
The following NEW packages will be installed:
  joe
0 upgraded, 1 newly installed, 0 to remove and 587 not upgraded.
Need to get 351 kB of archives.
After this operation, 1,345 kB of additional disk space will be used.
Get:1 http://us.archive.ubuntu.com/ubuntu/ trusty/universe joe amd64 3.7-2.3ubuntu1
➥[351 kB]
Fetched 351 kB in 2s (156 kB/s)
Selecting previously unselected package joe.
(Reading database ... 177428 files and directories currently installed.)
Preparing to unpack .../joe_3.7-2.3ubuntu1_amd64.deb ...
Unpacking joe (3.7-2.3ubuntu1) ...
Processing triggers for man-db (2.6.7.1-1ubuntu1) ...
Setting up joe (3.7-2.3ubuntu1) ...
update-alternatives: using /usr/bin/joe to provide /usr/bin/editor (editor) in auto mode
```

apt install 命令支持以下选项。

- =pkg_version_number：用于表示要安装的具体版本。例如：apt-get install joe=1.2.3。
- /target_release：用于表示使用哪一个发行版的版本作为软件包的版本，每个发行版版本都有与之对应的软件包列表。例如：apt-get install joe/trusty。

注意　apt-get install 命令可用于安装软件包，且支持 =pkg_version_number 和 /target_release 选项，然而，apt-get install 命令也支持以下这些选项。

- -f：修复破损的依赖关系。
- -s：空运行，演示如果执行安装会发生什么。
- -y：默认回答 yes（apt-get 命令通常在安装软件包之前会提示确认）。
- --no-upgrade：如果是新的软件包就安装，但不升级已有的软件包。
- --only-update：如果有安装旧版本的软件包就升级，如果是新软件包则不安装。
- --reinstall：重新安装。

apt 命令还提供了一个功能，用于升级系统上的所有软件包：apt full-upgrade。这个功能还会删除被认为是已过时的包，因此请谨慎使用此选项。

只下载包，但不安装，使用 apt-get download 命令。注意，这个命令会把软件包下载到 /var/cache/apt/archives 目录：

```
root@onecoursesource:~# apt-get download joe
root@onecoursesource:~# ls /var/cache/apt/archives/j*
/var/cache/apt/archives/joe_3.7-2.3ubuntu1_amd64.deb
```

你可能想了解软件组，就像第 26 章的 yum 命令提供的软件组。对于 APT，软件组的方式略有不同。软件组只在交互式实用程序 aptitude 里才可用，如图 27-4 所示。

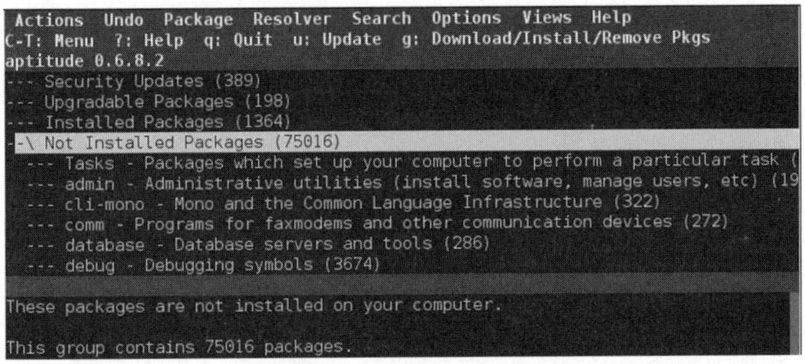

```
 Actions  Undo  Package  Resolver  Search  Options  Views  Help
C-T: Menu  ?: Help  q: Quit  u: Update  g: Download/Install/Remove Pkgs
aptitude 0.6.8.2
--- Security Updates (389)
--- Upgradable Packages (198)
--- Installed Packages (1364)
-\ Not Installed Packages (75016)
  --- Tasks - Packages which set up your computer to perform a particular task (
  --- admin - Administrative utilities (install software, manage users, etc) (19
  --- cli-mono - Mono and the Common Language Infrastructure (322)
  --- comm - Programs for faxmodems and other communication devices (272)
  --- database - Database servers and tools (286)
  --- debug - Debugging symbols (3674)

These packages are not installed on your computer.

This group contains 75016 packages.
```

图 27-4　aptitude 实用程序

aptitude 实用程序默认已安装，还有一个类似的实用程序可用，叫作 tasksel，但默认没有安装（如果需要使用，执行 apt-get install tasksel）。tasksel 的演示参见图 27-5。

另外一个选择是使用 synaptic 实用程序，一个基于 GUI 的包管理工具，这个工具的示例见图 27-6。

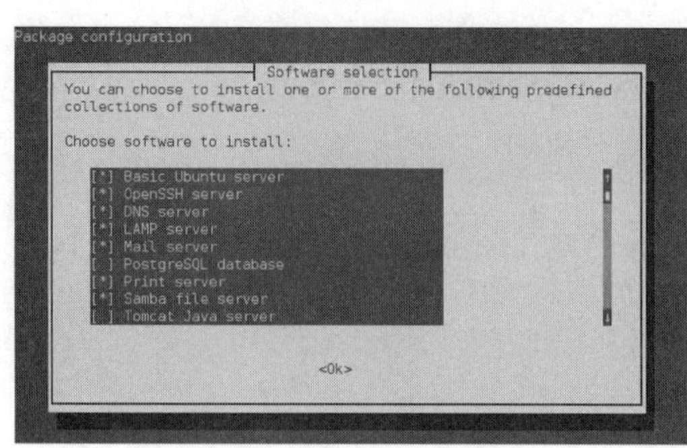

图 27-5　tasksel 实用程序

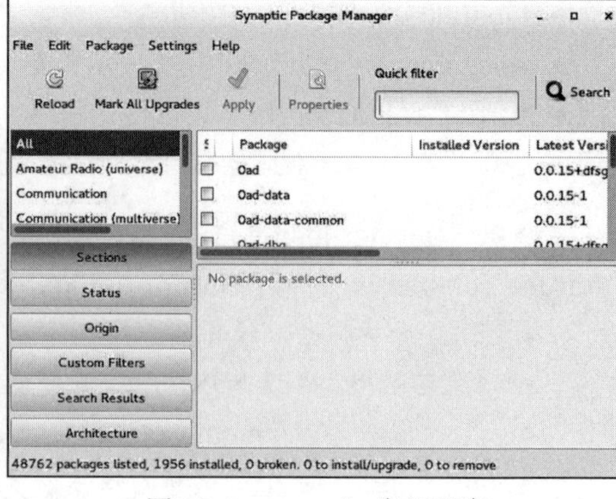

图 27-6　synaptic 实用程序

注意　aptitude、tasksel 和 synaptic 实用程序能用于删除软件包和查看软件包信息（尽管关于包的详细信息可能不是在所有工具中都可用）。另外，许多发行版还提供了一个单独的基于 GUI 的包管理工具，所以一定要参考发行版的文档。

可能出现的错误　依赖基于 GUI 的包管理工具会限制你在不同的系统上执行包管理任务的能力。这些 GUI 的工具通常不会安装在生产系统上，因为 GUI 本身需要大量的系统资源（RAM、CPU 等）。因此，应该将学习重点放在命令行的 APT 实用程序上。

27.3.2　使用 APT 系列命令删除软件包

要删除软件包，但保留其配置文件，可以使用 apt remove 或 apt-get remove 命令，示例如下所示：

```
apt remove joe
```

要清除软件包（删除软件包的所有文件，包括配置文件），使用 apt-get purge 命令，如例 27-13 所示。

例 27-13　使用 apt-get purge 命令清除软件包

```
root@onecoursesource:~# apt-get purge joe
Reading package lists... Done
Building dependency tree
Reading state information... Done
The following packages will be REMOVED:
  joe*
0 upgraded, 0 newly installed, 1 to remove and 587 not upgraded.
After this operation, 1,345 kB disk space will be freed.
Do you want to continue? [Y/n] y
(Reading database ... 177514 files and directories currently installed.)
Removing joe (3.7-2.3ubuntu1) ...
```

```
update-alternatives: using /usr/bin/jmacs to provide /usr/bin/editor (editor) in auto mode
update-alternatives: using /usr/bin/jpico to provide /usr/bin/editor (editor) in auto mode
update-alternatives: using /bin/nano to provide /usr/bin/editor (editor) in auto mode
Purging configuration files for joe (3.7-2.3ubuntu1) ...
Processing triggers for man-db (2.6.7.1-1ubuntu1) ...
```

27.3.3　APT 的其他特性

以下是 APT 提供的一些额外功能，了解这些功能也非常重要。

- apt-get check：用于检查所有已安装的软件包上的依赖关系是否已损坏。
- apt-get clean：用于清除源（仓库）的缓存内容。
- apt-get autoclean：删除旧的软件包。

27.4　总结

本章学习了在基于 Debian 的发行版上管理包的几种不同方法。了解了 dpkg 命令，它主要用于查看软件包的信息，但也可以用于简单的软件包安装和删除。还了解了 APT 系列命令提供的高级包管理工具，包括从仓库下载软件包和处理软件包依赖关系的工具。

27.4.1　重要术语

源、URI、组件、源仓库

27.4.2　复习题

1. dpkg 命令的______选项用于查看软件包的信息。
2. dpkg 命令的哪个选项会删除软件包但保留其配置文件？
   A. -u　　B. -r　　C. -P　　D. -c
3. ______命令用于创建 APT 的源仓库。
4. 下面哪一个不是有效的 APT 命令？
   A. apt-cache　　B. apt-get　　C. apt-install　　D. apt-remove
5. apt list 命令的______选项只会显示当前系统上已安装的软件包。

第28章

系统引导

系统引导是一个相当大的主题，它包含了在引导过程中发生的各种操作。在本章中，将了解系统引导的不同阶段，包括引导加载器阶段、内核加载阶段和“init”阶段。

学习完本章并完成课后练习，你将具备以下能力：

- 描述引导过程的 4 个阶段。
- 配置遗留的 GRUB 和 GRUB 2。
- 修改内核的关键组件。
- 加载和卸载内核模块。
- 修改系统启动时启用的服务。

28.1 引导过程的几个阶段

Linux 操作系统的引导过程有 4 个主要的阶段：

- BIOS/UEFI 阶段
- boot loader 阶段
- 内核阶段
- 内核运行后的阶段

28.1.1 BIOS/UEFI 阶段

当 Linux 系统首次开机时，将启动一个软件程序来引导系统。这个软件程序不是 Linux 的一部分，而是系统硬件附带的一个程序。有两种不同的类型，分别是 BIOS（基本输入 / 输出系统）和 UEFI（统一可扩展固件接口）。虽然两者都执行类似的任务（启动引导过程），但是它们都有不同的特性，并且使用不同的接口进行配置。

BIOS 是两者中较老的一个，并且正在慢慢地被淘汰。BIOS 被认为是固件（firmware），一个嵌入在硬件中的程序。BIOS 已经存在了 30 多年，它有一些限制，包括它所识别的设备、对大型引导设备的有限支持以及分区表的限制。

UEFI 则较新，被认为是 BIOS 的替代品。但它不是固件，而是一个扩展固件的软件程序，所以可以在具有 BIOS 的系统上使用它。UEFI 与 BIOS 相比有几个优势，包括支持更大的引导分区、能够从不同的设备（RAID、LVM 等）读取数据，以及能够读取 GUID 的分区表。

28.1.2 bootloader 阶段

bootloader（引导程序）是操作系统提供的一个软件程序，用于访问硬盘上的文件（特别是内核）并启动操作系统。有几个引导加载程序可用，包括 LILO（代表 Linux Loader，这是一个较老的 bootloader，在本书中不会涉及）、GRUB 2 和遗留的 GRUB（Grand Unified Boot Loader）。

bootloader 可以安装在硬盘（常见）或 USB 驱动器（少见）等设备上。如果安装在硬盘上，bootloader 通常存储在一个称为 MBR（主引导记录）的特殊位置，这是硬盘开始时的一个预留位置（特别是引导磁盘的前 215 字节）。这里也是存储分区表的地方。

在某些情况下 bootloader 可能存储在分区的第一个扇区中，这通常是在系统上安装了多个 bootloader 时发生。很少在可移动设备上存储 bootloader，但这可以实现更灵活的引导（不同的 bootloader 可以安装在不同的移动设备上，比如 USB 闪存驱动器）。

通常，bootloader 是在安装操作系统时安装。但是 bootloader 可能会损坏，需要重新安装。要安装 bootloader，请执行 grub-install 命令并提供要安装 GRUB 的设备。例如，下面的命令将在第一个 SATA 硬盘上安装 GRUB：

```
grub-install /dev/sda
```

有关配置和使用 GRUB 2 及遗留的 GRUB 的详细信息将在本章后面介绍。

28.1.3 内核阶段

bootloader 加载内核并将引导过程的控制权传递给内核。在内核阶段，内核配置自己并加载内核模块。一般来说，这包括下列任务：

1. 配置系统，以便它可以开始为软件分配内存地址。
2. 探测硬件并执行配置操作。
3. 解压缩 initrd 或 initramfs 镜像，这些文件包含引导时需要的内核模块。
4. 初始化元设备，如 LVM 和 RAID 设备。
5. 只读挂载根文件系统。
6. 启动后内核（post-kernel）阶段，其中包括启动一个程序，该程序在接下来的过程中引导系统。

管理员不需要做很多事情来修改内核阶段。可以通过重新编译内核或从 bootloader 向内核传递参数来更改内核的行为。本章后面的 GRUB 部分将对此进行讨论。

你应该了解一下 initrd 和 initramfs 镜像的功能。Linux 内核在默认情况下是相当小的，内核模块是独立的软件组件，为内核提供了更多的特性。通常，Linux 内核的配置默认情况下启用的内核模块很少。在引导过程挂载文件系统之前，通常需要额外的模块。这些附加模块存储在一个压缩文件中，可以是 initrd，也可以是 initramfs。

这两者中较旧的一个是 initrd，它正在被 initramfs 取代。initrd 的一个缺点是它的镜像基于文件系统（如 ext2），这要求内核具有原生的文件系统支持。initrd 的另一个缺点是它必须被视为磁盘设备，需要在内存中缓冲 I/O 操作（这是冗余的，因为 initrd“磁盘”实际上已加载到内存中）。

如果你的系统使用 initrd，可以使用 mkinitrd 命令生成一个新的 initrd 文件。如果你的系统使用 initramfs，请使用 dracut 命令创建一个新的 initramfs 文件。但很少需要这样做，因为安装程序创建的 initrd 或 initramfs 文件应该可以正常工作。只有在添加了初始引导时需要新设备时，才需要创建一个新的 initrd 或 initramfs 文件。关于这个主题的更多细节可以在本章后面找到。

28.1.4 内核后阶段

一旦内核完成了所有任务，它将启动一个进程来完成操作系统的引导。内核启动什么进程取决于使用的 Linux 发行版。在现代 Linux 系统上通常使用三种引导技术：SysVinit、systemd 和 Upstart。大多数现代系统使用 systemd。

28.2 GRUB

遗留的 GRUB 已经使用了许多年，并且曾经被誉为是较老的引导加载程序技术（如 LILO）的一个很好的替代品。然而，随着硬件变得越来越复杂，在遗留的 GRUB 的设计中开始出现一些限制。因此，遗留的 GRUB 不再持续开发，但是它仍然可以用于旧的 Linux 发行版（并且仍然发布漏洞修复）。

GRUB 2 是为了克服遗留的 GRUB 的限制而开发。实际上，这两种技术之间有很多不同之处，不仅在每个功能的实现方式上，而且还有配置上的不同。这里有几个关键的区别：

- GRUB 2 支持更多的操作系统。
- GRUB 2 可以使用 UUID 标识磁盘设备，UUID 比旧的 GRUB 使用的物理地址和逻辑地址更可靠。例如，向系统添加新硬盘可能会打乱旧的 GRUB 的配置，因为原始硬盘的地址可能会发生更改，使用 UUID 则不会发生这种情况。注意：一些较新版本的遗留 GRUB 也可以使用 UUID，但这是最近才增加的功能。
- GRUB 2 支持 LVM 和 RAID 设备，而遗留 GRUB 不能访问这些设备。
- 配置文件不同，遗留 GRUB 使用一个简单的配置文件。GRUB 2 使用了一个更复杂的系统，在这个系统中不应该编辑实际的配置文件，相反，是编辑用于构建实际配置文件的其他文件。

28.2.1 遗留的 GRUB 配置

> **注意** 由于大多数主流发行版不再使用遗留的 GRUB，因此练习本章中的主题可能会遇到挑战。我们建议你使用 CentOS 5.x 获得使用遗留的 GRUB 的实际经验。

遗留的 GRUB 的主配置文件是 /boot/grub/grub.conf 文件，如例 28-1 所示。

例 28-1　/boot/grub/grub.conf 文件

```
[root@onecoursesource grub]# more grub.conf
# grub.conf generated by anaconda
#
# Note that you do not have to rerun grub after making changes to this file
# NOTICE:  You have a /boot partition. This means that
#          all kernel and initrd paths are relative to /boot/, eg.
#          root (hd0,0)
#          kernel /vmlinuz-version ro root=/dev/VolGroup00/LogVol00
#          initrd /initrd-version.img
#boot=/dev/sda
default=0
timeout=5
splashimage=(hd0,0)/grub/splash.xpm.gz
hiddenmenu
title CentOS (2.6.18-406.el5)
        root (hd0,0)
        kernel /vmlinuz-2.6.18-406.el5 ro root=/dev/VolGroup00/LogVol00 rhgb quiet
        initrd /initrd-2.6.18-406.el5.img
title CentOS (2.6.18-398.el5)
        root (hd0,0)
        kernel /vmlinuz-2.6.18-398.el5 ro root=/dev/VolGroup00/LogVol00 rhgb quiet
        initrd /initrd-2.6.18-398.el5.img
```

这个文件的第一个部分包括遗留的 GRUB 的通用配置信息，表 28-1 描述了比较常见的一些配置设置。

表 28-1　遗留的 GRUB 常见设置

设　置	说　明
default	指示如果在超时值到达之前没有选择标题，则要启动哪个标题。标题按它们在文件中出现的顺序进行编号，第一个标题的数值为 0，第二个标题的数值为 1，以此类推
timeout	指示一个以秒为单位的值，来等待用户选择要引导的标题。如果在此超时期间没有选择标题，则使用默认标题。在此期间，将显示一个倒计时计时器
splashimage	“splashimage”是在显示遗留的 GRUB 引导菜单时显示的图片。它必须是特定的文件类型，限制为 14 色、640 × 480、扩展名为 .xpm.gz（.xpm 是一种特定的图片格式，.gz 是一个压缩文件）
hiddenmenu	此设置没有值。如果存在此设置，则不显示 GRUB 菜单，只显示倒计时。如果按下键盘上的任意按键，倒计时结束，菜单就会显示出来

每个标题部分由几行组成：

```
title CentOS (2.6.18-406.el5)
```

```
    root (hd0,0)
    kernel /vmlinuz-2.6.18-406.el5 ro root=/dev/VolGroup00/LogVol00 rhgb quiet
initrd /initrd-2.6.18-406.el5.img
```

表 28-2 描述了标题部分的设置。

表 28-2　遗留的 GRUB 标题设置

设　置	说　明
title	该设置的值在引导过程中显示在 GRUB 菜单中。通常这包括发行版的名称和内核的版本，但是可以修改它来显示任意信息
root	指定包含引导文件（内核文件和 initrd 文件）的设备。（hd0, 0）表示该设备上的硬盘和分区。更多细节参见表后面部分
kernel	指定要加载的内核的路径，路径相对于 root 参数指定的设备。除内核路径外，还可以添加一些值，这些值将在内核启动时传递给内核。例如，ro 告诉内核以只读模式挂载根文件系统。另外，root=/dev/VolGroup00/LogVol00 告诉内核根文件系统的位置（在本例中，是一个 LVM 设备）。quiet 告诉内核不要显示详细的引导信息。rhgb 告诉内核使用 Red Hat 图形化引导特性（它在引导期间提供了一个很好的进度条，而不是显示引导消息）。还有许多其他值可以传递给内核
initrd	initrd 文件的路径，路径相对于 root 参数指定的设备

由 root 参数指定的设备可能会引起混淆。回想一下，Linux 中的分区通常称为设备文件（例如 /dev/hda1）。

通常，硬盘要么是 IDE（/dev/hda，/dev/hdb，等等），要么是 SATA（/dev/sda，/dev/ sdb）。这些设备由一个字母表示（a = 第一个设备、b = 第二个设备），设备分区的编号从 1 开始（/dev/hda1、/dev/hda2，以此类推）。

GRUB 中的命名约定不同。IDE 和 SATA 驱动器之间没有区别。所有的驱动器都是“hd”设备。分配给驱动器的是数字，而不是字母（0 =/dev/[hs] da、1=/dev/[hs]db）。设备分区的编号从 0 开始，而不是从 1 开始，1 是设备文件的起始编号。

因此，在遗留的 GRUB 中引用设备 /dev/sda1 是用（hd0, 0），引用 /dev/hdb2 是（hd1, 2）。

你可能想知道在这个配置文件中能更改什么，考虑下面这几种情况：

- 系统位于物理上不安全的地方，你希望限制某人在引导过程中更改 GRUB 的能力。一种方法是将超时的值更改为 0，GRUB 将自动使用默认标题进行引导。这似乎是一件危险的事情，因为你也不能中断引导过程，但请记住，你还可以从外部设备引导。这里的重点是，系统在物理上并不安全，因此，目的是让它难以从其他地方进行引导。
- 你可能发现了一个有用的内核参数想要启用。在这种情况下，可以将这个参数添加到其中一个标题的 kernel 行中。
- 如果这个系统是用于测试新内核特性（比如重新编译新内核）的实验室机器，在引导过程中看到详细的内核信息可以帮助排查测试过程中可能出现的问题。从其中一个标题中删除 quiet 和 rhgb 内核参数，以启用详细的内核信息。

安全提醒

在不具有物理安全性的系统上，将 GRUB 的超时值设置为 0 是一种很好的安全措施，因为它减少了在引导过程中有人破坏系统的概率。以下是你应该采取的其他步骤：

- 删除任意外部驱动器和端口，如 CD-ROM 驱动器和 USB 端口。
- 在 BIOS 上设置密码防止从其他设备引导。
- 用物理锁把机箱锁住，这样就不能把硬盘驱动器拿下来在其他系统上使用。
- 在 GRUB 上设置密码（本章后面会讲这个方法）。

在引导时更改遗留 GRUB

在引导过程中，可以执行更改系统引导方式的操作，这些操作包括：

- 选择用另一个标题启动。
- 修改某个标题的参数。
- 通过 GRUB 命令行执行 GRUB 命令。

最常见的任务是选择另一个要启动的标题。GRUB 菜单出现后，使用箭头键选择一个标题，然后在准备启动系统时按回车键。有关选择标题时的屏幕示例，请参见图 28-1。

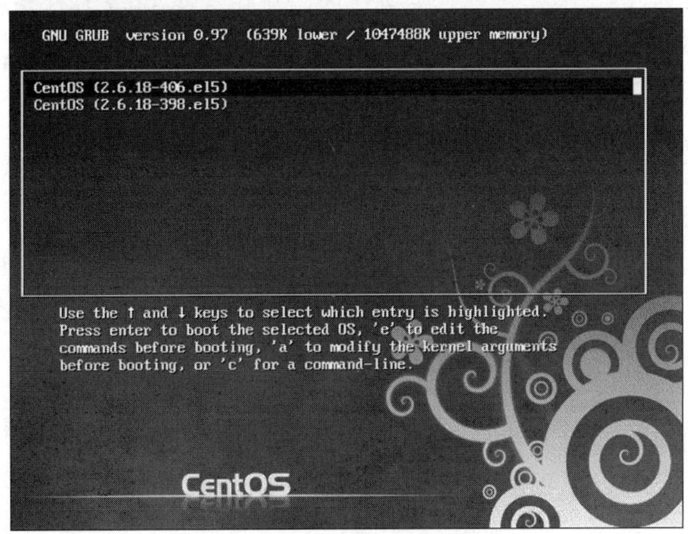

图 28-1 遗留 GRUB 的标题屏幕

有两种方法可以修改标题的参数。一种是在引导之前使用 e 命令编辑标题。大多数情况下，要更改内核那行，因此另一种使用 a 命令直接修改内核参数的方法可能更有用。有关使用 e 命令编辑标题的示例，请参见图 28-2。

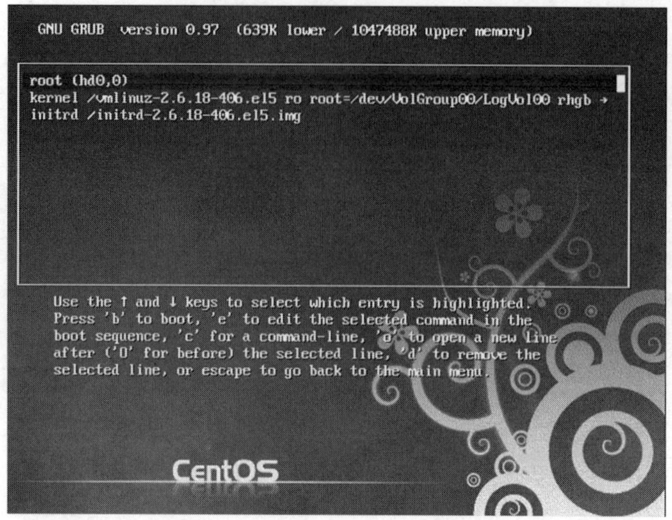

图 28-2　编辑遗留 GRUB 的标题

请注意，在编辑标题时，使用箭头键移动到要编辑的行。选中要编辑的行后，使用 e 命令进行编辑。有关编辑标题中的一行的示例，请参见图 28-3。

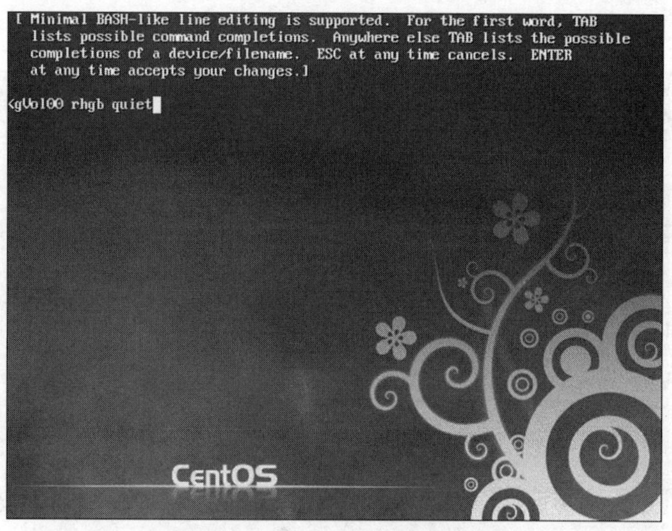

图 28-3　编辑遗留 GRUB 的标题里的行

修改完成后，按回车键回到上一屏幕。按下 <Esc> 键可以取消所做的所有更改。

回到上一屏幕后，使用 b 命令使用自定义的标题参数来引导系统。

最后，还可以使用 c 命令简单地执行 GRUB 命令。如果这样做，将得到一个 grub> 的提示符，就可以在其中执行 GRUB 的命令了。

一个很有用的 GRUB 命令 help 需要记住。该命令显示所有可用的 GRUB 命令，如

图 28-4 所示。

```
    GNU GRUB  version 0.97  (639K lower / 1047488K upper memory)

 [ Minimal BASH-like line editing is supported.  For the first word, TAB
   lists possible command completions.  Anywhere else TAB lists the possible
   completions of a device/filename.  ESC at any time exits.]

grub> help
background RRGGBB                          blocklist FILE
boot                                       cat FILE
chainloader [--force] FILE                 clear
color NORMAL [HIGHLIGHT]                   configfile FILE
displayapm                                 displaymem
find FILENAME                              foreground RRGGBB
geometry DRIVE [CYLINDER HEAD SECTOR [     halt [--no-apm]
help [--all] [PATTERN ...]                 hide PARTITION
initrd FILE [ARG ...]                      kernel [--no-mem-option] [--type=TYPE]
makeactive                                 map TO_DRIVE FROM_DRIVE
md5crypt                                   module FILE [ARG ...]
modulenounzip FILE [ARG ...]               pager [FLAG]
partnew PART TYPE START LEN                parttype PART TYPE
reboot                                     root [DEVICE [HDBIAS]]
rootnoverify [DEVICE [HDBIAS]]             serial [--unit=UNIT] [--port=PORT] [--
setkey [TO_KEY FROM_KEY]                   setup [--prefix=DIR] [--stage2=STAGE2_
splashimage FILE                           terminal [--dumb] [--no-echo] [--no-ed
terminfo [--name=NAME --cursor-address     testvbe MODE
unhide PARTITION                           uppermem KBYTES
vbeprobe [MODE]

grub>
```

图 28-4　获取帮助

遗留 GRUB 引导到单用户模式

祝贺你！公司的系统管理员换工作了，你被提升到这个职位。这对你来说是激动人心的一天，你渴望给老板留下好印象。你的第一个任务是更新公司 Web 服务器上的软件（该任务应该在几个月前完成）。

你坐在 Web 服务器的控制台前，准备开始工作。然后你突然发现：前一个管理员离开时，他带走了 root 密码。你梦想的晋升很快就变成了一场噩梦。

别害怕，有办法的。通过在引导过程中修改传递给 GRUB 的参数，可以恢复 root 密码。过程如下。

第 1 步. 首先启动系统，并在 GRUB 菜单出现时按任意键。现在，编辑 GRUB 标题屏幕的第一个标题，在内核参数的末尾添加一个 s。参见图 28-5 中的示例。

第 2 步. 按回车键接受更改，然后使用 b 命令引导系统。系统将引导到单用户模式，并自动以 root 用户身份登录，不需要输入任何密码。

第 3 步. 看到 Shell 提示符后，只需执行 passwd 命令来更改 root 用户的密码。参见图 28-6 中的示例。

第 4 步. 更改 root 用户的密码后，可以重新启动系统，或按 <Ctrl+D> 继续引导系统到默认运行级别。

注意　上面的示例适用于使用遗留 GRUB 的旧系统。较新的系统可能需要更复杂的命令组合来重置 root 用户的密码。

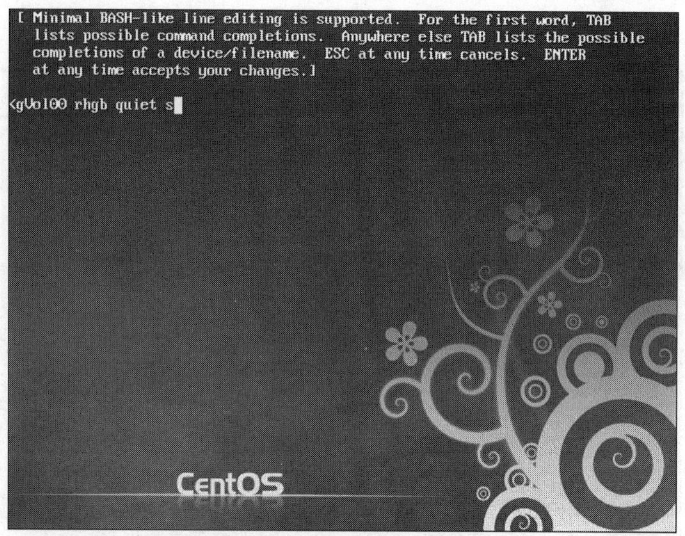

图 28-5 编辑 kernel 行

```
 Found volume group "VolGroup00" using metadata type lvm2
 2 logical volume(s) in volume group "VolGroup00" now active
                Welcome to  CentOS release 5.11 (Final)
                Press 'I' to enter interactive startup.
Setting clock  (utc): Tue Oct 13 21:58:56 PDT 2015          [  OK  ]
Starting udev:                                              [  OK  ]
Loading default keymap (us):                                [  OK  ]
Setting hostname localhost.localdomain:                     [  OK  ]
Setting up Logical Volume Management:   2 logical volume(s) in volume group "Vol
Group00" now active
Kernel alive                                                [  OK  ]
Checking filesystemsg tables up to 100000000 @ 10000-15000
/dev/VolGroup00/LogVol00: clean, 118953/1548288 files, 1019661/1548288 blocks
/boot: clean, 41/26104 files, 23292/104388 blocks
                                                            [  OK  ]
Remounting root filesystem in read-write mode:              [  OK  ]
Mounting local filesystems:                                 [  OK  ]
Enabling local filesystem quotas:                           [  OK  ]
Enabling /etc/fstab swaps:                                  [  OK  ]
sh-3.2# passwd
Changing password for user root.
New UNIX password:
Retype new UNIX password:
passwd: all authentication tokens updated successfully.
sh-3.2#
```

图 28-6 在单用户模式下更改 root 用户的密码

保护遗留 GRUB

作为系统管理员，你刚刚跨越了第一个障碍！心里还在自鸣得意，然后你突然意识到一个非常痛苦的事实：尽管 Web 服务器在物理上是安全的，但是其他几个关键服务器还位于公共区域。怎么能阻止其他人走近某台机器，并使用相同的技术“恢复”（recover）root 用户的密码呢？

幸运的是，有一种技术可以防止别人访问单用户模式。你可以为 GRUB 分配一个密码，这可以防止用户修改标题，除非他们知道 GRUB 密码。

保护 GRUB 的第一步是生成一个 MD5 加密的密码。虽然可以使用纯文本密码，但加密后的密码更安全。注意遗留 GRUB 的配置文件的权限：

```
[root@onecoursesource ~]# ls -l /boot/grub/grub.conf
-rw------- 1 root root 760 Oct  9 23:38 /boot/grub/grub.conf
```

好消息是，只有 root 用户才能查看这个文件的内容。GRUB 密码放在这个文件中，因此你可能会认为纯文本密码就足够安全。但是，如果你正在编辑这个文件，那么可能会有人在你的屏幕上看到它（请记住，这个系统可能在物理上并不安全）。所以，加密的密码确实是最好的。

要创建一个加密的密码，执行 grub-md5-crypt 命令，如下所示：

```
[root@onecoursesource ~]# grub-md5-crypt
Password:
Retype password:
$1$KGnIT$FU80Xxt3lJlqU6FD104QF/
```

下一步，添加如下所示的行到 /boot/grub/grub.conf 文件里的 title 上方部分。

```
password --md5     $1$KGnIT$FU80Xxt3lJlqU6FD104QF/
```

> **注意**　如果把 password 设置放到 title 部分里，会阻止从那个 title 引导，除非知道密码。

/boot/grub/grub.conf 文件的内容应该如例 28-2 所示。

例 28-2　修改后的 /boot/grub/grub.conf 文件

```
[root@onecoursesource ~]# more /boot/grub/grub.conf
# grub.conf generated by anaconda
#
# Note that you do not have to rerun grub after making changes to this file
# NOTICE:  You have a /boot partition. This means that
#          all kernel and initrd paths are relative to /boot/, eg.
#          root (hd0,0)
#          kernel /vmlinuz-version ro root=/dev/VolGroup00/LogVol00
#          initrd /initrd-version.img
#boot=/dev/sda
default=0
timeout=5
splashimage=(hd0,0)/grub/splash.xpm.gz
hiddenmenu
password --md5 $1$KGnIT$FU80Xxt3lJlqU6FD104QF/
title CentOS (2.6.18-406.el5)
        root (hd0,0)
```

```
        kernel /vmlinuz-2.6.18-406.el5 ro root=/dev/VolGroup00/LogVol00 rhgb quiet
        initrd /initrd-2.6.18-406.el5.img
title CentOS (2.6.18-398.el5)
        root (hd0,0)
        kernel /vmlinuz-2.6.18-398.el5 ro root=/dev/VolGroup00/LogVol00 rhgb quiet
        initrd /initrd-2.6.18-398.el5.img
```

重新启动系统以测试这个新设置。GRUB 标题屏幕现在看起来应该不同了。注意标题下面的消息，说需要输入 p 命令，然后输入密码来解锁其他功能。如果不知道密码，则无法编辑标题或输入 GRUB 命令，参见图 28-7。

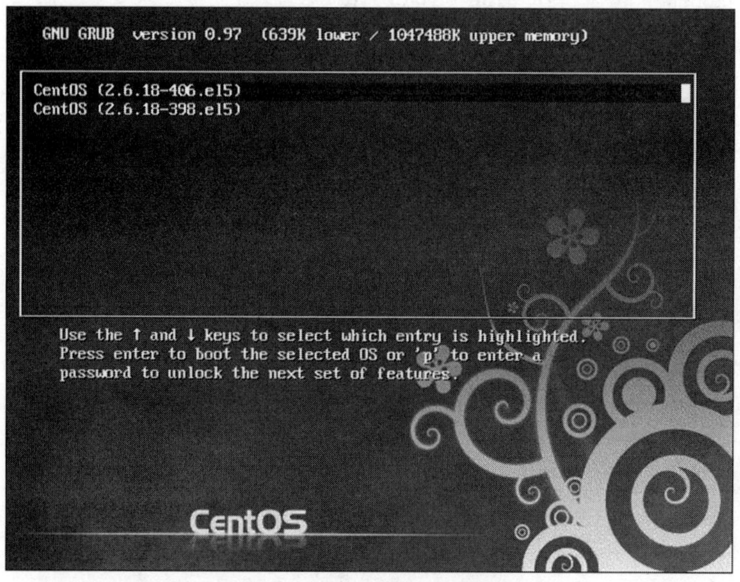

图 28-7　遗留 GRUB 需要密码

安全提醒

那么，如果确实需要恢复 root 密码，但又不知道 GRUB 的密码，该怎么办？你可以从具有可引导 Linux 镜像的 CD-ROM 或 DVD 引导，绕过硬盘驱动器的 GRUB 程序。完成此操作后，就可以挂载硬盘驱动器，并修改 root 密码。

显然，这是另一个可能的安全风险，你可以通过删除 CD-ROM/ DVD 驱动器来限制这种风险。但是也有人可以从 USB 磁盘引导，这可以修改 BIOS，以此防止从 USB 设备引导（以及用密码保护 BIOS）。还有人可以直接拿走硬盘驱动器，并将其带到另一个拥有 CD-ROM/DVD 驱动器或允许用 USB 设备引导的系统上。

问题是没有一个系统是完全安全的。使用技术来限制访问，并时刻为可怕的黑客攻击做好准备。

28.2.2　GRUB 2 配置

大多数现代 Linux 发行版都使用 GRUB 2。在某些方面，GRUB 2 与遗留 GRUB 相似，但也有许多不同之处。也许你将注意到的最大差异是如何配置 GRUB 2。

在基于 Red Hat 的发行版上，GRUB 2 的主配置文件是 /boot/grub2/grub.cfg，在基于 Debian 的发行版上，GRUB 2 的主配置文件是 /boot/grub/grub.cfg。但是，永远不要直接编辑这些文件，因为每个文件都是从其他配置文件生成的，要编辑的是 /etc/default/grub 文件或 /etc/grub.d 目录里的文件。

GRUB2 的全局配置文件是 /etc/default/grub 文件，/etc/grub.d 目录里的文件用于特定的更改，例如增加新 title。/etc/default/grub 文件的示例见例 28-3。

例 28-3　/etc/default/grub 文件

```
[root@onecoursesource ~]# more /etc/default/grub
# If you change this file, run "'update-grub"' afterwards to update
# /boot/grub/grub.cfg.
# For full documentation of the options in this file, see:
#   info -f grub -n "'Simple configuration"'

GRUB_DEFAULT=0
#GRUB_HIDDEN_TIMEOUT=0
GRUB_HIDDEN_TIMEOUT_QUIET=true
GRUB_TIMEOUT=10
GRUB_DISTRIBUTOR="'lsb_release -i -s 2> /dev/null || echo Debian"'
GRUB_CMDLINE_LINUX_DEFAULT="quiet splash"
GRUB_CMDLINE_LINUX=""

# Uncomment to enable BadRAM filtering, modify to suit your needs
# This works with Linux (no patch required) and with any kernel that obtains
# the memory map information from GRUB (GNU Mach, kernel of FreeBSD ...)
#GRUB_BADRAM="0x01234567,0xfefefefe,0x89abcdef,0xefefefef"

# Uncomment to disable graphical terminal (grub-pc only)
#GRUB_TERMINAL=console

# The resolution used on graphical terminal
# note that you can use only modes which your graphic card supports via VBE
# you can see them in real GRUB with the command "'vbeinfo"'
#GRUB_GFXMODE=640x480

# Uncomment if you don"'t want GRUB to pass "root=UUID=xxx" parameter to Linux
#GRUB_DISABLE_LINUX_UUID=true
```

```
# Uncomment to disable generation of recovery mode menu entries
#GRUB_DISABLE_RECOVERY="true"

# Uncomment to get a beep at grub start
#GRUB_INIT_TUNE="480 440 1"
```

该文件里包含许多类似 Shell 变量一样的可用设置，表 28-3 描述了在 /etc/default/grub 文件中常见的一些设置。

表 28-3　/etc/default/grub 常见设置

设　置	说　明
GRUB_DEFAULT	可以将其设置为一个数字，表示要引导的默认 title。第一个 title 用 0 表示，第二个用 1 表示，以此类推。使用数字有一个小问题，因为 title 的顺序可能会变，本章后面会更详细地讨论这一点。也可以将其设置为 saved，这样 GRUB 会记住上次选择的 title，当然还需要配置 GRUB_SAVEDEFAULT
GRUB_SAVEDEFAULT	如果设置为 true，并且 GRUB_DEFAULT 设置为 saved，那么 GRUB 会记住上次选择的 title，并且把它作为下一次启动时的默认 title
GRUB_TIMEOUT	在用默认 title 启动前等待的秒数，-1 表示将一直等待
GRUB_TIMEOUT_STYLE	如果设置为 hidden，在超时倒计时时不显示 title 菜单
GRUB_CMDLINE_LINUX	包含要添加到 kernel 行的值，以便将参数传递给系统内核（如 quiet 和 rhgb）。这将被添加到每个 title
GRUB_CMDLINE_LINUX_DEFAULT	通常会为每个内核创建 2 个 title：正常的 title 和用于进入单用户模式的恢复 title。这个设置只把内核参数添加到正常的 title，而不会添加到恢复 title

保存 GRUB 2 的更改

如果修改了 /etc/default/grub 文件，然后重启系统，你会发现这些更改并没有立即生效。你需要先执行一个命令，读取 /etc/default/grub 文件（以及 /etc/grub.d 目录里的文件）里的值，然后生成一个新的 GRUB 2 的配置文件。

在基于 Red Hat 的系统上，执行 grub2-mkconfig 命令，在基于 Debian 的系统上，执行 update-grub 命令。

> **注意**　在执行了相应的命令更新了 GRUB 2 的配置文件后，在 grub.cfg 文件（位于 /boot/grub 目录或 /boot/grub2 目录）里就可以找到这些更改。你会发现它不是一个典型的 Linux 配置文件，而更像是一个脚本。你可能想直接编辑这个文件，如果真这么做了，那么在下一次执行 grub2-mkconfig 或 update-grub 命令时（例如，在安装了新版本的内核后就可能会执行），你所做的更改将会丢失。

GRUB 2 title

创建和指定 GRUB 2 的 title 可能有点儿棘手，例如，可以通过将 /etc/defaults/grub 文件中的 GRUB_DEFAULT 参数设置为一个数值来设置默认的 title。但是，如何确定哪个 title 是第一、哪个是第二，等等？你可以重新启动机器来查看 title 的顺序，但这并不能解决另一个问题：当内核更新或手动添加其他 title 时，这个顺序可能会发生改变。

当执行 grub2-mkconfig 或 update-grub 命令时，该命令会探测系统上的内核并在 grub.cfg 文件里创建 menuentry 设置，图 28-8 的突出显示部分展示了其中一个条目的示例。

```
root@localhost:/boot/grub2
File Edit View Search Terminal Help

### BEGIN /etc/grub.d/00_tuned ###
set tuned_params=""
### END /etc/grub.d/00_tuned ###

### BEGIN /etc/grub.d/10_linux ###
menuentry 'CentOS Linux (3.10.0-229.11.1.el7.x86_64) 7 (Core)' --class rhel fedora --class gnu-linux --class gnu --class os --unrestricted $menuentry_id_option 'gnulinux-3.10.0-229.el7.x
86_64-advanced-a1b3ac58-5c82-4c17-a37a-c6a5d1190af1' {
        load_video
        set gfxpayload=keep
        insmod gzio
        insmod part_msdos
        insmod xfs
        set root='hd0,msdos1'
        if [ x$feature_platform_search_hint = xy ]; then
          search --no-floppy --fs-uuid --set=root --hint-bios=hd0,msdos1 --hint-efi=hd0,msdos1 --hint-baremetal=ahci0,msdos1 --hint='hd0,msdos1'  4f0b7197-9765-4ce8-ac21-e9a62be3f85e
        else
          search --no-floppy --fs-uuid --set=root 4f0b7197-9765-4ce8-ac21-e9a62be3f85e
        fi
        linux16 /vmlinuz-3.10.0-229.11.1.el7.x86_64 root=/dev/mapper/centos-root ro rd.lvm.lv=centos/root rd.lvm.lv=centos/swap crashkernel=auto rhgb quiet systemd.debug LANG=en_US.UTF-8
        initrd16 /initramfs-3.10.0-229.11.1.el7.x86_64.img
}
menuentry 'CentOS Linux (3.10.0-229.11.1.el7.x86_64) 7 (Core) with debugging' --class rhel fedora --class gnu-linux --class gnu --class os --unrestricted $menuentry_id_option 'gnulinux-3
.10.0-229.el7.x86_64-advanced-a1b3ac58-5c82-4c17-a37a-c6a5d1190af1' {
        load_video
        set gfxpayload=keep
        insmod gzio
        insmod part_msdos
        insmod xfs
        set root='hd0,msdos1'
        if [ x$feature_platform_search_hint = xy ]; then
          search --no-floppy --fs-uuid --set=root --hint-bios=hd0,msdos1 --hint-efi=hd0,msdos1 --hint-baremetal=ahci0,msdos1 --hint='hd0,msdos1'  4f0b7197-9765-4ce8-ac21-e9a62be3f85e
        else
          search --no-floppy --fs-uuid --set=root 4f0b7197-9765-4ce8-ac21-e9a62be3f85e
        fi
        linux16 /vmlinuz-3.10.0-229.11.1.el7.x86_64 root=/dev/mapper/centos-root ro rd.lvm.lv=centos/root rd.lvm.lv=centos/swap crashkernel=auto rhgb quiet systemd.debug LANG=en_US.UTF-8
        initrd16 /initramfs-3.10.0-229.11.1.el7.x86_64.img
--More--(55%)
```

图 28-8　grub.cfg 文件里的 menuentry 设置

基于 grub.cfg 文件里 menuentry 组出现的顺序，可以得出正确的数字，用于赋值给 GRUB_DEFAULT。但需要意识到，系统的某些更改，例如安装新的内核，会导致这些 menuentry 组形成新的顺序。所以，最好是使用与 menuentry 关联的名称，例如：

```
GRUB_DEFAULT="'CentOS Linux (3.10.0-229.11.1.e;7.x86.64) 7 (Core)"'
```

如果要创建自定义的 title，可以在 /etc/grub.b/40_custom 文件里添加一个条目，就和 grub.cfg 文件里的 menuentry 一样，所以可以使用复制粘贴来创建自己的 title。在修改了 /etc/grub.d/40_custom 文件后，记得要执行 grub2-mkconfig 或 update-grub 命令。

在 GRUB 2 里启动到单用户模式

本章的前面，介绍了如何在使用遗留 GRUB 的系统上把系统启动到单用户模式，以恢复 root 用户的密码，如果系统是使用 GRUB 2 来启动的，过程稍有不同。

第 1 步与遗留 GRUB 相同：启动系统，并使用 e 命令编辑选中的 title。下一步，编辑以 linux 或 linux16 开头的行，并在行尾添加 init=/bin/sh，然后使用 <Ctrl+x> 启动系统。

使用下面的命令，以读写的方式重新挂载根文件系统：

```
mount -o remount,rw /
```

执行 passwd 命令更改 root 用户的密码。系统上如果启用了 SELinux，还需要执行以下命令（如果你不知道是否启用了 SELinux，执行这个命令也没有影响，因此，最好执行一下吧）：

```
touch /.autorelabel
```

最后，执行以下命令重启系统：

```
exec /sbin/reboot
```

注意　不同的发行版过程可能稍有不同，在尝试这个操作前请先查询你所使用的发行版的文档。

保护 GRUB 2

与保护 GRUB 2 相比，保护遗留的 GRUB 非常简单。回想一下，你希望限制在引导过程中提供的交互式 GRUB 环境中可以执行的操作，对于遗留的 GRUB，只需在 /boot/grub/grub.conf 文件里添加一个密码。使用 GRUB 2，需要提供用户名和密码，这允许对访问进行微调。

你至少应该创建一个"超级用户"，该用户在启动过程中拥有所有 GRUB 特性的全部访问权限。这可以在 /etc/grub.d/01_users 文件末尾添加如下所示的内容来实现：

```
cat <<EOF
set superusers="bo"
password bobospassword
EOF
```

要添加普通用户，使用如下格式：

```
cat <<EOF
set superusers="bo"
password bobospassword
password sarah sarahspassword
EOF
```

现在，要把指定 title 的访问权限分配给指定的用户，修改 /etc/grub.d/40_custom 文件。例 28-4 中，test1 没有任何限制，因此任何人都可以编辑它。只有"超级用户"和"sarah"能编辑 test2。如果没有添加任何选项，只有超级用户才能编辑该 menuentry，因此，test3 只有超级用户才能编辑。

例 28-4　menuentry 设置

```
menuentry "'test1"' --unrestricted {
set root=(hd0,1)
linux   /vmlinuz
}
menuentry "'test2"' --users sarah {
set root=(hd0,2)
linux   /vmlinuz
}
```

```
menuentry "'test3"' {
set root=(hd0,3)
linux   /vmlinuz
}
```

如果不想使用明文的密码，可以通过执行 grub2-mkpasswd-pbkdf2 命令生成加密的密码，/etc/grub.d/01_users 文件的格式将被更改为如下所示的内容：

```
cat <<EOF
set superusers="bo"
password_ pbkdf2 bo
grub.pbkdf2.sha512.10000.19074739ED80F115963D984BDCB35AA671C24325755377C3E9B014D862DA6ACC
➥ 77BC110EED41822800A87FD3700C037320E51E9326188D53247EC0722DDF15FC.
C56EC0738911AD86CEA55546139FEBC366A393DF9785A8F44D3E51BF09DB980BAFEF85281CBBC56778D8B19DC
➥ 94833EA8342F7D73E3A1AA30B205091F1015A85
EOF
```

28.3 内核组件

要理解 Linux 内核，最好先说明内核不是什么。内核不是一个单一的、庞大的程序。相反，内核由一个核心程序和一组较小的程序组成，这些较小的程序被称为内核模块或 LKM（可加载内核模块），可以根据需要进行加载和卸载。

回想一下，内核执行几个关键的系统任务，包括管理硬件设备，如硬盘驱动器、网卡和蓝牙设备。为了管理这些硬件设备，内核需要一个在内存中可用的程序（称为驱动程序或模块）。但是，很少有需要将所有内核模块都存储在内存中的情况。因此，这些模块通常只在需要时才加载到内存中。

例如，如果你有一台台式计算机或服务器，它上面不太可能有蓝牙设备，因为蓝牙设备通常只在笔记本计算机上才有。在这些系统上加载蓝牙模块就没有什么意义了。如果把所有的内核模块都加载起来，不仅会导致更少的可用内存，而且系统启动也会变得更慢。

关于如何加载和卸载这些模块的更多细节将在本章后面提供。然而，在开始更改内核之前，了解模块是什么是非常重要的。

28.3.1 内核文档

如果打算对内核进行更改或编译自定义的内核，那么确实需要先查看内核文档，可以在几个地方找到这些文档：

- /usr/src/linux/Document 目录：对于旧版本的内核（通常是 3.0 以前的版本），文档是随着内核源文件一起安装的，内核源文件就是用来编译自定义内核时使用的文件。要获取源文件（以及文档），需要安装 kernel-devel 包。
- /usr/share/doc/kernel-doc*/Document 目录：对于较新版本的内核（通常是 3.0 以后的版本），文档不再和源文件绑定在一起，要获取文档，需要安装 kernel-doc 包。
- https://www.kernel.org/doc 网站：还可以通过 kernel.org 网站查看内核文档。

好消息是Linux内核有文档，坏消息是文档没有被很好地整理。例如，如果查看Docum-entation目录，你会发现一些文本文件，文件名诸如magic-number.txt、zorro.txt以及bt8xxgpio.txt（不，这不是我瞎编的）。如果你对grep命令还不熟悉，那么现在是大胆尝试的时候了，因为它将是你寻找所需内容的最佳盟友。内核文档中包含大量的信息，只是需要耐心去发现你所需要的。

28.3.2 调整内核

在现实世界中，你需要学习如何使用内核文档。为了让你了解这些文档可以提供什么，我们将介绍/proc/sys目录中存在的一个特性。

当你查看/proc/sys目录时，会发现如下所示的一些目录：

```
[root@onecoursesource sys]$ ls
crypto  debug  dev  fs  kernel  net  sunrpc  vm
```

这些目录中的每个目录都包含文件（和子目录），可以使用这些文件修改内核的行为，而不必重新编译。例如，如果你查看/proc/sys/fs目录，会看到一堆文件，包括一个名为file-max的文件：

```
[root@onecoursesource fs]$ ls
aio-max-nr     dir-notify-enable  inode-nr          leases-enable  overflowuid
aio-nr         epoll              inode-state       mqueue         quota
binfmt_misc    file-max           inotify           nr_open        suid_dumpable
dentry-state   file-nr            lease-break-time  overflowgid
[root@onecoursesource fs]$ more file-max
49305
```

你可能想知道这个文件是什么意思，这个问题的答案可以在/usr/share/doc/kernel-doc-2.6.32/Documentation/sysctl/fs.txt文件中找到：

file-max中的值表示Linux内核将分配的最大文件句柄数。当收到大量关于文件句柄耗尽的错误消息时，可能就需要增加这个限制的值。

文件句柄是分配给打开文件的标识符，例如，当进程打开文件（用于读取或写入）时。因此，在前面的示例中，该系统在任何给定时间能打开的最大文件数是49 305，即file-max文件中存储的值。可以通过更改file-max文件中的值来临时更改此值：

```
[root@onecoursesource fs]$ echo 60000 > file-max
[root@onecoursesource fs]$ more file-max
60000
```

本章后面会讲述如何将这个更改持久化地保存。

如果你开始浏览内核文档，会发现一些令人沮丧的信息：

- 并不是所有内容都有文档记录。

- 一些文档过时了。还记得名为 zorro.txt 的那个文件吗？如果你读了它，你会发现 Zorro 总线是 Amiga 计算机家族中使用的总线。是的，Amiga。（Amiga 于 1996 年停产，但谁知道呢，也许你父母的车库里就有一台呢？）

尽管有这些缺点，但内核文档仍然很有用。如果你需要对内核做很多更改，将会经常研究这个文档。

28.3.3 内核镜像

现在你应该意识到，内核实际上是已经合并在一起的软件片段的集合。内核的核心是一个相对较小的软件程序，它的功能不多。为了能够执行更高级的任务，内核需要通过内核模块进行扩展。

有两种方法能把内核模块与内核软件合并在一起。第 1 种方法叫 LKM，这是内核模块位于单独的文件中，并根据需要加载到内存中的方法。LKM 可以在引导过程的内核阶段加载到内存中，也可以根据需要稍后加载到内存中。本章后面将更详细地讨论 LKM。

第 2 种方法是创建包含核心内核软件和必要的内核模块的内核。将内核与模块合并的结果是产生一个叫作内核镜像（kernel image）的文件。Linux 中有几种不同类型的内核镜像，但最常见的有以下两种。

- zImage：在基于 Intel 的硬件架构上，内存的前 640KB 称为低位内存（low memory）。旧的系统要求内核保存在低位内存里，因此，zImage 类型是一种大小限制为 512KB 的压缩内核镜像（这是压缩后的镜像大小），这样内核才能存放到低位内存里。
- bzImage：低位内存限制不再是一个因素，因为大多数系统允许内核存储在高位内存（内存超过 1MB RAM）中。这是幸运的，因为大多数内核镜像的大小都比 512KB 大得多。bzImage 类型用于大于 512KB 的内核镜像。

注意 有些人会告诉你 bzImage 中的“bz”代表 bzip2 压缩。这是不正确的。在内核 2.6.30 版本之前，镜像通常使用 gzip 进行压缩，到 2.6.30 时，使用 bzip2 进行压缩。术语 bzImage 实际上代表“big zImage”。

内核镜像文件的命名格式通常为 vmlinuz-***version.arch***

vmlinuz 告诉你，它是一个内核镜像文件，它可以是 zImage 或者 bzImage 文件，可以通过在这个文件上使用 file 命令来判断是哪种类型：

```
[root@onecoursesource ~]# file /boot/vmlinuz-2.6.32-573.el6.x86_64
/boot/vmlinuz-2.6.32-573.el6.x86_64: Linux kernel x86 boot executable
bzImage, version 2.6.32-573.el6.x86_64 (mockbuil, RO-rootFS, swap_dev 0x4,
Normal VGA
```

也可以从文件大小区分，zImage 文件应该小于 512KB。因此下面所示的这个文件因为它的大小，很明显是 bzImage 类型的：

```
[root@onecoursesource ~]# ls -lh  /boot/vmlinuz-2.6.32-573.el6.x86_64
-rwxr-xr-x. 1 root root 4.1M Jul 23 09:13 /boot/vmlinuz-2.6.32-573.el6.x86_64
```

镜像文件名中的 version（版本）部分通常包含基本内核版本（此例中是 2.6.32.573）和发行版版本（此例中是 el6）。镜像文件名中的 arch 部分指定内核适用的硬件架构，x86 表示 Intel 32 位及其兼容架构，x86_64 表示 Intel 64 位及其兼容架构。

28.3.4　内核模块

在大多数情况下，你不需要担心内核模块，因为这些模块通常是自动维护的。如果需要一个模块，几乎在所有情况下它都会自动加载到内存中。而且，由于模块很小，很少需要从内存中卸载这些模块。

有时可能需要调整模块的使用方式。许多模块都有参数（有时称为选项），可以用来调整模块的行为。

模块文件

模块保存在 /lib/modules 目录下，每个内核在 /lib/modules 目录下有自己的子目录：

```
[root@onecoursesource ~]# ls /lib/modules
2.6.32-573.7.1.el6.x86_64  2.6.32-573.el6.x86_64   2.6.32.68
```

在操作模块时，选择正确的子目录非常重要。这时 uname 命令就能派上用场了，因为它的输出会告诉你当前使用的是哪个内核：

```
[root@onecoursesource ~]# uname -a
Linux localhost.localdomain 2.6.32-573.7.1.el6.x86_64 #1 SMP Tue Sep 22
22:00:00 UTC 2015 x86_64 x86_64 x86_64 GNU/Linux
```

一个典型的 /lib/modules/kernel_version 目录下的内容如例 28-5 所示。

例 28-5　/lib/modules/kernel_version 目录下的内容

```
[root@onecoursesource 2.6.32-573.7.1.el6.x86_64]# pwd
/lib/modules/2.6.32-573.7.1.el6.x86_64
[root@onecoursesource 2.6.32-573.7.1.el6.x86_64]# ls
build              modules.drm          modules.softdep
extra              modules.ieee1394map  modules.symbols
kernel             modules.inputmap     modules.symbols.bin
misc               modules.isapnpmap    modules.usbmap
modules.alias      modules.modesetting  source
modules.alias.bin  modules.networking   updates
modules.block      modules.ofmap        vdso
modules.ccwmap     modules.order        weak-updates
modules.dep        modules.pcimap
modules.dep.bin    modules.seriomap
```

你不需要关心这个目录中的所有文件，但是有一些文件应该知道，那就是存储在 kernel

目录下的子目录中的模块：

```
[root@onecoursesource kernel]# pwd
/lib/modules/2.6.32-573.7.1.el6.x86_64/kernel
[root@onecoursesource kernel]# ls
arch  crypto  drivers  fs  kernel  lib  mm  net  sound
```

这些子目录用于模块的分类。例如，所有与文件系统相关的模块都位于 /lib/modules/kernel_version/kernel/fs 目录里：

```
[root@onecoursesource fs]# pwd
/lib/modules/2.6.32-573.7.1.el6.x86_64/kernel/fs
[root@onecoursesource fs]# ls
autofs4     configfs  exportfs  fat      jbd    mbcache.ko nls       xfs
btrfs       cramfs    ext2      fscache  jbd2   nfs        squashfs
cachefiles  dlm       ext3      fuse     jffs2  nfs_common ubifs
cifs        ecryptfs  ext4      gfs2     lockd  nfsd       udf
```

当你需要手动将模块复制到系统中时，准确地知道模块存储在何处是非常重要的。通常，附加模块是通过软件管理工具安装的，但偶尔也会遇到需要手动将这些模块复制到系统中的场景。

复制模块之后，执行 depmod 命令非常重要。depmod 命令探测 /lib/modules/kernel_version/kernel 目录下的所有模块，并生成 /lib/modules/kernel_version/modules.dep 文件和 /lib/modules/kernel_version/ *map 文件。

modules.dep 文件很重要，因为它包含所有的内核模块和模块之间依赖关系的列表。有依赖关系是指一个模块需要另一个模块才能正常工作。例如，考虑例 28-6 中的输出。

例 28-6　modules.dep 文件

```
[root@onecoursesource 2.6.32-573.7.1.el6.x86_64]# head modules.dep
kernel/arch/x86/kernel/cpu/mcheck/mce-inject.ko:
kernel/arch/x86/kernel/cpu/cpufreq/powernow-k8.ko:
kernel/drivers/cpufreq/freq_table.ko kernel/arch/x86/kernel/cpu/cpufreq/mperf.ko
kernel/arch/x86/kernel/cpu/cpufreq/mperf.ko:
kernel/arch/x86/kernel/cpu/cpufreq/acpi-cpufreq.ko:
kernel/drivers/cpufreq/freq_table.ko kernel/arch/x86/kernel/cpu/cpufreq/mperf.ko
kernel/arch/x86/kernel/cpu/cpufreq/pcc-cpufreq.ko:
kernel/arch/x86/kernel/cpu/cpufreq/speedstep-lib.ko:
kernel/arch/x86/kernel/cpu/cpufreq/p4-clockmod.ko:
kernel/drivers/cpufreq/freq_table.ko kernel/arch/x86/kernel/cpu/cpufreq/speedstep-lib.ko
kernel/arch/x86/kernel/cpu/cpufreq/intel_pstate.ko:
kernel/arch/x86/kernel/test_nx.ko:
kernel/arch/x86/kernel/microcode.ko:
```

第 1 行列出了 mce-inject.ko 模块，它没有依赖关系，因为冒号（：）后面没有内容。

在第 2 行，可以看出 powernow-k8.ko 模块依赖于 freq_table.ko 模块。

> **重要提示**　depmod 命令仅在当前内核下执行，如果需要使用 depmod 命令为其他内核版本创建相关文件，则把内核名称作为参数传入：
>
> ```
> [root@onecoursesource ~]# depmod 2.6.32.68
> ```

列出已加载的模块

当模块加载到内存后，可以在 lsmod 命令的输出里看到它。lsmod 命令的输出见例 28-7。

例 28-7　lsmod 命令

```
[root@onecoursesource ~]# lsmod | head
Module                  Size  Used by
fuse                   79892  2
vboxsf                 37663  0
autofs4                27000  3
8021q                  20362  0
garp                    7152  1 8021q
stp                     2218  1 garp
llc                     5418  2 garp,stp
ipt_REJECT              2351  2
nf_conntrack_ipv4       9154  2
```

输出的内容有 3 列：

- 第 1 列（Module）列出已加载到内存的模块名称。注意，模块的文件名稍有不同，因为文件名还包括扩展名，例如 .ko。
- 第 2 列（Size）是模块的大小，单位是字节。模块通常很小，不会占用太多内存。
- 第 3 列（Used by）是有多少“东西”在使用这个模块。这些东西可能是进程、其他模块，或内核本身。如果是其他模块，lsmod 命令会列出这些模块的名称。只有在第 3 列的值是 0 的时候（0 表示当前未被使用），才能从内存中卸载该模块。

加载模块到内存

在向你展示如何将模块加载到内存之前，我们首先要展示一个示例，说明为什么很少需要这样做。在大多数情况下，模块会在需要时被加载到内存中。例如，查看以下命令的输出：

```
[root@onecoursesource ~]# lsmod | grep fat
[root@onecoursesource ~]#
```

如你所见，内存中没有加载名为“ fat”的模块。fat 模块是读取 FAT（File Allocation Table，文件分配表）文件系统（一种基于 Windows 的文件系统，可以在 USB 驱动器等可移动设备上找到）时所需的模块之一。当前挂载的文件系统都不是 FAT，因此不需要将此模块加载到内存中。

在例 28-8 中，可以看到当一个带有 FAT 文件系统的 USB 磁盘添加到系统中时，系统日志文件中发生了什么。

例 28-8 当添加 USB 磁盘时的系统日志

```
[root@onecoursesource linux-2.6.32.68]# tail /var/log/messages
Nov  9 22:22:04 localhost kernel: USB Mass Storage support registered.
Nov  9 22:22:05 localhost kernel: scsi 7:0:0:0: Direct-Access     Generic  Flash Disk
➥     8.07 PQ: 0 ANSI: 2
Nov  9 22:22:05 localhost kernel: sd 7:0:0:0: Attached scsi generic sg6 type 0
Nov  9 22:22:05 localhost kernel: sd 7:0:0:0: [sdf] 7831552 512-byte logical blocks:
➥ (4.00 GB/3.73 GiB)
Nov  9 22:22:05 localhost kernel: sd 7:0:0:0: [sdf] Write Protect is off
Nov  9 22:22:05 localhost kernel: sd 7:0:0:0: [sdf] Assuming drive cache: write through
Nov  9 22:22:05 localhost kernel: sd 7:0:0:0: [sdf] Assuming drive cache: write through
Nov  9 22:22:05 localhost kernel: sdf: sdf1
Nov  9 22:22:05 localhost kernel: sd 7:0:0:0: [sdf] Assuming drive cache: write through
Nov  9 22:22:05 localhost kernel: sd 7:0:0:0: [sdf] Attached SCSI removable disk
```

该设备被系统识别后，执行了几个操作。其中一个操作是为 USB 磁盘创建一个设备文件。USB 磁盘也是自动挂载的。根据例 28-9 中所示的 mount 命令的最后一行输出，可以看到这一点。

例 28-9 mount 命令

```
[root@onecoursesource linux-2.6.32.68]# mount
/dev/mapper/VolGroup-lv_root on / type ext4 (rw)
proc on /proc type proc (rw)
sysfs on /sys type sysfs (rw)
devpts on /dev/pts type devpts (rw,gid=5,mode=620)
tmpfs on /dev/shm type tmpfs (rw,rootcontext="system_u:object_r:tmpfs_t:s0")
/dev/sda1 on /boot type ext4 (rw)
none on /proc/sys/fs/binfmt_misc type binfmt_misc (rw)
gvfs-fuse-daemon on /root/.gvfs type fuse.gvfs-fuse-daemon (rw,nosuid,nodev)
/dev/sdf1 on /media/CENTOS63 type vfat
➥ (rw,nosuid,nodev,uhelper=udisks,uid=0,gid=0,shortname=mixed,dmask=0077,utf8=1,flush)
```

注意文件系统的类型：vfat。vfat 文件系统是 FAT 文件系统的几种变体之一。在没有把适当的模块加载到内存中时，内核如何能够识别这个文件系统，并挂载 USB 设备？因为它是在内核试图挂载文件系统时自动加载到内存中的。从下面的命令输出中可以看出，vfat 模块现在已经加载到内存中：

```
[root@onecoursesource ~]# lsmod | grep fat
vfat                    10584  1
fat                     54992  1 vfat
```

vfat 模块的第 3 列的值是 1，表示有一个东西在使用这个模块。此例中，这个东西是

mount 进程自身。卸载这个文件系统后，你会发现这个值就降为 0 了：

```
[root@onecoursesource ~]# umount /media/CENTOS63
[root@onecoursesource ~]# lsmod | grep fat
vfat                   10584  0
fat                    54992  1 vfat
```

从上面的例子可以看出，内核通常能够根据需要自动将模块加载到内存中。但是，假设你确实希望手动加载 vfat 模块，有 2 个命令可以使用：insmod 命令（较难）和 modprobe 命令（容易）。

如果使用 insmod 命令，需要提供模块的完整路径（注意，在这个命令执行前，模块会从内存中卸载，本节稍后将介绍该过程）：

```
[root@onecoursesource ~]# insmod /lib/modules/2.6.32-
➥573.7.1.el6.x86_64/kernel/fs/fat/vfat.ko
insmod: error inserting "'/lib/modules/2.6.32-
➥573.7.1.el6.x86_64/kernel/fs/fat/vfat.ko"': -1 Unknown symbol in module
```

不幸的是，有时该命令会失败，可以从前面命令的输出中看到这一点。“Unknown symbol in module”错误是由于 vfat 模块有一个依赖模块。那如何知道这个依赖模块是什么呢？通过查看 /lib/modules/kernel-version/modules.dep 文件，如下所示：

```
[root@onecoursesource ~]# grep vfat /lib/modules/2.6.32-
➥573.7.1.el6.x86_64/modules.dep
kernel/fs/fat/vfat.ko: kernel/fs/fat/fat.ko
```

因此，先加载 fat 模块，然后就能加载 vfat 模块了。当然，还需要先检查下，以确保 fat 模块没有任何依赖关系（下面示例中的第一个 lsmod 命令只是为了验证这些模块没有加载到内存中）：

```
[root@onecoursesource ~]# lsmod | grep fat
[root@onecoursesource ~]# grep fat.ko /lib/modules/2.6.32-
➥573.7.1.el6.x86_64/modules.dep
kernel/fs/fat/fat.ko:
kernel/fs/fat/vfat.ko: kernel/fs/fat/fat.ko
kernel/fs/fat/msdos.ko: kernel/fs/fat/fat.ko
[root@onecoursesource ~]# insmod /lib/modules/2.6.32-
➥573.7.1.el6.x86_64/kernel/fs/fat/fat.ko
[root@onecoursesource ~]# insmod /lib/modules/2.6.32-
➥573.7.1.el6.x86_64/kernel/fs/fat/vfat.ko
[root@onecoursesource ~]# lsmod | grep fat
vfat                   10584  0
fat                    54992  1 vfat
```

使用 insmod 命令很痛苦，不仅必须要手动加载依赖模块，还必须要知道模块的确切路径。一个更容易使用的命令是 modprobe 命令：

```
[root@onecoursesource ~]# lsmod | grep fat
[root@onecoursesource ~]# modprobe vfat
[root@onecoursesource ~]# lsmod | grep fat
vfat                   10584  0
fat                    54992  1 vfat
```

modprobe 命令搜索 modules.dep 文件，查找要加载的模块的具体路径。该命令还使用 modules.dep 文件确定模块的依赖模块，并首先加载这些依赖的模块。

对话学习——加载模块

Gary：嘿，Julia。你对内核模块有丰富的经验吗？

Julia：有点……你使用内核有困难吗？

Gary：不是，我之前使用过 modprobe 来加载模块，而现在我发现 insmod 命令也可以加载模块，我该用哪个命令？为什么？

Julia：在大多数情况下，我会建议使用 modprobe。它在判断依赖模块方面做得很好，而且你也不需要指定模块的完整路径。

Gary：那我是不是应该完全忽略 insmod 命令？

Julia：有几个你应该了解 insmod 命令的原因。首先，一些较老的脚本可能会使用 insmod 来加载模块。

Gary：还有其他的原因吗？

Julia：有的，insmod 的一个优点是可以用来快速测试一个新的模块，只要它没有任何依赖模块。如果用 modprobe 命令，必须先把模块安装到正确的路径上，然后运行 depmod 命令，这样 modprobe 命令才知道该模块的具体路径，以及它的依赖关系是什么。insmod 命令不需要这些，因此在测试新模块（可能是你或公司里其他研发人员开发的）时更适用。

Gary：好的，听起来我将主要使用 modprobe，但是 insmod 也有一些使用场景。谢谢你，Julia。

从内存中卸载模块

在演示如何从内存里卸载模块之前，应该考虑一下为什么需要卸载模块。

- 模块可能会引起冲突或错误：这通常是第三方模块，不太可能是内核自带的模块。
- 卸载模块可节约内存空间：记住，模块都很小，如果确实需要通过卸载模块来释放内存，那真应该考虑下为系统增加更多的内存。

这两个需要从内存卸载模块的理由都不太令人信服。请记住，即使卸载了一个模块，它也会在再次需要时重新加载。然而，在极少数情况下，当确实需要从内存中卸载模块时，你应该知道如何完成此任务。

要手动卸载模块，可以使用 rmmod 命令：

```
[root@onecoursesource ~]# rmmod fat
ERROR: Module fat is in use by vfat
```

不幸的是，如果系统正在使用该模块，你将会收到一个错误提示信息，如上面的示例所示。

可以考虑使用 modprobe -r 命令，而不是使用 rmmod 命令：

```
[root@onecoursesource ~]# modprobe-r
```

这会从内存中同时删除 fat 和 vfat 模块（假设当前没有使用 vfat 模块）。如果模块被进程或内核使用，仍然会得到一个错误。

列出模块信息

在现实世界中，不会经常从内存中加载和卸载模块。但是，你可能会发现理解模块——特别是模块参数非常有用。

模块参数是允许修改模块行为的一个特性。并不是所有模块都有参数，但是对于那些有参数的模块，了解这些参数可以帮助你定制系统的行为方式。

要查看一个模块的参数（以及其他信息），执行 modinfo 命令，如例 28-10 里所示。

例 28-10　modinfo 命令

```
[root@onecoursesource ~]# modinfo cdrom
filename:       /lib/modules/2.6.32-573.7.1.el6.x86_64/kernel/drivers/cdrom/cdrom.ko
license:        GPL
srcversion:     6C1B1032B5BB33E30110371
depends:
vermagic:       2.6.32-573.7.1.el6.x86_64 SMP mod_unload modversions
parm:           debug:bool
parm:           autoclose:bool
parm:           autoeject:bool
parm:           lockdoor:bool
parm:           check_media_type:bool
parm:           mrw_format_restart:bool
```

这个模块允许内核使用 CD-ROM 驱动器。以 parm 开头的行是参数。例如，当插入和挂载 CD-ROM 光盘时，你可能已经习惯了 Linux 系统上的 CD-ROM 驱动器门是锁定的。这可以通过 cdrom 模块的 lockdoor 参数来控制。

设置这个参数的一种方法是，使用 modprobe 命令加载模块时，将参数作为参数传递：

```
[root@onecoursesource ~]# modprobe cdrom lockdoor=0
```

因为 lockdoor 是一个布尔型（Boolean），所以它可以被设置为 1（锁住）或 0（不锁住）。

modprobe 技术只是暂时的，还需要卸载和重新加载模块。如果重新启动系统，该参数将被设置为默认值。在本章的后面，你将看到另一种无须卸载模块即可更改参数的方法，以及另一种将修改持久化保存下来，重启系统后依然生效的方法。

记住 modinfo 命令，它是收集模块相关信息的有用方法，包括模块所支持的参数。

28.3.5 /proc/sys 文件系统

本章前面介绍了 /proc/sys 目录的结构。这个目录是挂载在 /proc 挂载点下的基于内存的文件系统的一部分。/proc 挂载点下的所有内容都是与内核相关的信息，其中包括内核模块。这些信息不是存储在硬盘上，而是存储在 RAM 中。

可以通过更改 /proc/sys 目录中的文件动态修改内核参数。回想一下前面的例子，它演示了如何通过修改 /proc/sys/fs/file-max 文件中的值来临时更改文件句柄的数量：

```
[student@localhost fs]$ echo 60000 > file-max
[student@localhost fs]$ more file-max
60000
```

还可以通过更改 /proc/sys 目录结构中的文件来修改模块。例如，考虑以下命令的输出：

```
[root@onecoursesource ~]# ls /proc/sys/dev/cdrom
autoclose  autoeject  check_media  debug  info  lock
[root@onecoursesource ~]# modinfo cdrom | grep parm
parm:           debug:bool
parm:           autoclose:bool
parm:           autoeject:bool
parm:           lockdoor:bool
parm:           check_media_type:bool
parm:           mrw_format_restart:bool
```

注意，大多数 parm 值在 /proc/sys/dev/cdrom 目录中都有相应的文件（尽管为什么 lockdoor 参数的文件被称为 lock 而不是 lockdoor 有点神秘）。通过改变一个文件的值，你可以改变模块的行为，而不需要卸载和重新加载模块：

```
[root@onecoursesource ~]# cat /proc/sys/dev/cdrom/lock
1
[root@onecoursesource ~]# echo "0" > /proc/sys/dev/cdrom/lock
[root@onecoursesource ~]# cat /proc/sys/dev/cdrom/lock
0
```

安全提醒

内核参数有 1 000 多个。其中一些是为系统提供更好的安全性而设计的。例如，将 /proc/sys/net/ipv4/icmp_echo_ignore_all 文件的内容设置为 1，这使系统忽略来自 ping 命令等命令的请求。这样做的安全优势是，大量 ping 请求可能导致拒绝服务

（DoS），因为系统会试图去响应大量的 ping 请求。花一些时间研究一下其他内核参数，了解更多关于如何更好地保护系统的信息。

还可以使用 sysctl 命令查看和修改这些参数。例如，查看所有内核和内核模块的参数，执行 sysctl 命令并带上 -a 选项，如例 28-11 所示。

例 28-11　sysctl -a 命令

```
[root@onecoursesource ~]# sysctl -a | head
kernel.sched_child_runs_first = 0
kernel.sched_min_granularity_ns = 1000000
kernel.sched_latency_ns = 5000000
kernel.sched_wakeup_granularity_ns = 1000000
kernel.sched_tunable_scaling = 1
kernel.sched_features = 3183
kernel.sched_migration_cost = 500000
kernel.sched_nr_migrate = 32
kernel.sched_time_avg = 1000
kernel.sched_shares_window = 10000000
```

参数的名称（例如 kernel.sched_child_runs_first）是从 /proc/sys 开始的相对路径名，但在目录和文件名之间是用点（.）字符，而不是斜线（/）字符。例如，/proc/sys/dev/cdrom/lock 文件被命名为 dev.cdrom.lock 参数：

```
[root@onecoursesource ~]# sysctl -a | grep dev.cdrom.lock
dev.cdrom.lock = 1
```

可以使用 sysctl 命令更改此参数的值：

```
[root@onecoursesource ~]# sysctl dev.cdrom.lock=0
dev.cdrom.lock = 0
[root@onecoursesource ~]# sysctl -a | grep dev.cdrom.lock
dev.cdrom.lock = 0
```

实际上使用 sysctl 命令比直接修改文件更安全，因为 sysctl 命令知道这个参数的哪些值是有效的，哪些是无效的。

```
[root@onecoursesource ~]# sysctl dev.cdrom.lock="abc"
error: "Invalid argument" setting key "dev.cdrom.lock"
```

sysctl 命令知道参数的哪些值是有效的，是因为它能查看 modinfo 命令的输出。例如，根据 modinfo 命令的输出可以得知，lock 文件的值必须是布尔型（0 或 1）：

```
[root@onecoursesource ~]# modinfo cdrom | grep lock
parm:           lockdoor:bool
```

如果直接修改文件或使用 sysctl 命令，则只是临时的修改。当系统重启后，会恢复到默认值，除非是在 /etc/sysctl.conf 文件里做的修改。该文件的示例见例 28-12。

例 28-12 /etc/sysctl.conf 文件

```
[root@onecoursesource ~]#head /etc/sysctl.conf
# Kernel sysctl configuration file for Red Hat Linux
#
# For binary values, 0 is disabled, 1 is enabled. See sysctl(8) and
# sysctl.conf(5) for more details.
# Controls IP packet forwarding
net.ipv4-ip_forward = 0

# Controls source route verification
net.ipv4.conf.default.rp_filter = 1
```

要在重启后也能禁用 CD-ROM 锁定，需要在 /etc/sysctl.conf 文件里添加如下行：

```
dev.cdrom.lock=0
```

在一些发行版上，可以在 /etc/sysctl.d 目录创建文件，并在创建的文件里提供自定义的内核和内核模块的参数。查看你的发行版上的 sysctl 的 man page，看看是否支持这种方式。

28.4 init 阶段

如前所述，一旦内核阶段完成，init 阶段就开始了。由于历史原因，init 阶段有几种技术。

- SysVinit：起源于 Unix 的一种较老的方法。尽管这种方法已经使用了许多年，但在现代 Linux 发行版上很少使用 SysVinit。因此，本书不讨论这种方法。
- Upstart：Upstart 用于替代 SysVinit，已经在 Debian、Ubuntu、Fedora 和 SUSE 等发行版中使用。然而，几乎所有的发行版都迁移到了最新的 init 阶段软件——systemd。因此，Upstart 将不包括在本书中。
- systemd：尽管 systemd 比 SysVinit 和 Upstart 更复杂，但它已经成为标准的 init 阶段采用的技术，也是本章的重点。

安全提醒

如果在引导过程中遇到问题，请考虑查看 /var/log/boot.log 文件。这个文件的内容包含引导过程中出现在屏幕上的消息，此信息可以帮助你排除引导问题。

配置 systemd

就其本身而言，systemd 是一个相当大的话题。就其核心，systemd 是一个用于在系统启动过程中管理哪些进程（也称为“服务”）应该被启动的进程，它还提供了其他特性，比如日志记录工具 journald。本章的重点是理解 systemd 的本质，并学习如何更改引导过程。

systemd 的一个核心特性是 unit，且有多种类型的 unit 可用。下面这些 unit 类型对系统启动最重要。

- service：service unit 用于描述一个要启动（或停止）的进程。例如，可以把 Apache Web 服务认为是 systemd 的一个 service unit。service unit 的描述内容位于文件名以 .service 结尾的文件里。这些 service 文件的具体路径依赖于其他因素，但可以使用 find 或 locate 命令搜索它们。
- target：target unit 是其他 unit 的一个集合，target unit 的一个目的是构建“启动级别”，“启动级别”定义当系统启动到定义好的启动级别时，需要启动的所有服务。“启动级别”在 SysVinit 和 Upstart 里，这些启动级别又被称为“运行级别”，你可能在一些文档中看到过这个术语。

使用 service unit

service 文件用于描述 service unit 的不同元素。通常这些文件在安装程序软件包的时候会提供，因此你不需要知道如何从头开始创建它们。但是，了解这个文件的一些特性可能会很有用，见例 28-13。

例 28-13　一个 service unit 文件

```
[root@onecoursesource:~ ]# more /etc/systemd/system/sshd.service
[Unit]
Description=OpenBSD Secure Shell server
After=network.target auditd.service
ConditionPathExists=!/etc/ssh/sshd_not_to_be_run

[Service]
EnvironmentFile=-/etc/default/ssh
ExecStart=/usr/sbin/sshd -D $SSHD_OPTS
ExecReload=/bin/kill -HUP $MAINPID
KillMode=process
Restart=on-failure

[Install]
WantedBy=multi-user.target
Alias=sshd.service
```

表 28-4 描述了 service 文件的关键设置。

表 28-4　service unit 文件的关键设置

设　置	说　　明
After	表示这个服务应该在列出的 target unit 里的所有服务启动之后才启动。有关 target unit 的更多信息，请参阅本章后面的部分

（续）

设 置	说 明
ExecStart	启动服务时要执行的命令。这是你可以通过修改来更改服务行为的设置之一
WantedBy	这个设置用于表示这个服务与哪个 target 进行关联。例如，WantedBy=multi-user.target 意思是，这个服务是 multiuser target 的一部分。这个设置的结果是在定义 target 的目录里创建一个到 service unit 文件的符号链接文件

虽然可以通过修改 service unit 文件来更改服务的启动方式，但是也可以使用 systemctl 命令手动启动、停止和查看服务的状态，如例 28-14 所示。

例 28-14 systemctl 命令

```
[root@onecoursesource ~]# systemctl start sshd
[root@onecoursesource ~]# systemctl status sshd
● sshd.service - OpenSSH server daemon
   Loaded: loaded (/usr/lib/systemd/system/sshd.service; disabled;
   Active: active (running) since Mon 2018-12-11 20:32:46 PST; 6s
     Docs: man:sshd(8)
           man:sshd_config(5)
 Main PID: 13698 (sshd)
    Tasks: 1 (limit: 4915)
   CGroup: /system.slice/sshd.service
           └─13698 /usr/sbin/sshd -D

Dec 11 20:32:46 localhost.localdomain systemd[1]: Starting OpenSSH
Dec 11 20:32:46 localhost.localdomain sshd[13698]: Server listening
Dec 11 20:32:46 localhost.localdomain sshd[13698]: Server listening
Dec 11 20:32:46 localhost.localdomain systemd[1]: Started OpenSSH
[root@onecoursesource ~]# systemctl stop sshd
[root@onecoursesource ~]# systemctl status sshd
● sshd.service - OpenSSH server daemon
   Loaded: loaded (/usr/lib/systemd/system/sshd.service; disabled;
   Active: inactive (dead)
     Docs: man:sshd(8)
           man:sshd_config(5)

Dec 11 20:32:46 localhost.localdomain systemd[1]: Starting OpenSSH
Dec 11 20:32:46 localhost.localdomain sshd[13698]: Server listening
Dec 11 20:32:46 localhost.localdomain sshd[13698]: Server listening
Dec 11 20:32:46 localhost.localdomain systemd[1]: Started OpenSSH
Dec 11 21:10:26 localhost.localdomain sshd[13698]: Received signal
Dec 11 21:10:26 localhost.localdomain systemd[1]: Stopping OpenSSH
Dec 11 21:10:26 localhost.localdomain systemd[1]: Stopped OpenSSH
```

其他 systemctl 的选项包括 restart（停止并启动服务）和 reload（在不停止服务的情况下，让服务重新加载其配置文件）。

使用 target unit

回想一下，target unit 是其他 unit（通常是 service unit）的一个集合。可以通过执行 systemctl list-unit-files --type=target 命令列出所有不同的 target unit，如例 28-15 所示。

例 28-15　列出 target

```
[root@onecoursesource ~]# systemctl list-unit-files --type=target | head
UNIT FILE                    STATE
anaconda.target              static
basic.target                 static
bluetooth.target             static
busnames.target              static
cryptsetup-pre.target        static
cryptsetup.target            static
ctrl-alt-del.target          disabled
default.target               enabled
emergency.target             static
```

在一个典型的系统上有几十个已定义的 target。为了理解引导过程，以下 target 最为重要。

- default.target：启动系统所需的标准服务集合。通常这个 target 里有核心的软件，完整的功能还需要其他 target 里的 service。
- multi-user.target：提供全功能系统所需的一组服务（不包括 GUI）。default.target unit 是 multi-user.target unit 的必要条件。
- graphical.target：提供 GUI 的一组服务。

要了解所有当前启用的 target（以及相关的服务），请执行 systemctl list-dependencies 命令，如例 28-16 所示。

例 28-16　列出 target 依赖

```
[root@onecoursesource~]# systemctl list-dependencies | head
default.target
● ├─accounts-daemon.service
● ├─gdm.service
● ├─livesys-late.service
● ├─livesys.service
● ├─rtkit-daemon.service
● ├─switcheroo-control.service
● ├─systemd-update-utmp-runlevel.service
● └─multi-user.target
●   ├─abrt-journal-core.service
```

安全提醒

花一些时间了解这些服务的设计目的。系统上运行的服务越多，潜在的漏洞就越多。仔细考虑每个服务，确定可以禁用哪些服务，使系统更安全。

可以用 systemctl enable 命令添加 service 到 target：

```
[root@onecoursesource ~]# systemctl list-dependencies | grep sshd
[root@onecoursesource ~]# systemctl enable sshd
Created symlink /etc/systemd/system/multi-user.target.wants/sshd.service → /usr/
➥ lib/systemd/system/sshd.service.
[root@onecoursesource ~]# systemctl list-dependencies | grep sshd
●   ├─sshd.service
```

service 加入的 target 是基于 service 配置文件里的 WantedBy 设置指定的。

```
[root@onecoursesource:~ ]#grep WantedBy /etc/systemd/system/sshd.service
WantedBy=multi-user.target
```

28.5　总结

Linux 操作系统的启动过程是一个多步骤的过程。在本章中，你学习了一些可以修改的地方，以更改引导行为，并使系统更加安全。

28.5.1　重要术语

固件、BIOS、UEFI、bootloader、MBR、LILO、GRUB、UUID、splashimage、LKM、内核镜像文件、unit

28.5.2　复习题

1. ______命令用于创建一个新的 initramfs 文件。
2. 在遗留的 GRUB 的配置文件中，下面哪一个设备名称是有效的？

   A. hd0,0　　B.（hd0,0）　　C.（hd0.0）　　D.（hd0:0）
3. ______命令用于创建 GRUB2 的加密密码。
4. 下面哪些命令能加载内核模块到内存？（选择两个。）

   A. lsmod　　B. insmod　　C. ldmod　　D. modprobe
5. ______命令用于更改 systemd unit，例如启动和启用一个服务。

第 29 章

制订软件包管理安全策略

在第 26 章和第 27 章中，分别学习了如何在 Red Hat 和 Debian 系统上安装软件。安装软件的责任是：确保安装在系统上的软件不构成安全风险。在本章中，你将学习如何发现软件可能带来的安全风险。

你还在第 28 章中学习了如何配置系统引导，包括控制在系统引导期间启动哪些服务和进程。每个服务都有单独的安全配置，大部分都在本书中介绍过。在本章中，你还将学习一个名为 xinetd 的配置和保护遗留服务的方法。

学习完本章并完成课后练习，你将具备以下能力：

- 通过阅读 CVE（Common Vulnerabilities and Exposures，公共漏洞和暴露）发现潜在的安全漏洞。
- 利用发行版资源更好的保护系统。
- 配置和保护遗留服务。

29.1 确保软件安全

由于安装软件非常容易，安全专家可能忽略了为软件创建安全策略的重要性。本节重点介绍在 Linux 发行版上管理软件时应该遵循的创建安全策略的关键措施。

29.1.1 让软件包保持最新

在某种程度上，保持所有软件包都是最新状态可能是一把双刃剑。许多软件更新了包括对错误或安全漏洞的修复，因此安装这些更新非常重要。另一方面，提供更多特性或功能的软件更新可能会引入以前版本中不存在的安全漏洞。

安装修复错误或安全漏洞的软件更新都是一个很好的实践。通常，安装那些提供新特性的软件更新也是一个好主意，但是在安装之前，应该考虑研究一下更新的内容。你可能无法确定更新是否引入了新的安全漏洞，但应该能够确定是否确实需要安装该更新。

保存软件更新的日志也很重要。这可能看起来像很多额外的“文书工作”，但无论何时选择不安装更新时，都应该在日志条目中清楚地说明原因。否则，其他管理员可能在不知道该更新被忽略的原因的情况下决定安装它。

在工作站系统上，通过 crontab 计划任务自动执行更新操作也相当常见。但是，对于核心业务服务器，这通常不是一个好主意，因为更新可能会导致问题，特别是对操作系统核心软件或内核的更新。对于核心业务服务器，通常最好拥有相同（或尽可能相同）的实验环境，并在实验环境上执行更新。在实验环境上经过测试以确保没有问题发生后，软件更新应该是安全的，就可以安装在核心业务服务器上了。

你还应该准备撤销（回滚）更新，以防新的更新引起问题。通常这不是能立刻发现的，因此应该定期监控更新了的系统，以此发现有问题的软件。

最后，安装软件包后不需要重启系统（安装新内核软件包除外），但可能需要重新启动服务。也并非总是这样，因为许多开发人员在软件包安装完成后执行的任务中加入了重启操作。

29.1.2　考虑移除不需要的软件包

这可能在一开始是一个挑战，但在系统上只安装必要的软件包非常重要。确定需要哪些包的挑战在于，一个典型的 Linux 默认安装会包含数千个软件包。例如，Kali Linux 默认安装了近 3000 个包，如下所示：

```
root@kali:~# dpkg -l | wc -l
2801
```

你可能会问，“我真的需要在每个系统上逐个检查每个包来决定是否需要安装它吗？”答案是，你应该研究发行版中的每个包提供了什么，然后为不同用途的系统创建规则。例如，什么软件包是属于典型的用户工作站的，什么软件包是属于 Web 服务器的？

实际上，应该创建 3 种分类：

- 默认应该安装的软件包。
- 可选的软件包（安装了也没问题，但默认不安装）。
- 在任何系统上都不应该安装的具有潜在风险或问题的软件包。

可以通过研究一个软件包来判断它是否应该安装。例如，首先可以查看这个包的信息来判断它在做什么，在 Fedora 系统上的示例如例 29-1 所示。

例 29-1　查看软件包的信息

```
[root@onecoursesource ~]#rpm -qi zsh
Name        : zsh
Version     : 5.0.7
Release     : 8.fc20
Architecture: x86_64
Install Date: Mon 10 Mar 2019 03:24:10 PM PDT
Group       : System Environment/Shells
```

```
Size        : 6188121
License     : MIT
Signature   : RSA/SHA256, Fri 22 May 2015 11:23:12 AM PDT, Key ID 2eb161fa246110c1
Source RPM  : zsh-5.0.7-8.fc20.src.rpm
Build Date  : Fri 22 May 2015 06:27:34 AM PDT
Build Host  : buildhw-12.phx2.fedoraproject.org
Relocations : (not relocatable)
Packager    : Fedora Project
Vendor      : Fedora Project
URL         : http://zsh.sourceforge.net/
Summary     : Powerful interactive shell
Description :
The zsh shell is a command interpreter usable as an interactive login
shell and as a shell script command processor.  Zsh resembles the ksh
shell (the Korn shell), but includes many enhancements.  Zsh supports
command line editing, built-in spelling correction, programmable
command completion, shell functions (with autoloading), a history
mechanism, and more.
```

根据例 29-1 中的命令提供的信息，可能就能够确定这个包不应该安装在系统上。可能是因为不想使用另一个 Shell，而只想在这个系统上使用 BASH；或者可能认为这个包是不必要的，因为一个很好用的 Shell 已经存在了。如果你正在考虑安装一个额外的 Shell，请确保在安装之前研究一下在系统上运行第二个 Shell 的影响和后果。

如果你认为这可能是一个很好的软件包，那么在批准安装它之前，还应该查看它提供的文件，特别是可执行程序（通常位于 /bin 目录中，如 /usr/bin 和 /bin，但也可以位于 /sbin 或 /usr/sbin 下）：

```
[root@onecoursesource ~]# rpm -ql zsh | grep /bin/
/usr/bin/zsh
[root@onecoursesource ~]# ls -l /usr/bin/zsh
-rwxr-xr-x 1 root root 726032 May 22  2015 /usr/bin/zsh
```

查看这些可执行程序的文档（man page），并仔细查看文件的权限和所有者。问自己这样一个问题："这个程序是否因为 SUID 或 SGID 权限，而拥有了更高的特权？"

最后，请注意，本节演示的命令是在已经安装了软件的系统上执行的。你应该在测试系统上检查软件包，在这个测试系统上，可以安全地安装软件包，而不用担心会影响核心的系统。这个系统甚至不应该连接到网络。这可以让你在决定这个软件安装在公司的"真实"系统上是否安全之前，运行并测试每一个命令。

29.1.3 确保从可信的源进行安装

许多管理员依赖 yum、dnf 和 apt-get 命令下载和安装软件程序。只要将这些工具配置为从可信的源下载，这就不是一个坏习惯。但是，你的安全策略应该包括这样一个过程：在以这种方式安装包之前确认包的来源位置。

这意味着安全策略应该包括对 yum、dnf 和 apt-get 命令的配置文件的检查。

- 对于 yum 和 dnf：检查 /etc/yum.conf 文件和 /etc/yum.repos.d 目录里的文件。
- 对于 apt-get：检查 /etc/apt/sources.list 文件和 /etc/apt/sources.list.d 目录里的文件。

此外，直接从其他来源获取软件包时，例如从网站下载的软件包或通过电子邮件接收的软件包，你应该非常仔细地考虑是否应该安装这样的软件包，如果选择继续安装，则要非常仔细地检查它。

29.1.4　CVE

CVE 是一个系统，旨在提供一个可以了解与安全相关的软件问题的地方。该系统由 MITRE 公司维护，可以通过 https://cve.mitre.org 访问，如图 29-1 所示。

图 29-1　CVE 网站

当一个漏洞被发现并报告给 MITRE 时，不管漏洞是在哪里发现的，它会被分配一个唯一的 ID。因此，可以使用这个唯一的 ID 追踪到每个漏洞，这样便于在支持许多不同发行版的环境中工作时更容易跟踪它。

CVE 数据对任何人都是免费的。这对于管理员来说非常好，因为他们可以获得关于漏洞的详细信息，但这也意味着，如果你不更新系统，黑客也可以使用这些信息攻击你的系统。

你的安全策略应该包括定期检查相关 CVE 的实践，以确定可能的安全漏洞。可以下载所有 CVE，并使用 grep 命令查找与系统上安装的软件相关的 CVE。也可以使用 CVE 网站上的搜索工具。图 29-2 展示了 zsh（Z Shell）的搜索结果。

你应该考虑使用“Data Feed”，这是网站上的一个功能，可以通过 Twitter 或电子邮件了解 CVE。如果选择电子邮件，请记住，这可能会产生许多电子邮件。可考虑使用一个特定的电子邮件地址，如部门邮件地址，或只是为了这些安全警报而创建的仅管理员使用的邮件地址，特别是如果需要多个管理员来审查和决策，比如不同的管理员负责不同的部分。

CVE 所提供的信息定义清晰，并包括以下内容：

- 一个唯一的 CVE ID。

- 问题的简要描述。
- 其他参考信息。
- 为 CVE 分配唯一 ID 的组织。
- 创建 CVE 的日期。这是一个非常重要的字段，因为较老的 CVE 在现代版本的软件中可能不是问题。软件供应商通常会发布补丁来修复那些被报告为 CVE 的漏洞。

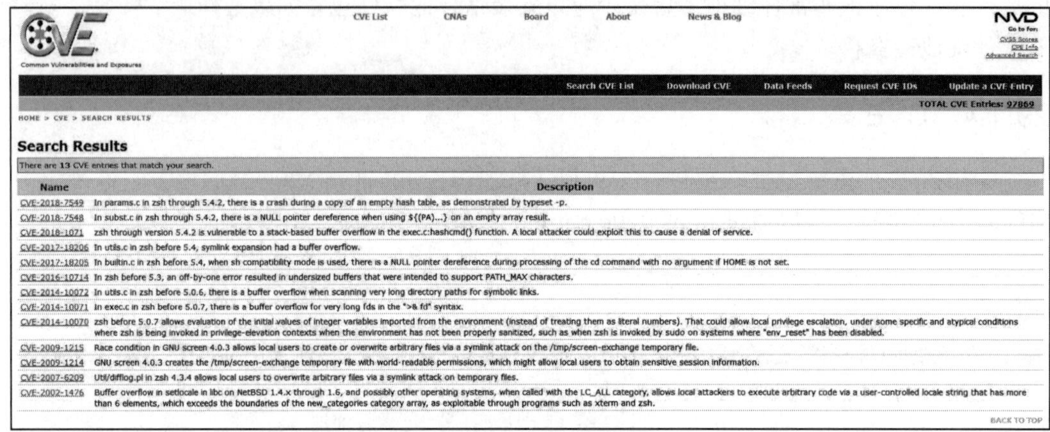

Name	Description
CVE-2018-7549	In params.c in zsh through 5.4.2, there is a crash during a copy of an empty hash table, as demonstrated by typeset -p.
CVE-2018-7548	In subst.c in zsh through 5.4.2, there is a NULL pointer dereference when using ${(PA)...} on an empty array result.
CVE-2018-1071	zsh through version 5.4.2 is vulnerable to a stack-based buffer overflow in the exec.c:hashcmd() function. A local attacker could exploit this to cause a denial of service.
CVE-2017-18206	In utils.c in zsh before 5.4, symlink expansion had a buffer overflow.
CVE-2017-18205	In builtin.c in zsh before 5.4, when sh compatibility mode is used, there is a NULL pointer dereference during processing of the cd command with no argument if HOME is not set.
CVE-2016-10714	In zsh before 5.3, an off-by-one error resulted in undersized buffers that were intended to support PATH_MAX characters.
CVE-2014-10072	In utils.c in zsh before 5.0.6, there is a buffer overflow when scanning very long directory paths for symbolic links.
CVE-2014-10071	In exec.c in zsh before 5.0.7, there is a buffer overflow for very long fds in the ">& fd" syntax.
CVE-2014-10070	zsh before 5.0.7 allows evaluation of the initial values of integer variables imported from the environment (instead of treating them as literal numbers). That could allow local privilege escalation, under some specific and atypical conditions where zsh is being invoked in privilege-elevation contexts when the environment has not been properly sanitized, such as when zsh is invoked by sudo on systems where "env_reset" has been disabled.
CVE-2009-1215	Race condition in GNU screen 4.0.3 allows local users to create or overwrite arbitrary files via a symlink attack on the /tmp/screen-exchange temporary file.
CVE-2009-1214	GNU screen 4.0.3 creates the /tmp/screen-exchange temporary file with world-readable permissions, which might allow local users to obtain sensitive session information.
CVE-2007-6209	Util/difflog.pl in zsh 4.3.4 allows local users to overwrite arbitrary files via a symlink attack on temporary files.
CVE-2002-1476	Buffer overflow in setlocale in libc on NetBSD 1.4.x through 1.6, and possibly other operating systems, when called with the LC_ALL category, allows local attackers to execute arbitrary code via a user-controlled locale string that has more than 6 elements, which exceeds the boundaries of the new_categories category array, as exploitable through programs such as xterm and zsh.

BACK TO TOP

图 29-2　CVE 搜索结果

图 29-3 是一个 CVE 的例子。

CVE-ID	
CVE-2018-7549	Learn more at National Vulnerability Database (NVD) • CVSS Severity Rating • Fix Information • Vulnerable Software Versions • SCAP Mappings • CPE Information
Description	
In params.c in zsh through 5.4.2, there is a crash during a copy of an empty hash table, as demonstrated by typeset -p.	
References	
Note: References are provided for the convenience of the reader to help distinguish between vulnerabilities. The list is not intended to be complete.	
• MISC:https://sourceforge.net/p/zsh/code/ci/c2cc8b0fbefc9868fa83537f5b6d90fc1ec438dd	
Assigning CNA	
MITRE Corporation	
Date Entry Created	
20180227	Disclaimer: The entry creation date may reflect when the CVE ID was allocated or reserved, and does not necessarily indicate when this vulnerability was discovered, shared with the affected vendor, publicly disclosed, or updated in CVE.
Phase (Legacy)	
Assigned (20180227)	
Votes (Legacy)	
Comments (Legacy)	
Proposed (Legacy)	
N/A	
This is an entry on the CVE List, which provides common identifiers for publicly known cybersecurity vulnerabilities.	
SEARCH CVE USING KEYWORDS: Submit You can also search by reference using the CVE Reference Maps.	
For More Information: cve@mitre.org	

图 29-3　CVE 示例

29.1.5 特定发行版的安全警告

每个发行版通常都有自己的安全警告。这是因为构建发行版的一部分工作就是定制其他开源项目提供的软件。例如，可以修改 Z Shell，为已安装的发行版提供额外的特性。

这也是许多组织只安装和支持一两个发行版的原因之一。在一个环境中，更多的发行版意味着需要更多的工作来确保每个系统的安全。你的安全策略应该包括定期检查 CVE，以及发行版的安全警告。

以 RHEL（Red Hat Enterprise Linux）为例，Red Hat 使用 RHSA（Red Hat 安全警告）通知安全人员任何潜在的漏洞。Red Hat 还在适当的时候引用 CVE，所以你应该知道这是所有发行版都存在的问题，而不仅仅是 RHEL。

RHSA 清楚地指出了发行版的哪些版本可能会受到影响。这很重要，因为你不希望去调查不影响当前发行版的漏洞。有关 RHSA 的示例，请参见图 29-4。

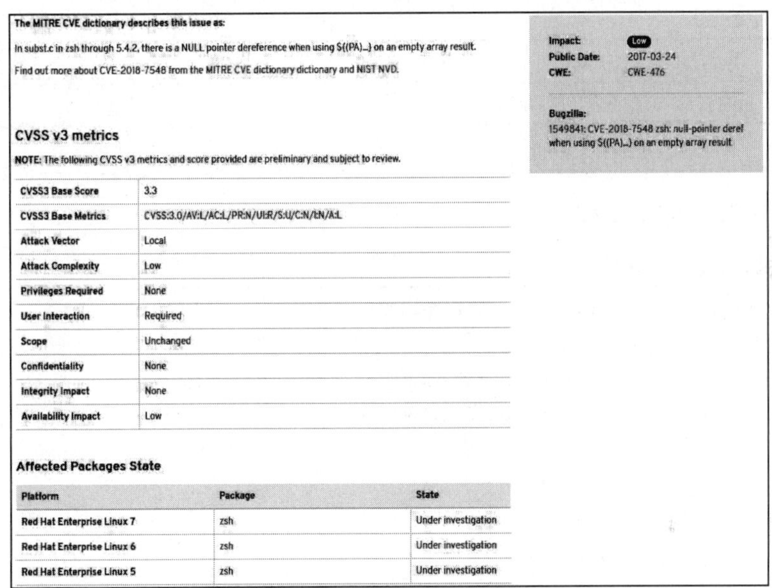

The MITRE CVE dictionary describes this issue as:

In subst.c in zsh through 5.4.2, there is a NULL pointer dereference when using ${(PA)...} on an empty array result.

Find out more about CVE-2018-7548 from the MITRE CVE dictionary dictionary and NIST NVD.

Impact: Low
Public Date: 2017-03-24
CWE: CWE-476

Bugzilla:
1549841: CVE-2018-7548 zsh: null-pointer deref when using ${(PA)...} on an empty array result

CVSS v3 metrics

NOTE: The following CVSS v3 metrics and score provided are preliminary and subject to review.

CVSS3 Base Score	3.3
CVSS3 Base Metrics	CVSS:3.0/AV:L/AC:L/PR:N/UI:R/S:U/C:N/I:N/A:L
Attack Vector	Local
Attack Complexity	Low
Privileges Required	None
User Interaction	Required
Scope	Unchanged
Confidentiality	None
Integrity Impact	None
Availability Impact	Low

Affected Packages State

Platform	Package	State
Red Hat Enterprise Linux 7	zsh	Under investigation
Red Hat Enterprise Linux 6	zsh	Under investigation
Red Hat Enterprise Linux 5	zsh	Under investigation

图 29-4　RHSA 示例

29.2　xinetd

xinetd 是一些旧服务的集合，通常称为“遗留服务”，你的组织可能需要使用这些服务。例如，在第 22 章中，SSH 服务器作为一种服务引入，允许用户远程登录到系统。SSH 的设计目的是用来替换一个较老的服务 telnet。telnet 服务存在安全问题。例如，当某人使用 telnet 服务登录到系统时，所有数据（包括用户名和密码）都以明文的格式通过网络发送。这意味着任何能够“嗅探”（监视网络流量）网络的人都能看到所有用户和密码数据。

在大多数情况下，应该避免使用 telnet 服务，但并不总是这样。在某些情况下，你需要通过 telnet 提供对系统的访问，这就是为什么 Linux 上仍然可以使用该软件的原因（尽管默认情况下通常不会安装或配置该软件）。

xinetd 守护进程被称为“超级守护进程”，因为它将按需启动其他守护进程（服务），并在不再需要时停止它。xinetd 守护进程的主配置文件是 /etc/xinetd.conf 文件。

表 29-1 描述了 /etc/xinetd.conf 文件里的常见设置。

表 29-1　/etc/xinetd.conf 文件里的常见设置

设 置	说 明
cps	用于限制连接尝试的次数，以避免拒绝服务攻击。它有两个参数（例如，cps 50 10）。第一个值是每秒允许多少个连接。第二个值是超过每秒连接数后，禁用服务的时间（在本例中为 10 秒）
instances	允许多少个并发连接。这对于安全性非常重要，因为不希望由于遗留服务的大量连接而导致拒绝服务
per_source	单个主机允许的并发连接数
includedir	包含导入其他规则的目录

/etc/xinetd.d 目录中的文件用于覆盖 /etc/xinetd.conf 文件中的设置，并对其进行补充。例 29-2 中显示的是 telnet 服务。

例 29-2　xinetd 配置文件示例

```
[root@onecoursesource ~]# cat /etc/xinetd.d/telnet
# default: on
# description: The telnet server serves telnet sessions; it uses \
#       unencrypted username/password pairs for authentication.
service telnet
{
        flags           = REUSE
        socket_type     = stream
        wait            = no
        user            = root
        server          = /usr/sbin/in.telnetd
        log_on_failure  += USERID
        disable         = yes
}
```

表 29-2 描述了 /etc/xinetd.d 目录里的常见设置。

表 29-2　/etc/xinetd.d 目录里的常见设置

设 置	说 明
user	运行服务的用户
server	服务的可执行文件
log_on_failure	如果出现登录失败的尝试，记录什么数据到日志中
disable	当设置为 yes 时，服务没有启用；当设置为 no 时，服务被启用

29.3　总结

本章探索了制订软件管理安全策略的一些关键部分。你了解了在何处可以找到软件包可能造成的漏洞，还了解了如何管理遗留服务，比如 telnet 服务。

29.3.1　重要术语

CVE、RHSA、嗅探、xinetd

29.3.2　复习题

1. dpkg 命令的______选项用于列出 Debian 系统上的所有软件包。
2. apt-get 命令使用下面哪些路径来确定该使用哪些仓库？(选择两个。)
   A. /etc/apt/list　　B. /etc/apt/sources.list
   C. /etc/apt/list.d/*　　D. /etc/apt/sources.list.d/*
3. ______系统旨在提供一个单一站点，在那里你可以了解与软件安全相关的问题。
4. /etc/xinetd.conf 文件里的______设置限制了允许从特定主机发起的连接数。
   A. per_host　　B. per_system
   C. per_source　　D. per_ip
5. ______守护进程被称为“超级守护进程”，因为它将按需启动其他守护进程（服务），并在不再需要它们时将其停止。

在本书中，你已经了解了大量的 Linux 安全特性。尽管每一章的重点都集中在一个特定的 Linux 主题上，但是始终要考虑安全。

接下来的 4 章主要讨论 Linux 安全。是的，关于 Linux 安全还有很多需要学习！

第八部分

安 全 任 务

在第八部分将介绍一些重要的 Linux 主题：

- 第 30 章介绍黑客用于收集系统信息的技术。通过学习这些技术，你应该能够制订出更好的安全计划。
- 第 31 章探讨如何配置防火墙软件来保护系统免受网络攻击。
- 第 32 章向你介绍一些工具和技术，用于判断是否有人成功地危害了你的系统安全。
- 第 33 章涵盖了一些其他的 Linux 安全特性，包括 fail2ban 服务、虚拟专用网（VPN）和文件加密。

第 30 章

踩　　点

踩点（或侦察）指发现网络或系统的相关信息的过程，目的是利用这些信息危害安全措施。各种各样的踩点技术和工具都可以提供有用的信息。然后，这些信息会与其他黑客策略一起使用，以此获得对网络或系统的未经授权的访问。

在本章中，你将学习踩点使用到的各种工具。

学习完本章并完成课后练习，你将具备以下能力：

- 使用探测工具，例如 nmap。
- 扫描本地网络。

30.1　理解踩点

你可能想知道为什么要学习踩点，因为这听起来确实像是只有黑客才应该做的事情。事实上，黑客会通过踩点攻击你的系统，这正是你要学习如何执行这些任务的原因。

这样想：你想让你的房子尽可能地安全，这个目标的一部分就是确保所有通向外面的门都有非常安全的锁。你研究了不同的锁，发现了专家都认为很难破解的三个锁。但是，这三个中哪一个是最好的呢？确定这一点的一种方法是，找到一些知道如何绕过锁的人，并让他们对每一个锁进行测试。你可以自己学习这项技能，但是在这种特定的情况下没有意义。

然而，如果你必须定期选择门锁呢？也许你负责几栋办公楼的安全，在这种情况下，学习更多关于绕过安全门锁的手艺可能更有利于你。不是因为你想闯进去，而是因为你能够测试每一个锁，从而选出在给定场景下使用的最佳的锁。

系统的安全与建筑物的安全非常类似，但是要复杂得多。考虑到大多数系统已经有了允许用户访问系统的“打开的门”。例如，Web 服务器就有一个打开的门，它是 Web 服务器正在监听的网络端口。你不仅需要知道如何对未经授权的用户关闭这些门（这将在第 31 章中讨论），还需要知道如何确定某人是否能够获得信息，从而规避你的安全措施信息。

黑客首先需要信息，以便能绕过你的安全策略。如果黑客可以获得有用的信息，例如用户账户名或密码，那么你为保护系统所做的所有努力都可能变得毫无价值。

你是如何知道黑客是否可以发现这些信息？你将学习如何执行踩点操作，并在自己的系统上使用这些方法。像黑客一样思考，使用他们使用的相同工具来探测系统中的弱点。

安全提醒

一定要确保你已经得到在公司的任何系统上进行踩点的书面同意。因为你为一家公司工作并不意味着你有权执行这些行动。在大多数国家，进行踩点的行为是非法的，许多公司起诉了他们自己的雇员，因为他们没有被授权执行这些行动。

30.2 常见踩点工具

本节介绍的工具都是一些著名的实用程序，通常用于一般的侦察。注意，前几章已经讨论了一些踩点相关的命令。例如，ping 和 traceroute 命令对于确定哪些系统是活动的，以及确定所使用的路由器时很有用。因为路由器通常充当防火墙，这些信息可以告诉黑客，要访问你网络里更多的系统应该关注哪个系统。

30.2.1 nmap 命令

nmap 命令用于探测从本地系统可以访问远程系统的哪些网络端口。这样做有很多好处：

- 判断远程系统上有哪些服务。
- 测试远程系统上的一些安全特性，例如 TCP wrappers。
- 如果从远程网络执行 nmap 命令，命令的输出可以验证防火墙的有效性。

要使用 nmap 命令，请提供要扫描的系统的 IP 地址或主机名。例如，对路由器执行的扫描，请参见例 30-1 中的输出。

例 30-1 nmap 命令

```
root@onecoursesource ~]# nmap 192.168.1.1
Starting Nmap 5.51 ( http://nmap.org ) at 2019-10-31 23:22 PDT
Nmap scan report for 192.168.1.1
Host is up (2.9s latency).
Not shown: 987 closed ports
PORT      STATE SERVICE
23/tcp    open  telnet
25/tcp    open  smtp
53/tcp    open  domain
80/tcp    open  http
110/tcp   open  pop3
119/tcp   open  nntp
143/tcp   open  imap
465/tcp   open  smtps
563/tcp   open  snews
```

```
587/tcp  open  submission
993/tcp  open  imaps
995/tcp  open  pop3s
5000/tcp open  upnp
Nmap done: 1 IP address (1 host up) scanned in 4.89 seconds
```

描述打开端口的行以端口号/协议开始（例如，23/tcp），以相对应的服务名结尾（例如，telnet）。

默认情况下，只扫描 TCP 端口，要扫描 UDP 端口，请使用 -sU 组合选项，如例 30-2 中所示。

例 30-2 扫描 UDP 端口

```
[root@onecoursesource ~]# nmap -sU 192.168.1.1
Starting Nmap 5.51 ( http://nmap.org ) at 2019-10-31  23:36 PDT
Nmap scan report for 192.168.1.1
Host is up (0.0011s latency).
Not shown: 999 open|filtered ports
PORT   STATE SERVICE
53/udp open  domain
Nmap done: 1 IP address (1 host up) scanned in 4.09 seconds
```

默认情况下，只扫描一些常见端口（大约 2000 个）。要扫描所有端口，使用例 30-3 所示的命令（然后可以喝杯咖啡休息一下，因为这要花点儿时间）。

例 30-3 扫描所有端口

```
[root@onecoursesource ~]# nmap -p 1-65535 192.168.1.1
Starting Nmap 5.51 ( http://nmap.org ) at 2015-11-01 00:26 PDT
Nmap scan report for 192.168.1.1
Host is up (1.0s latency).
Not shown: 65521 closed ports
PORT     STATE SERVICE
23/tcp   open  telnet
25/tcp   open  smtp
53/tcp   open  domain
80/tcp   open  http
110/tcp  open  pop3
119/tcp  open  nntp
143/tcp  open  imap
465/tcp  open  smtps
563/tcp  open  snews
587/tcp  open  submission
993/tcp  open  imaps
```

```
995/tcp  open  pop3s
1780/tcp open  unknown
5000/tcp open  upnp
Nmap done: 1 IP address (1 host up) scanned in 5731.44 seconds
```

通常，端口具有与之关联的本地服务。nmap 命令还可以探测这些服务，以确定服务的版本。这个特性并不适用于所有的服务，但是对于那些可以使用的服务，它可以提供一些有用的信息。使用 -sV 选项组合可查看服务的版本信息，如例 30-4 所示。

例 30-4 扫描服务的版本信息

```
[root@onecoursesource ~]# nmap -sV 192.168.1.1
Starting Nmap 5.51 ( http://nmap.org ) at 2019-11-01 09:41 PST
Nmap scan report for 192.168.1.1
Host is up (1.0s latency).
Not shown: 987 closed ports
PORT      STATE SERVICE     VERSION
23/tcp    open  telnet?
25/tcp    open  smtp?
53/tcp    open  domain      dnsmasq 2.15-OpenDNS-1
###Remaining output omitted
```

你发现你的网络上有一台 IP 地址为 192.168.1.11 的机器，但是不知道它是什么类型的系统。nmap 命令的一个好处是，通过探测它，可以提供一些这方面的线索。例如，在该 IP 地址上执行 nmap 命令可以了解计算机是哪种系统，如例 30-5 所示。

例 30-5 探测主机

```
[root@onecoursesource ~]# nmap -sU 192.168.1.11
Starting Nmap 5.51 ( http://nmap.org ) at 2019-10-31  23:38 PDT
Nmap scan report for 192.168.1.11
Host is up (0.00045s latency).
Not shown: 992 filtered ports
PORT      STATE          SERVICE
67/udp    open|filtered dhcps
137/udp   open          netbios-ns
138/udp   open|filtered netbios-dgm
443/udp   open|filtered https
1900/udp open|filtered upnp
4500/udp open|filtered nat-t-ike
5353/udp open|filtered zeroconf
5355/udp open|filtered llmnr
Nmap done: 1 IP address (1 host up) scanned in 52.23 seconds
```

考虑到 netbios-ns 和其他一些列出的服务都是基于微软 Windows 的服务，这个未知系统的操作系统很可能是微软 Windows 的某个版本。

在某些情况下，可以使用 -O 选项来确定操作系统类型，但这并不总是成功的，如下所示：

```
[root@onecoursesource ~]# nmap -O 192.168.1.11
###Output omitted
Aggressive OS guesses: QEMU user mode network gateway (91%), Bay Networks
BayStack 450 switch (software version 3.1.0.22) (85%), Bay Networks
BayStack 450 switch (software version 4.2.0.16) (85%), Cabletron ELS100-
24TXM Switch or Icom IC-7800 radio transceiver (85%), Cisco Catalyst 1900
switch or RAD IPMUX-1 TDM-over-IP multiplexer (85%), Sanyo PLC-XU88
digital video projector (85%), 3Com SuperStack 3 Switch 4300, Dell
PowerEdge 2650 remote access controller, Samsung ML-2571N or 6555N
printer, or Xerox Phaser 3125N printer (85%), Dell 1815dn printer (85%)
No exact OS matches for host (test conditions non-ideal).
OS detection performed. Please report any incorrect results at
http://nmap.org/submit/ .
Nmap done: 1 IP address (1 host up) scanned in 15.37 seconds
```

那么，最初又是如何发现一个 IP 地址为 192.168.1.11 的系统的呢？ nmap 命令的另一个有用的特性是，它能够扫描整个网络来确定哪些 IP 地址正在使用。要执行此操作，请使用 -sP 选项组合，如例 30-6 所示。

例 30-6 探测一个网络

```
[root@onecoursesource ~]# nmap -sP 192.168.1.0/24
Starting Nmap 5.51 ( http://nmap.org ) at 2019-10-31  23:51 PDT
Nmap scan report for 192.168.1.0
Host is up (0.00043s latency).
Nmap scan report for 192.168.1.1
Host is up (0.0026s latency).
Nmap scan report for 192.168.1.2
Host is up (0.70s latency).
Nmap scan report for 192.168.1.3
Host is up (0.045s latency).
Nmap scan report for 192.168.1.4
Host is up (0.043s latency).
Nmap scan report for 192.168.1.7
Host is up (0.00011s latency).
Nmap scan report for 192.168.1.11
Host is up (0.0020s latency).
Nmap scan report for 192.168.1.12
Host is up (0.00013s latency).
Nmap scan report for 192.168.1.14
```

```
Host is up (3.7s latency).
Nmap scan report for 192.168.1.16
Host is up (0.00088s latency).
```

可以使用 --iflist 选项查看自己系统的相关信息，包括网络接口列表和路由表，如例 30-7 所示。

例 30-7　列出网络接口

```
[root@onecoursesource ~]# nmap --iflist

Starting Nmap 5.51 ( http://nmap.org ) at 2019-11-01 09:39 PST
************************INTERFACES************************
DEV  (SHORT) IP/MASK      TYPE     UP MTU   MAC
lo   (lo)    127.0.0.1/8  loopback up 65536
eth0 (eth0)  10.0.2.15/24 ethernet up 1500  08:00:27:E0:E2:DE

**************************ROUTES**************************
DST/MASK    DEV  GATEWAY
10.0.2.0/24 eth0
0.0.0.0/0   eth0 10.0.2.2
```

30.2.2　netstat 命令

与 nmap 命令扫描远程网络端口相反，netstat 命令用于查看本地网络活动的信息。

安全提醒

要执行 netstat 命令，用户首先需要获得本地系统的访问权限。然而，访问权限可以是普通用户账户（不需要 root 权限），这强调了确保普通用户账户安全的必要性。

例如，netstat -s 命令显示按协议分类的网络数据包信息的摘要，如例 30-8 所示。

例 30-8　netstat -s 命令

```
[root@onecoursesource ~]# netstat -s
Ip:
    170277 total packets received
    2 with invalid addresses
    0 forwarded
    0 incoming packets discarded
    168563 incoming packets delivered
    370967 requests sent out
    293 dropped because of missing route
Icmp:
    9223 ICMP messages received
```

```
    1000 input ICMP message failed.
    ICMP input histogram:
        destination unreachable: 1231
        echo replies: 7992
    10072 ICMP messages sent
    0 ICMP messages failed
    ICMP output histogram:
        destination unreachable: 1507
        echo request: 8001
IcmpMsg:
        InType0: 7992
        InType3: 1231
        OutType3: 1507
        OutType8: 8001
        OutType69: 564
Tcp:
    348 active connections openings
    1 passive connection openings
    8 failed connection attempts
    0 connection resets received
    2 connections established
    158566 segments received
    80619 segments send out
    552 segments retransmited
    0 bad segments received.
    96 resets sent
Udp:
    774 packets received
    6 packets to unknown port received.
    0 packet receive errors
    903 packets sent
UdpLite:
TcpExt:
    130 TCP sockets finished time wait in fast timer
    107 delayed acks sent
    5 delayed acks further delayed because of locked socket
    30284 packets header predicted
    272 acknowledgments not containing data received
    51589 predicted acknowledgments
    0 TCP data loss events
    69 other TCP timeouts
    69 connections aborted due to timeout
```

```
IpExt:
    InOctets: 17393378
    OutOctets: 17585203
```

netstat 命令还能查看路由表，与 route 命令类似：

```
[root@onecoursesource ~]# netstat -r
Kernel IP routing table
Destination     Gateway         Genmask         Flags   MSS Window  irtt Iface
10.0.2.0        *               255.255.255.0   U         0 0          0 eth0
default         10.0.2.2        0.0.0.0         UG        0 0          0 eth0
```

有时希望看到每个接口的网络统计数据。使用 netstat -i 命令，可以看到数据按如下方式分类：

```
[root@onecoursesource ~]# netstat -i
Kernel Interface table
Iface      MTU Met    RX-OK RX-ERR RX-DRP RX-OVR    TX-OK TX-ERR TX-DRP TX-OVR Flg
eth0      1500   0    93957      0      0      0   294652      0      0      0 BMRU
lo       65536   0    77198      0      0      0    77198      0      0      0 LRU
```

netstat -i 命令的输出包含许多列（对于大多数 netstat 命令的选项都是常见的）。下面是这个命令的一些重要的列。

- RX-OK 和 TX-OK：接收和发送时没有出现错误的包
- RX-ERR 和 TX-ERR：接收和发送时出现错误的包
- RX-DRP 和 TX-DRP：接收和发送时丢弃的包
- RX-OVR 和 TX-OVR：接收和发送时此接口无法接收的数据包

通常，RX-OK 和 TX-OK 值要比其他值高得多。如果其他值与 OK 值相比显得过高，则网络可能会存在问题。观察这些值随时间的变化可能是有用的，将这些信息包含在网络基线中，以便将来进行比较是很有用的。这可以通过使用 -c 选项：netstat -ci 来实现。

netstat 命令有大量选项。表 30-1 提供了一些更有用的选项的详细信息。

表 30-1 netstat 有用的选项

选 项	说 明
-at	只显示 TCP 端口
-au	只显示 UDP 端口
-e	显示扩展信息，这提供了更详细的输出，还可以使用 -ee 获得更多的输出
-l	列出所有监听的套接字
-n	显示数字的值而不是名称。例如，会列出 port 22，而不是 port ssh
-p	显示与套接字 / 端口关联的服务的 PID（进程 ID）

注意 如果你在现代 Linux 发行版上查看 netstat 命令的 man page，会看到一个如下所示的信息：

```
NOTE
       This  program is obsolete. Replacement for netstat is ss.
Replacement for netstat -r is ip route. Replacement for net-stat -i
is ip -s link. Replacement for netstat -g is ip maddr.
```

（注意，这个程序已经过时了。代替 netstat 的是 ss。代替 netstat -r 的是 ip route。代替 netstat -i 的是 ip -s link。代替 netstat -g 的是 ip maddr。）

因此，你可能想知道为什么本书的作者选择讲述 netstat 命令，而不是 ip 或 ss 命令，原因如下：

- 虽然 ip 和 ss 命令是非常有用的工具，但是 netstat 命令提供了许多相同的特性。
- 许多现有的 Shell 脚本都使用 netstat 命令，假设你将研究这些脚本，你应该理解这个命令的作用。
- 尽管 netstat 可能被列为过时的，但默认情况下，它仍然存在于几乎所有的 Linux 发行版上。事实上，它已经被列为过时许多年了，但许多管理员仍经常使用它。换句话说，它在短期内“消失”的可能性非常小。

30.2.3 lsof 命令

lsof 命令用于列出打开的文件。当你第一次学习 Linux 时，可能会被告知 Linux 中的一切都是文件。这是绝对正确的，因为从内核的角度来看，网络套接字是文件。

对话学习——端口和套接字

Gary：嘿，Julia，我有个关于端口和套接字的问题。

Julia：好的，问题是什么？

Gary：我很难理解这两者之间的区别。这两个术语经常可以互换使用，但它们实际上是两个不同的东西吗？

Julia：是的，它们是这样的。端口就像一扇门，如果门是开着的，你就可以进入房间。如果门是锁着的，就不能进入房间。因此，如果远程系统上的 22 端口是打开的，就可以“进入那个房间”，这意味着可以通过 SSH 建立到远程系统的连接。

Gary：那么，什么是套接字？

Julia：套接字是连接的一部分。每个连接有两个套接字，它们分别是每个系统上连接的端点。套接字的定义的一部分是端口，因为端口是通信必须通过的“门”，但它们不是一回事。套接字还与处理连接的软件进程相关联。

Gary：嗯……我不确定我是否明白了。

Julia：另一种理解方法是：你的系统可以有一个打开的端口，但是如果没有活动连接，则不能有相应的套接字。没有打开的端口就不能有套接字。

Gary：好的，有一个端口就像有一个电话号码。但是，仅仅因为我的电话有电话号码，并不意味着我总是在打电话。

Julia：对，但是当你打电话或接电话时……

Gary：然后我为我的电话创建了一个套接字！

Julia：你明白了！

使用 lsof 命令列出打开的网络套接字，使用 -i 选项，如例 30-9 所示。

例 30-9　lsof -i 命令

```
[root@onecoursesource ~]# lsof -i
COMMAND     PID    USER   FD   TYPE DEVICE SIZE/OFF NODE NAME
iscsid     1303    root    8u  IPv4  22642      0t0  TCP localhost:48897->localhost:
➥iscsi-target (ESTABLISHED)
rpcbind    1559     rpc    6u  IPv4  12739      0t0  UDP *:sunrpc
rpcbind    1559     rpc    7u  IPv4  12741      0t0  UDP *:iclcnet-locate
rpcbind    1559     rpc    8u  IPv4  12742      0t0  TCP *:sunrpc (LISTEN)
rpcbind    1559     rpc    9u  IPv6  12744      0t0  UDP *:sunrpc
rpcbind    1559     rpc   10u  IPv6  12746      0t0  UDP *:iclcnet-locate
rpcbind    1559     rpc   11u  IPv6  12747      0t0  TCP *:sunrpc (LISTEN)
rpc.statd 1616 rpcuser    5u  IPv4  12988      0t0  UDP localhost:944
rpc.statd 1616 rpcuser    8u  IPv4  12994      0t0  UDP *:51463
rpc.statd 1616 rpcuser    9u  IPv4  12998      0t0  TCP *:45982 (LISTEN)
rpc.statd 1616 rpcuser   10u  IPv6  13002      0t0  UDP *:41413
rpc.statd 1616 rpcuser   11u  IPv6  13006      0t0  TCP *:46716 (LISTEN)
cupsd      1656    root    6u  IPv6  13155      0t0  TCP localhost:ipp (LISTEN)
cupsd      1656    root    7u  IPv4  13156      0t0  TCP localhost:ipp (LISTEN)
cupsd      1656    root    9u  IPv4  13159      0t0  UDP *:ipp
tgtd       1939    root    4u  IPv4  14111      0t0  TCP *:iscsi-target (LISTEN)
tgtd       1939    root    5u  IPv6  14112      0t0  TCP *:iscsi-target (LISTEN)
tgtd       1939    root   10u  IPv4  22647      0t0  TCP localhost:iscsi-target->
➥localhost:48897 (ESTABLISHED)
tgtd       1942    root    4u  IPv4  14111      0t0  TCP *:iscsi-target (LISTEN)
tgtd       1942    root    5u  IPv6  14112      0t0  TCP *:iscsi-target (LISTEN)
sshd       1993    root    3u  IPv4  15292      0t0  TCP *:ssh (LISTEN)
sshd       1993    root    4u  IPv6  15303      0t0  TCP *:ssh (LISTEN)
clock-app 2703    root   22w  IPv4  62027      0t0  TCP localhost:54295->
➥184.180.124.66:http (ESTABLISHED)
dhclient  2922    root    6u  IPv4  22552      0t0  UDP *:bootpc
```

有几种方法可以限制输出，包括使用端口号（lsof -i:22）、使用服务名称（lsof -i:ssh）和使用主机名称（lsof -i @onecoursesource.com）。

下面是 lsof 命令的两个选项，可以加快命令的执行速度。

- -n：这个选项告诉 lsof 命令不要把 IP 地址解析为主机名。
- -P：这个选项告诉 lsof 命令不要把端口号解析为服务名称。

30.2.4　nc 命令

nc 命令的 man page 里对 nc 命令做了很好的总结：

“nc（或 netcat）实用程序几乎可以用于任何涉及 TCP 或 UDP 的操作。它可以打开 TCP 连接、发送 UDP 数据包、监听任意 TCP 和 UDP 端口、进行端口扫描、同时支持 IPv4 和 IPv6。与 telnet（1）不同，nc 能很好地在脚本里使用，而且可以将错误消息分离到标准错误中，而不是像 telnet（1）处理某些错误那样，将它们发送到标准输出。”

nc 命令有相当多的用途。例如，假设你希望在使用某个特定端口的服务上线之前，知道该端口是否被公司防火墙屏蔽了。你可以在内部服务器上让 nc 命令监听在该端口上：

```
[root@server ~]# nc -l 3333
```

结果应该是 nc 命令下面的空白行。接下来，在本地网络之外的远程系统上，可以运行以下 nc 命令进行连接（用本地系统的可解析主机名或 IP 地址替换 server）：

```
[root@client Desktop]# nc server 3333
```

如果建立了连接，你将在 nc 命令行下看到一个空白行。如果在这行空白中键入一些内容并按回车键，那么，键入的内容将出现在服务器上 nc 命令的下面。实际上，通信是双向的，在服务器上的 nc 命令下键入的内容也会出现在客户机上。

以下是 nc 命令的一些有用的选项。

- -w：此选项用于客户端在指定的超时时间后自动关闭连接。例如，nc -w 30 server 3333 在连接建立 30 秒后关闭连接。
- -6：启用 IPv6 连接。
- -k：使用此选项可以保持服务器进程处于活动状态，即使在客户机断开连接之后也是如此。默认行为是在客户机断开连接时停止服务器进程。
- -u：使用 UDP 连接，而不是 TCP 连接（默认）。这对于正确测试防火墙配置非常重要，因为当 TCP 端口被阻塞时，UDP 端口可能不会被阻塞。

还可以使用 nc 命令显示打开的端口，类似于 netstat 命令：

```
[root@onecoursesource Desktop]# nc -z localhost 1000-4000
Connection to localhost 3260 port [tcp/iscsi-target] succeeded!
Connection to localhost 3333 port [tcp/dec-notes] succeeded!
```

-z 选项也能用于远程主机的端口扫描。

nc 命令有一个特性，它是一种用于传输各种数据的有用技术。假设传输是从客户端到服务器，使用的格式（用实际命令替换 ***cmd*** 如下所示）。

- 服务器端执行：nc -l 3333 | ***cmd***

- 客户端执行：***cmd*** | nc server 3333

例如，可以使用tar命令将整个/home目录结构从客户端传输到服务器，首先在服务器上执行以下操作：

```
nc -l 333 | tar xvf -
```

然后在客户端执行以下命令：

```
tar cvf - /home | nc server 333
```

客户端将/home目录结构的内容合并到一个tar文件中。-告诉tar命令将此输出发送到标准输出。数据通过客户端的nc命令发送到服务器，然后服务器的nc命令将该数据发送到tar命令。结果是客户端的/home目录现在被复制到服务器的当前目录中。

安全提醒

这只是nc命令的众多强大功能之一。它还强调了黑客如何使用nc命令传输数据，即使你阻塞了其他网络端口，并禁用了SSH和FTP等文件共享软件。请记住，本章涉及的所有工具都是黑客用来破坏系统的工具。

30.2.5 tcpdump命令

在排查网络问题或执行网络安全审计时，查看网络流量（包括与本地计算机无关的流量）可能很有帮助。tcpdump命令是一个“包嗅探器”，能查看本地网络流量。

默认情况下，tcpdump命令将所有网络流量输出到标准输出上，直到你终止该命令。这可能会导致大量令人眼花缭乱的数据在屏幕上飞驰而过。可以使用-c选项，将输出限制为特定数量的网络包，如例30-10所示。

例30-10 tcpdump命令

```
[root@onecoursesource ~]# tcpdump -c 5
tcpdump: verbose output suppressed, use -v or -vv for full protocol decode
listening on eth0, link-type EN10MB (Ethernet), capture size 65535 bytes
11:32:59.630873 IP localhost.43066 > 192.168.1.1.domain: 16227+ A? onecoursesource.com.
➥ (37)
11:32:59.631272 IP localhost.59247 > 192.168.1.1.domain: 2117+ PTR? 1.1.168.192.in-addr.
➥ arpa. (42)
11:32:59.631387 IP localhost.43066 > 192.168.1.1.domain: 19647+ AAAA? onecoursesource.com.
➥ (37)
11:32:59.647932 IP 192.168.1.1.domain > localhost.59247: 2117 NXDomain* 0/1/0 (97)
11:32:59.717499 IP 192.168.1.1.domain > localhost.43066: 16227 1/0/0 A 38.89.136.109 (53)
5 packets captured
5 packets received by filter
0 packets dropped by kernel
```

更有可能的情况是，根据某种条件捕获数据包。例如，可以使用-i选项让tcpdump

命令只捕获指定接口上可用的数据包：

```
[root@onecoursesource ~]# tcpdump -i eth0
```

要限制指定协议的数据包，请将协议名称作为参数：

```
[root@onecoursesource ~]# tcpdump -i eth0 tcp
```

仅显示指定端口的数据包，请使用 port 参数：

```
[root@onecoursesource ~]# tcpdump -i eth0 port 80
```

还可以基于源地址或目的地址限制数据包：

```
[root@onecoursesource ~]# tcpdump -i eth0 src 192.168.1.100
[root@onecoursesource ~]# tcpdump -i eth0 dst 192.168.1.100
```

在许多情况下，你可能希望让 tcpdump 命令运行一小段时间，并在稍后的某个时间来查看数据。在这种情况下，最好使用 -c 选项来限制输出，并使用 -w 选项将数据保存到文件里：

```
[root@onecoursesource ~]# tcpdump -c 5000 -w output-tcpdump
```

这个文件包含二进制数据，要读取它的内容需要使用 tcpdump 命令的 -r 选项：

```
[root@onecoursesource ~]# tcpdump -r output-tcpdump
```

30.2.6　其他工具

当涉及常用的踩点工具时，我们才刚开始接触到皮毛。这里还有一些其他的实用工具，你应该考虑研究一下。

- ping：ping 命令在第 19 章讨论过，它用于判断一个系统通过网络是否可达。
- traceroute：traceroute 命令也在第 19 章讨论过，用于查看“到达”某个系统要经过的路由器。
- whois：whois 命令提供关于域名注册的相关信息。黑客利用这些信息来收集有关该域名注册者的情报，包括姓名、电子邮件地址、地址和电话号码。然后，这些信息可以用来执行额外的攻击。
- nslookup 和 dig：这些命令在第 19 章讨论过。它们用于在 DNS 服务器上执行查询，以发现可能会被利用的系统。例如，DNS 查询可以返回域邮件服务器的 IP 地址和主机名，从而使黑客能够执行针对电子邮件服务器的攻击。

30.3　Kali Linux 的实用程序

Kali Linux 有大量的踩点工具可供选择——远远超过 60 个工具。其中一些用于探测特定类型的软件，如 Samba 或邮件服务器。在某些情况下，这些工具为我们前面讨论过的实用程序或命令提供易于使用的前端界面。例如，SPARTA 工具使用 nmap 命令探测系统，并生成报告。

其他实用程序提供了与我们已经讨论过的命令类似的功能（尽管通常具有更多特性）。例如，fping 实用程序向主机发送 ICMP echo 请求，就像 ping 命令一样，但是它比 ping 命令提供更多的特性。

在 Kali Linux 上有如此多的踩点工具，以至于不可能在本书中涵盖所有这些工具。本节不提供这些实用工具的详细信息，而是重点提供一些工具类别的概述，以便你可以自己研究它们。

30.3.1 基本信息收集

在 Kali Linux 中，单击“应用程序”（Applications），然后指向“01 – 信息收集”（01 – Information Gathering）。出现的列表应该类似于图 30-1。

这类工具主要用于对系统执行基本扫描。

30.3.2 DNS 分析工具

在 Kali Linux 中，单击“应用程序”（Applications），然后单击“01 – 信息收集”（01 – Information Gathering），之后指向“DNS 分析”（DNS Analysis）。出现的列表应该类似于图 30-2。

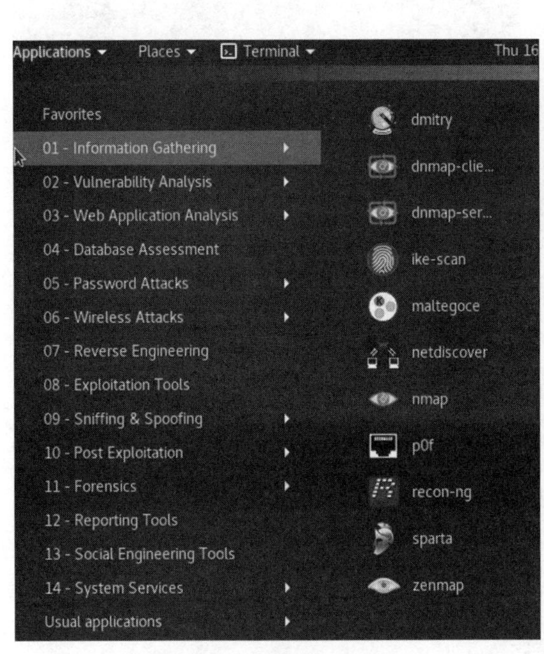

图 30-1 信息收集工具

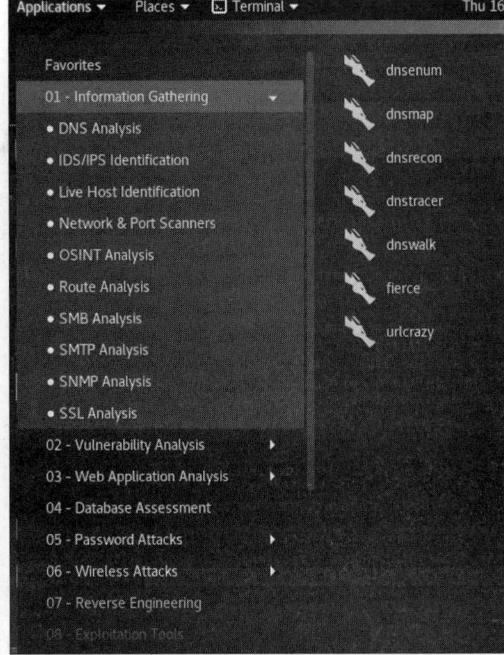

图 30-2 DNS 分析工具

这类工具主要用于收集 DNS 信息，类似于 nslookup 和 dig 命令，但具有更多的选项和特性。

30.3.3　主机识别工具

在 Kali Linux 中，单击“应用程序”(Applications)，然后单击“01 – 信息收集”(01 – Infor-mation Gathering)，之后指向“主机识别实况”(Live Host Identification)。出现的列表应该类似于图 30-3。

这类工具主要用于探测系统，以确定系统当前是否处于“活动”状态，并且可以通过网络访问。

30.3.4　OSINT 分析工具

在 Kali Linux 中，单击“应用程序”(Applications)，然后单击“01 – 信息收集”(01 – Information Gathering)，之后指向“ OSINT 分析”(OSINT Analysis)。出现的列表应该类似于图 30-4。

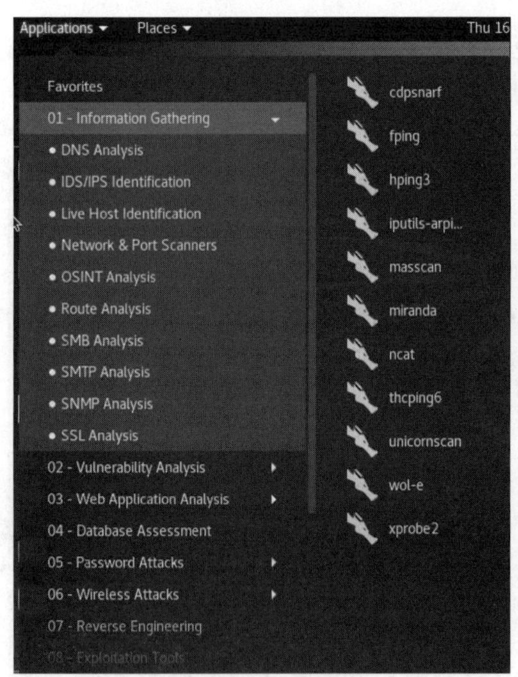

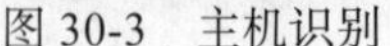
图 30-3　主机识别

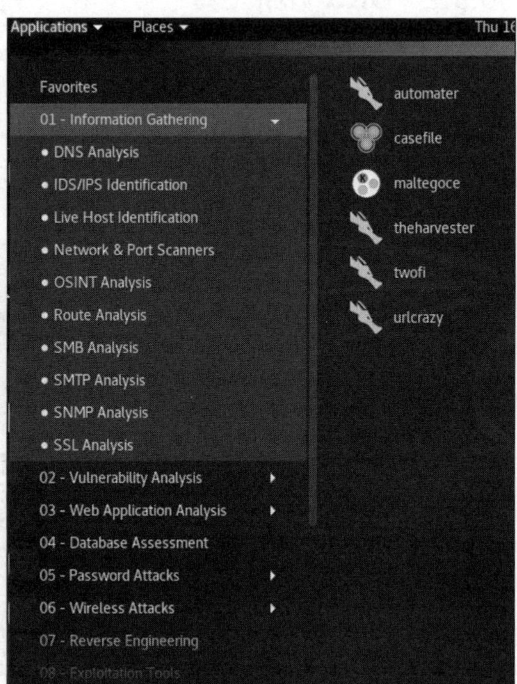

图 30-4　OSINT 分析

这类工具主要使用 OSINT 技术来收集关于目标的情报。OSINT 代表开源智能，它指的是使用关于组织和系统的公开可用的数据（因此术语为“开放”），类似于 whois 命令。

30.3.5　路由分析工具

在 Kali Linux 中，单击“应用程序”（Applications），然后单击“01 – 信息收集”（01 – Information Gathering），之后指向“路由分析”（Route Analysis）。出现的列表应该类似于图 30-5。

这类工具类似于 traceroute 命令，用于确定到达特定主机或网络的路由。

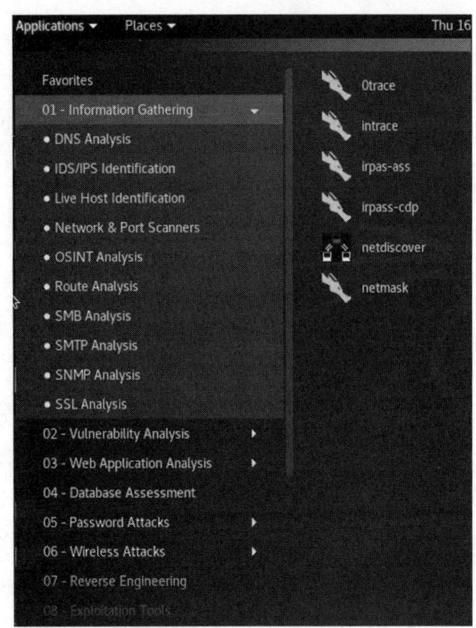

图 30-5　路由分析

30.4　总结

本章学习了进行踩点分析的几种不同技术，包括收集关键信息的探测系统和网络。

30.4.1　重要术语

踩点、端口扫描、套接字、包嗅探器

30.4.2　复习题

1. 要使用 nmap 命令仅扫描开放的 UDP 端口，你会使用下面的哪个选项？
   A. -sP　　B. -sU　　C. -sT　　D. -sD
2. nmap 命令的______选项试图判断远程系统的操作系统类型。
3. netstat 命令的哪个选项用于显示路由表？
   A. -r　　B. -n　　C. -t　　D. 以上都不是
4. netstat 命令的哪个选项会显示数字的值而不是名称？
   A. -r　　B. -n　　C. -t　　D. 以上都不是
5. ______命令列出本地系统上打开的文件。
6. 一个网络通信的端点被称为______。
7. 你可以使用哪个命令打开到远程系统的任意 TCP 或 UDP 连接？
   A. netstat　　B. lsof　　C. ping　　D. nc
8. tcpdump 的______选项限制只显示指定网络接口上的数据包。

第 31 章

防 火 墙

保护系统或网络的一个主要组成部分是将“坏人”挡在门外，同时让“好人”获得他们需要的访问权。这意味着你需要确保对系统的网络访问是安全和稳定的。

创建防火墙使你能够允许或阻止网络连接。防火墙可以检查每个网络数据包并确定是否应该允许该数据包进入。在本章中，你将学习创建防火墙的基本知识。

学习完本章并完成课后练习，你将具备以下能力：

- 识别防火墙的基本组件。
- 创建防火墙控制对系统或网络的访问。
- 阻止对外部系统的访问。
- 配置 NAT（网络地址转换）。

31.1 防火墙介绍

防火墙是一种网络设备，其目的是用来允许或阻止网络通信。防火墙可以在多种设备上实现，包括路由器、网络服务器和用户系统。

在 IT 行业中，可以使用各种各样的防火墙软件。任何制造路由器设备的公司都会有某种形式的防火墙软件可用。这包括无线接入设备，如你家里的无线路由器。

即使在 Linux 中，对于防火墙软件也有几种选择。有许多开放源码的，以及商业的软件包可用。无论是在本书的内容方面，还是在实际的防火墙实现方面，有这么多的选择可能会使事情变得复杂。

出于学习防火墙的目的，本章主要讨论 iptables，这是一种在大多数 Linux 发行版上通常默认可用的防火墙。在实际场景中，iptables 是一个很好的解决方案，并且经常使用。但是，你还应该考虑研究一下其他的防火墙软件，因为根据环境的需求可能需要不同的解决方案。

31.2 iptables 命令基础

要在系统上创建防火墙规则，可以使用 iptables 命令。此命令能创建实现以下一个或多个功能的规则：

- 阻止网络数据包。
- 将网络数据包转发到另一个系统。在这种情况下，本地系统将同时充当另一个网络的防火墙和路由器。
- 执行 NAT 操作。NAT 提供了一种方法，让私有网络中的主机能访问因特网。
- 修改网络数据包。尽管这可能是一个有用的特性，但它超出了本书的范围。

可能出现的错误 请记住，当你使用 iptables 命令创建防火墙规则时，这些规则将立即生效。如果你是远程登录到系统并创建了一条规则，该规则会立即阻止你当前会话的访问，那么这可能会成为一个问题。

31.2.1 数据包过滤概述

在开始使用 iptables 命令创建规则之前，你应该先了解防火墙服务如何工作。首先查看图 31-1，了解发送到系统的数据包如何被过滤。

在图 31-1 中，这个过程从图左上角开始，当数据包发送到系统上，iptables 服务使用一组规则来确定如何处理这个包。第一组规则发生在 PREROUTING 过滤点上，这些规则既可以用来允许数据包继续进行下一步，也可以用来阻止数据包。

如果 PREROUTING 过滤点允许通过该数据包，内核会判断是应该将该数据包发送到本地系统，还是应该传递到另外一个网络（换句话说，路由到另一个网络）。图 31-1 不包括数据包路由到另一个网络时发生的情况，但是本章后面的图中包含了这一点。

对于发送到本地系统的数据包，将使用另一个过滤点来确定是否允许或阻塞它。INPUT 过滤点上的规则将应用于这些数据包。

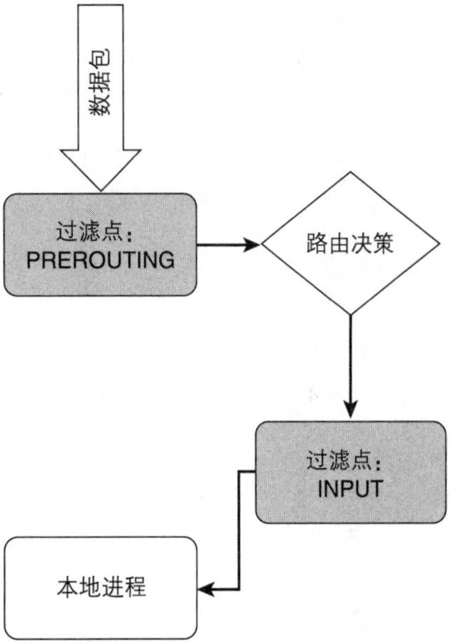

图 31-1 数据包过滤——进入的数据包

你可能想知道为什么会有两套规则（到目前为止有两套，将来会有更多）。考虑一下这一点：可能有一些数据包需要完全阻塞，不管它们是要发送到本地系统还是要路由到不同的网络，可以在 PREROUTING 过滤点上放置规则来阻止这些数据包。但是，如果只想阻止一些发送到本地系统的数据包，那么可以在 INPUT 过滤点上放置规则。

图 31-2 演示了数据包路由到另一个网络的情况。

路由到另一个网络的数据包首先必须通过 FORWARD 过滤点上的一组规则。这允许你创建一组规则，这些规则只适用于路由到另一个网络的包。

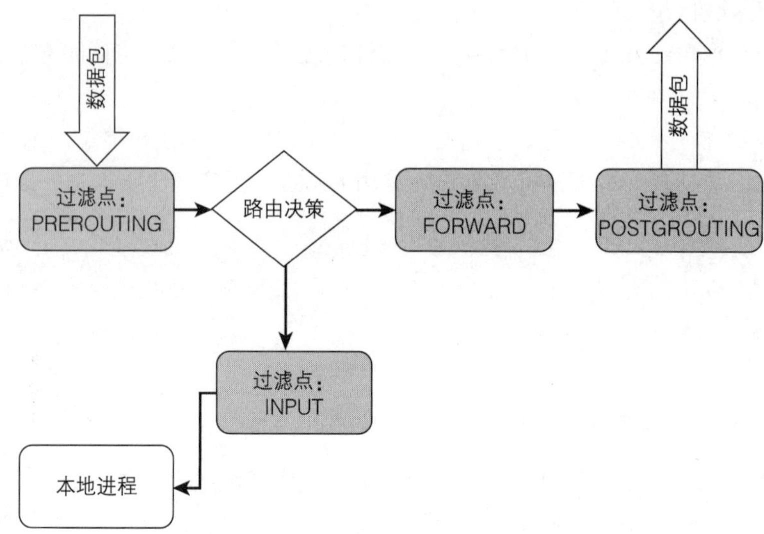

图 31-2　数据包过滤——路由的数据包

对话学习——配置路由器

Gary：嘿，Julia，我正在建立一个防火墙，也需要它作为路由器。我知道如何创建防火墙，但是如何让系统充当路由器呢？

Julia：嗨，Gary，那是内核的一个特性。看一下 /proc/sys/net/ipv4/ip_forward 文件的内容。

Gary：它的内容是 0。

Julia：对的，0 表示这个系统不是个路由器，1 表示这个系统是路由器。当然，你还需要定义两个网络接口。

Gary：我要直接修改这个数字吗？

Julia：你可以使用 echo 1 > /proc/sys/net/ipv4/ip_forward 命令进行修改，但是，如果系统重启了，它会恢复到 0。

Gary：我能做一个永久性的改变吗？

Julia：可以的。编辑 /etc/sysctl.conf 文件，并设置 net.ipv4.ip_forward = 1。

Gary：好的，再次感谢，Julia。

注意，在 FORWARD 过滤点之后，数据包被发送到另一个过滤点（POSTROUTING）。有两个过滤点和两组单独的规则似乎很奇怪，原因如图 31-3 所示。

数据包不仅在发送到主机时要进行过滤，而且从主机发送出去的数据包也要进行过滤。任何来源于运行在本地系统上的进程的数据包都由 OUTPUT 过滤点的规则进行过滤。如果你希望有一个适用于所有出站数据包的规则（包括路由的数据包和来自本地系统的数据包)，那么将规则放置在 POSTROUTING 过滤点上。

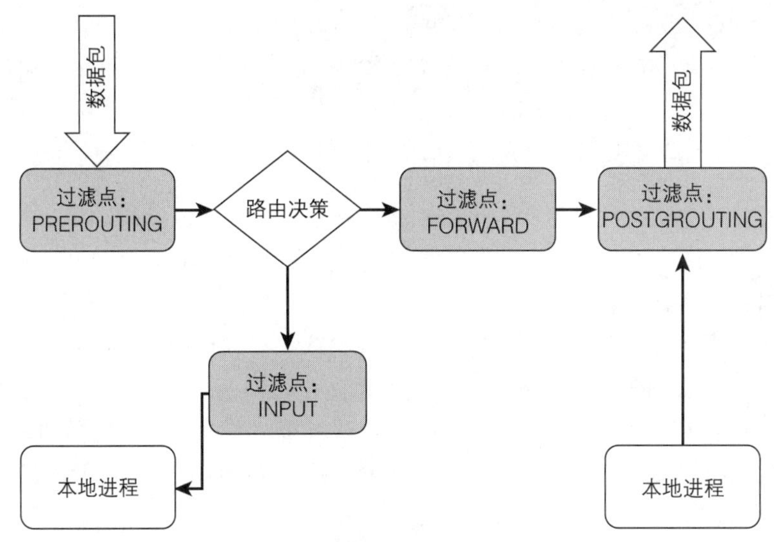

图 31-3　包过滤——出站数据包

31.2.2　重要术语

在前一节中，介绍了术语过滤点。规则的类型，称为表（table)，可以放在过滤点上。一个过滤点可以有一组或多组规则，因为 iptables 具有多个功能：过滤（阻塞或允许）数据包、对数据包执行 NAT 操作，或者修改数据包。过滤点与表（filter、nat 或 mangle）的组合构成一组规则，称为链（chain)。

可以把链看作一组规则，它决定对一个特定的包采取什么操作。例如，“filter INPUT”链上的规则可以根据源 IP 地址阻止进入的数据包。另一个规则可用于允许发送到特定网络端口的数据包。

规则的顺序也很重要。一旦找到匹配的规则，就会执行一个操作（称为 target)，并忽略其他规则（有一个例外，如下所述)。以下是不同类型的 target。

- ACCEPT：允许数据包继续到下一步（过滤点、路由决策，等等)。
- DROP：不允许数据包继续到下一步，直接丢弃它。
- REJECT：不允许数据包继续到下一步，但会向数据包的来源方发送一个响应信息，通知它被拒绝了。这与 DROP 不同，因为对于 DROP，数据包的来源方永远不会被告知数据包发生了什么。
- LOG：创建一个日志条目。注意，ACCEPT、DROP 或 REJECT 不会进一步去匹配后续的规则，但是 LOG 会创建日志条目，然后继续匹配后续的其他规则。因此，你可以创建一条规则来记录连接尝试，然后使用另一条规则进行 DROP 或 REJECT。

安全提醒

通常，DROP 被认为是比 REJECT 更安全的做法，因为黑客会使用 REJECT 的响应作为探测系统或网络的手段。即使是否定的回应也会给黑客提供有用的信息。例如，REJECT 可能表明目标计算机可能值得入侵（为什么要保护一个不重要的系统），或者它可能表明一些端口被阻塞，但其他端口是允许的。

每条链还有一个默认链策略（default chain policy）。如果还没有编辑过链，它应该是 ACCEPT。这意味着，如果数据包没有匹配到链中的任何 DROP 或 REJECT 规则，默认的 ACCEPT 策略将允许它继续执行下一步。

在安全性至关重要的系统上，可能会希望将此默认规则更改为 DROP。这意味着，只有那些与链中的 ACCEPT 规则匹配的数据包才允许移动到下一步。

所有这些术语（过滤点、表、链、规则和默认链策略）将在本章提供的示例中变得更加清晰。因此，如果其中一些术语现在有点模糊，那么在使用 iptables 命令实现防火墙规则时，应该就会更容易理解。

注意 iptables 创建的防火墙可能非常复杂，远远超出了本书的范围。例如，除了 filter、nat 和 mangle 之外，还有一个名为“raw”的表不会在本书中讨论。此外，过滤点可以有多个规则——例如，一组规则用于 OUTPUT-filter、一组用于 OUTPUT-nat 和一组用于 OUTPUT-mangle。但是，并不是每个表都可以用来创建规则（例如，不能有 PREROUTING-filter 规则）。而这些复杂的情况应该出现在一本只关注防火墙的书中，本书只讨论特定场景下的防火墙。

最后，考虑在一个过滤点上出现多个规则集的情况。显然，必须先应用一个规则集，然后再应用另一个规则集，以此类推。Jan Engelhardt 的一张优秀的图表描述了这一过程，链接地址为 https://upload.wikimedia.org/wikipedia/commons/3/37/Netfilter-packet-flow.svg.

31.3 使用 iptables 过滤进入的数据包

常见的防火墙任务包括配置一个系统，允许或阻止进入的数据包。这可以应用于单个主机或整个网络（如果当前系统也充当路由器的话）。要执行此任务，需要在 INPUT-filter 链上配置规则。

可能出现的错误 请记住，iptables 不是唯一可用的防火墙解决方案。你的系统上可能已经安装并启用了另一个解决方案。系统在一个时间点上应该只有一个防火墙服务处于活动状态。因此，可能需要禁用现有的防火墙。

例如，许多基于 Red Hat 的发行版默认启用了 firewalld，而不是 iptables。通过执行 systemctl disable firewalld 命令，可以禁用此功能。

本章的例子是在一个默认使用 iptables 的 Ubuntu 系统上执行的。请参阅发行版的文档，以确定默认情况下是否使用了其他防火墙解决方案。

在现代 Linux 发行版中，包含一些默认的防火墙规则是相当常见的。可以通过执行以下命令查看当前的规则：

```
root@onecoursesource:~# iptables -t filter -L INPUT
Chain INPUT (policy ACCEPT)
target     prot opt source               destination
ACCEPT     udp  --  anywhere             anywhere   udp dpt:domain
ACCEPT     tcp  --  anywhere             anywhere   tcp dpt:domain
ACCEPT     udp  --  anywhere             anywhere   udp dpt:bootps
ACCEPT     tcp  --  anywhere             anywhere   tcp dpt:bootps
```

此时，我们不需要担心这些规则的作用，稍后将对它们进行描述。要将这些规则从链中删除，可以单独删除它们。例如，下面的命令删除 INPUT-filter 链中的第一条规则（注意，不需要包含 -t filter，因为 filter 是默认表）：

```
root@onecoursesource:~# iptables -D INPUT 1
root@onecoursesource:~# iptables -L INPUT
Chain INPUT (policy ACCEPT)
target     prot opt source               destination
ACCEPT     tcp  --  anywhere             anywhere   tcp dpt:domain
ACCEPT     udp  --  anywhere             anywhere   udp dpt:bootps
ACCEPT     tcp  --  anywhere             anywhere   tcp dpt:bootps
```

可以使用 -F 选项移除链中的所有规则（F 表示 flush）：

```
root@onecoursesource:~# iptables -F INPUT
root@onecoursesource:~# iptables -L INPUT
Chain INPUT (policy ACCEPT)
target     prot opt source               destination
```

若要阻止来自特定主机的所有网络数据包，请使用以下命令：

```
root@onecoursesource:~# iptables -A INPUT -s 192.168.10.100 -j DROP
root@onecoursesource:~# iptables -L INPUT
Chain INPUT (policy ACCEPT)
target     prot opt source               destination
DROP       all  --  192.168.10.100        anywhere
```

-s 选项表示“源”(source)，它的值可以是 IP 地址或网络地址

```
root@onecoursesource:~# iptables -A INPUT -s 192.168.20.0/24 -j DROP
root@onecoursesource:~# iptables -L INPUT
```

```
Chain INPUT (policy ACCEPT)
target     prot opt source               destination
DROP       all  --  192.168.10.100       anywhere
DROP       all  --  192.168.20.0/24      anywhere
```

使用 -A 选项将把新规则放在链的末尾。记住，这很重要，因为规则是按顺序执行匹配的。假设你希望允许 192.168.20.0/24 网络中的一台机器访问这个系统，可以使用 -I 选项，在阻止这个网络访问的规则之上插入一个新规则，例如，-I INPUT 2 表示，将此规则作为规则 2 插入，并将所有剩余的规则向下移动 1：

```
root@onecoursesource:~# iptables -I INPUT 2 -s 192.168.20.125 -j ACCEPT
root@onecoursesource:~# iptables -L INPUT
Chain INPUT (policy ACCEPT)
target     prot opt source               destination
DROP       all  --  192.168.10.100       anywhere
ACCEPT     all  --  192.168.20.125       anywhere
DROP       all  --  192.168.20.0/24      anywhere
```

31.3.1　根据协议进行过滤

使用协议过滤数据包很常见，这可以是 ICMP、TCP 或 UDP 之类的协议，也可以是与特定端口相关联的协议（如使用 23 端口的 telnet）。要阻止 ICMP 这样的协议，可以使用如下命令（第一个命令清除以前的规则，这样就可以专注于正在讨论的规则）：

```
root@onecoursesource:~# iptables -F INPUT
root@onecoursesource:~# iptables -A INPUT -p icmp -j DROP
root@onecoursesource:~# iptables -L INPUT
Chain INPUT (policy ACCEPT)
target     prot opt source               destination
DROP       icmp --  anywhere             anywhere
```

可以与 -p 选项一起使用的协议的列表，请参阅 /etc/protocols 文件。

要阻止特定端口，需要 -m 选项与 --sport（源端口）或 --dport（目标端口）中的一个一起使用。对于传入的数据包，通常使用 --dport 选项，因为你关心的是在本地系统的特定端口上建立的连接：

```
root@onecoursesource:~# iptables -A INPUT -m tcp -p tcp --dport 23 -j DROP
root@onecoursesource:~# iptables -L INPUT
Chain INPUT (policy ACCEPT)
target     prot opt source               destination
DROP       icmp --  anywhere             anywhere
DROP       tcp  --  anywhere             anywhere   tcp dpt:telnet
```

iptables 需要 -m 选项来使用扩展模块，这是 iptables 的一个可选附加功能。在前面的示例中，使用了 TCP 匹配扩展模块。有关 iptables 扩展模块的信息，请参见图 31-4。

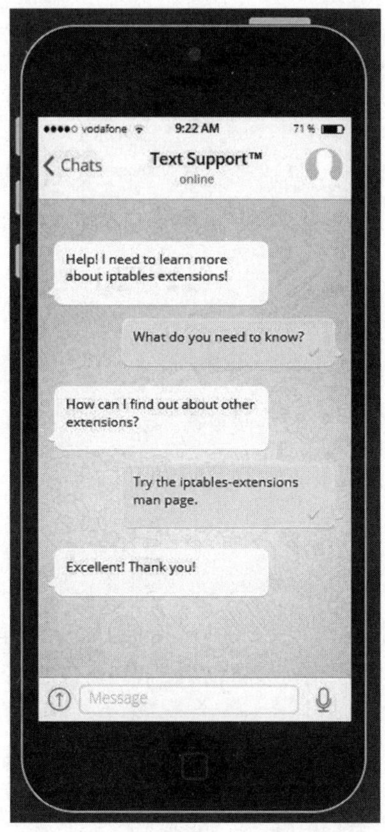

图 31-4 文本支持——iptables 模块

> **注意** 你还可以指定端口范围：--dport 1:1024。

iptables -L 命令的输出自动将端口号转换为名称（例如，23 转换为“telnet”）。如果能执行 DNS 查找，它还将 IP 地址转换为主机名。为了避免这些转换，可使用 -n 选项：

```
root@onecoursesource:~# iptables -L INPUT -n
Chain INPUT (policy ACCEPT)
target     prot opt source               destination
DROP       icmp --  0.0.0.0/0             0.0.0.0/0
DROP       tcp  --  0.0.0.0/0             0.0.0.0/0   tcp dpt:23
```

请记住，可以在 /etc/services 文件中查找端口号。

31.3.2 多重条件

你可以组合多个条件来创建更复杂的规则。要使规则匹配，所有条件都必须匹配。例如，假设你想创建一个同时匹配协议和源 IP 地址的规则，使用下面这条命令：

```
root@onecoursesource:~# iptables -A INPUT -p icmp -s 192.168.125.125 -j DROP
root@onecoursesource:~# iptables -L INPUT
Chain INPUT (policy ACCEPT)
target     prot opt source               destination
DROP       icmp --  anywhere             anywhere
DROP       tcp  --  anywhere             anywhere    tcp dpt:telnet
DROP       icmp --  192.168.125.125      anywhere
```

本例中添加的规则规定“丢弃来自 192.168.125.125 主机的所有 ICMP 包”。

31.3.3 基于目的地过滤

如果你查看 iptables -L INPUT 命令的输出，将看到有一个“destination”列：

```
root@onecoursesource:~# iptables -L INPUT
Chain INPUT (policy ACCEPT)
target     prot opt source               destination
DROP       icmp --  anywhere             anywhere
DROP       tcp  --  anywhere             anywhere    tcp dpt:telnet
DROP       icmp --  192.168.125.125      anywhere
```

在拥有多个网卡或一个网卡有多个 IP 地址的情况下，你可能希望为不同的网络接口创建不同的规则。在每个网卡只有一个 IP 地址的情况下，可以为每个网络接口创建不同的规则：

```
root@onecoursesource:~# iptables -F INPUT
root@onecoursesource:~# iptables -A INPUT -i eth0 -s 192.168.100.0/24 -j DROP
root@onecoursesource:~# iptables -A INPUT -i eth1 -s 192.168.200.0/24 -j DROP
root@onecoursesource:~# iptables -L INPUT
Chain INPUT (policy ACCEPT)
target     prot opt source               destination
DROP       all  --  192.168.100.0/24     anywhere
DROP       all  --  192.168.200.0/24     anywhere
```

上面的 iptables -L INPUT 命令的输出没有显示出不同的网络接口。要查看它们，必须使用 -v 选项（代表 verbose）：

```
root@onecoursesource:~# iptables -L INPUT -v
Chain INPUT (policy ACCEPT 2 packets, 144 bytes)
 pkts bytes target     prot opt in     out     source               destination
    0     0 DROP       all  --  eth0   any     192.168.100.0/24     anywhere
    0     0 DROP       all  --  eth1   any     192.168.200.0/24     anywhere
```

-v 选项提供了更多的信息，包括多少个网络数据包已经匹配了指定的规则。这在测试防火墙规则时非常有用。

在一个网络接口被分配多个 IP 地址的情况下，使用 -d 选项表示规则将应用于目标地址：

```
root@onecoursesource:~# iptables -F INPUT
root@onecoursesource:~# iptables -A INPUT -d 192.168.50.1 -s 192.168.200.0/24 -j DROP
root@onecoursesource:~# iptables -L INPUT
Chain INPUT (policy ACCEPT)
target     prot opt source               destination
DROP       all  --  192.168.200.0/24     192.168.50.1
```

31.3.4 更改默认策略

防火墙更常见的用法是，默认情况下只允许特定的数据包并拒绝所有其他数据包。这可以通过更改默认策略实现。例如，假设当前系统在一个内部网络上，你希望确保只有少数系统能够访问它。执行这项任务的规则如下：

```
root@onecoursesource:~# iptables -F INPUT
root@onecoursesource:~# iptables -A INPUT -s 10.0.2.0/24 -j ACCEPT
root@onecoursesource:~# iptables -P INPUT DROP
root@onecoursesource:~# iptables -L INPUT
Chain INPUT (policy DROP)
target     prot opt source               destination
ACCEPT     all  --  10.0.2.0/24          anywhere
```

可能出现的错误 将默认策略设置为DROP时要非常小心。如果你是远程登录到系统的，并且没有创建允许当前登录会话的数据包"通过"的规则，那么新的默认策略最终可能会阻止你对系统的访问。

31.3.5 重温原来的规则

既然你已经学习了创建防火墙规则的一些基础知识，那么回想一下本章前面的内容，系统在默认情况下是有一些规则的：

```
root@onecoursesource:~# iptables -t filter -L INPUT
Chain INPUT (policy ACCEPT)
target     prot opt source               destination
ACCEPT     udp  --  anywhere             anywhere   udp dpt:domain
ACCEPT     tcp  --  anywhere             anywhere   tcp dpt:domain
ACCEPT     udp  --  anywhere             anywhere   udp dpt:bootps
ACCEPT     tcp  --  anywhere             anywhere   tcp dpt:bootps
```

了解防火墙的一部分不仅仅是编写规则，还包括了解规则是如何应用的。例如，如果查看前面输出的规则，你将看到几个端口（"domain"是53端口，"bootps"是67端口）被允许通过INPUT过滤点，因为target是ACCEPT。这些规则实际上对防火墙没有影响，因为默认链策略也是ACCEPT。如果将策略更改为DROP，这些规则会影响哪些包被允许通过，哪些包被阻止通过。

31.3.6 保存规则

到目前为止，所做的所有更改只影响当前正在运行的防火墙。如果重新引导系统，使用 iptables 命令所做的所有更改都将丢失，规则将恢复到默认值。

可以使用 iptables-save 命令将规则保存到文件中。通常这个命令的输出被发送到屏幕，但可以重定向输出到一个文件：

```
root@onecoursesource:~# iptables-save > /etc/iptables.rules
```

应该在何处保存规则，以及如何自动加载规则取决于你的发行版。一些发行版使用了前端实用程序，如 Red Hat Enterprise Linux 上的 firewalld 或 Ubuntu 上的 UFW（Uncomplicated Firewall，简单防火墙）。这些实用程序不仅用于配置防火墙规则（代替你运行 iptables 命令），而且还用于保存规则。这些规则也会在系统重新启动时自动恢复。

> **注意** 因为有很多这样的“iptables helper”实用程序（包括基于 GUI 的实用程序），所以作者决定只讨论 iptables 命令。你可以始终使用这个命令来实现防火墙，并且欢迎你通过查阅文档来研究当前正在使用的发行版上提供的“iptables helper”实用程序。

如果你没有使用这些实用程序，可能你的系统上使用了另一种解决方案。如果没有，你可以创建一个 Shell 脚本，使用以下命令从保存的文件中恢复规则：

```
root@onecoursesource:~# iptables-restore< /etc/iptables.rules
```

然后，你需要使用第 28 章中介绍的技术，在引导过程中执行此脚本。

31.4 使用 iptables 过滤出站数据包

你可能想知道为什么要阻止出站数据包。考虑到在许多公司中，最大的安全问题之一就是访问因特网站点的用户可能会损害安全性。例如，假设你的公司不允许用户访问某个文件共享站点，因为它缺乏适当的安全限制。为了阻止这种访问，可以在 OUTPUT-filter 链上创建防火墙规则：

```
root@onecoursesource:~# iptables -F OUTPUT
root@onecoursesource:~# iptables -A OUTPUT -m tcp -p tcp -d 10.10.10.10
➥--dport 80 -j DROP
root@onecoursesource:~# iptables -L OUTPUT
Chain OUTPUT (policy ACCEPT)
target     prot opt source               destination
DROP       tcp  --  anywhere             10.10.10.10 tcp dpt:http
```

如果你要禁止访问某个远程系统，使用 REJECT，而不是 DROP，可能被认为对用户更友好一些。回想一下，使用 DROP 时，没有响应返回到数据包的来源方。因此，如果用户访问了一个网站，并且使用了 DROP，那么该网站似乎只是挂起。但是，REJECT 将响应一条错误消息，因此 Web 浏览器会向用户显示一条错误消息。

也许你想允许这种访问，但要创建一个日志条目，以便确定哪些系统试图访问远程系统：

```
root@onecoursesource:~# iptables -F OUTPUT
root@onecoursesource:~# iptables -A OUTPUT -m tcp -p tcp -d 10.10.10.10
➥--dport 80 -j LOG
root@onecoursesource:~# iptables -L OUTPUT
Chain OUTPUT (policy ACCEPT)
target     prot opt source               destination
LOG        tcp  --  anywhere             10.10.10.10
➥tcp dpt:http LOG level warning
```

31.5　实现 NAT

NAT 有几种不同的形式。

- DNAT：目的地址 NAT。当你希望将服务器放置在防火墙之后，并且仍然允许来自外部网络的访问时使用。DNAT 规则放在 PREROUTING 过滤点。对这个问题的进一步讨论超出了本书的范围。
- SNAT：源地址 NAT。当你拥有一个具有静态分配的私有 IP 地址的内部网络时使用。使用 SNAT，可以通过一台拥有合法公网 IP 地址（一个可以在因特网上路由的 IP 地址）的机器访问引导到因特网，该系统上配置了 SNAT, SNAT 用于把内部地址映射为外部地址。SNAT 规则放在 POSTROUTING 过滤点。对这个问题的进一步讨论超出了本书的范围。
- MASQUERADE：当你拥有动态分配私有 IP 地址的内部网络时使用（例如，使用 DHCP）。使用 MASQUERADE，可以通过一台拥有合法公网 IP 地址（一个可以在因特网上路由的 IP 地址）的机器将访问引导到因特网，该系统上配置了 MASQUERADE，MASQUERADE 用于把内部地址映射为外部地址。MASQUERADE 规则放在 POSTROUTING 过滤点。对这个问题的进一步讨论超出了本书的范围。

由于大多数内部网络使用 DHCP 分配 IP 地址，所以 MASQUERADE 比 SNAT 更通用。它的配置也更容易，因为它能自动判断外部 IP 地址，尤其是当外部 IP 是动态获取的情况下，例如拨号[⊖]。使用 MASQUERADE，一个命令可以处理所有的内部系统：

```
root@onecoursesource:~# iptables -t nat -A POSTROUTING -j MASQUERADE
```

⊖ SNAT 与 MASQUERADE 的区别是，SNAT 需要指定转换后的外部 IP 地址，而 MASQUERADE 可以自动识别转换后的外部 IP 地址。此外，当拥有多个外部 IP 地址的时候，SNAT 可以指定多个 IP 地址。——译者注

31.6 总结

本章的重点是防火墙，特别是 iptables。你了解了如何在 INPUT-filter 链上创建规则，来保护系统或网络免受黑客攻击。还了解了如何在 OUTPUT-filter 链上创建规则，来阻止对外部主机的访问。最后，还了解了如何配置 NAT，来允许内部私有系统访问因特网。

31.6.1 重要术语

防火墙、网络地址转换、mangle、过滤点、表、链、target、默认链策略、firewalld、UFW、路由器、规则

31.6.2 复习题

1. 如果没有匹配到 iptables 规则，则使用______target。
2. 下面哪个不是有效的 iptables target？

   A. REFUSE　　B. REJECT　　C. ACCEPT　　D. LOG
3. iptables 命令的______选项显示当前的防火墙规则。
4. 创建一条规则，基于目的端口过滤，需要使用下面哪些选项？（选择两个。）

   A. -p　　B. --dport　　C. -d　　D. -m
5. 要显示端口号和 IP 地址，而不是名称，使用 iptables 命令的______选项。

第 32 章

入侵检测

你可以将本章视为对入侵检测工具的介绍，因为这是一个非常大的话题，而对这个话题的完整讨论超出了本书的范围。入侵检测包含一组工具和命令，设计这些工具和命令的目的是，让你能够确定你的系统或网络是否受到了攻击。

本章的目标是介绍其中的一些工具，包括在前几章中学习过的工具。有了本章学到的知识，你就可以开始为你的环境定制入侵检测。

学习完本章并完成课后练习，你将具备以下能力：

- 使用工具判断网络是否已被入侵。
- 判断重要系统文件是否已被破坏。
- 探索其他 IDS（Intrusion Detection System，入侵检测系统）工具和技术。

32.1 入侵检测工具简介

在理想的情况下，安全措施可以防止所有的入侵者。不幸的是，我们并不是生活在一个理想的世界中，所以你必须为入侵者破坏系统安全的可能性做好准备。在识别入侵者方面，你应该关注的两个主要问题是，判断是否发生了入侵，以及入侵发生后应该采取什么样的行动。

32.1.1 判断是否发生了入侵

发现安全漏洞可能是一个挑战，因为黑客会发现你没有意识到的漏洞。这样想：遇到蚂蚁入侵房子的问题，你堵住了能找到的每一个洞。不到一个星期，它们又回来了，因为它们又发现了一个你不知道的洞。

有时候，黑客就像蚂蚁一样留下痕迹，这样你就能发现他们是如何进入你的系统或网络的。不幸的是，一些黑客非常聪明地掩盖了他们的行踪，而且往往会在很长一段时间内逃过别人的注意（比如蚂蚁会找到进入食品柜后面的路，你可能好几天才会发现它们）。

这里要重点强调一下尽快发现安全漏洞的重要性。为了说明这一点，看一下过去几年发生的一些主要黑客攻击。

- 2013 年 Target 遭到黑客攻击[㊀]：在这次黑客攻击中，4000 多万张信用卡的数据遭到了破坏。这次攻击是在安全措施被成功攻破的几周后才被发现的。
- 2013～2014 年 eBay 遭到黑客攻击：1.45 亿用户的账户信息被泄露，包括密码（加密格式）、出生日期、姓名和地址。当黑客能够使用 3 个人的雇员凭证时，就发生了这次入侵。然而，该漏洞并没有被立即发现。在发现漏洞之前，黑客已经访问了该系统 229 天。
- 2017 年 Equifax 遭到黑客攻击[㊁]：在这次黑客攻击中，超过 1.4 亿用户的数据被泄露，包括社会保险号码、地址、出生日期和其他细节。尽管这次黑客攻击是在 7 月 29 日被发现的，但 Equifax 表示，它们的系统可能在 5 月中旬就遭到了攻击，这意味着黑客大约有 45 天的时间来窃取数据。

虽然前面的示例是一些特别大的黑客攻击，但是还有许多类似的较小的安全入侵。请注意，在所有情况下，黑客都有几周，有时是几个月的不受限制的系统访问。有时候，一个能力强的黑客只需要很短的时间就能窃取数据或造成破坏，所以你越早发现他们，对你就越有利。如果黑客在很长一段时间内缓慢地窃取信息，他们不太可能被注意到，因为没有大量的数据传输，你可能会觉得这些流量熟悉，而不会质疑它。

入侵检测工具用于发现安全漏洞。正如你将在本章中发现的，Linux 发行版中有许多这样的工具可用。

32.1.2　采取行动

尽管你可能不想承认，你最好的安全方案可能会被破解。当这种情况发生时，你必须在安全策略中有一个计划，描述要采取什么行动来限制损失或损害。

这本身就是一个很大的话题，详细讨论要采取的行动超出了本书的范围。下面的列表提供了一些你应该包括在“恢复”计划中的话题：

- 应该有一个方案能把破解的系统下线（不再连接到网络）。重要的是，你必须快速识别受黑客破解影响的每一个系统，以便有效地阻止攻击和攻击者的访问。
- 应该有一个需要通知的人的列表，按照特定的顺序。列表里还应该包括向列表中的每个人提供什么信息。
- 如果是运行重要任务的系统，则应制订计划，在堵住了入侵使用的安全漏洞之后，更换新的服务器后再上线。永远不要将原始服务器恢复到联机状态，因为黑客可能还放置了未被发现的后门。
- 应该在服务器上执行全面的诊断。
- 应制订计划通知用户、客户、董事会、政府机构和公众。包括具体负责和授权作出

㊀ Target，美国塔吉特公司，公司位于明尼苏达州明尼阿波利斯美市。——译者注

㊁ Equifax，美国三大信用局之一，是一家跨国征信公司。——译者注

这些通知的人，而不是部门。该计划应明确指出，没有授权其他任何人代表本公司向公众发言。

这远不是一个完整的列表。在制订“恢复”计划时，它只是作为你应该考虑的一个起点。

32.2 入侵检测之网络工具

大多数 Linux 发行版默认安装了几个入侵检测工具。可以考虑定期运行这些工具，以确定是否有入侵者。一种方法是创建脚本，然后使用 crontab 定期运行它们。

32.2.1 netstat 命令

netstat 目录在第 19 章介绍过，回想一下，可以使用这个命令查看所有活跃的 TCP 连接：

```
[root@onecoursesource ~]# netstat -ta
Active Internet connections (servers and established)
Proto Recv-Q Send-Q Local Address           Foreign Address         State
tcp        0      0 192.168.122.1:domain    0.0.0.0:*               LISTEN
tcp        0      0 0.0.0.0:ssh             0.0.0.0:*               LISTEN
tcp        0      0 localhost:ipp           0.0.0.0:*               LISTEN
tcp        0      0 localhost:smtp          0.0.0.0:*               LISTEN
tcp6       0      0 [::]:ssh                [::]:*                  LISTEN
tcp6       0      0 localhost:ipp           [::]:*                  LISTEN
tcp6       0      0 localhost:smtp          [::]:*
```

未经授权访问你系统的黑客很可能已经建立了网络连接。定期探测系统可以帮助你确定是否有未经授权的用户正在访问。寻找任何不正常的连接，并注意这些连接来自何处（“Foreign Address”列）。

你应该考虑定期运行的另一个 netstat 命令是 netstat -taupe 命令，如例 32-1 所示。这个命令显示所有打开的端口，这一点很重要，因为黑客经常会打开新的端口，从而在系统中创建更多的后门。你应该知道在网络中的每个系统上应该打开哪些端口，并经常检查正确的端口是否打开，以及有没有打开其他端口。

例 32-1 netstat -taupe 命令

```
root@onecoursesource:~# netstat -taupe
Active Internet connections (servers and established)
Proto  Recv-Q  Send-Q  Local Address          Foreign Address  State   User  Inode  PID/Program name
tcp    0       0  10.8.0.1:domain             *:*              LISTEN  bind  24592  1388/named
tcp    0       0  192.168.122.1:domain        *:*              LISTEN  root  16122  2611/dnsmasq
tcp    0       0  10.0.2.15:domain            *:*              LISTEN  bind  11652  1388/named
tcp    0       0  localhost:domain            *:*              LISTEN  bind  11650  1388/named
```

```
tcp   0      0 *:ftp                 *:*           LISTEN  root   10612  990/vsftpd
tcp   0      0 *:ssh                 *:*           LISTEN  root   11521  1342/sshd
tcp   0      0 localhost:ipp         *:*           LISTEN  root   15866  2527/cupsd
tcp   0      0 localhost:smtp        *:*           LISTEN  root   13427  1938/master
udp   0      0 *:42052               *:*                   avahi  9597   575/avahi-daemon: r
udp   0      0 *:openvpn             *:*                   root   12202  1576/openvpn
udp   0      0 *:mdns                *:*                   avahi  9595   575/avahi-daemon: r
udp   0      0 192.168.122.1:domain  *:*                   bind   24593  1388/named
udp   0      0 10.8.0.1:domain       *:*                   bind   24591  1388/named
udp   0      0 192.168.122.1:domain  *:*                   root   16121  2611/dnsmasq
udp   0      0 10.0.2.15:domain      *:*                   bind   11651  1388/named
udp   0      0 localhost:domain      *:*                   bind   11649  1388/named
```

32.2.2 nmap 命令

netstat 命令的问题在于，熟练的黑客可以用错误的信息欺骗你。例如，他们可以修改命令的源代码，重新编译，并用修改后的版本替换 netstat 命令，该版本将提供错误的信息。或者，更简单地说，他们可以将 netstat 命令替换为提供错误信息的 Shell 脚本。这并不是说你不应该使用 netstat 命令，只是要意识到它不是测试打开网络端口的唯一方法。

你还应该考虑定期运行 nmap 命令，这个命令在第 30 章中有详细介绍。nmap 命令不容易被黑客替换，因为是在不同的系统上运行这个命令，而不是在可能已经被黑客入侵了的系统上（有可能你的整个系统都被黑客入侵了，但这比单个系统被黑客入侵的可能性要小很多）。”

因为 nmap 命令在第 30 章中有很好的介绍，所以这里不再赘述。但是，你应该将其作为 IDS 计划的一部分。

32.2.3 tcpdump 命令

第 30 章中介绍的另一个有用的入侵检测工具是 tcpdump 命令。此工具能探测网络流量，并搜索任何可疑的活动。正如在第 30 章中所讨论的，这个工具被黑客用来执行踩点活动。出于你的目的，应该在你的入侵检测计划中使用该命令，以此警告你任何流氓接入点或其他未经授权的硬件。

因为 tcpdump 命令在第 30 章中有很好的介绍，所以这里不再赘述。可是，你可以考虑安装 Wireshark，这是一个为 tcpdump 命令提供 GUI 界面的前端工具（参见图 32-1）。

请记住，Wireshark 非常适合交互式使用，而你仍然需要使用 tcpdump 来自动监视网络活动。与 netstat 命令一样，使用 tcpdump 监视网络的一个好方法是使用 Shell 脚本和 crontab。

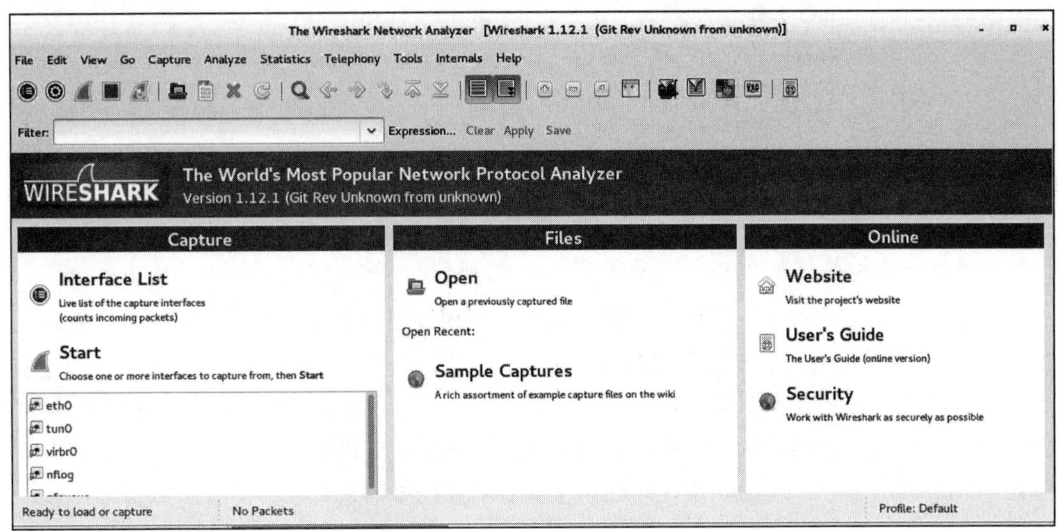

图 32-1　使用 Wireshark

32.3　入侵检测之文件工具

对于获得未经授权访问系统的黑客来说，一个常见的任务是修改关键文件，以创建后门。本节提供两个示例，说明如何实现这一点，并讨论如何将文件更改工具合并到入侵检测计划中。

32.3.1　修改 /etc/passwd 和 /etc/shadow 文件来创建后门

假设黑客在某个时刻获取了系统的 root 用户访问权限。这个人知道这种未经授权的访问最终会被注意到，为了创建后门，黑客将以下条目添加到 /etc/passwd 文件中（加粗显示的部分）：

```
lp:x:7:7:lp:/var/spool/lpd:/usr/sbin/nologin
mail:x:8:8:mail:/var/mail:/usr/sbin/nologin
news:x:9:9:news:/var/spool/news:/usr/sbin/nologin
uucp:x:10:10:uucp:/var/spool/uucp:/usr/sbin/nologin
nncp:x:0:0:root:/root:/bin/bash
proxy:x:13:13:proxy:/bin:/usr/sbin/nologin
www-data:x:33:33:www-data:/var/www:/usr/sbin/nologin
backup:x:34:34:backup:/var/backups:/usr/sbin/nologin
```

回想一下，为用户账户提供超级用户特权的不是用户名，而是 UID（用户 ID）。任何 UID 为 0 的账户都具有完全的管理权限，因此上面输出中的“nncp”用户是超级用户。黑客现在只需要在 /etc/shadow 中添加以下加粗的行，就能允许 nncp 用户登录。

```
lp:*:16484:0:99999:7:::
mail:*:16484:0:99999:7:::
news:*:16484:0:99999:7:::
uucp:*:16484:0:99999:7:::
nncp::1745:7:0:99999:7:::
proxy:*:16484:0:99999:7:::
www-data:*:16484:0:99999:7:::
backup:*:16484:0:99999:7:::
```

注意，nncp 账户的密码字段是空的，这允许使用该用户名登录，而不需要提供密码[⊖]。黑客也可能会为账户分配一个常规密码。

为什么这个方法如此有效？首先，选择的用户名，以及在 /etc/passwd 和 /etc/shadow 文件中的位置允许黑客隐藏这个账户，就好像它是一个守护进程账户一样。许多管理员不知道系统上的所有守护进程账户，而且由于安装新软件可能会创建新的守护进程账户，因此黑客创建的这个新账户常常会被忽略。

32.3.2　创建一个有 SUID 权限的程序来创建后门

同样，假如黑客以管理员身份获取了系统的访问权限。假设黑客运行以下 chmod 命令：

```
root@onecoursesource:~# ls -l /usr/bin/vim
-rwsr-xr-x 1 root root 2191736 Jan  2  2020 /usr/bin/vim
root@onecoursesource:~# chmod u+s /usr/bin/vim
root@onecoursesource:~# ls -l /usr/bin/vim
-rwsr-xr-x 1 root root 2191736 Jan  2  2020 /usr/bin/vim
```

这意味着只要黑客可以以普通用户身份访问系统，就可以以 root 用户身份运行 vim 编辑器，这让他们能够修改系统上的任何文件（包括从 /etc/shadow 文件里删除 root 的密码，然后重新获取 root 的访问权限）。你可能会想，“嗯，黑客仍然需要访问普通用户账户”，但是请考虑以下这些情况：

- 黑客可能已经破解了某个普通用户，只是你不知道而已。
- 黑客可能就是想获取超级访问权限的某个内部员工。
- 黑客可能会留下某个以普通用户的身份运行的后台进程，并且无须登录即可对外提供访问。

32.3.3　将文件更改工具合并到入侵检测计划中

你的 IDS 计划里应该包含几个检测文件变化的工具，包括以下这些：

- 包管理工具，用于确定文件安装后是否发生了更改（例如 rpm -V 命令，在第 26 章

⊖ 空密码不能进行远程登录，但可以在使用 su 命令切换用户身份时不需要输入该用户的密码。——译者注

中讨论过)。

- 比较文件差异的命令，如 cmp 和 diff 命令。cmp 命令是确定两个文本文件或二进制文件是否不同的好方法，diff 命令可以显示两个文本文件的不同之处。这些命令要求访问原始文件，这些文件可能在备份设备上可用。
- MD5 值是基于文件属性和内容计算出来的唯一的单向散列值[⊖]。这提供了一个“数字指纹”，可以用来确定文件是否被修改。如果创建了原始未篡改文件的 MD5 值，后续可用来验证可疑的文件。请参见以下列表中的此技术示例。

要创建 MD5 值，使用下面的命令：

```
root@onecoursesource:~# md5sum /etc/passwd > passwd.md5
root@onecoursesource:~# cat passwd.md5
7459f689813d3c422bbd71d5363ba60b  /etc/passwd
```

稍后可以用这个文件来验证是否对原始文件做了修改：

```
root@onecoursesource:~# md5sum -c passwd.md5
/etc/passwd: OK
root@onecoursesource:~# useradd test
root@onecoursesource:~# md5sum -c passwd.md5
/etc/passwd: FAILED
md5sum: WARNING: 1 computed checksum did NOT match
```

以下是关于使用本节介绍的这几个技术的几点注意事项：

- 永远不要信任已被破坏的系统上的任何文件。例如，rpm -V 使用的数据库可能已经被黑客破坏，以避免提供有关文件更改的信息。始终要确保能从另一个系统中获得该数据库的干净副本。对于 cmp 和 diff 命令，请确保将原始文件存储在另一个系统上。MD5 值也应该存储在不同的系统中。要多疑，永远不要相信可能会被入侵的系统上的任何东西。

安全提醒

最好总是假设系统和数据已经被破坏了，然后从那里开始工作。很多时候，安全专家认为系统还没有完全受到破坏，并试图使用工具来修复问题，但后来发现该工具本身也被破坏了。

- 研究提供类似功能的其他工具。例如，你可能不使用 md5sum 命令，而是使用 sha1sum 命令（或其变体之一，如 sha256sum 或 sha512sum）。

32.4 其他入侵检测工具

本章讨论的工具只是 Linux 中大量入侵检测工具的皮毛。对这些工具的完整讨论可以

⊖ MD5 值只是根据文件的内容计算出来的，文件的权限对 MD5 值没有影响。——译者注

写满一本书。以下列出了一些可用的入侵检测系统分类。

- 被动式 IDS：检测可能的入侵，并通知管理员的 IDS。
- 响应式或主动式 IDS：试图自动响应入侵的 IDS。
- NIDS：基于网络的 IDS，旨在通过监视关键网络来发现入侵或尝试。
- HIDS：基于主机的 IDS，它运行在特定的系统上，以确定是否发生了入侵尝试。

还有其他的一些类别（例如，基于研究签名的 IDS），IDS 是一个很大的主题！关于你应该考虑研究哪些额外的工具，请考虑以下几点：

- Kali Linux 有一些有用的工具，特别要注意图 32-2 中的类别 09、10 和 11。

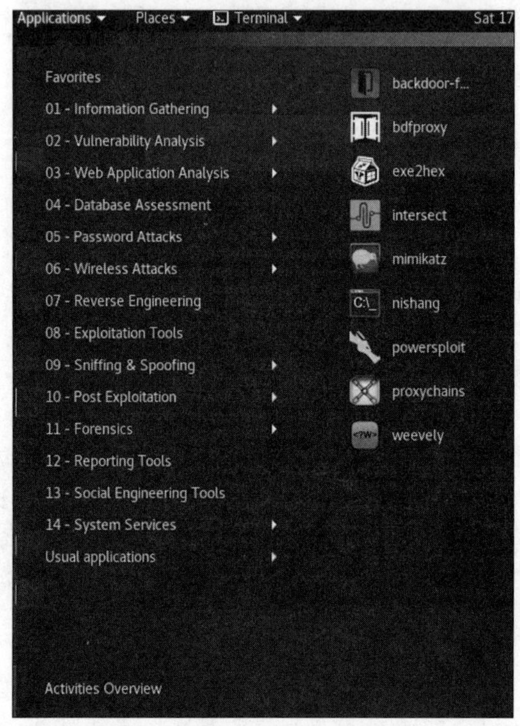

图 32-2　Kali Linux IDS 工具

- Security Onion 是一个主要关注 IDS 工具的发行版。默认情况下，它包括这个列表中的许多工具。
- Tripwire 是一个工具，用于报告关键系统文件何时被更改。有商业版本和开源（免费）版本可用。
- Snort 是一个已有 20 多年的历史的 IDS 工具。它用于流量的实时分析，也可用于记录网络数据包。
- AIDE（Advanced Intrusion Detection Environment）：像 Tripwire 一样，AIDE 用于确定是否对文件系统进行了更改。

请记住，这与完整的列表相差甚远！这个列表只是为你提供了一个进一步探索的起点。

32.5 总结

本章介绍了一些可以用来执行入侵检测的技术，以及如何使用在前几章中学习的一些工具，还介绍了一些新的命令和工具。

32.5.1 重要术语

入侵检测、IDS、被动 IDS、响应式或主动式 IDS、NIDS、HIDS

32.5.2 复习题

1. ______命令用于显示本地系统上所有活动的网络连接。

2. 下面哪个命令可用于探测远程系统上打开的端口？

   A. netstat　B. tcpdump　C. nmap　D. md5sum

3. ______命令允许你探测网络流量，搜寻任何可疑的活动。

4. rpm 命令的哪一个选项能用于查看从安装以来的文件变化？

   A. --verifyfiles　B. --verify　C. -V　D. -v

5. ______IDS 检测可能的入侵，然后通知管理员。

第 33 章

其他安全任务

你可能已经了解到，Linux 上的安全是一个非常大的话题，真的有很多东西需要学，在这本书里，本应该包括更多的安全知识。

可以把这最后一章视为我们想要讨论的一些不同安全特性的集合，这些安全特性在逻辑上并不适合放在本书的其他任何地方。在本章中，你将学习如何使用 fail2ban 服务来临时阻止对系统的访问。还将了解如何搭建简单的 VPN，以及使用 gpg 实用程序保护文件。最后，还将看到一些提供安全警告的网站。

学习完本章并完成课后练习，你将具备以下能力：

- 配置 fail2ban 服务。
- 搭建一个 VPN 网络。
- 使用 gpg 加密文件。
- 使用安全网站获取关于安全问题的信息。

33.1 fail2ban 服务

fail2ban 守护进程扫描特定的日志文件，搜索试图通过反复连接来破坏系统的 IP 地址。大多数发行版通常不会默认安装此服务，因此需要使用 yum 或 apt-get 命令安装它。

安装完该程序后，会生成新的配置目录：/etc/fail2ban，主配置文件是 /etc/fail2ban/jail.conf。但如果你查看这个文件的内容，可能会看到例 33-1 中显示的信息。

例 33-1 fail2ban 配置文件警告

```
# HOW TO ACTIVATE JAILS:
#
# YOU SHOULD NOT MODIFY THIS FILE.
#
# It will probably be overwritten or improved in a distribution update.
#
# Provide customizations in a jail.local file or a jail.d/customisation.local.
```

```
# For example to change the default bantime for all jails and to enable the
# ssh-iptables jail the following (uncommented) would appear in the .local file.
# See man 5 jail.conf for details.
```

直接修改这个文件的问题是，对 fail2ban 软件包的更新可能会覆盖这个文件。正如该文件中的警告所建议的，你可以创建自定义的 .local 文件。

该文件称为 jail.conf，因为远程主机由于可疑的活动而被放置在“监狱”（jail）中。就像真正的监狱一样，目的是让主机在一段特定的时间后“出狱”。

这个文件中的一些重要设置见表 33-1。

表 33-1 fail2ban 的重要配置

设 置	说 明
bantime	主机被禁用的时间（以秒为单位）
maxretry	在“findtime”的时间内，在主机被禁用前允许的连接失败的次数
findtime	maxretry 使用的时间周期（以秒为单位）。例如，假设配置了以下设置： bantime = 600 findtime = 600 maxretry = 5 这种情况下，如果在 600 秒内有 5 次失败，会导致被禁用 600 秒
enabled	如果设置为 true，表示启用 jail。这是个非常重要的设置，因为 jail.conf 文件里的默认设置是 false，应该只在特定的部分启用（你想要使用的部分）
ignoreip	允许你创建“白名单”，里面的 IP 地址永远不会被禁用

除了表 33-1 中描述的全局设置外，还有用于不同 jail 部分的设置。例如，可以有一个与 SSH 连接相关的部分，如下所示：

```
[sshd]
enabled = true
maxretry = 3
```

这是一个非常简单的例子，在这个部分中还可以使用许多其他的特性。例如，可以创建一个自定义的操作规则，包括在阻止某个 IP 地址时向某人发送电子邮件：

```
[sshd]
enabled = true
maxretry = 3
action   = iptables[name=SSH, port=ssh, protocol=tcp]
           sendmail-whois[name=SSH, dest=root, sender=fail2ban@example.com]
```

action 设置告诉 fail2ban 守护进程要执行哪些操作。这些操作通常是在 /etc/fail2ban/action.d/iptables.conf 文件里定义的，你可以查看该文件，了解这些操作的更多用途。

33.2　OpenVPN

考虑一个地理位置位于加州圣地亚哥的一栋大楼里的公司。该公司为其员工提供从本地管理的数据库访问敏感数据的权限。这些敏感数据的数据传输控制在公司的物理网络（LAN）中，公司享有比通过因特网（WAN）传输数据更高的安全性。

然而，随着公司的发展，这种数据访问的方法成了一种障碍。需要出差去见客户的员工无法访问这些重要数据。该公司还在考虑通过收购一家总部位于纽约的公司来进行扩张，但人们担心这些数据将如何共享。

你是该公司的系统管理员，有责任开发一个可行的（和安全的）解决方案。幸运的是，有 VPN。使用 VPN，可以在 VPN 服务器和 VPN 客户机之间安全地传输数据。这个特性非常类似于 SSH 提供的安全数据传输，它使用公钥和私钥对数据进行加密和解密。VPN 服务器和 VPN 客户机之间的所有路由器都只能看到加密后的数据。

Linux 上有几种不同的 VPN 软件包，最常见的 VPN 解决方案之一是 OpenVPN。这是 VPN 软件的一个开源版本。

默认情况下，你使用的发行版很可能不包含 OpenVPN。可能需要安装 openvpn 和一些附加软件。例如，在 Ubuntu 系统上，应该安装以下软件：

```
root@onecoursesource:~# apt-get install openvpn easy-rsa
```

要配置 OpenVPN，必须执行五个主要步骤：

- 配置 CA。
- 生成 VPN 服务器证书。
- 生成 VPN 客户端证书。
- 配置 VPN 服务器。
- 配置 VPN 客户端。

33.2.1　配置 CA

配置 CA 的第一步是创建一个目录并从 /usr/share/easy-rsa 目录里拷贝一些文件过来：

```
root@onecoursesource:~# mkdir /etc/openvpn/easy-rsa
root@onecoursesource:~# cp -r /usr/share/easy-rsa/* /etc/openvpn/easy-rsa
```

/usr/share/easy-rsa 目录包含用于生成 CA 的配置文件和脚本。在执行脚本之前，应该在 /etc/openvpn/easy-rsa/vars 文件中编辑以下设置：

```
export KEY_COUNTRY="US"
export KEY_PROVINCE="CA"
export KEY_CITY="SanDiego"
export KEY_ORG="One-Course-Source"
export KEY_EMAIL="bo@onecoursesource.com"
export KEY_OU="MyOrg"
export KEY_ALTNAMES="OCS"
```

当然，使用对你的公司最有意义的值。下一步是将目录更改为 /etc/openvpn/easy-rsa（使用 cd 命令），并执行以下三个命令：

```
source vars
./clean-all
./build-ca
```

例 33-2 演示了这些步骤。注意，你将被问到一些问题，这些问题的默认值在 /etc/openvpn/easy-rsa/vars 文件中提供了，你只需按回车键接受这些默认值即可。

例 33-2 创建 CA

```
root@onecoursesource:~# cd /etc/openvpn/easy-rsa
root@onecoursesource:/etc/openvpn/easy-rsa# source vars
NOTE: If you run ./clean-all, I will be doing a rm -rf on /etc/openvpn/easy-rsa/keys
root@onecoursesource:/etc/openvpn/easy-rsa# ./clean-all
root@onecoursesource:/etc/openvpn/easy-rsa# ./build-ca
Generating a 2048 bit RSA private key
..................+++
.....+++
writing new private key to 'ca.key'
-----
You are about to be asked to enter information that will be incorporated
into your certificate request.
What you are about to enter is what is called a Distinguished Name or a DN.
There are quite a few fields but you can leave some blank
For some fields there will be a default value,
If you enter '.', the field will be left blank.
-----
Country Name (2 letter code) [US]:
State or Province Name (full name) [CA]:
Locality Name (eg, city) [SanDiego]:
Organization Name (eg, company) [One-Course-Source]:
Organizational Unit Name (eg, section) [MyVPN]:
Common Name (eg, your name or your server's hostname) [MyVPN]:
Name [MyVPN]:
Email Address [bo@onecoursesource.com]:
root@onecoursesource:/etc/openvpn/easy-rsa#
```

注意 source 命令就是 Shell 的 source 命令，它将从 vars 文件中读取变量设置并在当前 Shell 中创建这些变量。之所以需要这样做，是因为 ./build-ca 脚本并不从 vars 文件中读取变量，而是从当前 Shell 变量中读取变量。

33.2.2　生成 VPN 服务器证书

这个过程的下一步是为特定的客户端和服务器创建证书。要创建服务器证书，请执行 ./build-key-server 脚本，然后是要给服务器起的名称，如例 33-3 所示。你将被问到几个问题，可以通过按回车键接受大多数问题的默认值。然而，有两个问题必须用 y 回答：

```
Sign the certificate? [y/n]:
```

以及

```
1 out of 1 certificate requests certified, commit? [y/n]
```

例 33-3　创建服务器证书

```
root@onecoursesource:/etc/openvpn/easy-rsa# ./build-key-server ocs-server
Generating a 2048 bit RSA private key
.......................................+++
.................................+++
writing new private key to 'ocs-server.key'
-----
You are about to be asked to enter information that will be incorporated
into your certificate request.
What you are about to enter is what is called a Distinguished Name or a DN.
There are quite a few fields but you can leave some blank
For some fields there will be a default value,
If you enter '.', the field will be left blank.
-----
Country Name (2 letter code) [US]:
State or Province Name (full name) [CA]:
Locality Name (eg, city) [SanDiego]:
Organization Name (eg, company) [One-Course-Source]:
Organizational Unit Name (eg, section) [MyVPN]:
Common Name (eg, your name or your server's hostname) [ocs-server]:
Name [MyVPN]:
Email Address [bo@onecoursesource.com]:

Please enter the following 'extra' attributes
to be sent with your certificate request
A challenge password []:
An optional company name []:
Using configuration from /etc/openvpn/easy-rsa/openssl-1.0.0.cnf
Check that the request matches the signature
Signature ok
The Subject's Distinguished Name is as follows
```

```
countryName           :PRINTABLE:'US'
stateOrProvinceName   :PRINTABLE:'CA'
localityName          :PRINTABLE:'SanDiego'
organizationName      :PRINTABLE:'One-Course-Source'
organizationalUnitName:PRINTABLE:'MyVPN'
commonName            :PRINTABLE:'ocs-server'
name                  :PRINTABLE:'MyVPN'
emailAddress          :IA5STRING:'bo@onecoursesource.com'
Certificate is to be certified until Jan 16 23:39:58 2026 GMT (3650 days)
Sign the certificate? [y/n]:y


1 out of 1 certificate requests certified, commit? [y/n]y
Write out database with 1 new entries
Data Base Updated
```

接下来，你需要执行以下脚本来生成 dh（Diffie-Hellman 密钥交换方法）参数：

```
root@onecoursesource:/etc/openvpn/easy-rsa# ./build-dh
Generating DH parameters, 2048 bit long safe prime, generator 2
This is going to take a long time
..........................................+............................
```

从上面这个命令的输出中可以看到，它的执行需要一段时间，并且你将看到比上一条命令的输出包含更多的点和加号。

现在的结果应该是 /etc/openvpn/easy-rsa/keys 目录中有一些密钥文件：

```
root@onecoursesource:/etc/openvpn/easy-rsa# ls keys
01.pem  ca.key      index.txt       index.txt.old   ocs-server.csr  serial
ca.crt  dh2048.pem  index.txt.attr  ocs-server.crt  ocs-server.key  serial.old
```

假设当前机器是 VPN 服务器，服务器相关的密钥应该放在 /etc/openvpn 目录中：

```
root@onecoursesource:/etc/openvpn/easy-rsa# cd keys
root@onecoursesource:/etc/openvpn/easy-rsa/keys# cp ocs-server.crt
➥ocs-server.key ca.crt dh2048.pem /etc/openvpn
```

33.2.3　生成 VPN 客户端证书

创建 VPN 客户端证书的过程类似于创建服务器证书。每个客户端系统都需要一个证书，因此这些步骤可能会执行多次。

返回 /etc/openvpn/easy-rsa 目录，并执行 ./build-key 脚本，参数是客户端的名称。演示请参见例 33-4。

例 33-4　创建客户端证书

```
root@onecoursesource:/etc/openvpn/easy-rsa/keys# cd /etc/openvpn/easy-rsa
root@onecoursesource:/etc/openvpn/easy-rsa# ./build-key vpnclient1
Generating a 2048 bit RSA private key
........................+++
.....+++
writing new private key to 'vpnclient1.key'
-----
You are about to be asked to enter information that will be incorporated
into your certificate request.
What you are about to enter is what is called a Distinguished Name or a DN.
There are quite a few fields but you can leave some blank
For some fields there will be a default value,
If you enter '.', the field will be left blank.
-----
Country Name (2 letter code) [US]:
State or Province Name (full name) [CA]:
Locality Name (eg, city) [SanDiego]:
Organization Name (eg, company) [One-Course-Source]:
Organizational Unit Name (eg, section) [MyVPN]:
Common Name (eg, your name or your server's hostname) [vpnclient1]:
Name [MyVPN]:
Email Address [bo@onecoursesource.com]:

Please enter the following 'extra' attributes
to be sent with your certificate request
A challenge password []:
An optional company name []:
Using configuration from /etc/openvpn/easy-rsa/openssl-1.0.0.cnf
Check that the request matches the signature
Signature ok
The Subject's Distinguished Name is as follows
countryName           :PRINTABLE:'US'
stateOrProvinceName   :PRINTABLE:'CA'
localityName          :PRINTABLE:'SanDiego'
organizationName      :PRINTABLE:'One-Course-Source'
organizationalUnitName:PRINTABLE:'MyVPN'
commonName            :PRINTABLE:'vpnclient1'
name                  :PRINTABLE:'MyVPN'
emailAddress          :IA5STRING:'bo@onecoursesource.com'
Certificate is to be certified until Jan 17 00:01:30 2027 GMT (3650 days)
Sign the certificate? [y/n]:y
```

```
1 out of 1 certificate requests certified, commit? [y/n]y
Write out database with 1 new entries
Data Base Updated
```

新生成的密钥将在 /etc/openvpn/easy-rsa/keys 目录里：

```
root@onecoursesource:/etc/openvpn/easy-rsa# ls keys
01.pem  dh2048.pem          index.txt.old   serial          vpnclient1.key
02.pem  index.txt           ocs-server.crt  serial.old
ca.crt  index.txt.attr      ocs-server.csr  vpnclient1.crt
ca.key  index.txt.attr.old  ocs-server.key  vpnclient1.csr
```

这些密钥文件需要拷贝到 VPN 客户端：ca.crt、vpnclient1.crt 和 vpnclient1.key。

33.2.4 服务器基本配置

OpenVPN 软件包附带一些示例配置文件。在一个典型的 Ubuntu 系统中，这些文件位于以下目录中：

```
root@onecoursesource:~# ls /usr/share/doc/openvpn/examples/sample-config-files
client.conf       loopback-server      README               tls-home.conf
firewall.sh       office.up            server.conf.gz       tls-office.conf
home.up           openvpn-shutdown.sh  static-home.conf     xinetd-client-config
loopback-client   openvpn-startup.sh   static-office.conf   xinetd-server-config
```

将 server.conf.gz 文件复制到 /etc/openvpn 目录，并使用 gunzip 命令提取内容：

```
root@onecoursesource:~# cp /usr/share/doc/openvpn/examples/sample-
➥config-files/server.conf.gz /etc/openvpn
root@onecoursesource:~# gunzip /etc/openvpn/server.conf.gz
```

更改以下设置以匹配你的系统上的文件：

```
# OpenVPN can also use a PKCS #12 formatted key file
# (see "pkcs12" directive in man page).
ca ca.crt
cert server.crt
key server.key  # This file should be kept secret
# Diffie hellman parameters.
# Generate your own with:
#   openssl dhparam -out dh1024.pem 1024
# Substitute 2048 for 1024 if you are using
# 2048 bit keys.
dh dh1024.pem
```

例如，这些设置可能如下：

```
ca ca.crt
cert ocs-server.crt
key ocs-server.key  # This file should be kept secret
dh dh2048.pem
```

现在，启动 openvpn 服务，并通过查看新的网络接口 tun0 来测试配置：

```
root@onecoursesource:~# ifconfig tun0
tun0      Link encap:UNSPEC  HWaddr 00-00-00-00-00-00-00-00-00-00-00-00-00-00-00-00
          inet addr:10.8.0.1  P-t-P:10.8.0.2  Mask:255.255.255.255
          UP POINTOPOINT RUNNING NOARP MULTICAST  MTU:1500  Metric:1
          RX packets:0 errors:0 dropped:0 overruns:0 frame:0
          TX packets:0 errors:0 dropped:0 overruns:0 carrier:0
          collisions:0 txqueuelen:100
          RX bytes:0 (0.0 B)  TX bytes:0 (0.0 B)
```

33.2.5　客户端基本配置

对于客户端设置，首先确保安装了 openvpn 软件。然后将客户端配置文件复制到 /etc/openvpn 目录：

```
root@onecoursesource:~# cp /usr/share/doc/openvpn/
➥examples/sample-config-files/client.conf /etc/openvpn
```

还要确保从 VPN 服务器系统上复制以下文件，并将它们放在客户端的 /etc/openvpn 目录中（客户端文件名可能不一样，但一定要复制 .crt 和 .key 文件）：

- ca.crt
- vpnclient1.crt
- vpnclient1.key

编辑 /etc/openvpn/client.conf 文件，确保以下设置项是正确的：

```
ca ca.crt
cert vpnclient1.crt
key vpnclient1.key
```

在 /etc/openvpn/client.conf 文件里，你将看到类似于下面的设置：

```
remote my-server-1 1194
```

这里，一定要把 my-server-1 更改为 VPN 服务器的主机名，1194 是端口号，1194 端口是 OpenVPN 的标准端口。还有，必须加入 client 设置，示例如下：

```
client
remote vpnserver.onecoursesource.com 1194
```

接下来，启动 openvpn 服务，并通过查看新的网络接口 tun0 来测试配置：

```
root@onecoursesource:~# ifconfig tun0
tun0      Link encap:UNSPEC  HWaddr 00-00-00-00-00-00-00-00-00-00-00-00-00-00-00-00
          inet addr:10.8.0.6  P-t-P:10.8.0.5  Mask:255.255.255.255
          UP POINTOPOINT RUNNING NOARP MULTICAST  MTU:1500  Metric:1
          RX packets:0 errors:0 dropped:0 overruns:0 frame:0
          TX packets:0 errors:0 dropped:0 overruns:0 carrier:0
```

```
        collisions:0 txqueuelen:100
        RX bytes:0 (0.0 B)  TX bytes:0 (0.0 B)
```

现在，你怎么知道这真的有效？注意，tun0 接口在一个与本地网络完全不同的网络中：

```
root@ubuntu:/etc/openvpn# ifconfig eth0
eth0      Link encap:Ethernet  HWaddr 08:00:27:ca:89:f1
          inet addr:192.168.1.25  Bcast:192.168.1.255  Mask:255.255.255.0
          inet6 addr: fe80::a00:27ff:feca:89f1/64 Scope:Link
          UP BROADCAST RUNNING MULTICAST  MTU:1500  Metric:1
          RX packets:785 errors:0 dropped:0 overruns:0 frame:0
          TX packets:307 errors:0 dropped:0 overruns:0 carrier:0
          collisions:0 txqueuelen:1000
          RX bytes:88796 (88.7 KB)  TX bytes:39865 (39.8 KB)
```

事实上，新 tun0 接口不能在当前网络之外直接路由。然而，如果你做的每一步都是正确的，下面的命令应该会生效：

```
root@onecoursesource:~# ping -c 4 10.8.0.1
PING 10.8.0.1 (10.8.0.1) 56(84) bytes of data.
64 bytes from 10.8.0.1: icmp_seq=1 ttl=64 time=0.732 ms
64 bytes from 10.8.0.1: icmp_seq=2 ttl=64 time=1.68 ms
64 bytes from 10.8.0.1: icmp_seq=3 ttl=64 time=1.76 ms
64 bytes from 10.8.0.1: icmp_seq=4 ttl=64 time=0.826 ms

--- 10.8.0.1 ping statistics ---
4 packets transmitted, 4 received, 0% packet loss, time 3003ms
rtt min/avg/max/mdev = 0.732/1.253/1.768/0.477 ms
```

上例中 ping 的 IP 地址就是 VPN 服务器的 IP 地址（注意，也许你的地址和此例中的地址不一样，当你测试的时候，在 VPN 服务器上再次确认下 tun0 接口的地址）。

这是怎么回事？任何尝试到 10.8.0.1 的连接都会导致本地 OpenVPN 捕获到网络数据包，并对其加密，然后再将其发送到服务器的正确“真实 IP”地址。

但是，它如何“捕获”数据包呢？它本质上将自己设置为与 tun0 接口相关联的网络的路由器。可以通过执行 route 命令看到这一点：

```
root@onecoursesource:~# route
Kernel IP routing table
Destination     Gateway         Genmask         Flags Metric Ref    Use Iface
default         192.168.1.1     0.0.0.0         UG    0      0        0 eth0
10.8.0.1        10.8.0.5        255.255.255.255 UGH   0      0        0 tun0
10.8.0.5        *               255.255.255.255 UH    0      0        0 tun0
192.168.1.0     *               255.255.255.0   U     0      0        0 eth0
192.168.122.0   *               255.255.255.0   U     0      0        0 virbr0
```

最后需要注意的一点是，VPN 有很多“活动部件”。如果你仔细遵循了所有的步骤，应该是正确的。但是，如果你犯了错误，请首先查看 VPN 日志。例如，假设忘记将客户端文件复制到 /etc/openvpn 目录，导致 VPN 客户端服务启动失败。快速查看日志文件就可以确定问题所在（参见例 33-5）。

例 33-5　查看 VPN 日志文件

```
root@onecoursesource:~# grep -i vpn /var/log/syslog
Jan 19 16:47:18 ubuntu NetworkManager[1148]: <info> VPN: loaded org.freedesktop.Network
➥Manager.pptp
Jan 19 17:09:02 ubuntu NetworkManager[1304]: <info> VPN: loaded org.freedesktop.
➥NetworkManager.pptp
Jan 19 17:09:03 ubuntu ovpn-client[1407]: Options error: --ca fails with 'ca.crt': No such
➥file or directory
Jan 19 17:09:03 ubuntu ovpn-client[1407]: Options error: --cert fails with 'client.crt':
➥No such file or directory
Jan 19 17:09:03 ubuntu ovpn-client[1407]: Options error: --key fails with 'client.key': No
➥such file or directory
Jan 19 17:09:03 ubuntu ovpn-client[1407]: Options error: Please correct these errors.
Jan 19 17:09:03 ubuntu ovpn-client[1407]: Use --help for more information.
Jan 19 17:45:15 ubuntu ovpn-client[3389]: Options error: --ca fails with 'ca.crt': No such
➥file or directory
Jan 19 17:45:15 ubuntu ovpn-client[3389]: Options error: --cert fails with 'vpnclient1.
➥crt': No such file or directory
Jan 19 17:45:15 ubuntu ovpn-client[3389]: Options error: --key fails with 'vpnclient1.
➥key': No such file or directory
Jan 19 17:45:15 ubuntu ovpn-client[3389]: Options error: Please correct these errors.
Jan 19 17:45:15 ubuntu ovpn-client[3389]: Use --help for more information.
```

33.3　gpg

实用程序 gpg（GNU Privacy Guard）可用于创建公钥和私钥。这些密钥可用于多个功能，包括加密文件，以便在将文件中的数据传输到另一个系统时更安全。

第一步是使用 gpg --gen-key 命令创建加密密钥，该命令会在 ~/.gnupg 目录中生成一系列的文件，可用来加密数据或对消息进行数字签名。示例请参见例 33-6。

例 33-6　gpg --gen-key 命令

```
root@onecoursesource:~# gpg --gen-key
gpg (GnuPG) 1.4.16; Copyright (C) 2013 Free Software Foundation, Inc.
This is free software: you are free to change and redistribute it.
There is NO WARRANTY, to the extent permitted by law.

Please select what kind of key you want:
   (1) RSA and RSA (default)
   (2) DSA and Elgamal
```

```
   (3) DSA (sign only)
   (4) RSA (sign only)
Your selection? 1
RSA keys may be between 1024 and 4096 bits long.
What keysize do you want? (2048)
Requested keysize is 2048 bits
Please specify how long the key should be valid.
         0 = key does not expire
<n>  = key expires in n days
<n>w = key expires in n weeks
<n>m = key expires in n months
<n>y = key expires in n years
Key is valid for? (0)
Key does not expire at all
Is this correct? (y/N) y
You need a user ID to identify your key; the software constructs the user ID
from the Real Name, Comment and Email Address in this form:
    "Heinrich Heine (Der Dichter) <heinrichh@duesseldorf.de>"

Real name: June Jones
Email address: june@jones.com
Comment: Test
You selected this USER-ID:
    "June Jones (Test) <june@jones.com>"

Change (N)ame, (C)omment, (E)mail or (O)kay/(Q)uit?O
You need a Passphrase to protect your secret key.

We need to generate a lot of random bytes. It is a good idea to perform
some other action (type on the keyboard, move the mouse, utilize the
disks) during the prime generation; this gives the random number
generator a better chance to gain enough entropy.
gpg: key 1946B1F2 marked as ultimately trusted
public and secret key created and signed.

gpg: checking the trustdb
gpg: 3 marginal(s) needed, 1 complete(s) needed, PGP trust model
gpg: depth: 0  valid:   1  signed:   0  trust: 0-, 0q, 0n, 0m, 0f, 1u
pub   2048R/1946B1F2 2017-06-05
      Key fingerprint = 1D6A D774 A540 F98C EBF0  2E93 49D5 711C 1946 B1F2
uid                  June Jones (Test) <june@jones.com>
sub   2048R/FED22A14 2019-06-05
```

可能出现的错误 如果你收到“没有足够的随机字节。请做一些其他工作，使操作系统有机会收集更多的熵！”（Not enough random bytes available. Please do some other work to give the OS a chance to collect more entropy!）的提示信息，请继续在系统上工作，它最终将生成足够的随机字节。发生此错误是因为是从系统内存（RAM）里的随机数据生成加密密钥，而内存里的这些随机数据是由系统操作产生的。如果你没有耐心等待，可以尝试运行一个系统密集型命令，比如 sudo find /-type f | xargs grep blahblahblah > /dev/null。

为了让用户能把要发送给你的数据加密，他们需要你的公钥。要将此公钥发送给用户，首先执行以下命令创建一个公钥文件：

```
gpg --output pub_key_file  --export 'June Jones'
```

--output 选项用于指定公钥文件的文件名，--export 选项用于指定要发送的密钥。

发送公钥后，接收到公钥的用户通过执行以下命令将密钥导入 GPG 数据库（pub_key_file 是接收到的文件）：

```
gpg --import pub_key_file
```

然后用户可以使用以下命令加密文件：

```
gpg --encrypt --recipient june@jones.com data.txt
```

文件被加密后，能解密它的唯一方法是通过 gpg --decrypt 命令使用你的系统上的私钥。

33.4 安全警告服务

安全警告服务提供关于当前安全问题、漏洞和漏洞利用的及时信息。有几个服务可以为你提供重要的安全警告，以下是其中一些服务。

- BugTraq：该服务是一个基于电子邮件的程序，由 Security Focus（www.securityfocus.com）发起。根据该网站描述，“BugTraq 是一个完整的邮件列表，它提供了关于计算机安全漏洞的详细讨论和公告：它们是什么、如何利用它们，以及如何修复它们。”要订阅该列表，请访问 http:// www.securityfocus.com/archive/1/description#0.3.1。
- CERT：一般来说，术语 CERT 代表计算机紧急响应小组（Computer Emergency Response Team）。然而，在本书中，特指卡内基梅隆大学（Carnegie Mellon University，CMU）的 CERT 协调中心（CERT-CC）。这个组织是 CMU 中较大组织的组成部分，这个组织叫作软件工程研究所（SEI）。CERT 提供了各种功能，包括漏洞分析工具、漏洞注释知识库，以及与私人和政府组织就安全问题进行协调。访问 www.cert.org 可了解更多关于这个组织的信息。

- US-CERT：美国 CERT（www.us-cert.gov），国家网络安全与通信整合中心（NCCIC）成立于该网站。根据该网站的说法，US-CERT 是“国家旗舰级网络防御、事件响应和运营集成中心”，其使命是“降低美国面临系统性网络安全和通信挑战的风险”。

33.5　总结

说到安全，总是有许多东西需要学习。本章讨论了一些与本书其他章节逻辑不相符的额外的安全主题。学习了如何通过使用 gpg 实用程序加密文件来保护文件的传输。还了解了如何配置 fail2ban 和 OpenVPN。最后，了解了可以为你提供与安全相关的重要信息的安全网站。

33.5.1　重要术语

CERT、VPN、证书、公钥、私钥、RSA

33.5.2　复习题

1. fail2ban 程序的主配置文件是 /etc/fail2ban/______。
2. 下面哪个选项是 fail2ban 配置文件里用于配置“白名单”IP 地址的设置？
   A. white-list　　B. ignoreip　　C. allowip　　D. white-ip-list
3. 下面哪个选项是在 fail2ban 配置文件中指定名为“sshd”部分的正确方法？
   A. “sshd”　　B. <sshd>　　C. [sshd]　　D. {sshd}
4. 在为 OpenVPN 创建 CA 之前，应该先执行______vars 命令。
5. 在 /etc/openvpn/easy-rsa 目录里执行下面哪一个脚本时会创建一个 OpenVPN CA？
   A. ./create-ca　　B. ./set-ca　　C. ./generate-ca　　D. ./build-ca
6. 要生成 Diffie-Hellman 参数，请在 /etc/openvpn/______目录中执行 build-dh 脚本。

附录 A

复习题答案

第 1 章

1. 文件系统
2. C
3. D
4. Shell
5. 虚拟机

第 2 章

1. rm -r
2. A 和 D
3. A
4. -l
5. file

第 3 章

1. /
2. C
3. B 和 D
4. help
5. p

第 4 章

1. 尾行
2. B
3. C
4. yy
5. /

第 5 章

1. issue
2. issue.net
3. motd
4. A 和 D
5. -c

第 6 章

1. 一
2. A 和 D
3. C 和 D
4. 1000
5. jake

第 7 章

1. shadow
2. A
3. D
4. useradd
5. pam.d

第 8 章

1. -m
2. B
3. psacct
4. A
5. D

第 9 章

1. -l
2. C
3. C
4. umask
5. g+s

第 10 章

1. B 和 C
2. umount
3. C 和 D
4. C
5. D
6. swapoff
7. C
8. D
9. mkfs -t ext4 /dev/sdb1
10. -m

第 11 章

1. vgcreate
2. C

3. C
4. pvdisplay
5. D
6. D
7. D
8. resize2fs

第12章

1. samba-client
2. A和C
3. D
4. [homes]
5. C
6. C
7. path
8. smbd nmbd
9. B
10. map
11. portmap
12. C和D
13. D
14. async
15. D
16. A和D
17. rpc.mountd
18. rpcinfo
19. B和D
20. soft
21. B
22. scsi_id

第13章

1. 0
2. C和D
3. B和C
4. rsync
5. C
6. D
7. nst0
8. B
9. -e

第14章

1. crontab命令的-r选项将删除当前用户crontab里的所有条目
2. D
3. A和D
4. crontab
5. atq

第15章

1. 执行
2. D
3. A和D
4. -le
5. read

第16章

1. logrotate
2. C和D
3. D
4. nl
5. repository

第17章

1. rwx------
2. C
3. BASH脚本不应该设置SUID和SGID权限
4. C
5. A

第18章

1. 协议
2. C
3. D
4. services
5. DNS

第19章

1. 192.168.1.16
2. C
3. arp
4. C和D
5. -net
6. ip
7. D

第20章

1. B
2. C
3. 区域
4. file
5. A和C
6. D
7. C
8. subnet
9. D
10. B

第21章

1. DocumentRoot
2. C
3. D
4. B
5. HTTPS
6. A、B和D
7. openssl
8. 隧道
9. squid.conf
10. D

第22章

1. 属性
2. C
3. B
4. 700
5. slaptest
6. D

7. B
8. anonymous_enable
9. A、B 和 D
10. ListenAddress
11. AllowUsers

第 23 章

1. sysctl.conf
2. A 和 D
3. libwrap
4. C 和 D
5. ntpq

第 24 章

1. ps
2. C
3. 进程的最高 CPU 优先级用 nice 值 -20 表示。
4. C 和 D
5. nohup

第 25 章

1. /ect/ rsyslog.conf
2. C
3. kern.log
4. D
5. logger

第 26 章

1. rpm
2. C
3. createrepo
4. D
5. 搜索

第 27 章

1. -l
2. C
3. dpkg-scanpackages
4. C 和 D
5. -installed

第 28 章

1. dracut
2. B
3. grub2-mkpasswd-pbkdf2
4. B 和 D
5. systemctl

第 29 章

1. -l
2. B 和 D
3. CVE
4. C
5. xinetd

第 30 章

1. B
2. -O
3. A
4. B
5. lsof
6. 套接字
7. D
8. -i

第 31 章

1. 默认链策略
2. A
3. -L
4. B 和 D
5. -n

第 32 章

1. netstat
2. C
3. tcpdump
4. C
5. 被动

第 33 章

1. jail.conf
2. B
3. C
4. source
5. D
6. easy-rsa

附录B

资源指南

各章的资源

第一部分：

第 1 章：

- Distro Watch（www.distrowatch.com）查看 Linux 发行版，跟踪哪些发行版很受欢迎，并提供指向发行网站的链接。
- What is Linux ?（https://www.linux.com/what-is-linux）关于构成 Linux 操作系统组件的教程。
- Techradar Pro（https://www.techradar.com/news/best-linux-distro）评估了多个发行版，以帮助用户选择发行版。
- Linux.com（https://www.linux.com/blog/learn/intro-to-linux/2018/1/best-linux-distributions-2018）确定 2018 年“最佳”Linux 发行版。
- Penguin Tutor（http://www.penguintutor.com/linux/basic-shell-reference）简单的 Linux Shell 参考指南。

第 2 章：

- FOSSBYTES（https://fossbytes.com/a-z-list-linux-command-line-reference/）一个巨大的 Linux 命令列表，每个命令都有一个简短的摘要。
- Regular Expressions Tutorial（https://www.regular-expressions.info/tutorial.html）正则表达式教程。
- RegExr（https://regexr.com/）正则表达式测试工具。
- Regex Crossword（https://regexcrossword.com/）一个正则表达式的游戏。

第 3 章：

- die.net（https://linux.die.net/man/）在线的 Linux man page，有时更容易搜索或过滤命令，帮助你搜索。
- The Linux Documentation Project（https://www.tldp.org/）各种 Linux 文档、操作方法和指南。虽然其中一些指南已经过时，但是也有一些非常好的资源，“Advanced Bash-Scripting Guide”就是其中一个很好的参考资料。
- Linux Forums（http://www.linuxforums.org）一个可以提问并且有许多有经验的 Linux 用户会给出他们答案的地方。
- GNU Software Foundation（https://www.gnu.org/software/gzip/manual/gzip.html）

一个优秀的 GNU 软件用户指南。

- How-To Geek（https://www.howtogeek.com/108890/how-to-get-help-with-a-command-from-the-linux-terminal-8-tricks-for-beginners-pros-alike/）为初学者和专业人士提供的提示，帮助他们使用 Linux 终端。
- Computer Hope（https://www.computerhope.com/unix/uhelp.htm）深入 Linux help 命令。
- Linux.com（https://www.linux.com/learn/intro-to-linux/2017/10/3-tools-help-you-remember-linux-commands）记住 Linux 命令的 3 个帮助工具。

第 4 章：

- The vi Lovers Home Page（http://thomer.com/vi/vi.html）vi 和 vim 手册，以及教程和备忘录。
- Vi Reference Card（https://pangea.stanford.edu/computing/unix/editing/viquickref. pdf）可打印的 vi 编辑器使用参考。
- Glaciated（http://glaciated.org/vi/）vi 命令简单参考。
- GNU Emacs Manuals Online（https://www.gnu.org/software/emacs/manual/）一系列的 emacs 用户指南。
- gedit Text Editor（https://help.gnome.org/users/gedit/stable/）gedit 编辑器文档。
- The KWrite Handbook（https://docs.kde.org/trunk5/en/applications/kwrite/index.html）kwrite 编辑器文档。
- Joe's Own Editor(https://joe-editor.sourceforge.io/4.5/man.html）joe 编辑器官方网站。

第 5 章：

- Bugzilla（www.bugzilla.org）一个用于跟踪系统上的问题的站点。

第二部分

第 6 章：

- Arch Linux（Users and Groups, https://wiki.archlinux.org/index.php/users_and_groups）很好的 Linux 用户和组概述。
- linode（Linux Users and Groups, https://www.linode.com/docs/tools-reference/linux-users-and-groups/）一篇介绍账户和基本权限的好文章。
- User Private Groups（https://access.redhat.com/documentation/en-US/Red_Hat_ Enterprise_Linux/4/html/Reference_Guide/s1-users-groups-private-groups.html）关于用户私有组（UPGs）的讨论。
- YoLinux（http://www.yolinux.com/TUTORIALS/LinuxTutorialManagingGroups.html）管理用户组的访问。

第 7 章：

- Arch Linux（Users and Groups; https://wiki.archlinux.org/index.php/users_and_groups）很好的 Linux 用户和组概述。
- linode（Linux Users and Groups, https://www.linode.com/docs/tools-reference/linux-users-and-groups/）一篇介绍账户和基本权限的好文章。
- The Linux-PAM Guides（http://www.linux-pam.org/Linux-PAM-html/）PAM 的文档。
- YoLinux（http://www.yolinux.com/TUTORIALS/LinuxTutorialManagingGroups.

html）管理用户组的访问。

第 8 章：

- Ubuntu（User Management, https://help.ubuntu.com/lts/serverguide/user-management.html）包含用户和组账户的一些基本安全考虑事项。
- UpCloud（Managing Linux User Account Security, https://www.upcloud.com/support/managing-linux-user-account-security/）一个很好的教程，包括一些关键的安全策略和特性。
- Sans.org（https://www.sans.org/reading-room/whitepapers/policyissues/preparation-guide-information-security-policies-503）信息安全策略的准备指南。

第三部分

第 9 章：

- Archlinux（File permissions and attributes, https://wiki.archlinux.org/index.php/File_permissions_and_attributes）很好的 Linux 权限概述。
- SELinux（https://wiki.centos.org/HowTos/SELinux）SELinux 的操作指南。

第 10 章：

- Archlinux（File systems, https://wiki.archlinux.org/index.php/file_systems）很好的文件系统概述。
- Archlinux（Partitioning, https://wiki.archlinux.org/index.php/partitioning）Linux 分区指南。
- An Introduction to Storage Terminology and Concepts in Linux（https://www.digitalocean.com/community/tutorials/an-introduction-to-storage-terminology-and-concepts-in-linux）介绍 Linux 存储设备的文章。
- An Introduction to Linux Filesystems（https://opensource.com/life/16/10/introduction-linux-filesystems）一篇关于 Linux 文件系统的文章。
- Learn IT Guide（http://www.learnitguide.net/2016/05/disk-management-in-linux-basic-concepts.html）Linux 磁盘管理，理解基本概念。

第 11 章：

- How to Add a New Disk to an Existing Linux Server（https://www.tecmint.com/add-new-disk-to-an-existing-linux/）快速分步操作指南。
- A Beginner's Guide to LVM（https://www.howtoforge.com/linux_lvm）逻辑卷管理的快速指南。
- Funtoo（https://www.funtoo.org/Learning_Linux_LVM,_Part_1）学习 Linux 逻辑卷管理。

第 12 章：

- Samba Documentation（https://www.samba.org/samba/docs/）Samba 文档主页。
- Network File System（NFS, https://help.ubuntu.com/lts/serverguide/network-file-sys-tem.html）Ubuntu NFS 用户指南。
- iSCSI Storage: A Beginner's Guide（http://blog.open-e.com/iscsi-storage-a-beginners-guide/）很好的 iSCSI 概述。

第 13 章：

- Linux Backup Types and Tools Explored（https://blog.storagecraft.com/linux-backuptypes-tools-explored/）讲述不同的备份方式和可用的工具。

- Sans.org（https://www.sans.org/reading-room/whitepapers/policyissues/preparation-guide-information-security-policies-503）信息安全策略的准备指南。

第四部分

第 14 章:

- Linux Cron Guide（https://linuxconfig.org/linux-cron-guide）使用和管理 cron 指南。
- CronHowto（https://help.ubuntu.com/community/CronHowto）Ubuntu cron 操作指南。
- Admin's Choice（http://www.adminschoice.com/crontab-quick-reference）Crontab 快速参考。
- Computer Hope（https://www.computerhope.com/unix/ucrontab.htm）Linux crontab 命令。

第 15 章:

- Advanced Bash-Scripting Guide（http://tldp.org/LDP/abs/html/）一个很好的脚本指南。
- Linux Command（http://linuxcommand.org/lc3_resources.php）BASH Shell 脚本的工具、技巧和模板的集合。
- TecMint（https://www.tecmint.com/command-line-tools-to-monitor-linux-performance/）监控 Linux 性能的 20 个命令行工具。
- Make Tech Easier（https://www.maketecheasier.com/online-resources-for-learning-the-command-line/）一些用于学习命令行的在线资源的集合。

第 16 章:

- Daniel E. Singer's Scripts（ftp://ftp.cs.duke.edu/pub/des/scripts/INDEX.html）一些有用的脚本。
- John Chambers' directory of useful tools（http://trillian.mit.edu/~jc/sh/）一些有用的脚本。
- Cameron Simpson's Scripts（https://cskk.ezoshosting.com/cs/css/）一些有用的脚本。
- Carlos J. G. Duarte's Scripts（http://cgd.sdf-eu.org/a_scripts.html）一些有用的脚本。
- Linux Academy（https://linuxacademy.com/howtoguides/posts/show/topic/14343-automating-common-tasks-with-scripts）用脚本自动化常见的任务。
- TecMint（https://www.tecmint.com/using-Shell-script-to-automate-linux-system-maintenance-tasks/）使用 Shell 脚本自动化维护 Linux 系统。

第 17 章:

- Google's Shell Style Guide（https://google.github.io/styleguide/shell.xml）一个很好的指南，展示如何设计脚本的风格。
- Sans.org（https://www.sans.org/reading-room/whitepapers/policyissues/preparation-guide-information-security-policies-503）信息安全策略的准备指南。

第五部分

第 18 章:

- Request For Comments（https://www.rfc-editor.org）描述 RFC。

- Subnet calculator（https://www.adminsub.net/ipv4-subnet-calculator）子网计算器。
- The Internet Protocol Stack（https://www.w3.org/People/Frystyk/thesis/TcpIp.html）主要协议的描述。
- Commotion（https://commotionwireless.net/docs/cck/networking/learn-networking-basics/）学习网络基础。

第 19 章：

- Network setup（https://www.debian.org/doc/manuals/debian-reference/ch05）基于 Debian 的系统上配置网络的指南。
- Configure IP Networking（https://access.redhat.com/documentation/en-us/red_hat_ enterprise_linux/7/html/networking_guide/ch-configure_ip_networking）基于 Red Hat 的系统上配置网络的指南。
- Open Source（https://opensource.com/life/16/6/how-configure-networking-linux）Linux 上如何配置网络。

第 20 章：

- The BIND 9 Administrator Reference Manuals（https://www.isc.org/downloads/bind/doc/）BIND 文档主页。
- Postfix Documentation（http://www.postfix.org/documentation.html）Postfix 文档主页。
- Procmail Documentation Project（http://pm-doc.sourceforge.net/）提供指向 Procmail 文档的链接。
- Dovecot Documentation（https://www.dovecot.org/documentation.html）Dovecot 文档主页。
- linode（https://www.linode.com/docs/tools-reference/linux-system-administration-basics/）Linux 管理基础知识。

第 21 章：

- Apache HTTP Server Documentation（https://httpd.apache.org/docs/）Apache HTTP 文档主页。
- Squid Documentation（http://www.squid-cache.org/Doc/）Squid 代理服务器文档主页。
- Digital Ocean（https://www.digitalocean.com/community/tutorials/how-to-configure-the-apache-web-server-on-an-ubuntu-or-debian-vps）如何在 Ubuntu 或 Debian 的 VPS 上配置 Apache Web 服务器。
- Apache HTTP Server project（https://httpd.apache.org/docs/trunk/getting-started.html）一个“入门”教程。

第 22 章：

- OpenLDAP Documentation（http://www.openldap.org/doc/）OpenLDAP 文档主页。
- vsftpd（https://help.ubuntu.com/community/vsftpd）Ubuntu 系统上 vsftpd 服务器的文档页面。
- Open SSH（https://www.openssh.com/）OpenSSH 项目主页。
- Colorado State University（https://www.engr.colostate.edu/ens/how/connect/server-log-in-linux.html）如何连接到远程 Linux 服务器。

第 23 章：

- Kernel Parameters（https://www.kernel.org/doc/Documentation/admin-guide/kernel-parameters.txt）一个文本文档，里面提供内核参数列表及其简要描述。

- TCP Wrappers（https://www.centos.org/docs/5/html/Deployment_Guide-en-US/ch-tcpwrappers.html）关于如何实施 TCPWrappers 和 xinetd 的教程，为 CentOS 5 创建，但内容仍然有效。
- NTP Documentation（http://www.ntp.org/documentation.html）NTP 协议文档主页。
- Sans.org（https://www.sans.org/reading-room/whitepapers/policyissues/preparation-guide-information-security-policies-503）信息安全策略的准备指南。

第六部分

第 24 章：

- How to Manage Processes from the Linux Terminal: 10 Commands You Need to Know（https://www.howtogeek.com/107217/how-to-manage-processes-from-the-linux-terminal-10-commands-you-need-to-know/）介绍 Linux 的进程。
- 30 Useful ‘ps Command’ Examples for Linux Process Monitoring（https://www.tecmint.com/ps-command-examples-for-linux-process-monitoring/）一篇关于 ps 命令的更多详细信息的文章。
- Geeks for geeks（https://www.geeksforgeeks. org/process-control-commands-unix-linux/）Unix 和 Linux 的进程管理命令。

第 25 章：

- Overview of Syslog（https://www.gnu.org/software/libc/manual/html_node/Overview-of- Syslog.html）syslog 基础。
- systemd-journald.service（https://www.freedesktop.org/software/systemd/man/systemd-journald.service.html）讲述 journald 服务。
- Tutorials Point（https://www.tutorialspoint.com/unix/unix-system-logging.htm）Unix 和 Linux 系统日志。

第七部分

第 26 章：

- Installing and Managing Software（https://access.redhat.com/documentation/en-us/red_hat_enterprise_linux/7/html/system_administrators_guide/part-installing_and_managing_software）安装和管理软件的红帽官方手册。

第 27 章：

- Debian Package Management（https://wiki.debian.org/DebianPackageManagement）基于 Debian 系统的软件包管理的资料。

第 28 章：

- Kernel documentation（https://www.kernel.org/doc）内核文档。
- GRUB Documentation（https://www.gnu.org/software/grub/grub-documentation.html）GRUB 官方文档。
- systemd System and Service Manager（https://www.freedesktop.org/wiki/Software/ systemd/）一个页面，其中包含许多 systemd 有用的参考资料的链接。

第 29 章：

- Common Vulnerabilities and Exposures（CVE；http://cve.mitre.org）一个系统，旨在提供一个可以了解与安全相关的软

件问题的地方。

- Red Hat Security Advisories（https://access.redhat.com/security/updates/advisory）提供来自 Red Hat 的安全相关问题的信息。
- Sans.org（https://www.sans.org/reading-room/whitepapers/policyissues/preparation-guide-information-security-policies-503）信息安全策略的准备指南。

第八部分

第 30 章：

- Nmap documentation（https://nmap.org/docs.html）包含 nmap 实用程序的大量用法的指南。
- Ehacking（https://www.ehacking.net/2011/03/footprinting-information-gathering.html）踩点和信息收集教程。
- Nmap（https://nmap.org/）免费的网络扫描工具 nmap。

第 31 章：

- Archlinux（iptables; https://wiki.archlinux.org/index.php/iptables）iptables 配置指南。
- TecMint（https://www.tecmint.com/open-source-security-firewalls-for-linux-systems/）10 个有用的 Linux 开源防火墙。

第 32 章：

- The Best Open Source Network Intrusion Detection Tools（https://opensourceforu.com/2017/04/best-open-source-network-intrusion-detection-tools/）入侵检测概述，以及介绍了几种工具的一篇文章。
- SNORT（https://www.snort.org）可免费下载的 SNORT 及其文档。

第 33 章：

- BugTraq（www.securityfocus.com）该服务是一个基于电子邮件的程序，由 Security Focus 赞助。
- Computer Emergency Response Teams（www.cert.org）提供各种功能，包括漏洞分析工具、漏洞注释知识库，以及与私人和政府组织就安全问题进行协调。

术 语 表

absolute path（绝对路径） 从根目录开始到某个文件或目录的路径。

access control list（访问控制列表） 用于为指定用户或组分配权限。

Active Directory（活动目录） 微软的一个基于 LDAP 协议的产品，用来存储数据以及向一些场景提供这些数据，比如用户认证。

active FTP mode（FTP 主动模式） 在这个模式下，数据连接是由 FTP 服务器发起的。

alias（别名） Shell 的一个特性，只执行单个“命令”就能执行一组命令。

Amanda 一个第三方备份工具。

anonymous FTP（匿名 FTP） FTP 的一种特性，用一个特殊账户（anonymous 或 ftp）连接 FTP 服务器，不需要密码或使用本地用户账户。

Apache 通常指的是 Apache Web 服务器（正式名称是 Apache 超文本传输协议服务器）。

argument（参数） 提供给命令的参数，告诉命令要对什么（文件、用户等）执行操作。

ARP（地址解析协议） 定义如何把 IP 地址转换为 MAC 地址的协议。

ARP table（ARP 表） 在内存中的表，里面包含 IP 地址及与其对应的 MAC 地址。

asymmetric cryptography（非对称加密） 一种加密技术，其中一个密钥（公钥）用于加密数据，另一个密钥（私钥）用于解密数据。它也称为 PKC（公钥加密）。

at 调度一个或多个命令在将来的某一特定时间执行的一种机制。

attribute（属性） 对象的组成部分。

authoritative name server（权威名称服务器） 根据系统本地存储的记录返回结果的名称服务器。请参见“name server”。

autofs 一种按需自动挂载文件系统的机制。

background process（后台进程） 运行后不影响父进程运行其他程序的进程。

Bacula 一个第三方备份工具。

Berkeley Internet Name Domain（BIND） 在互联网上使用最广泛的 DNS 服务器软件。

BIOS（基本输入输出系统） 启动系统引导过程的固件。

bootloader（引导程序） 操作系统提供的一个软件程序，用来访问磁盘上的文件（特别是内核）并开始引导操作系统。

CA（证书授权机构） 对证书进行数字签名以验证其他系统身份的系统。CA 具有层次结构，顶级 CA 称为根 CA（root CA）。

caching name server（缓存名称服务器） 根据从另一个名称服务器（如权威名称服务器）获得的信息返回结果的名称服务器。

CERT（计算机紧急响应小组） 前身是卡内基·梅隆大学（CMU）的 CERT 协调中心（CERT-CC）。

certificate（证书） 对于 SSH 而言，证书用于允许免密码的身份认证。

chain（链） 一组防火墙规则，包括类型和过滤点（filtering point）。

child directory（子目录） 请参见“subdirectory”。

CIDR（无类别域间路由） 像 VLSM 一样，CIDR 提供子网掩码，通过指定 IPv4 地址里有多少字节保留给网络地址来确定。

CIFS（通用 Internet 文件系统） 基于 SMB 协议的文件系统，在 Windows 系统上很流行。

CLI（命令行接口） 通过在 Shell 程序里输入命令与操作系统进行通信的一种方法。

CN（通用名称） 对象的相对名称。

component(分类） 就 Debian 软件包配置而言，这是一个用于对软件包进行分类的特性。常见的软件包分类有 Main、Restricted、Universe 和 Multiverse。

conditional expression（条件表达式） 编程术语，指根据测试结果的真或假来执行语句。

crontab 调度程序在未来特定时间执行的机制。

current directory（当前目录） Shell 程序当前所在的目录。

CVE（公共漏洞和暴露） 它是一个系统，旨在提供一个可以了解与安全相关的软件问题的地方。

daemon（守护进程） 在后台运行，执行特定任务的进程。

DDoS attack（分布式拒绝服务攻击） 同时从多个系统发送海量数据包给一台主机来压倒它。

default chain policy（链的默认策略） 当没有匹配到链里的规则时使用的 target。

dependency（依赖关系） 就软件包而言，依赖关系是软件包正确运行所需要的特性。

DFS（分布式文件系统） 通过网络共享文件和文件夹的技术。

DHCP（动态主机配置协议） 允许管理员将与网络相关的信息动态地分配给客户端系统。

digital signature（数字签名） 组织在软件包上放置唯一“密钥”，用来验证软件包来源的方法。

distribution（发行版） Linux 操作系统的具体实现。

distro（发行版） 同“distribution”。

DN（可识别名称） 对象的全名。

DNS（域名服务） 用于把主机名转换为 IP 地址。

DNS forwarder（DNS 转发器） 该服务器从互联网上接收 DNS 查询，然后把这些查询发送给外部的 DNS 服务器。

DNS master（主 DNS） 能对区域文件进行更改的 DNS 服务器。

DNS slave（从 DNS） 保存来自 DNS 主服务器的区域文件副本的 DNS 服务器。

DoS attack（拒绝服务攻击） 把大量的网络数据包发送给一个系统，让该系统难以处理所有数据，从而导致系统无响应。

dotted decimal notation（点分十进制） 把用于表示 IPv4 地址或子网掩码的 32 位数字分为 4 个字节（每个字节用十进制表示为 0~255）。

environment variable（环境变量） 从当前 Shell 传递给从该 Shell 启动的任何程序或命令的变量。

ESMTP（扩展 SMTP 协议） 请参见“SMTP”。

ESSID 给无线路由器取的一个名称，以区别于其他无线路由器。

eth0 主以太网设备的名称。

Ethernet（以太网） 把主机组成网络时，主机之间的一种物理连接线。

exit status（退出状态） 命令或程序返回给调用进程（Shell）的数字。0 表示成功，1 表示失败。

extension module（扩展模块） 对于 iptables，扩展模块是一个可选特性。

facility 对系统日志而言，facility 指发送系统日志的服务。

fiber optic（光纤） 把主机组成高速网络时，主机之间使用的一种物理连接线。

file glob（文件名匹配符） 在命令行上指定文件时用于匹配文件名的模式。

file system（文件系统） 用于组织操作系统上文件和目录的一种结构。

Filesystem Hierarchy Standard（文件系统层次结构标准） 指定特定文件应存储在哪个目录中的标准。

filtering point（过滤点） 防火墙中放置规则的组件。

firewall（防火墙） 一种网络设备，用来允许或阻止网络流量。

firewalld 一个前端实用程序，使配置 iptables 防火墙更容易。

firmware（固件） 硬件里嵌入的程序。

footprinting（踩点） 也叫作侦察，指收集网络或系统相关信息，以便利用这些信息破坏安全措施的过程。

foreground process（前台进程） 会阻止父进程执行其他程序直到前台进程终止的进程。

forward DNS lookup（正向 DNS 查找） 查询一个域名时，DNS 服务器返回该域名对应的 IP 地址。

forward lookup（正向查找） 将域名转换成 IP 地址的过程。

FTP（文件传输协议） 用于在主机之间传输文件。

Fully Qualified Domain Name（FQDN，完全限定域名） 从 DNS 结构顶部开始的主机域名。

gateway（网关） 连接两个网络的网络设备，也叫路由器。

GECOS 使用特定命令填充和查看 /etc/passwd 文件的注释字段的特性。

GID 请参见“group ID”。

group account（组账户） 可以分配给用户的账户，能够为用户提供额外的系统访问权限。

group ID（组 ID） 分配给组账户的唯一数字。

GRUB 现代 Linux 发行版上最常用的引导加载程序。

GUI（图形用户界面） 一种通过基于窗口的环境使用鼠标和键盘与操作系统通信的方法。

hexadecimal notation（十六进制表示法） 一个 128 位的数字被分成 8 个相等的部分，用来表示 IPv6 地址。

HIDS（主机入侵检测系统） 一种运行在特定系统上的入侵检测系统，用于确定是否有入侵企图产生。

host（主机） 在网络上通信的设备。

HTML（超文本标记语言） 一门用于开发网页的语言。

HTTP（超文本传输协议） 一种协议，自 20 世纪 90 年代以来就已经是 Web 页面的标准。

HTTPS（安全 HTTP 或 HTTP SSL） 使用 SSL 的安全版本的 HTTP。请参见“SSL”。

HUP 当父进程终止时发送给子进程的信号。

ICMP（Internet 控制消息协议） 一种主要用于发送错误消息和确定网络设备状态的协议。

IDS（入侵检测系统） 一套用于发现安全漏洞的工具。

IMAP（Internet 邮件访问协议） MUA 用来获取电子邮件的一种协议。

IMAPS（安全 Internet 邮件访问协议） 用于通过加密连接获取电子邮件。

info page 描述命令或配置文件的文档，并带有指向与主题相关的附加信息的超链接。

initialization file（初始化文件） 启动 Shell 时执行的文件，用于为用户定制环境。

initiator 就 iSCSI 而言，这是连接到 target 的客户端。

inode 文件系统的一种组件，存储关于文件的元数据，包括文件所有权、文件权限和时间戳。

intrusion detection（入侵检测） 识别对系统和网络资源的未授权访问的过程。

IP（网际协议） 负责在主机之间传送网络数据包的协议。

IP address（IP 地址） 一种用于网络通信的唯一数字。每个主机都有一个唯一的 IP 地址。

IP source routing（IP 源地址路由） 让数据包的发送者能够指定要使用的网络路由的一种特性。

iSCSI（internet 小型计算机系统接口） 一种基于 SCSI 通信协议的网络存储解决方案。

job（任务） 从 Shell 启动的进程。

journal（日志） 文件系统的一个特性，旨在使 fsck 命令执行得更快。

kernel（内核） 控制操作系统的软件。

kernel image file（内核镜像文件） 一个包含内核模块集合的文件，在引导过程中用于提供正确引导系统所需的更多内核特性。

kernel module（内核模块） 为内核提供更多特性的软件。

kill 停止程序时使用的术语。

label（标签） 分配给文件系统的名称，以便更容易挂载该文件系统。

LAN（局域网） 局域网内的主机与同一网络上的其他主机能直接进行通信。

LDAP（轻量级目录访问协议） 提供用户和组账户数据，以及可以由 LDAP 管理员定义的其他数据。通常用于基于网络的身份验证。

LDAPS（安全轻量级目录访问协议） 用于通过加密连接提供基于网络的信息，如网络账户信息。

LDIF LDAP 数据交换格式，用于创建 LDAP 对象的文件格式。

LE（逻辑块） 逻辑卷的最小单元。

libraries（库） 被其他程序用来执行特定任务的一组软件。

Libwrap 使用 /etc/hosts.allow 和 /etc/hosts.deny 文件来控制对特定服务的访问的一个库。

LILO 一个比较旧的引导加载程序，在现代 Linux 发行版上很少使用。

LKM（可加载内核模块） 请参见“kernel module”。

lo 本地回环地址。

local variable（局部变量） 只在当前 Shell 中存在的变量。

log（日志） 描述操作或问题的地方。

login Shell（登录 Shell） 当用户最初登录到系统时打开的 Shell。

LUKS 一种文件系统加密规范。

LUN（逻辑单元号） 这是 target 用来标识 iSCSI 设备的值。

LV（逻辑卷） 一种可以作为分区但可以灵活调整大小的设备。

LVM（逻辑卷管理器） 一种替代传统分区的存储方法。

MAC（媒体访问控制地址） 分配给网络设备的唯一地址。

mail spool MTA 或 procmail 放置电子邮件的位置。

Maildir 一种把 mail spool 保存为多个目录的格式。

man page 一个描述命令或配置文件的文档。

man-in-the-middle attack（中间人攻击） 指系统把自己插入客户端和服务器之间的通信中。

mangle 修改网络数据包的防火墙功能。

mask 一种阻止默认值的技术，比如阻止默认最大文件和目录权限的 umask 设置。

mbox 一种把每个用户的 mail spool 保存为单个文件的格式。

MBR（主引导记录） 在硬盘的开始处为引导加载程序设计的一个预留位置。

MDA（邮件投递代理） 从 MTA 获取消息并将其发送到本地 mail spool 的服务器。

metadata（元数据） 关于软件及其依赖关系的信息。

mirror（镜像） 服务器术语，是提供来自另一台服务器的数据副本的服务器。

mount point（挂载点） 一种目录，用于访问存储在物理文件系统上的文件。

mounting（挂载） 把物理文件系统关联到虚拟文件系统中的过程。

MSA（邮件提交代理） 从 MUA 接收电子邮件信息并与 MTA 通信的程序。

MTA（邮件传输代理） 负责从 MUA 接收电子邮件消息，并将其发送到正确的接收邮件服务器的服务器。

MUA（邮件用户代理） 用户用来创建电子邮件消息的客户端程序。

name server（名称服务器） 响应 DNS 客户端请求的系统。

NAT（网络地址转换） 一种 IPv4 特性，允许具有 Internet 可访问 IP 地址的主机为内部只有私有 IP 地址的多台主机提供访问 Internet 的能力。

NetBIOS（网络基本输入输出系统） 允许不同操作系统进行通信的一组软件。

network（网络） 设备能与共享该连接的其他设

备进行通信的连接。

network packet（网络包） 定义好的消息，包括数据和元数据（也称为包头）。

NFS（网络文件系统） 一种通过网络共享文件的方法。

NIDS（网络入侵检测系统） 一种检测系统，通过监控关键网络来发现入侵或企图的入侵。

NIS（网络信息服务） 功能有限的网络认证服务。

non-login Shell（非登录 Shell） 用户登录系统后打开的 Shell。

NSS（名称服务开关） 决定在哪个位置搜索系统数据（包括用户和组账户数据）的服务。

NTP（网络时间协议） 允许从一组中央服务器更新主机系统时间的协议。

object（对象） 也称为条目或记录，LDAP 目录中的单个项。

OpenLDAP 一个提供 LDAP 功能的开源服务端软件。

option（选项） 一个预定义的值，用于修改命令的行为。

package（包） 也称为软件包，是一个文件，里面包含构成软件程序的文件集合，包里也包括元数据。

packet header（包头） 网络包的一部分，它提供有关网络包如何到达其目的地的信息。

packet sniffer（包嗅探器） 显示本地网络流量的工具。

PAM（可插拔认证模块） 一种 Linux 特性，允许管理员修改用户账户的身份验证方式。

parent directory（父目录） 包含其他目录的目录。

passive FTP mode（FTP 被动模式） 在此模式下，数据连接由 FTP 客户端发起。

passive IDS（被动入侵检测） 检测可能的入侵并通知管理员的 IDS。

PE（物理块） 物理卷的最小可分配单元。

Perl 一种经常在 Linux 发行版上使用的脚本语言，以其灵活的编程风格而闻名。

permission（权限） 允许或阻止对文件或目录进行访问的特性。

PHP 一种常用来创建动态网页的语言。PHP 最初表示 Personal Home Page（个人主页）。

physical filesystem（物理文件系统） 放置在设备（如分区或逻辑卷）上的文件系统。

PID（进程 ID） 用于控制进程的唯一编号。

piping（管道） 将命令的输出作为下一个命令的输入。

PKC 请参见“asymmetric cryptography”。

plug-in（插件） 给工具或服务器添加更多特性的组件，可以通过打开或关闭插件来添加或删除特性。

POP（邮局协议） MUA 用来收取电子邮件的一种协议。

POP3（邮局协议第 3 版） 用于收取电子邮件。

POP3S（邮局安全协议第 3 版） 通过加密连接收取电子邮件。

port scanner（端口扫描器） 探测系统中开放网络端口的工具。

primary group（主组） 默认情况下，用户账户创建的新文件所属的组。

priority（优先级） 在系统日志的术语里，优先级是消息的级别。

private IP address（私有 IP 地址） 无法直接连接到互联网的 IPv4 地址，请参见“NAT”。

private key（私钥） 系统使用的一种密钥，用来对已使用相应公钥加密的数据进行解密。

process（进程） 系统上运行的程序。

promiscuous mode（混杂模式） 一种网络模式，使本地网络设备侦听所有网络流量，而不是只针对该网络设备的流量。

protocol（协议） 明确定义的标准，用于两台主机之间的网络通信。

proxy server（代理服务器） 一种用于方便客户端和服务器之间通信的系统。

public key（公钥） 其他系统用来加密数据的密钥。

pull server（拉取服务器） 在电子邮件术语中，等待客户端发起数据传输的服务器。

push server（推送服务器） 在电子邮件术语中，

发起数据传输的服务器。

PV（物理卷） 一种用作 LVM 基础的存储设备。

Python 一种经常在 Linux 发行版上使用的脚本语言，以其严格的编程风格而闻名。

reactive 或 active IDS（响应式或主动式入侵检测系统） 一种试图自动对入侵做出反应的 IDS。

record（记录） 在区域文件中，记录是定义 IP 地址到域名转换的条目。

recursive acronym（递归缩写） 一种在定义中递归引用它自己的缩写。

redirection（重定向） 获取命令的输入或输出，并将其发送到另一个位置。

regular expression（正则表达式） 用于匹配文件或命令输出中的文本模式的特殊字符。

relative path（相对路径） 从当前目录开始到某个文件或目录的路径。

repository（仓库） 也叫作 repo，它包含 RPM 包和描述这些包之间关系的小型数据库的位置，通常可以通过网络访问。在编程术语里，仓库是人们共享程序的地方。

reverse DNS lookup（DNS 反向查找） 当查询一个 IP 地址时，DNS 服务器返回该 IP 地址对应的域名。

reverse lookup（反向查找） 将 IP 地址转换成域名的过程。

RHSA（Red Hat 安全咨询） 一种 Red Hat 的技术，通知安全人员任何潜在的弱点。

root directory（根目录） Linux 文件系统的顶级目录。

root server（根服务器） 位于 DNS 层次结构最顶端的 DNS 服务器。这些服务器知道顶级域名的 DNS 服务器的 IP 地址。

route（路由） 从一个网络到另一个网络的路径。

router（路由器） 在网络之间转发网络数据包的系统。

routing（路由转发） 网络数据包如何从一个网络发送到另一个网络。

RPC（远程过程调用） 作为客户端和服务器之间的中间人的服务。

RPM（RPM 包管理器） 管理软件包的工具。

RSA（Rivest-Shamir-Adleman） 一种使用私钥和公钥的加密系统。

Samba 提供认证和文件共享功能的服务。

schema 用于定义 LDAP 目录中的属性和对象。

secondary group（附属组） 用户所属的另外的组，为用户提供对更多系统资源的访问权。

self-signing（自签名） 当系统充当自己证书的根 CA 时。

SELinux（安全增强 Linux） 为文件和目录访问添加安全层的安全方法。

SGID（设置组 ID） 一种为特定目录下创建的文件设置默认的所属组的方法。

Shell 提供操作系统命令行接口的程序。

skel directory（skel 目录） 创建用户账户时用于填充用户家目录的目录。

SMB（服务器消息块） IBM 在 20 世纪 80 年代中期发明的一种协议，用于在局域网内的主机之间共享目录。

SMTP（简单邮件传输协议） 电子邮件交换的标准协议。

SMTPS（简单邮件传输安全协议） 通过加密连接发送电子邮件。

snapshot（快照） 一种使文件系统看起来是静态的，以便能执行准确备份的技术。

sniff（嗅探） 监视网络流量。

SNMP（简单网络管理协议） 用于收集网络设备的信息。

socket（套接字） 两个系统之间网络连接的一部分，与特定的网络端口相关联。

source（源） 对于包管理，这个术语表示基于 Debian 的系统上的仓库。

source repository（源仓库） 对于 Debian 软件包，这是在使用 apt 命令时下载软件包的位置。

sourcing 从单独的文件执行代码，就像它是嵌入当前 Shell 中的代码或脚本一样。这通常用于在当前 Shell 或脚本中创建变量。

special group（特殊组） 这些组要么是默认 Linux 安装的一部分，要么是在安装软件时创建的组。这些组通常为系统进程或软件提供对系统的特殊访问。

splashimage 显示 Legacy GRUB 引导菜单时显示的图形。

SSH（安全 Shell） 用于连接到远程系统并执行命令。

SSL（安全套接层） 用于保护数据传输和认证系统的一种加密协议。

SSSD（系统安全服务守护进程） 与目录服务交互以提供身份验证服务的守护进程。

static host（静态主机） 该主机每次向 DHCP 服务器请求 IP 地址时，DHCP 服务器总是返回相同的网络信息，也叫“预留”。

sticky bit（粘滞位） 它是一个权限，可以修改目录的写入权限。

subcommand（子命令） 在另一个命令（主命令）的参数列表里执行的命令，子命令的输出又作为参数传递给主命令。

subdirectory（子目录） 在另一个目录（子目录的父目录）下的目录。

subdomain（子域） 较大域的组成部分。

subnet（子网） 一种网络特性，当与 IP 地址配合时，它定义了主机所在的网络。

SUID（设置用户 ID） 一种在进程运行时赋予进程对文件的额外访问权限的方法。

swap space（交换分区） 当可用内存不足时，用硬盘空间代替内存。

SYN flood attack（SYN 洪攻击） 一种使用 SYN 请求使系统无响应的 DoS 攻击。

syncing（同步） 将存储在内存中的数据写入硬盘驱动器的过程。

syslog 用于将系统日志消息发送到远程系统。

table 防火墙规则的一种类型，例如 filter、nat 或 mangle 。

tape device（磁带设备） 一种能把文件系统数据备份到磁带上的设备。

tar ball 使用 tar 命令打包文件生成的文件。

target 在 iSCSI 术语中，target 表示驻留在远程服务器上的存储设备。

target 在 iptables 术语中，target 表示当规则匹配成功后执行的操作。

TCP（传输控制协议） 一种协议，用来确保网络包以可靠和有序的方式到达。

TCP Wrappers 一些服务器软件用来允许或阻止访问该服务的库。

telnet 一个网络工具，用于连接到远程系统并执行命令。

terminal（终端） 向用户提供用于访问系统的命令行的地方。这可以是连接到系统的物理终端机器或虚拟终端，例如 GUI 终端窗口或 SSH 连接。

time to live（生存时间） 缓存 DNS 服务器应该保存从主 DNS 服务器或从 DNS 服务器获得的数据的时间。

TLS（传输层安全性） 用于保护数据传输和认证系统的一种加密协议。TLS 旨在取代 SSL，它通常也称为 SSL。

Tower of Hanoi（汉诺塔） 基于数学难题的备份策略。

TTL 请参见“time to live”。

TTY 代表一个终端，物理或虚拟终端的唯一名称。

UDP（用户数据报协议） 一种用于允许以无连接方式传输包的协议。

UEFI（统一可扩展固件接口） 用来替换 BIOS 的软件（请参见 BIOS）。

UFW（简单的防火墙） 一个前端实用程序，用于简化 iptables 防火墙的配置。

UID 请参见“user ID”。

unit systemd 的核心特性之一。

UPG 请参见“User Private Group”。

URI（统一资源标识符） 在 Debian 软件包的配置中，URI 用于表示到仓库源的路径。

user ID（用户 ID） 分配给用户账户的唯一数字。

user ID mapping（用户 ID 映射） NFS 客户端上的用户名或组名到 NFS 服务器上的用户名或组名的映射。

User Private Group（用户私有组） 为特定用户创建的组账户。

UUID（通用唯一标识符） 用于指定磁盘设备的

唯一值。

variable（变量） 在 Shell 或编程语言中存储值的一种方法。

VG（卷组） 物理卷的集合，用于创建逻辑卷。

vi mode（vi 模式） vi 编辑器的一个特性，你所处的模式决定你能执行的特定操作。

virtual filesystem（虚拟文件系统） 通过挂载点合并在一起的物理文件系统集合。

virtual host（虚拟主机） 当 Apache Web 服务器为多个网站提供 Web 页面时。

virtual machine（虚拟机） 认为自己是本机安装，但实际上是与宿主机操作系统共享一个系统的操作系统。

VLSM（可变长子网掩码） 一个 32 位数字分为 4 个字节，用于定义 IPv4 子网掩码。

VM 请参见“virtual machine”。

VPN（虚拟专用网络） 提供私有的虚拟网络，通常只在物理网络上可用。

WAN（广域网） 通过一系列路由器或交换机进行通信的局域网的集合。

WPA（Wi-Fi 网络安全接入） 一种加密规范，用于保护无线路由器不受未经授权的用户的连接。

WEP（无线加密协议） 一种旧的加密规范，用来保护无线路由器不受未经授权的用户的连接。

white page 专门为提供用户信息而设计的 schema（这里是指 schema white page）。

wildcard（通配符） 请参见“file glob”。

WWID（全球标识符） 就 iSCSI 而言，这是一个保证在全世界都唯一的标识符。

xinetd 它被称为“超级守护进程”，因为它将根据需要启动其他守护进程（服务），并在不再需要时停止它们。

zone transfer（区域传输） 将新的 DNS 区域信息从主服务器复制到从服务器的过程。

推荐阅读

Linux
IN ACTION
Linux实战

Linux
跟老男孩
学Linux运维
核心基础篇（上）

Linux
内核分析
及应用

构建高可用
Linux服务器
（第4版）
Build High Availability Linux Servers Fourth Edition

大规模Linux
集群架构最佳实践
如何管理上千台服务器
Best Practice of Managing
Massive Linux Cluster

Python Linux
系统管理与自动化运维
Python for Linux System Administration
and Automated Operation

GNU/Linux
嵌入式快速编程
GNU/Linux
Rapid Embedded Programming

Linux
性能优化
Optimizing Linux Performance

Linux运维
最佳实践
Best Practices in Linux Operations